Creo Parametric 8.0 中文版 机械设计自学速成

梁秀娟　孟秋红　编著

人民邮电出版社
北　京

图书在版编目（CIP）数据

Creo Parametric 8.0中文版机械设计自学速成 / 梁秀娟，孟秋红编著. -- 北京 : 人民邮电出版社，2021.10
ISBN 978-7-115-56524-2

Ⅰ. ①C… Ⅱ. ①梁… ②孟… Ⅲ. ①机械设计－计算机辅助设计－应用软件 Ⅳ. ①TH122

中国版本图书馆CIP数据核字(2021)第088515号

内容提要

本书结合具体实例由浅入深、从易到难地讲述了 Creo Parametric 8.0 中文版机械设计的精髓，并详细地讲解了 Creo Parametric 8.0 在工程设计中的应用。本书按知识结构分为 11 章，讲解了 Creo Parametric 8.0 基础、绘制草图、基准特征、特征建模、高级特征的创建、实体特征编辑、曲面造型、零件实体装配、钣金设计、工程图绘制、齿轮泵综合实例等知识。

本书配套学习资料包括了书中实例源文件、所有实例操作视频和基础知识讲解视频。

本书适合作为各级学校和培训机构相关专业人员的教学和自学辅导书，也可以作为机械设计和工业设计相关人员的学习参考书。

♦ 编　　著　梁秀娟　孟秋红
责任编辑　黄汉兵
责任印制　陈　犇
♦ 人民邮电出版社出版发行　　北京市丰台区成寿寺路 11 号
邮编　100164　　电子邮件　315@ptpress.com.cn
网址　https://www.ptpress.com.cn
北京联兴盛业印刷股份有限公司印刷
♦ 开本：787×1092　1/16
印张：22.25　　2021 年 10 月第 1 版
字数：598 千字　　2021 年 10 月北京第 1 次印刷

定价：99.80 元

读者服务热线：(010) 81055493　印装质量热线：(010) 81055316
反盗版热线：(010) 81055315
广告经营许可证：京东市监广登字 20170147 号

前　言

作为三维建模顶尖软件，Creo Parametric 8.0与 Pro/ENGINEER、Creo Elements一样是PTC公司推出的软件。与Pro/ENGINEER和Creo Elements相比，Creo Parametric 8.0的界面更加简洁、人性化。它包含了最先进的生产力工具，可以促使用户采用最佳设计，同时确保遵守业界和公司的标准。集成的参数化3D CAD/CAM/CAE解决方案可让用户的设计速度比之前都要快，同时最大限度地增强创新力度并提高质量，最终创造出不同凡响的产品。本书所介绍的Creo Parametric 8.0是PTC公司推出的新版本，是一个具有突破性的版本。

Creo在三维实体模型、完全关联性、数据管理、操作简单性、尺寸参数化、基于特征的参数化建模等方面具有其他软件所不具有的优势。

Creo Parametric 8.0蕴涵了丰富的最佳实践，可以帮助用户更快、更轻松地完成工作。Creo是在功能强大的Pro/ENGINEER软件基础上大力改进而推出的强大软件包，自身保留着Pro/ENGINEER的CAD、CAM、CAE等三个重要的模块，而且还添加了其他重要功能，可以满足现今所有大型生产公司的需求。

一、本书特色

本书具有以下5大特色。

●针对性强

本书编者根据自己多年的计算机辅助设计领域工作经验和教学经验，针对初级用户学习Creo Parametric的难点和疑点，由浅入深，全面细致地讲解了Creo Parametric在工业设计应用领域的各种功能和使用方法。

●实例专业

本书中有很多实例本身就是工程设计项目案例，经过编者精心提炼和改编，不仅保证了读者能够学好知识点，更重要的是能帮助读者掌握实际的操作技能。

●提升技能

本书从全面提升工程技术人员使用Creo Parametric的设计能力的角度出发，结合大量的案例来讲解如何利用Creo Parametric进行工程设计，真正让读者懂得计算机辅助设计并能够独立地完成工程设计。

●内容全面

本书在有限的篇幅内，讲解了Creo Parametric的全部常用功能，内容涵盖了草图绘制、零件建模、曲面造型、钣金设计、装配建模、工程图绘制等知识。“秀才不出屋，能知天下事”，读者通过学习本书，可以较为全面地掌握Creo Parametric相关知识。本书不仅有透彻的讲解，还有丰富的实例，通过这些实例的演练，能够帮助读者找到一条学习Creo Parametric的捷径。

●知行合一

本书结合大量的工业设计实例，详细讲解了Creo Parametric的知识要点，让读者在学习案例的过程中潜移默化地掌握Creo Parametric软件操作技巧，同时提高工程设计的实践能力。

二、本书的组织结构和主要内容

本书以Creo Parametric 8.0版本为演示平台，全面介绍了Pro/ENGINEER 软件从基础到实例制作的全部知识，帮助读者从入门走向精通。全书分为11章，各章的内容如下。

- 第1章：Creo parametric 8.0基础。
- 第2章：草图绘制。
- 第3章：基准特征。
- 第4章：特征建模。
- 第5章：高级特征的创建。
- 第6章：实体特征编辑。
- 第7章：曲面造型。
- 第8章：零件实体装配。
- 第9章：钣金件的基本成型模式。
- 第10章：工程图绘制。
- 第11章：齿轮泵综合实例。

三、源文件素材与教学视频使用说明

本书除具有传统的书面内容外，还随书附送了方便读者学习和练习的源文件素材。读者可扫本页下方二维码获取源文件下载链接。

源文件素材中有两个重要的文件夹，“源文件”文件夹中是本书所有实例操作需要的原始文件，“结果文件”文件夹中是本书所有实例操作的结果文件。

为更进一步方便读者学习，本书还配有教学视频，对书中的实例和基础操作进行了详细讲解。读者可使用微信“扫一扫”功能扫正文中的二维码观看视频。

四、本书服务

1. 安装软件的获取

按照本书上的实例进行操作练习，以及使用Creo Parametric 8.0进行工程设计时，需要事先在计算机上安装相应的软件。读者可访问PTC公司官方网站下载试用版，或到当地经销商处购买正版软件。

2. 关于本书的技术问题或有关本书信息的发布

读者朋友遇到有关本书的技术问题，可以加入QQ群570099701直接留言，我们将尽快回复。

五、本书编写人员

本书主要由广东海洋大学的梁秀娟老师以及石家庄理工职业学院的孟秋红老师编写，其中梁秀娟执笔编写第1～6章，孟秋红执笔编写第7～11章。解江坤、韩哲等为本书的出版提供了大量的帮助，在此一并表示感谢。

由于时间仓促，加上编者水平有限，书中不足之处在所难免，望广大读者访问三味书屋网站或发送邮件到714491436@qq.com批评指正，编者将不胜感激。

编　者

2021年3月

目录

第1章　Creo Parametric 8.0基础 1
1.1　Creo Parametric 8.0工作界面介绍 2
1.1.1　Creo Parametric 8.0工作界面 2
1.1.2　标题栏 3
1.1.3　快速访问工具栏 3
1.1.4　功能区 4
1.1.5　“视图”工具栏 4
1.1.6　浏览器窗口 5
1.1.7　绘图区 6
1.1.8　拾取过滤器 6
1.1.9　消息显示区 7
1.2　文件操作 7
1.2.1　新建文件 7
1.2.2　打开文件 8
1.2.3　保存文件 8
1.2.4　删除文件 8
1.2.5　删除内存中的文件 9
1.3　Creo Parametric 8.0系统环境配置 9
1.3.1　定制工作界面 9
1.3.2　配置文件 11
1.3.3　配置系统环境 13
第2章　绘制草图 14
2.1　基本概念 15
2.2　进入草绘环境 15
2.3　草绘环境中各面板按钮简介 16
2.4　设置草绘环境 17
2.4.1　设置草绘器栅格和启动 17
2.4.2　设置拾取过滤器 18
2.4.3　设置首选项 18
2.5　绘制草图的基本方法 19
2.5.1　绘制线 19
2.5.2　中心线 20
2.5.3　绘制矩形 20
2.5.4　绘制圆 21
2.5.5　绘制椭圆 22
2.5.6　绘制圆弧 23
2.5.7　绘制样条曲线 24

2.5.8 绘制圆角 25
2.5.9 绘制点 25
2.5.10 绘制坐标系 25
2.5.11 调用常用截面 26
2.5.12 绘制文本 27
2.6 编辑草图 29
2.6.1 镜像 29
2.6.2 旋转调整大小 30
2.6.3 修剪与分割工具的应用 31
2.6.4 剪切、复制和粘贴操作 33
2.7 标注草图尺寸 33
2.7.1 尺寸标注 33
2.7.2 尺寸编辑 35
2.8 几何约束 36
2.8.1 设定几何约束 36
2.8.2 修改几何约束 38
2.9 实例——法兰盘截面 38
第3章 基准特征 43
3.1 常用的基准特征 44
3.2 基准平面 44
3.2.1 基准平面的作用 44
3.2.2 创建基准平面 46
3.3 基准轴 50
3.3.1 基准轴简介 50
3.3.2 创建基准轴 52
3.4 基准点 53
3.4.1 创建基准点 54
3.4.2 偏移坐标系基准点 56
3.5 基准曲线 57
3.5.1 创建基准曲线 58
3.5.2 草绘基准曲线 59
3.6 基准坐标系 59
3.6.1 坐标系种类 60
3.6.2 创建坐标系 60
3.7 基准特征显示状态控制 62
3.7.1 基准特征的显示控制 62
3.7.2 基准特征的显示颜色 63
第4章 特征建模 64
4.1 实体建模的一般流程 65

4.2 拉伸特征……67

4.2.1 “拉伸”操控板选项介绍……67

4.2.2 拉伸特征创建步骤……68

4.2.3 实例——垫圈……70

4.3 旋转特征……71

4.3.1 “旋转”操控板选项介绍……71

4.3.2 旋转特征创建步骤……74

4.3.3 实例——轴承内套圈……75

4.4 混合特征……78

4.4.1 混合特征创建步骤……78

4.4.2 实例——门把手……79

4.5 旋转混合特征……80

4.6 孔特征……81

4.6.1 “孔”操控板选项介绍……82

4.6.2 孔特征创建步骤……87

4.6.3 实例——方头螺母……90

4.7 倒圆角特征……93

4.7.1 “倒圆角”操控板选项介绍……93

4.7.2 倒圆角特征创建步骤……96

4.7.3 实例——挡圈……100

4.8 倒角特征……103

4.8.1 “边倒角”操控板选项介绍……103

4.8.2 倒角特征创建步骤……105

4.8.3 实例——三通管……106

4.9 抽壳特征……109

4.9.1 操控板选项介绍……109

4.9.2 壳特征创建步骤……111

4.9.3 实例——车轮端面盖……112

4.10 筋特征……114

4.10.1 “轮廓筋”特征操控板选项介绍……115

4.10.2 轮廓筋特征创建步骤……116

4.10.3 “轨迹筋”特征操控板选项介绍……116

4.10.4 轨迹筋特征创建步骤……117

4.10.5 实例——法兰盘……118

4.11 综合实例——阀体……122

第5章 高级特征的创建……129

5.1 扫描混合……130

5.1.1 扫描混合特征创建步骤……130

5.1.2 实例——吊钩……132

5.2 螺旋扫描……134

5.2.1 螺旋扫描特征创建步骤......134
5.2.2 实例——弹簧......136
5.3 扫描特征......137
5.3.1 扫描特征创建步骤......137
5.3.2 可变截面扫描创建步骤......140
5.3.3 实例——O型圈......143
5.4 实例——钻头......143
第6章 实体特征编辑......151
6.1 特征操作......152
6.1.1 重新排序......152
6.1.2 插入特征模式......153
6.1.3 实例——板簧......154
6.2 删除特征......156
6.3 隐含特征......157
6.4 隐藏特征......159
6.5 特征镜像......160
6.5.1 镜像特征创建步骤......160
6.5.2 实例——扳手......162
6.6 特征阵列......164
6.6.1 尺寸阵列......165
6.6.2 方向阵列......166
6.6.3 轴阵列......167
6.6.4 填充阵列......167
6.6.5 实例——叶轮......169
6.7 缩放模型命令......171
6.8 实例——锥齿轮......171
第7章 曲面造型......176
7.1 曲面设计概述......177
7.2 创建曲面......177
7.2.1 创建平整曲面......177
7.2.2 创建拉伸曲面......178
7.2.3 创建扫描曲面......179
7.2.4 创建边界曲面......180
7.2.5 实例——铣刀刀部......183
7.3 曲面编辑......184
7.3.1 偏移曲面......184
7.3.2 复制曲面......186
7.3.3 镜像曲面......187
7.3.4 修剪曲面......188

7.3.5 延伸曲面 189
7.3.6 加厚曲面 192
7.3.7 合并曲面 193
7.3.8 实体化曲面 194
7.3.9 实例——椅子 195
7.4 实例——轮毂 199

第8章 零件实体装配 212
8.1 装配基础 213
8.1.1 装配简介 213
8.1.2 组件模型树 213
8.2 创建装配图 214
8.3 进行零件装配 215
8.4 装配约束 219
8.4.1 重合约束 219
8.4.2 法向约束 220
8.4.3 距离 220
8.4.4 角度偏移 222
8.4.5 平行 222
8.4.6 居中约束 223
8.4.7 相切约束 224
8.4.8 默认约束 224
8.4.9 固定约束 225
8.4.10 实例——虎钳 226
8.5 爆炸视图的生成 232
8.5.1 关于爆炸视图 232
8.5.2 创建爆炸视图 233
8.5.3 编辑爆炸视图 233
8.5.4 保存爆炸视图 234
8.5.5 删除爆炸视图 235
8.6 综合实例——手压阀装配 235

第9章 钣金件的基本成型模式 242
9.1 创建基本钣金特征 243
9.1.1 创建平面壁特征 243
9.1.2 创建旋转壁特征 244
9.2 创建高级钣金特征 245
9.2.1 创建扫描特征 245
9.2.2 创建扫描混合特征 247
9.2.3 创建边界混合特征 248
9.3 创建后继钣金壁特征 249
9.3.1 创建平整壁特征 250

9.3.2 创建法兰壁特征 254
9.4 钣金操作 257
9.4.1 创建钣金切口特征 257
9.4.2 创建合并壁 259
9.4.3 创建转换特征 261
9.5 实例——抽屉支架 263

第10章 工程图绘制 276
10.1 工程图概述 277
10.2 绘制工程图 277
10.3 绘制视图 279
10.3.1 绘制普通视图 279
10.3.2 绘制投影视图 281
10.3.3 绘制辅助视图 282
10.3.4 绘制局部放大图 283
10.4 调整视图 286
10.4.1 移动视图 286
10.4.2 删除视图 288
10.4.3 修改视图 288
10.5 工程图标注 291
10.5.1 尺寸标注 291
10.5.2 创建驱动尺寸 292
10.5.3 创建参考尺寸 292
10.5.4 几何公差的标注 293
10.5.5 表面粗糙度的标注 293
10.5.6 编辑尺寸 295
10.5.7 显示尺寸公差 297
10.5.8 实例——联轴器工程图 299
10.6 创建注解文本 302
10.6.1 注解标注 302
10.6.2 注解编辑 303
10.7 实例——通盖支座工程图 304

第11章 齿轮泵综合实例 312
11.1 阶梯轴 313
11.2 齿轮轴 317
11.3 齿轮泵前盖 323
11.4 齿轮泵后盖 328
11.5 齿轮泵基座 332
11.6 齿轮组件装配体 338
11.7 齿轮泵装配 340

第 1 章 Creo Parametric 8.0 基础

Creo Parametric 8.0 是全面的一体化三维建模软件，可使产品开发人员提高产品质量、缩短产品上市时间、减少成本、改善过程中的信息交流途径，同时为新产品的开发和制造提供了全新的创新方法。

Creo Parametric 8.0 不仅提供了智能化的界面，使产品设计操作更为简单，还继续保留了 Creo Parametric 将 CAD/CAM/CAE 三个部分融为一体的一贯传统，为产品设计、生产的全过程提供概念设计、详细设计、数据协同、产品分析、运动分析、结构分析、电缆布线、产品加工等功能模块。

- 工作界面介绍
- 文件的基本操作
- 系统环境的配置

1.1 Creo Parametric 8.0工作界面介绍

1.1.1 Creo Parametric 8.0工作界面

双击桌面上的快捷方式图标，打开图1-1所示的Creo Parametric 8.0起始界面，系统将直接通过网络与PTC公司的Creo Parametric 8.0资源中心的网页链接。若想取消与资源中心的网络链接，可以在菜单栏中选择“文件”→“选项”命令，打开“Creo Parametric选项”对话框，单击“窗口设置”选项，对话框显示如图1-2所示。取消勾选“启动时展开浏览器”复选框，单击“确定”按钮，这样以后再打开Creo Parametric 8.0时将不会链接到资源中心网页。

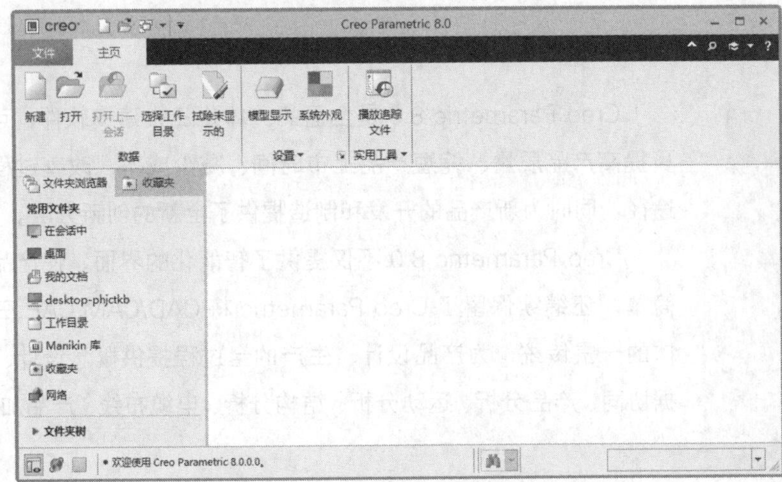

Creo Parametric 8.0工作界面

图1-1 Creo Parametric 8.0起始界面

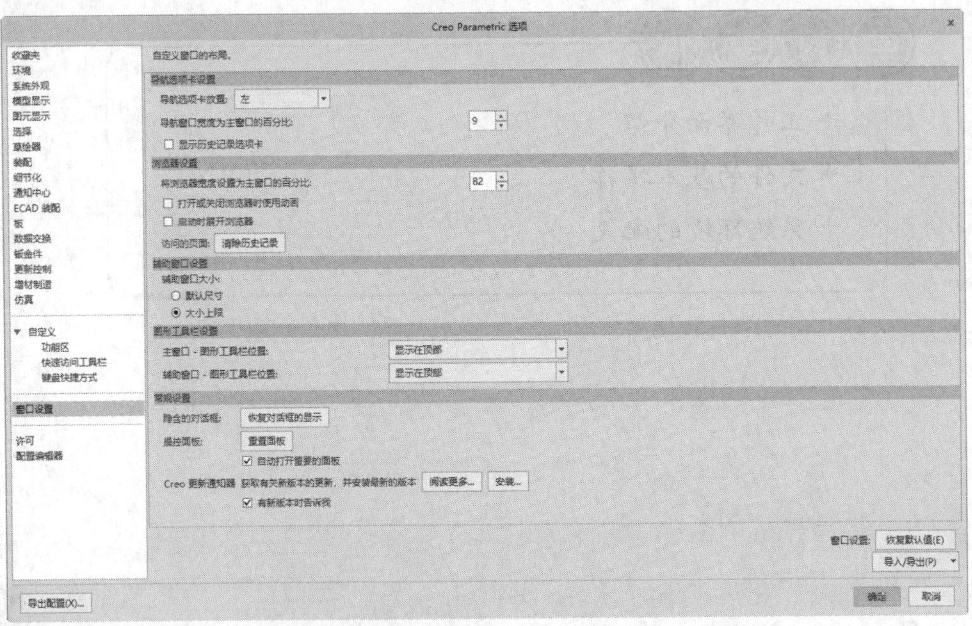

图1-2 “Creo Parametric选项”对话框

单击“主页”功能区“数据”面板中的“新建”按钮，打开“新建”对话框，选择一个类型后，单击“确定”按钮，进入Creo Parametric 8.0工作界面，如图1-3所示。

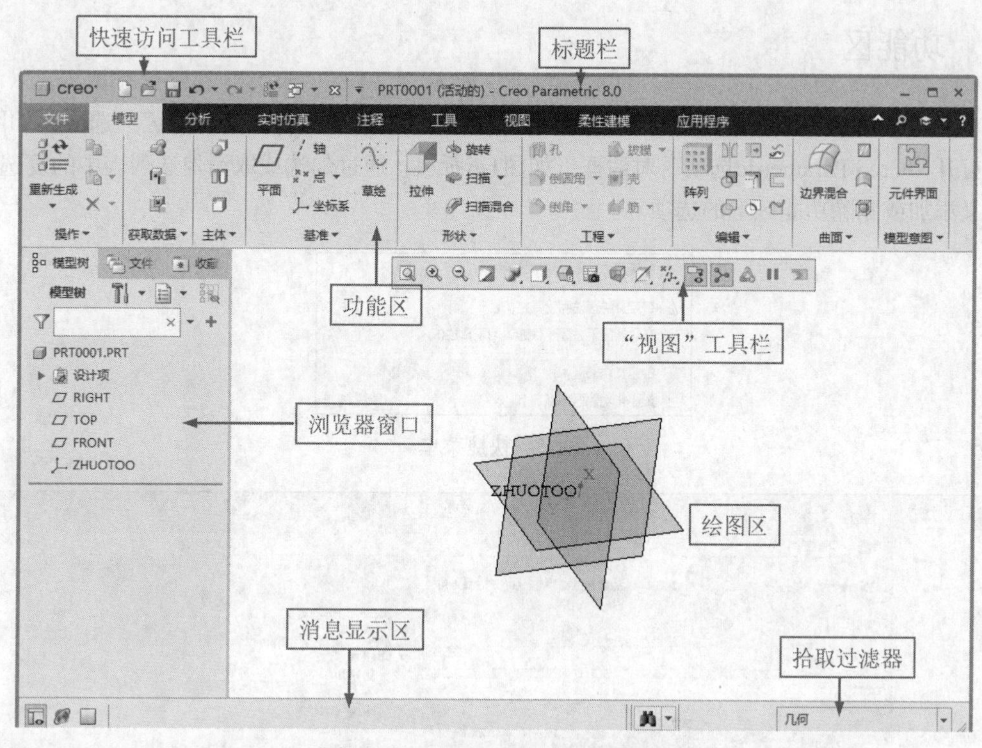

图1-3 Creo Parametric 8.0工作界面

Creo Parametric 8.0的工作界面分为8个部分，分别是标题栏、快速访问工具栏、功能区、“视图”工具栏、绘图区、浏览器窗口、拾取过滤器和消息显示区。

1.1.2 标题栏

标题栏用于显示当前活动窗口的名称，如果当前没有打开任何窗口，则显示系统名称。系统可以同时打开多个窗口，但只有一个处于活动状态，用户只能对活动窗口进行操作。如果需要激活其他窗口，可以在快速访问工具栏“窗口”菜单中选择需要激活的窗口，此时标题栏将显示被激活窗口的名称。

1.1.3 快速访问工具栏

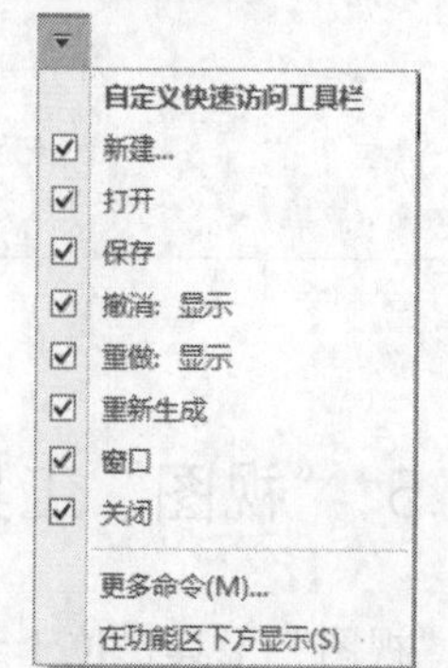

图1-4 快速访问工具栏下拉列表

快速访问工具栏由“重做”按钮、“重新生成”按钮、“窗口”按钮以及“打开”按钮等组成，单击“自定义快速访问工具栏”按钮，打开图1-4所示的下拉列表，通过勾选或取消勾选列表中的复选框可以自定义添加或删除快速访问工具栏的一些命令及图标符号，当勾选时，该命令及图标将在自定义快速访问工具栏中显示，不勾选时则隐藏。

1.1.4 功能区

在功能区中的任一位置右击鼠标，在打开的快捷菜单中选择“自定义功能区”选项，如图1-5所示。打开“Creo Parametric选项”对话框，如图1-6所示，通过勾选或取消勾选列表中的复选框可以自定义添加或删除功能区上的选项。

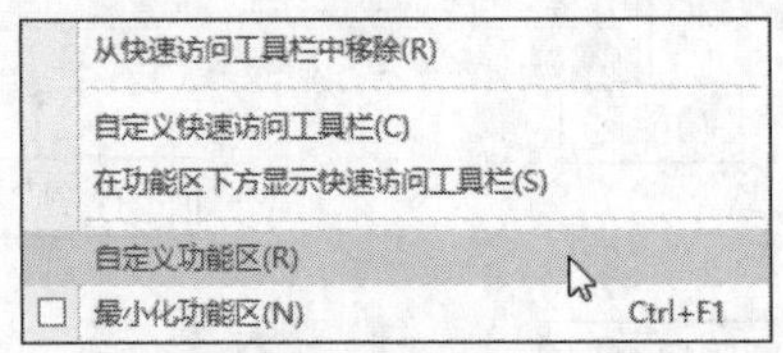

图1-5 快捷菜单

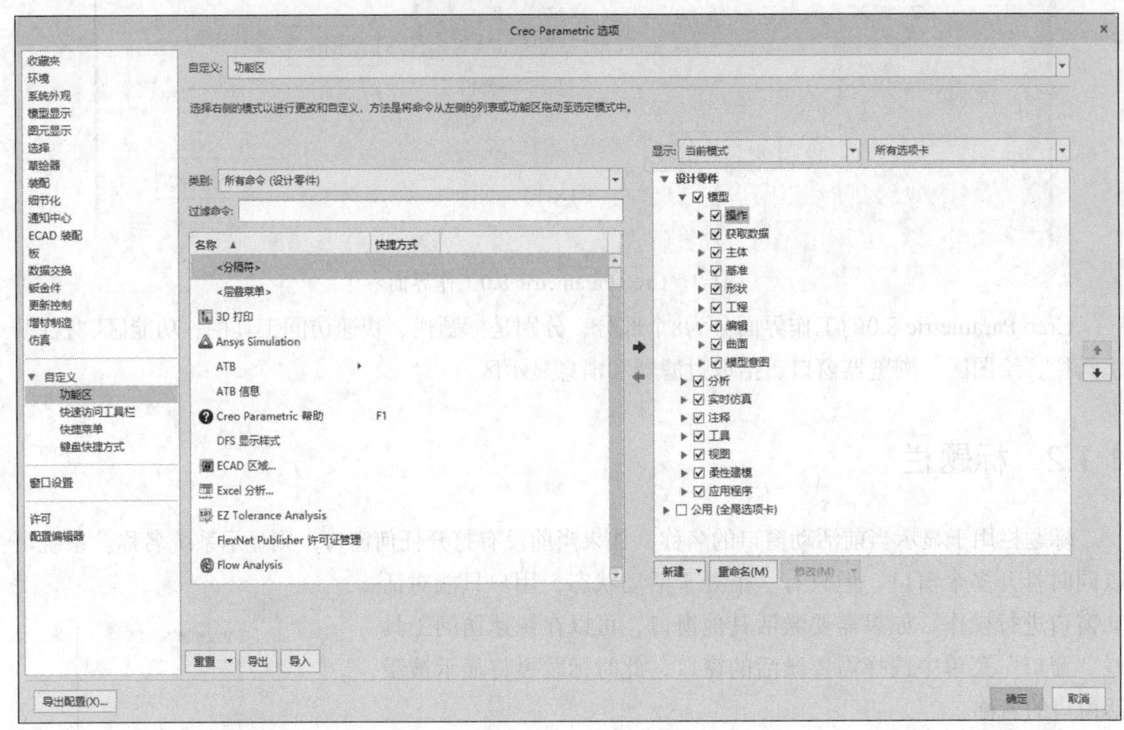

图1-6 “Creo Parametric选项”对话框

1.1.5 “视图”工具栏

“视图”工具栏位于绘图窗口的顶部，包括“重新调整”、“放大”以及“缩小”等命令，在这里可以快速地调用某些常用的命令。在工具栏上任一命令按钮上右击，弹出图1-7所示的快捷菜单，在列表中可以通过勾选来显示某些命令按钮。

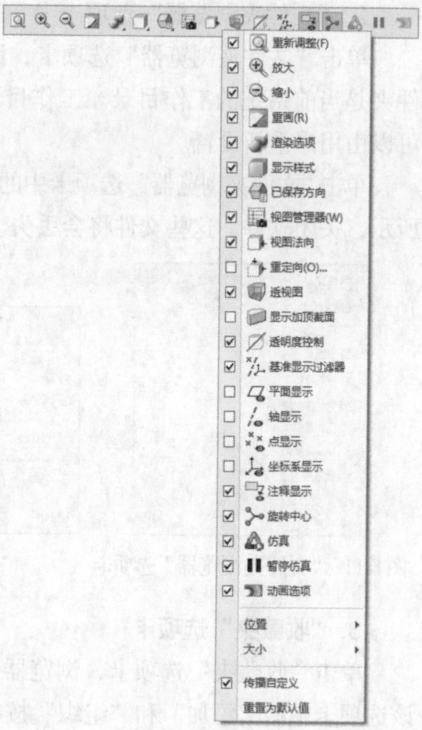

图1-7 快捷菜单

1.1.6 浏览器窗口

浏览器窗口中包含“模型树”“文件夹浏览器”和“收藏夹”3个选项卡，各选项卡的功能介绍如下。

1．“模型树”选项卡

“模型树”选项卡用于显示当前模型的各种特征，如基准面、基准坐标系、插入的新特征等，如图1-8所示。用户可以在该选项卡中快速查找所需编辑的特征、查看各特征生成的先后次序等。

另外，“模型树”选项卡中还包含“显示”和“设置”两个选项。选择“显示”选项，打开图1-9所示的下拉菜单，当选择“突出显示几何”命令时，所选的特征将以红色标识，便于用户识别。单击“视图”功能区“可见性”面板中的“层”按钮，或选择“模型树”选项卡中的“显示”→“层树”命令，在“模型树”选项卡中显示“层树”，如图1-10所示。在“层树”中，可以控制层、层的项目及其显示状态。

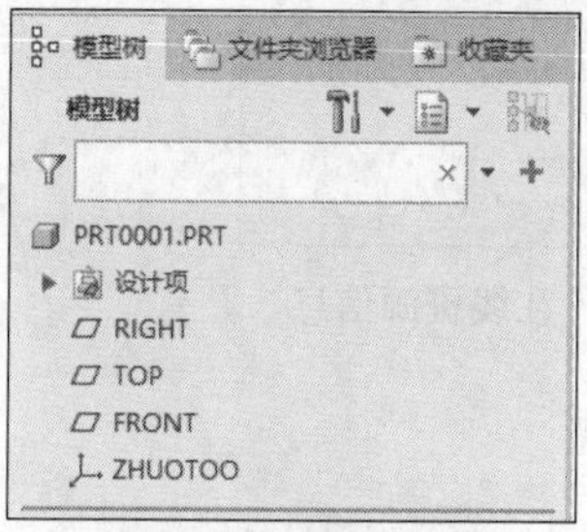

图1-8 “模型树”选项卡

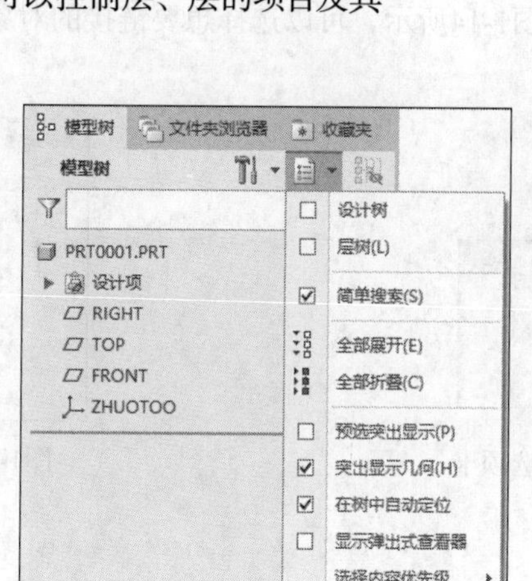
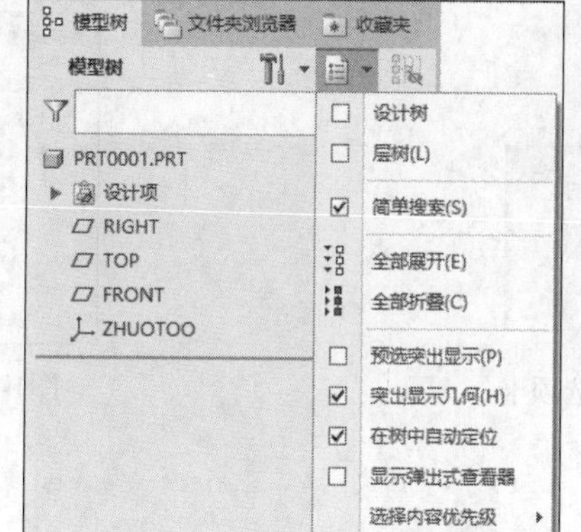

图1-9 “显示”下拉菜单

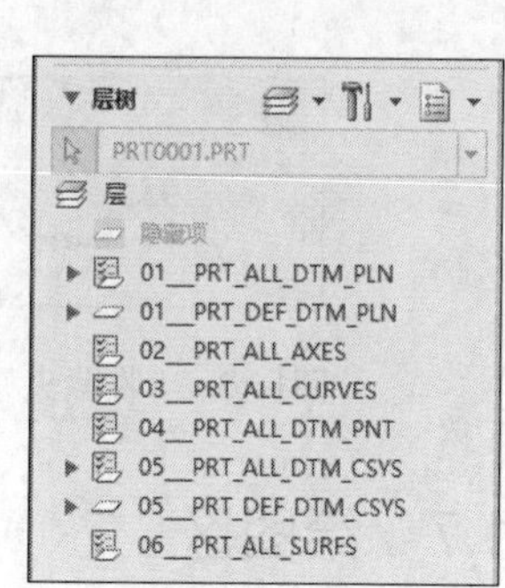

图1-10 “层树”

在“层树”中使用以下符号，用以指示与项目有关的层的类型。

- 隐藏项目：在“模型树”选项卡中临时隐藏的项目。
- 简单层：将项目手动添加到层中。
- 默认层：使用def_layer配置选项创建的层。
- 规则层：由规则定义的层。

2. “文件夹浏览器”选项卡

单击“文件夹浏览器”选项卡，浏览器窗口显示如图1-11所示。此选项卡刚打开时，默认的文件夹是当前系统的工作目录。工作目录是指系统在打开、保存、放置轨迹文件时默认的文件路径，可以由用户重新设置。

单击“文件夹浏览器”选项卡中的“在会话中”按钮，浏览器窗口将显示当前设计文件，如图1-12所示，关闭软件，这些文件将会丢失。

图1-11 “文件夹浏览器”选项卡

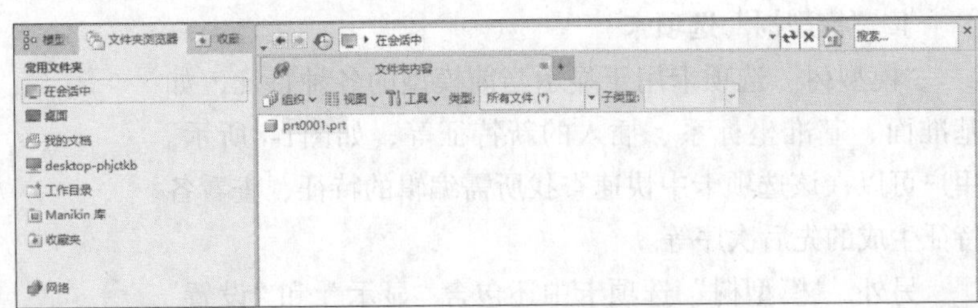

图1-12 显示当前设计文件

3. “收藏夹”选项卡

单击“收藏夹”选项卡，浏览器窗口显示如图1-13所示。该选项卡用于显示个人文件夹，通过该选项卡中的“添加”和“组织”按钮，可以进行文件夹的新建、删除、重命名等操作。

选择“Personal Favorites（个人收藏夹）”选项，再选择“Online Resources（在线资源）”选项，将显示在线资源信息，如图1-14所示，可以选择想要链接的对象，如3D模型空间、用户组、技术支持等。

图1-13 “收藏夹”选项卡

图1-14 在线资源信息

1.1.7 绘图区

绘图区是Creo Parametric 8.0工作界面中面积最大的部分，在设计过程中设计对象就在这个区域显示，其他的一些基准，如基准面、基准轴、基准坐标系等也在这个区域显示。

1.1.8 拾取过滤器

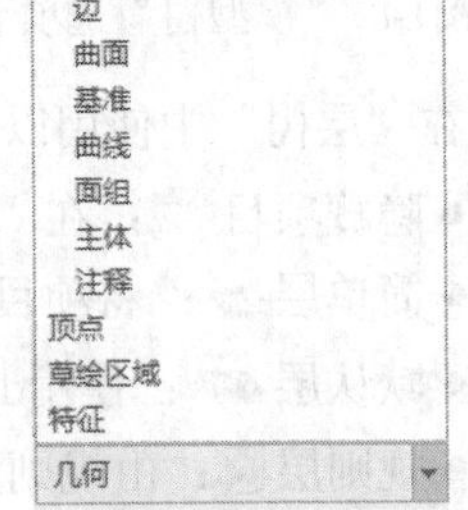

图1-15 “拾取过滤器”下拉列表

单击拾取过滤器的下拉按钮▾，打开图1-15所示的“拾取过滤器”下拉列表，可以选择拾取过滤的类型，如特征、基准等。如果在拾取过滤器中选择某种类型的特征，则不能在绘图区中选择其他类型的特征。

1.1.9　消息显示区

消息显示区用于显示当前所进行的操作反馈消息，提示用户此步操作产生的结果，或提示下一步的操作信息。当选择命令，打开对应操控板时，提示信息将在操控板的消息显示区中显示，功能与消息提示区一致。

1.2　文件操作

文件操作

本节主要介绍文件的基本操作，如新建文件、打开文件、保存文件等，注意硬盘文件和进程中文件的异同，以及删除和拭除的区别。

1.2.1　新建文件

单击“主页”功能区“数据”面板中的“新建”按钮□或单击“快速访问工具栏”中的“新建”按钮□，系统打开“新建”对话框，如图1-16所示。从图中可以看到，Creo Parametric 8.0提供了以下8种文件类型。

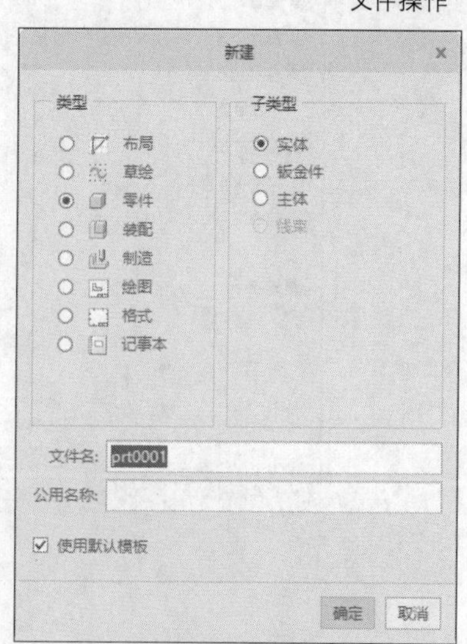

图1-16 “新建”对话框

- 布局：绘制布局视图，扩展名为“.cem”。
- 草绘：绘制2D剖面图文件，扩展名为“.sec”。
- 零件：创建3D零件模型，扩展名为“.prt”。
- 装配：创建3D组合件，扩展名为“.asm”。
- 制造：制作NC加工程序，扩展名为“.mfg”。
- 绘图：生成2D工程图，扩展名为“.drw”。
- 格式：生成2D工程图的图框，扩展名为“.frm”。
- 记事本：组合规划产品，扩展名为“.lay”。

在“新建”对话框“类型”选项组中默认点选“零件”单选钮，“子类型”选项组中可点选“实体”“钣金件”“主体”单选钮，默认选项为“实体”。

在该对话框中勾选“使用默认模板”复选框，生成文件时将自动使用缺省模板，否则单击“新建”对话框中的“确定”按钮后将打开“新文件选项”对话框选择模板。如点选“零件”单选钮后“新文件选项”对话框如图1-17所示。

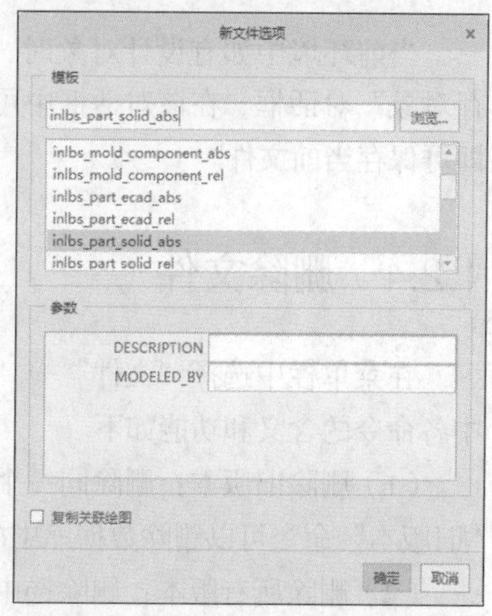

图 1-17 “新文件选项”对话框

1.2.2 打开文件

单击“主页”功能区“数据”面板中的“打开”按钮或单击“快速访问”工具栏中的“打开”按钮，系统打开图1-18所示的“文件打开”对话框。单击该对话框中的“预览”按钮，则打开文件预览框，可以预览所选择的Creo文件。单击“文件打开”对话框中的“在会话中”按钮，选择当前进程中的文件，单击“打开”按钮即可打开该文件。

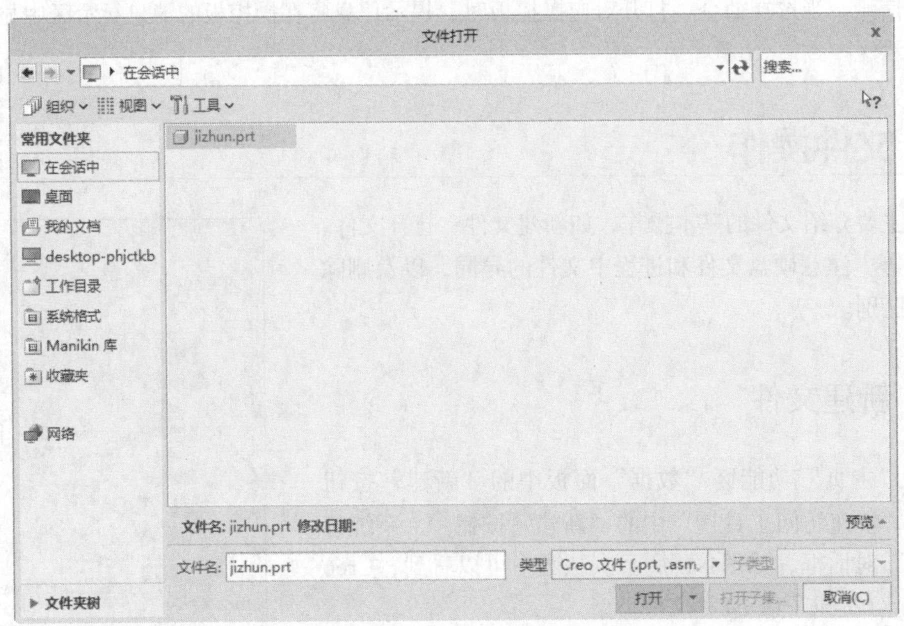

图1-18 “文件打开”对话框

1.2.3 保存文件

当前环境中如有设计对象时，单击“快速访问”工具栏中的“保存”按钮，系统打开“保存对象”对话框，在该对话框中可以选择保存目录、设定保存文件的名称等，单击“确定”按钮，即可保存当前文件。

1.2.4 删除文件

在菜单栏中选择“文件”→“管理文件”命令，打开“管理文件”子菜单，如图1-19所示，其中各命令的含义和功能如下。

（1）删除旧版本：删除同一个文件的旧版本，即将除最新版本以外的同名文件全部删除。使用“旧版本”命令可以删除数据库中的旧版本文件，而硬盘中这些文件依然存在。

（2）删除所有版本：删除选中文件的所有版本，包括最新版本。注意，此时硬盘中的文件也将不存在。

1.2.5 删除内存中的文件

在菜单栏中选择“文件”→“管理会话”命令，打开“管理会话”子菜单，如图1-20所示，其中各命令的含义和功能如下。

（1）拭除当前：用于擦除进程中的当前版本文件。

（2）拭除未显示的：用于擦除进程中除当前版本之外的所有同名版本文件。

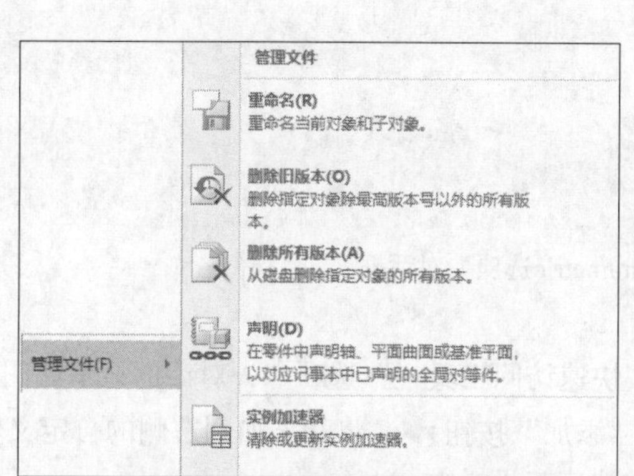

图1-19 “管理文件”子菜单

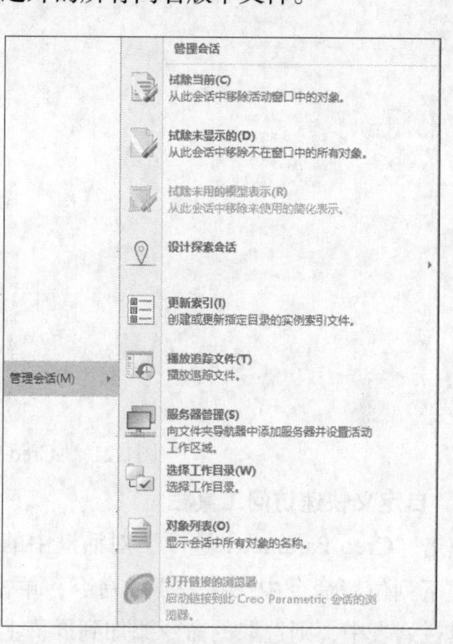

图1-20 “管理会话”子菜单

1.3 Creo Parametric 8.0系统环境配置

Creo Parametric 8.0
系统环境配置

1.3.1 定制工作界面

Creo Parametric 8.0功能强大，命令菜单和工具按钮繁多，可以只显示常用的工具按钮。Creo Parametric 8.0支持定制工作界面，可根据个人喜好进行设置。一般情况下，可以通过下列方法定制工作界面。

在菜单栏中选择“文件”→“选项”命令，或在面板区域的空白处右击，在打开的右键快捷菜单中选择“自定义功能区”命令，系统打开如图1-21所示的“Creo Parametric选项”对话框，在该对话框中可以自定义功能区、快速访问工具栏和窗口设置。

1. 自定义功能区

单击“Creo Parametric选项”对话框中的“自定义功能区”选项卡，对话框显示如图1-21所示，该选项卡主要包括两个部分，右侧部分用来控制在工作界面中显示哪些功能区和选项卡。该列表中包括所有功能区，如果需要在工作界面中显示某功能区，则勾选其前面的复选框；反之，取消勾选即可。右侧部分显示所有的命令，也可以将所选命令添加到新建选项卡或组中。

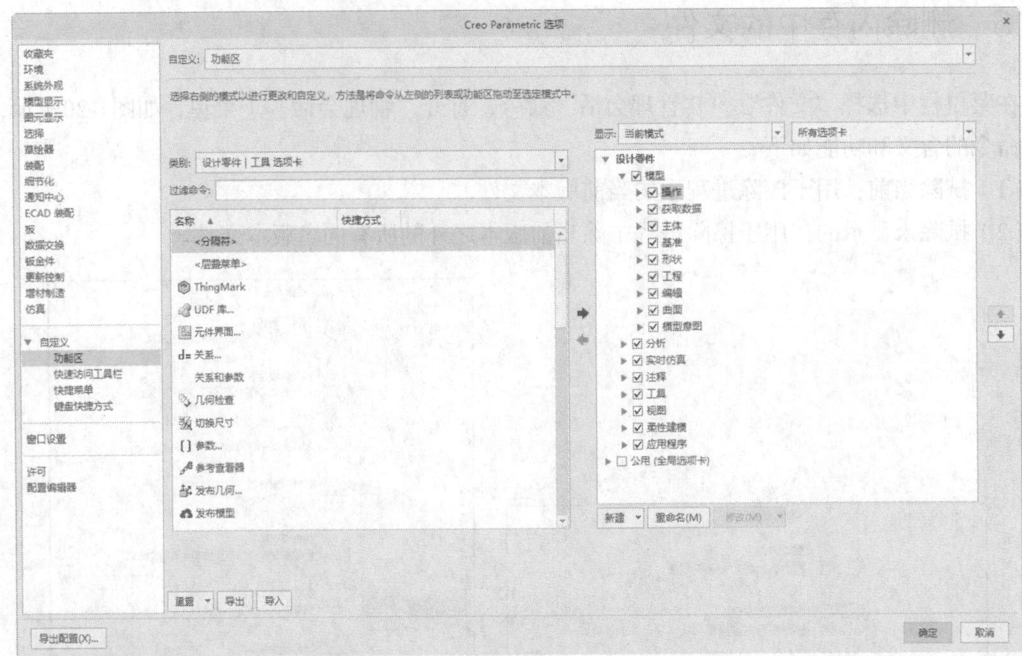

图1-21 “Creo Parametric选项”对话框

2. 自定义快速访问工具栏

单击“Creo Parametric选项”对话框中的“快速访问工具栏”选项卡，对话框显示如图1-22所示，在下列位置命令中选择需要的命令，单击“添加”按钮➡，将其添加到右侧的自定义快速访问工具栏列表中，则选取的命令添加到屏幕上的快速工具栏中。

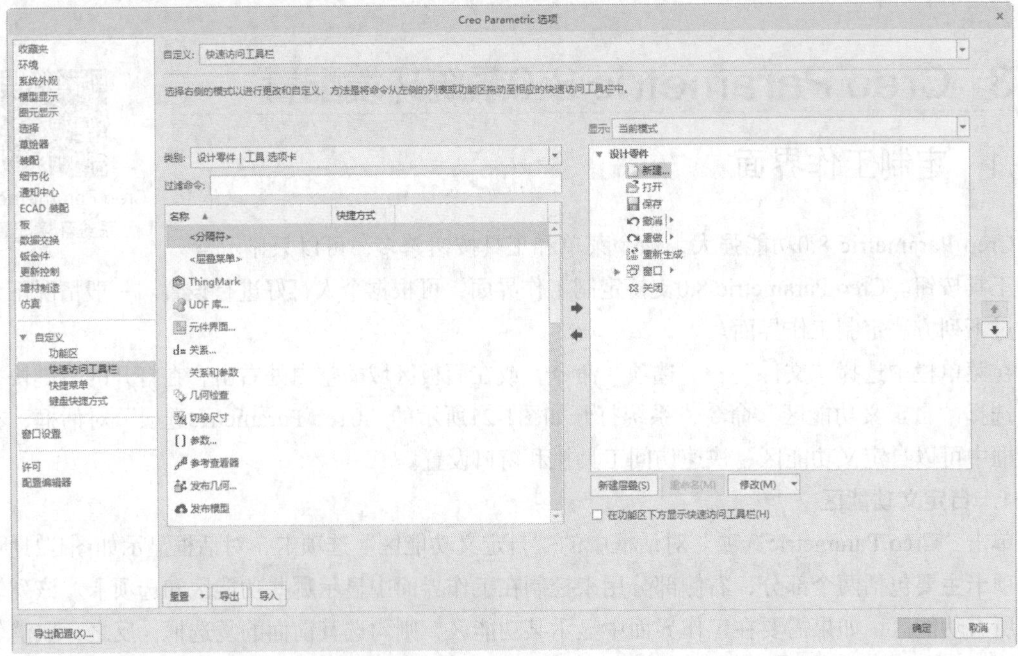

图1-22 “快速访问工具栏”选项卡

3. 自定义窗口

单击“Creo Parametric选项”对话框中的“窗口设置”选项卡，对话框显示如图1-23所示。

（1）“导航选项卡设置”选项组：用于设定导航器的显示位置、宽度以及消息提示区的显示位置等。

（2）“浏览器设置”选项组：可以设置窗口宽度。另外，该选项卡中还包括“在打开或关闭浏览器时使用动画”和“启动时展开浏览器”复选框，用户可以根据情况自行选择。

（3）“辅助窗口设置”选项组：用来设置辅助窗口的显示大小。

（4）“图形工具栏设置”选项组：用来设置窗口中工具栏的位置。

使用“环境”对话框也可以更改 Creo Parametric 8.0 的环境设置。

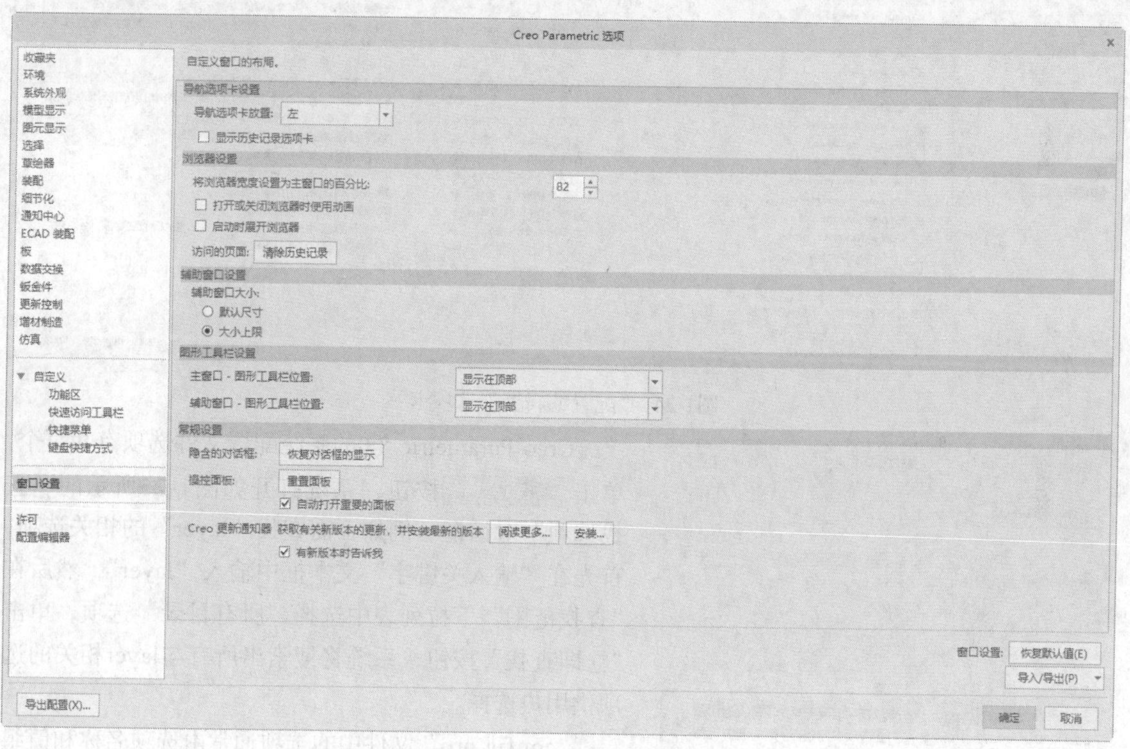

图1-23 “窗口设置”选项卡

1.3.2 配置文件

配置文件是Creo Parametric 8.0中最重要的工具，它保存和记录了所有参数设置的结果，默认配置文件名为“config.pro”。系统允许用户自定义配置文件，并以“.pro”为扩展名保存，大多数的参数都可以通过配置文件对话框来设置。

在菜单栏中选择“文件”→“选项”命令，系统打开“Creo Parametric选项”对话框，选择

“配置编辑器”选项卡，如图1-24所示，系统优先读取当前会话中的配置文件。在“显示过滤器”下拉列表中勾选“所有选项”复选框，然后在“排序”下拉列表中选择“按字母顺序”选项，系统将在列表框中列出所有选项，并列出对应选项的值、状态和来源。

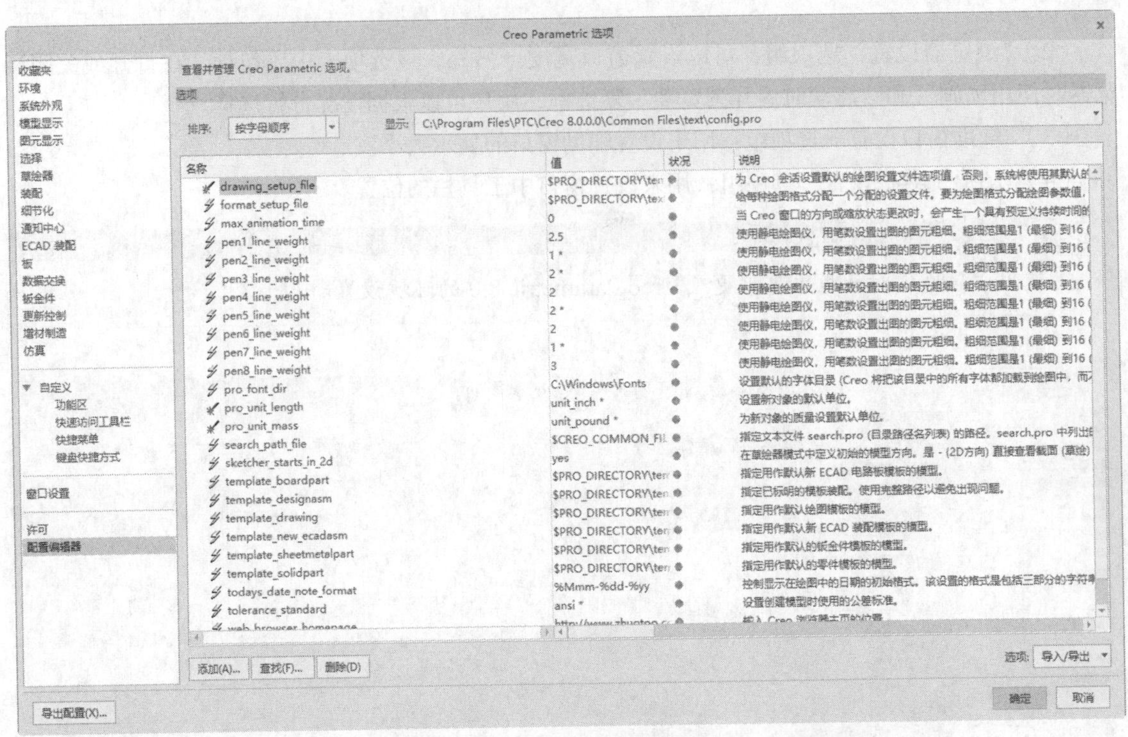

图1-24 “配置编辑器”选项卡

Creo Parametric 8.0的系统配置文件选项有几百个，单击 查找(F)... 按钮，系统打开如图1-25所示的“查找选项”对话框。例如，需查找“layer”的相关选项，首先在“输入关键字”文本框中输入“layer”，然后在“查找范围”下拉列表中选择“所有目录”选项，单击“立即查找”按钮，系统将搜索出所有与layer相关的选项供用户选择。

“config.pro”文件中的选项通常由选项名称和值组成，如图1-26所示的选项名称为“create_drawing_dims_only”的选项，其值可为“no*”或“yes”，其中带“*”的值为系统默认值。

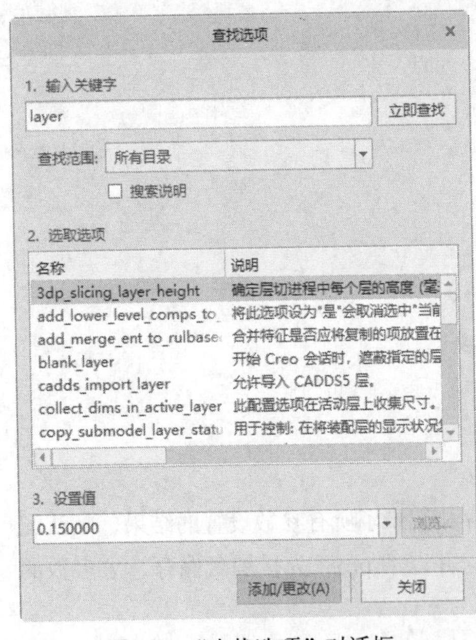

图1-25 “查找选项”对话框

图1-26 选项名称和值

当确定配置选项及其值后，单击“确定”按钮完成设置。

技巧荟萃

配置文件用于永久性地进行环境设置，大部分设置可以通过其他选项暂时改变，例如可以通过配置文件对话框来设置环境。

1.3.3 配置系统环境

在菜单栏中选择“文件”→“选项”命令，系统打开“Creo Parametric选项”对话框，选择“图元显示”选项卡，如图1-27所示。通过该对话框用于设置部分环境参数。这些参数也可以在配置文件中设置，但每次重新启动软件后，环境参数都将设置成“config.pro”文件中的值。如果“config.pro”文件中没有所需的参数，可以直接进入“Creo Parametric选项”对话框进行设置。

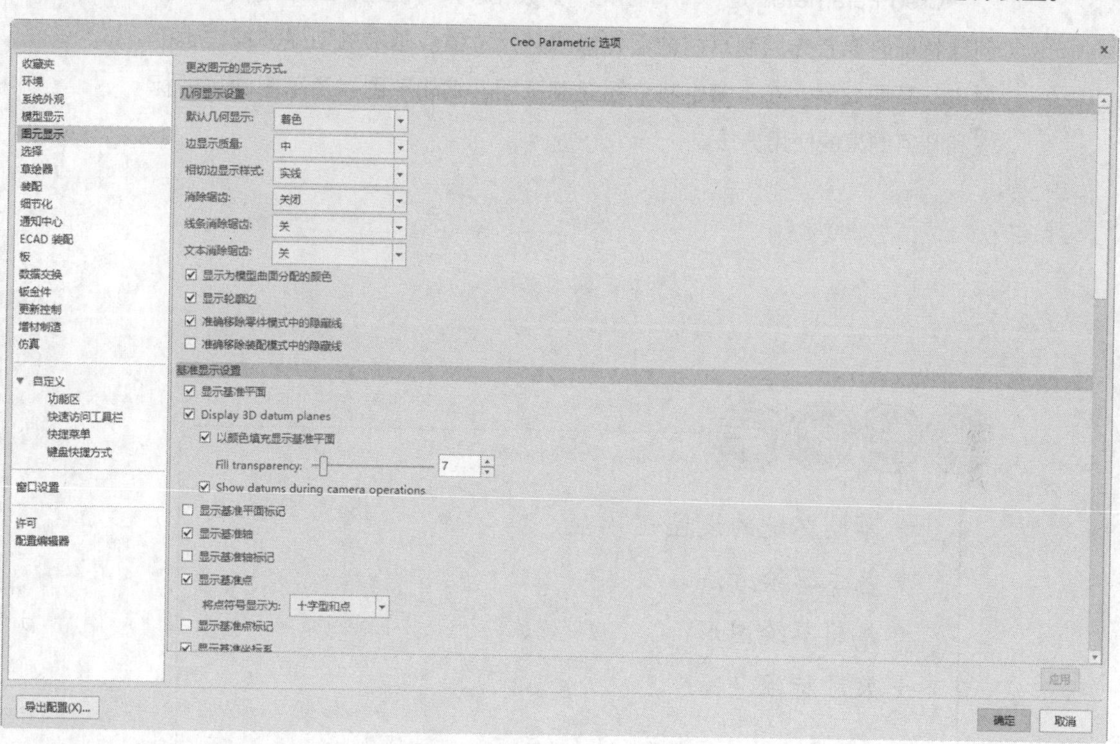

图1-27 “图元显示”选项卡

第 2 章 绘制草图

Creo Parametric 是一个特征化、参数化、尺寸驱动的三维建模软件。创建特征时要首先绘制草图截面并修改其尺寸值。基准的创建和操作也需要进行草图绘制。在本章中将介绍绘制草图、编辑草图以及草图的尺寸标注和几何约束的使用方法。

- 草绘环境的设置
- 基本草绘方法
- 编辑草绘图形
- 尺寸标注

2.1 基本概念

使用Creo Parametric进行三维实体建模时，需首先绘制一个基础实体，然后在实体上进行各项操作，如添加实体、切除实体等，这也是使用Creo Parametric进行三维设计的基本思路。可以通过多种方式生成三维实体，如拉伸、旋转等。若需要进行拉伸、旋转等操作，将会涉及Creo Parametric中一个非常重要的环节——草图绘制。

在进行草图绘制时，需先绘制二维截面图，然后通过拉伸、旋转等特征生成实体。在Creo Parametric中二维截面图属于参数化设计，所以初学者在进行二维草图绘制时要养成参数化的好习惯，并切实体会参数化精神。

二维截面图由二维几何图形（Geometry）数据、尺寸（Dimension）数据和二维几何约束（Alignment）数据3个要素构成。用户在草绘环境中，可先绘制大致的二维几何图形，然后再进行尺寸修改，系统会自动以正确的尺寸值来约束几何图形。除此之外，系统对二维截面上的某些几何图形会自动假设某些限制条件，如对称、对齐、相切等，以减少尺寸标注的困难，并达到整体约束截面外形的目的。

2.2 进入草绘环境

进入草绘环境

进入草绘环境的方法主要有以下两种。

（1）单击“主页”功能区“数据”面板中的“新建”按钮，在打开的“新建”对话框中点选“草绘”单选钮，如图2-1所示，单击“确定”按钮，系统进入草绘环境。

（2）单击“主页”功能区“数据”面板中的“新建”按钮，打开“新建”对话框，在“类型”选项组中点选“零件”单选钮，进入设计环境。单击“模型”功能区“基准”面板中的“草绘”按钮，打开如图2-2所示的“草绘”对话框，选取草绘平面，单击“草绘”按钮，系统进入草绘环境。

可在“草绘”对话框中设置草绘平面和参考平面。一般来说，草绘平面和参考平面是相互垂直的两个平面。如图2-3所示，当选取基准平面FRONT作为草绘平面时，系统将默认选取基准平面RIGHT作为参考平面，方向为右。此时将在“草绘”对话框“放置”选项卡中显示所有的设置。

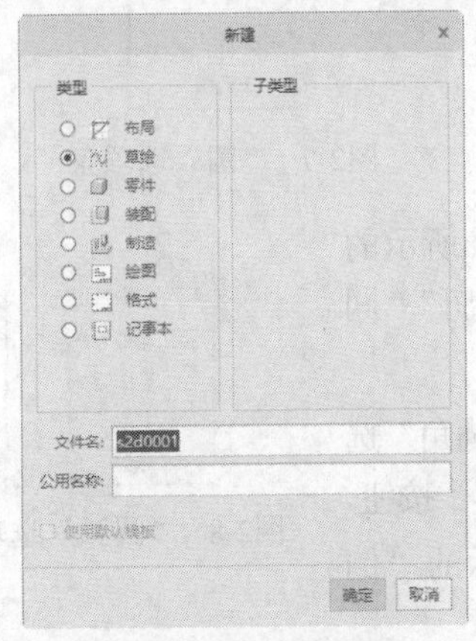

图2-1 “新建”对话框

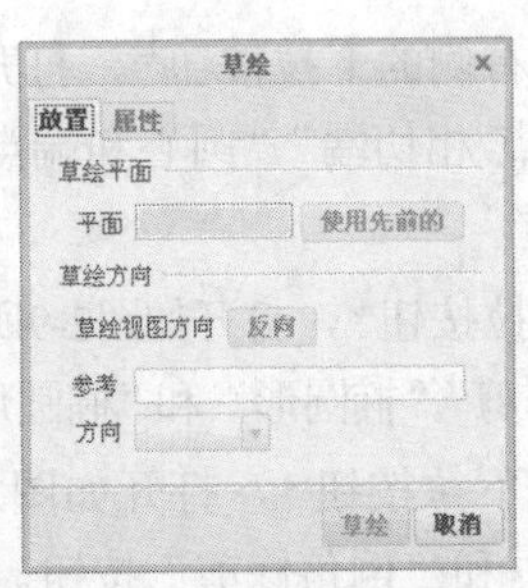

图2-2 “草绘”对话框

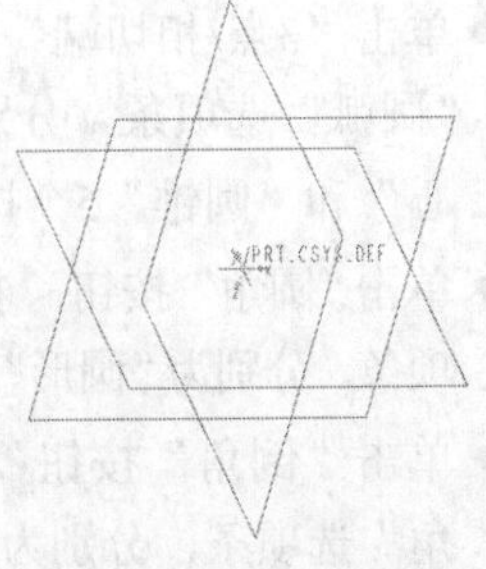

图2-3 基准平面设置

单击“草绘”对话框中的“草绘”按钮，系统进入草绘环境，用户可以在此环境中绘制草图，绘制完成后，单击“草绘”功能区“关闭”面板中的“确定”按钮✔即可生成二维截面图。

2.3 草绘环境中各面板按钮简介

草绘环境中各面板按钮简介

通过2.2节中介绍的两种方式进入的草绘环境基本一致，第二种方法涉及草绘平面和参考平面等内容的设置，与第一种方式相比约束较多。我们通常使用第二种方式进入草绘环境，下面将对草绘环境中的“草绘”功能区进行详细介绍。

“草绘”功能区中的面板依次为“设置”“获取数据”“操作”“基准”“草绘”“编辑”“约束”“尺寸”“检查”“关闭”，如图2-4所示。

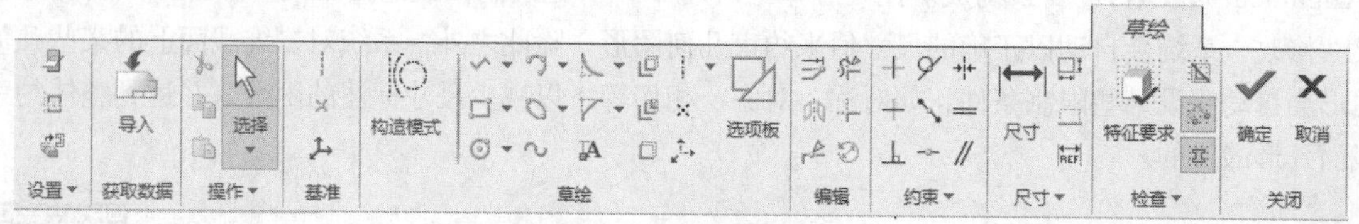

图2-4 “草绘”功能区

单击面板中的按钮可以直接使用。某些按钮右侧包含一个三角形下拉按钮，单击该下拉按钮，将打开相应的选项条。

- 单击“线链”按钮右侧的下拉按钮，打开如图2-5所示的“线”选项条，分别为“线链”和“直线相切”按钮。
- 单击“矩形”按钮右侧的下拉按钮，打开如图2-6所示的“矩形”选项条，分别为“拐角矩形”“斜矩形”“中心矩形”和“平行四边形”4个按钮。
- 单击“圆心和点”按钮右侧的下拉按钮，打开如图2-7所示的“圆”选项条，分别为“圆心和点”“同心”“3点”和“3相切”4个按钮。

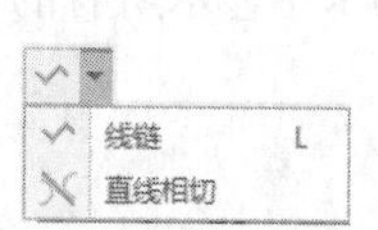

图2-5 “线”选项条

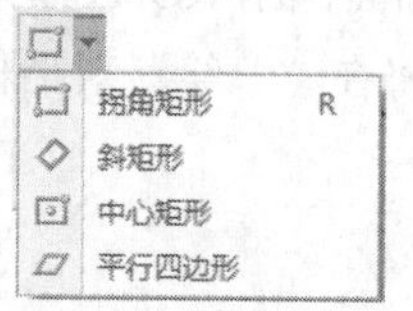

图2-6 “矩形”选项条

图2-7 “圆”选项条

- 单击“3点/相切端”按钮右侧的下拉按钮，打开如图2-8所示的“圆弧”选项条，分别为“3点/相切端”“圆心和端点”“3相切”“同心”和“圆锥”5个按钮。
- 单击“圆角”按钮右侧的下拉按钮，打开如图2-9所示的“圆角”选项条，分别为“圆形”“圆形修剪”“椭圆形”和“椭圆形修剪”4个按钮。
- 单击“倒角”按钮右侧的下拉按钮，打开如图2-10所示的“倒角”选项条，分别为“倒角”和“倒角修剪”按钮。

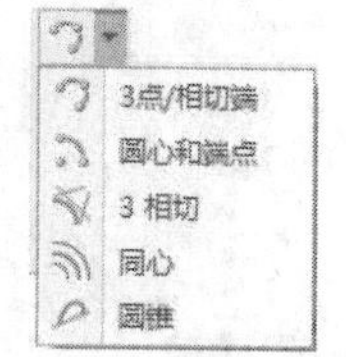

图2-8 “圆弧”选项条

● 单击“椭圆”按钮右侧的下拉按钮，打开如图2-11所示的“椭圆”选项条，分别为“轴端点椭圆”和“中心和轴椭圆”按钮。

● 单击“中心线”按钮右侧的下拉按钮，打开如图2-12所示的“中心线”选项条，分别为“中心线”和“中心线相切”按钮。

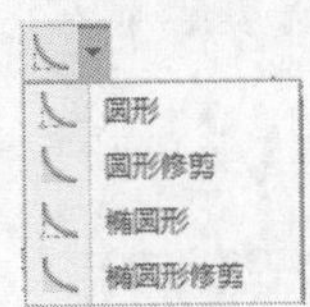

图2-9　“圆角”选项条

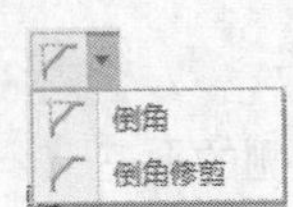

图2-10　“倒角”选项条

图2-11　“椭圆”选项条

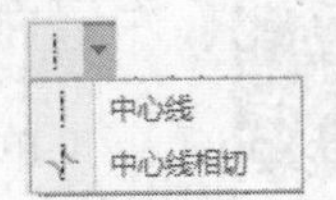

图2-12　“中心线”选项条

2.4 设置草绘环境

本节将详细介绍二维草绘环境中网格及其间距、拾取过滤器和首选项的设置方法。

2.4.1　设置草绘器栅格和启动

设置草绘器栅格和启动

在菜单栏中选择“文件”→“选项”命令，打开“Creo Parametric选项”对话框，选择“草绘器”选项卡，如图2-13所示。在此对话框的勾选“栅格显示”复选框，将在二维草绘环境中显示栅格。

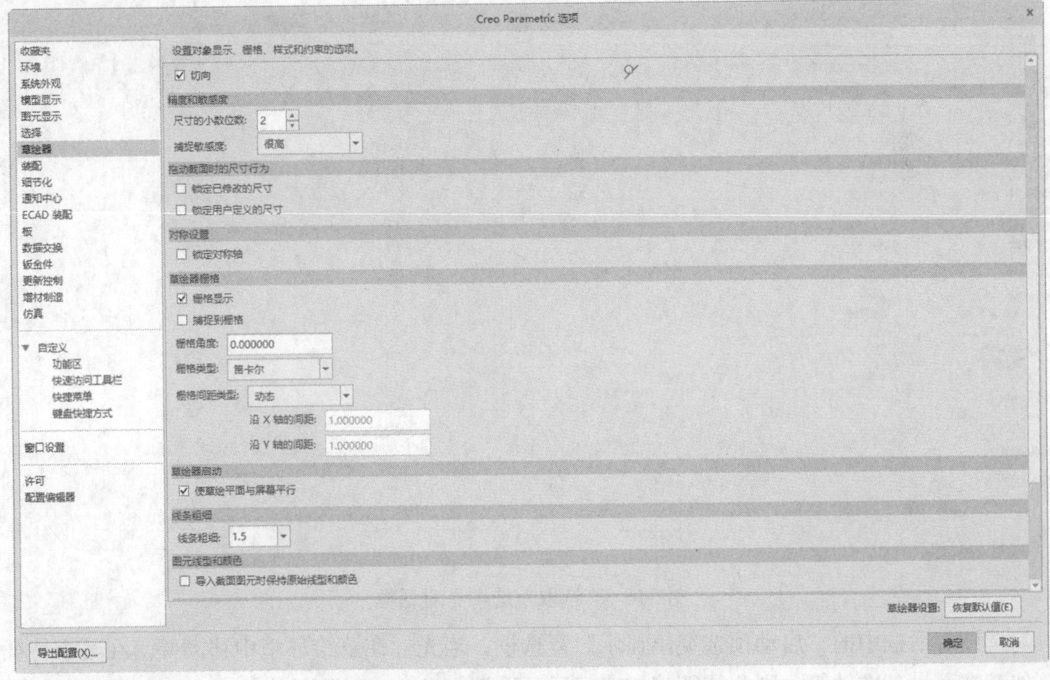

图2-13　“Creo Parametric选项”对话框

在“栅格间距类型”下拉列表中选择栅格间距的设置方式，其设置方式有两种，一是系统根据设计对象的具体尺寸自动调整栅格的间距；一是用户手动设定栅格的间距。

在对话框中勾选“使草绘平面与屏幕平行”复选框，则进入草绘环境后草绘平面与屏幕平行，若在此没有勾选此复选框，则可以进入草绘环境后，单击“视图”工具栏中的“草绘视图”按钮，使草绘平面与屏幕平行。

设置拾取过滤器

2.4.2　设置拾取过滤器

单击当前工作界面中的“拾取过滤器”右侧的下三角按钮，可从下拉列表中选择过滤选项，系统默认选项为“所有草绘”，如图2-14所示。

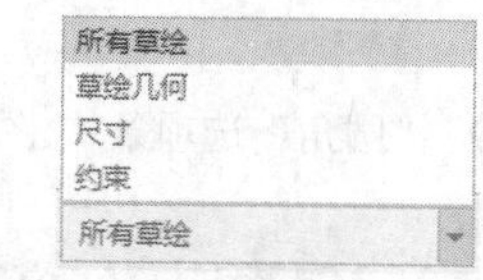

图2-14　“拾取过滤器”下拉列表

选择“所有草绘”选项后通过光标可以拾取全部特征；如果选择“草绘几何”选项，则只能选取草绘环境中的几何特征，其他选项读者可自己尝试操作，在此不再一一赘述。

设置首选项

2.4.3　设置首选项

在菜单栏中选择“文件”→“选项”命令，打开“Creo Parametric选项”对话框，选择“选择”选项卡，如图2-15所示。

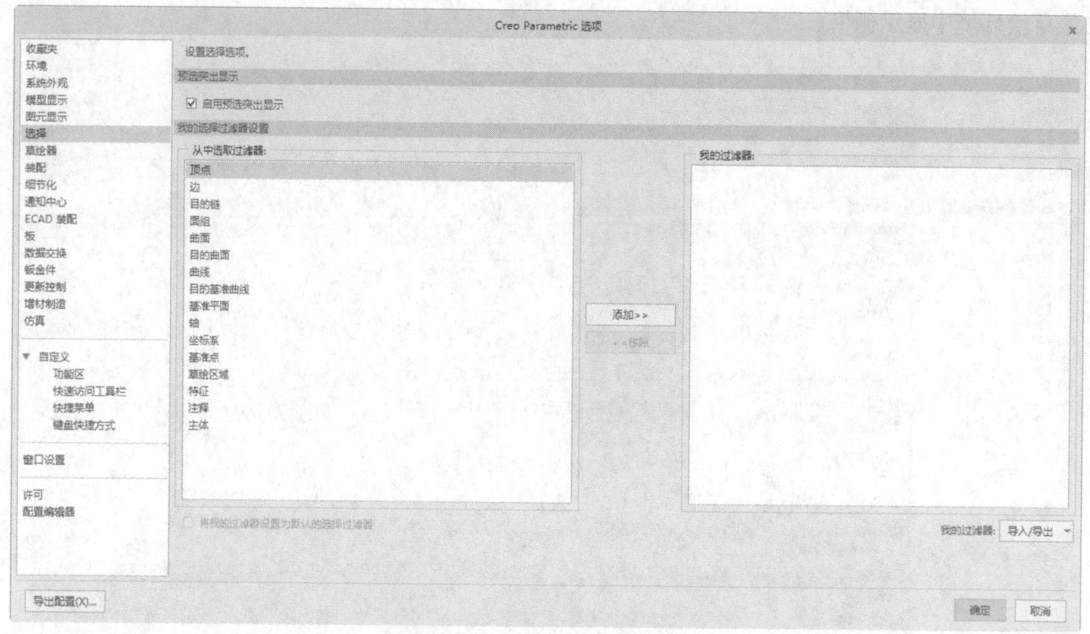

图2-15　“选取首选项”对话框

勾选该对话框中的“启动预选突出显示”复选框，当光标在草绘环境中移动并落在某个特征上时，如基准面、基准轴等，则此特征将加亮显示；取消勾选“启动预选突出显示”复选框，则不会加亮显示。

2.5 绘制草图的基本方法

下面详细介绍在草绘环境中绘制基本图元的方法和步骤。

2.5.1　绘制线

绘制线

直线是图形中最常见、最基本的几何图元，50%的几何实体边界由直线组成。一条直线由起点和终点两部分组成。在Creo Parametric中，系统提供了线、直线相切、中心线和几何中心线4种直线绘制方式。

1．线

通过“线”命令可以任意选取两点绘制直线，具体操作步骤如下。

（1）单击“草绘”功能区“草绘”面板中的“线链”按钮右侧的下拉按钮，在打开的“线”选项条中单击“线链”按钮。

（2）在绘图区单击确定直线的起点，一条橡皮筋状的直线附着在光标上出现，如图2-16所示。

图2-16　橡皮筋状的线

（3）单击确定终点位置，系统将在两点间绘制一条直线，同时，该点也是另一条直线的起点，再次选取另一点即可绘制另一条直线（在Creo Parametric中系统支持连续操作），单击中键，结束对直线的绘制，如图2-17所示。

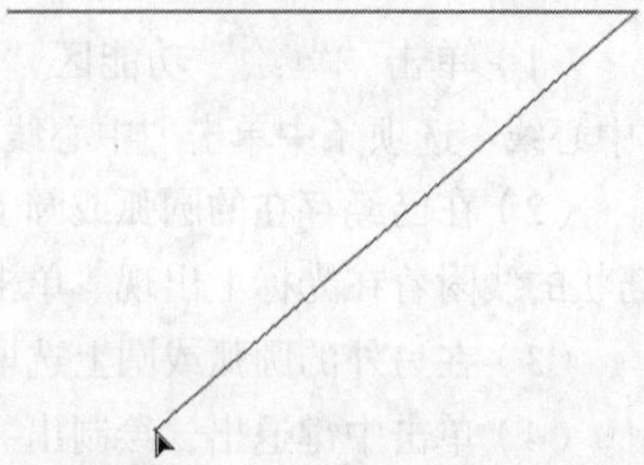

图2-17　连续绘制直线

2．相切直线

通过“直线相切”命令可以绘制一条与已存在的两个图元相切的直线，具体操作步骤如下。

（1）单击“草绘”功能区“草绘”面板中的“线链”按钮右侧的下拉按钮，在打开的“线”选项条中单击“直线相切”按钮。

（2）在已经存在的圆弧或圆上选取一个起点，此时选中的圆或圆弧将加亮显示，同时一条橡皮筋状的线附着在光标上出现，如图2-18所示。单击中键可取消该选择而重新选择。

（3）在另外的圆弧或圆上选取一个终点，在定义两个点后，可预览所绘制的切线。

（4）单击中键退出，绘制出一条与两个图元同时相切的直线段，如图2-19所示。

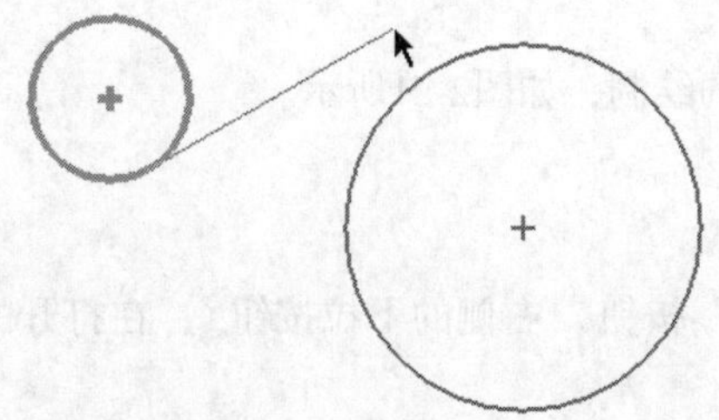
图2-18　绘制相切线

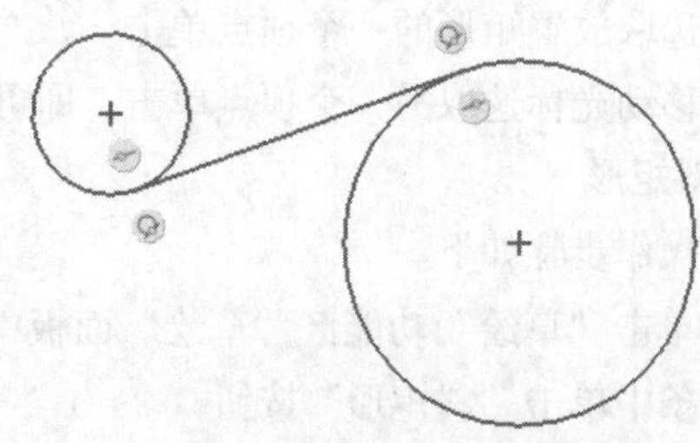
图2-19　与两图元同时相切的直线

2.5.2 中心线

中心线

1. 中心线

中心线用来定义一个旋转特征的旋转轴、在同一剖面内的一条对称直线，或用来绘制构造直线。中心线是无限延伸的线，不能用来绘制特征几何，绘制中心线的具体操作步骤如下。

（1）单击“草绘”功能区“草绘”面板中的“中心线”按钮右侧的下拉按钮，在打开的“中心线”选项条中单击“中心线”按钮。

（2）在绘图区选取与中心线的起点位置，这时一条橡皮筋状的中心线附着在光标上出现，如图2-20所示。

图2-20 绘制中心线

（3）单击选取中心线的终点，系统将在两点间绘制一条中心线。当光标拖着中心线变为水平或者垂直时，会在线旁边出现一个或图标，表示当前位置处于水平或垂直状态，此时单击，即可绘制出水平或垂直中心线。

2. 相切中心线

通过“中心线相切”命令可以绘制一条与已存在的两个图元相切的中心线，具体操作步骤如下。

（1）单击“草绘”功能区“草绘”面板中的“中心线”按钮右侧的下拉按钮，在打开的“中心线”选项条中单击“中心线相切”按钮。

（2）在已经存在的圆弧或圆上选取一个起点，此时选中的圆或圆弧将加亮显示，同时一条橡皮筋状的线附着在光标上出现。单击中键可取消该选择而重新选择。

（3）在另外的圆弧或圆上选取一个终点，在定义两个点后，可预览所绘制的切线。

（4）单击中键退出，绘制出一条与两个图元同时相切的中心线段。

2.5.3 绘制矩形

绘制矩形

1. 拐角矩形

在Creo Parametric中可通过给定任意两条对角线绘制矩形，具体操作步骤如下。

（1）单击“草绘”功能区“草绘”面板中的“拐角矩形”按钮右侧的下拉按钮，在打开的“矩形”选项条中单击“拐角矩形”按钮。

（2）选取放置矩形的一个顶点单击。

（3）移动光标选取另一个顶点单击，即可完成矩形的绘制，如图2-21所示。

2. 斜矩形

具体操作步骤如下。

（1）单击“草绘”功能区“草绘”面板中的“矩形”按钮右侧的下拉按钮，在打开的“矩形”选项条中单击“斜矩形”按钮。

（2）选取放置矩形的一个顶点单击。

（3）移动光标选取另一个点单击决定矩形的宽度。

（4）拖动鼠标到适当位置单击决定矩形的长度，如图2-22所示。

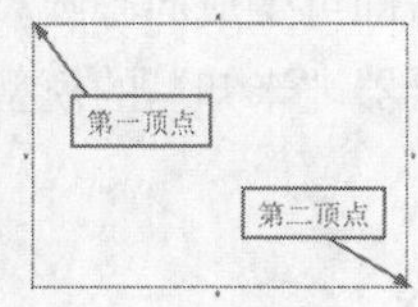

图2-21　绘制矩形

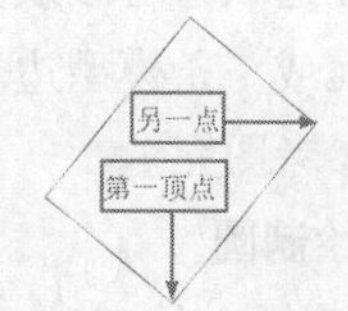

图2-22　绘制斜矩形

3. 中心矩形

具体操作步骤如下。

（1）单击“草绘”功能区“草绘”面板中的“矩形”按钮右侧的下拉按钮，在打开的“矩形”选项条中单击“中心矩形”按钮。

（2）选取放置矩形的中心单击。

（3）移动光标选取另一个点单击决定矩形的对角线，如图2-23所示。

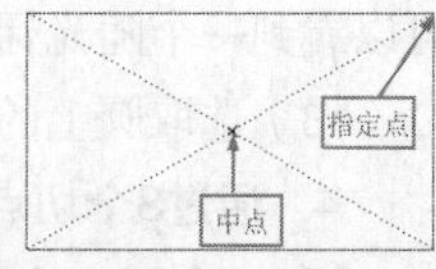

图2-23　中心矩形

4. 平行四边形

具体操作步骤如下。

（1）单击“草绘”功能区“草绘”面板中的“矩形”按钮右侧的下拉按钮，在打开的“矩形”选项条中单击“平行四边形”按钮。

（2）选取放置平行四边形的一个顶点单击。

（3）移动光标选取另一个点单击决定平行四边形的宽度。

（4）拖到鼠标到适当位置单击决定平行四边形的长度，结果如图2-24所示。

图2-24　平行四边形

矩形的4条线是相互独立的，可进行单独处理（如修剪、对齐等）。选取其中任一条矩形的边，选取的边将以加亮形式显示。

2.5.4　绘制圆

绘制圆

圆是另一种常见的基本图元，可用来表示圆柱、轴、轮、孔等的截面图。在Creo Parametric中提供了多种绘制圆的方法，通过这些方法可以很方便地绘制出满足用户要求的圆。

1. 中心圆

通过确定圆心和圆上的一点绘制中心圆，具体操作步骤如下。

（1）单击“草绘”功能区“草绘”面板中的“圆心和点”按钮右侧的下拉按钮，在打开的“圆”选项条中单击“圆心和点”按钮。

（2）在绘图区选取一点作为圆心，移动光标时圆拉成橡皮条状。

（3）将光标移动到合适位置作为圆上一点，单击即可绘制一个圆，光标的径向移动距离就是该圆的半径，如图2-25所示。

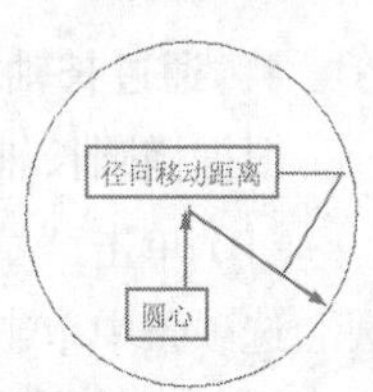

图2-25　绘制中心圆

2. 同心圆

同心圆是以选取一个参考圆或圆弧的圆心为圆心绘制圆，具体操作步骤如下。

（1）单击“草绘”功能区“草绘”面板中的“圆心和点”按钮右侧的下拉按钮，在打开的

“圆”选项条中单击“同心”按钮◎。

（2）在绘图区选取参考圆或圆弧，移动光标在合适位置单击即可生成同心圆。选定的参考圆可以是一个草绘图元或一条模型边。如果选定的圆参考是一个草绘器“未知”的模型图元，则该图元会自动成为一个参考图元。

3. 通过3点绘制圆

3点圆是通过在圆上给定3个点来确定圆的位置和大小，具体操作步骤如下。

（1）单击“草绘”功能区“草绘”面板中的“圆心和点”按钮右侧的下拉按钮，在打开的“圆”选项条中单击“3点”按钮。

（2）在绘图区选取一个点，然后选取圆上的第二个点。在定义两点后，可以看到一个随光标移动的预览圆。

（3）选取圆上的第三个点即可绘制一个圆，如图2-26所示。

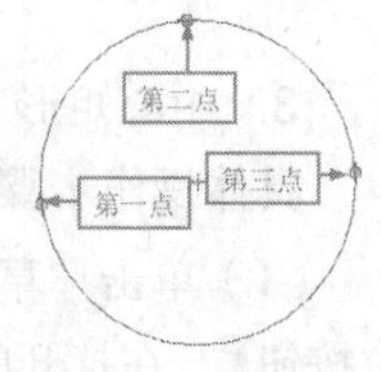

图2-26　绘制3点圆

4. 通过3个切点绘制圆

通过3个切点绘制圆，首先需给定3个参考图元，然后绘制与之相切的圆，具体操作步骤如下。

（1）单击“草绘”功能区“草绘”面板中的“圆心和点”按钮右侧的下拉按钮，在打开的“圆”选项条中单击“3相切”按钮。

（2）在参考的圆弧、圆或直线上选取一个起点，单击中键可取消选取。

（3）在第二个参考的圆弧、圆或直线上选取一个点，在定义两点后可预览圆，如图2-27所示。

（4）在作为第三个参考的弧、圆或直线上选取第三个点完成圆的绘制，如图2-28所示。

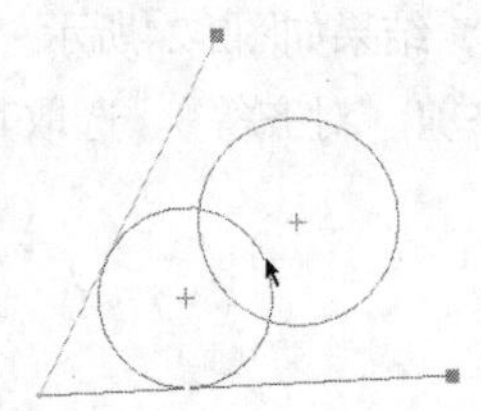

图2-27　定义两点后预览圆

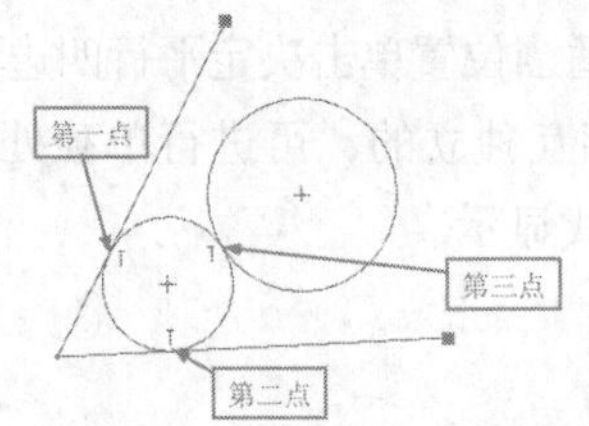

图2-28　通过3个切点绘制圆

2.5.5　绘制椭圆

绘制椭圆

1. 通过长轴端点绘制椭圆

根据椭圆长轴端点绘制椭圆的操作步骤如下。

（1）单击“草绘”功能区“草绘”面板中的“椭圆”按钮右侧的下拉按钮，在打开的“椭圆”选项条中单击“轴端点椭圆”按钮。

（2）在绘图区选取一点作为椭圆的一个长轴端点，再选取另一点作为长轴的另一个端点，此时出现一条直线，向其他方向拖动鼠标绘制椭圆，如图2-29所示。

（3）将椭圆拉至所需形状，单击即可完成椭圆的绘制。

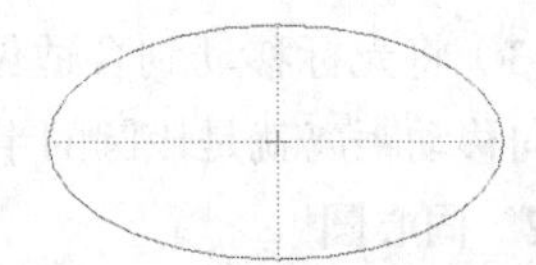

图2-29　通过长轴端点绘制椭圆

2. 通过中心和轴绘制椭圆

根据椭圆的中心点和长轴的一个端点绘制椭圆的操作步骤如下。

（1）单击“草绘”功能区“草绘”面板中的“轴端点椭圆”按钮右侧的下拉按钮，在打开的“椭圆”选项条中单击“中心和轴椭圆”按钮。

（2）在绘图区选取一点作为椭圆的中心点，再选取一点作为椭圆的长轴端点，此时出现一条关于中心点对称的直线，向其他方向拖动鼠标绘制椭圆。

（3）移动光标确定椭圆的短轴长度，完成椭圆的绘制。

中心和轴椭圆具有以下特征。

- 椭圆的中心点相当于圆心，可以作为尺寸和约束的参考。
- 椭圆的轴可以任意倾斜，此时绘制的椭圆也将随轴的倾斜方向倾斜。
- 当草绘椭圆时，椭圆的中心和椭圆本身将捕捉约束。适用于椭圆的约束包含“相切”“图元上的点”和“相等半径”。

2.5.6　绘制圆弧

绘制圆弧

1. 通过3点/相切端绘制圆弧

此方式是通过给定的3点生成圆弧，可以沿顺时针或逆时针方向绘制圆弧。指定的第一点为起点，指定的第二点为圆弧的终点，指定的第三点为圆弧上的一点，通过该点可改变圆弧的弧长。可以沿顺时针或逆时针方向绘制圆弧。该方式为默认方式，具体操作步骤如下。

（1）单击“草绘”功能区“草绘”面板中的“弧”按钮右侧的下拉按钮，在打开的“圆弧”选项条中单击“3点/相切端”按钮。

（2）在绘图区选取一点作为圆弧的起点。

（3）选取第二点作为圆弧的终点，此时将出现一个橡皮筋状的圆随光标移动。

（4）通过移动光标选取圆弧上的一点，单击中键完成圆弧的绘制。

2. 绘制同心圆弧

采用此方式可绘制出与参考圆或圆弧同心的圆弧，在绘制过程中首先要指定参考圆或圆弧，然后指定圆弧的起点和终点以确定圆弧，具体操作步骤如下。

（1）单击“草绘”功能区“草绘”面板中的“弧”按钮右侧的下拉按钮，在打开的“圆弧”选项条中单击“同心”按钮。

（2）在绘图区选取参考圆或圆弧，即可出现一个橡皮筋状的圆，如图2-30所示。

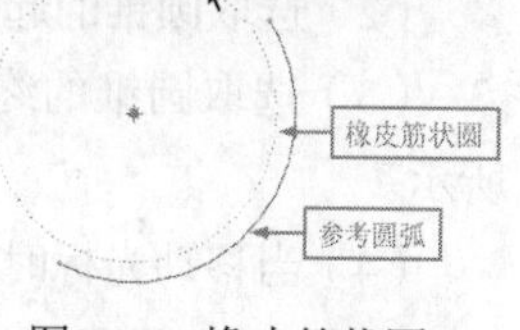

图2-30　橡皮筋状圆

（3）选取一点作为圆弧的起点绘制圆弧。

（4）选取另一点作为圆弧的终点，完成圆弧的绘制，如图2-31所示。绘制完成后又出现一个新的橡皮筋状圆，单击中键结束此操作。

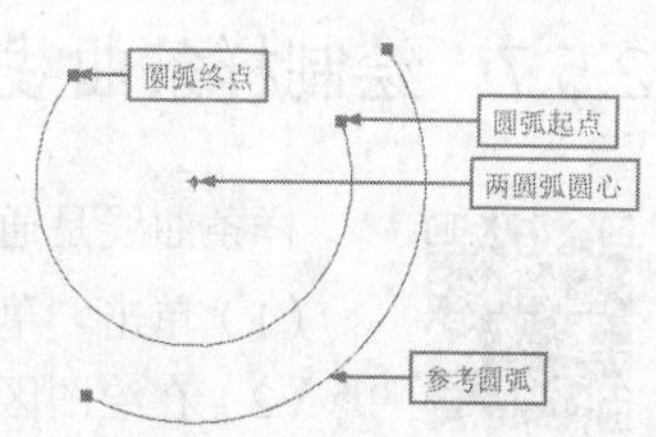

图2-31　绘制同心圆弧

3. 通过圆心和端点绘制圆弧

采用此方式绘制圆弧首先需确定圆心然后选取一个端点来绘

制圆弧，具体操作步骤如下。

（1）单击“草绘”功能区“草绘”面板中的“弧”按钮右侧的下拉按钮，在打开的“圆弧”选项条中单击“圆心和端点”按钮。

（2）在绘图区选取一点作为圆弧的圆心，即可出现一个橡皮筋状的圆随光标移动。

（3）拖动鼠标将圆拉至合适的大小，并在该圆上选取一点作为圆弧的起点。

（4）选取另一点作为圆弧的终点，完成圆弧的绘制。

4. 绘制与3个图元相切的圆弧

采用此方式可以绘制一条与已知的3个参考图元均相切的圆弧，具体操作步骤如下。

（1）单击“草绘”功能区“草绘”面板中的“弧”按钮右侧的下拉按钮，在打开的“圆弧”选项条中单击“3相切”按钮。

（2）在第一个参考的圆弧、圆或直线上选取一点作为圆弧的起点，单击鼠标中键可取消选择。

（3）在第二个参考的圆弧、圆或直线上选取一点作为圆弧的终点，在定义两个点后可预览圆弧，如图2-32所示。

（4）在第三个参考的圆或直线上选取第三个点，即可完成圆弧的绘制，该圆弧与3个参考均相切，在图中以“T”表示，如图2-33所示。

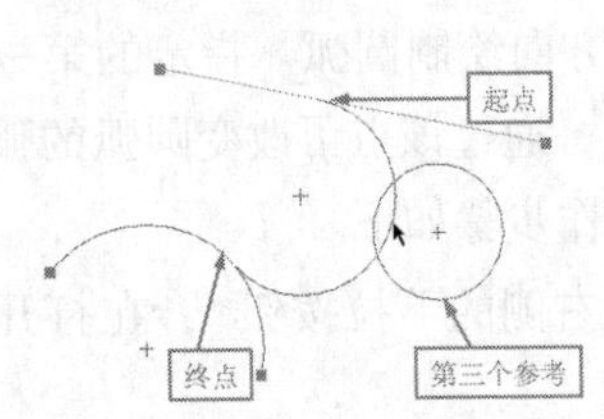

图2-32　预览圆弧

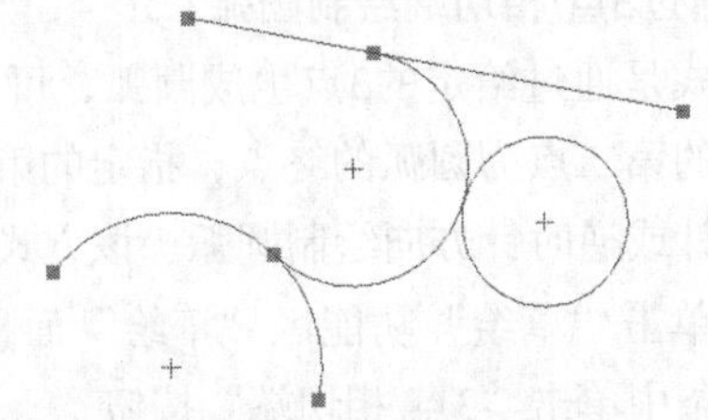

图2-33　与3个图元相切的圆弧

5. 绘制圆锥弧

采用此方式可以绘制一段锥形的圆弧，具体操作步骤如下。

（1）单击“草绘”功能区“草绘”面板中的“弧”按钮右侧的下拉按钮，在打开的“圆弧”选项条中单击“圆锥”按钮。

（2）选取圆锥的起点。

（3）选取圆锥的终点，这时出现一条连接两点的参考线和一段呈橡皮筋状的圆锥，如图2-34所示。

（4）当移动光标时，圆锥随之也将产生变化。单击拾取轴肩位置即可完成圆锥弧的绘制。

2.5.7　绘制样条曲线

绘制样条曲线

样条曲线是通过任意中间点的平滑曲线。绘制样条曲线的具体操作步骤如下。

（1）单击“草绘”功能区“草绘”面板中的“样条”按钮。

（2）在绘图区选取一个起点，一条橡皮筋状的样条附着在光标上出现。

（3）在绘图区选取下一个点，将出现一段样条曲线，并随光标出现一条新的橡皮筋状的样条曲线。

（4）重复步骤（2）和步骤（3）的操作，添加其他样条点，直到完成添加所有点后单击中键结束绘制，如图2-35所示。

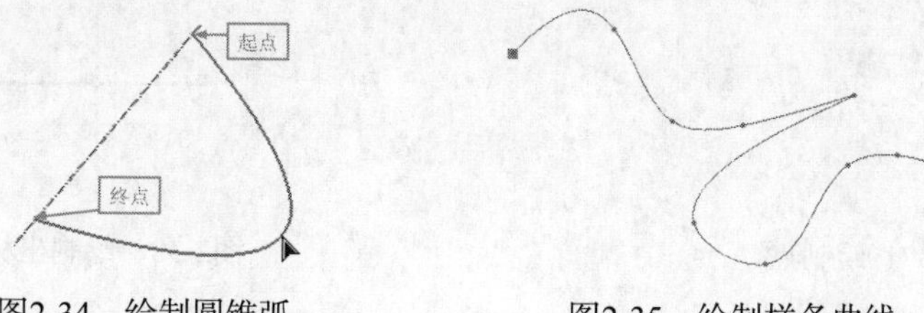

图2-34　绘制圆锥弧　　　　图2-35　绘制样条曲线

2.5.8　绘制圆角

绘制圆角

使用“圆角”命令可在任意两个图元之间绘制一个圆角，圆角的大小和位置取决于选取位置。当在两个图元之间插入一个圆角时，系统将自动在圆角相切点处分割两个图元。如果在两条非平行线之间添加圆角，则这两条直线将自动修剪出圆角。如果在任何其他图元之间添加圆角，则必须手工删除剩余的段。平行线、一条中心线和另一个图元不能绘制圆角。绘制圆角的具体操作步骤如下。

（1）单击“草绘”功能区“草绘”面板中的“圆角”按钮右侧的下拉按钮，在打开的“圆角”选项条中单击“圆形修剪”按钮。

（2）选取第一个图元。

（3）选取第二个图元，系统将选取距离两条直线交点最近的点绘制一个圆角，并进行修剪，如图2-36所示。

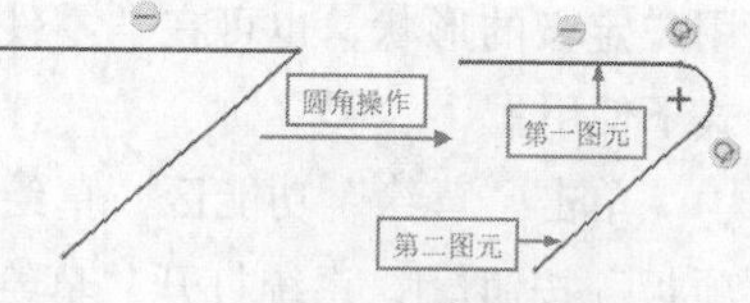

图2-36　绘制圆角

在Creo Parametric中还可以绘制椭圆角，椭圆角的轴为水平轴和竖直轴。椭圆角在其终点处与为其绘制而选取的图元相切。

单击“草绘”功能区“草绘”面板中的“圆角”按钮右侧的下拉按钮，在打开的“圆角”选项条中单击“椭圆形修剪”按钮，然后选取要在其间绘制椭圆圆角的图元即可完成绘制。

2.5.9　绘制点

绘制点

点用来辅助其他图元的绘制，单击“草绘”功能区“草绘”面板中的“点”按钮，然后在绘图区选取放置点的位置单击即可定义点。继续单击可以定义一系列的点，如图2-37所示，单击中键结束操作。

2.5.10　绘制坐标系

绘制坐标系

坐标系用来标注样条曲线以及某些特征的生成过程，单击“草绘”功能区“草绘”面板中的

“坐标系”按钮⤡，然后在绘图区的合适位置单击即可定义一个坐标系，如图2-38所示。

图2-37　绘制点

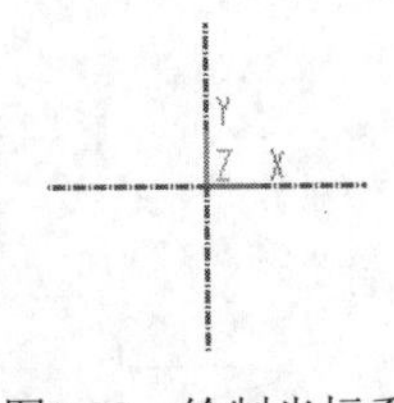

图2-38　绘制坐标系

2.5.11　调用常用截面

在Creo Parametric的草绘功能区中提供了一个预定义形状的定制库，包括常用的草绘截面，如C形、L形、T形截面等，可以将它们方便地输入到当前活动窗口中。单击“草绘”功能区“草绘”面板中的“选项板”按钮☑，在打开的“草绘器选项板”对话框中显示这些形状，在使用过程中可以进行调整大小、平移和旋转等操作。

使用选项板中的形状类似于在当前活动窗口中输入相应的截面。选项板中的所有形状均以缩略图形式出现，并带有定义截面文件的名称。这些缩略图以草绘器几何特征的默认线型和颜色进行显示，可以在草绘环境中使用现有截面来表示用户定义的形状，也可在“零件”或“组件”模式下使用。

单击“草绘”功能区“草绘”面板中的“选项板”按钮☑，系统打开“草绘器选项板”对话框，如图2-39所示。

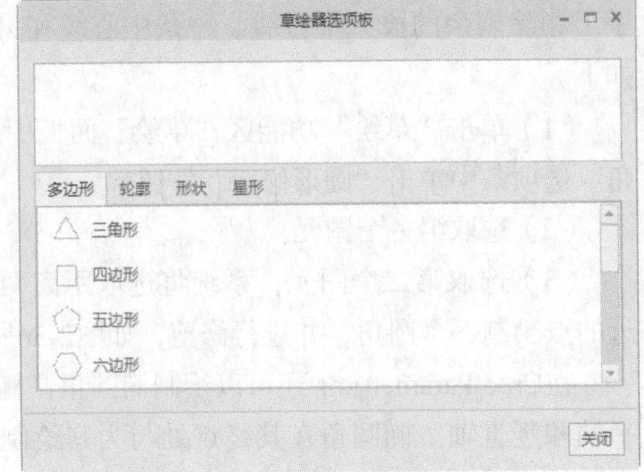

图2-39　“草绘器选项板”对话框

在“草绘器选项板”对话框中包含以下4种表示截面类别的选项卡。

- “多边形”选项卡：包含常规多边形。
- “轮廓”选项卡：包含常见的轮廓。
- “形状”选项卡：包含其他常见形状。
- “星形”选项卡：包含常规的星形形状。

调用常用截面

使用“草绘器选项板”对话框输入形状的具体操作步骤如下。

（1）在“草绘器选项板”对话框中选择所需截面类型的选项卡，如单击“轮廓”选项卡，对话框显示如图2-40所示。

（2）在列表框中选择所需形状的缩略图或标签可直接预览，如图2-41所示。

（3）双击选中的形状，此时光标变为↖状态，在绘图区选择适当的位置单击即可添加，此时添加的形状仍保留选中状态，同时打开如图2-42所示的“导入截面”操控板。

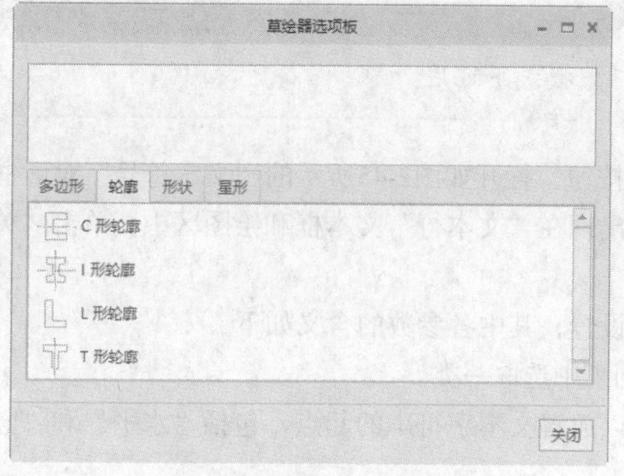

图2-40　“轮廓”选项卡

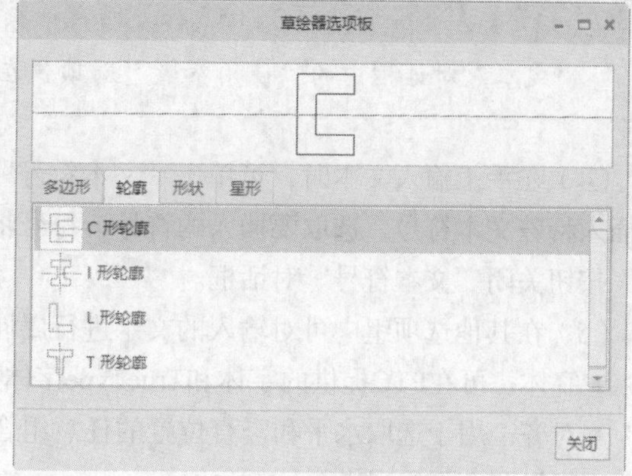

图2-41　截面预览

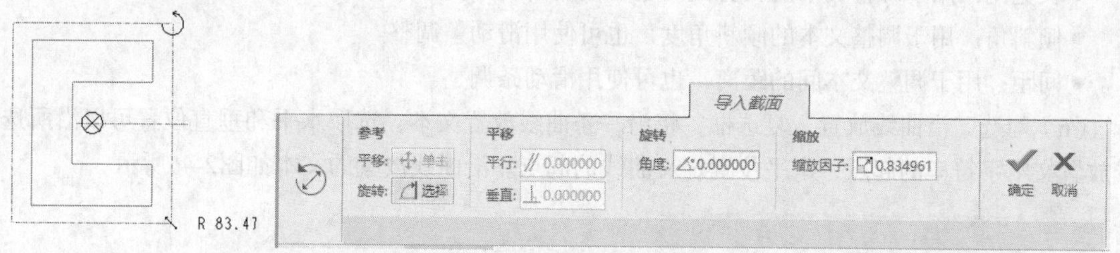

图2-42　“导入截面”操控板

（4）在“导入截面”操控板中可调整其比例大小和旋转角度等。

（5）调整好位置和大小后，单击鼠标中键或单击“导入截面”操控板中的“确定”按钮✔，插入结果如图2-43所示。

在放置截面时可以按住鼠标左键，指定形状位置，输入的形状将以非常小的尺寸出现在所选位置，拖动鼠标即可调整其大小。

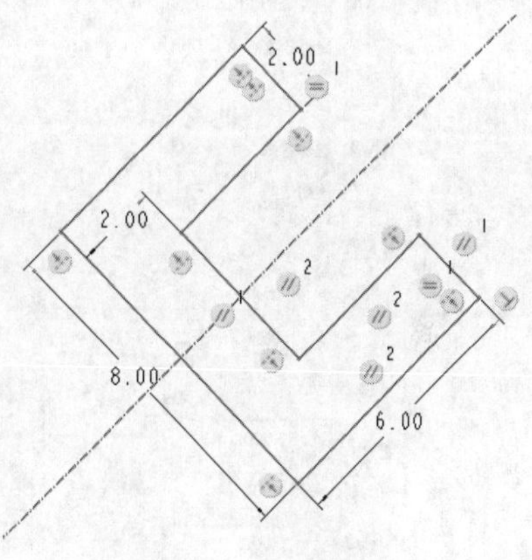

图2-43　插入的截面

2.5.12　绘制文本

绘制文本

可在绘图区绘制文本作为图形的一部分。绘制文本的具体操作步骤如下。

（1）单击“草绘”功能区“草绘”面板中的“文本”按钮A，然后在草绘平面上选取一个起点来设置文本的高度和方向。

（2）单击选取一个终点，在起点和终点之间生成一条构建线，构建线的长度决定文本的高度，角度决定文本的方向，同时打开如图2-44所示的“文本”对话框。在文本的开始处将出现高亮显示的箭头以指示文本方向。

（3）“文本”选项组中包含“输入文本”和“使用参数”两种输入方式，用户可根据需要进行更改。

技巧荟萃

“文本”对话框中的“使用参数”选项仅在三维模式下可用。

（4）在手工输入文本时，可单击“文本符号”按钮，打开如图2-45所示的“文本符号”对话框以插入特殊文本符号。选取要插入的符号，符号将出现在“文本行”文本框和绘图区中，单击“关闭”按钮关闭“文本符号”对话框。

（5）在其他选项组中可对输入的文字进行属性设置，其中各参数的含义如下。

- 字体：可在PTC提供的字体和TrueType字体列表中选取一类。
- 对齐：用于选取水平和竖直位置的任意组合以放置文本字符串的起点，包括“水平”和“竖直”两个下拉列表。
- 长宽比：用于调整文本的长宽比，也可使用滑动条调整。
- 倾斜角：用于调整文本的倾斜角度，也可使用滑动条调整。
- 间距：用于调整文本间的距离，也可使用滑动条调整。

（6）勾选“沿曲线放置”复选框，将沿一条曲线放置文本。选取水平和垂直位置可以沿所选曲线放置文本字符串的起点，水平位置定义曲线的起点。沿曲线放置的文本如图2-46所示。

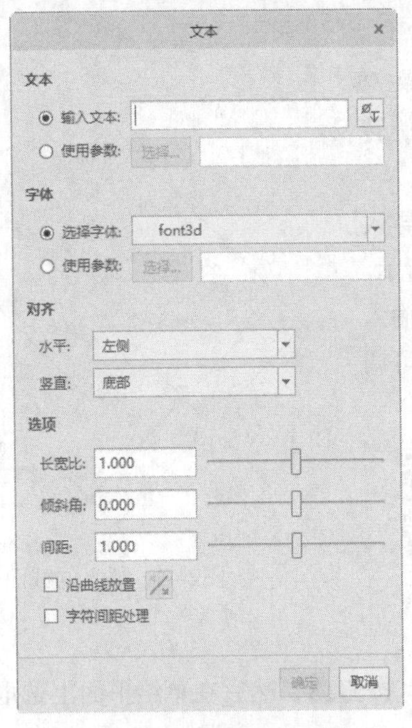

图2-44 “文本”对话框

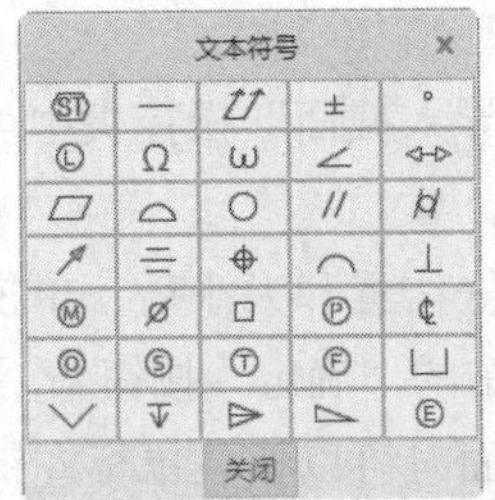

图2-45 “文本符号”对话框

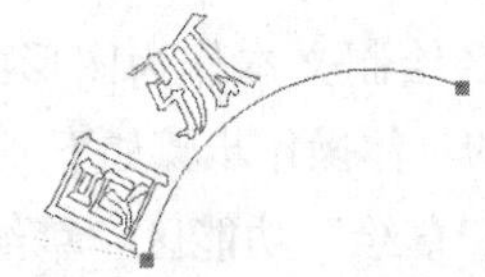

图2-46 沿曲线放置的文本

技巧荟萃

指定文本字符串起点的“水平”位置时，仅当选取的曲线为线性曲线时，才可选择“居中”选项。

（7）单击“反向”按钮 可以更改文本方向。单击“反向”按钮 后，构造线和文本字符串将被置于所选曲线对面一侧的另一端。

（8）勾选“字符间距处理”复选框，可对文本字符串的字符间距进行处理，这样可控制某些字符之间的空格，改善文本字符串的外观。字符间距处理属于特定字体的特征。

（9）设置完成，单击“确定”按钮，即可完成文本的创建。

如果要修改草绘文本，双击要修改的文本，在打开的“文本”对话框中进行修改；如果要修改文本的高度和方向，可拖动构建线的起点或终点进行调整。

2.6 编辑草图

单纯地使用前面章节中所讲述的绘制图元按钮只能绘制一些简单的图形，要想获得复杂的截面图形，就必须借助于草图编辑工具对图元进行位置、形状的调整。

2.6.1 镜像

镜像

“镜像”功能用于镜像复制选取的图元，以提高绘图效率，减少重复操作。

在绘图过程中，经常会遇到一些对称的图形，这时就可以绘制半个截面，然后进行镜像即可。利用“镜像”功能镜像几何特征的具体操作步骤如下。

（1）绘制一条中心线和如图2-47所示的截面草图。

（2）选取要镜像的图元，按住<Ctrl>键可以选择多个图元，被选中的图元将加亮显示。

（3）单击“草绘”功能区“编辑”面板中的“镜像”按钮 。

（4）根据提示选取中心线作为镜像的中心线，系统将所有选取的图元沿中心线镜像，镜像结果如图2-48所示。

技巧荟萃

镜像功能只能镜像几何图元，无法镜像尺寸、文本图元、中心线和参考图元。

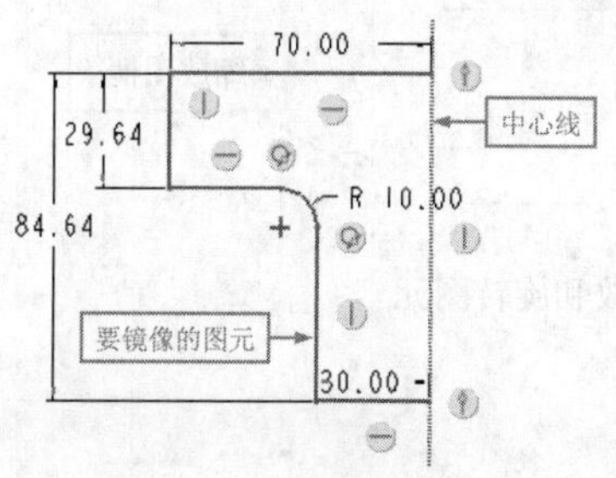

图2-47　绘制截面草图

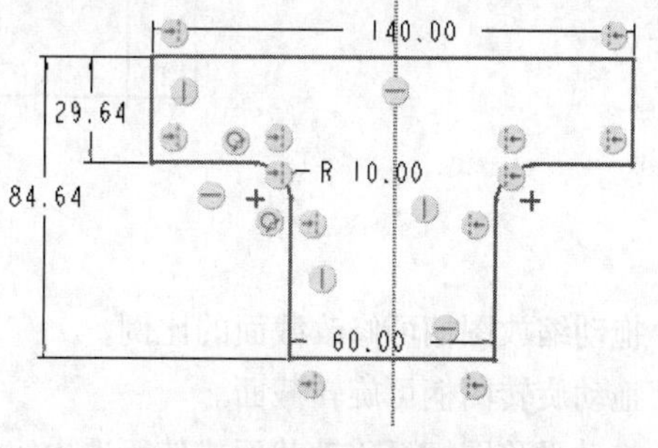

图2-48　镜像结果

2.6.2 旋转调整大小

"缩放"功能用于对选取的图元进行比例缩放；"旋转"功能用于以某点为中心旋转图形。具体操作步骤如下。

（1）打开配套学习资源文件中的"\原始文件\第2章\suofang.sec.1"文件，选取需要缩放或旋转的图元，可以是整个截面也可以是单个图元。按住<Ctrl>键或者框选可同时选取多个图元，选中的图元将加亮显示，如图2-49所示。

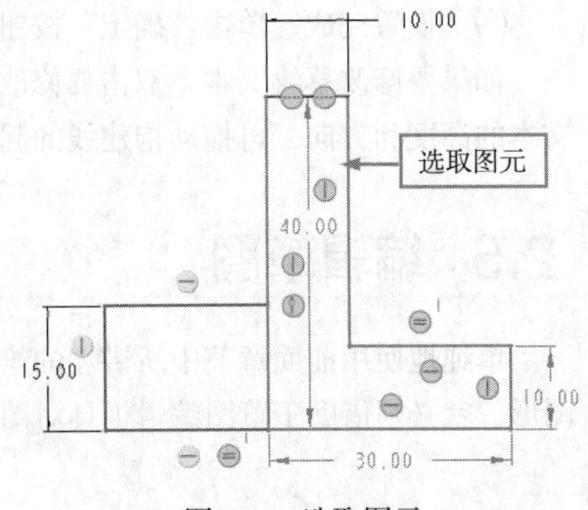

图2-49 选取图元

（2）单击"草绘"功能区"编辑"面板中的"旋转调整大小"按钮，打开"旋转调整大小"操控板，同时图元上会出现缩放、旋转和平移图柄，如图2-50所示。

（3）除了对图形进行缩放和旋转操作以外，还可以进行平移。在"旋转调整大小"操控板中，输入一个缩放值和一个旋转值可以精确控制缩放比例和旋转角度。还可以通过手动方式进行调整，具体操作步骤如下。

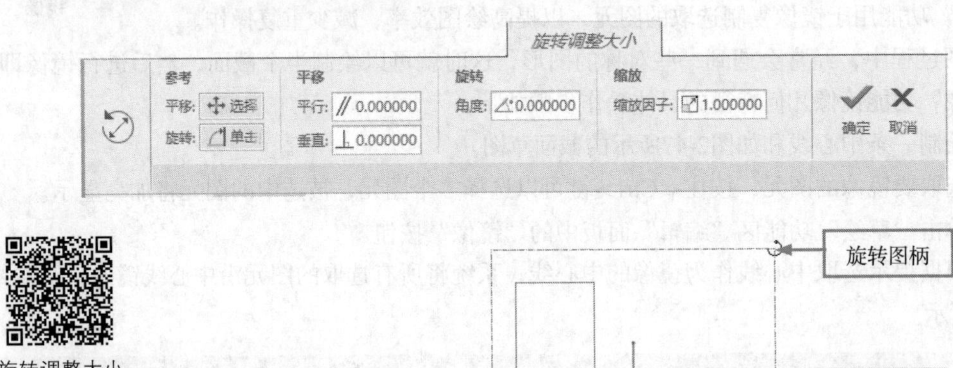

旋转调整大小

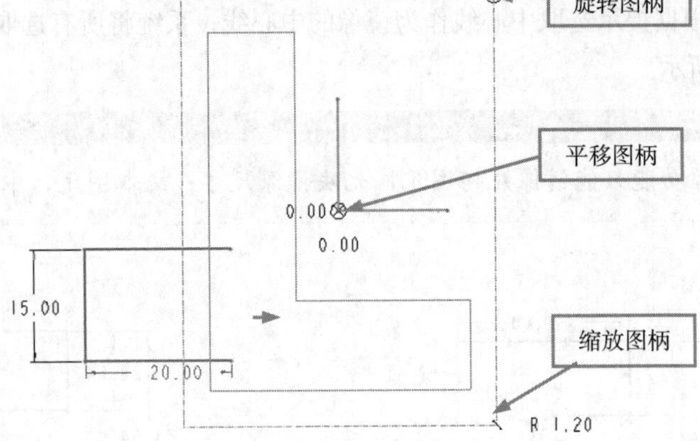

图2-50 缩放和旋转图元

1）拖动缩放图柄可修改截面的比例。

2）拖动旋转图柄可旋转截面。

3）拖动平移图柄可移动截面或使所选内容居中。

（4）调整完成后，在"旋转调整大小"操控板中单击"确定"按钮，或单击中键，关闭对话框。将图形进行1.2倍缩放，90°旋转后的效果如图2-51所示。

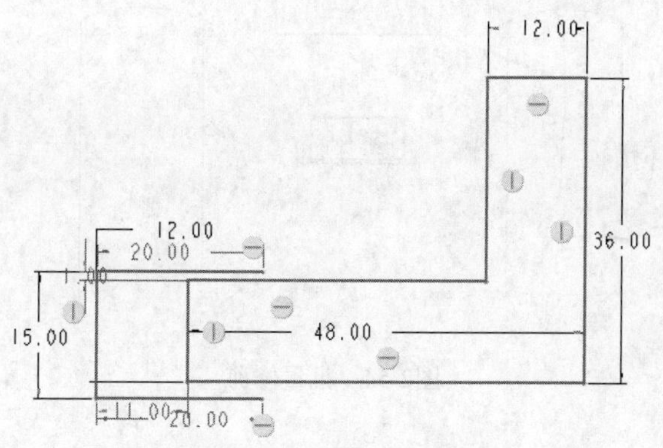

图2-51　缩放旋转效果

技巧荟萃

只有在模型中不存在几何特征时，才可以缩放特征截面，该功能不适用于拾取角度尺寸。选取单个文本图元进行缩放或旋转时，默认情况下，平移控制滑块位于文本字符串的起点。

2.6.3　修剪与分割工具的应用

修剪与分割工具的应用

在绘制草图过程中，修剪工作是必不可少的，通过修剪可以去除多余的图元部分。在Creo Parametric 8.0草绘器中提供了“删除段”“拐角”和“分割”3种修剪工具。

打开配套学习资源中的“\原始文件\第2章\xiujianyufenge.sec.1”文件。

1. 删除段

使用“删除段”功能可以将被其他线条分割的多余部分删除，我们以如图2-52所示的图形为例来讲解该功能的用法。

（1）单击“草绘”功能区“编辑”面板中的“删除段”按钮。

（2）单击要删除的线段，该线段即被删除，如图2-53所示。

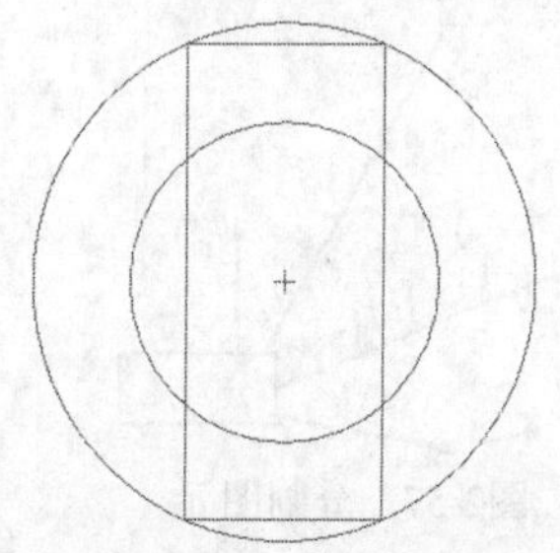

图2-52　修剪前图形

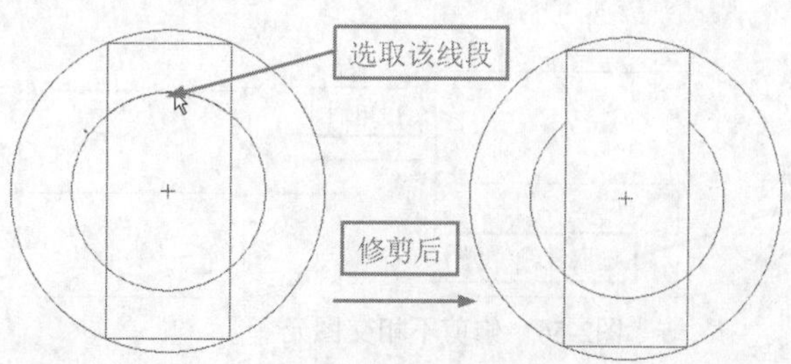

图2-53　单个修剪

（3）如果要删除多个线段，可以按住左键，光标滑过所有要删除的线段，则这些部分将被删掉，如图2-54所示。

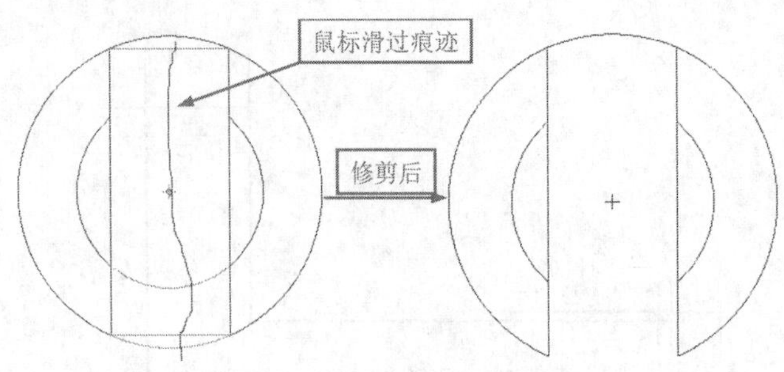

图2-54　批量修剪

2. 相互修剪图元

（1）单击“草绘”功能区“编辑”面板中的“拐角”按钮，系统提示选取要修剪的图元。

（2）若这两图元相交，在要保留的图元部分单击两个图元，则系统将这两个图元相交之后的部分一起修剪，如图2-55所示。

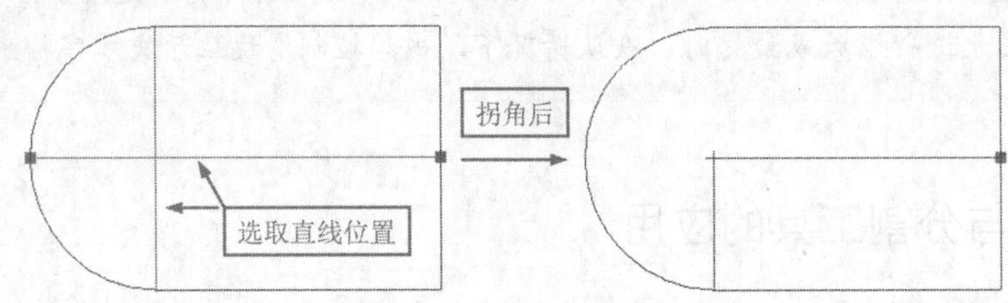

图2-55　修剪相交图形

（3）在修剪过程中若选择的是两个不相交的图元，则应用“拐角”命令后，会将两个图元自动延伸到相交状态再进行修剪，如图2-56所示。

3. 分割图元

在Creo Parametric 8.0草绘器中可将一个截面图元分割成两个或多个新图元。如果该图元已被标注，则需要在使用“分割”命令之前将尺寸删除。单击“草绘”功能区“编辑”面板中的“分割”按钮，在要分割的位置单击，分割点在图元上高亮显示，系统将在指定的位置分割图元，如图2-57所示。

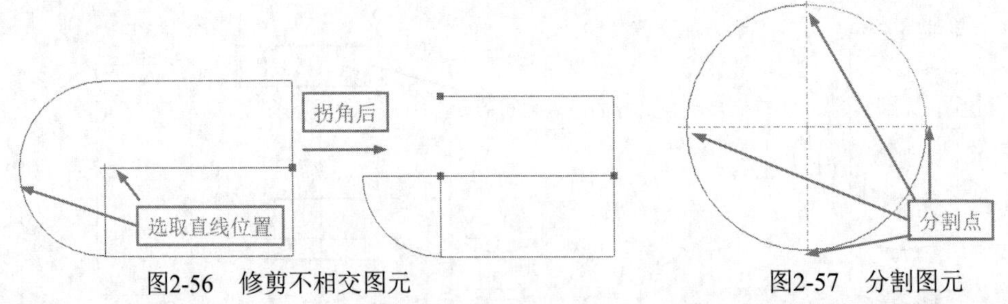

图2-56　修剪不相交图元　　图2-57　分割图元

技巧荟萃

要在某个交点处分割图元，在该交点附近单击，系统将会自动捕捉交点并进行分割。

2.6.4　剪切、复制和粘贴操作

通过“剪切”和“复制”功能可以移除或复制部分或整个剖面。剪切或复制的草绘图元将被置于剪贴板中。可通过“粘贴”功能将剪切或复制的图元放到所需位置。当执行“粘贴”命令时，剪贴板上的草绘几何特征不会被删除，允许多次使用。也可通过“剪切”“复制”和“粘贴”命令在多个剖面间移动某个剖面的内容。

选取一个或多个将要剪切或删除的几何图元，单击“草绘”功能区“操作”面板中的“剪切”按钮，或同时按住<Ctrl>+<X>组合键可以剪切选定的图元；在绘图区右击，在打开的右键快捷菜单中选择“剪切”命令，也可以剪切图元。所有未被选取且与已选取图元的相关尺寸和约束将被删除，这些图元将被复制到剪贴板中。

“复制”与“剪切”的不同之处在于前者不删除原图元，是将与选定图元相关的尺寸和约束与图元一起复制到剪贴板中。

单击“草绘”功能区“操作”面板中的“粘贴”按钮，或按住<Ctrl>+<V>组合键将被复制的图元粘贴到绘图区，光标将变为状态，在绘图区选择任一位置粘贴图元。具有默认尺寸的图元将被置于选定位置，图元的中心与选定位置重合，同时打开“粘贴”操控板，如图2-58所示，粘贴图元上将出现“平移”“旋转”和“缩放”控制滑块。“移动”控制滑块将与选定位置重合。

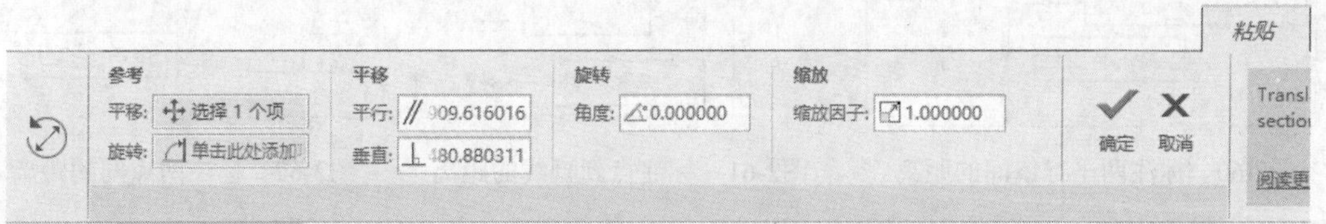

图2-58　“粘贴”操控板

单击选取粘贴图元的位置、方向和尺寸，输入的尺寸和约束将被创建为强尺寸和约束。如果在同一草绘器进程中粘贴图元，则这些图元的尺寸是相同的，粘贴的图元将保持选定状态。

2.7　标注草图尺寸

在草绘过程中系统将自动标注尺寸，这些尺寸被称为弱尺寸，因为系统在创建或删除它们时并不给予警告，弱尺寸显示为灰色。

用户也可以自己添加尺寸来创建所需的标注形式。用户尺寸被系统默认为是强尺寸，添加强尺寸时系统将自动删除不必要的弱尺寸和约束。

2.7.1　尺寸标注

打开配套学习资源中的“\原始文件\第2章\chicunbiaozhu.sec.1”文件。

尺寸标注

1. 标注线性尺寸

在草绘环境中可使用“尺寸”命令来标注各种线性尺寸。单击“草绘”功能

区“尺寸”面板中的“尺寸”按钮|⟷|，可以标注线性尺寸。

线性尺寸标注的类型主要有以下几种。

（1）直线长度。单击“草绘”功能区“尺寸”面板中的“尺寸”按钮|⟷|，选取线（或分别单击该线段的两个端点），然后单击中键以确定尺寸放置位置，如图2-59所示。

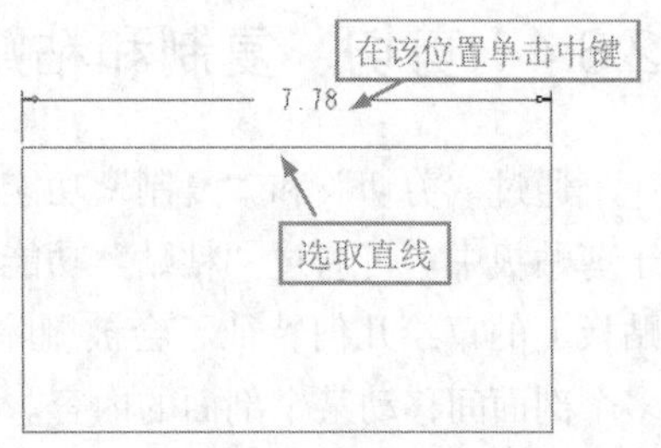

图2-59　标注直线长度

（2）两条平行线间的距离。单击“草绘”功能区“尺寸”面板中的“尺寸”按钮|⟷|，选取两平行线，然后单击中键以放置该尺寸，如图2-60所示。

（3）点到直线的距离。单击“草绘”功能区“尺寸”面板中的“尺寸”按钮|⟷|，依次选取点和直线，然后单击中键以放置该尺寸，如图2-61所示。

（4）两点间的距离。单击“草绘”功能区“尺寸”面板中的“尺寸”按钮|⟷|，依次选取两个点，然后单击中键以放置该尺寸，如图2-62所示。

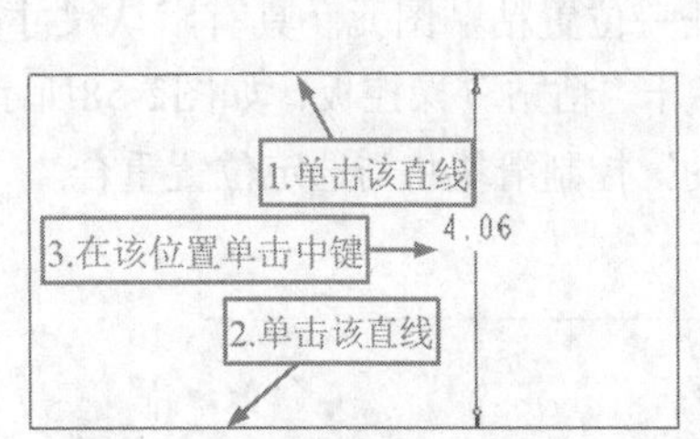

图2-60　标注两平行线间的距离

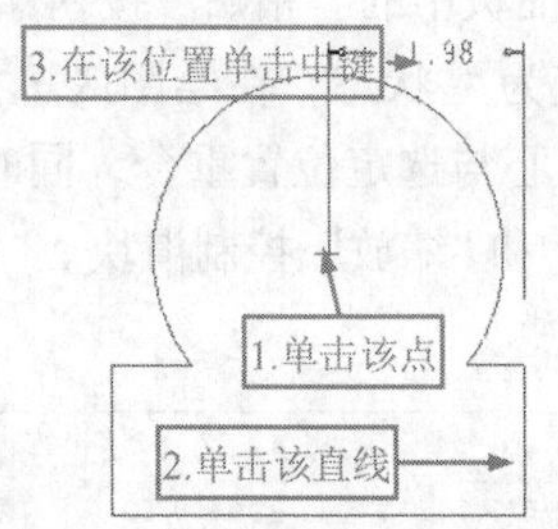

图2-61　标注点到直线的距离

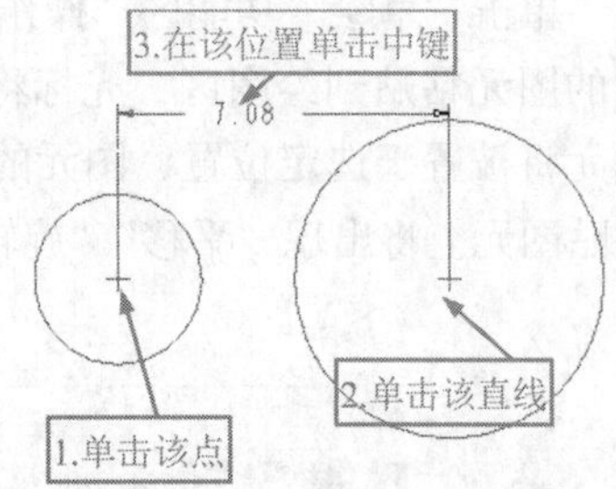

图2-62　标注两点间的距离

技巧荟萃

不能标注中心线的长度，因为其为无穷长。当标注两个圆弧之间或圆的延伸段之间（切点）的尺寸时，仅可用水平和垂直标注。系统在距选取点最近的切点处标注尺寸。

2. 标注角度尺寸

角度尺寸用来度量两直线间的夹角或两个端点间圆弧的角度。单击“草绘”功能区“尺寸”面板中的“尺寸”按钮|⟷|，依次选取两条直线，然后单击中键选择尺寸放置位置，即可标注角度尺寸，如图2-63所示。

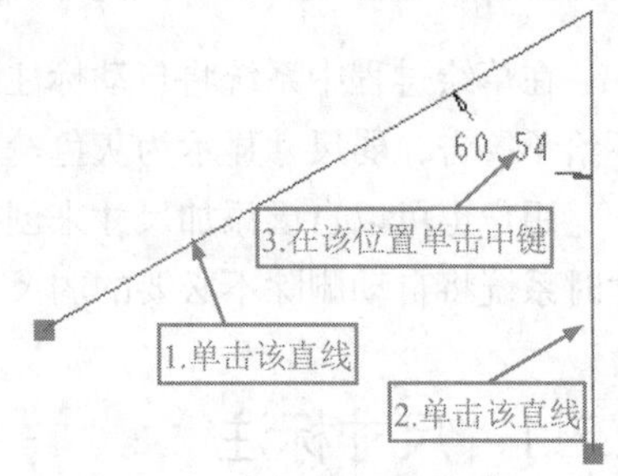

图2-63　标注两直线间的夹角

3. 标注直径尺寸

对圆弧或圆标注直径尺寸可单击“草绘”功能区“尺寸”面板中的“尺寸”按钮|⟷|，然后在圆弧或圆上双击，并单击中键来放置该尺寸，如图2-64所示。

如果要标注旋转截面的直径尺寸，可单击“草绘”功能区“尺寸”面板中的“尺寸”按钮|⟷|，选取图元，然后选取作为旋转轴的中心线，再选取图元，最后单击中键放置该尺寸，如图2-65所示。

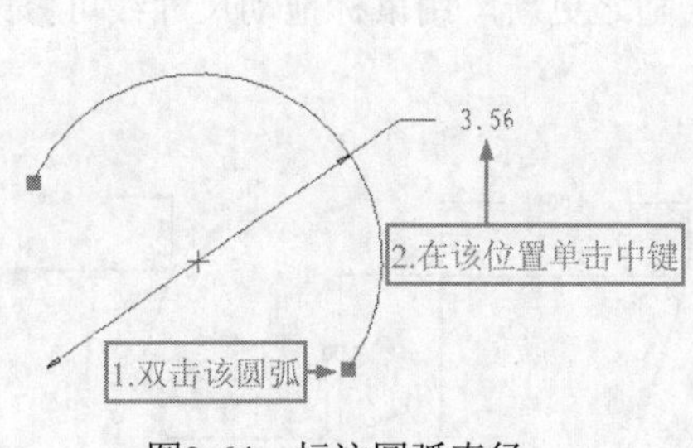

图2-64 标注圆弧直径

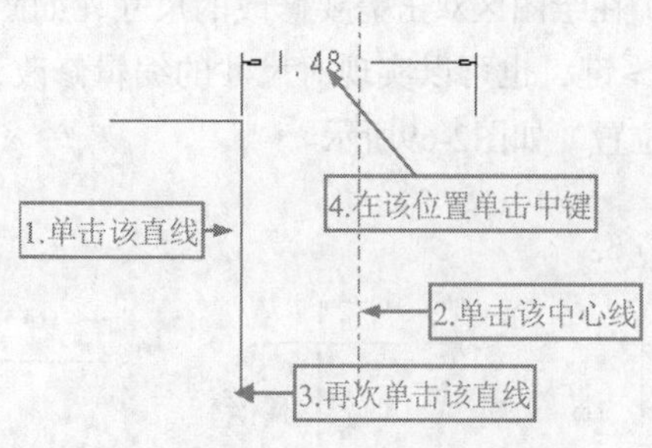

图2-65 标注旋转特征的直径尺寸

技巧荟萃

旋转特征的直径尺寸延伸到中心线以外，则表示是直径尺寸而不是半径尺寸。

2.7.2 尺寸编辑

在进行尺寸标注之后，还可使用“修改”功能对尺寸值和尺寸位置进行修改。修改尺寸值的具体操作步骤如下。

（1）打开配套学习资源中的“\原始文件\第2章\chicunbiaozhu.sec.1”文件。选取要修改的尺寸。

（2）单击“草绘”功能区“编辑”面板中的“修改”按钮，系统打开如图2-66所示的“修改尺寸”对话框，所选取的图元尺寸值显示在尺寸列表中。

该对话框中包含“重新生成”和“锁定比例”两个复选框。勾选“重新生成”复选框，则在拖动轮盘或输入数值后，系统将动态更新几何特征；勾选“锁定比例”复选框，在修改一个尺寸时，其他相关的尺寸也将随之发生变化，从而可以保证草图轮廓整体形状不变。

（3）在“尺寸”列表中单击需要修改的尺寸，然后输入一个新值，即可修改尺寸。也可以单击并拖动要修改的尺寸右侧的轮盘，向右拖动增加尺寸值，向左拖动减少尺寸值。在更改尺寸值时，系统将动态地更改几何图形。

尺寸编辑

（4）重复步骤（3）的操作，修改列表中的其他尺寸。

（5）单击“确定”按钮，系统将再生截面并关闭对话框，如图2-67所示。

图2-66 “修改尺寸”对话框

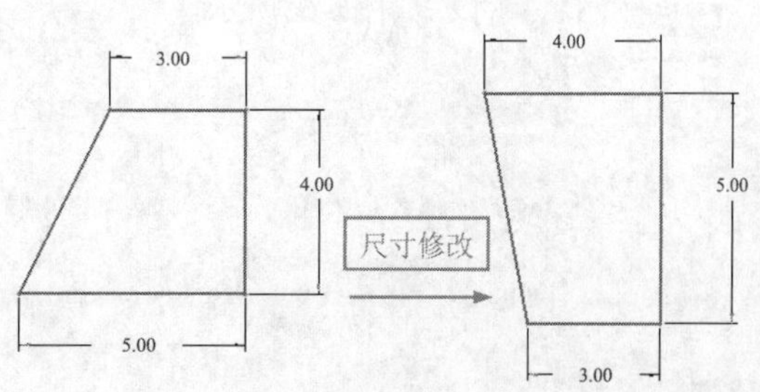

图2-67 编辑尺寸

（6）在绘图区双击需要修改的尺寸，如图2-68所示，在打开的文本框中输入新尺寸值，然后按<Enter>键，也可以实现对尺寸的编辑修改，图形也会随之更新。用鼠标拖动尺寸线可修改尺寸的放置位置，如图2-69所示。

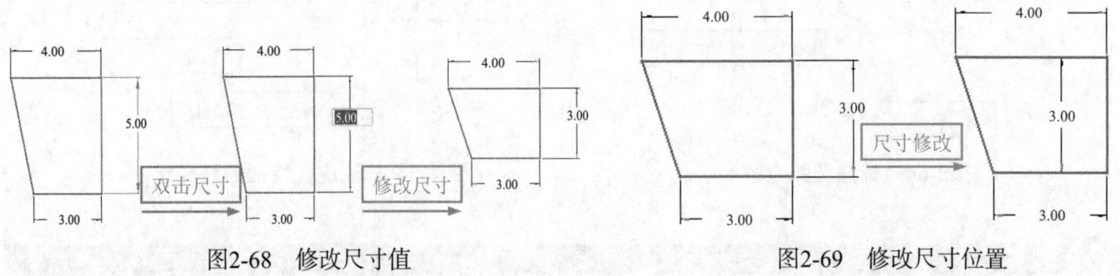

图2-68　修改尺寸值　　　　图2-69　修改尺寸位置

2.8 几何约束

2.8.1 设定几何约束

设定几何约束

几何约束是指草图对象之间的平行、垂直、共线和对称等几何关系。几何约束可以替代某些尺寸标注，在Creo Parametric草绘环境中可自行设定智能几何约束，也可根据需要人工设定几何约束。

在菜单栏中选择“文件”→“选项”命令，打开“Creo Parametric选项”对话框，单击“草绘器”选项卡，对话框显示如图2-70所示。

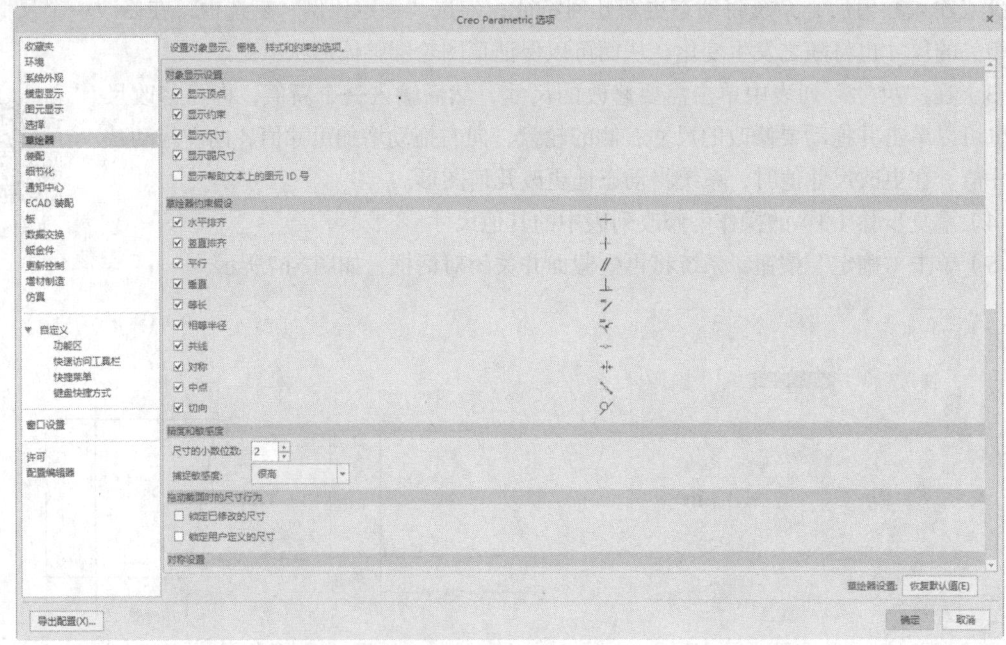

图2-70　“草绘器”选项卡

在草绘器约束假设选项组中包含多个复选框，每个复选框代表一种约束类型，勾选任一复选框系统将会开启相应的自动约束设置。每个约束类型对应的图形符号如表2-1所示。

表2-1 约束符号

约束类型	符号
水平排齐	
竖直排齐	
平行	
垂直	
等长	
相等半径	
共线	
对称	
中点	
切向	

开启自动设定几何约束后，在绘制图形的过程中就会自动设定几何约束。如图2-71所示，在修改其中一个圆的直径时，其他圆的直径也将同时改变。

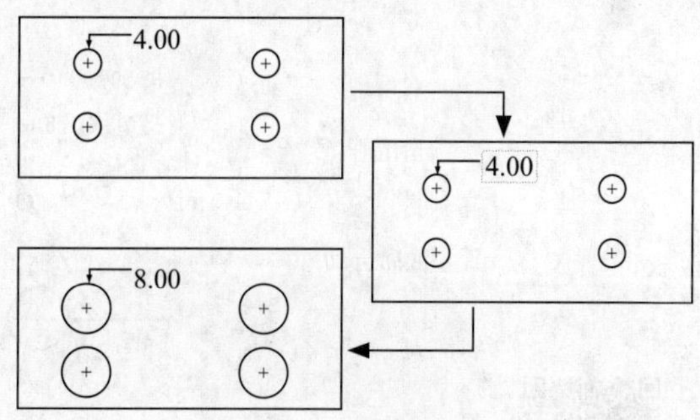

图2-71 自动几何约束

可根据需要使用“草绘器工具”工具栏“约束”选项条中的各个按钮添加约束（此约束为强约束），具体添加步骤如下。

（1）单击“草绘”功能区“约束”面板中“相切”按钮。

（2）根据系统提示，按照如图2-72所示的步骤选取圆和矩形的边。系统将按新条件更新截面。

在不需要几何约束时可将其删除。单击或框选要删除的约束，右击，在弹出的快捷菜单中选择“编辑”→“删除”命令，即可将其删除，删除约束后系统将自动添加一个尺寸值使截面保持可求解状态。

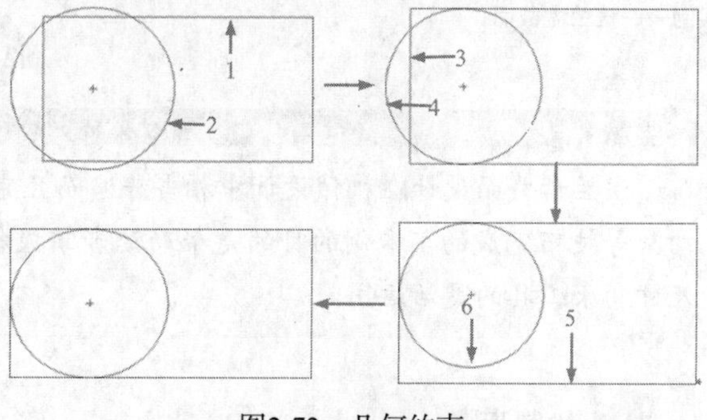

图2-72 几何约束

技巧荟萃

选取要删除的约束后按< Delete >键，也可删除所选取的约束。

2.8.2 修改几何约束

在绘制图元过程中，系统将会根据鼠标指定的位置自动提示可能产生的几何约束，以约束符号方式进行提示，用户可根据提示进行绘制，绘制完成后约束符号会显示在图元旁边。修改几何约束的操作方法如下。

（1）右击禁用约束，要再次启用约束，再次右击即可。

（2）按住<Shift>键并右击锁定或解除锁定约束。

（3）当多个约束处于活动状态时，可以使用<Tab>键改变活动约束。

技巧荟萃

加强某组中的一个约束时（如“相等长度”），整个组都将被加强。

2.9 实例——法兰盘截面

绘制如图2-73所示的法兰盘截面草图。

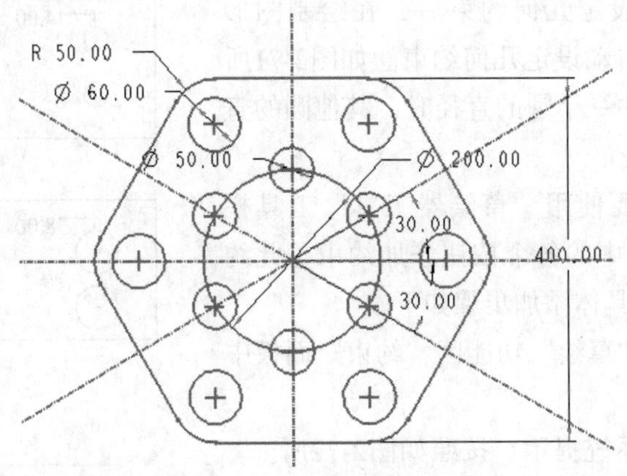

图2-73 法兰盘截面草图

实例——法兰盘截面

【思路分析】

法兰盘截面设计在机械设计中相当普遍而且完成比较简单，它的外形设计是通过草图绘制、约束等技巧完成的。本例的目的是帮助读者掌握各种草图绘制和编辑命令的使用方法，以及对尺寸约束工具的灵活运用。

绘制步骤

1. 新建文件

运行Creo Parametric 8.0，单击“主页”功能区“数据”面板中的“新建”按钮，系统打开如图2-74所示的“新建”对话框，在“类型”选项组中点选“草绘”单选钮，并在“名称”文本框中输入“flan”，系统会自动添加后缀.sec，单击“确定”按钮进入草绘环境。

2. 绘制水平和竖直中心线

单击“草绘”功能区“草绘”面板中的“中心线”按钮┊右侧的下拉按钮▾，在打开的“中心线”选项条中单击“中心线”按钮┊。在绘图区单击以确定水平中心线上的一点，移动光标，当中心线受到水平约束时（绘图区出现“⊖”图标），中心线自动变为水平，单击以确定中心线的另一点，完成水平中心线的绘制。采用同样的方法绘制竖直中心线，绘图区出现“⦶”字样时，单击以生成竖直中心线。

3. 以中心线的交点为圆心绘制圆

单击“草绘”功能区“草绘”面板中的“圆心和点”按钮◎，捕捉两条中心线的交点，单击该点以确定圆心，在目标位置单击以确定圆的半径，系统将自动标注圆的直径尺寸，结果如图2-75所示。

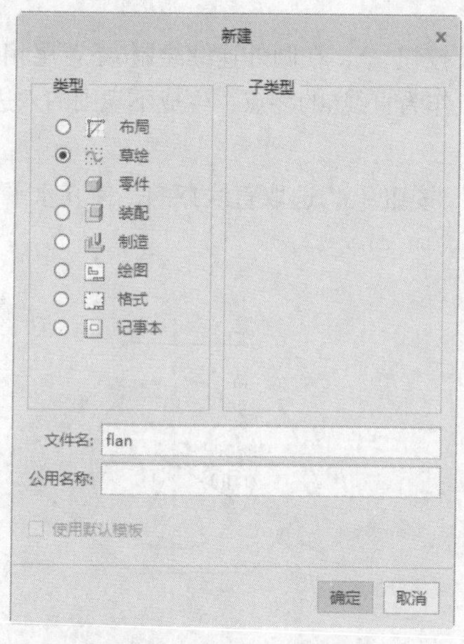

图2-74　“新建”对话框

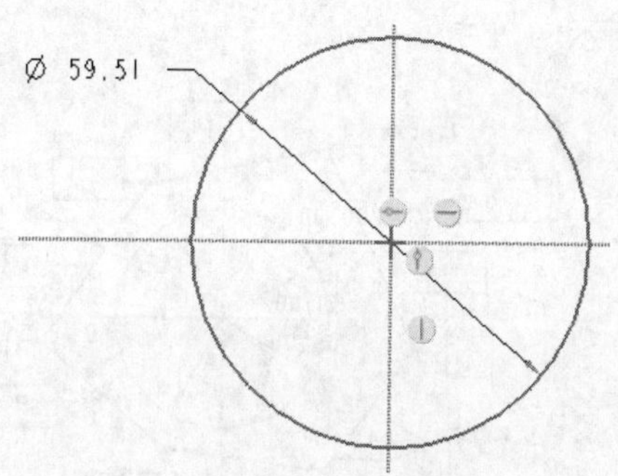

图2-75　绘制水平、竖直中心线及圆

4. 绘制斜向中心线

采用与步骤3相同的方法，绘制两条过圆心的斜向中心线1和2，结果如图2-76所示。

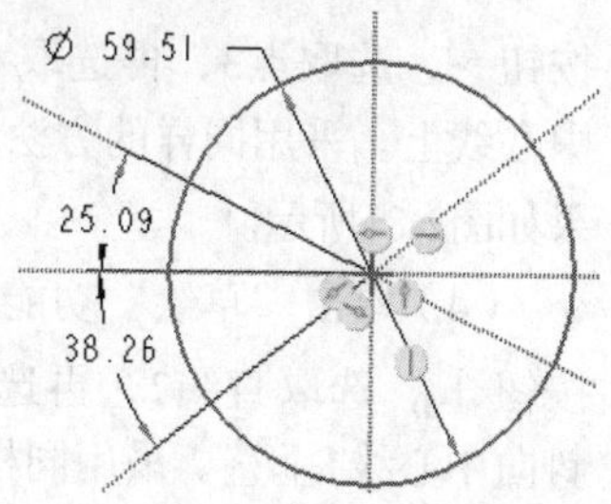

图2-76　绘制斜向中心线

5. 修改标注尺寸

方法1：双击现有尺寸标注，在打开的文本框中输入新尺寸值，按<Enter>键确定。本例中将圆的直径设为200，斜向中心线1、2和水平中心线的夹角分别改为60°和60°。

方法2：单击“草绘”功能区“编辑”面板中的“修改”按钮，然后再单击要修改的尺寸标注，比如圆的直径，系统弹出如图2-77所示的“修改尺寸”对话框，在“sd0”文本框中输入圆的直径“200”，在“sd1”和“sd2”文本框中分别输入斜向中心线1、2和水平中心线的夹角值“30”，单击“确定”按钮完成尺寸标注。修改尺寸后的图形如图2-78所示。

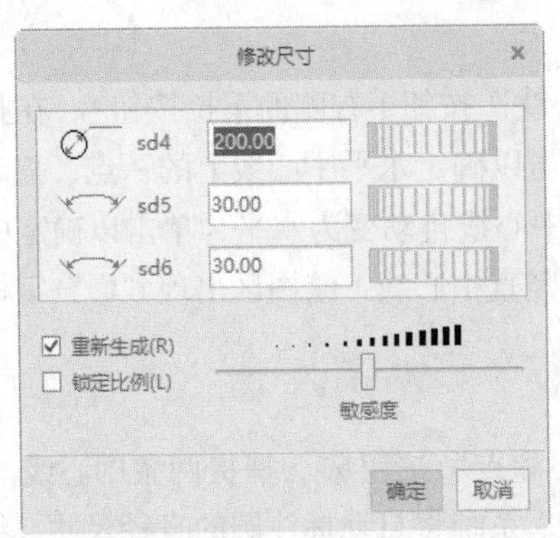

图2-77 “修改尺寸”对话框

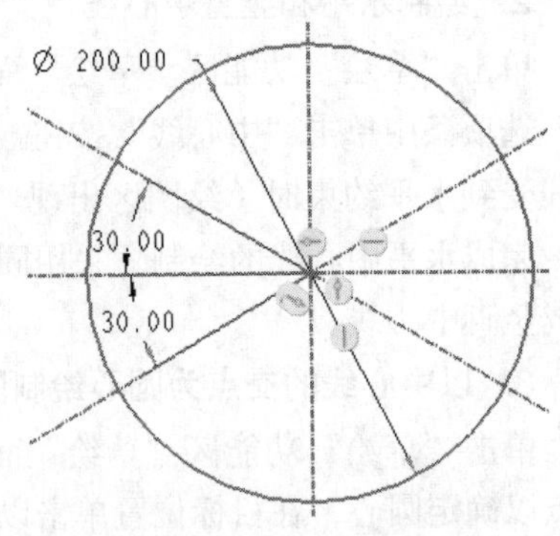

图2-78 修改尺寸后的图形

6. 绘制正六边形

（1）单击“草绘”功能区“草绘”面板中的“线链”按钮，在圆外连续绘制6条首尾相接的直线1、2、3、4、5、6（顺时针排列），捕捉直线1的起点作为直线6的终点，生成不规则的六边形，结果如图2-79所示。

（2）单击“草绘”功能区“约束”面板中的“水平”按钮，选取直线1和4，使其水平，如图2-80所示。

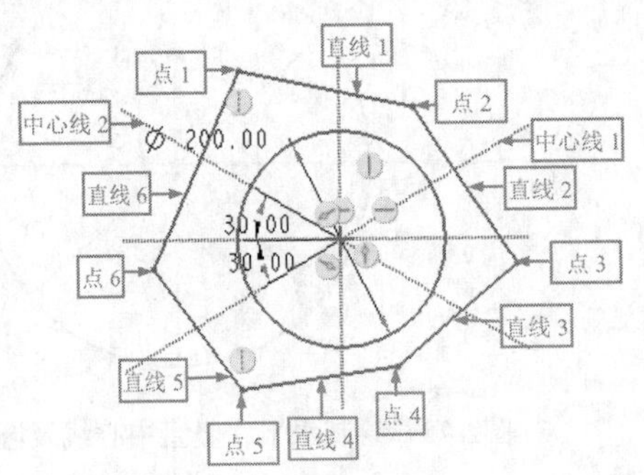

图2-79 绘制六边形

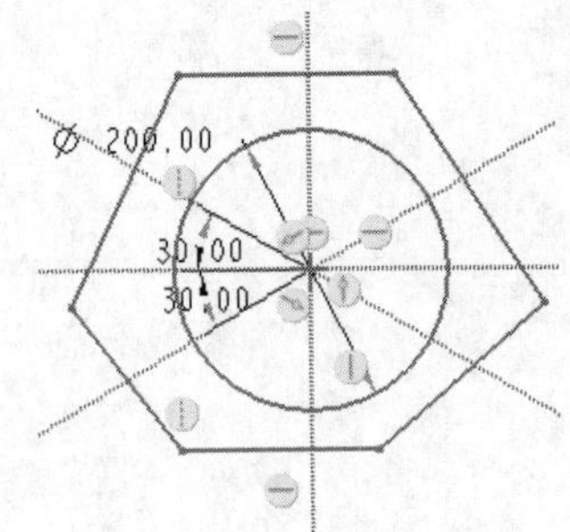

图2-80 添加水平约束

（3）单击“草绘”功能区“约束”面板中的“重合”按钮，选取点3，再选取水平中心线，将点3移到水平中心线上。采用同样的方法移动点6至水平中心线上，结果如图2-81所示。

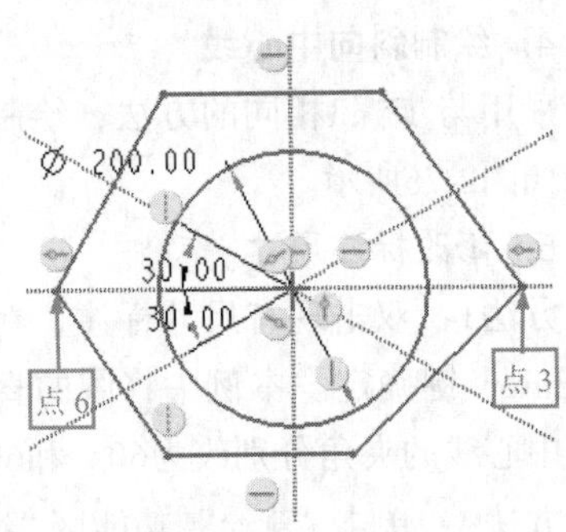

图2-81 添加重合约束

（4）单击“草绘”功能区“约束”面板中的“垂直”按钮，选取直线2，再选取中心线1，系统使直线2和斜向中心线1垂直。采用同样的方法使直线3和中心线2垂直，结果如图2-82所示。

（5）单击“草绘”功能区“约束”面板中的“平行”按钮，再选取直线2和5，使两直线相互平行。采用同样的方法使直线3和6平行，结果如图2-83所示。

（6）单击“草绘”功能区“约束”面板中的“相等”按钮，再选取直线1和2，使两线段等长。采用同样的方法使直线2和3等长，结果如图2-84所示。

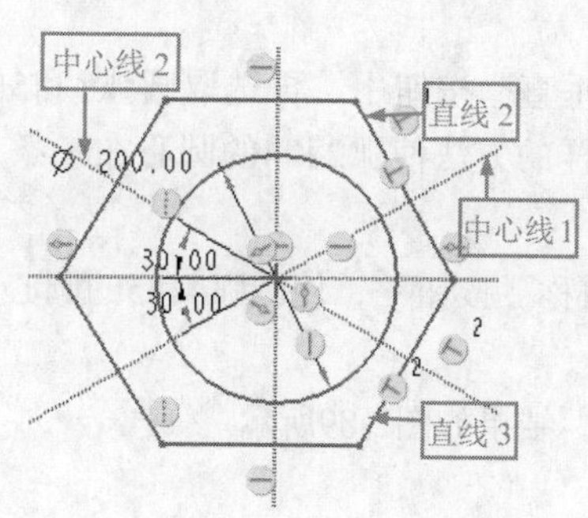

图2-82　添加垂直约束

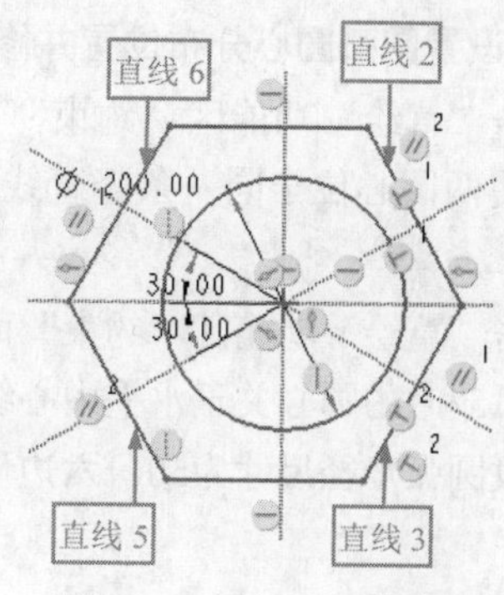

图2-83　添加平行约束

（7）单击“草绘”功能区“约束”面板中的“对称”按钮，选取竖直中心线，然后选取点4和5，使两点关于竖直中心线对称，结果如图2-85所示。这时如果再给图元增加约束，系统就会提示约束冲突，要求用户删除一个原有约束或撤销当前约束。

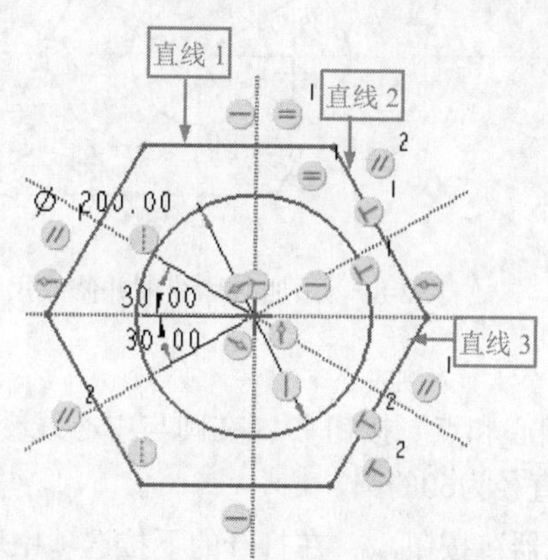

图2-84　添加相等约束

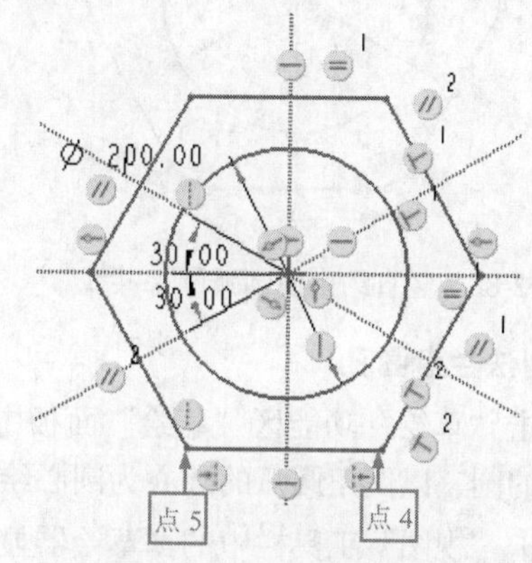

图2-85　添加对称约束

7. 倒圆角

单击“草绘”功能区“草绘”面板中的“圆角”按钮右侧的下拉按钮，在打开的“圆角”选项条中单击“圆形修剪”按钮，依次选取相邻边进行倒圆角，如图2-86所示。单击“草绘”功能区“约束”面板中的“相等”按钮，依次选取圆弧，为圆弧添加相等约束，使圆弧半径相等，结果如图2-87所示。

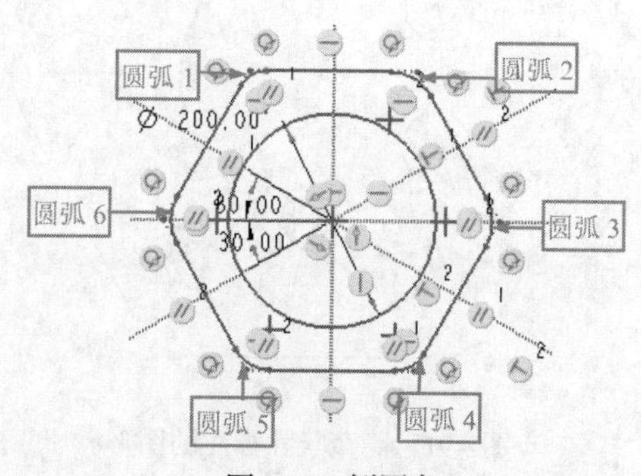

图2-86　倒圆角

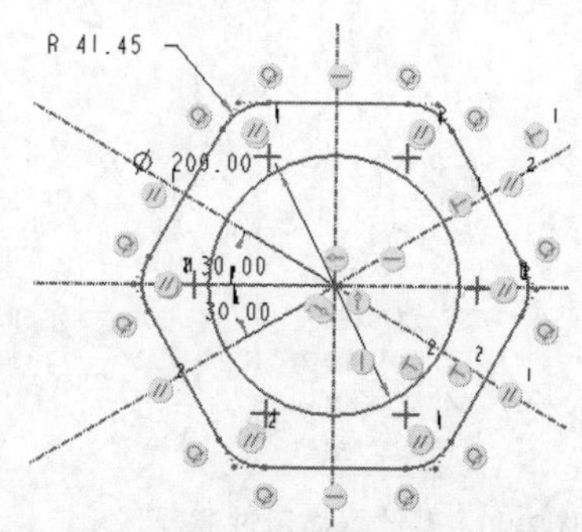

图2-87　等曲率约束使圆弧半径相等

8. 合理设置圆弧圆心分布位置并修订尺寸

（1）单击“草绘”功能区“约束”面板中的“垂直”按钮十，再选取圆弧1和5的圆心。系统经过运算后使两圆心位于同一条竖直线上。采用同样的方法使弧2和4的圆心在一条直线上，结果如图2-88所示。

（2）单击“草绘”功能区“约束”面板中的“对称”按钮，使圆弧4和5的圆心关于竖直中心线对称，圆弧5和1的圆心关于水平中心线对称。

（3）修改圆弧半径尺寸为50，六边形高度为400，结果如图2-89所示。

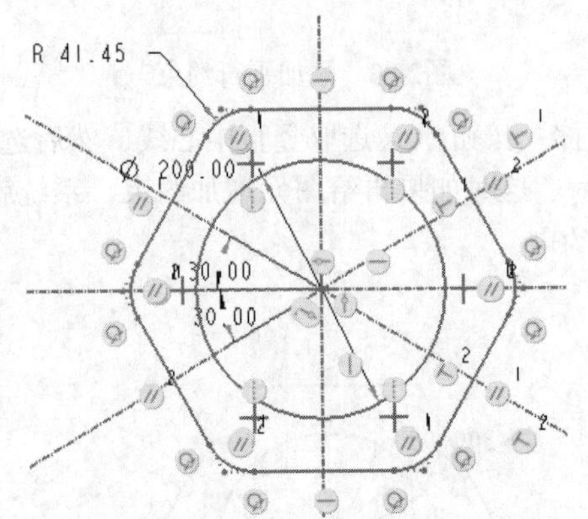

图2-88　竖直约束使圆弧圆心共线

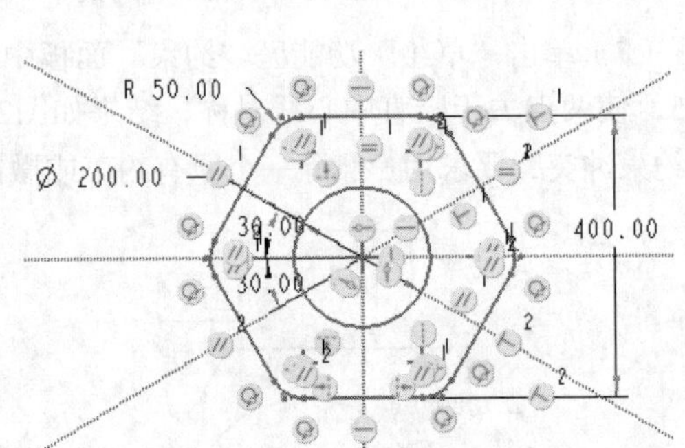

图2-89　添加对称约束并修改尺寸

9. 绘制法兰盘圆孔

（1）单击“草绘”功能区“草绘”面板中的“圆心和点”按钮，在圆与中心线交点处绘制6个直径为50的圆，以倒角圆弧的圆心为圆心绘制6个直径为60的圆。

（2）单击“视图”工具栏中的“草绘器显示过滤器”按钮，在打开的下拉选项中取消对“尺寸显示”复选框的勾选，如图2-90所示，则图形将隐藏尺寸标注，最终绘制效果如图2-91所示；再次单击该按钮，可重新显示尺寸标注。

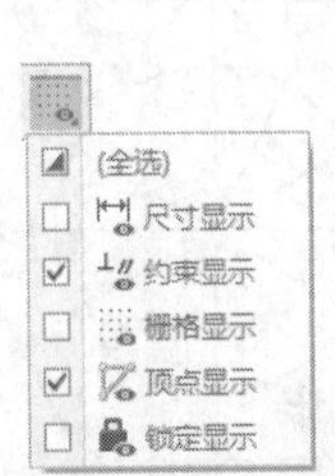

图2-90　草绘器显示过滤器

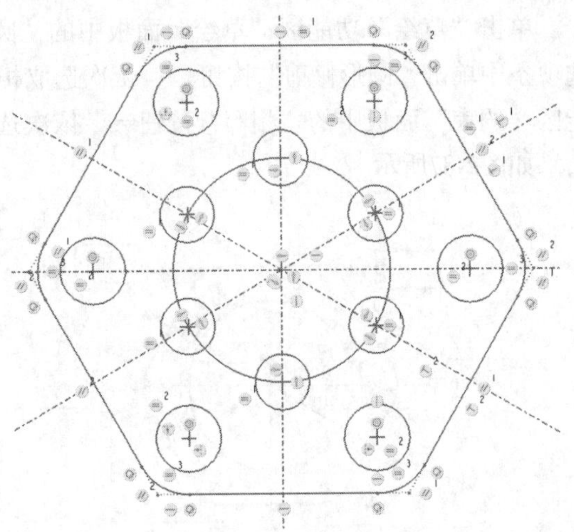

图2-91　隐藏尺寸标注的图形

第 3 章

基准特征

基准特征通常作为模型设计中的基准参照，它也是创建和编辑复杂模型不可缺少的工具。基准特征作为单独特征或某一特征组的一个成员存在于模型中。本章将详细介绍各种常用基准特征的作用和创建方法。为了让读者更好地利用基准特征，最后还介绍了对基准特征显示状态和颜色的控制。

- 基准平面、基准轴
- 基准点、基准曲线
- 基准坐标系

3.1 常用的基准特征

在绘制二维图形时，往往需要借助参考系。同样，在创建三维模型时也需要参考，如在进行旋转时要有一个旋转轴，这里的旋转轴称为基准。基准是特征的一种，但其不构成零件的表面或边界，只起一个辅助的作用。基准特征没有质量和体积等物理特征，可根据需要随时显示或隐藏，以防止基准特征过多而引起混乱。

在Creo Parametric中有两种创建基准的方式：一种是通过“基准”命令单独创建，采用此方式创建的基准在“模型树”选项卡中以一个单独的特征出现；另外一种是在创建其他特征过程中临时创建的特征，采用此方式创建的特征包含在特征之内，作为特征组的一个成员存在。

Creo Parametric中有多种基准特征，如图3-1所示为“基准”面板，在该面板中显示了各种基准的创建工具。

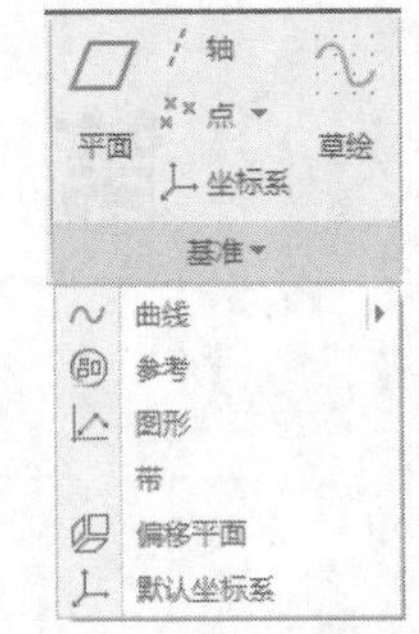

图3-1 “基准”面板

在Creo Parametric中常用的基准工具主要有以下几种。

- 平面：作为参考用在尚未创建基准平面的零件中。例如，当没有其他合适的平面曲面时，可以在基准平面上草绘或放置特征。也可将基准平面作为参考，以放置设置基准标签注释。
- 轴：如同基准平面一样，也可用作特征创建的参考，以放置设置基准标签注释。
- 点：在几何建模过程中可将基准点用作构造元素，或用作进行计算和模型分析的已知点。
- 曲线：基准曲线允许绘制二维截面，绘制的截面可用于创建其他特征（如拉伸或旋转特征）。此外，基准曲线也可用于创建扫描特征的轨迹。
- 坐标系：用于添加到零件或组件中作为参考特征。

3.2 基准平面

基准平面不是几何实体的一部分，在三维建模过程中只起到参考作用，是建模过程中使用最频繁的基准特征。

3.2.1 基准平面的作用

作为三维建模过程中最常用的参考，基准平面的用途有很多种，主要包括以下几个方面。

1. 作为放置特征的平面

在零件创建过程中可将基准平面作为参考，当没有其他合适的平面曲面时，也可在新创建的基准平面上草绘或放置特征。图3-2所示是放置在新创建的基准平面DTM1上的圆筒拉伸特征。因为圆筒拉伸特征左右不对称，所以不能放在已有的基准平面RIGHT上，因此只能创建一个新的基准平面来放置该特征。

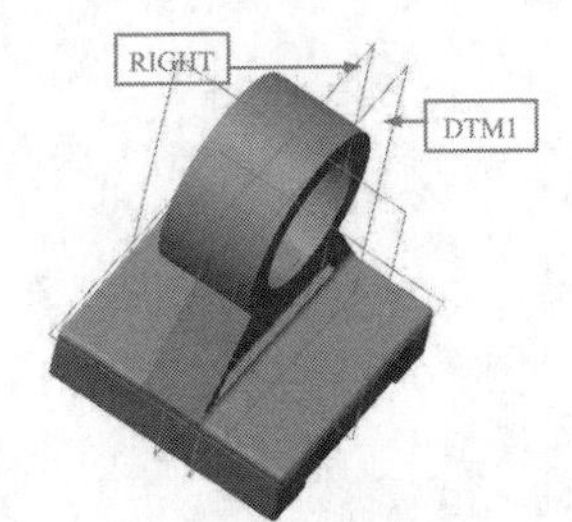

图3-2 作为放置特征的基准平面

2. 作为尺寸标注的参考

可以根据一个基准平面对图元进行尺寸标注。在标注某一尺寸时，最好选择基准平面，因为这样可以避免造成不必要的父子关系特征。图3-3所示为以两个基准平面作为尺寸参考的圆柱体特征。

在这种情况下，圆柱体和拉伸平板之间不存在父子关系特征，这样即使修改拉伸平板特征，圆柱体特征也可保持不变，如图3-4所示。

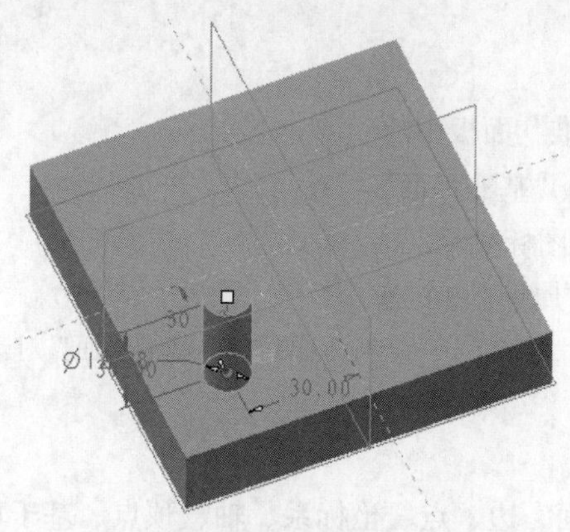

图3-3　作为尺寸标注参考的基准平面

图3-4　修改尺寸后

3. 作为视角方向的参考

在创建模型时，系统默认的视角方向往往不能满足用户的要求，用户需要根据要求自己定义视角方向。而定义三维物体的方向需要两个相互垂直的平面，有时特征中没有合适的平面相互垂直，此时就需要创建一个新的基准平面作为物体视角的参考平面。如图3-5所示，六棱柱的6个面均不互相垂直，因此必需创建一个新的基准平面DTM1，使其垂直于其中一个面并作为视角方向的定义参考平面。

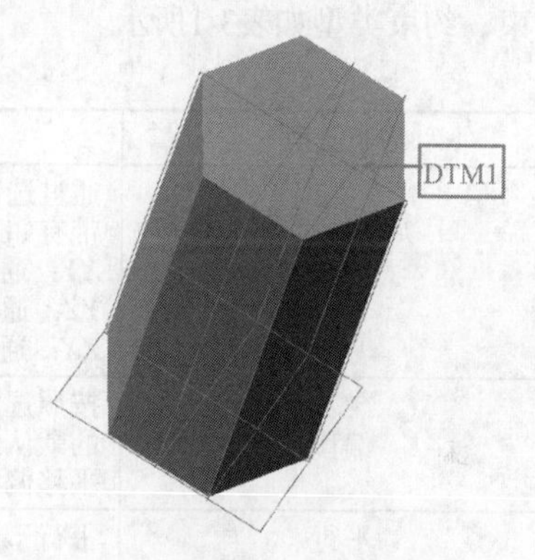

图3-5　作为视角方向参考的基准平面

4. 作为定义组件的参考面

在定义组件时可能需要利用许多零件的平面来定义贴合面、对齐面或方向，当没有合适的零件平面时，也可将基准平面作为其参考依据构建组件。

5. 放置标签注释

也可将基准平面用作参考，以放置标签注释。如果不存在基准平面，则选取与基准标签注释相关的平面曲面，系统将自动创建内部基准平面。设置基准标签将被放置在参考基准平面或与基准平面相关的共面曲面上。

6. 作为剖视图的参考平面

对于内部复杂的零件，为了看清楚其内部构造，必须利用剖视图进行观察。此时，需要定义一个参考基准平面，利用此基准平面剖切零件。图3-6所示为以RIGHT基准平面作为参考得到的剖面图。

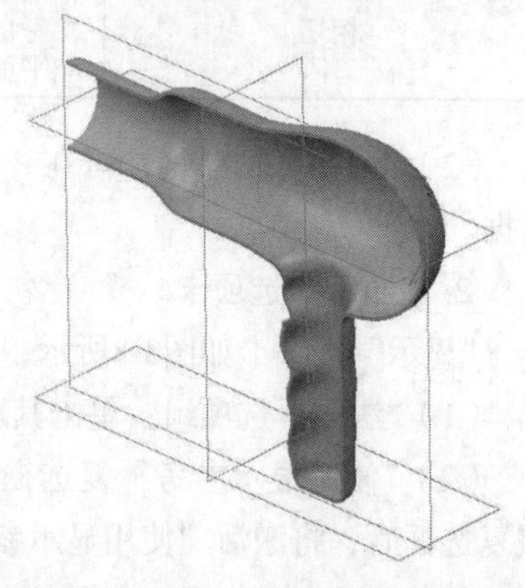

图3-6　作为剖视图的参考平面

基准平面是无限的，但可调整其大小，使其与零件、特征、曲面、边或轴相吻合；或指定基准平面显示轮廓的高度和宽度值；或使用显示的控制滑块拖动基准平面的边界重新调整其显示轮廓的尺寸。

3.2.2　创建基准平面

在创建特征过程中，通过单击“模型”功能区“基准”面板中的“平面”按钮▱创建基准平面，系统打开如图3-7所示的“基准平面”对话框。创建的基准平面将在“模型树”选项卡中以▱图标显示。

在“基准平面”对话框中包含“放置”“显示”和“属性”3个选项卡，分别介绍如下。

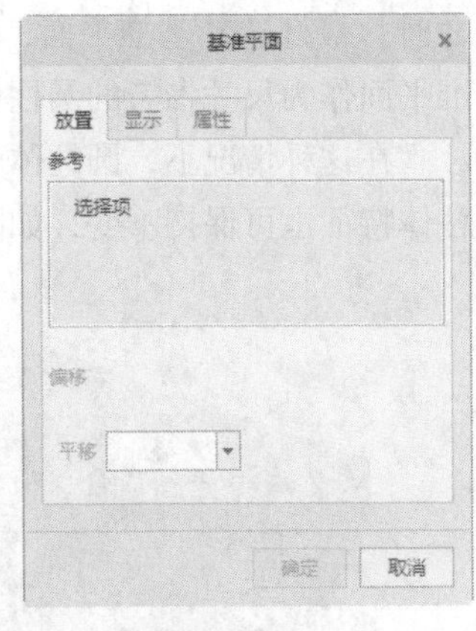

图3-7　“基准平面”对话框

1.“放置”选项卡

“放置”选项卡中包含下列各选项。

（1）“参考”列表框：允许通过参考现有平面、曲面、边、点、坐标系、轴、顶点、基于草绘的特征、平面小平面、边小平面、顶点小平面、曲线、草绘基准曲线和导槽来放置新基准平面，也可选取基准坐标系或非圆柱曲面作为创建基准平面的放置参考。此外，可为每个选定参考设置一个约束，约束类型如表3-1所示。

表3-1　约束类型

约束类型	说　明
穿过	通过选定参考放置新基准平面。当选取基准坐标系作为放置参考时，屏幕会显示带有如下选项的“平面（Planes）”选项菜单： *XY*：通过 *XY* 平面放置基准平面； *YZ*：通过 *YZ* 平面放置基准平面，此为默认情况； *ZX*：通过 *ZX* 平面放置基准平面
偏移	按照选定参考的位置偏移放置新基准平面。它是选取基准坐标系作为放置参考时的默认约束类型。依据所选取的参考，可使用“约束”列表框输入新基准平面的平移偏移值或旋转偏移值
平行	平行于选定参考放置新基准平面
垂直	垂直于选定参考放置新基准平面
相切	相切于选定参考放置新基准平面。当基准平面与非圆柱曲面相切并通过选定为参考的基准点、顶点或边的端点时，系统会将“相切”约束添加到新创建的基准平面

（2）“偏移”选项组：可在“平移”下拉列表中选择或输入相应的约束数据。

2.“显示”选项卡

“显示”选项卡如图3-8所示，该选项卡中包含下列各选项。

（1）“法向”选项组：单击其后的“反向”按钮可反转基准平面的方向。

（2）“使用显示参考”复选框：用于确定是否使用显示参考。取消勾选该复选框后，将激活“使用显示参考”复选框下的“宽度”和“高度”文本框，其各选项含义如表3-2所示。

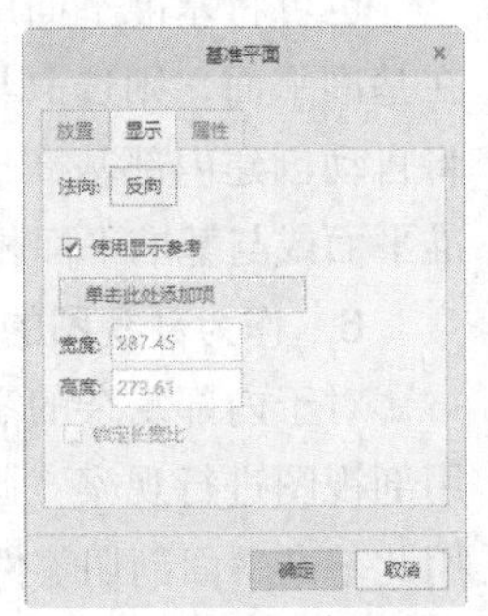

图3-8　“显示”选项卡

表3-2　选项含义

选项	含　义
单击此处添加项	用于添加作为参考的基准平面
宽度	允许指定一个值作为基准平面轮廓显示的宽度。仅在取消勾选“使用显示参考”复选框时可用
高度	允许指定一个值作为基准平面轮廓显示的高度。仅在取消勾选“使用显示参考”复选框时可用

技巧荟萃

在对使用半径作为轮廓尺寸的继承基准平面进行重定义时，系统会将半径值更改为继承基准平面显示轮廓的高度和宽度值。当取消勾选“显示”选项卡中的“使用显示参考”复选框时，这些值将显示在“宽度”和“高度”文本框中。

（3）“锁定长宽比”复选框：用于确定是否允许保持基准平面轮廓显示的高度和宽度比例。仅在取消勾选“使用显示参考”复选框时可用。

3. “属性”选项卡

该选项卡可以显示当前基准特征的信息，也可对基准平面进行重命名，还可以通过浏览器查看关于当前基准平面特征的信息。单击“名称”文本框后面的“显示此特征的信息”按钮，即可打开如图3-9所示的浏览器以查看基准平面信息。

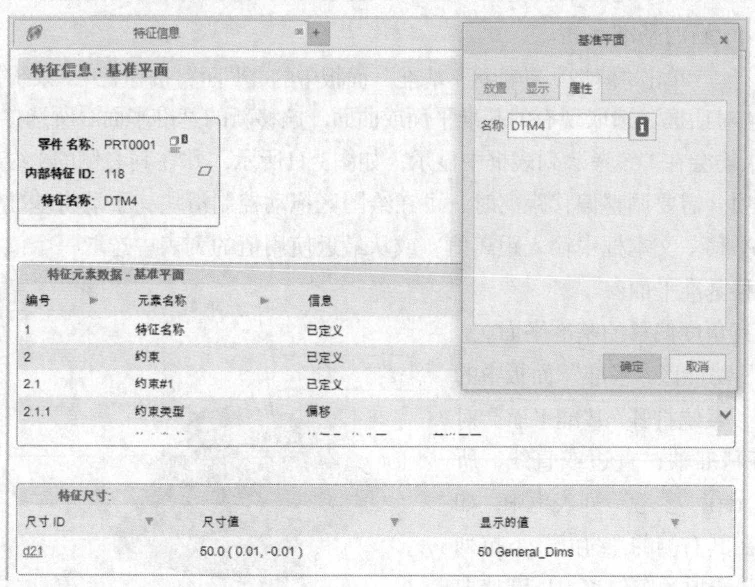

图3-9　浏览基准平面信息

在Creo Parametric中，系统可根据操作提示用户使用哪种方式生成基准平面。常用方式有以下几种。

创建基准平面

（1）通过3点方式创建基准平面。选取3个基准点或顶点作为参考，通过这3点创建平面。具体操作步骤如下。

1）打开配套学习资源中的“\原始文件\第3章\jizhun.prt”文件。单击“模型”功能区“基准”面板中的“平面”按钮▱，系统打开“基准平面”对话框。

2）选取基准平面通过的第一个点。

3）按住<Ctrl>键依次选取另外两个不重合的点，选取完成后即可看到高亮显示的基准平面，并且会出现一个高亮显示的箭头表示基准平面的方向，如图3-10所示。

4）可通过单击“显示”选项卡中的“反向”按钮更改方向，完成设置后单击“确定”按钮即可完成基准平面的创建。

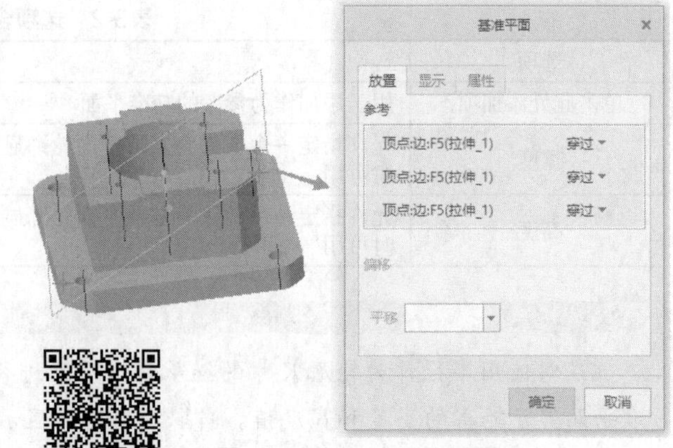

图3-10　3点确定基准平面

通过一点和一条线创建平面

通过两条平行线创建基准平面

（2）通过一点和一条直线创建平面。与通过3点方式的创建步骤基本相同，打开“基准平面”对话框后，按住<Ctrl>键选取一条直线和一个点，单击“确定”按钮即可完成基准平面的创建。

创建偏移基准平面

（3）通过两条平行线创建基准平面。其操作步骤与通过一点和一条直线创建平面的步骤基本相同，这里就不再赘述。

（4）创建偏移基准平面。即通过对现有的平面向一侧偏移一段距离而形成一个新的基准平面。

单击“模型”功能区“基准”面板中的“平面”按钮▱，系统打开“基准平面”对话框。选取现有的基准平面或曲面，偏移新的基准平面。所选参考及其约束类型均会在“参考”列表框中显示，如图3-11所示，并在其右侧的“约束”下拉列表中选择“偏移”选项。需要调整偏移距离时，可在绘图区拖动控制滑块，手动将基准曲面平移到所需位置。也可在“平移”文本框中输入距离值，或从最近使用值的列表中选取一个值。然后单击“确定”按钮即可偏移基准平面。

（5）创建具有角度偏移的基准平面。

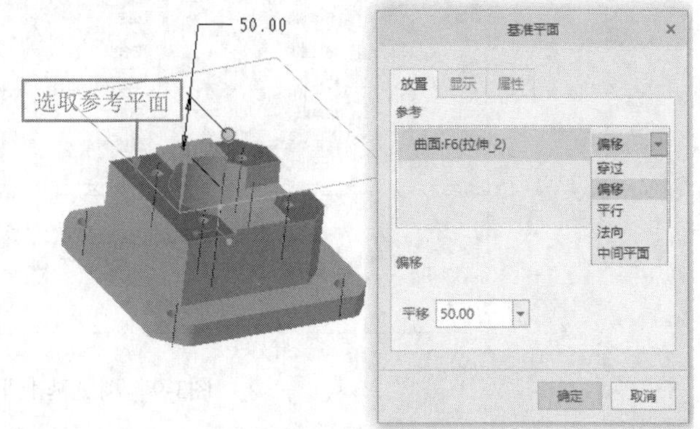

图3-11　偏移方式创建基准平面

单击“模型”功能区“基准”面板中的“平面”按钮▱，系统打开“基准平面”对话框。选取现有基准轴、直边或直线，所选取的参考将显示在“参考”列表框中，如图3-12所示，并在其右侧的“约束”下拉列表中选择“穿过”选项。按住<Ctrl>键选取垂直于选定基准轴的基准平面或平面，默认情况下约束类型为“偏移”。在绘图区拖动控制滑块将基准曲面手动旋转到所需位置，或在“旋转”文本框中输入角度值，或在最近常用的值列表中选取一个值，如图3-13所示。单击“确定”按钮创建具有角度偏移的基准平面。

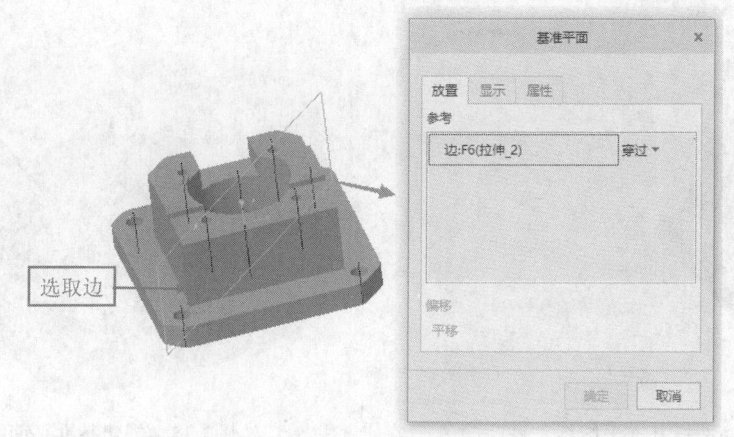

图3-12　选取边

创建具有角度偏移的基准平面

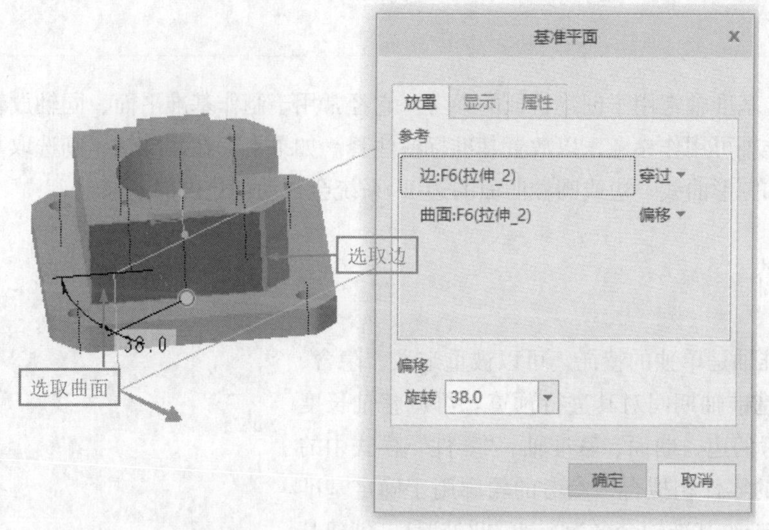

图3-13　创建具有角度偏移的基准平面

通过基准坐标系创建基准平面

（6）通过基准坐标系创建基准平面。

单击“模型”功能区“基准”面板中的“平面”按钮，系统打开“基准平面”对话框。选取一个基准坐标系作为放置参考，此时可使用的约束类型为“偏移”“穿过”和“中间平面”。选定的基准坐标系及其约束类型均会出现在“参考”列表框中，如图3-14所示。在“参考”列表框中，若将约束类型更改为“穿过”，则可选取以下平面选项之一。

1）*XY*：通过*XY*平面放置基准平面并通过基准坐标轴的*X*轴和*Y*轴定义基准平面。

2）*YZ*：通过*YZ*平面放置基准平面并通过基准坐标轴的*Y*轴和*Z*轴定义基准平面。此选项为系统默认设置。

3）*ZX*：通过*ZX*平面放置基准平面并通过基准坐标轴的*Z*轴和*X*轴定义基准平面。

单击“确定”按钮，系统将按照指定方向偏移创建基准平面，如图3-15所示。

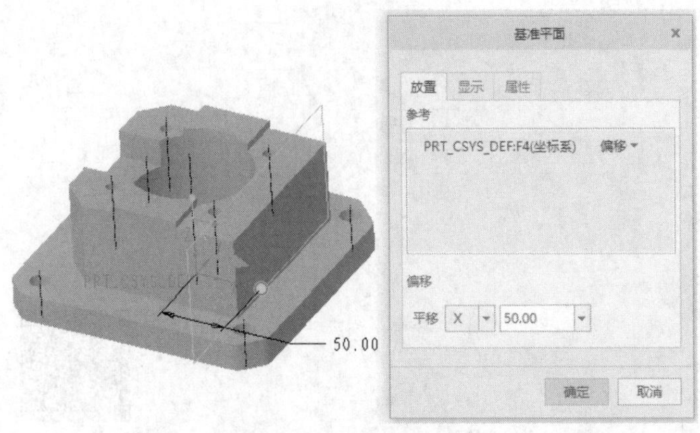

图3-14　选择基准坐标系

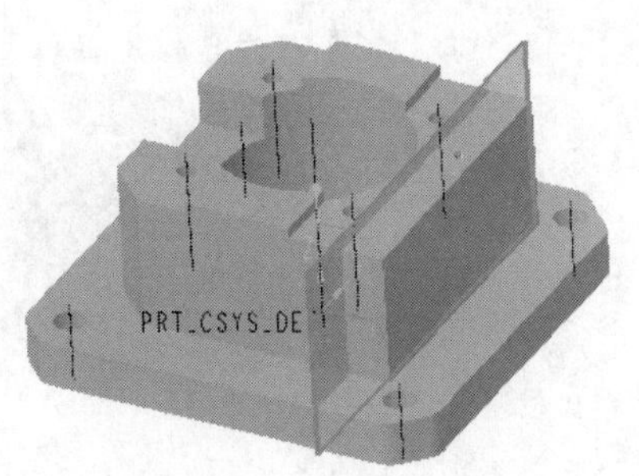

图3-15　创建基准平面

3.3 基准轴

如同基准平面一样，基准轴常用于创建特征的参考。它经常用于制作基准平面、同轴放置项目和创建径向阵列等。基准轴可用作参考，以放置基准标签注释。如果不存在基准轴，则选取与基准标签相关的几何特征（如圆形曲线、边或圆柱曲面的边），系统会自动创建内部基准轴。

3.3.1　基准轴简介

与特征轴相反，基准轴是单独的特征，可以被重定义、隐含、遮蔽或删除。可在创建基准轴期间对其进行预览。可调整轴长度使其在视觉上与选定参考的边、曲面、基准轴、“零件”模式中的特征或“组件”模式中的零件相拟合，参考的轮廓用于确定基准轴的长度。Creo Parametric给基准轴命名为A_#，此处#是已创建基准轴的编号。

单击“模型”功能区“基准”面板中的“轴”按钮，打开如图3-16所示的“基准轴”对话框。

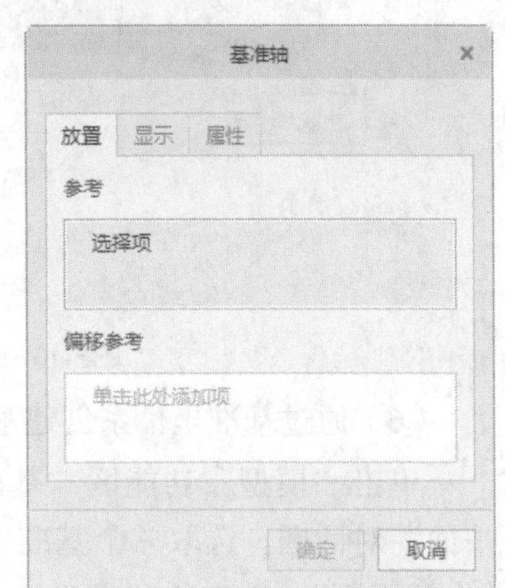

图3-16 “基准轴”对话框

“基准轴”对话框中包含“放置”“显示”和“属性”3个选项卡，分别介绍如下。

1. “放置”选项卡

“放置”选项卡中包含下列选项。

（1）“参考”列表框：用于显示选取的参考。使用绘图区选取放置新基准轴的参考，然后选取参考类型。要选取多个参考时，可按住<Ctrl>键进行选取，基准轴的参考类型如表3-3所示。

（2）“偏移参考”列表框：如果在“参考”列表框中指定“法向”作为参考类型，则激活“偏移参考”列表框。

表3-3　基准轴的参考类型

参考类型	说　明
穿过	基准轴通过指定的参考
法向	用于放置垂直于指定参考的基准轴。此类型还需要用户在“参考”列表框中定义参考，或添加附加点或顶点来完全约束基准轴
相切	用于放置与指定参考相切的基准轴。此类型还需要用户添加附加点或顶点作为参考。创建位于该点或顶点处平行于切向量的轴
中心	通过选定平面圆边或曲线的中心，且垂直于指定曲线或边所在平面的方向放置基准轴

2. “显示”选项卡

“显示”选项卡中包含“调整轮廓”复选框。通过勾选“调整轮廓”复选框可调整基准轴轮廓的长度，使基准轴轮廓与指定尺寸或选定参考相拟合。勾选该复选框后，激活下拉列表，该下拉列表中包含“大小”和“参考”两个选项。

（1）大小：用于调整基准轴长度。可手动通过控制滑块调整基准轴长度，或在“长度”文本框中给定长度值。

（2）参考：用于调整基准轴轮廓的长度，使其与选定参考（如边、曲面、基准轴、“零件”模式中的特征或“组件”模式中的零件）相拟合。“参考”列表框会显示选定参考的类型。

3. “属性”选项卡

在“属性”选项卡中，用于显示或修改基准轴的名称。单击“名称”文本框后面的“显示特征信息”按钮🛈，系统打开如图3-17所示的浏览器，可显示当前基准轴的信息。

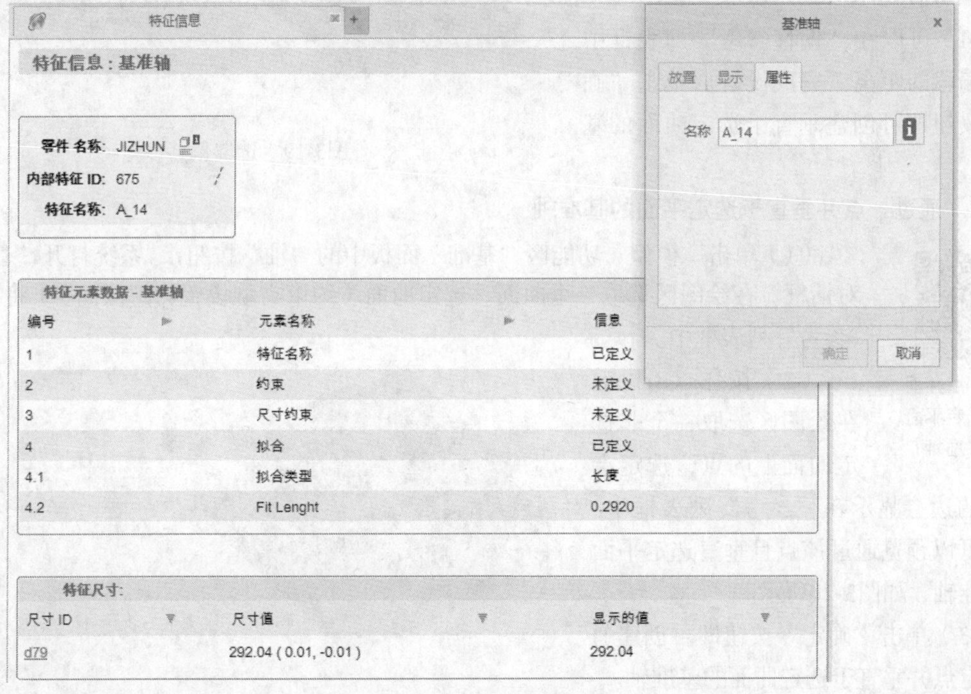

图3-17　浏览基准轴信息

3.3.2 创建基准轴

在Creo Parametric中可创建的基准轴种类很多，下面简单介绍常用的几种。

1. 垂直于曲面的基准轴

垂直于曲面的基准轴

（1）单击“模型”功能区“基准”面板中的“轴”按钮/，系统打开“基准轴”对话框。

（2）在图形窗口中选取一个曲面，选定曲面（约束类型设置为“法向”）将会显示在“参考”列表框中。可预览垂直于选定曲面的基准轴，曲面上将出现一个控制滑块，同时还将出现两个偏移参考控制滑块，如图3-18所示。

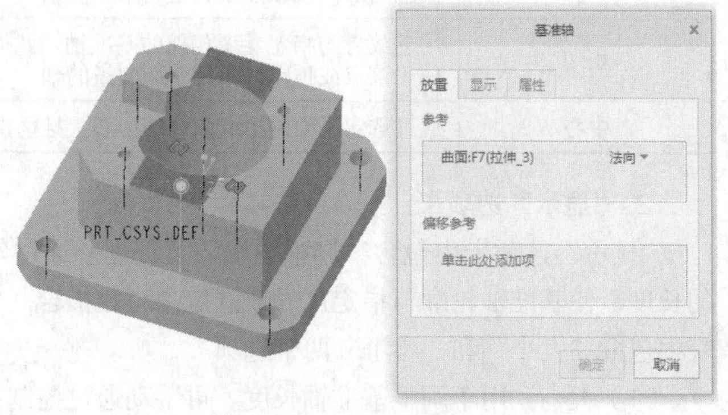

图3-18 选取参考

（3）拖动偏移参考控制滑块来选取两个参考或以图形方式选取两个参考，如两个平面或两条直边。所选取的两个偏移参考显示在“偏移参考”列表框中，如图3-19所示。

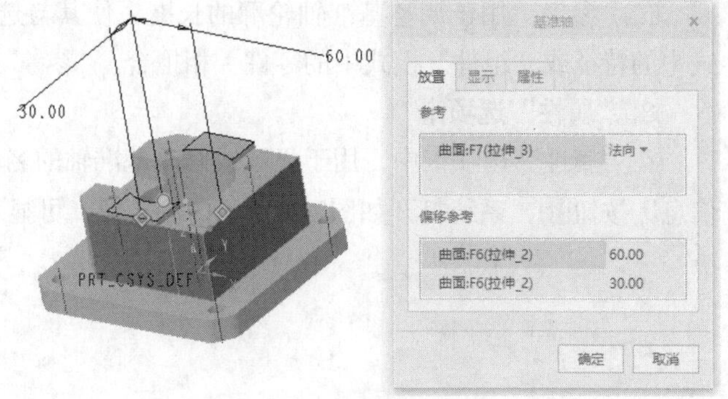

图3-19 选取偏移参考

（4）可以在“偏移参考”列表框中修改偏移的距离。完成设置后单击“确定”按钮即可创建垂直于选定曲面的基准轴。

2. 通过一点并垂直于选定平面的基准轴

通过一点并垂直于选定平面的基准轴

（1）单击“模型”功能区“基准”面板中的“轴”按钮/，系统打开“基准轴”对话框。在绘图区选取一个曲面，选定曲面（约束类型设置为“法向”）将显示在“参考”列表框中。

（2）按住<Ctrl>键在绘图区选取一个非选定曲面上的点，选定点所在的边会显示在“参考”列表框中。这时可以预览通过该点且垂直选定平面的基准轴，如图3-20所示。

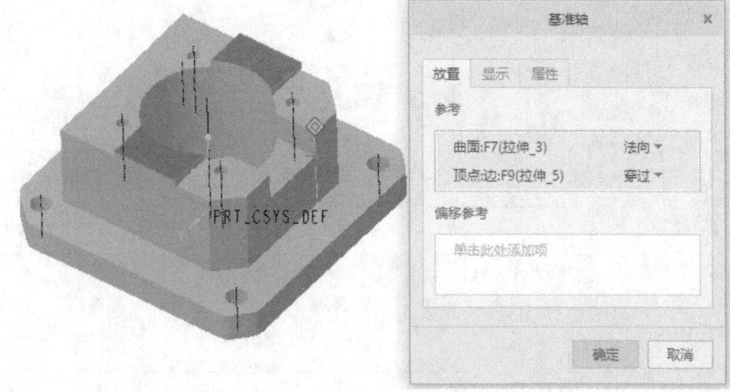

图3-20 预览基准轴

（3）单击“确定”按钮即可创建通过选定点并垂直于选定曲面的基准轴。

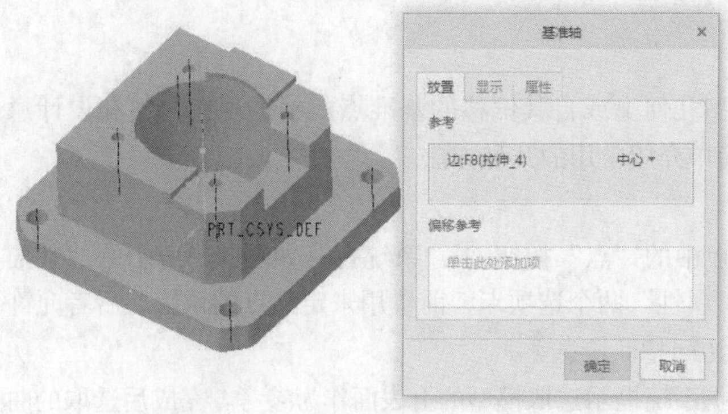

图3-21 相切于选定曲线的基准轴

3. 通过曲线上一点并相切于选定曲线的基准轴

通过曲线上一点并相切于选定曲线的基准轴

（1）单击“模型”功能区“基准”面板中的“轴”按钮/，系统打开“基准轴”对话框。然后在绘图区选取一条曲线，选定曲线会显示在“参考”列表框中。可预览相切于选定曲线的基准轴，如图3-21所示。

（2）按住<Ctrl>键在绘图区选取一个选定曲线上的点，选定点所在的边会显示在“偏移参考”列表框中。

（3）单击“确定”按钮即可创建通过选定点并与选定曲线相切的基准轴。

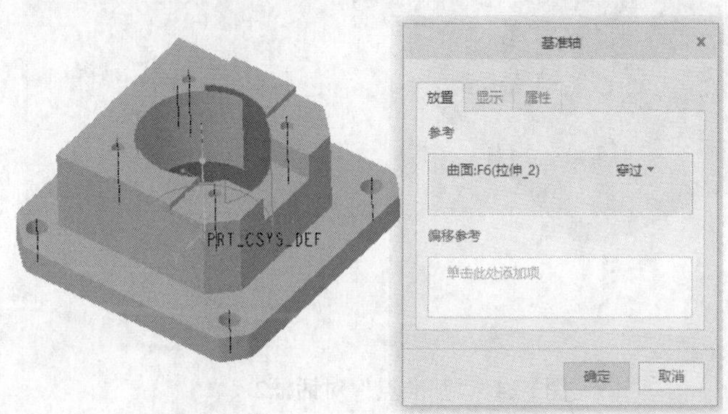

图3-22 创建同线基准线

4. 通过圆柱体轴线的基准线

通过圆柱体轴线的基准线

单击“模型”功能区“基准”面板中的“轴”按钮/，系统打开“基准轴”对话框。然后在绘图区选取如图3-22所示的圆柱面，然后单击“确定”按钮即可生成与该圆柱面轴线同线的基准轴。

3.4 基准点

基准点在几何建模时可用作构造元素，或作为进行计算和模型分析的已知点。可使用“基准点”特征随时向模型中添加基准点。“基准点”特征可包含同一操作过程中创建的多个基准点。属于相同特征的基准点表现如下。

（1）在“模型树”选项卡中，所有的基准点均显示在一个特征节点下。

（2）“基准点”特征中的所有基准点相当于一个组，删除一个特征将会删除该特征中所有的点。

（3）要删除“基准点”特征中的个别点，必须先编辑该点的定义。

（4）Creo Parametric支持4种类型的基准点，这些点依据创建方法和作用的不同而各不相同。

- 点：位于图元上、图元相交处或某一图元偏移处所创建的基准点。
- 草绘点：在“草绘器”中创建的基准点。
- 偏移坐标系：通过自选定坐标系偏移所创建的基准点。
- 域：在“行为建模”中用于分析的点，一个域点标识一个几何域。

3.4.1 创建基准点

可使用一般类型的基准点创建位于模型几何上或自其偏移的基准点。根据现有几何和设计意图，可使用不同方法指定点的位置。下面简单介绍常用的几种方法。

1. 平面偏移基准点

（1）单击“模型”功能区“基准”面板中的“点”按钮，系统打开如图3-23所示的“基准点”对话框。该对话框中包含“放置”和“属性”两个选项卡，前者用来定义点的位置，后者允许编辑特征名称并在Creo Parametric浏览器中访问特征信息。

（2）新点将在“点”列表框中显示，根据系统提示选取模型的上表面作为参考。完成后选取的曲面显示在“参考”列表框中，同时“基准点”对话框中将增加“偏移参考”列表框，如图3-24所示。

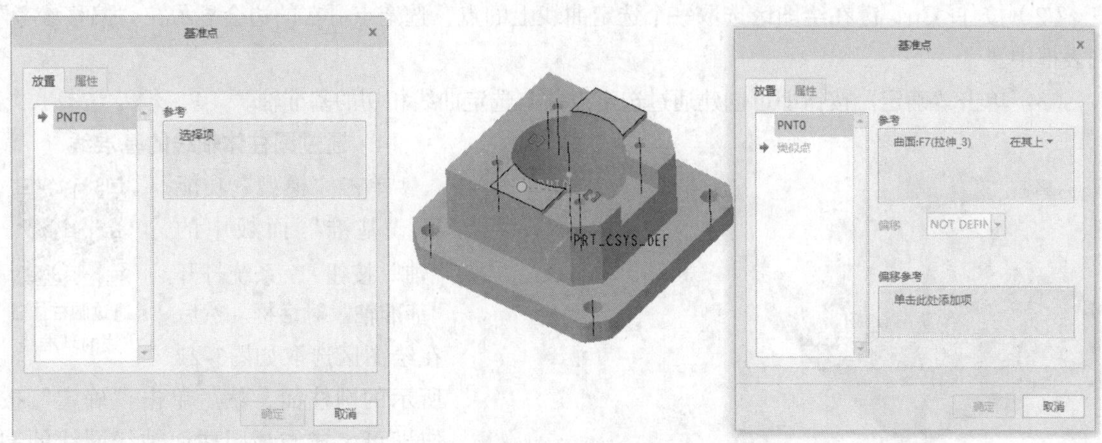

图3-23 “基准点”对话框1　　　　图3-24 “基准点”对话框2

（3）在“偏移参考”列表框中单击，然后按住<Ctrl>键在绘图区选取两个参考面，则选取的曲面将显示在此列表框中，将新点添加到模型中，如图3-25所示。

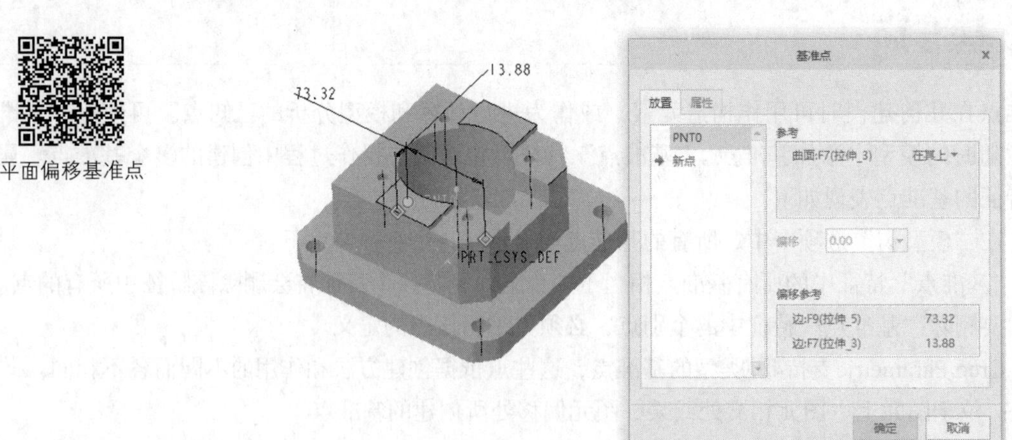

图3-25 选取偏移参考

（4）需要调整放置尺寸时，可在绘图区双击某一尺寸值，然后在打开的文本框中输入新值，或通过“基准点”对话框调整尺寸。也可单击“偏移参考”列表框中的某个尺寸值，然后输入新值。调整完尺寸后，单击左侧列表框中的“新点”选项可添加更多点，或单击“确定”按钮关闭对话框。

2. 在曲线、边或基准轴上创建基准点

（1）要在曲线、边或基准轴上创建基准点，首先需要选取一条边、基准曲线或轴来放置基准点；然后单击“模型”功能区“基准”面板中的“点”按钮；默认点被添加到选定图元中，同时系统打开“基准点”对话框，新点被添加到“点”列表框中，并且操作所收集的图元会显示在“参考”列表框中。

在曲线、边或基准轴上创建基准点

（2）可通过控制滑块手工调整点的位置，或使用“放置”选项卡定位该点。在“偏移参考”选项组中包含两个单选钮，分别介绍如下。

- 曲线末端：从曲线或边的选定端点测量距离。要使用另一端点，可单击“下一端点”。在选取曲线或边作为参考时，将默认点选“曲线末端”单选钮。
- 参考：选定参考图元测量距离。

指定偏移距离的方式有以下两种。

- 比率：在“偏移”文本框中输入偏移比率。偏移比率是一个分数，为基准点到选定端点之间的距离与曲线或边总长度的比。可输入0～1之间的任意值，如输入偏移比率为0.25时，将在曲线长度的1/4位置处放置基准点。
- 通过指定实际长度：在下拉列表中选择“实际值”选项。在“偏移”文本框中，输入从基准点到端点或参考的实际曲线长度。完成设置后在“放置”选项卡左侧列表框中单击“新点”选项可添加更多基准点，或单击“确定”按钮关闭对话框。

3. 在图元相交处创建基准点

图元的组合方式有多种，可通过图元的相交来创建基准点。在选取相交图元时，按住<Ctrl>键，可选取下列组合之一。

在图元相交处创建基准点

- 3个曲面或基准平面。
- 与曲面或基准平面相交的曲线、基准轴或边。
- 两条相交曲线、边或轴。

> **注意**
>
> 可选取两条不相交的曲线。此时，系统将点放置在第一条曲线上与第二条曲线距离最短的位置。

（1）单击“模型”功能区“基准”面板中的“点”按钮，系统打开“基准点”对话框。

（2）若要在选定图元的相交处创建一个新点，则按住<Ctrl>键，根据提示选取相交图元，如图3-26所示。

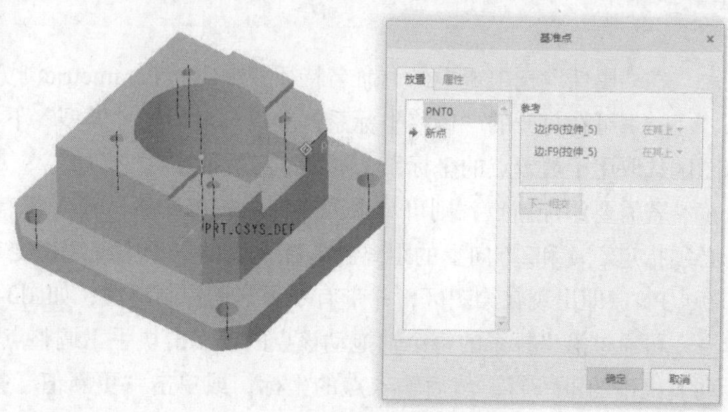

图3-26　通过图元相交创建基准点

（3）单击“新点”继续创建点，或单击“确定”按钮完成基准点的创建。

3.4.2 偏移坐标系基准点

偏移坐标系基准点

Creo Parametric中允许用户通过指定点坐标的偏移创建基准点。可使用笛卡儿坐标系、球坐标系或柱坐标系偏移创建基准点。具体操作步骤如下。

（1）单击“模型”功能区“基准”面板中的“点”按钮右侧的下拉按钮，在打开的“基准点”选项条中单击“偏移坐标系”按钮，系统打开如图3-27所示的“基准点”对话框。

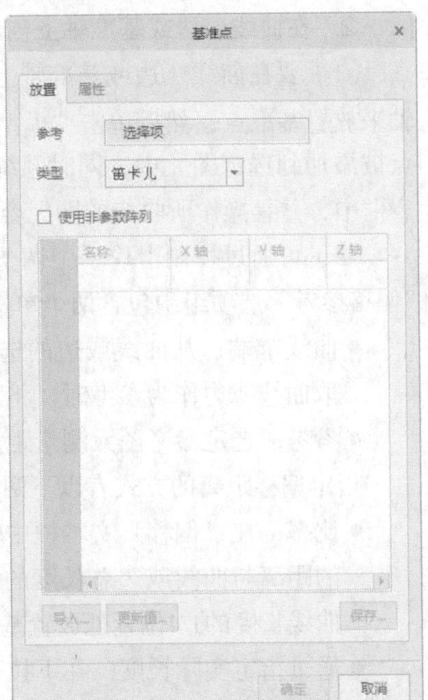

图3-27 “基准点”对话框

在“基准点”对话框中包含“放置”和“属性”两个选项卡。在“放置”选项卡中可通过指定参考坐标系、放置点偏移方法类型和沿选定坐标系轴的点坐标来定义点的位置，其中主要选项含义如下。

- “导入”按钮：单击该按钮，将数据文件输入到模型中。
- “更新值”按钮：单击该按钮，使用文本编辑器显示“点”列表框中列出的所有点的值，也可用来添加新点、更新点的现有值或删除点。重定义基准点偏移坐标系时，如果单击“更新值”按钮并使用文本编辑器编辑一个或所有点的值，则Creo Parametric将为原始点指定新值。
- “保存”按钮：单击该按钮，将点坐标保存到扩展名为.pts的文件中。
- “使用非参数矩阵”复选框：勾选该复选框将移除尺寸并将点数据转换为非参数矩阵。

注意

可通过“点”列表框或文本编辑器在非参数矩阵中添加、删除或修改点，而不能通过右键快捷菜单中的“编辑”命令来执行这些操作。

在“属性”选项卡中可重命名特征并在Creo Parametric浏览器中显示特征信息。

（2）可在打开的“偏移坐标系基准点”对话框“类型”下拉列表中选择坐标系类型。然后在绘图区选取用于放置点的坐标系，如图3-28所示。

若需要添加新点，则可单击列表框中的单元格，输入新点的坐标，如对于“笛卡儿”坐标系，必须指定X、Y和Z方向上的距离。若在上面的例子中继续指定点的坐标值为30、75、–30，完成后，新点PNT1即出现在绘图区，并带有一个拖动控制滑块，如图3-29所示。

可通过沿坐标系的每个轴拖动该点的控制滑块手工调整点的位置。需要添加其他点时，可单击列表框中的下一行，然后输入点的坐标，或单击“更新值”按钮，然后在文本编辑器中输入新值（各个值之间以空格进行分隔）。

完成点的创建后，单击“确定”按钮关闭该对话框，或单击“保存”按钮并指定文件名及位置，将这些点保存到一个单独的文件中。

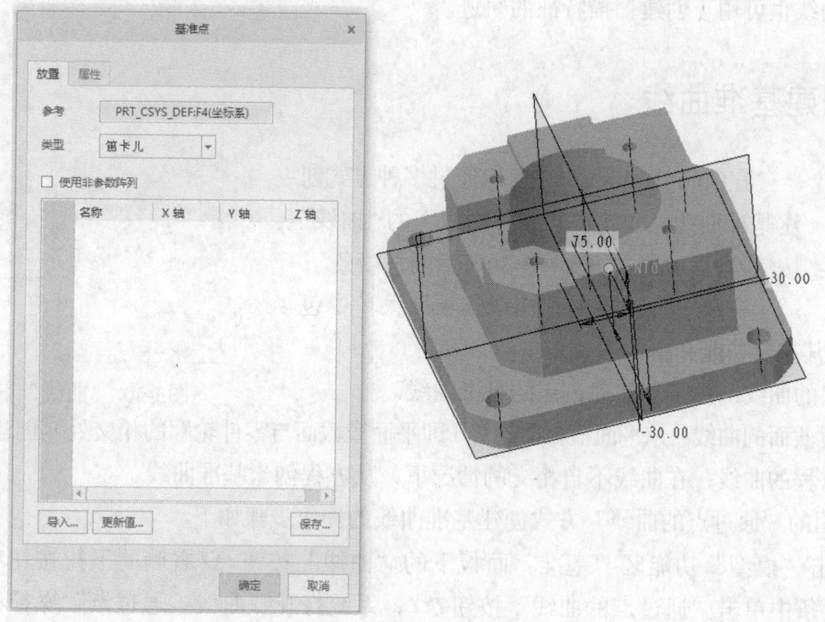

图3-28　选取参考坐标系

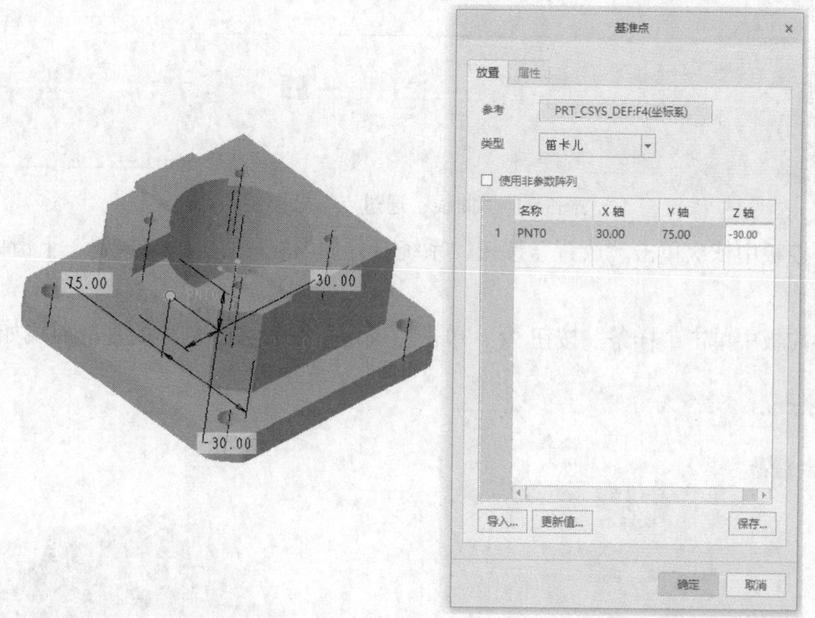

图3-29　指定点坐标

3.5 基准曲线

除了输入的几何模型之外，Creo Parametric中所有三维几何模型的创建均起始于二维截面。基准曲线允许在二维截面上插入，基准曲面可以迅速准确地插入许多其他特征，如拉伸或旋转特征。此外，基准曲线也可用于创建扫描特征的轨迹。

3.5.1 创建基准曲线

创建基准曲线

在Creo Parametric中可以通过多种方式创建基准曲线。单击“基准”面板下的“曲线”按钮，系统打开如图3-30所示的选项条。

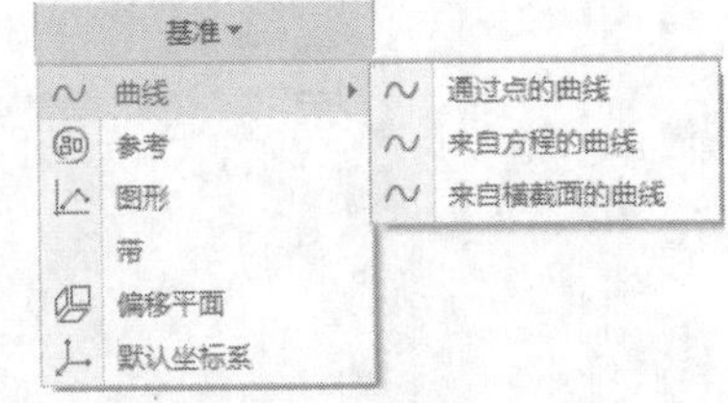

图3-30 “曲线”下拉选项

在菜单管理器的“曲线选项”菜单中包含4个命令，其主要功能介绍如下。

- 通过点的曲线：用于创建通过点的基准曲线。
- 来自横截面的曲线：从平面横截面边界（即平面横截面与零件轮廓的相交处）创建基准曲线。
- 来自方程的曲线：在曲线不自相交的情况下，从方程创建基准曲线。

使用常用的“通过点的曲线”方式创建基准曲线的操作步骤如下。

（1）单击“模型”功能区“基准”面板下的“曲线”按钮右侧的下拉按钮，在打开的“曲线”选项条中单击“通过点的曲线”按钮，系统打开“曲线：通过点”操控板，如图3-31所示。

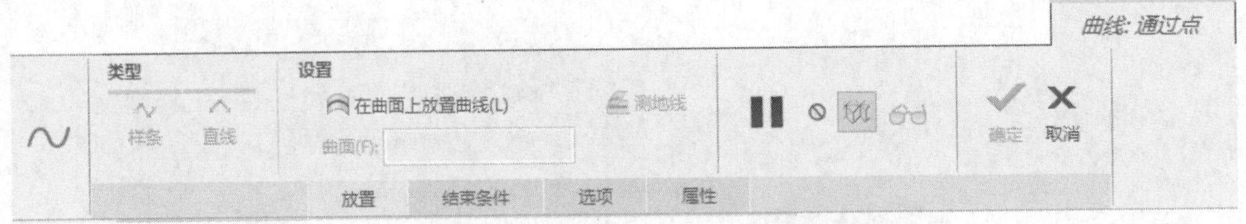

图3-31 “曲线：通过点”操控板

（2）在操控板中依次单击“放置”按钮，系统打开如图3-32所示的“放置”下滑面板，在模型上选取点。

（3）在操控板中单击“样条”按钮，单击“确定”按钮，创建的基准曲线如图3-33所示。

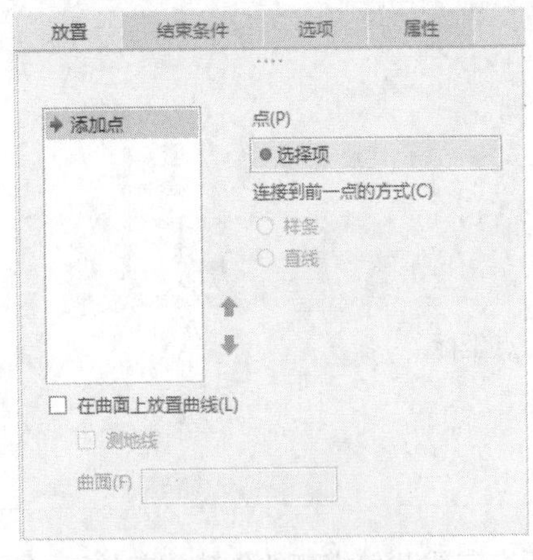

图3-32 “放置”下滑面板

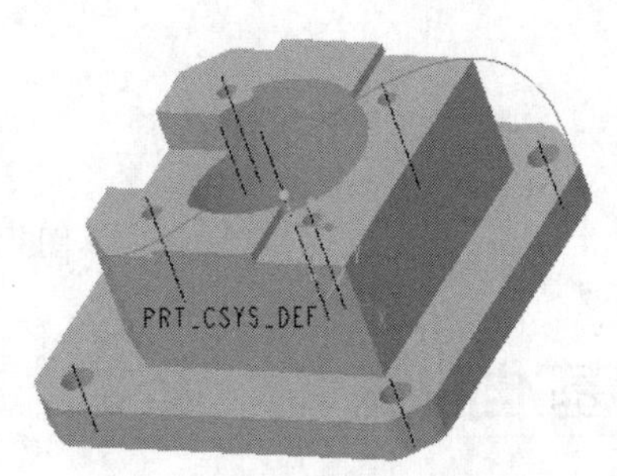

图3-33 通过点的基准曲线

3.5.2　草绘基准曲线

草绘基准曲线

可使用与草绘其他特征相同的方法草绘基准曲线。草绘曲线可以由一个或多个草绘段以及一个或多个开放或封闭的环组成。但是，将基准曲线用于其他特征，通常限定于开放或封闭环的单个曲线（它可以由许多段组成）。

要在草绘环境中草绘基准曲线，可单击“模型”功能区“基准”面板中的“草绘”按钮，系统打开如图3-34所示的“草绘”对话框。“放置”选项卡中各选项含义如下。

- “草绘平面”选项组：用于显示选取的草绘平面，包含“平面”列表框，可随时在该列表框中单击以选取或重定义草绘平面。
- “草绘方向”选项组：包含“反向”按钮、“参考”列表框和“方向”下拉列表。单击“反向”按钮切换草绘方向；可以在“参考”列表框中单击以选取或重定义参考平面（必须定义草绘平面并与其垂直，然后才能草绘基准曲线）；在“方向”下拉列表中选择合适的方向。

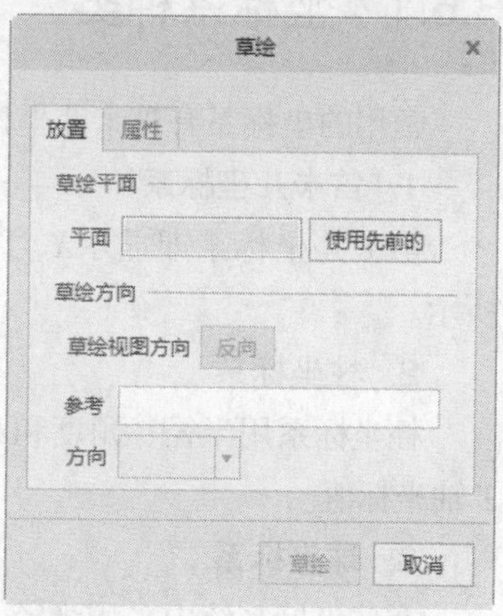

图3-34　“草绘”对话框

选取FRONT基准平面作为草绘平面，单击“草绘”按钮，进入草绘环境。

草绘过程和第2章中讲述的过程相同，在此不再赘述。绘制完成后单击“关闭”面板中的“确定”按钮完成基准曲线的绘制，如图3-35所示。

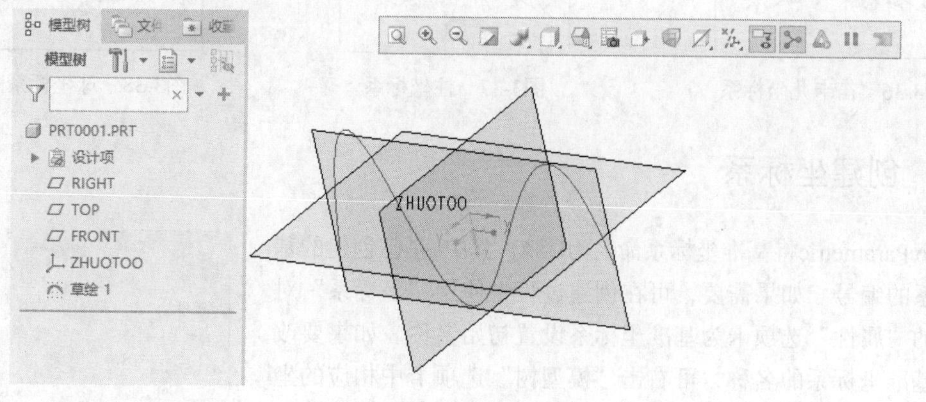

图3-35　草绘基准曲线

3.6 基准坐标系

坐标系是可以添加到零件和组件中的参考特征，利用它可执行下列操作。

（1）计算质量属性。

（2）组装元件。

（3）为有限元分析放置约束。

（4）为刀具轨迹提供制造操作参考。

（5）用作定位其他特征的参考（坐标系、基准点、平面、输入的几何等）。

（6）对于大多数普通的建模任务，可使用坐标系作为方向参考。

3.6.1 坐标系种类

常用的坐标系有笛卡儿坐标系、柱坐标系和球坐标系3种。

1. 笛卡儿坐标系

笛卡儿坐标系即显示*X*、*Y*和*Z*轴的坐标系。笛卡儿坐标系用*X*、*Y*和*Z*表示坐标值，如图3-36所示。

2. 柱坐标系

柱坐标系用半径、角度和*Z*表示坐标值，如图3-37所示，在图中*r*表示半径，*θ*表示角度，*Z*表示*Z*轴坐标值。

3. 球坐标系

在球坐标系统中采用半径、两个角度表示坐标值，如图3-38所示。

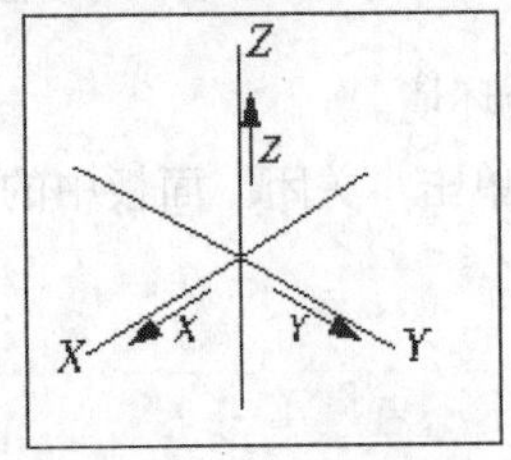

图3-36 笛卡儿坐标系

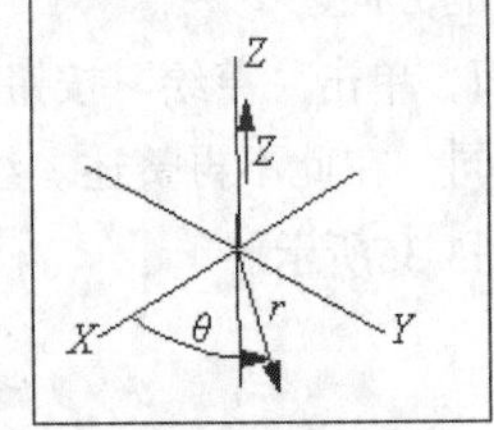

图3-37 柱坐标系

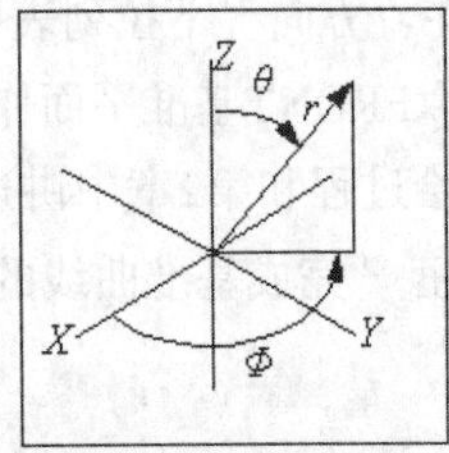

图3-38 球坐标系

3.6.2 创建坐标系

Creo Parametric将基准坐标系命名为CS#，其中#是已创建的基准坐标系的编号。如果需要，可在创建过程中使用“坐标系”对话框中的“属性”选项卡为基准坐标系设置初始名称。如果要改变现有基准坐标系的名称，可右击“模型树”选项卡中相应的坐标系名称，在打开的右键快捷菜单中选择“重命名”命令即可修改名称。

单击“模型”功能区“基准”面板中的“坐标系”按钮，系统打开如图3-39所示的“坐标系”对话框。其中，包含“原点”“方向”和“属性”3个选项卡。

（1）“原点”选项卡中主要选项含义如下。

1）“参考”选项组：用于显示选取的参考坐标系。可随时在该列表框中选取或重定义坐标系的放置参考。

2）“偏移类型”列表框：在该列表框中的参考允许按表3-4中

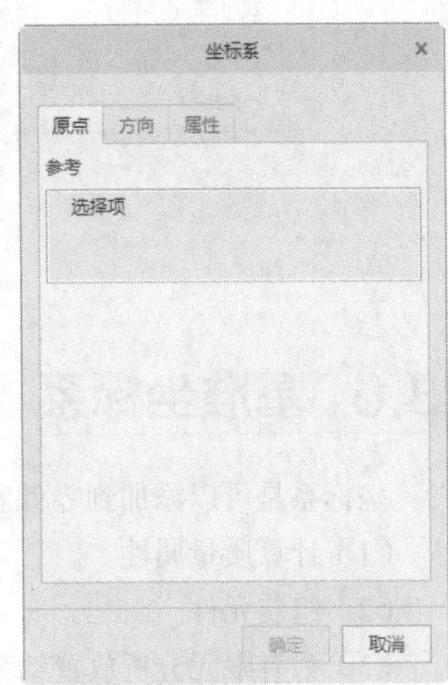

图3-39 “坐标系”对话框

的方式偏移坐标系。

表3-4　坐标系偏移类型

偏移类型	说　明
笛卡儿	允许通过设置X、Y和Z值偏移坐标系
圆柱	允许通过设置半径、角度和Z值偏移坐标系
球坐标	允许通过设置半径和两个角度值偏移坐标系
自文件	允许从转换文件输入坐标系的位置

（2）“方向”选项卡中主要选项含义如下。

1）“参考选择”单选钮：点选该单选钮，允许通过选取坐标系中任意两根坐标轴的方向参考定向坐标系。

2）“选定的坐标系轴”单选钮：点选该单选钮，允许定向坐标系绕作为放置参考使用坐标系的轴可旋转新插入的坐标系。

3）“设置Z垂直于屏幕”按钮：单击该按钮，允许快速定向Z轴，使其垂直于查看的屏幕。此按钮只有在点选了“选定的坐标系轴”单选钮的状态下才可用。

（3）“属性”选项卡，用于在Creo Parametric嵌入浏览器中查看关于当前坐标系的信息。

在图形窗口中选取3个放置参考，此参考可包括平面、边、轴、曲线、基准点、顶点或坐标系，如图3-40所示。单击“坐标系”对话框中的“确定”按钮，可直接创建具有默认方向的新坐标系，或单击“方向”选项卡以手工定向新坐标系，如图3-41所示；也可在绘图区选取一个坐标系作为参考，此时，“偏移类型”下拉列表变为可用状态，该下拉列表包含笛卡儿、圆柱、球坐标和自文件4个选项，如图3-42所示。如果要调整偏移距离，可在绘图区拖动控制滑块将坐标系手动定位到所需位置，也可在“坐标系”对话框的“原点”选项卡中进行更改。

注意

位于坐标系中心的拖动控制滑块允许沿参考坐标系的任意一个轴拖动坐标系。要改变方向，可将光标悬停在拖动控制滑块上方，然后向其中的一个轴移动光标，在移动光标的同时，拖动控制滑块改变坐标方向。

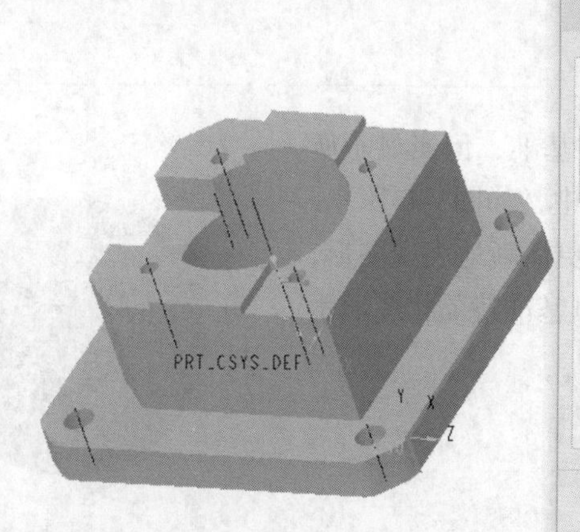

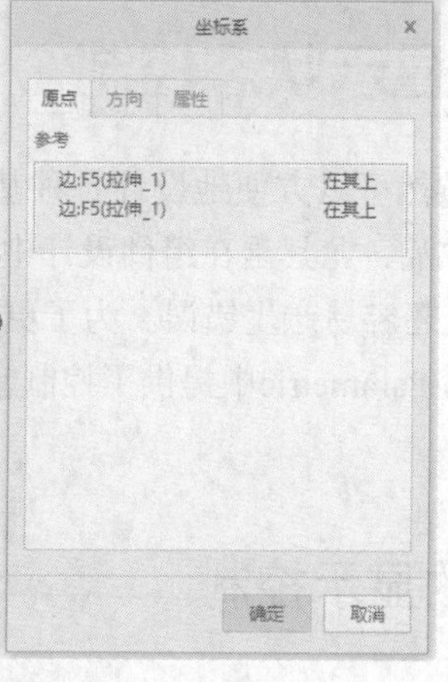

图3-40　选取参考

创建坐标系

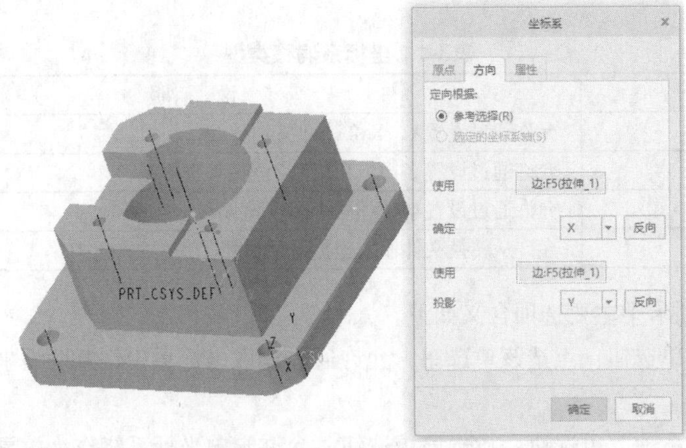

图3-41　手工定向新坐标系

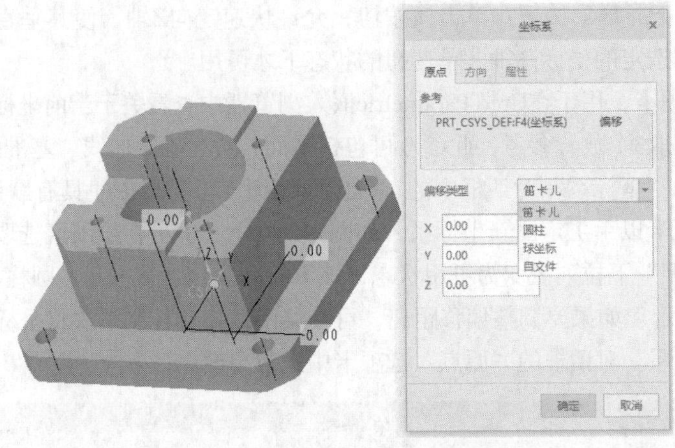

图3-42　选取参考坐标系及偏移类型

设置完成后单击“坐标系”对话框中的“确定”按钮完成基准坐标系的创建。可创建多个默认基准坐标系，但不能编辑或定义其参数。需要时可定义其相对于默认基准平面的方向。

3.7 基准特征显示状态控制

在复杂的模型中，虽然可以方便地设计各种基准，但当显示所有基准时模型会显得非常乱，尤其是在组件设计中，如图3-43所示。这样不但速度变慢，而且还容易产生错误。为了更清晰地表现图形，更好地利用基准，在Creo Parametric中提供了控制基准特征状态显示的功能。

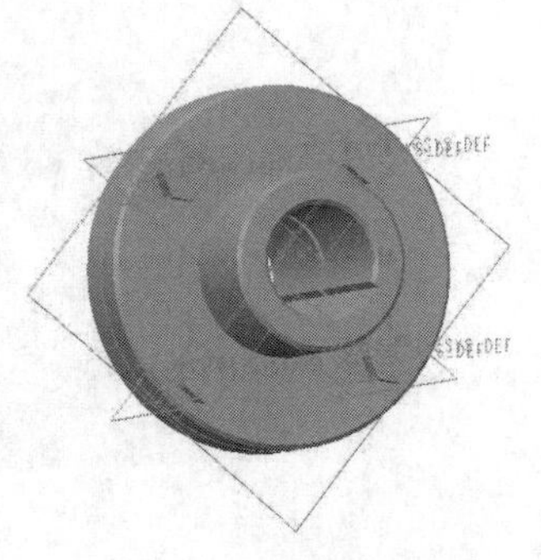

图3-43　基准的显示

3.7.1 基准特征的显示控制

在“视图”工具栏中“基准显示过滤器”下拉选项中包含几种

常用的基准工具显示控制按钮，如图3-44所示。在下拉选项中可以控制所有基准特征的显示，如果要显示某种基准特征只需勾选复选框即可；如果要隐藏某种基准特征，可取消勾选该复选框。

如果要对其他的基准工具进行显示控制，可单击“视图”功能区“显示”面板中的按钮，如图3-45所示。单击不同的按钮将显示或隐藏不同类型的基准。

图3-44 “基准显示过滤器”下拉选项

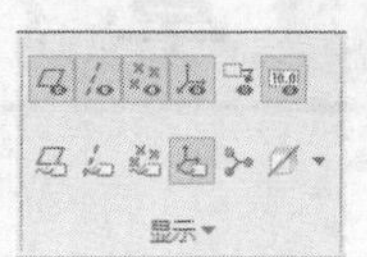

图3-45 “显示”面板

基准特征的显示控制

3.7.2　基准特征的显示颜色

基准特征的显示颜色

为了区分各种基准特征，Creo Parametric系统支持用户定制各种基准的显示颜色。在菜单栏中选择“文件”→“选项”命令，打开如图3-46所示的“Creo Parametric选项”对话框，可通过“系统外观”选项卡中“基准”选项组来设置基准平面、轴、点和坐标系的颜色。

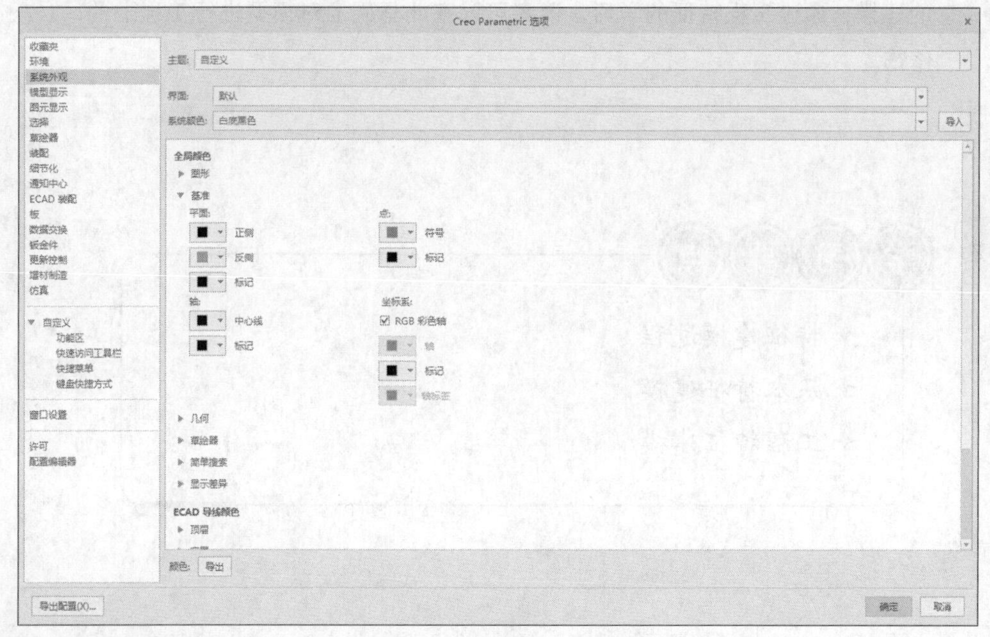

图3-46 “系统颜色”对话框

在“基准”选项组中包含平面、轴、点和坐标系4个选项组。如果要修改基准特征中某一特性的显示颜色，可单击其前面的 按钮，系统打开如图3-47所示的下拉菜单，选择相应的颜色，并单击“Creo Parametric选项”对话框中的“确定”按钮即可。

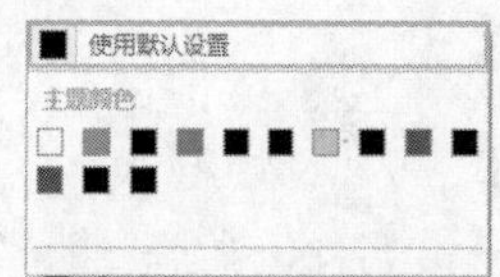

图3-47 下拉菜单

第4章 特征建模

在 Creo Parametric 中，零件实体特征可分为基本实体特征、工程特征和高级实体特征。其中，基本实体特征包括拉伸特征、旋转特征、扫描特征、混合特征；工程特征包括孔特征、倒圆角特征、边倒角特征、抽壳特征、筋特征以及拔模特征；高级实体特征包括扫描混合特征、螺旋扫描特征、可变截面扫描特征。本章通过学习基本实体特征，读者掌握一些简单实体的建模；通过工程特征的学习，读者可以在此基础上对模型进行工程上的修饰。

- 特征建模过程
- 基本特征建模
- 工程特征建模

4.1 实体建模的一般流程

实体建模的
一般流程

对于初学者来说，面对各种实体建模方法可能会有些不知所措的感觉。为了让用户有一个清晰的思路，首先通过实例来说明在Creo Parametric中进行实体建模的一般流程。

（1）启动Creo Parametric后，单击“主页”功能区“数据”面板中的“新建”按钮，在“新建”对话框“类型”选项组中点选“零件”单选钮，用户可以接受系统自动编号“prt0001”，也可根据需要在“名称”文本框中输入新名称，如“shiti”，如图4-1所示。

（2）勾选“使用默认模板”复选框，单击“确定”按钮，创建一个新的零件文件。

技巧荟萃

使用默认模板，即接受系统默认的绘图单位模板。

如果用户按照第 1 章的介绍改变了单位设置，即选择模板为“mmns_part_soild”，如果没有改变设置，则系统默认为英制模板“inlbs_part_soild”。若需要使用公制模板，则可取消勾选“使用默认模板”复选框，单击“确定”按钮，系统打开如图 4-2 所示的“新文件选项”对话框。在对话框中选择所需要的模板。单击“确定”按钮完成新文件的创建，系统进入如图 4-3 所示的设计环境。

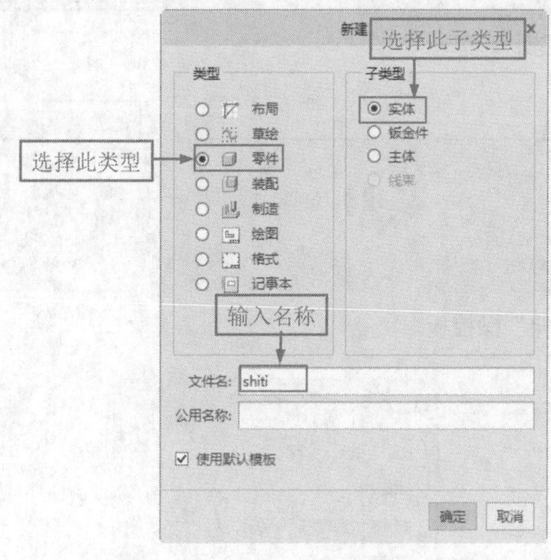

图4-1 “新建”对话框

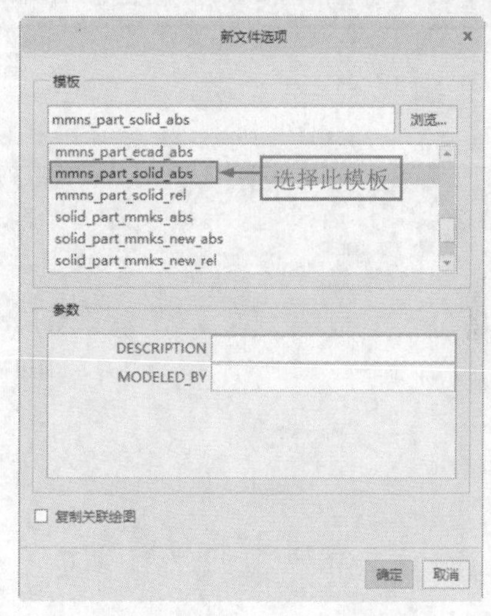

图4-2 “新文件选项”对话框

（3）在Creo Parametric 设计环境的工具栏中有一些常用的实体建模工具，用户可通过单击工具栏中的按钮使用相应工具。对于工具栏中没有的零件实体建模按钮，可通过“插入”菜单调用。

（4）单击不同按钮可选择不同的工具，如单击“模型”功能区“形状”面板中的“拉伸”按钮，系统打开如图4-4所示的“拉伸”操控板。

（5）在“拉伸”操控板中单击“放置”按钮，系统打开如图4-5所示的“放置”下滑面板。

（6）单击“定义”按钮，系统打开“草绘”对话框，如图4-6所示。在“模型树”选项卡或绘图区选取FRONT基准平面作为草绘平面，接受系统默认的参考平面和方向。

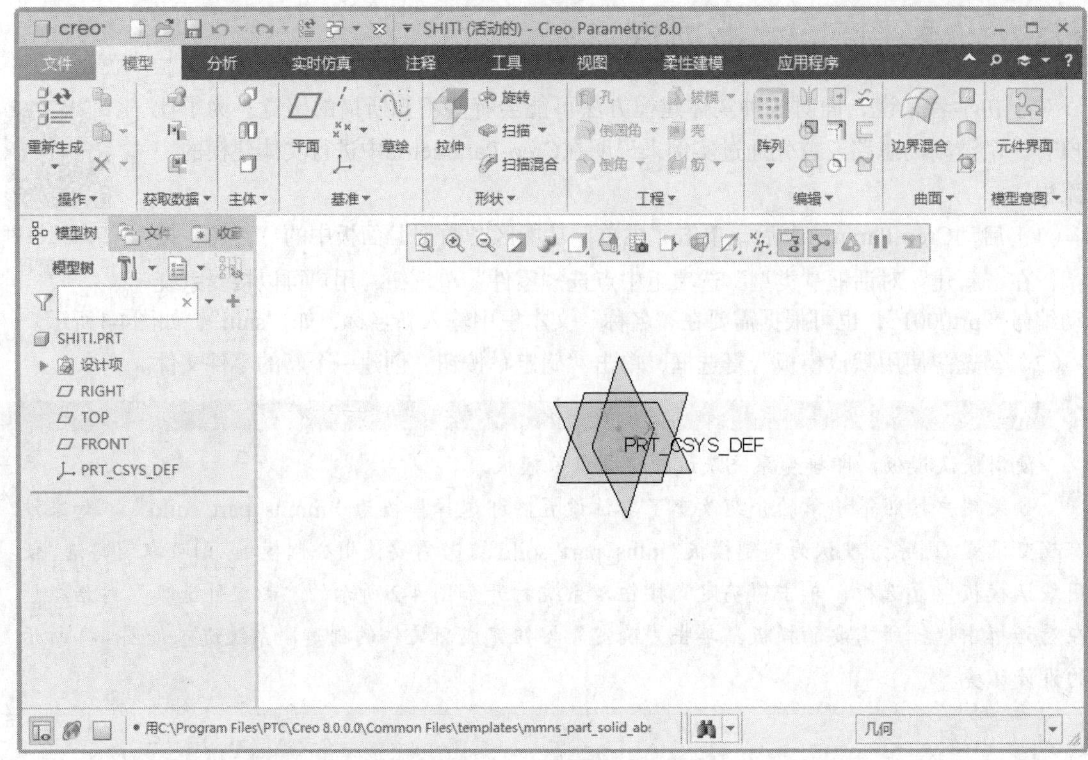

图4-3　设计环境

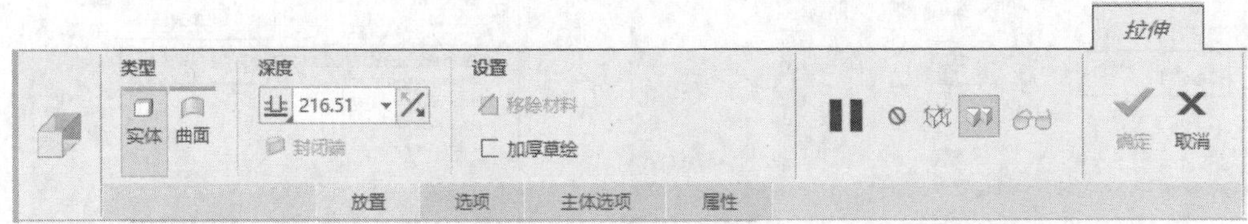

图4-4　“拉伸”操控板

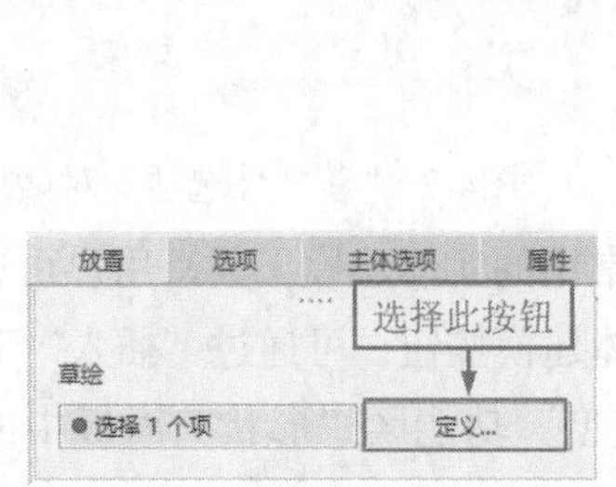

图4-5　“放置”下滑面板

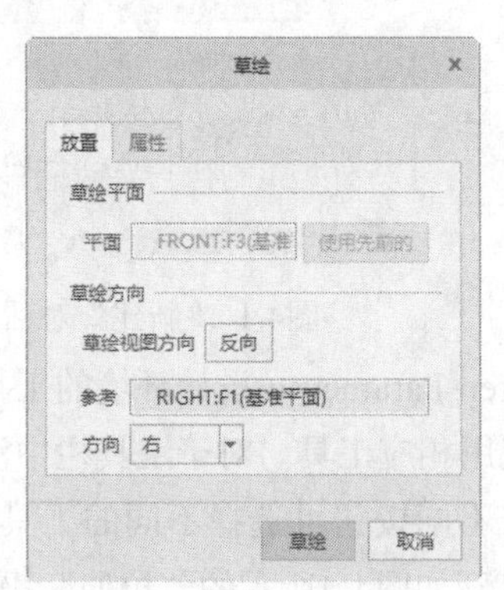

图4-6　“草绘”对话框

（7）单击“草绘”按钮，进入草绘环境。绘制完成后，单击“关闭”面板中的“确定”按钮✔退出草绘环境。

（8）单击“拉伸”操控板中的“确定”按钮✓生成拉伸特征；单击“取消”按钮✕放弃此次操作。

4.2 拉伸特征

拉伸是定义三维几何特征的一种基本方法，它是将二维截面延伸到垂直于草绘平面的指定距离处进行拉伸生成实体。可使用“拉伸”工具作为创建实体或曲面以及添加或移除材料的基本方法之一。通常，要创建伸出项，需选取要用作截面的草绘基准曲线，然后激活“拉伸”工具。

4.2.1 “拉伸”操控板选项介绍

1. “拉伸”操控板

单击“模型”功能区“形状”面板中的“拉伸”按钮，打开“拉伸”操控板，如图4-7所示。

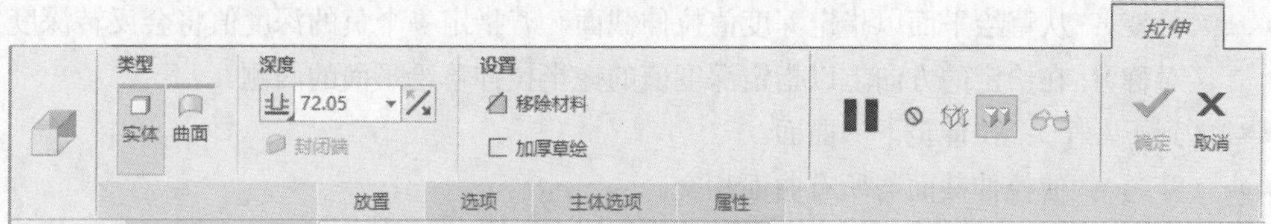

图4-7 “拉伸”操控板

“拉伸”操控板中各按钮含义如下。

（1）公共“拉伸”选项。

- “实体”按钮：用于创建拉伸实体。
- “曲面”按钮：用于创建拉伸曲面。
- “深度”按钮：用于约束拉伸特征的深度，也可在其后面的文本框中给定拉伸深度。
- “反向”按钮：用于设定相对于草绘平面拉伸特征方向。
- “移除材料”按钮：用于切换拉伸类型“切口”或“伸长”。

（2）用于创建“加厚草绘”选项。

- “加厚草绘”按钮：用于为截面轮廓指定厚度创建特征。
- “反向”按钮：用于改变添加厚度的一侧，或向两侧添加厚度。

2. 下滑面板

“拉伸”操控板中包含“放置”“选项”“主体选项”和“属性”4个下滑面板，如图4-8所示。

（1）“放置”下滑面板：用于重定义特征截面。单击“定义”按钮可创建或更改截面。

（2）“选项”下滑面板：使用该下滑面板可进行下列操作。

1）重定义草绘平面每一侧的特征深度以及孔的类型（如盲孔，通孔）。

2）通过选择“封闭端”选项用封闭端创建曲面特征。

（3）“主体选项”：将创建的几何实体添加到主体。勾选“创建新主体”复选框，可用于创建新的主体。

（4）“属性”下滑面板：用于编辑特征名称，并在Creo Parametric 浏览器中打开特征信息。

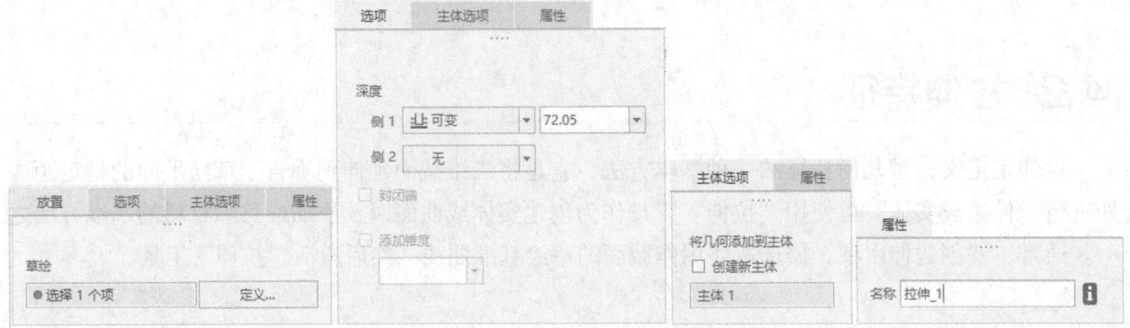

图4-8 “拉伸”操控板下滑面板

3. 深度选项

在“拉伸”操控板中单击“盲孔”按钮右侧的下拉按钮，在打开的“深度”选项条中包含以下拉伸模式。

- （可变）：从草绘平面以指定深度值拉伸截面。若指定一个负的深度值将会反转深度方向。
- （对称）：在给定的方向上以指定深度值的一半拉伸草绘平面的两侧。
- （到下一个）：拉伸至下一曲面。
- （穿透）：使拉伸截面与所有曲面相交。
- （穿至）：将截面拉伸，使其与选定曲面或平面相交。其终止曲面可选择如下选项。①由一个或几个曲面所组成的面组。②在一个组件中，可选择另一元件的几何，几何是指组成模型的基本几何特征，如点、线、面等几何特征。
- （到参考）：将截面拉伸至一个选定点、曲线、平面或曲面。

技巧荟萃

（1）使用零件图元终止特征的规则：对于（到下一个）和（到参考）两个选项，拉伸的轮廓必须位于终止曲面的边界内；在和另一图元相交处终止的特征不具有和其相关的深度参数；修改终止曲面可改变特征深度。

（2）基准平面不能被用作终止曲面。

4.2.2 拉伸特征创建步骤

创建“拉伸”特征的具体操作步骤如下。

（1）启动Creo Parametric 后，单击“主页”功能区“数据”面板中的“新建”按钮，在打开的“新建”对话框中点选“零件”单选钮，在“名称”文本框中输入“lashen”，接受系统默认模板，单击“确定”按钮，创建一个新文件。

（2）单击“模型”功能区“形状”面板中的“拉伸”按钮。

（3）系统打开“拉伸”操控板，在操控板中依次单击“放置”→“定义”按钮。

（4）系统打开“草绘”对话框，选取FRONT基准平面作为草绘平面，其余选项接受系统默认设置，如图4-9所示。

（5）单击“草绘”按钮，进入草绘环境。单击“草绘”面板中的“圆心和点”按钮，以默认坐标系原点为圆心，绘制直径为200的圆，结果如图4-10所示，单击“关闭”面板中的“确定”按钮退出草绘环境。

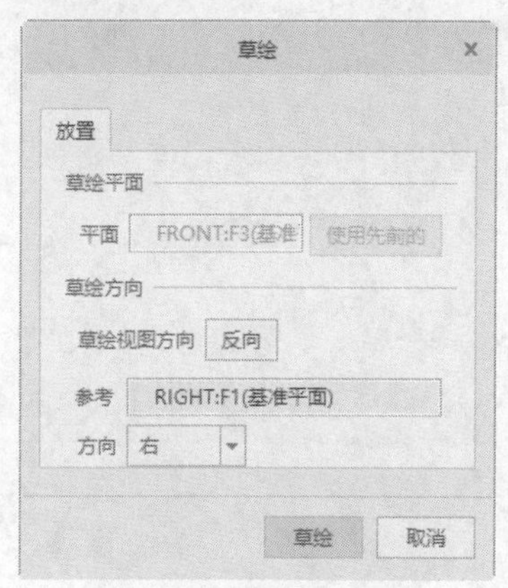

图4-9 “草绘”对话框

拉伸特征
创建步骤

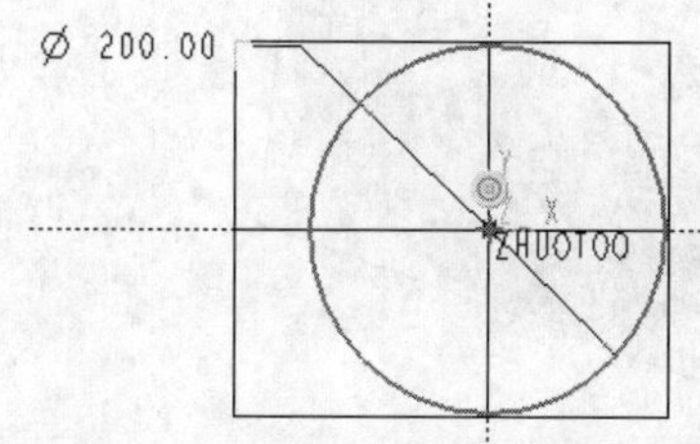

图4-10　绘制拉伸截面草图

（6）设置拉伸方式为（对称），在其后的文本框中给定拉伸深度值，本例中为100。

（7）在Creo Parametric 中可显示特征的预览状态，如图4-11所示。用户可以观察当前建模是否符合设计意图，并可返回模型进行相应修改。

（8）设置拉伸方式为（可变），拉伸深度仍为100，单击“加厚草绘”按钮，并在其后的文本框中输入“10”，参数设置如图4-12所示。

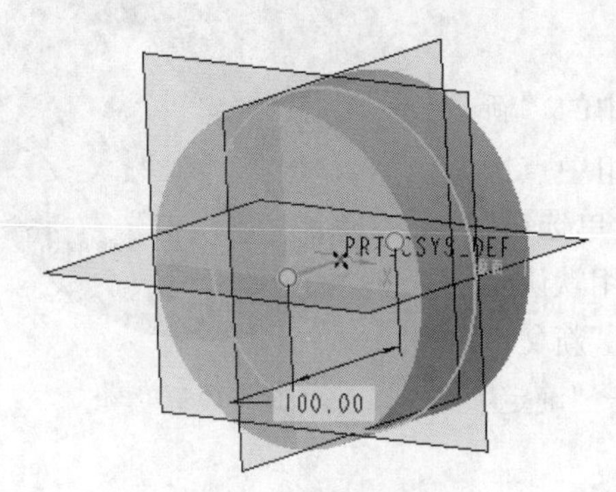

图4-11　模型预览

图4-12　拉伸参数设置

技巧荟萃

单击“加厚草绘”按钮文本框后的“反向”按钮，可改变加厚方向。

（9）单击操控板中的“确定”按钮，生成的拉伸特征如图4-13所示。

（10）单击“快速访问”工具栏中的“保存”按钮，系统打开如图4-14所示的“保存对象”对话框，将完成的图形保存到计算机中。用户也可在菜单栏中选择“文件”→“另存为”→“保存副本”命令，在打开的“保存副本”对话框中输入零件的新名称，单击“确定”按钮即可将文件备份到相应的目录。

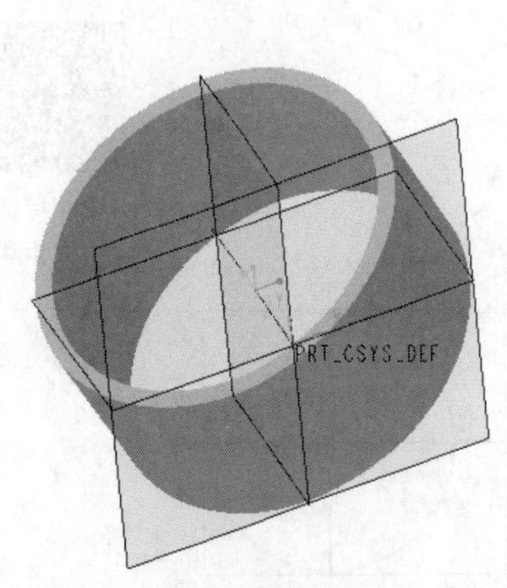

图4-13　拉伸实体

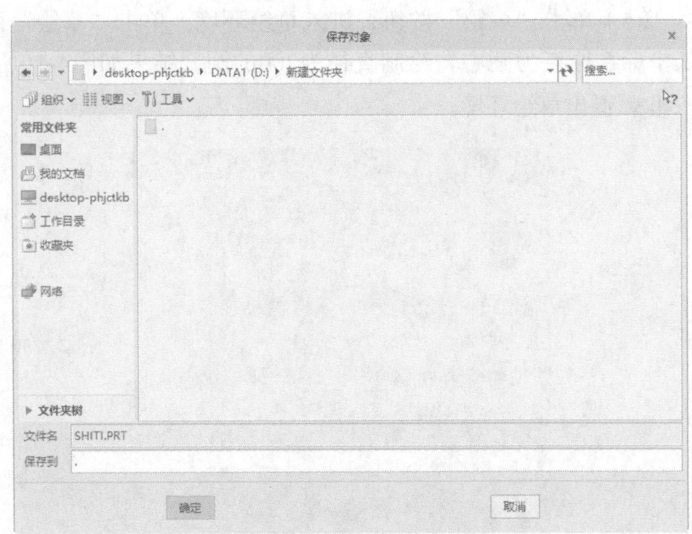

图4-14　“保存对象”对话框

4.2.3　实例——垫圈

实例——垫圈

本例创建的垫圈如图4-15所示。

图4-15　垫圈

绘制步骤

1. 新建文件

单击“主页”功能区“数据”面板中的“新建”按钮，打开“新建”对话框，在“类型”选项组中点选“零件”单选钮，在“子类型”选项组中点选“实体”单选钮，在“名称”文本框中输入文件名dianquan，取消对“使用默认模板”复选框的勾选，单击“确定”按钮，然后在打开的“新文件选项”对话框中选择“mmns_part_solid_abs”选项，单击“确定”按钮，创建一个新的零件文件。

2. 绘制草图

单击“模型”功能区“基准”面板中的“草绘”按钮，打开“草绘”对话框；选择TOP基准平面作为草绘平面，接受默认参照方向，单击“草绘”按钮，进入草绘界面。利用草绘命令绘制如图4-16所示的草图，单击“关闭”面板中的“确定”按钮，退出草图界面。

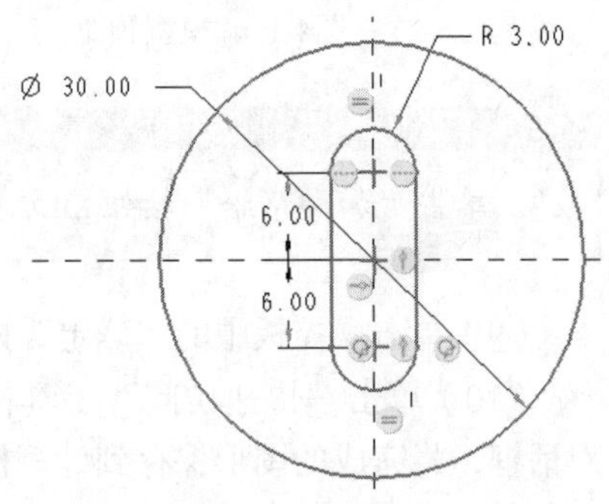

图4-16　绘制草图

3. 创建拉伸实体

单击“模型”功能区“形状”面板中的“拉伸”按钮，操作过程如图4-17所示。结果如图4-15所示。

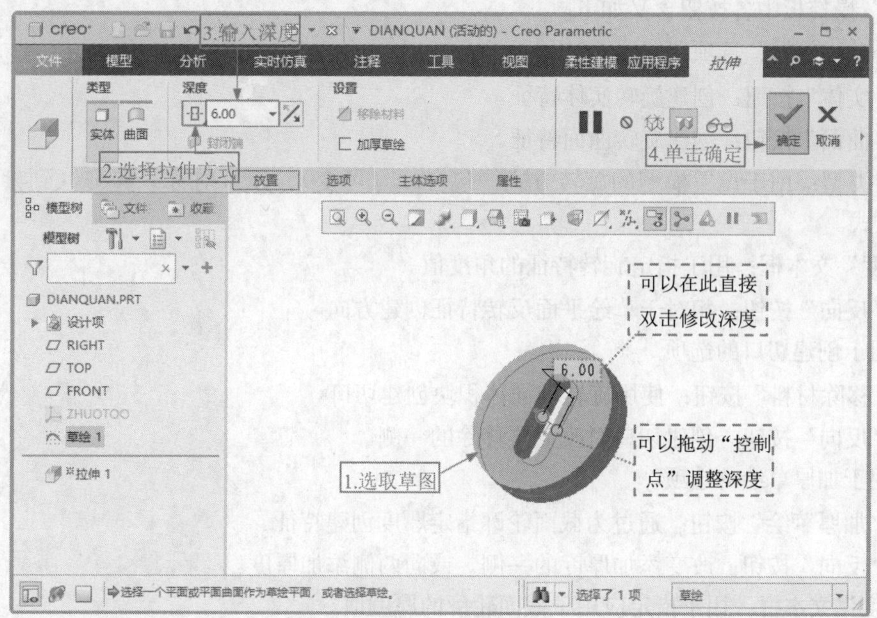

图4-17　拉伸过程

4. 保存零件文件

将零件保存到相应的目录并关闭当前对话框。

4.3 旋转特征

旋转特征是将草绘截面绕定义的中心线旋转一定角度创建的特征。旋转也是创建实体的基本方法之一，它允许以实体或曲面的形式创建旋转几何特征，以及添加或去除材料。要创建旋转特征，通常可激活旋转工具并指定特征类型为实体或曲面，然后选取或创建草绘。旋转截面需要旋转轴，此旋转轴既可利用截面创建，也可通过选取模型几何进行定义。在预览特征几何模型后，可改变旋转角度，在实体或曲面、伸出项或切口间进行切换，或指定草绘厚度以创建加厚特征。

4.3.1 “旋转”操控板选项介绍

1. “旋转”操控板

单击“模型”功能区“形状”面板中的“旋转”按钮，系统打开如图4-18所示的“旋转”操控板。

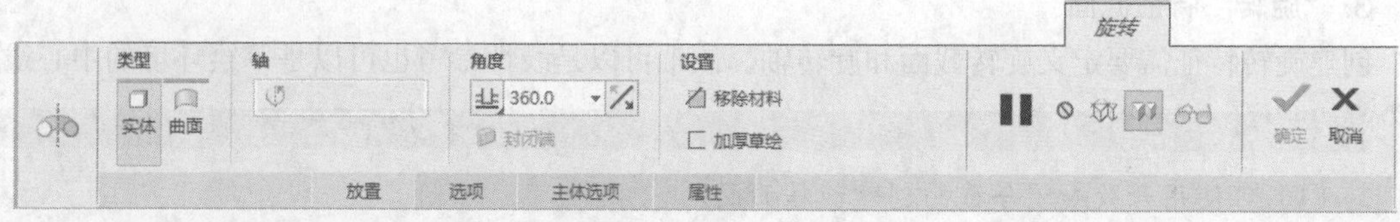

图4-18　“旋转”操控板

“旋转”操控板中各按钮含义如下。

（1）公共“旋转”选项。

- “实体”按钮：创建旋转实体特征。
- “曲面”按钮：创建旋转曲面特征。
- 旋转类型：用于设置模型的旋转方式，包含（可变）、（对称）和（到参考）3种旋转方式。
- “角度”文本框：用于指定旋转特征的角度值。
- “反向”按钮：相对于草绘平面反转特征创建方向。

（2）用于创建切口的选项。

- “移除材料”按钮：使用旋转特征体积块创建切口。
- “反向”按钮：创建切口时改变要移除的一侧。

（3）用于加厚草绘的选项。

- “加厚草绘”按钮：通过为截面轮廓指定厚度创建特征。
- “反向”按钮：改变添加厚度的一侧，或向两侧添加厚度。
- “厚度”文本框：用于指定应用于截面轮廓的厚度值。

2. 下滑面板

“旋转”操控板包含“放置”“选项”“主体选项”和“属性”4个下滑面板，如图4-19所示。

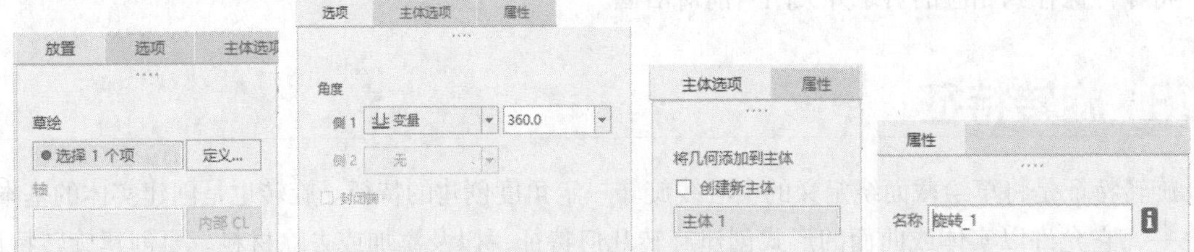

图4-19 “旋转”操控板下滑面板

（1）“放置”下滑面板：用于重定义草绘环境并指定旋转轴。单击“定义”按钮创建或更改截面。在“轴”列表框中单击并根据系统提示定义旋转轴。

（2）“选项”下滑面板：使用该下滑面板可进行下列操作。

1）重定义草绘的一侧或两侧的旋转角度及孔的性质。

2）通过选择“封闭端”选项创建曲面特征。

（3）“主体选项”：将创建的几何实体添加到主体。勾选“创建新主体”复选框，可用于创建新的主体。

（4）“属性”下滑面板：用于编辑特征名称，并在Creo Parametric 浏览器中打开特征信息。

3. “旋转”特征截面

创建旋转特征需要定义旋转截面和旋转轴。该轴可以是线性参考也可以是草绘环境的中心线。

> **技巧荟萃**
>
> （1）可使用开放或闭合截面创建旋转曲面。
>
> （2）只能在旋转轴的一侧草绘几何。

4. 旋转轴

（1）可使用下列特征定义旋转特征的旋转轴。

1）外部参考：使用现有有效类型的零件几何。

2）内部中心线：使用草绘环境中创建的中心线。

（2）使用模型几何作为旋转轴。可选取现有线性模型几何作为旋转轴，如基准轴、直边、直线、坐标系的轴。

（3）使用草绘中心线作为旋转轴。在草绘环境中，可绘制中心线一条作为旋转轴。

技巧荟萃

（1）如果截面包含一条中心线，则自动将其作为旋转轴。

（2）如果截面包含一条以上的中心线，则默认情况下将第一条中心线作为旋转轴。用户也可声明将任一条中心线用作旋转轴。

5. 将草绘基准曲线作为特征截面

可将现有的草绘基准曲线作为旋转特征的截面。默认特征类型由选定几何决定：如果选取的是一条开放草绘基准曲线，则“旋转”工具在默认情况下创建一个曲面；如果选取的是一条闭合草绘基准曲线，则“旋转”工具在默认情况下创建一个实体伸出项，随后可将实体几何改为曲面几何。

技巧荟萃

在将现有草绘基准曲线作为特征截面时，要注意下列相应规则。

（1）不能选取复制的草绘基准曲线。

（2）不能选取一条以上的有效草绘基准曲线，或“旋转”工具在打开时不带有任何几何特征，系统将显示一条出错消息，并要求用户选取新的参考。

6. 旋转角度

在旋转特征中，将截面绕一旋转轴旋转至指定角度。可通过以下选项定义旋转角度。

- （可变）：自草绘平面以指定角度值旋转截面。在“角度”文本框中输入角度值，或选取一个预定义的角度（如90°、180°、270°、510°），则系统将会创建角度尺寸。
- （对称）：在草绘平面的每一侧上以指定角度值的一半旋转截面。
- （到参考）：旋转截面直至选定基准点、顶点、平面或曲面。

技巧荟萃

终止平面或曲面必须包含旋转轴。

7. 使用捕捉改变角度选项的提示

采用捕捉至最近参考的方法可将角度选项由（可变）改变为（到参考），按住<Shift>键拖动图柄至要使用的参考以终止特征，重复操作可将角度选项更改为“指定”。注意拖动图柄时，显示角度尺寸。

8. “加厚草绘”选项

使用“加厚草绘”选项可通过将指定厚度应用到截面轮廓以创建薄实体。“加厚草绘”选项在以相同厚度创建简化特征时是很有用的。添加厚度的规则如下。

（1）可将厚度值应用到草绘的任一侧或应用到两侧。

（2）对于厚度尺寸，只可指定正值。

> **技巧荟萃**
>
> 截面草绘中不能包括文本。

9. 创建旋转切口

使用“旋转”工具，通过绕中心线旋转草绘截面可去除材料。

要创建切口，可使用与用于伸出项选项相同的角度选项。对于实体切口，可使用闭合截面；对于使用“加厚草绘”创建的切口，闭合截面和开放截面均可使用。定义切口时，可在下列特征属性之间进行切换。

（1）对于切口和伸出项，可单击“移除材料”按钮◪。

（2）对于去除材料的一侧，可单击“反向”按钮⇄切换去除材料的一侧。

（3）对于实体切口和薄壁切口，可单击“加厚草绘”按钮□加厚草绘。

4.3.2 旋转特征创建步骤

创建“旋转”特征的具体操作步骤如下。

（1）单击“主页”功能区“数据”面板中的“新建”按钮▢，打开“新建”对话框，在“类型”选项组中点选“零件”单选钮，在“子类型”选项组中点选“实体”单选钮，在“名称”文本框中输入“xuanzhuan”，接受系统默认模板，单击“确定”按钮，创建一个新的零件文件。

（2）单击“模型”功能区“形状”面板中的“旋转”按钮⚬，系统打开“旋转”操控板。

（3）依次单击操控板中的“放置”→“定义”按钮，系统打开“草绘”对话框。

（4）选取FRONT基准平面作为草绘平面，其余选项接受系统默认设置，单击“草绘”按钮，进入草绘环境。

（5）单击“基准”面板中的“中心线”按钮┆，绘制一条过坐标原点的竖直中心线作为旋转中心。

（6）单击“草绘”面板中的“线”按钮✓和“圆形”按钮◟，绘制如图4-20所示的旋转截面草图。

（7）截面绘制完成后，单击“关闭”面板中的“确定”按钮✔退出草绘环境。在操控板中设置旋转角度为270°，如图4-21所示。

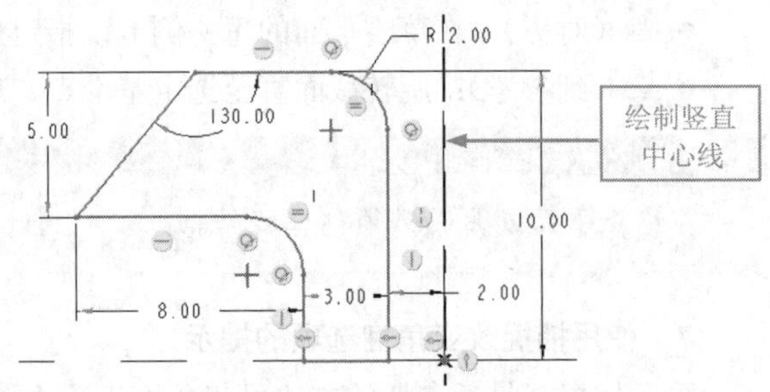

图4-20 绘制旋转截面草图

（8）修改旋转角度为360°，单击操控板中的“确定”按钮✔，完成旋转实体的创建，结果如

图4-22所示。

（9）如果需要对生成的模型进行修改，可右击“模型树”选项卡中的“旋转1”选项，右击，在打开的右键快捷菜单中选择“编辑定义”命令即可编辑该特征，如图4-23所示。

旋转特征创建步骤

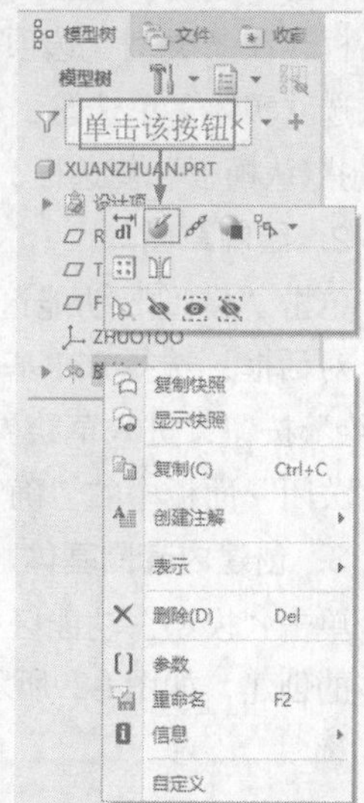

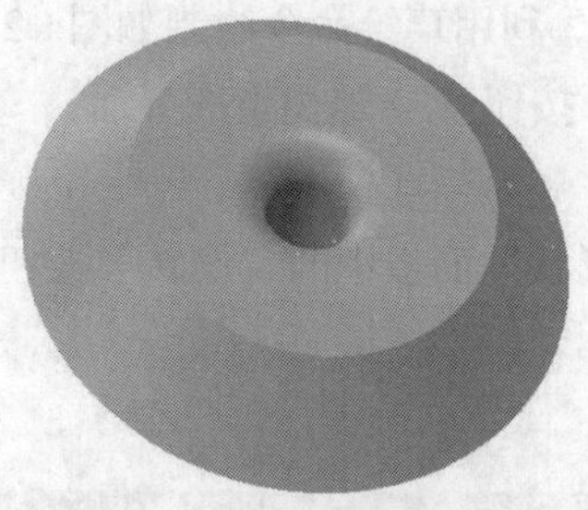

图4-21　预览图形　　图4-22　旋转实体　　图4-23　“模型树”选项卡

（10）单击操控板中的“放置”按钮，在打开的“放置”下滑面板中包含“草绘”和“轴”两个选项组，如图4-24所示。单击“编辑”按钮，重新编辑草绘截面；单击“内部CL”按钮，重新选取旋转轴。

（11）单击操控板中的“加厚草绘”按钮，设置壁厚值为0.5，旋转角度为270°，单击“确定”按钮完成对模型的修改，生成的薄壁元件如图4-25所示。

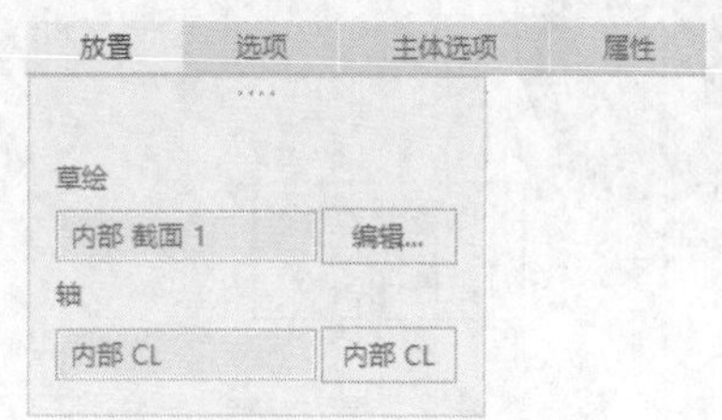

图4-24　“放置”下滑面板

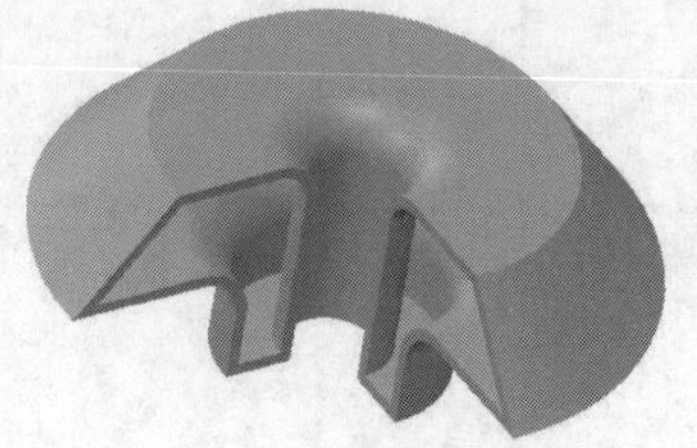

图4-25　薄壁元件

（12）单击“快速访问”工具栏中的“保存”按钮保存文件到指定的目录。

4.3.3　实例——轴承内套圈

本例创建轴承内套圈，如图4-26所示。

实例——轴承内套圈

图4-26　轴承内套圈

绘制步骤

1. 新建文件

单击“主页”功能区“数据”面板中的“新建”按钮，打开“新建”对话框，在“类型”选项组中点选“零件”单选钮，在“子类型”选项组中点选“实体”单选钮，在“名称”文本框中输入文件名neitaoquan，勾选“使用默认模板”复选框，单击“确定”按钮，创建一个新的零件文件。

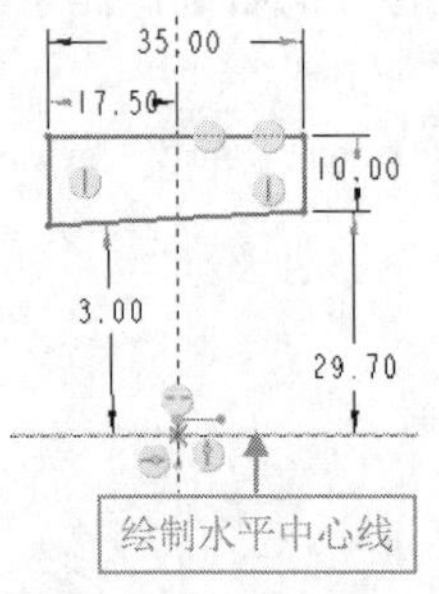

图4-27　绘制草图1

2. 绘制草图

单击“模型”功能区“基准”面板中的“草绘”按钮，打开“草绘”对话框；选择TOP基准平面作为草绘平面，接受默认参照方向，单击“草绘”按钮，进入草绘界面。利用草绘命令绘制如图4-27所示的草图，单击“关闭”面板中的“确定”按钮，退出草图界面。

3. 创建内套圈基体

单击“模型”功能区“形状”面板中的“旋转”按钮，操作过程如图4-28所示。完成内套圈基体的创建，如图4-29所示。

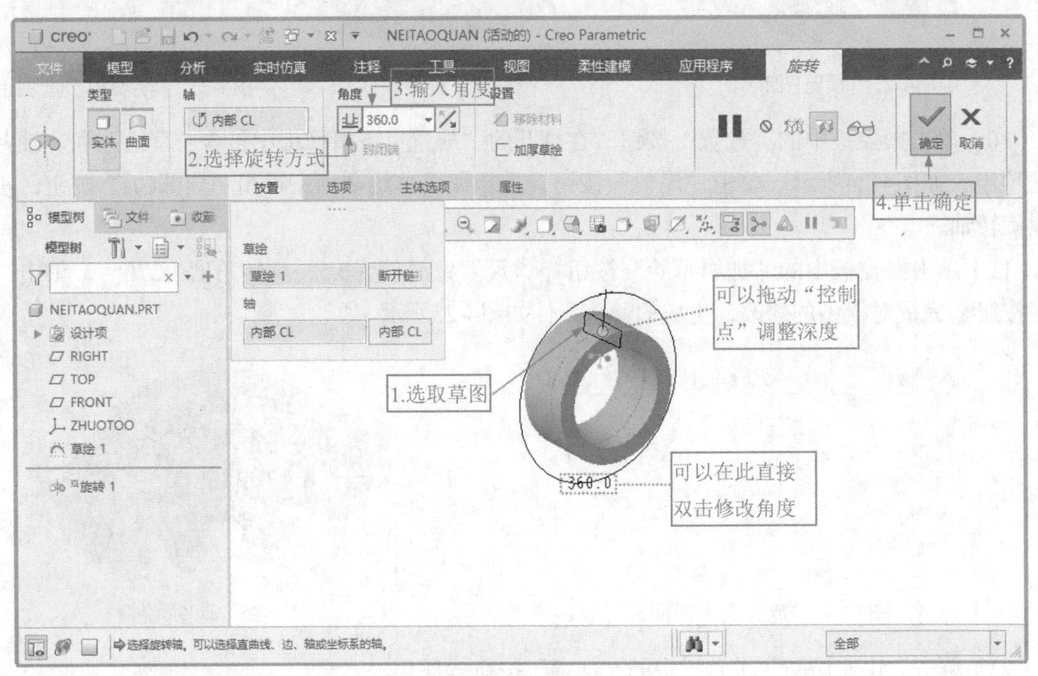

图4-28　旋转过程

4. 绘制草图

单击“模型”功能区“基准”面板中的“草绘”按钮，打开“草绘”对话框；选择TOP基准平面作为草绘平面，接受默认参照方向，单击“草绘”按钮，进入草绘界面。利用草绘命令绘制如图4-30所示的草图，单击“关闭”面板中的“确定”按钮，退出草图界面。

图4-29　旋转内套圈基体

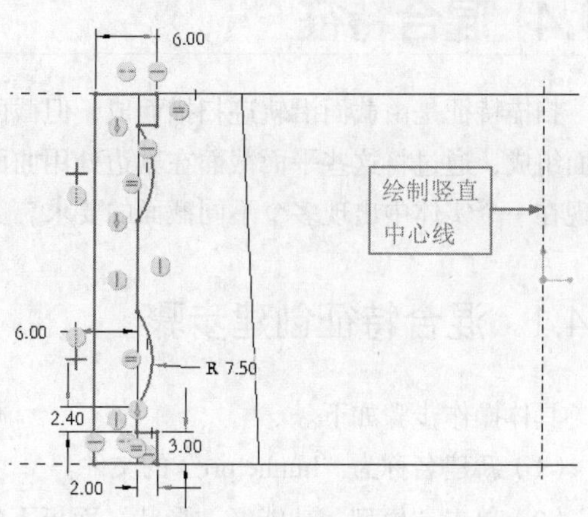

图4-30　绘制草图2

5. 创建滚珠槽

单击“模型”功能区“形状”面板中的“旋转”按钮，操作过程如图4-31所示。完成滚珠槽的创建，如图4-26所示。

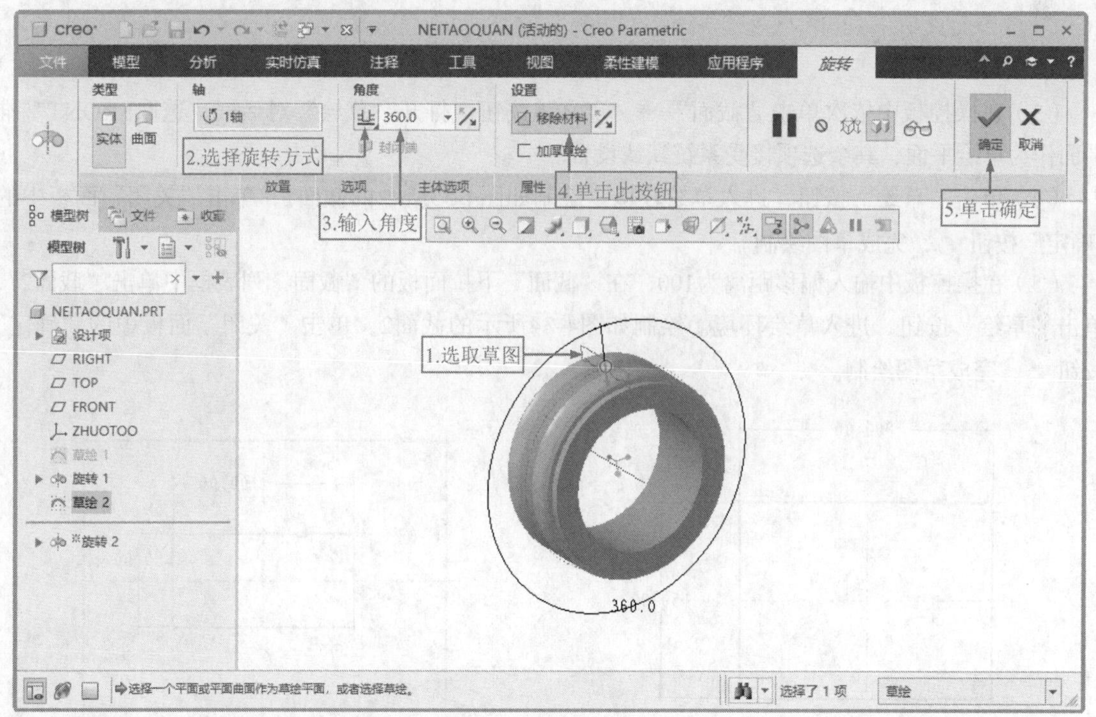

图4-31　旋转切除过程

6. 保存零件文件

将零件保存到相应的目录并关闭当前对话框。

4.4 混合特征

扫描特征是由截面沿轨迹扫描而成，但截面形状单一，而混合特征是由两个或两个以上的平面截面组成，通过将这些平面截面在其边处用曲面连接形成的一个连续特征。混合特征可以满足用户实现在一个实体中出现多个不同截面的要求。

4.4.1 混合特征创建步骤

混合特征创建步骤

具体操作步骤如下。

（1）新建名称为“hunhe.prt”的文件。

（2）单击“模型”功能区“形状”面板下的“混合”按钮，打开如图4-32所示的“混合”操控板。

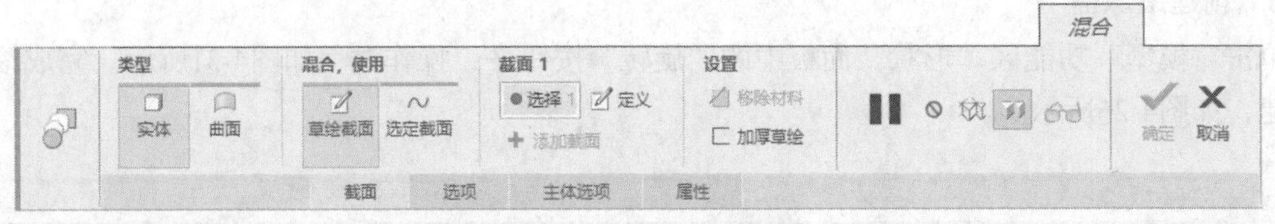

图4-32 “混合”操控板

（3）在操控板中依次单击“截面”→“定义”按钮，打开“草绘”对话框，选取FRONT基准平面作为草绘平面，其余选项接受系统默认设置。

（4）单击“草绘”按钮，进入草绘环境。绘制如图4-33所示的截面1，单击“关闭”面板中的“确定”按钮，完成草图绘制。

（5）在操控板中输入偏移距离为100，在“截面”下拉面板的“截面”列表框中单击“截面2”，单击“草绘”按钮，进入草绘环境。绘制如图4-34所示的截面2，单击“关闭”面板中的“确定”按钮，完成草图绘制。

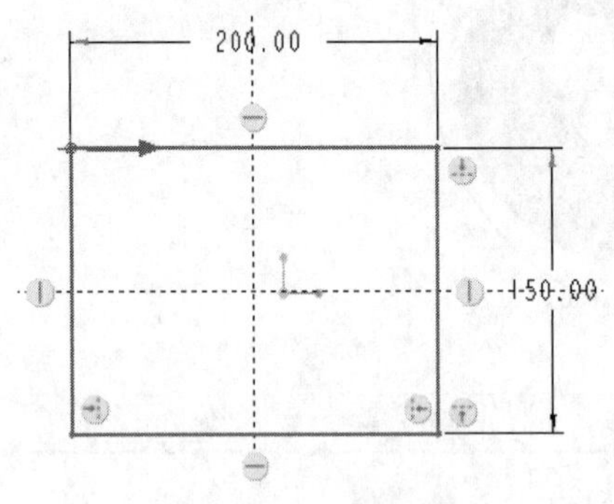

图4-33 绘制截面1

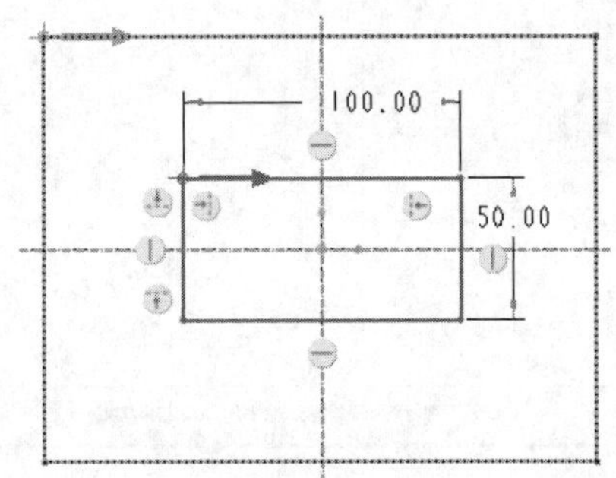

图4-34 绘制截面2

（6）在“截面”下拉面板中单击“添加”按钮，插入截面3，输入偏移距离为80，单击“草绘”按钮，进入草绘环境。绘制如图4-35所示的截面3，单击“关闭”面板中的“确定”按钮，完成草图绘制。

（7）在操控板中单击“确定”按钮✔，完成混合特征的创建，如图4-36所示。

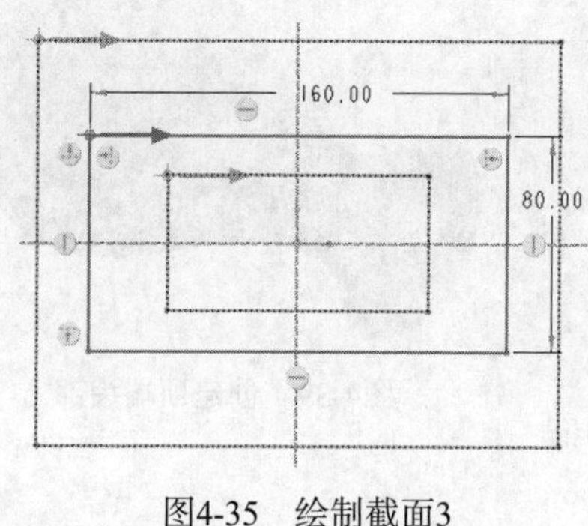

图4-35　绘制截面3

图4-36　混合特征

4.4.2　实例——门把手

实例——门把手

本实例创建的门把手如图4-37所示。

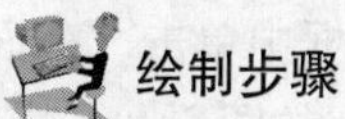

绘制步骤

1. 新建文件

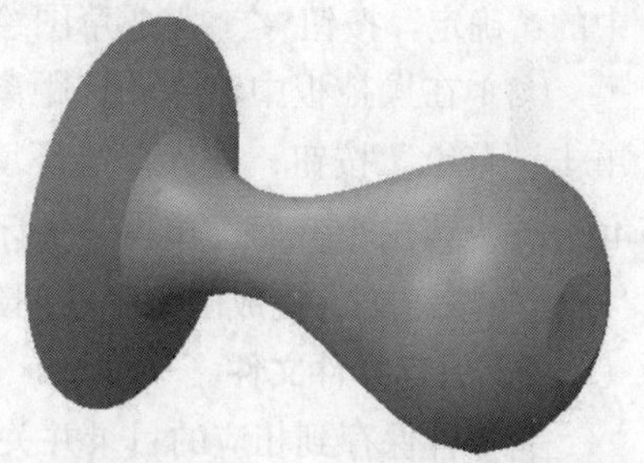

图4-37　门把手

（1）单击“主页”功能区“数据”面板中的“新建”按钮，打开“新建”对话框，在“类型”选项组中点选“零件”单选钮，在“子类型”选项组中点选“实体”单选钮，在“名称”文本框中输入“doornob”，取消勾选“使用默认模板”复选框，单击“确定”按钮，在打开的“新文件选项”对话框中选择“mmns_part_solid_abs”选项，单击“确定”按钮，创建一个新的零件文件。

（2）单击“模型”功能区“形状”面板下的“混合”按钮，在操控板中依次单击“截面”→“定义”按钮，打开“草绘”对话框，选取TOP基准平面作为草绘平面，其余选项接受系统默认设置。

（3）单击“草绘”按钮，进入草绘环境。绘制如图4-38所示的草图，单击“关闭”面板中的“确定”按钮✔，完成草图绘制。

（4）在操控板中输入偏移距离为10，在“截面”下拉面板的“截面”列表框中单击“截面2”，单击“草绘”按钮，进入草绘环境。第一个截面变为灰色。此时，再绘制此圆的同心圆，直径为30，作为第二个截面。单击“关闭”面板中的“确定”按钮✔，完成草图绘制。

（5）在“截面”下拉面板中单击“添加”按钮，插入截面3，输入偏移距离为20，单击“草绘”按钮，进入草绘环境。绘制直径为15的同心圆，单击“关闭”面板中的“确定”按钮✔，完成草图绘制。

（6）同上步骤，在截面4上绘制直径为20的同心圆，偏移距离为20。在操控板中单击“确定”按钮✔，完成顶端头部的创建，如图4-39所示。

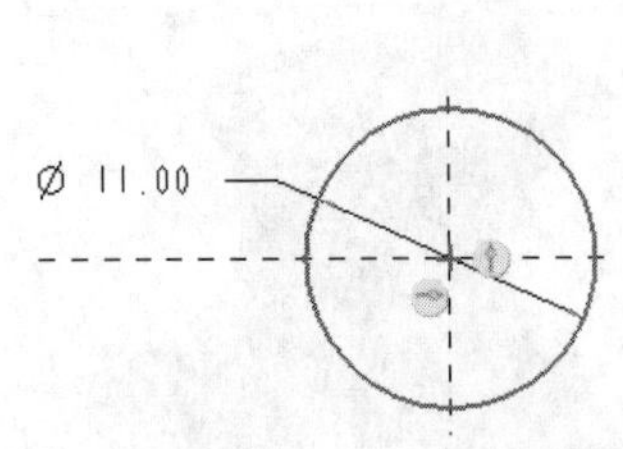

图4-38　绘制第一截面

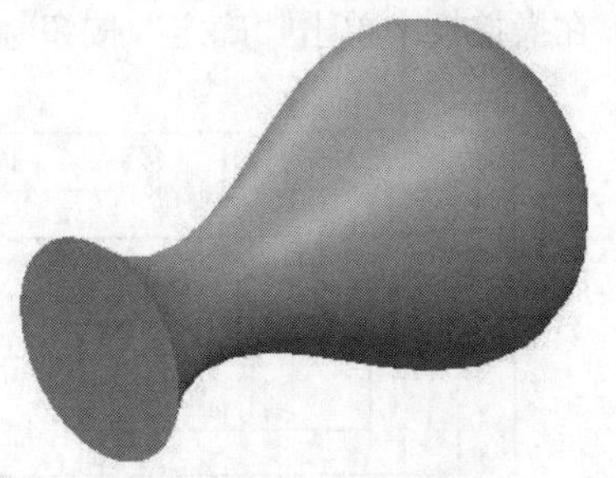

图4-39　创建顶端头部

2. 创建端部特征

（1）单击“模型”功能区“形状”面板下的“混合”按钮，在操控板中依次单击“截面”→“定义”按钮，打开“草绘”对话框，选取直径为20的圆所在平面作为草绘平面，其余选项接受系统默认设置。

（2）单击“草绘”按钮，进入草绘环境。以原点为圆心绘制直径为20的圆，单击“关闭”面板中的“确定”按钮，完成草图绘制。

（3）在操控板中输入偏移距离为5，在“截面”下拉面板的“截面”列表框中单击“截面2”，单击“草绘”按钮，进入草绘环境。第一个截面变为灰色。此时，再绘制此圆的同心圆，直径为40，作为第二个截面。单击“关闭”面板中的“确定”按钮，完成草图绘制。在操控板中单击“确定”按钮，完成门把手的创建，如图4-37所示。

3. 保存零件文件

将零件保存到相应的目录并关闭当前对话框。

4.5 旋转混合特征

旋转混合特征

创建旋转混合特征的操作步骤如下。

（1）新建名称为“xuanzhuanhh.prt”的文件。

（2）单击“模型”功能区“形状”面板下的“旋转混合”按钮，打开如图4-40所示的“旋转混合”操控板。

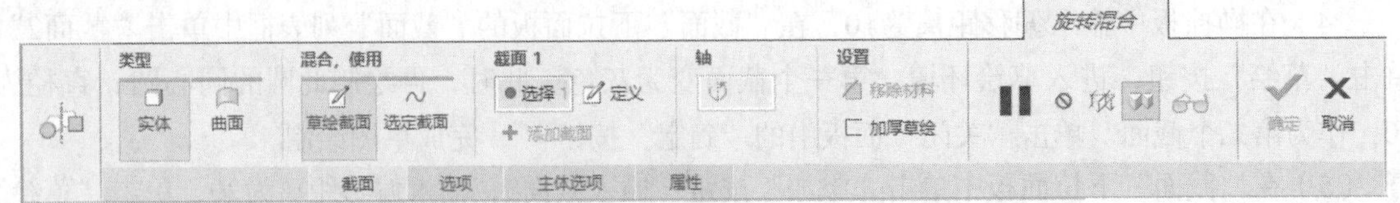

图4-40 “旋转混合”操控板

（3）在操控板中依次单击“截面”→“定义”按钮，打开“草绘”对话框，选取TOP基准平面作为草绘平面，其余选项接受系统默认设置。

（4）单击“草绘”按钮，进入草绘环境。绘制如图4-41所示的截面1，单击“关闭”面板中的“确定”按钮，完成草图绘制。

（5）在操控板中输入偏移角度为45，在“截面”下拉面板的“截面”列表框中单击“截面2”，单击“草绘”按钮，进入草绘环境。绘制如图4-42所示的截面2，单击“关闭”面板中的“确定”按钮✔，完成草图绘制。

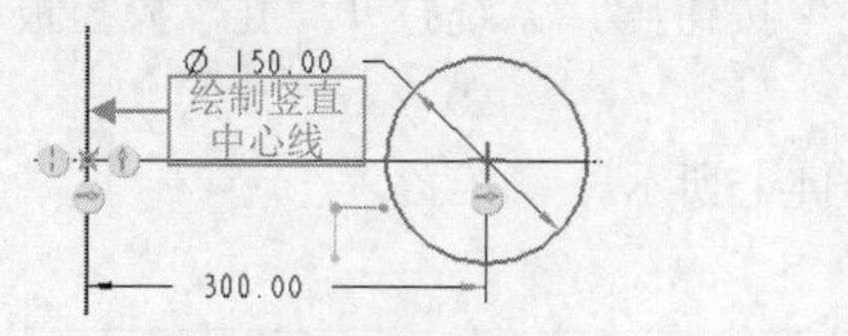

图4-41　绘制截面1

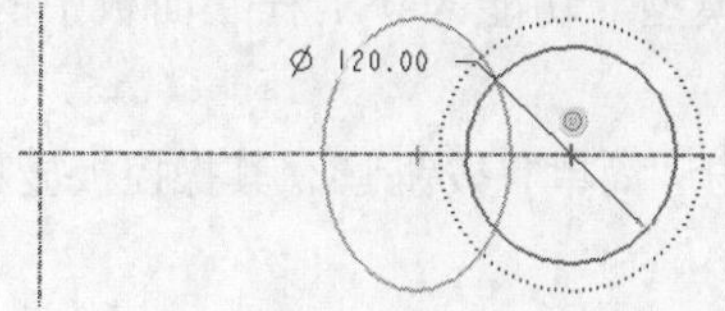

图4-42　绘制截面2

（6）在操控板中输入偏移距离为45，单击“添加”按钮，在“截面”下拉面板的“截面”列表框中单击“截面3”，单击“草绘”按钮，进入草绘环境。绘制如图4-43所示的截面3，单击“关闭”面板中的“确定”按钮✔，完成草图绘制。

（7）在操控板中单击“确定”按钮✔，完成旋转混合特征的创建，如图4-44所示。

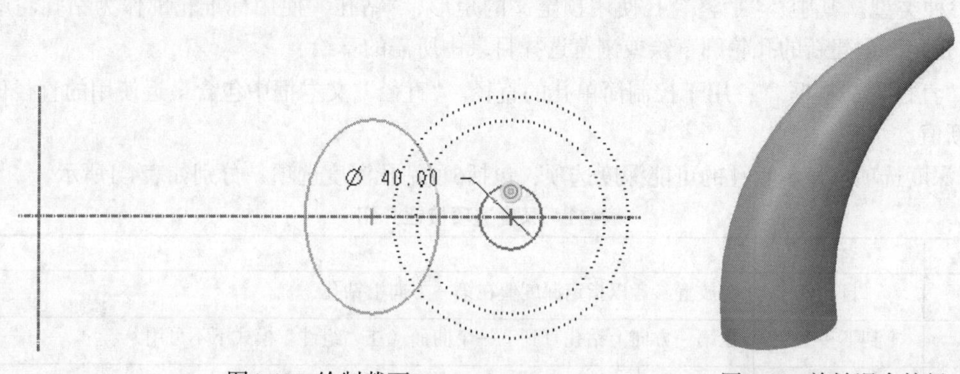

图4-43　绘制截面3　　图4-44　旋转混合特征

4.6 孔特征

利用“孔”工具可向模型中添加简单孔、定制孔和工业标准孔。通过定义放置参考、设置次（偏移）参考及定义孔的具体特征添加孔。

在Creo Parametric中，将孔分为“简单”和“标准”2种类型，均可以通过“孔”命令来创建。

- 简单孔：由带矩形剖面的旋转切口组成。可创建以下3种“直”孔类型。①预定义矩形轮廓：使用Creo Parametric 预定义的（直）几何，默认情况下，系统创建单侧矩形孔，可以使用“形状”上滑面板来创建双侧简单直孔，双侧简单直孔通常用于组件中，允许同时格式化孔的两侧；②标准孔轮廓：使用标准孔轮廓作为钻孔轮廓，可以为创建的孔指定埋头孔、扩孔和刀尖角度；③草绘：使用草绘环境中的相关工具绘制的草图轮廓。
- 标准孔：孔底部有实际钻孔时的底部倒角，由基于工业标准紧固件表的拉伸切口组成。Creo Parametric 提供选择的紧固件的工业标准孔图表以及螺纹或间隙直径，也可创建自己的孔图表。对于“标准”孔，会自动创建螺纹注释。可以从孔螺纹曲面中分离出孔轴，并将螺纹放置在指定的层。

4.6.1 “孔”操控板选项介绍

1. “孔”操控板

单击“模型”功能区“工程”面板中的“孔”按钮，系统打开“孔”操控板，简要介绍如下。

（1）单击“简单”按钮，其操控板显示如图4-45所示。

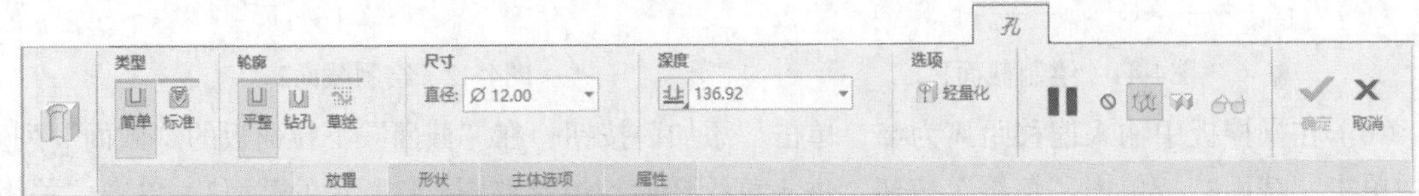

图4-45 “直孔”状态下的操控板

1）孔轮廓选项：指示要用于孔特征轮廓的几何类型，主要有“平整”、“钻孔”和“草绘”3种类型。其中，“平整”孔使用预定义的矩形，“钻孔”使用标准轮廓作为钻孔轮廓，而“草绘”孔允许创建新的孔轮廓草绘或浏览选择目录中所需的草绘。

2）“直径”文本框∅：用于控制简单孔的直径。“直径”文本框中包含最近使用的直径值，也可输入新值。

3）深度选项：显示直孔的可能深度选项，包括6种钻孔深度选项，分别如表4-1所示。

表4-1 深度选项按钮介绍

按钮	名称	含义
	盲孔	在放置参考以指定深度值在第一方向上钻孔
	到下一个	在第一方向上钻孔直到下一个曲面（在“组件”模式下不可用）
	穿透	在第一方向上钻孔，直到与所有曲面相交
	对称	在放置参考的两个方向上，以指定深度值的一半分别在各方向上钻孔
	到参考	在第一方向上钻孔，直到选定的点、曲线、平面或曲面
	穿至	在第一方向上钻孔，直到与选定曲面或平面相交（在“组件”模式下不可用）

4）“深度”文本框：用于指示孔特征是延伸到指定的参考，还是延伸到用户定义的深度。对于“盲孔”和“对称”选项，“深度”文本框会显示一个值，亦可更改；对于“到参考”和“穿至”选项，显示曲面ID，而对于“到下一个”和“穿透”选项，则为空。

（2）单击“标准”按钮，其操控板显示为如图4-46所示。

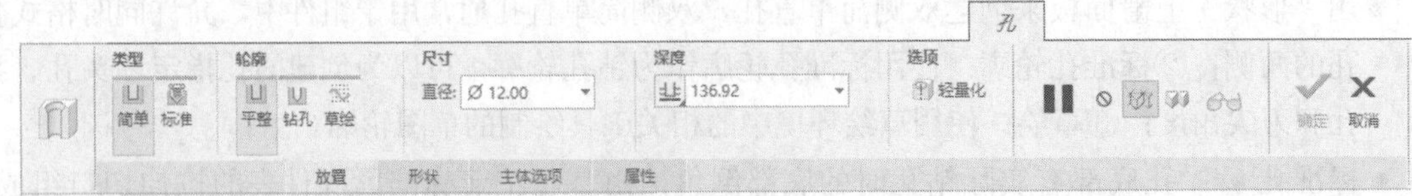

图4-46 “标准孔”状态下的操控板

1）“螺纹类型”列表框：用于显示可用的孔图表，其中包含螺纹类型/直径信息。初始时会列出工业标准孔图表（UNC、UNF和ISO）。

2）“螺钉尺寸”列表框：根据在“螺纹类型”下拉列表中选择的孔图表，列出可用的螺钉尺寸。也可输入新值，或拖动直径图柄让系统自动选择最接近的螺钉尺寸。默认情况下，选择列表中的第一个值，“螺钉尺寸”文本框显示最近使用的螺钉尺寸。

3）深度选项：与直孔类型类似不再重复。

4）深度值：与直孔类型类似不再重复。

5）“攻丝”按钮：用于指出孔特征是螺纹孔还是间隙孔，即是否添加攻丝。如果标准孔类型为“盲孔”，则不能清除螺纹选项。

6）“肩”按钮：单击该按钮，则其前尺寸值为钻孔的肩部深度。

7）“刀尖”按钮：单击该按钮，则其前尺寸值为钻孔的总体深度。

8）“沉头孔”按钮：指定孔特征为埋头孔。

9）“沉孔”按钮：指定孔特征为沉孔。

2. 下滑面板

在“孔”操控板中包含“放置”“形状”“注解”“主体选项”和“属性”5个下滑面板。

（1）“放置”下滑面板：用于选择和修改孔特征的位置与参考，如图4-47所示。

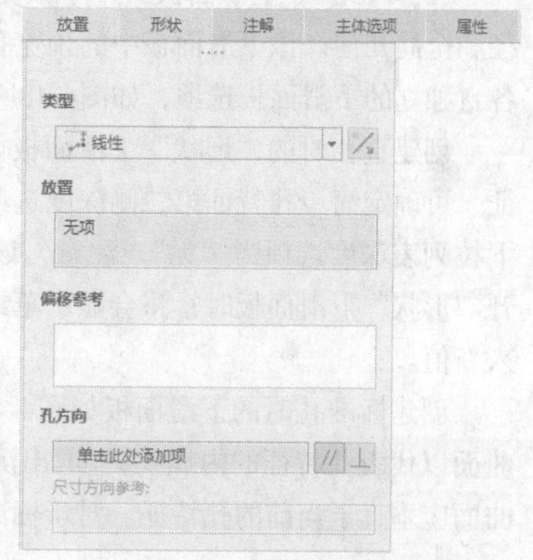

图4-47 “放置”下滑面板

在“放置”下滑面板中包含下列选项。

1）“放置”列表框：用于指示孔特征放置参考的名称，只能包含一个孔特征参考。该列表框处于活动状态时，用户可以选取新的放置参考。

2）“反向”按钮：用于改变孔放置的方向。

3）“类型”下拉列表框：用于指示孔特征使用偏移参考的方法。通过定义放置类型，可过滤可用偏移参考类型，如表4-2所示。

表4-2 可用偏移参考类型

放置主参考	类型列表
平面实体曲面/基准平面	线性/径向/直径/同轴
轴（Axis）	同轴（Coaxial）
点（Point）	在点上
圆柱实体曲面	径向/同轴
圆锥实体曲面	径向/同轴

4）“偏移参考”列表框：用于指示在设计中放置孔特征的偏移参考。如果主放置参考是基准点，则该列表框不可用。该表分为以下3列。

- 第一列提供参考名称。
- 第二列提供偏移参考类型的信息。偏移参考类型的定义如下：对于线性参考类型，定义为“对齐”或“线性”；对于同轴参考类型，定义为“轴向”；对于直径和径向参考类型，则定义为“轴向”和“角度”。通过单击该列并从列表中选择偏移定义，可改变线性参考类型的偏移参考定义。

- 第三列提供参考偏移值。可输入正值和负值，但负值会自动反向于孔的选定参考侧，偏移值列包含最近使用的值。

孔工具处于活动状态时，可选取新参考以及修改参考类型和值。如果主放置参考改变，则仅当现有的偏移参考对于新的孔放置有效时，才能继续使用。

技巧荟萃

不能使用两条边作为一个偏移参考来放置孔特征；也不能选取垂直于主参考的边；更不能选取定义“内部基准平面”的边，而应该创建一个异步基准平面。

5）“孔方向”：用于指示在设计中孔的方向的参考。可选择实体的边、线、面作为参考，也可设置尺寸方向参考。

（2）“形状”下滑面板：用于预览当前孔的二维视图并修改孔特征属性，包括其深度选项、直径和全局几何。该下滑面板中的预览孔几何会自动更新，以反映所作的任何修改。直孔和标准孔有各自独立的下滑面板选项，如图4-48所示。

创建直孔时的“形状”下滑面板如图4-48（a）所示，其中“侧2”下拉列表对于“简单”孔特征，可确定简单孔特征第二侧深度选项的格式。所有“简单”孔深度选项均可用。默认情况下，该下拉列表深度选项为“无”。注意，该下拉列表不可用于“草绘”孔。对于“草绘”孔特征，在打开“形状”下滑面板时，将会显示草绘几何。可在各参数下拉列表中选择前面使用过的参数值或输入新值。

创建标准孔时的下滑面板如图4-48（b）所示，其中“包括螺纹曲面”复选框，用于创建螺纹曲面以代表孔特征的内螺纹；“退出沉头孔”复选框，用于在孔特征的底面创建埋头孔。孔所在的曲面应垂直于当前的孔特征。对于标准螺纹孔特征，还可定义以下螺纹特征。

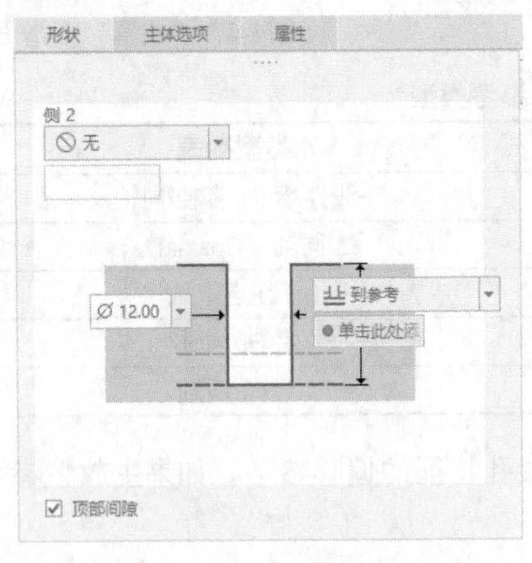

（a）直孔状态下

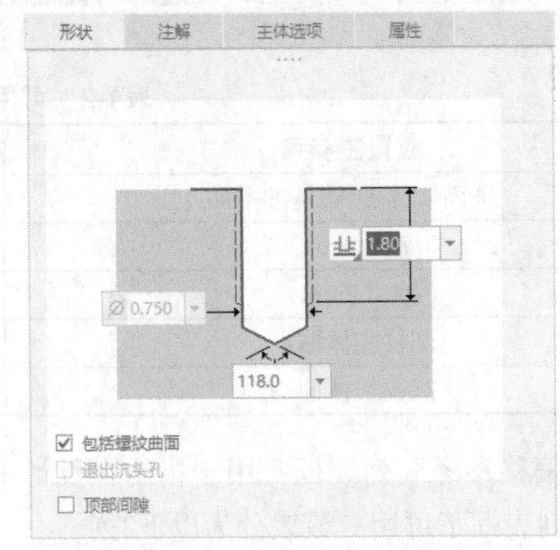

（b）标准孔状态下

图4-48 “形状”下滑面板

- “全螺纹”单选钮：用于创建贯通所有曲面的螺纹。此选项对于“盲孔”“到下一个孔”以及在“组件”模式下，均不可用。

●“盲孔”单选钮：用于创建到达指定深度值的螺纹。可输入新值也可选择最近使用过的值。对于无螺纹的标准孔特征，可定义孔配合的标准[不单击“添加攻丝”按钮，且设置孔深度为（穿透）]，如图4-49所示。

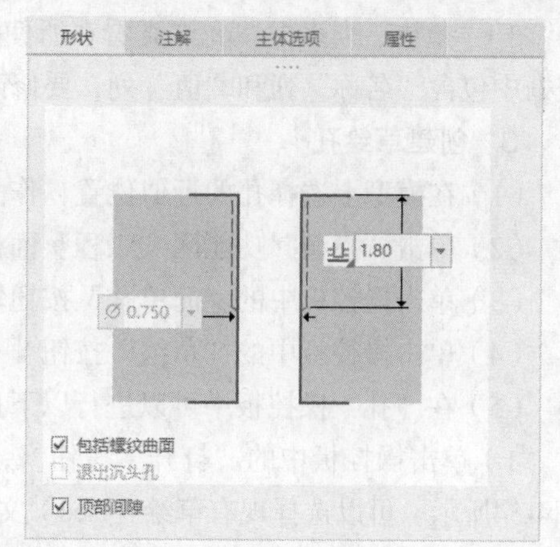

图4-49　无螺纹标准孔特征的“形状”下滑面板

（3）“注解”下滑面板：仅适用于“标准”孔特征。在“标准孔”状态下，该下滑面板如图4-50所示。该下滑面板用于预览正在创建或重定义的“标准”孔特征的特征注释。

（4）“主体选项”下滑面板：用于选择要切割的主体，如图4-51所示。包括“全部”和“选定”2个单选钮。选择“全部”单选钮，选择所有的主体结构作为被切割的主体。选择“选定”单选钮，可在绘图区拾取要切割的主体。

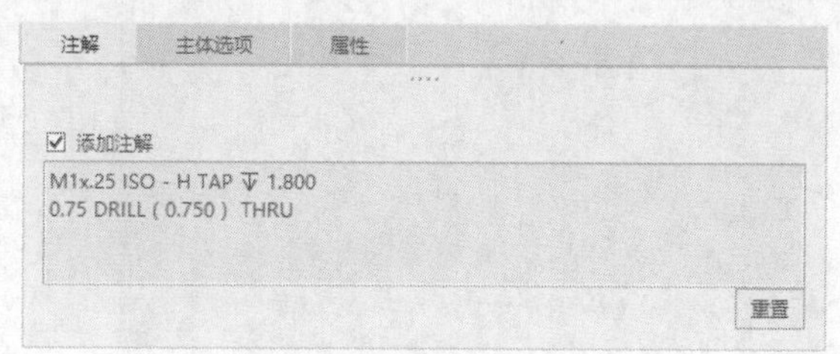

图4-50　“注释”下滑面板

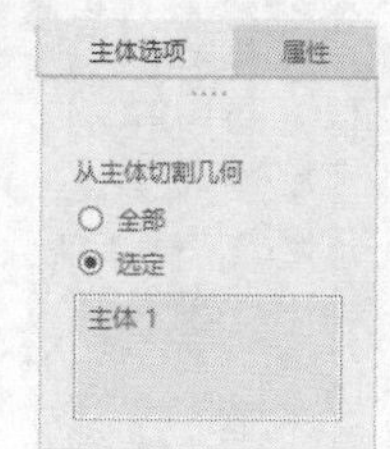

图4-51　“主体选项”下滑面板

（5）“属性”下滑面板：用于获得孔特征的一般信息和参数信息，并可以重命名孔特征，如图4-52所示。“标准”孔状态比“直”孔状态下的“属性”下滑面板相比增加了一个参数表。

1）“名称”列表框：允许通过编辑名称来定制孔特征的名称。

2）“浏览器”按钮：用于打开包含孔特征信息的嵌入式浏览器，如图4-53所示。

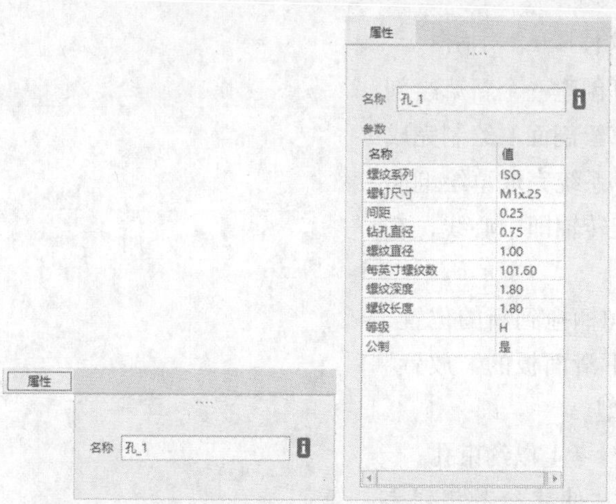

（a）“直”孔状态下　（b）“标准”孔状态下

图4-52　“属性”下滑面板

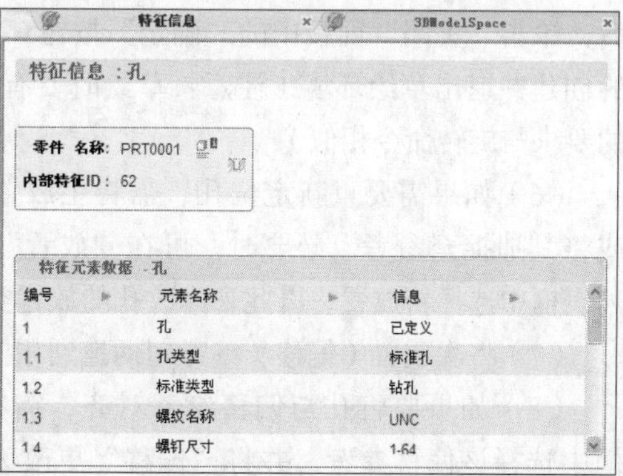

图4-53　嵌入式浏览器

3）“参数”列表框：允许查看在所使用的标准孔图表文件（.hol）中设置的定制孔数据。该列表框中包含“名称”列和“值”列，要修改参数名称和值，必须修改孔图表文件。

3. 创建草绘孔

（1）在模型上选择孔的近似位置，作为主放置参考，系统自动加亮该选择项。

（2）单击“模型”功能区“工程”面板中的“孔”按钮，系统打开“孔”操控板。

（3）单击操控板中的“简单孔”按钮创建简单孔，此选项为系统默认选项。

（4）单击操控板中的“草绘”按钮，系统显示“草绘”孔选项。

（5）在“孔”操控板中可以进行以下操作。

1）单击操控板中的“打开”按钮，系统打开“OPEN SECTION（文件打开）”对话框，如图4-54所示。可以选择现有草绘（.sec）文件。

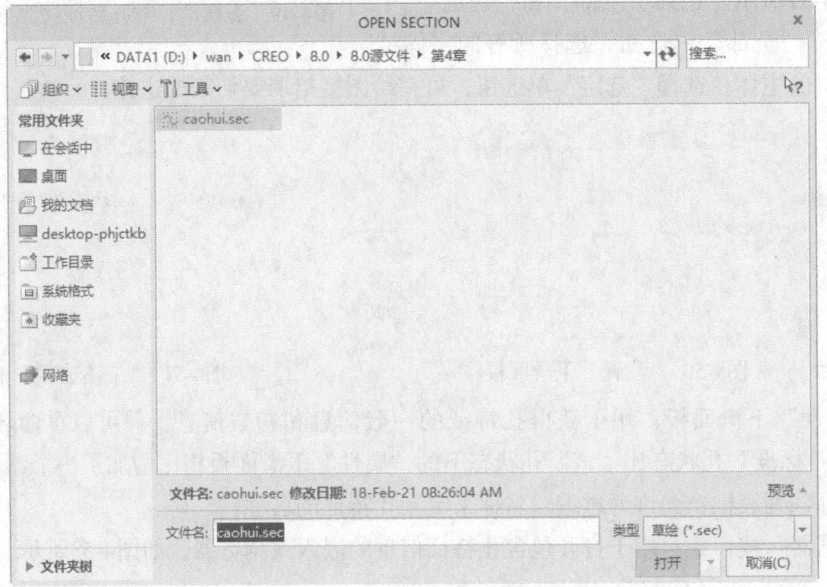

图4-54 “文件打开”对话框

2）单击“草绘”按钮进入草绘环境，可创建一个新草绘剖面（草绘轮廓）。在新的绘图区中草绘并标注草绘剖面。绘制完成后，单击“关闭”面板中的“确定”按钮，系统完成草绘剖面的创建并退出草绘环境（注意：草绘时要有旋转轴即中心线，它的要求与旋转命令相似）。

（6）如果需要重新定位孔，需将主放置句柄拖到新的位置，或将其捕捉至参考。必要时，可在“放置”下滑面板的“放置”列表框中选择新放置，以此来修改孔的放置类型。

（7）将次放置（偏移）参考句柄拖到相应参考上以约束孔。

（8）如果要将孔与偏移参考对齐，需在“偏移参考”列表框中选择该偏移参考，并将“偏移”更改为“对齐”，如图4-55所示。

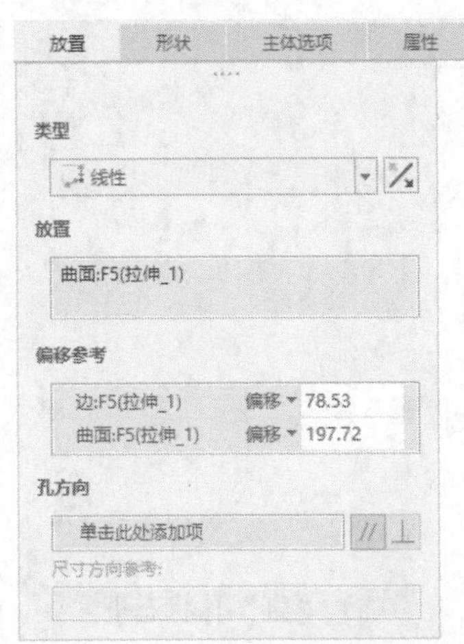

图4-55 “放置”下滑面板

技巧荟萃

这只适用于使用“线性”放置类型的孔。

（9）如果要修改草绘剖面，单击操控板中的“草绘”按钮，显示草绘剖面。

技巧荟萃

孔直径和深度由草绘驱动。“形状”下滑面板仅显示草绘剖面。

（10）单击“孔”操控板中的“确定”按钮，生成草绘孔特征。

4.6.2　孔特征创建步骤

孔特征创建步骤

创建孔特征的具体操作步骤如下。

（1）新建一个名称为kong.prt的零件文件。

（2）单击“模型”功能区“形状”面板中的“拉伸”按钮，弹出“拉伸”操控板，单击“放置”→“定义”按钮，打开“草绘”对话框，以FRONT基准平面作为草绘平面，绘制如图4-56所示的截面。

（3）单击“草绘”功能区“关闭”面板中的“确定”按钮退出草绘环境。

（4）返回到“拉伸”操控板，参数设置如图4-57所示。

（5）单击操控板中的“确定”按钮，完成拉伸特征的创建，结果如图4-58所示。

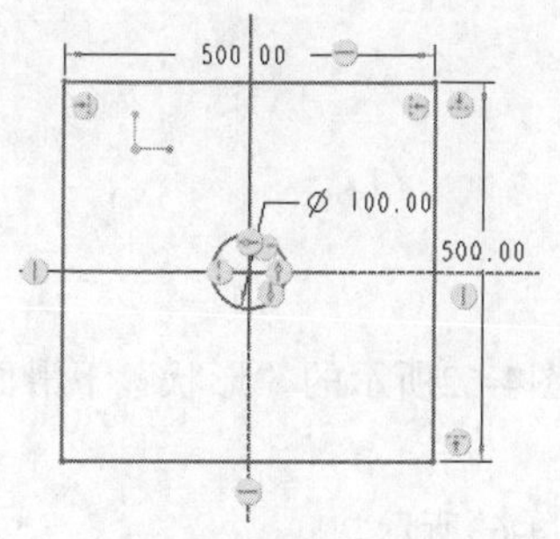

图4-56　绘制截面

图4-57　设置拉伸参数

图4-58　创建拉伸特征

（6）单击“模型”功能区“工程”面板中的“孔”按钮，打开“孔”操控板，选择拉伸实体的上表面放置孔，被选择的表面将加亮显示，并可预览孔的位置和大小，如图4-59所示，可通过孔的控制手柄调整其位置和大小。

（7）拖动控制手柄到合适的位置后，系统显示孔中心到参考边的距离，双击该尺寸值即可对其进行修改。设置孔中心到边1、2的距离分别为60和50，孔直径为50，如图4-60所示。

（8）通过如图4-61所示的“孔”操控板及“放置”下滑面板，同样可以设置孔的放置平面、位置和大小。

（9）单击“放置”列表框，选取拉伸实体的上表面作为孔的放置平面；单击“反向”按钮可改变孔的创建方向；单击“偏移参考”列表框，选取拉伸实体的一条参考边，被选取边的名称及孔中心到该边距离均显示在该列表框中；单击距离值文本框，可改变距离值。再单击“偏移参考”列表框中第二行文本框，按住<Ctrl>键在绘图区选取第二条参考边。

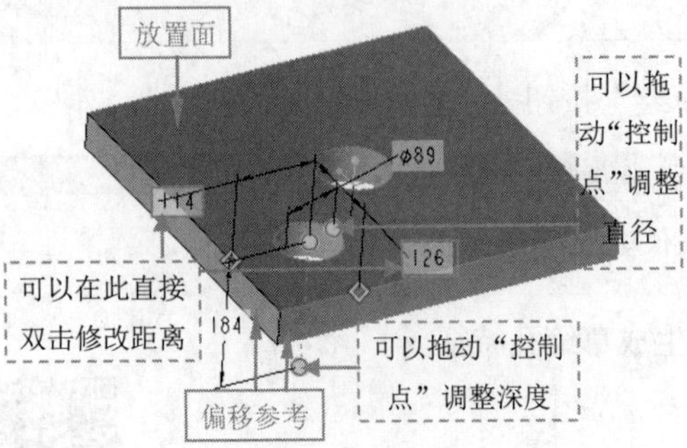

图4-59　预览孔

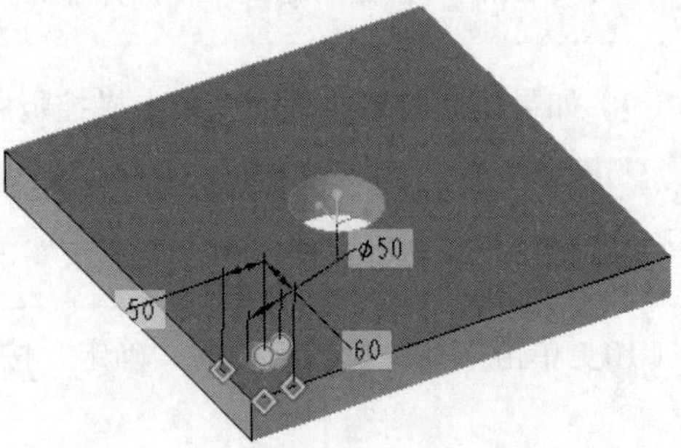

图4-60　设置孔尺寸

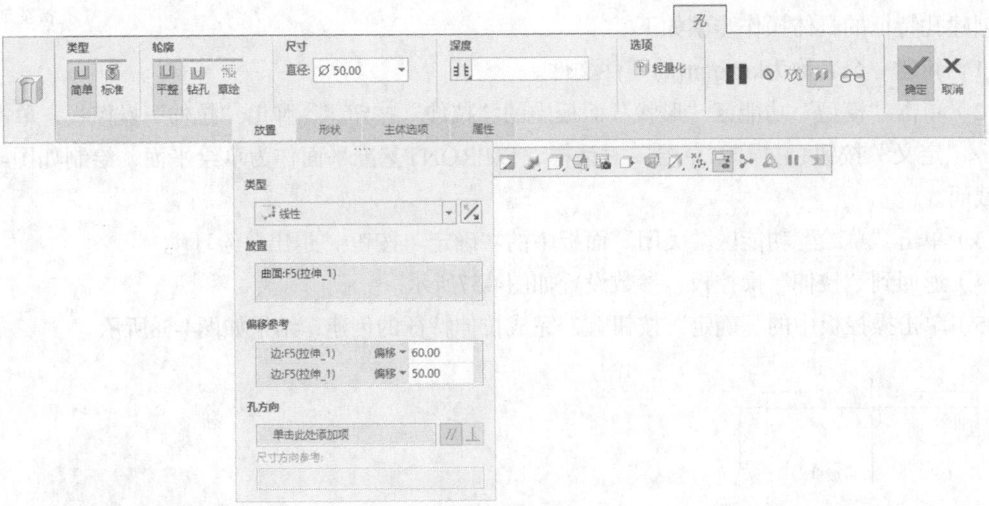

图4-61　参数设置

（10）设置完成后，单击操控板中的“形状”按钮，在打开如图4-62所示的“形状”下滑面板中显示了当前孔形状信息。

（11）单击操控板中的“确定”按钮，生成的简单孔特征如图4-63所示。

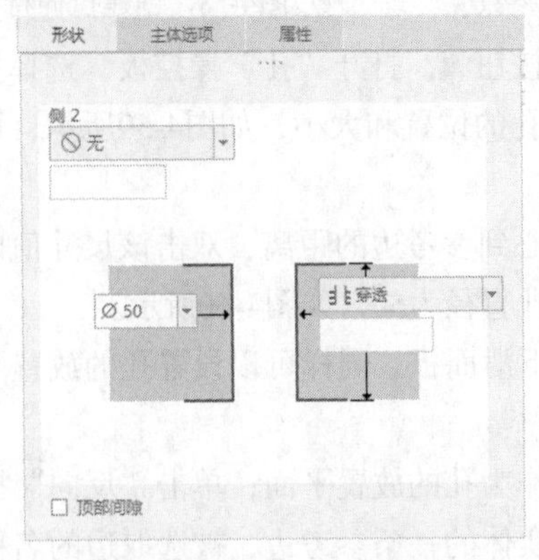

图4-62 “形状”下滑面板

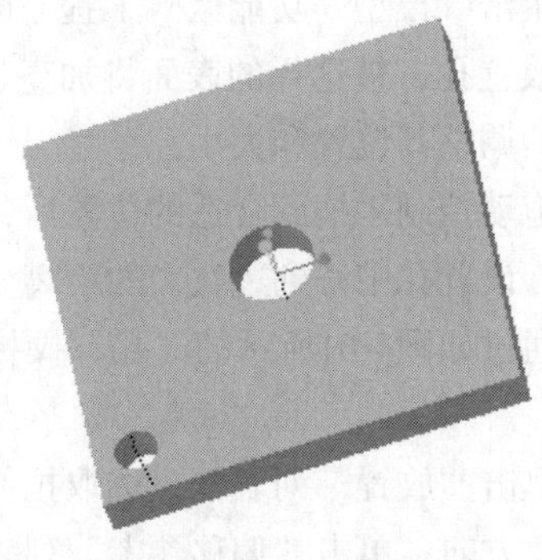

图4-63　创建简单孔特征

（12）单击“模型”功能区“工程”面板中的“孔”按钮，然后单击操控板中的“简单”孔和“草绘”按钮。

（13）单击操控板中的“草绘”按钮进入草绘环境，绘制如图4-64所示的旋转截面，绘制完成后单击“关闭”面板中的“确定”按钮，退出草绘环境。

（14）单击操控板中的“放置”按钮，打开“放置”下滑面板。激活“放置”列表框，在绘图区选取拉伸实体的上表面放置孔；激活“偏移参考”列表框，选取边3作为参考边，单击其后面的距离值文本框，设置偏距值为50；再单击“偏移参考”列表框中的第二行文本框，按住<Ctrl>键，在绘图区选取另一条参考边4，并设置偏距值为50，如图4-65所示。

（15）单击操控板中的“确定”按钮完成草绘孔特征的创建，结果如图4-66所示。

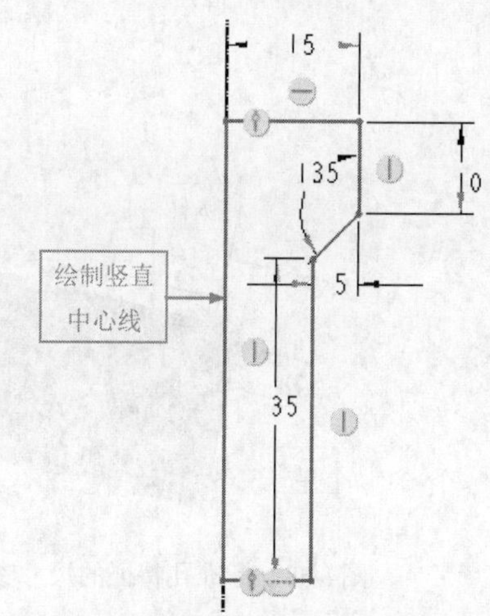

图4-64　绘制旋转截面

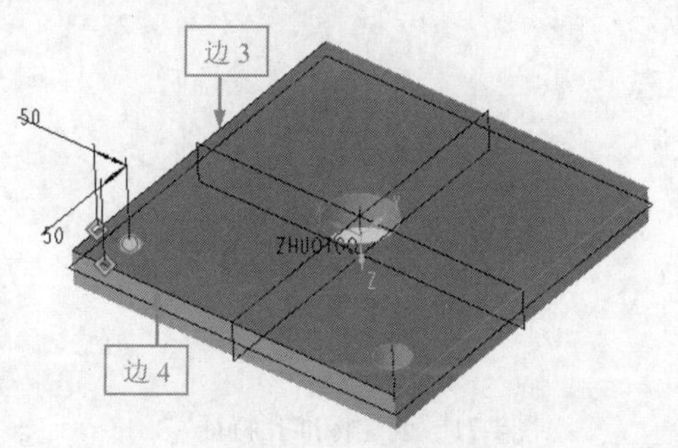

图4-65　草绘孔特征的尺寸参数设置

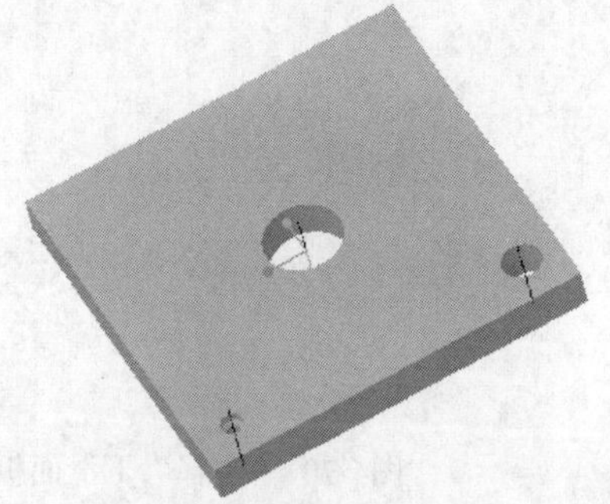

图4-66　创建草绘孔特征

（16）单击“模型”功能区“工程”面板中的“孔”按钮，在打开的“孔”操控板中单击“标准”孔按钮。

（17）“孔”操控板设置如图4-67所示。

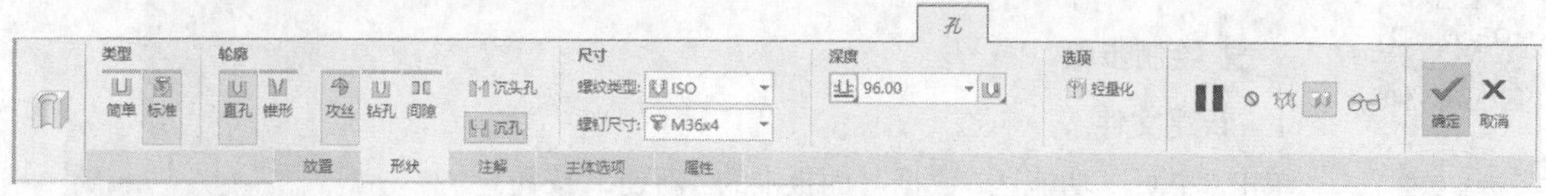

图4-67　标准孔参数设置

（18）选取拉伸实体的上表面放置螺纹孔，选取图4-68所示的边5和6作为参考边，偏距均为50，如图4-68所示。

（19）完成参数设置后，单击操控板中的“形状”按钮，在打开如图4-69所示的“形状”下滑面板中查看当前孔形状。图中文本框显示的尺寸为可变尺寸，用户可以根据自己的需要修改。

（20）单击操控板中的“注解”按钮，在打开“注解”下滑面板中显示当前孔的信息，如图4-70所示。

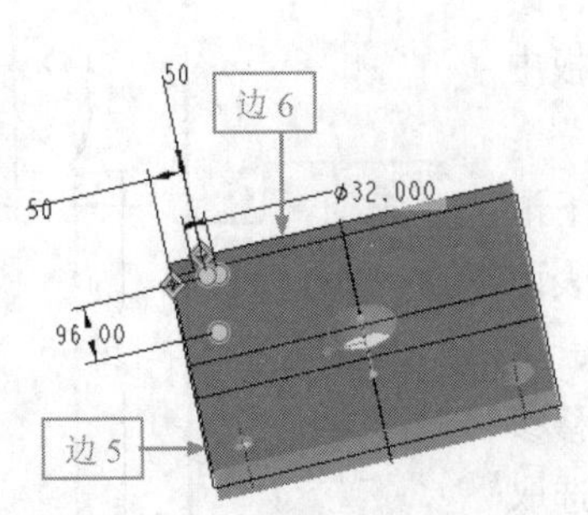

图4-68　标准孔特征的尺寸参数设置

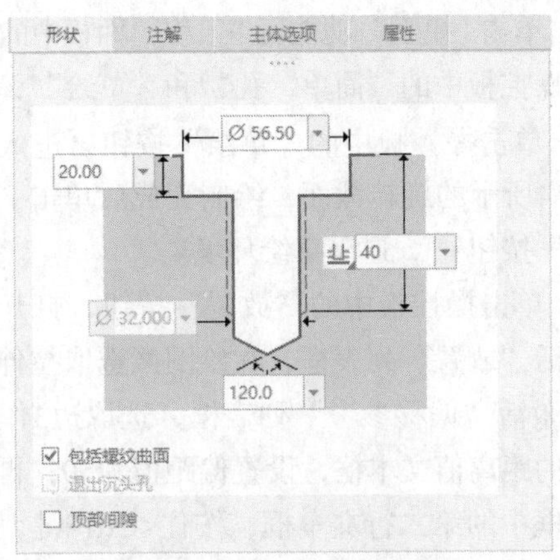

图4-69　“形状”下滑面板

（21）单击操控板中的“确定”按钮完成标准孔特征的创建，结果如图4-71所示。

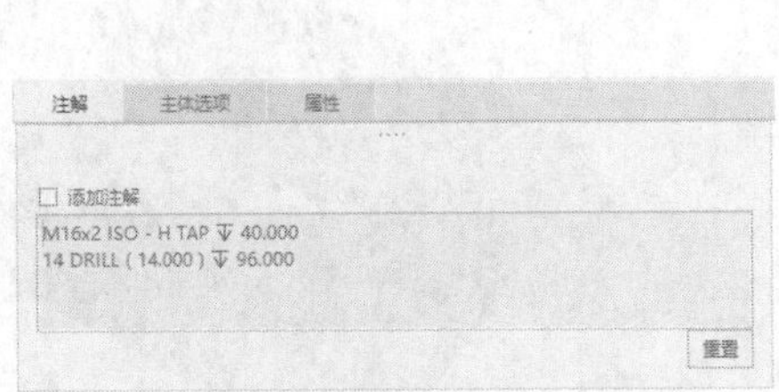

图4-70　“注释”下滑面板

图4-71　创建标准孔特征

（22）保存文件到指定的目录并关闭当前对话框。

4.6.3　实例——方头螺母

实例——方头螺母

本例绘制如图4-72所示的方头螺母。

图4-72　方头螺母

绘制步骤

1. 新建文件

单击“主页”功能区“数据”面板中的“新建”按钮，弹出“新建”对话框，在“类型”选项组中点选“零件”单选钮，在“子类型”选项组中点选“实体”单选钮，在“名称”文本框输入“fangtouluomu”，取消勾选“使用默认模板”复选框，单击“确定”按钮，在打开的“新文件选项”对话框中选择“mmns_part_solid_abs”选项，单击“确定”按钮，创建一个新的零件文件。

2. 创建拉伸特征

（1）单击“模型”功能区“形状”面板中的“拉伸”按钮，弹出“拉伸”操控板。

（2）在“拉伸”操控板上单击“放置”→“定义”按钮，弹出“草绘”对话框。

（3）选择基准平面FRONT作为草绘平面，其余选项接受系统默认值，单击“草绘”按钮进入草绘界面。

（4）单击“草绘”功能区“草绘”面板中的“拐角矩形”按钮□，绘制截面，如图4-73所示。单击“关闭”面板中的“确定”按钮✓，退出草绘环境。

（5）在“拉伸”操控板中“深度”设置为“可变”钮⊥，在其后的文本框中给定拉伸深度值为8，单击“确定”按钮✓完成特征，如图4-74所示。

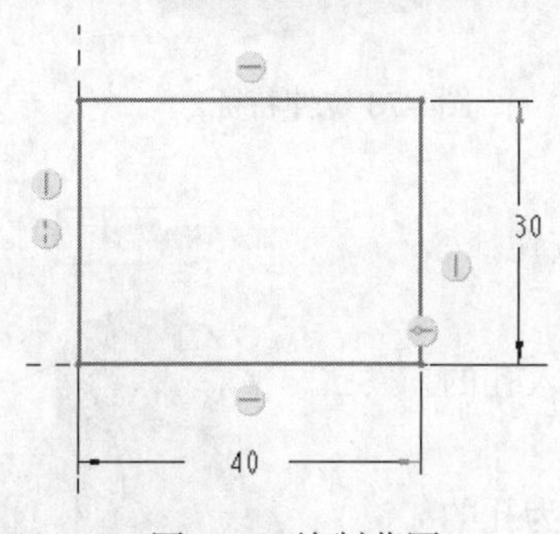

图4-73　绘制草图1

图4-74　拉伸特征1

3. 创建拉伸特征2

（1）单击“模型”功能区“形状”面板中的“拉伸”按钮，弹出“拉伸”操控板。

（2）选择选择刚建特征的顶面作为草图绘制平面，在其上绘制如图4-75所示的矩形。

（3）在“拉伸”操控板中“深度”设置为“可变”钮⊥，在其后的文本框中给定拉伸深度值为18，单击“确定”按钮✓完成特征，如图4-76所示。

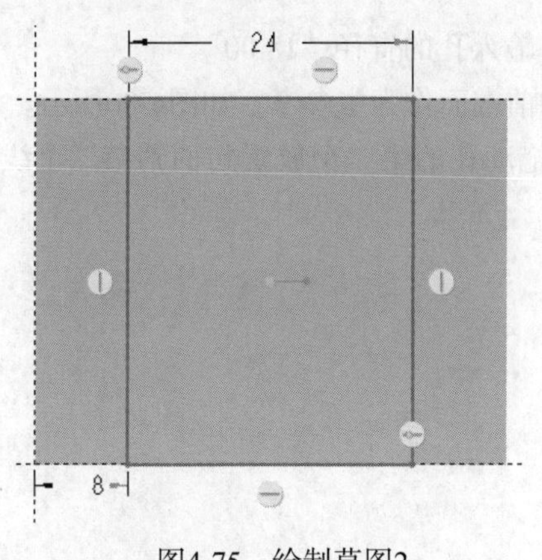

图4-75　绘制草图2

图4-76　生成特征

4. 创建拉伸特征3

（1）单击“模型”功能区“形状”面板中的“拉伸”按钮，弹出“拉伸”操控板。

（2）选择选择刚建的特征的顶面作为草图绘制平面，在其上绘制如图4-77所示的圆。

（3）在“拉伸”操控板中“深度”设置为“可变”钮⊥，在其后的文本框中给定拉伸深度值为20，单击“确定”按钮✓完成特征，如图4-78所示。

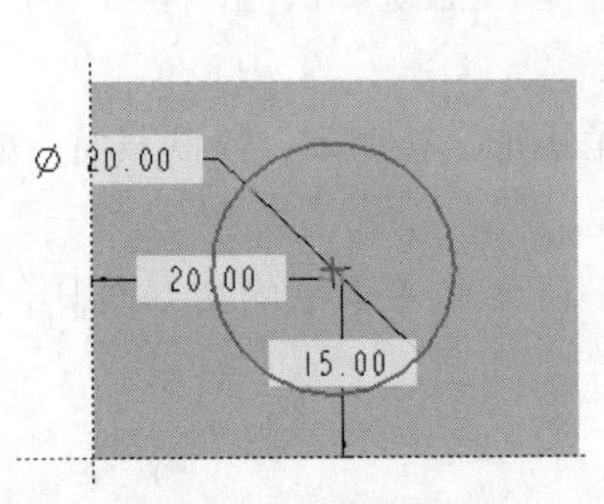

图4-77　绘制草图3

图4-78 拉伸特征2

5. 创建孔特征1

（1）单击“模型”功能区“工程”面板中的“孔”按钮，弹出“孔”操控板。

（2）选中操控板上“简单”孔按钮作为孔类型。输入孔的直径“10.0”。

（3）选择“可变”选项作为孔深度，输入“18.00”作为孔的深度。

（4）按住<Ctrl>键选择基准轴和如图4-79所示的平面为孔放置。单击“确定”按钮，创建孔。

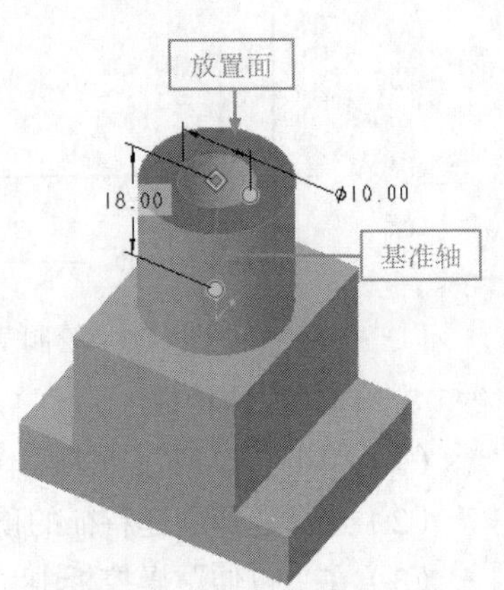

图4-79　选择放置面

6. 创建孔特征2

（1）单击“模型”功能区“工程”面板中的“孔”按钮，弹出“孔”操控板。

（2）选中操控板上“简单”孔按钮作为孔类型。输入孔的直径“18.00”。

（3）选择“穿透”选项作为孔深度。选择零件的前端面作为主参考，如图4-80所示。

（4）拖动孔的第一个放置句柄到第一个参考边。拖动孔的第二个放置句柄到第二个线性参考边，如图4-81所示。

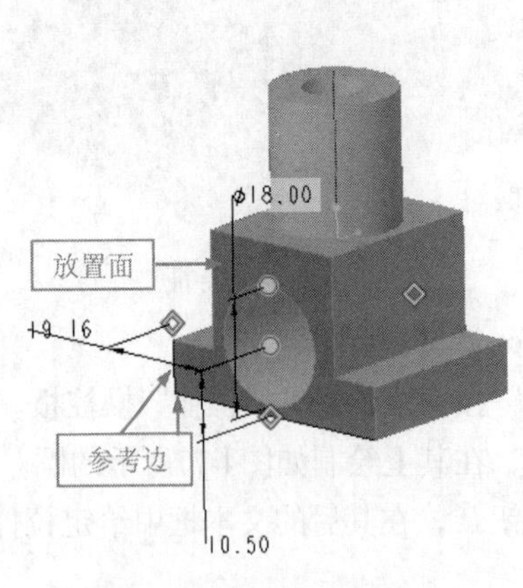

图4-80　孔参考

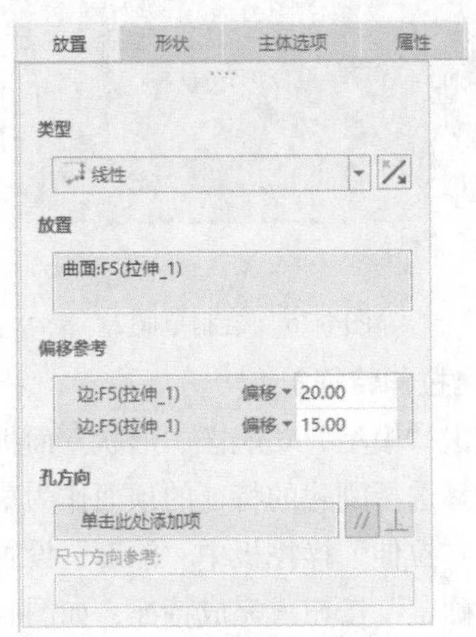

图4-81　选择参考

（5）对于第一个定位尺寸，更改值为20.00。对于第二个定位尺寸，更改值为15.00。单击操控板上的“确定”按钮，创建孔，如图5-6所示。

4.7 倒圆角特征

在Creo Parametric 中可创建和修改倒圆角。倒圆角是一种边处理特征，通过向一条或多条边、边链或在曲面之间添加半径形成。曲面可以是实体模型曲面或常规的Creo Parametric 零厚度面组和曲面。

要创建倒圆角，需定义一个或多个倒圆角集。倒圆角集是一种结构单位，包含一个或多个倒圆角段（倒圆角几何）。在指定倒圆角放置参考后，Creo Parametric 将使用默认集，并提供多种集类型，允许创建和修改集。

技巧荟萃

默认设置适于大多数建模情况，但用户可定义倒圆角集以获得满意的倒圆角几何。

4.7.1 “倒圆角”操控板选项介绍

1. “倒圆角”操控板

单击“模型”功能区“工程”面板中的“倒圆角”按钮，打开如图4-82所示的“倒圆角”操控板。当在绘图区选取倒圆角几何时将激活“过渡”模式按钮。

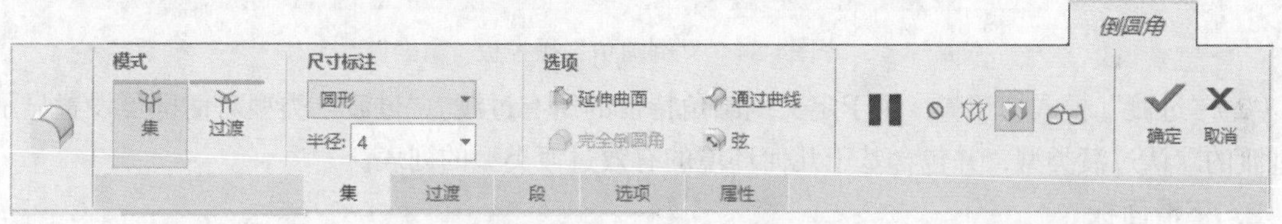

图4-82 “倒圆角”操控板

“倒圆角”操控板中包含以下选项。

（1）“集”模式按钮：用于处理倒圆角集。此选项为默认设置，用于具有“圆形”截面形状倒圆角的选项。

1）半径：用于控制当前“恒定”倒圆角的半径距离。可输入新值，也可在其下拉列表中选择最近使用的值。此选项仅适用于“恒定”倒圆角。

对于具有“圆锥形”截面形状的倒圆角，可单击操控板中的“集”按钮，打开如图4-83所示的“集”下滑面板，在“截面形状”下拉列表中选择“D1 × D2圆锥”选项，此时“倒圆角”操控板如图4-84所示。

2）圆锥参数：用于控制当前倒圆锥角的锐度。可输入新值，也可在其下拉列表中选择最近使用过的值。“圆角参数”下拉列表与“集”下滑面板中的“参数”列表框相对应。

3）圆锥距离：用于控制当前倒圆锥角的圆锥距离。可输入新值，也可在其下拉列表中选择最近使用过的值。“圆锥距离”下拉列表与“集”下滑面板“半径”列表框中的D（圆锥）或D1、D2（D1×D2圆锥）列相对应。

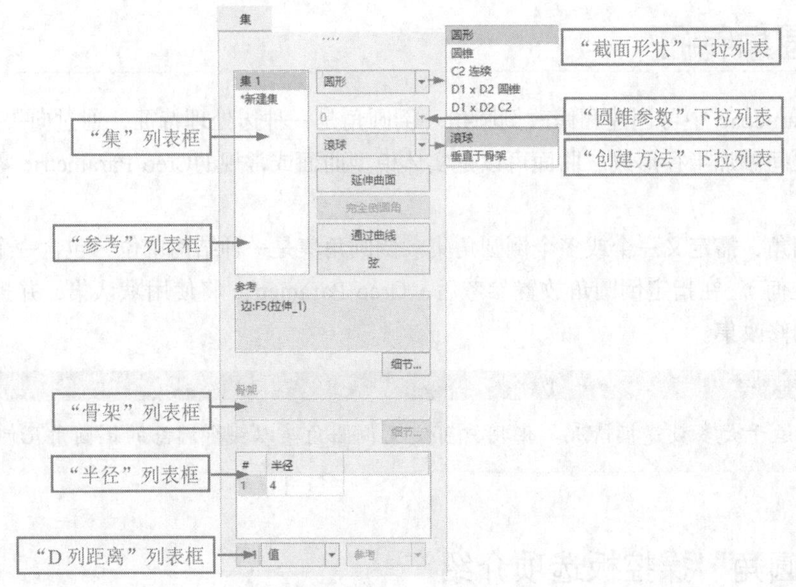

图4-83 “集”下滑面板

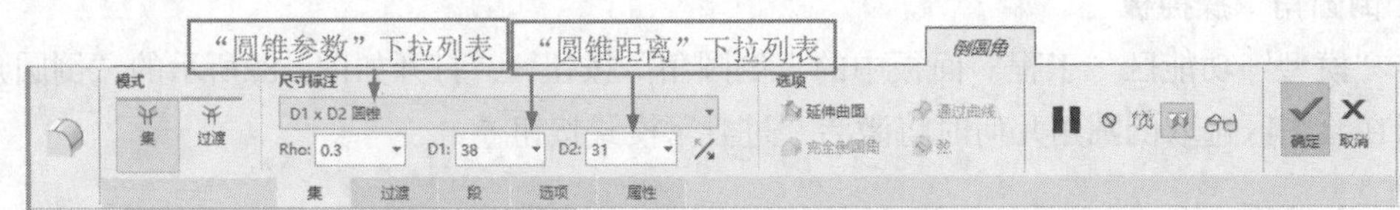

图4-84 “倒圆角”操控板

（2）“过渡”模式按钮：用于定义倒圆角特征的所有过渡。“过渡”类型对话框可设置显示当前过渡的默认过渡类型，并包含基于几何环境的有效过渡类型的列表。

2. 下滑面板

“倒圆角”操控板包含“集”“过渡”“段”“选项”和“属性”5个下滑面板。

（1）“集”下滑面板。

在激活“集”模式按钮的状态下可使用“集”下滑面板，该下滑面板包含以下各选项。

1）“集”列表框：包含当前倒圆角特征的所有倒圆角集，可用来添加、移除和修改倒圆角集。

2）“截面形状”下拉列表：用于控制活动倒圆角集的截面形状。

3）“圆锥参数”下拉列表：用于控制当前倒圆锥角的锐度。可输入新值也可在其下拉列表中选择最近使用过的值，默认值为0.5。仅当选择“圆锥”或“D1×D2圆锥”选项时，此下拉列表为可用状态。

4）“创建方法”下拉列表：用于控制活动倒圆角集的创建方法。

5）“完全倒圆角”按钮：单击此按钮可将活动倒圆角集切换为“完全”倒圆角，或允许使用第三个曲面驱动曲面到曲面“完全”倒圆角。再次单击此按钮可将倒圆角恢复为先前状态。

6）“通过曲线”按钮：单击此按钮，允许由选定曲线驱动活动的倒圆角半径，以创建由曲线驱动的倒圆角。可激活“驱动曲线”列表框。再次单击此按钮可将倒圆角恢复为先前状态。

7）“参考”列表框：该列表框包含为倒圆角集所选取的有效参考。

8）“骨架”列表框：根据活动的倒圆角类型，可激活下列列表框。

a. 驱动曲线：包含曲线的参考，由该曲线驱动倒圆角半径创建由曲线驱动的倒圆角。可在该列表框中单击或使用“通过曲线”命令将其激活。只需将半径捕捉（按住<Shift>键单击并拖动）至曲线即可打开该列表框。

b. 驱动曲面：包含将由“完全”倒圆角替换的曲面参考。可在该列表框中单击或使用“移除曲面”快捷菜单命令将其激活。

c. 骨架：包含用于“垂直于骨架”或“可变”曲面至曲面倒圆角集的可选骨架参考。可在该列表框中单击或使用“可选骨架”命令将其激活。

9）“细节”按钮：用于打开“链”对话框以便修改链属性，如图4-85所示。

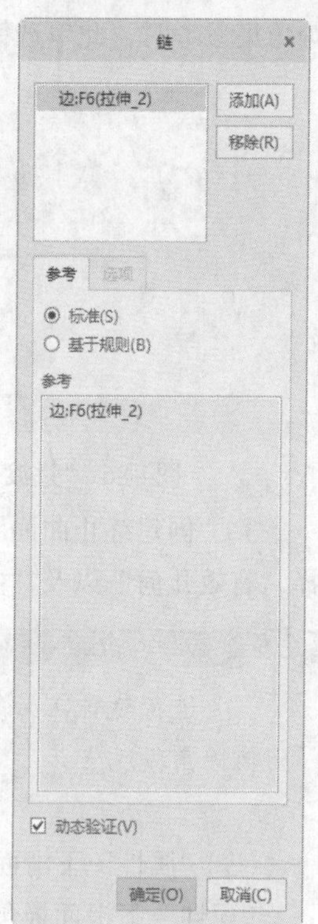

图4-85 “链”对话框

10）“半径”列表框：用于控制活动倒圆角集半径的距离和位置。对于“完全”倒圆角或由曲线驱动的倒圆角，该列表框不可用。“半径”列表框包含以下选项。

a. D列距离：用于指定倒圆角集中圆角半径的特征。位于“半径”列表框下方。

b. 值：用于指定当前半径。

c. 参考：使用参考设置当前半径。

（2）“过渡”下滑面板。

在激活“过渡”模式按钮的状态下“过渡”下滑面板可用，如图4-86所示。“过渡集”列表框包含整个倒圆角特征的所有用户定义的过渡，可用来修改过渡。

（3）“段”下滑面板。

“段”下滑面板可执行倒圆角段管理，如图4-87所示。可查看倒圆角特征的全部倒圆角集，查看当前倒圆角集中的全部倒圆角段，修剪、延伸或排除这些倒圆角段，以及处理放置模糊问题等。“段”下滑面板包含以下选项。

1）“集”列表框：包含放置模糊的所有倒圆角集。此列表框针对整个倒圆角特征。

2）“段”列表框：包含当前倒圆角集中放置不明确从而产生模糊的所有倒圆角段，并指示这些段的当前状态（包括、排除或已编辑）。

（4）“选项”下滑面板。

“选项”下滑面板如图4-88所示，包含以下选项。

1）“实体”单选钮：用于与现有几何相交的实体形式创建倒圆角特征。仅当选取实体作为倒圆角集的参考时，此单选钮为可用状态。

2）“曲面”单选钮：用于与现有几何不相交的曲面形式创建倒圆角特征。仅当选取实体作为倒圆角集参考时，此单选钮为可用状态。

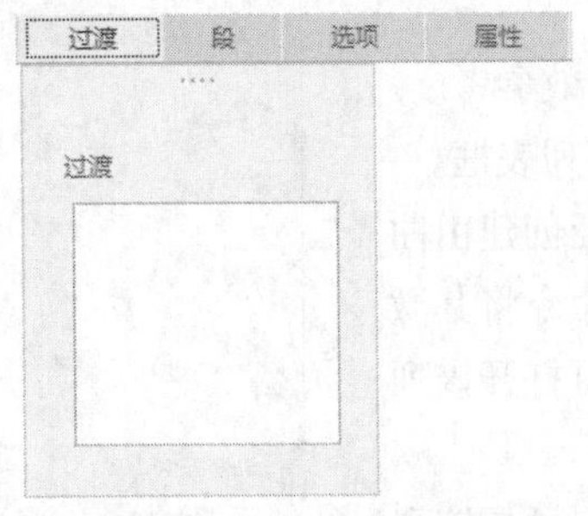

图4-86 “过渡”下滑面板

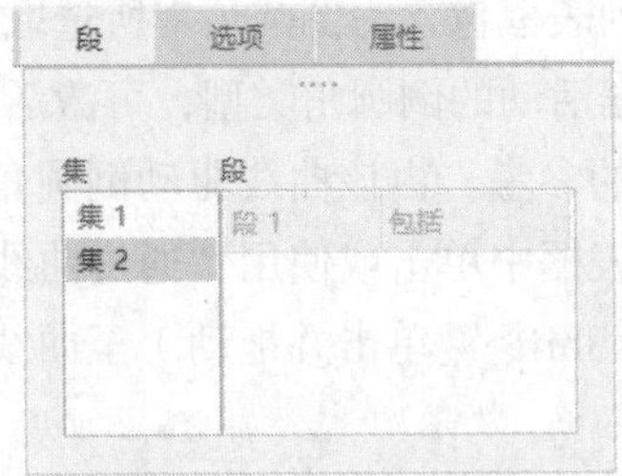

图4-87 “段”下滑面板

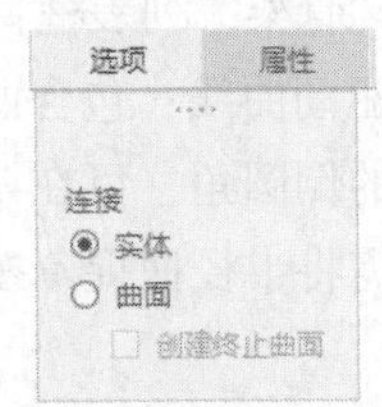

图4-88 “选项”下滑面板

3）“创建终止曲面”复选框：用于创建结束曲面，以封闭倒圆角特征的倒圆角段端点。仅当选择“有效几何”以及“曲面”或“新面组”连接类型时，此复选框才为可用状态。

> **技巧荟萃**
>
> 要进行延伸，必须存在侧面，并使用这些侧面作为封闭曲面。如果不存在侧面，则不能封闭倒圆角段端点。

（5）“属性”下滑面板。

“属性”下滑面板包含以下选项。

1）“名称”文本框：用于显示或更改当前倒圆角特征的名称。

2）“浏览器”按钮：在系统浏览器中提供详细的倒圆角特征信息。

4.7.2 倒圆角特征创建步骤

创建“倒圆角”特征的具体操作步骤如下。

（1）打开配套学习资源中的“\原始文件\第4章\yuanjiao.prt”文件，原始模型如图4-89所示。

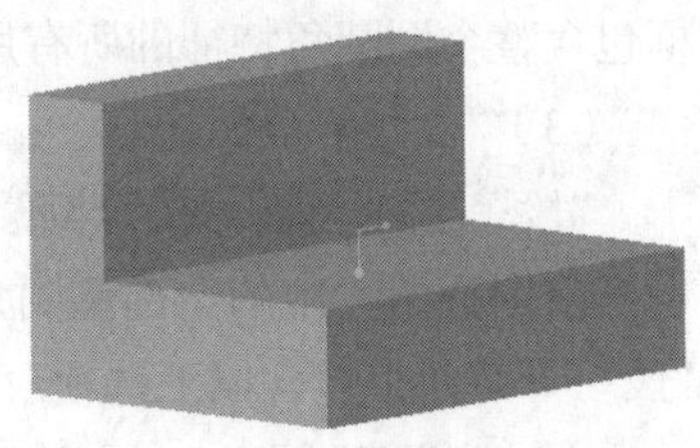

图4-89 原始模型

（2）单击“模型”功能区“工程”面板中的“倒圆角”按钮，打开“倒圆角”操控板和“集”下滑面板，如图4-90所示。

（3）单击“集”模式按钮，对实体进行多处倒圆角。

（4）在系统打开的“集”下滑面板“截面形状”下拉列表中选择“圆锥”选项，“截面形状”下拉列表包含以下选项。

1）圆形：用于创建圆形截面。

2）圆锥：用于创建圆锥截面。可通过圆锥参数（0.05～0.9）控制圆锥形状的锐度。

3）C2连续：用于使用从属边创建圆锥角，可修改一边的长度，对应边会自动捕捉至相同长度，从属“圆锥”属性仅适用于“恒定”和“可变”倒圆角集。

4）D1×D2圆锥：用于使用独立边创建圆锥角，可分别修改每一边的长度，以限定圆锥角的形状范围，如果要反转边长度，单击“反向”按钮即可。独立“圆锥”属性仅适用于“恒定”倒圆角集。

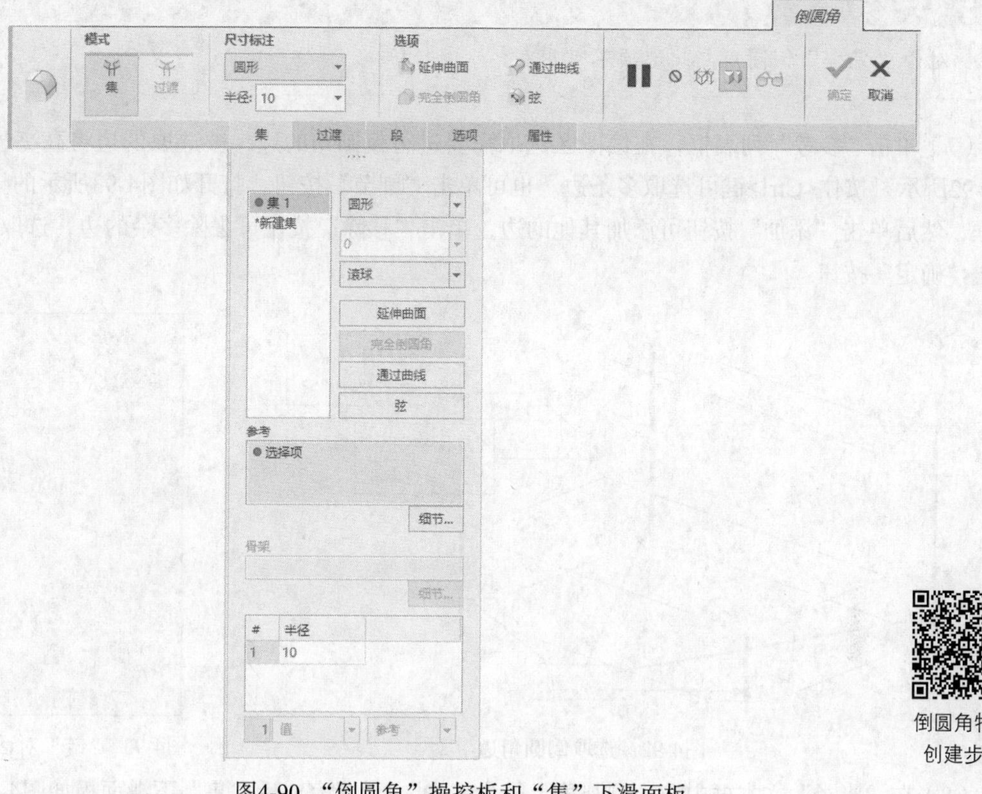

图4-90 “倒圆角”操控板和“集”下滑面板

倒圆角特征
创建步骤

（5）在“圆锥参数”下拉列表中设置倒圆角的锐度，数值越小过渡越平滑，图4-91所示为倒圆半径为50，锐度分别为0.2和0.8的对比。此处设置倒圆角锐度为0.5。

（6）在“创建方法”下拉列表中选择“垂直于骨架”选项，该下拉列表中包含以下选项。

1）滚球：通过沿着同球坐标系保持自然相切的曲面滚动一个球创建倒圆角。软件默认选择此选项。

2）垂直于骨架：通过扫描一段垂直于骨架的圆弧或圆锥形截面创建倒圆角。在创建过程中必须为此类倒圆角选择一个骨架。

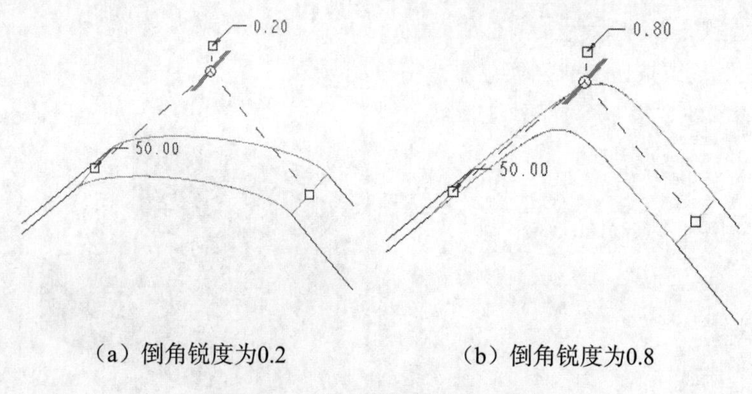

（a）倒角锐度为0.2　（b）倒角锐度为0.8

图4-91　不同倒圆角锐度的对比

技巧荟萃

对于“完全”倒圆角，此选项不可用。

（7）单击“参考”列表框，在绘图区选取需要进行倒圆角的边，被选取的边将高亮显示，如图4-92所示，按住<Ctrl>键可选取多条边。也可单击“细节”按钮，打开如图4-93所示的“链”对话框，然后单击“添加”按钮可添加其他的边，单击“移除”按钮可去除多余的边，选取完毕后，单击“确定”按钮。

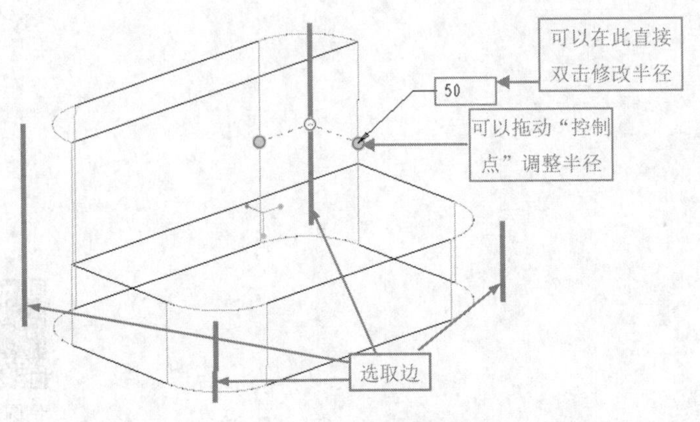

图4-92 选取倒圆角边

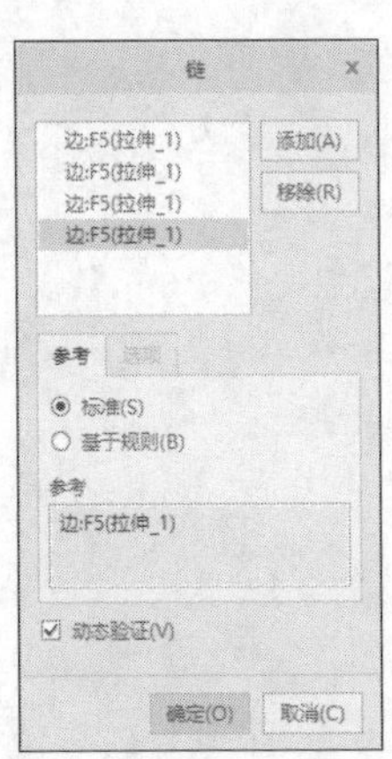

图4-93 “链”对话框

（8）在“半径”文本框中输入倒圆角半径为“30”。设置完成后“集”下滑面板如图4-94所示。

（9）单击操控板中的“确定”按钮，生成的倒圆角特征如图4-95所示。

（10）单击“模型”功能区“工程”面板中的“倒圆角”按钮，在打开的“倒圆角”操控板“集”下滑面板的“参考”文本框中单击，根据系统提示选取如图4-96所示的曲面1和2。

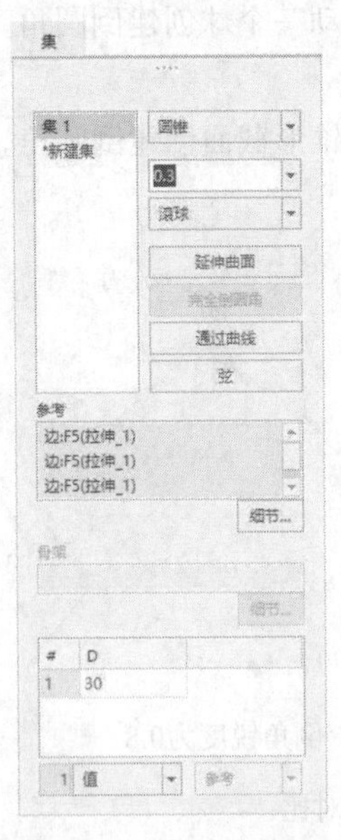

图4-94 “集”下滑面板

图4-95 倒圆角特征

（11）选取完毕后，单击“完全倒圆角”按钮。

（12）根据系统提示选取图4-96所示的曲面3。

（13）单击操控板中的“确定”按钮✓，生成的完全倒圆角特征如图4-97所示。

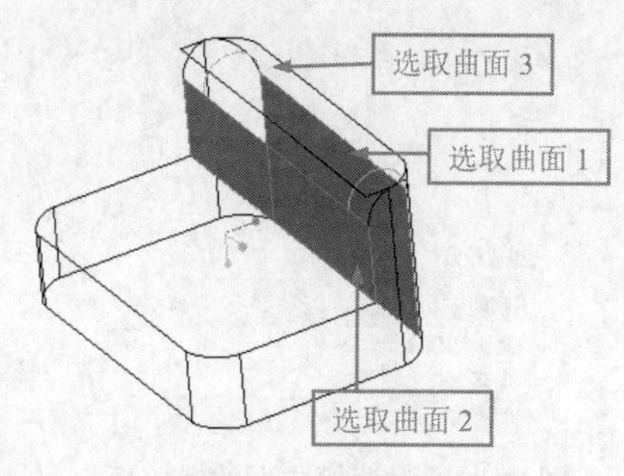

图4-96　选取曲面

图4-97　完全倒圆角特征

（14）单击“模型”功能区“工程”面板中的“倒圆角”按钮，在打开的“倒圆角”操控板“集”下滑面板的“参考”文本框中单击，选取如图4-98所示的边1，由于系统默认为选取链，故其他的两条边（边2和边3）也将被选取。

（15）单击“细节”按钮，打开“链”对话框，点选“基于规则”和“部分环”单选钮，如图4-99（a）所示，单击“添加”按钮，拾取图4-99（b）所示的边2、边3及圆弧1和圆弧2。然后单击“确定”按钮。

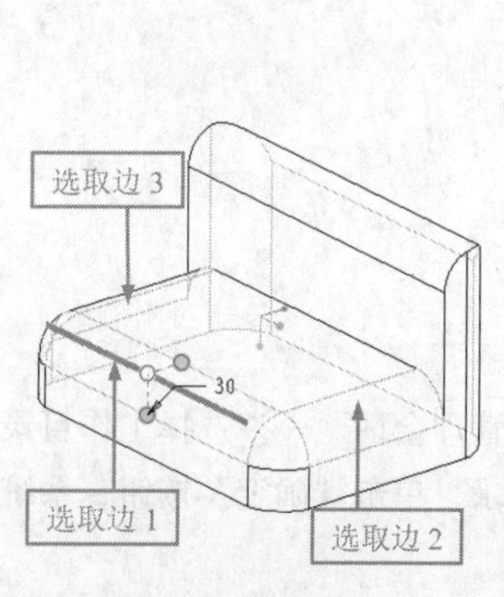

图4-98　选取边

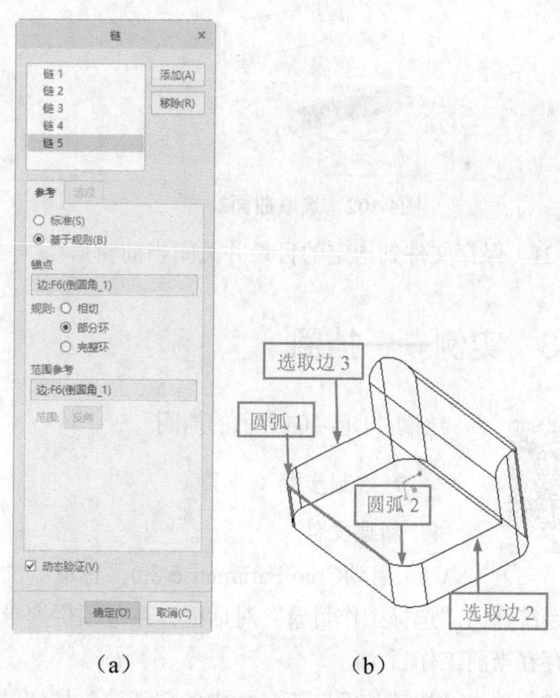

（a）　（b）

图4-99　“链”对话框

（16）返回到“集”下滑面板，在“半径”文本框中指定圆角半径为20。

（17）单击操控板中的“过渡”模式按钮切换至过渡模式，在实体模型上显示出两个默认终止曲面，如图4-100所示。

（18）选取其中一个曲面，单击“过渡设置”下拉列表，在此下拉列表中选择“曲面片”选项，如图4-101所示。

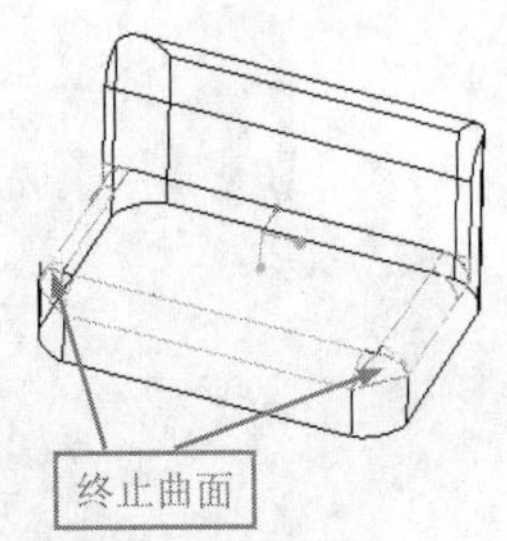

图4-100 默认终止曲面

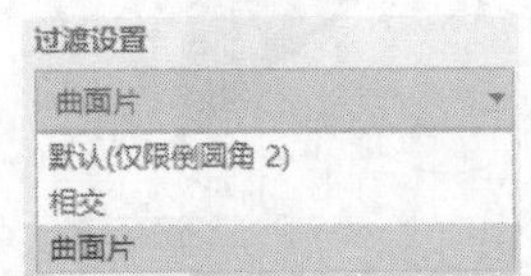

图4-101 过渡模式下的操控板

（19）根据系统提示，单击“可选曲面”按钮，选取如图4-102所示的曲面作为终止参考。同理，操作另一端曲面。

（20）单击操控板中的“确定”按钮，完成过渡倒圆角特征的创建，倒圆角特征创建终止于曲面，如图4-102所示，最终效果如图4-103所示。

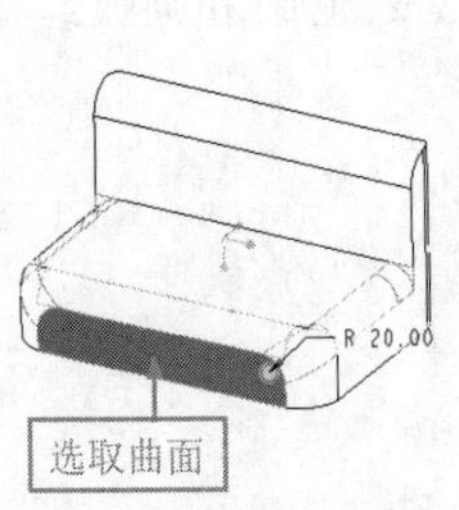

图4-102 选取曲面2

图4-103 最终效果

（21）保存文件到指定的目录并关闭当前窗口。

4.7.3 实例——挡圈

实例——挡圈

绘制如图4-104所示的挡圈。

绘制步骤

1. 新建文件

（1）启动Creo Parametric 8.0，选取“文件”→“管理会话”→“选择工作目录”命令，系统弹出“选择工作目录”对话框，在范围栏搜寻正确的目录，单击“确定”按钮，系统将文件保存在当前工作目录。

（2）单击“快速访问”工具栏中的“新建”按钮，系统打开“新建”对话框，在“类型”选项组选取“零件”单选钮，在“子类型”选项组选取“实体”单选钮，在“名称”文本框内输入“dangquan.prt”，取消“使用默认模板”复选框的勾选，单击“确定”按钮，弹出“新文件选项”

对话框，“mmns_part_solid_abs”，单击“确定”按钮，进入绘图界面。

2. 创建挡圈主体拉伸特征

（1）单击“模型”功能区“形状”面板上的“拉伸”按钮，系统打开如图4-105所示“拉伸”操控板。

图4-104 挡圈

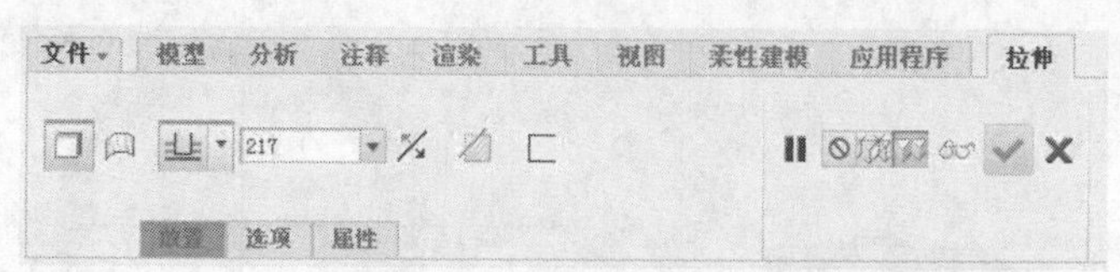

图4-105 “拉伸”操控板

（2）单击“放置”→“定义”按钮，如图4-106所示。系统打开“草绘”对话框，如图4-107所示。在绘图区中选取基准平面FRONT作为平面，设定此面为草绘面，其他选项为系统默认，单击 草绘 按钮，进入草绘界面。

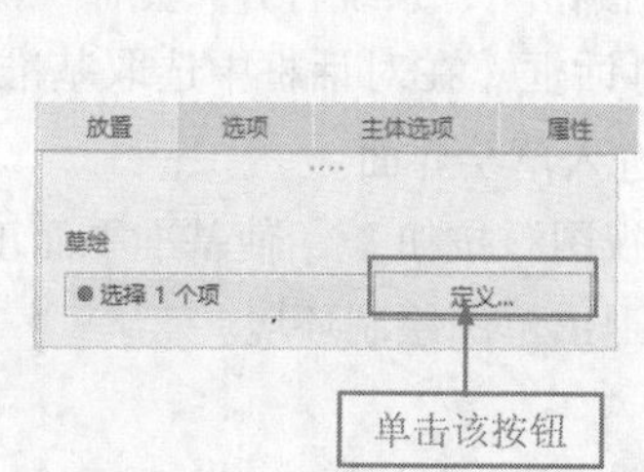

图4-106 “放置”下滑面板

图4-107 “草绘”对话框

（3）单击“视图”工具栏中的“草绘视图”按钮，使基准平面正视。绘制图形的尺寸如图4-108所示，单击“确定”按钮，退出草图绘制环境。

（4）退出草绘模式后，重新回到“拉伸”操控板，选择“深度”为“可变”选项，并在深度值文本框中输入10，如图4-109所示。单击操控板中的“完成”按钮，完成拉伸特征，如图4-110所示。

（5）单击“模型”功能区“形状”面板上的“拉伸”按钮，系统打开“拉伸”操控板。

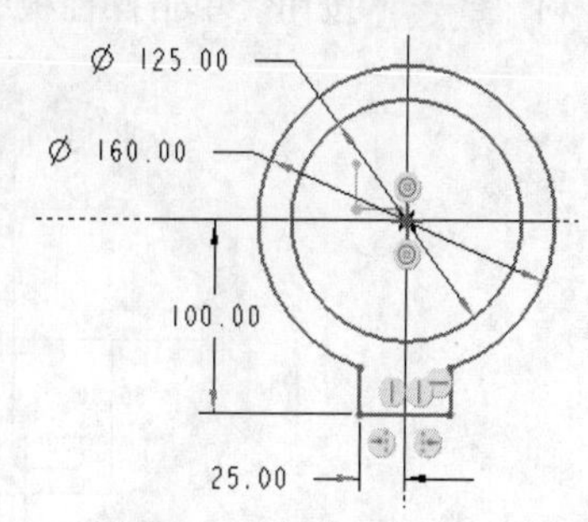

图4-108 草绘截面

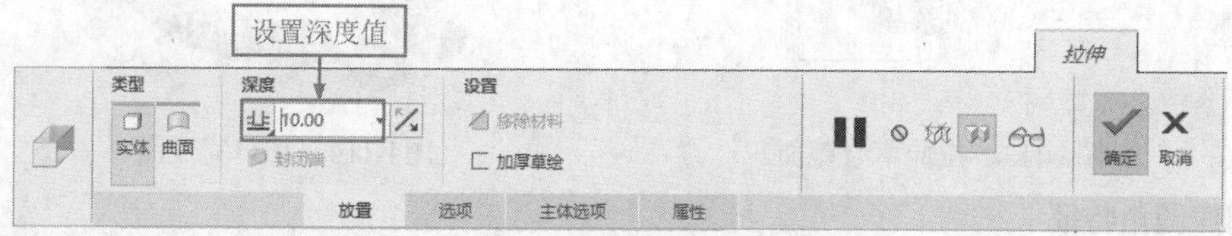

图4-109 拉伸参数设置

（6）单击“放置”→“定义”按钮，系统打开“草绘”对话框。在对话框中选取基准平面FRONT作为草绘平面，其他选项为系统默认，单击 草绘 按钮，进入草绘界面。

（7）在草绘界面，单击“视图”工具栏中的“草绘视图”按钮，使基准平面正视，绘制如图4-111所示的草图，完成草绘后，单击“确定”按钮，退出草图绘制环境。

（8）退出草绘模式后，重新回“拉伸”操控板，选择“穿透”选项和单击“移除材料” 移除材料 按钮。单击操控板中的“完成”按钮，完成剪切，如图4-112所示。

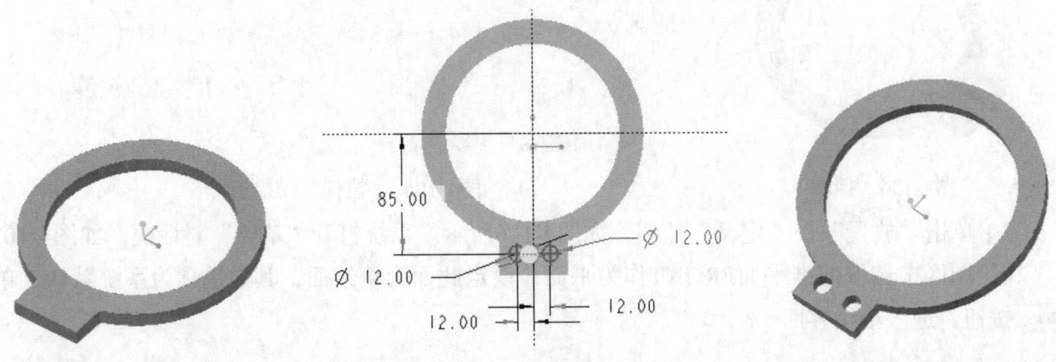

图4-110　拉伸完成图　　图4-111　拉伸草绘截面1　　图4-112　孔特征完成图

（9）单击“模型”功能区“形状”面板上的“拉伸”按钮，系统打开“拉伸”操控板。

（10）单击“放置”“定义”按钮，系统打开“草绘”对话框。在对话框中选取基准平面FRONT作为草绘平面，其他选项为系统默认，单击 草绘 按钮，进入草绘界面。

（11）在草绘界面，单击“视图”工具栏中的“草绘视图”按钮，使基准平面正视，绘制如图4-113所示草图，完成草绘后，单击“确定”按钮，退出草图绘制环境。

3. 创建切口特征

退出草绘模式后，重新回到“拉伸”操控板，选择“穿透”选项和单击“移除材料” 移除材料 按钮。单击操控板中的“确定”按钮，完成剪切，如图4-114所示。

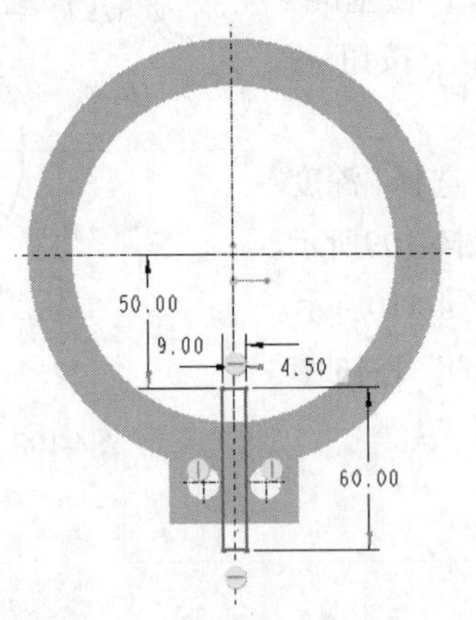

图4-113　拉伸草绘截面2

图4-114　切口完成图

4. 创建圆角特征

（1）单击“模型”功能区“工程”面板上的“倒圆角”按钮，系统打开如图4-115所示的

“倒圆角”操控板。在绘图区选择需要倒圆角处的边线，如图4-116所示。

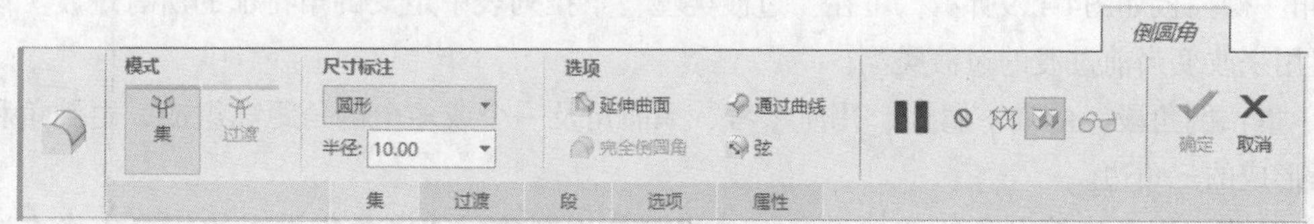

图4-115　“圆角”对话框

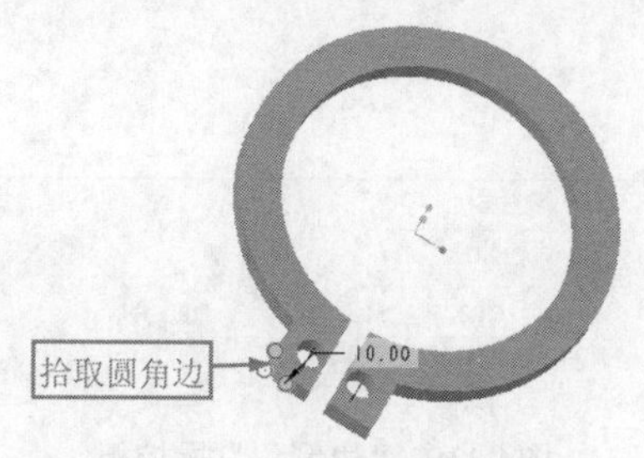

图4-116　选择倒圆角的边

（2）在操控板中输入倒圆角尺寸值6，如图4-117所示。

（3）单击操控板中的“确定”按钮，完成倒角。重复倒圆角，完成另一侧的倒圆角。完成挡圈的建造，如图4-118所示。

图4-117　输入倒圆角值

图4-118　完成图

4.8 倒角特征

倒角特征是对边或拐角进行斜切削。倒角曲面可以是实体模型或常规的Creo Parametric零厚度面组和曲面。在Creo Parametric 中根据选取的参考类型可创建不同的倒角特征。

4.8.1 “边倒角”操控板选项介绍

1.“边倒角”操控板

单击“模型”功能区“工程”面板中的“倒角”按钮，系统打开“边倒角”操控板，如图4-77所示。该操控板包含以下选项。

（1）“切换至集模式”按钮：用来设置倒角集，系统默认选择此选项。倒角类型包含D×D、D1×D2、角度×D、45×D、O×O和O1×O2六种。

（2）“切换至过渡模式”按钮：当在绘图区选取倒角特征时，该按钮被激活，单击该按钮，“边倒角”操控板如图4-119所示，可在“过渡类型”下拉列表中定义倒角特征的所有过渡。该下拉列表可用来改变当前过渡的过渡类型。

1）集：倒角段，由唯一属性、几何参考、平面角及一个或多个倒角距离组成，由倒角和相邻曲面所形成的三角边。

2）过渡：用于连接倒角段的填充几何。过渡位于倒角段或倒角集端点的相交或终止处。在最初创建倒角时，Creo Parametric 使用默认过渡，并提供了多种过渡类型，允许用户创建和修改过渡。

图4-119 “边倒角”操控板

（3）在Creo Parametric 中包含的倒角类型有以下6种。

1）D × D：用于在各曲面上与边相距D处创建倒角。Creo Parametric 默认选择此选项。

2）D1 × D2：用于在一个曲面距选定边D1，在另一个曲面距选定边D2处创建倒角。

3）角度 × D：用于创建一个倒角，它距相邻曲面的选定边距离为D，与该曲面的夹角为指定角度。

> **技巧荟萃**
>
> 只有符合下列条件时，前面3个方式才可使用“偏移曲面”创建方法：对边倒角，边链的所有成员必须正好由两个90°平面或两个90°曲面（如圆柱的端面）形成；对曲面到曲面倒角，必须选取恒定角度平面或恒定90°曲面。

4）45 × D：用于创建一个与两个曲面的夹角均为45°，且与各曲面上边的距离为D的倒角。

> **技巧荟萃**
>
> 此方式仅适用于使用90°曲面和“相切距离”创建方法的倒角。

5）O × O：用于在沿各曲面上的边偏移O处创建倒角。仅当“D × D”选项不适用时，Creo Parametric 才会默认选择此选项。

> **技巧荟萃**
>
> 仅当使用“偏移曲面”创建方法时，此方式才可用。

6）O1 × O2：用于在一个曲面距选定边的偏移距离O1，在另一个曲面距选定边的偏移距离O2处创建倒角。

技巧荟萃

仅当使用“偏移曲面”创建方法时，此方式才可用。

2. 下滑面板

“边倒角”操控板中的下滑面板与前面介绍的“倒圆角”操控板中的下滑面板类似，故不再赘述。

倒角特征
创建步骤

4.8.2　倒角特征创建步骤

1. 边倒角

（1）打开配套学习资源中的“\原始文件\第4章\daojiao.prt”文件。

（2）单击“模型”功能区“工程”面板中的“边倒角”按钮，系统打开“边倒角”操控板。

（3）选取如图4-120所示的倒角边。

（4）设置倒角方式为“D1 × D2”，并设置D1为15、D2为30。

（5）单击操控板中的“确定”按钮完成边倒角特征的创建，结果如图4-121所示。

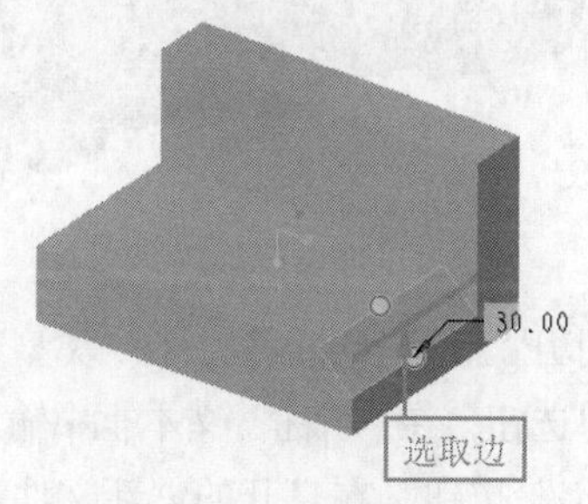

图4-120　选取倒角边

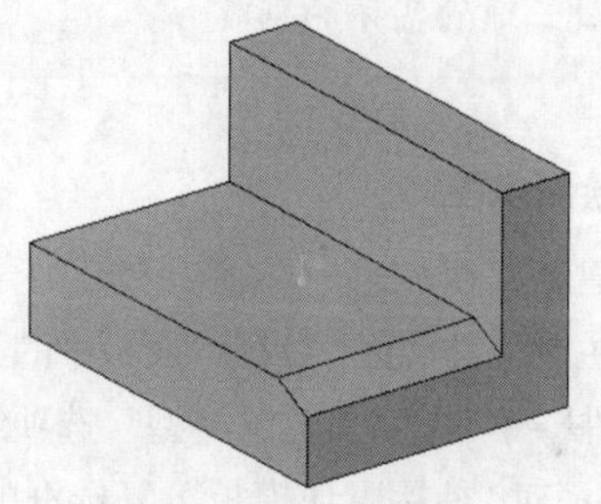

图4-121　边倒角特征

2. 拐角倒角

（1）单击“模型”功能区“工程”面板中的“倒角”按钮右侧的下拉按钮，在打开的“倒角”选项条中单击“倒角拐角”按钮，系统打开如图4-122所示的“拐角倒角”操控板。

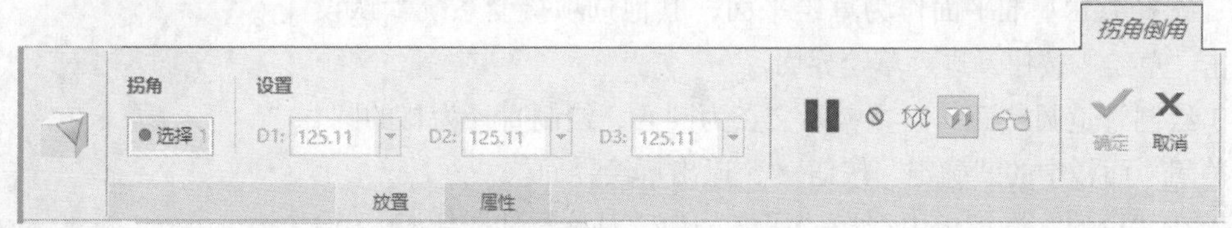

图4-122　“拐角倒角”操控板

（2）选取如图4-123所示的顶点。

（3）在操控板中输入倒角尺寸为20、40和60。

（4）在操控板中单击“确定”按钮，完成拐角倒角的创建，结果如图4-124所示。

（5）保存文件到指定的目录并关闭当前对话框。

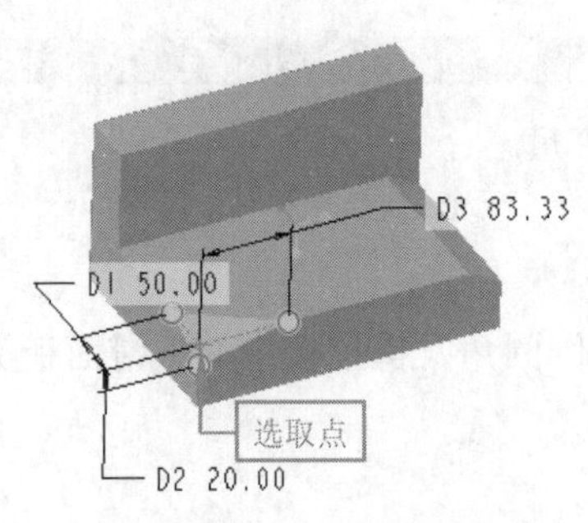

图4-123　选取边

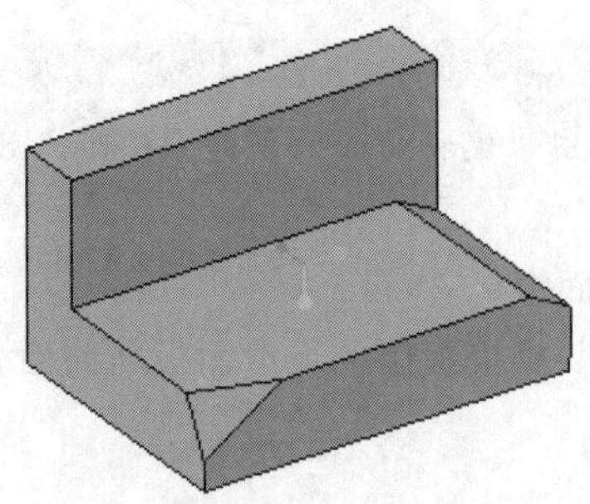
图4-124　拐角倒角

4.8.3　实例——三通管

实例——三通管

【思路分析】

本例创建的三通管如图 4-125 所示。首先创建实体的三通管道，并在实体上创建接头特征；然后在三通管的连接处创建凸台；最后利用轴线创建孔特征，完成三通管实体的创建。

图4-125　三通管

绘制步骤

1. 创建新文件

单击“主页”功能区“数据”面板中的“新建”按钮，打开“新建”对话框，在“类型”选项组中点选“零件”单选钮，在“子类型”选项组中点选“实体”单选钮，在“名称”文本框中输入文件名 santong，取消对“使用默认模板”复选框的勾选，单击“确定”按钮，在打开的“新文件选项”对话框中选择“mmns_part_solid_abs”选项，单击“确定”按钮，创建一个新的零件文件。

2. 制作实体管道

（1）单击“模型”功能区“形状”面板中的“拉伸”按钮，打开“拉伸”操控板；依次单击“放置”→“定义”按钮，打开“草绘”对话框；选择TOP基准平面作为草绘平面，其他选项接受系统默认设置，单击“草绘”按钮，进入草绘界面。

（2）绘制管道圆截面，以参考系交点为圆心，绘制直径为11的圆，单击“关闭”面板中的“确定”按钮，退出草绘界面。

（3）在“拉伸”操控板中选择“深度”为“对称拉伸”钮，输入拉伸深度值为26，最后单击操控板中的“确定”按钮，完成实体管道的创建，如图4-126所示。

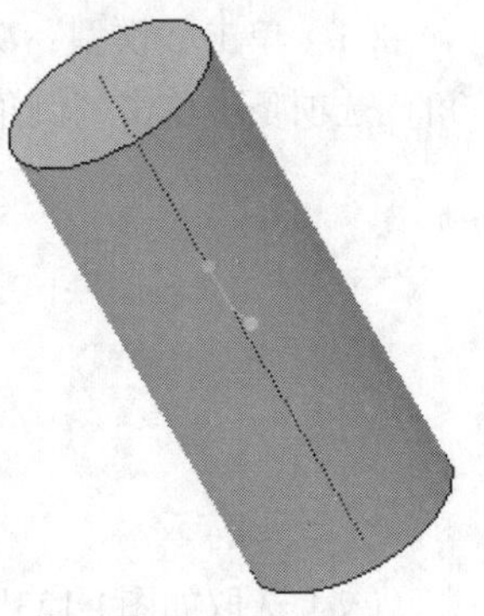
图4-126　实体管道

3. 制作第三管道

（1）单击“模型”功能区“形状”面板中的“拉伸”按钮，打开“拉伸”操控板；依次单击“放置”→“定义”按钮，打开“草绘”对话框；选择RIGHT基准平面作为实体草绘平面，接受系统提供的默认参考系，单击“草绘”按钮，进入草绘界面。

（2）绘制第三方管道圆截面，仍以参考系交点为圆心绘制直径为11的圆，单击“关闭”面板中的“确定”按钮✔，退出草绘界面。

（3）在“拉伸”操控板中选择“深度”类型为“可变”，输入拉伸深度值为13，单击操控板中的“确定”按钮，退出草绘界面，结果如图4-127所示。

4. 制作接头

（1）单击“模型”功能区“形状”面板中的“拉伸”按钮，打开“拉伸”操控板；依次单击“放置”→“定义”按钮，打开“草绘”对话框；选择如图4-127所示的平面作为草绘平面，其他选项接受系统默认设置，单击“草绘”按钮，进入草绘界面。

（2）绘制如图4-128所示的实体管道同心圆，单击“关闭”面板中的“确定”按钮✔，退出草绘界面。

（3）在“拉伸”操控板中选择“深度”类型为“可变”，输入拉伸深度值为10，单击操控板中的“确定”按钮，完成接头的创建。

（4）重复上述步骤的操作，在其余两个管道上创建相同的接头，完成实体的创建，如图4-129所示。

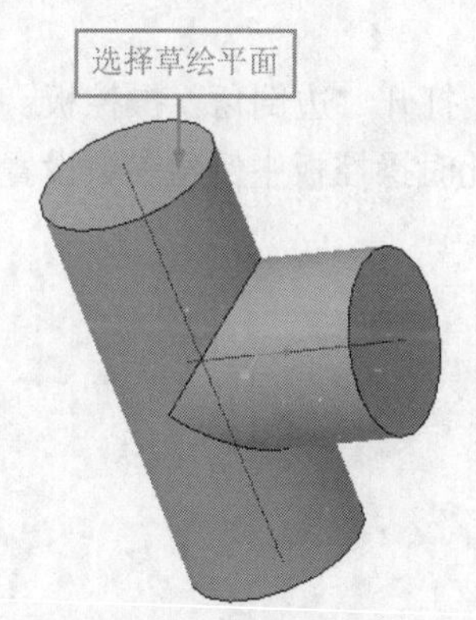

图4-127　第三方实体管道

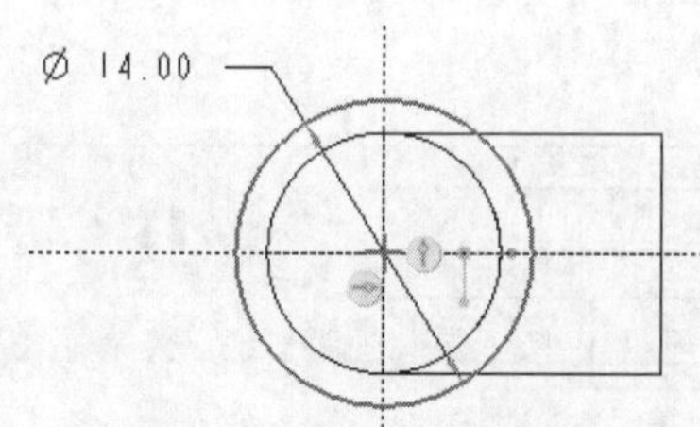

图4-128　绘制实体管道同心圆

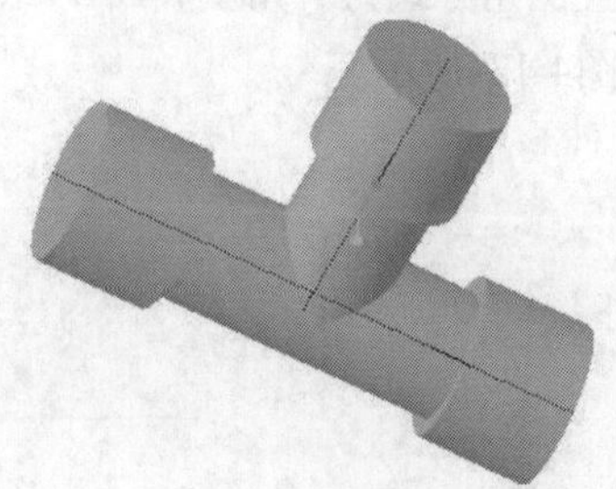

图4-129 创建接头

5. 制作凸台

（1）单击“模型”功能区“形状”面板中的“拉伸”按钮，打开“拉伸”操控板；依次单击“放置”→“定义”按钮，打开“草绘”对话框；选择FRONT基准平面作为草绘平面，其他选项接受系统默认设置。

（2）单击“草绘”面板中的“中心矩形”按钮和“圆形修剪”按钮，绘制如图4-130所示的草图，单击“关闭”面板中的“确定”按钮✔，退出草绘界面。

（3）在“拉伸”操控板中选择“深度”类型为“对称拉伸”，输入拉伸深度值为12，生成的凸台实体如图4-131所示。

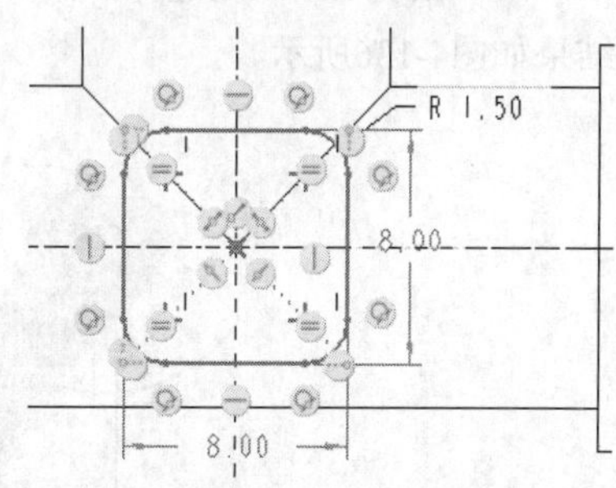

图4-130　绘制凸台草图

6. 利用轴线生成孔

（1）单击“模型”功能区“工程”面板中的“孔”按钮，在打开“孔”操控板中给定孔直径为4，选择钻孔深度选项为“穿透”▌▌；再单击操控板中的“放置”按钮，打开“放置”下滑面板，按住<Ctrl>键选择接头面和中心轴线为放置，如图4-132所示。单击操控板中的“确定”按钮✓，完成孔的创建。

（2）采用相同的方法创建第三方管道的孔，按住<Ctrl>键选取第三方管道表面和中心轴线为放置，孔的深度设置为22。完成孔的创建，如图4-133所示。

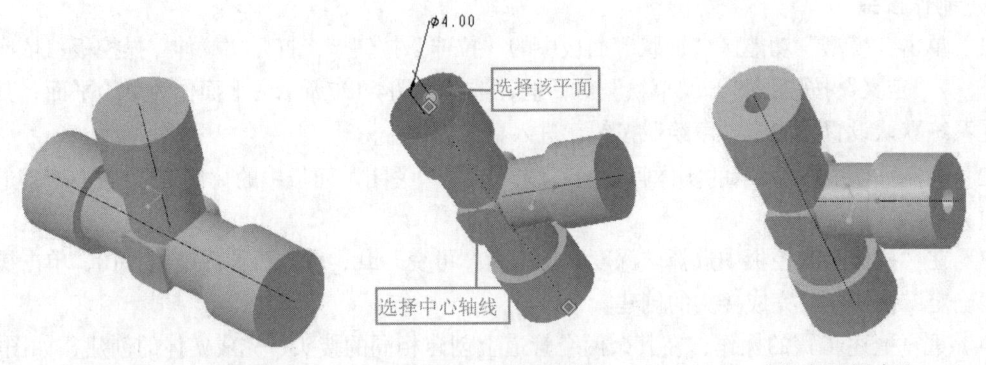

图4-131　凸台实体　　图4-132　选取放置　　图4-133 创建孔

7. 任意角度倒角

（1）单击“模型”功能区“工程”面板中的“边倒角”按钮，打开“边倒角”操控板，设置倒角方式为“角度×D”，给定角度值为53°，给定倒角距离为3，此时操控板中倒角参数设置如图4-134所示。

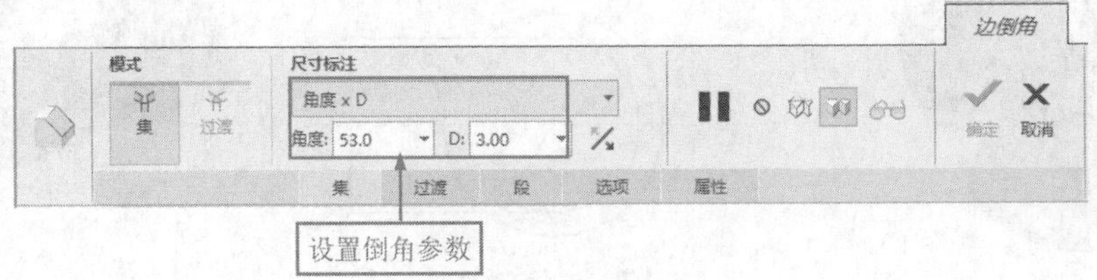

图4-134　倒角参数

（2）按住<Ctrl>键选择如图4-135所示的圆孔边作为倒角边，单击“确定”按钮✓，完成倒角，结果如图4-136所示。

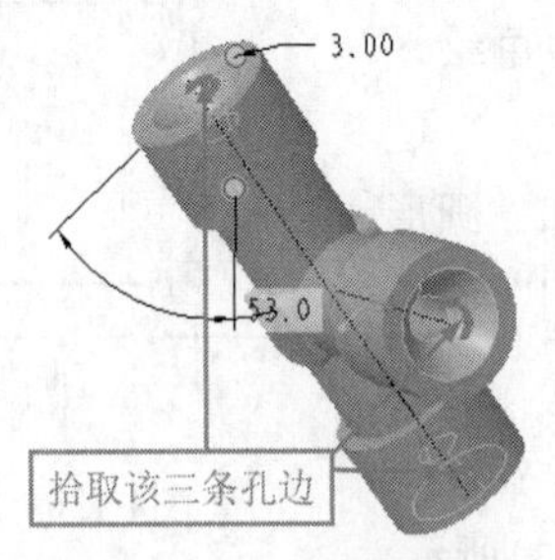

图4-135　选取倒角边

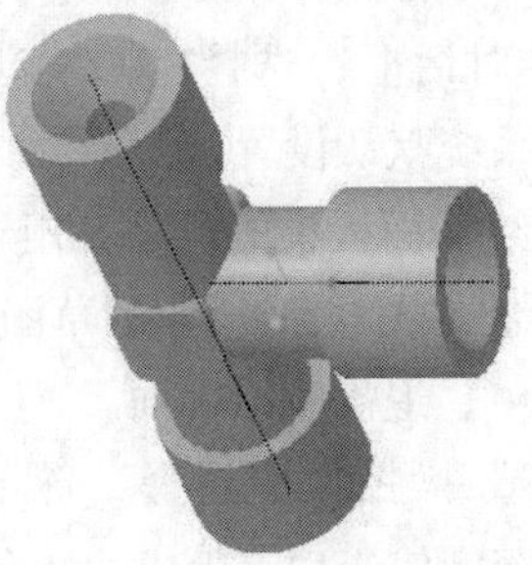

图4-136　倒角操作

8. 倒角

（1）单击“模型”功能区“工程”面板中的“边倒角”按钮，打开“边倒角”操控板；设置倒角方式为“45 × D”，给定半径值为1.5。

（2）按住<Ctrl>键选择如图4-137所示的3个接头的一侧边缘进行倒角，完成后单击操控板中的“确定”按钮，生成倒角特征，结果如图4-138所示。

9. 倒圆角

（1）单击“模型”功能区“工程”面板中的“倒圆角”按钮，在打开的“倒圆角”操控板中给定圆角半径值为1.5。

（2）按住<Ctrl>键选择如图4-139所示的三通管道的过渡圆弧边界线，单击操控板中的“确定”按钮，生成倒圆角特征。最终生成的实体如图4-125所示。

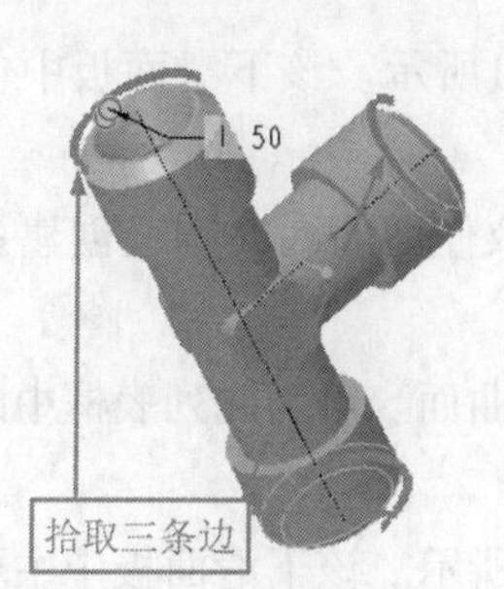

图4-137　选取倒角边

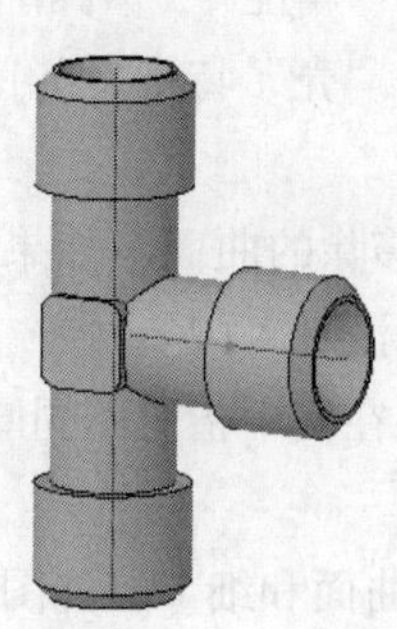
图4-138　边缘倒角

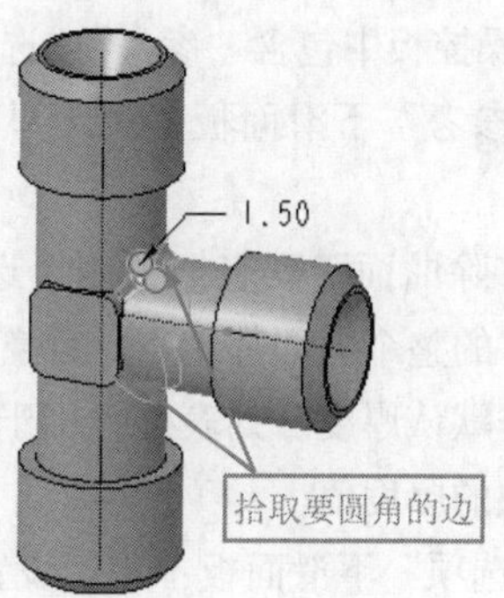

图4-139　选取圆角边

4.9 抽壳特征

对实体创建“壳”特征可将实体内部掏空，只留一个特定壁厚的壳。它可用于指定要从壳移除的一个或多个曲面。如果未选取要移除的曲面，则会创建一个封闭壳，将零件的整个内部都掏空，且空心部分没有入口。在这种情况下，可在以后添加必要的切口或孔来获得特定的几何。如果使厚度侧反向，壳厚度将被添加到零件的外部。

定义壳时，也可选取要在其中指定不同厚度的曲面。可为每个此类曲面指定单独的厚度值，但无法为这些曲面输入负的厚度值或反向厚度侧。厚度侧由壳的默认厚度确定。也可通过在“排除的曲面”列表框中指定曲面来排除一个或多个曲面，使其不被壳化，此过程称作部分壳化。要排除多个曲面，可在按住<Ctrl>键的同时选取这些曲面。不过，Creo Parametric 不能壳化同在“排除的曲面”列表框中指定的曲面相垂直的材料。

4.9.1　操控板选项介绍

1. “壳”操控板

单击“模型”功能区“工程”面板中的“壳”按钮，系统打开如图4-140所示的“壳”操控板。

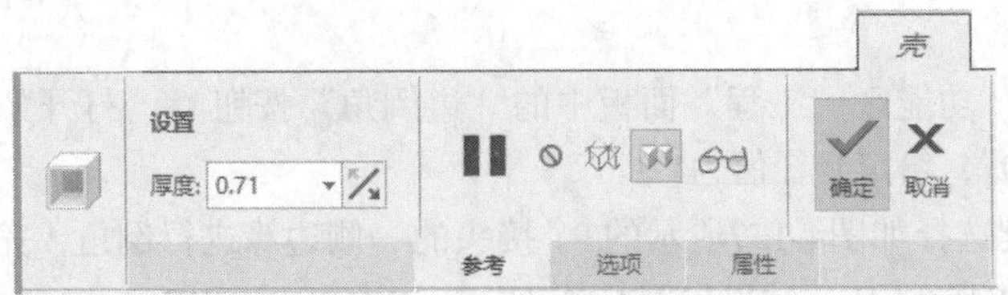

图4-140 “壳”操控板

“壳”操控板中包含下列选项。

（1）“厚度”文本框：用于更改默认壳厚度值。可输入新值，或在其下拉列表中选择最近使用过的值。

（2）“反向”按钮：用于反向壳的创建侧。

2. 下滑面板

“壳”操控板中包含“参考”“选项”和“属性”3个下滑面板。

（1）“参考”下滑面板：用于显示当前“壳”特征，如图4-141所示。该下滑面板中包含下列选项。

1）“移除曲面”列表框：用于选取要移除的曲面。如果未选取任何曲面，则会创建一个封闭壳，将零件的整个内部都掏空，且空心部分没有入口。

2）“非默认厚度”列表框：用于选取要在其中指定不同厚度的曲面。可为此列表框中的每个曲面指定单独的厚度值。

（2）“选项”下滑面板：用于设置排除曲面和细节，如图4-142所示。该下滑面板中主要选项作用介绍如下。

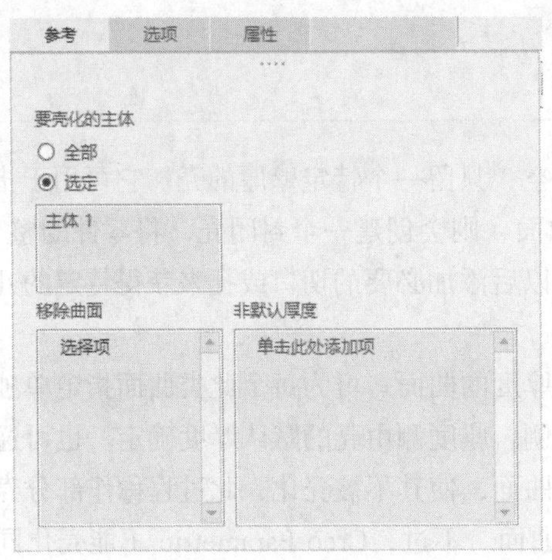

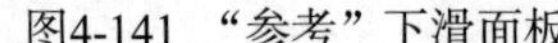

图4-141 “参考”下滑面板

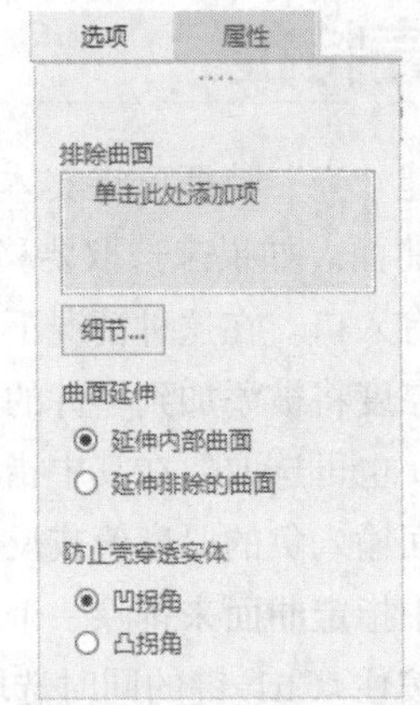

图4-142 “选项”下滑面板

1）“排除曲面”列表框：用于选取一个或多个要从壳中排除的曲面。如果未选取任何要排除的曲面，则将壳化整个零件。

2）“细节”按钮：单击该按钮打开如图4-143所示的用来添加或移除曲面的“曲面集”对话框。注意，通过“壳”操控板访问“曲面集”对话框时不能选取面组曲面。

3）“延伸内部曲面”单选钮：用于在壳特征的内部曲面上形成一个盖。

4）“延伸排除的曲面”单选钮：用于在壳特征的排除曲面上形成一个盖。

（3）“属性”下滑面板：用于设置壳的名称，如图4-144所示，与第4.7.1节中“倒圆角”操控板中的“属性”下滑面板类似，在此不再赘述。

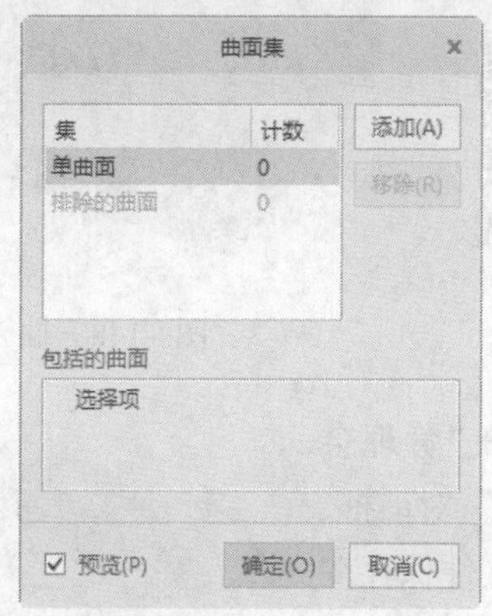

图4-143　“曲面集”对话框

图4-144　“属性”下滑面板

4.9.2　壳特征创建步骤

壳特征创建步骤

创建“壳”特征的具体操作步骤如下。

（1）打开配套学习资源中的“\原始文件\第4章\chouke.prt”文件，原始模型如图4-145所示。

（2）单击“模型”功能区“工程”面板中的“壳”按钮，系统打开“壳”操控板。

（3）单击操控板中的“参考”按钮，系统打开图4-141所示的“参考”下滑面板。

图4-145　原始模型

（4）在“移除曲面”列表框中单击可以激活该列表框，在实体上选取要被移除的曲面，被选取的曲面将加亮显示，如图4-146所示。

（5）在“非默认厚度”列表框中单击，按住<Ctrl>键选取不同壁厚的曲面。被选取的曲面及其壁厚将显示在此列表框中，分别修改其壁厚为50和15，如图4-147所示。

图4-146　选取被移除的曲面

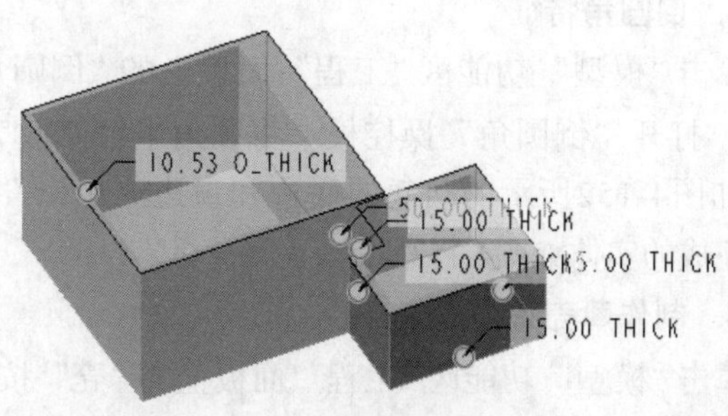

图4-147　修改壁厚

（6）单击“壳”操控板中的“确定”按钮✓完成壳特征的创建，结果如图4-148所示。

（7）保存文件到指定的目录并关闭当前对话框。

图4-148　抽壳效果

4.9.3　实例——车轮端面盖

实例——车轮端面盖

绘制如图4-149所示的车轮端面盖。

绘制步骤

1. 创建新文件

（1）启动Creo Parametric 8.0，选择“文件”→“管理会话”→“选择工作目录”命令，系统弹出“选择工作目录”对话框，在范围栏搜寻正确的目录，单击“确定”按钮，系统将文件保存在当前工作目录。

（2）单击“快速访问”工具栏中的“新建”按钮，在弹出的“新建”对话框中，选择“零件”单选钮，“子类型”选择“实体”单选钮，在“名称”文本框内输入“chelungai.prt”，取消“使用默认模板”复选框的勾选，单击“确定”按钮，弹出“新文件选项”对话框，选择“mmns_part_solid_abs”，单击“确定”按钮，进入绘图界面。

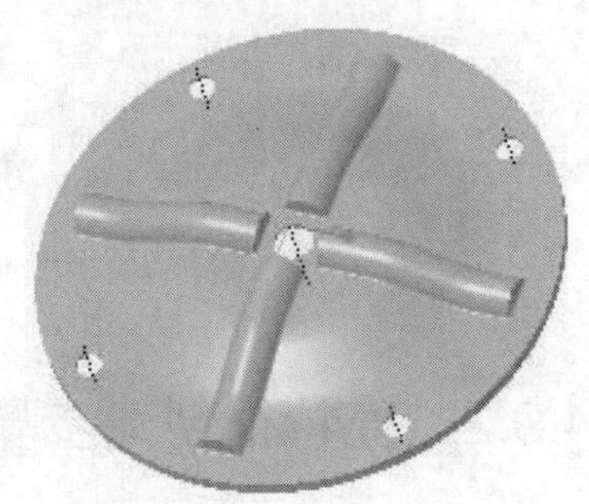

图4-149　车轮端面盖

2. 创建轮盖主体旋转特征

单击“模型”功能区“形状”面板上的“旋转”按钮，打开“旋转”操控板，选择基准平面FRONT作为草绘平面，绘制轮盖旋转草图如图4-150所示，输入旋转角度为360°，完成旋转特征的创建，如图4-151所示。

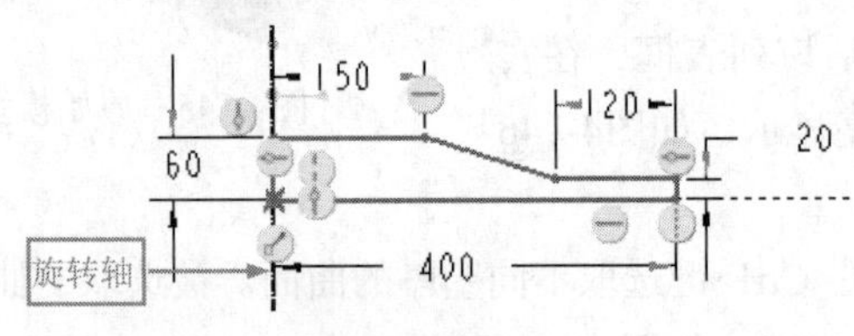

图4-150　旋转草绘图

图4-151　旋转实体图

3. 倒圆角特征

单击“模型”功能区“工程”面板上的“倒圆角”按钮，打开“倒圆角”操控板。将圆角半径修改为200，选择如图4-152所示的凸起的底边和顶边。单击“确定”按钮完成的实体如图4-153所示。

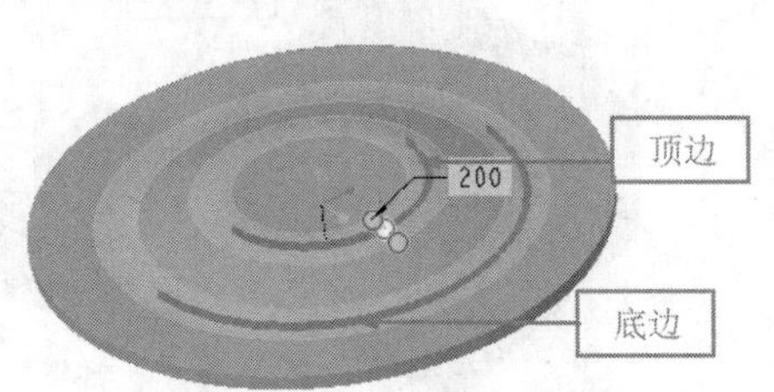

图4-152　拾取底边和顶边

4. 制作薄壳特征

单击“模型”功能区“工程”面板上的“壳”按钮，打开“壳”操控板。将厚度修改为5，选择实体的底面作为移除材料面。生成薄壳特征实体如图4-154所示。

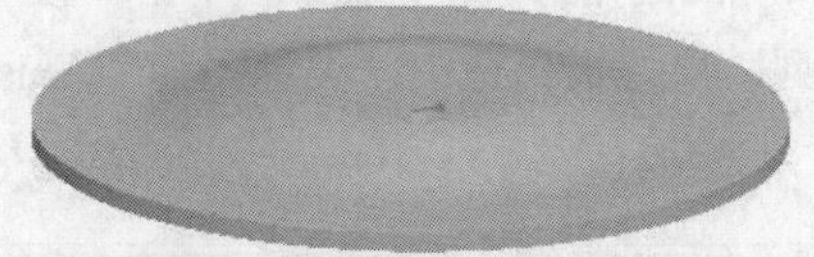

图4-153　倒圆角实体特征

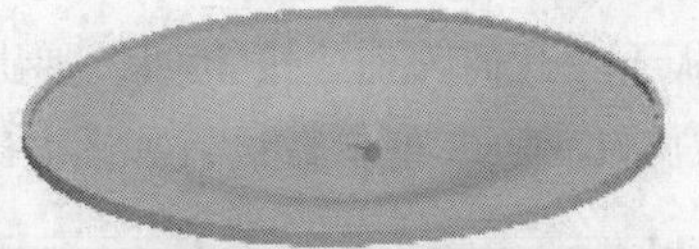

图4-154　薄壳特征

5. 投影扫描轨迹线

单击“模型”功能区“编辑”面板上的“投影”按钮，系统打开“投影曲线”操控板。单击“基准”面板下的“草绘”按钮，打开“草绘”对话框。选取基准平面RIGHT作为草绘平面，系统进入草绘界面。单击“视图”工具栏中的“草绘视图”按钮，使基准平面正视，绘制如图4-155所示的草图，单击“确定”按钮，退出草图绘制环境。在打开的“参考”下滑面板上，选取绘制的草图作为“链”选项，选择盖体内表面的所有圆环面作为投影曲面，选择中心旋转轴作为方向参照。生成基准曲线如图4-156所示。

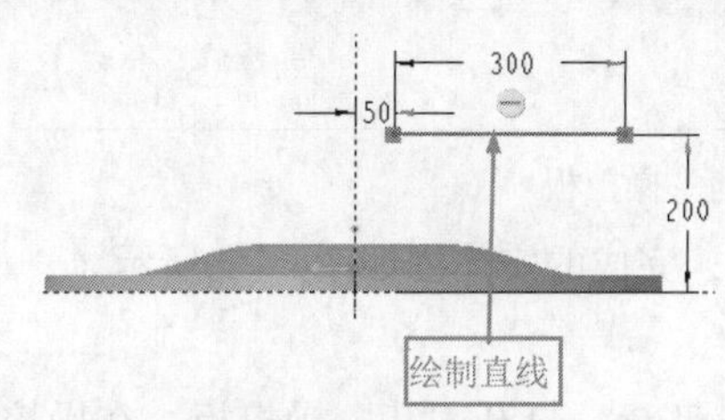

图4-155　投影曲线草绘

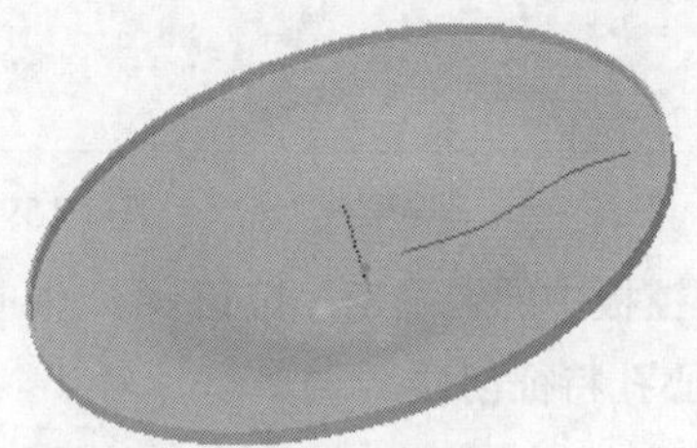

图4-156　投影线

6. 利用扫描生成加强筋

单击“模型”功能区“形状”面板上的“扫描”按钮，系统打开“扫描”操控板。选取投影曲线后，被选取的曲线变成粗的红色线条。单击“草绘”按钮，进入扫描截面草绘。单击“视图”工具栏中的“草绘视图”按钮，使界面正视，绘制如图4-157所示的圆形截面，并使圆弧关于草绘参照中心对称，单击“确定”按钮，退出草图绘制环境。单击操控板中的“完成”按钮，生成扫描特征，投影后的实体如图4-158所示。

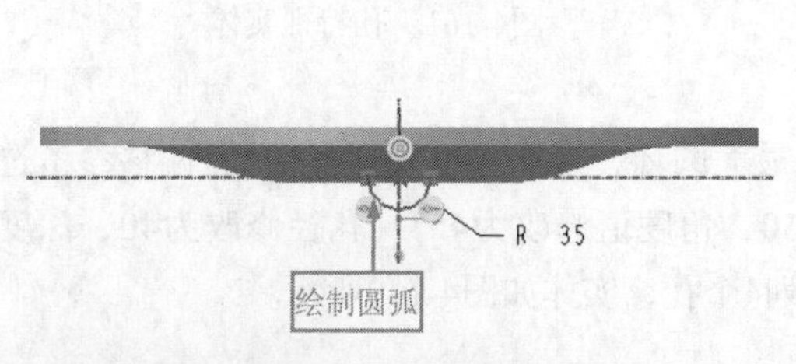

图4-157　加强筋草图

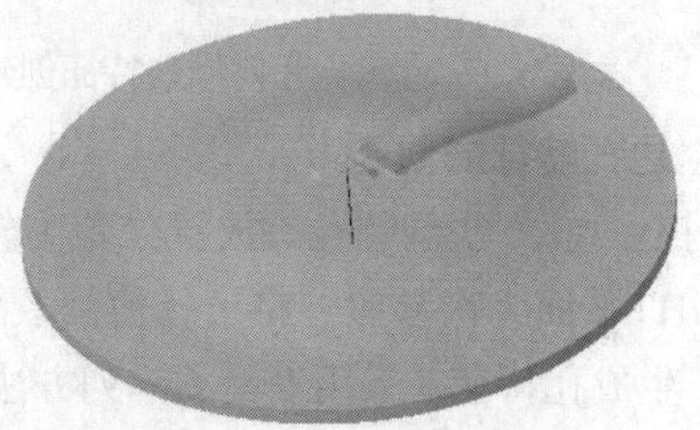

图4-158　加强筋实体图

7. 创建倒圆角

选择加强筋与圆盘的相交面作为倒角面，将圆角半径修改为5，生成圆角特征实体。

8. 阵列加强筋特征

按住<Ctrl>键，选中模型树列表中的“扫描1”和“倒圆角2”两步操作。单击“模型”功能区“编辑”面板下“几何阵列”按钮⊞，弹出“几何阵列”操控板，选中“类型”为“Axis”，然后在绘图区拾取旋转轴，其他参数设置如图4-159所示。

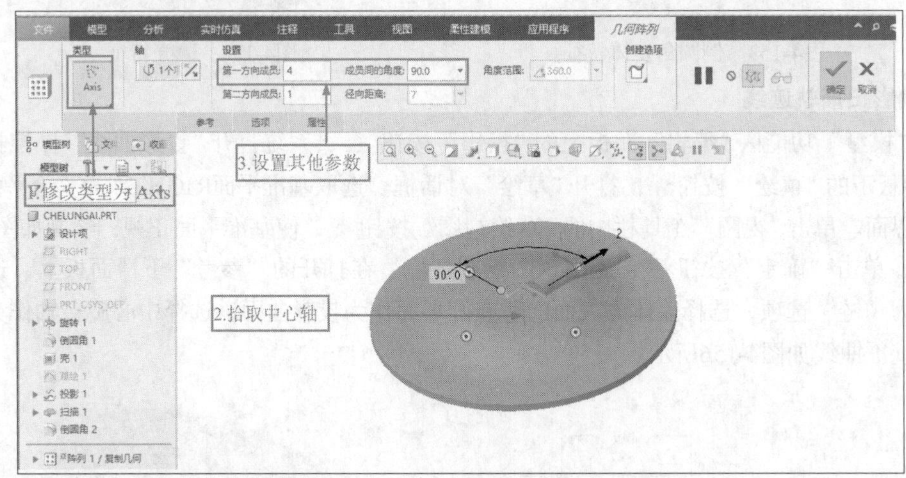

图4-159 “几何阵列”操控板

单击操控板中的“确定”按钮✔，生成阵列特征，完成的实体图如图4-160所示。

9. 中心孔特征创建

单击“模型”功能区“工程”面板上的“孔”按钮⌹，打开“孔”操控板。在操控板的“放置”下滑面板中，定义凸台顶面的曲面和中心轴为主参照，参照类型默认为“同轴”，将孔直径修改为60，将深度设置为“穿透”。生成孔特征实体如图4-161所示。

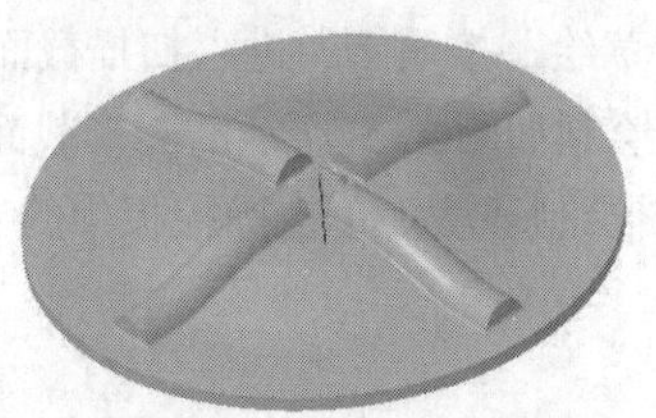

图4-160 几何阵列特征创建

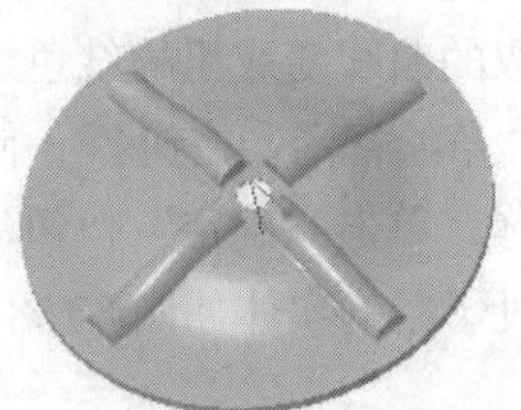

图4-161 孔特征实体

10. 边孔特征的创建

使用上面的方法创建孔，放置位置为轮盖最大圆环，参照类型为“径向”，偏移参考选取中心轴、RIGHT平面为次参照，将半径值修改为350，角度值修改为45°。孔径修改为40，深度设置为“穿透”，生成孔特征。采用上面的阵列方法阵列4个孔，实体如图4-149所示。

4.10 筋特征

筋特征是连接到实体曲面的薄翼或腹板伸出项。筋通常用来加固设计中的零件，防止出现不需要的折弯。利用“筋”工具可快速开发简单或复杂的筋特征。

4.10.1 “轮廓筋”特征操控板选项介绍

在任一种情况下，指定筋的草绘后，即对草绘的有效性进行检查，如果有效，则将其放置在列表框中。“参考”列表框一次只接受一个有效的筋草绘。指定筋特征的有效草绘后，在绘图区中将出现预览几何。可在绘图区、操控板或在这两者的组合中直接操纵并定义模型。预览几何会自动更新，以反映所做的任何修改。

可创建直筋和旋转筋两种类型的筋特征，但其类型会根据连接几何自动进行设置。对于筋特征，可执行普通的特征操作，这些操作包括阵列、修改、重定参考和重定义。

> **技巧荟萃**
>
> 在“零件”模式中，能放置“筋”特征，但不能将“筋”创建为组件特征。

1. “轮廓筋”操控板

单击“模型”功能区“工程”面板中的“筋”按钮右侧的下拉按钮，在打开的“筋”选项条中单击“轮廓筋”按钮，系统打开如图4-162所示的“轮廓筋”操控板。

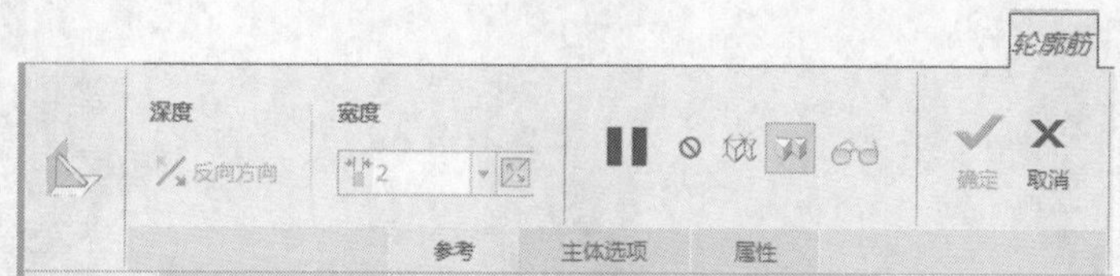

图4-162 “轮廓筋”操控板

“轮廓筋”操控板中包含下列选项。

（1）“宽度”文本框：用于控制筋特征的材料厚度。文本框中包含最近使用的尺寸值。

（2）“反向”按钮：用于切换筋特征的厚度侧。单击该按钮可从一侧转换到另一侧，关于草绘平面对称。

2. 下滑面板

“轮廓筋”操控板包含“参考”“主体选项”和“属性”3个下滑面板。

（1）“参考”下滑面板：用于显示筋特征参考的相关信息并对其进行修改，如图4-163所示。该下滑面板中包含下列选项。

1）“草绘”列表框：用于显示为筋特征选定的有效草绘特征参考。可使用快捷菜单（光标位于列表框中）中的“移除”命令移除草绘参考。“草绘”列表框每次只能包含一个有效的“筋”特征。

2）“反向”按钮：用于切换筋特征草绘的材料方向。单击该按钮可改变特征方向。

（2）“主体选项”下滑面板：用于设置要创建筋板的主体，如图4-164所示。

（3）“属性”下滑面板：用于获取筋特征的信息并重命名筋特征，如图4-165所示。

图4-163 “参考”下滑面板

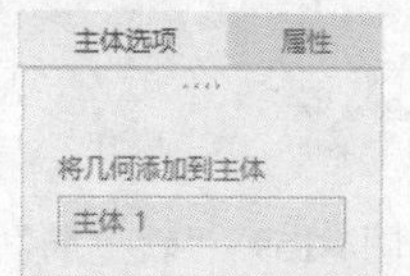

图4-164 “主体选项”下滑面板

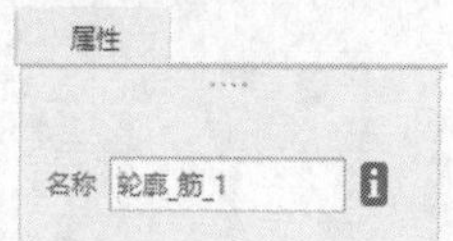

图4-165 “属性”下滑面板

4.10.2 轮廓筋特征创建步骤

轮廓筋特征创建步骤

创建轮廓筋特征的具体操作步骤如下。

（1）打开配套学习资源中的“\原始文件\第4章\jiaqiangjin.prt”文件，原始模型如图4-166所示。

（2）单击“模型”功能区“工程”面板中的“筋”按钮 右侧的下拉按钮，在打开的“筋”选项条中单击“轮廓筋”按钮，系统打开“轮廓筋”操控板。

（3）在操控板中依次单击“参考”→“定义”按钮，系统打开“草绘”对话框，选取RIGHT基准平面作为草绘平面，进入草绘环境。

（4）绘制如图4-167所示的截面。

（5）绘制完成后单击“关闭”面板中的“确定”按钮退出草绘环境。

（6）在“参考”下滑面板中单击“反向”按钮，调整筋生成方向。

（7）在操控板中输入筋厚度为6，设置完成后，单击操控板中的“确定”按钮，完成筋特征的创建，结果如图4-168所示。

图4-166 原始模型

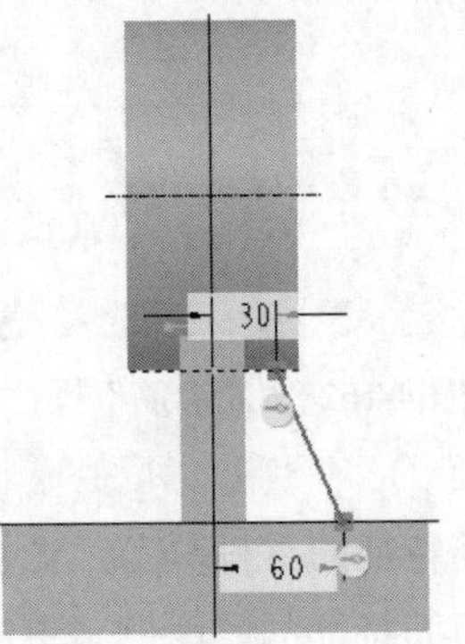

图4-167 草绘截面

图4-168 创建筋特征

（8）保存文件到指定目录并关闭当前对话框。

4.10.3 “轨迹筋”特征操控板选项介绍

1. “轨迹筋”操控板

单击“模型”功能区“工程”面板中的“筋”按钮右侧的下拉按钮，在打开的“筋”选项条中单击“轨迹筋”按钮，系统打开如图4-169所示的“轨迹筋”操控板。

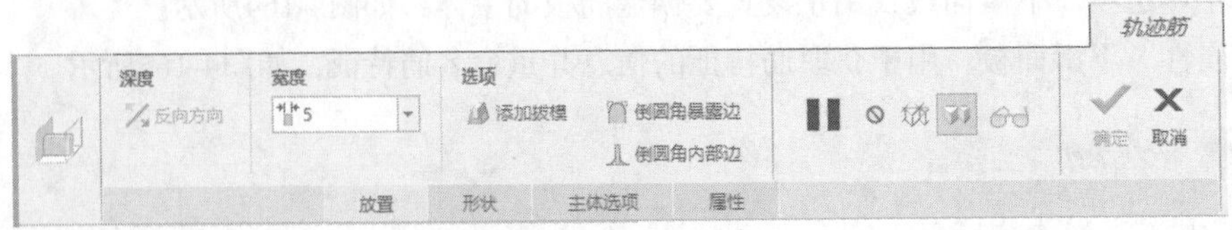

图4-169 “轨迹筋”操控板

“轨迹筋”操控板中包含下列选项。

（1）“宽度”文本框：用于控制筋特征的材料厚度。文本框中包含最近使用的尺寸值。

（2）“反向”按钮：用于切换轨迹筋特征的拉伸方向。

（3）“添加拔模”按钮：在筋上添加拔模特征。

（4）“倒圆角内部边”按钮：在筋的内部边上添加圆角。

（5）“倒圆角暴露边”按钮：在筋的暴露边上添加圆角。

2. 下滑面板

“轨迹筋”操控板包含“放置”“形状”“主体选项”和“属性”4个下滑面板。

（1）“放置”下滑面板：用于显示筋特征参考的相关信息并对其进行修改，如图4-170所示。该下滑面板中包含下列选项。

1）“草绘”列表框：用于显示为筋特征选定的有效草绘特征参考。可使用快捷菜单（光标位于列表框中）中的“移除”命令移除草绘参考。“草绘”列表框每次只能包含一个有效的“筋”特征。

2）“定义”按钮：创建或更改截面。

（2）“形状”下滑面板：用于预览轨迹筋的二维视图并修改轨迹筋特征属性，包括厚度、圆角半径和拔模角度，如图4-171所示。

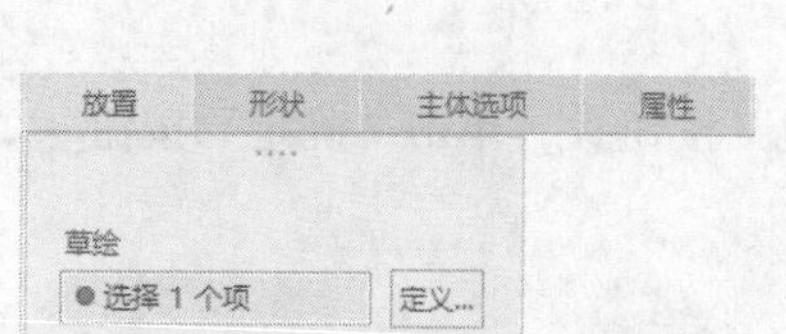

图4-170 “参考”下滑面板

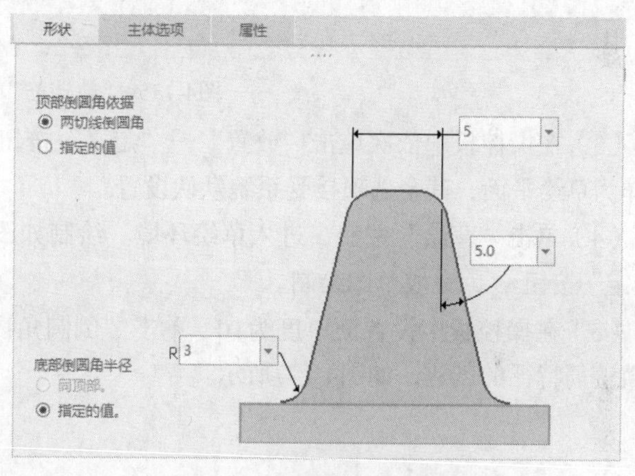

图4-171 “形状”下滑面板

（3）“主体选项”下滑面板：用于设置要创建筋板的主体，如图4-172所示。

（4）“属性”下滑面板：用于获取筋特征的信息并重命名轨迹筋特征，如图4-173所示。

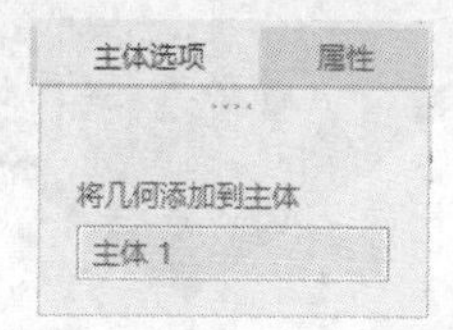

图4-172 “主体选项”下滑面板

图4-173 “属性”下滑面板

4.10.4 轨迹筋特征创建步骤

轨迹筋特征创建步骤

（1）打开配套学习资源中的“\原始文件\第4章\guijijin.prt”文件，原始模型如图4-174所示。

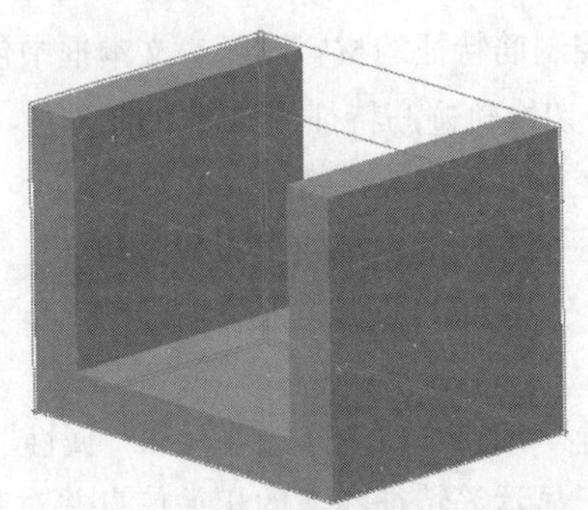

图4-174　原始文件

（2）单击“模型”功能区“工程”面板中的“筋”按钮右侧的下拉按钮，在打开的“筋”选项条中单击“轨迹筋”按钮，系统打开“轨迹筋”操控板，如图4-175所示。

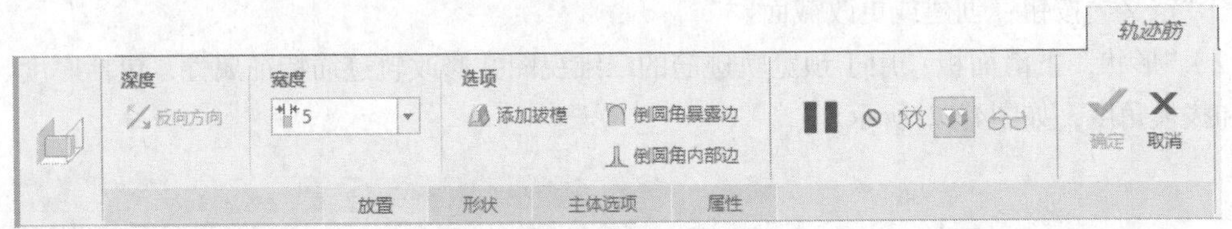

图4-175　“轨迹筋”操控板

（3）在操控板中依次单击“放置”→“定义”按钮，打开“草绘”对话框，选取DTM1基准平面作为草绘平面，其余选项接受系统默认设置。

（4）单击“草绘”按钮，进入草绘环境。绘制如图4-176所示的草图，单击“关闭”面板中的“确定”按钮，完成草图绘制。

（5）在操控板中设置筋厚度为10，单击“倒圆角内部边”按钮，单击“确定”按钮，完成轨迹筋特征的创建，如图4-177所示。

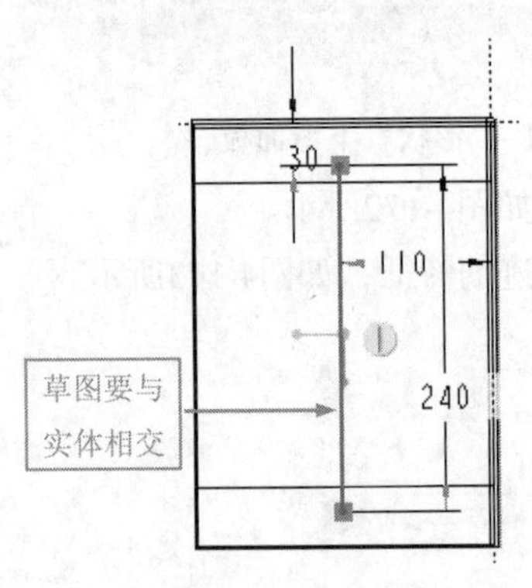

图4-176　绘制草图

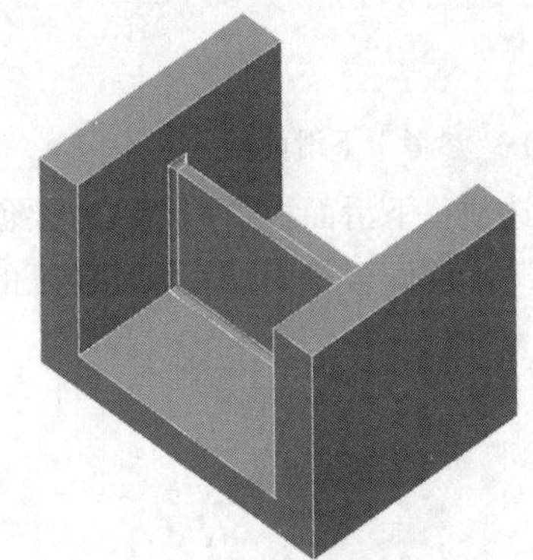

图4-177　创建轨迹筋

4.10.5　实例——法兰盘

本实例创建的法兰盘如图4-178所示。

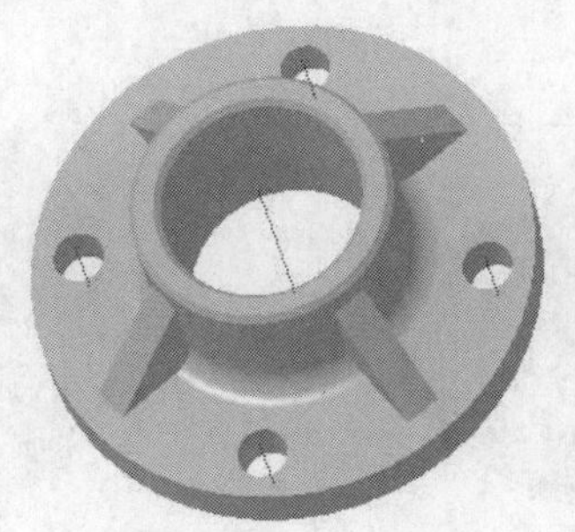

实例——法兰盘

图4-178　法兰盘

绘制步骤

1. 新建文件

单击“主页”功能区“数据”面板中的“新建”按钮，系统打开“新建”对话框，在“类型”选项组中点选“零件”单选钮，在“子类型”选项组中点选“实体”单选钮，在“名称”文本框中输入“falanpan”，取消勾选“使用默认模板”复选框，单击“确定”按钮，在打开的“新文件选项”对话框中选择“mmns_part_solid_abs”选项，单击“确定”按钮，创建一个新的零件文件。

2. 创建旋转实体

（1）单击“模型”功能区“形状”面板中的“旋转”按钮，系统打开“旋转”操控板。在操控板中依次单击“放置”→“定义”按钮，系统打开“草绘”对话框，选取TOP基准平面作为草绘平面，其余选项接受系统默认设置，单击“草绘”按钮，进入草绘环境。

（2）单击“草绘”面板中的“线”按钮，绘制如图4-179所示的截面并修改其尺寸值。再单击“基准”面板中的“中心线”按钮，绘制与垂直参考线重合的旋转中心轴。

（3）单击“关闭”面板中的“确定”按钮，返回“旋转”操控板。设定旋转角度为360°，再单击操控板中的“确定”按钮，完成旋转实体的创建如图4-180所示。

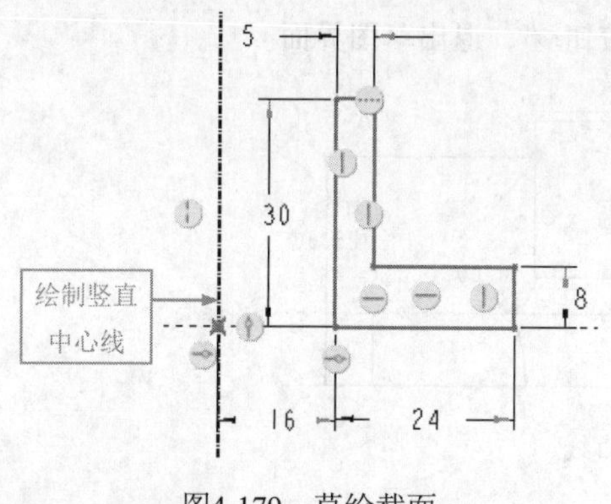

图4-179　草绘截面

图4-180　旋转实体

3. 边倒角

单击“模型”功能区“工程”面板中的“边倒角”按钮，设置倒角方式为45×D，倒角距离为1。在绘图区选取如图4-181所示的顶圆面的内外边，单击操控板中的“确定”按钮完成边倒角操作，如图4-182所示。

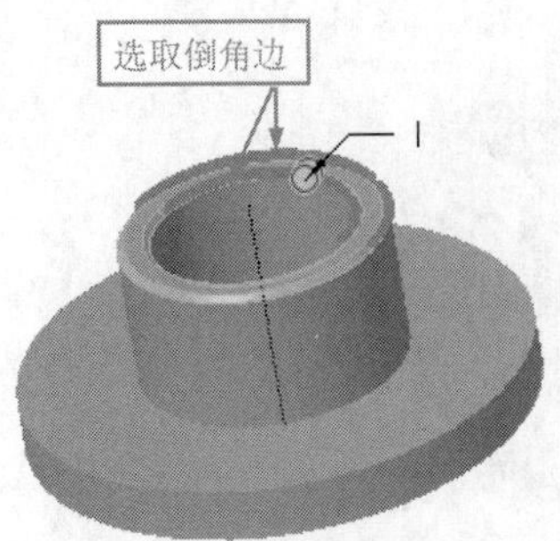

图4-181　选取倒角边

图4-182　倒角

4. 倒圆角

单击“模型”功能区“工程”面板中的“倒圆角”按钮，给定圆角半径为4，在绘图区选取如图4-183所示的两个圆柱面的过渡边后，单击操控板中的“确定”按钮完成倒圆角操作，结果如图4-184所示。

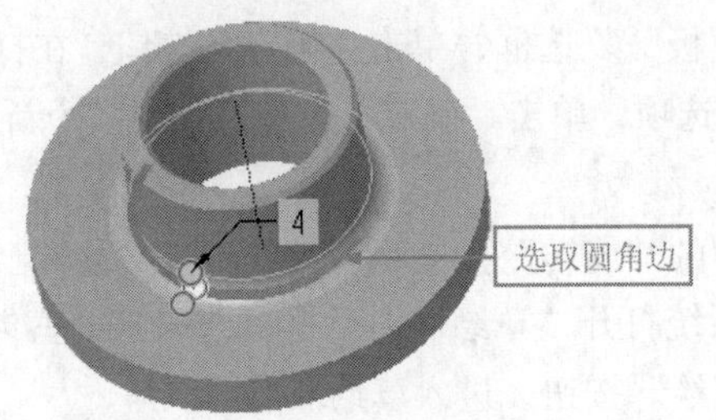

图4-183　选取圆角边

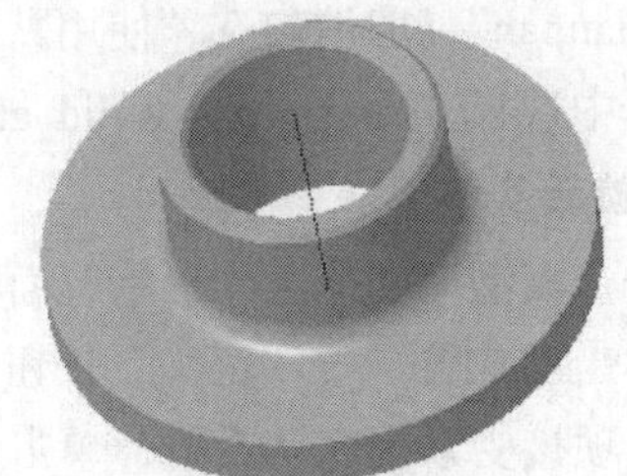

图4-184　倒圆角

5. 绘制草图

单击“模型”功能区“基准”面板中的“草绘”按钮，打开“草绘”对话框；选择TOP基准平面作为草绘平面，接受默认参照方向，单击“草绘”按钮，进入草绘界面。利用草绘命令绘制如图4-185所示的草图，单击“关闭”面板中的“确定”按钮，退出草图界面。

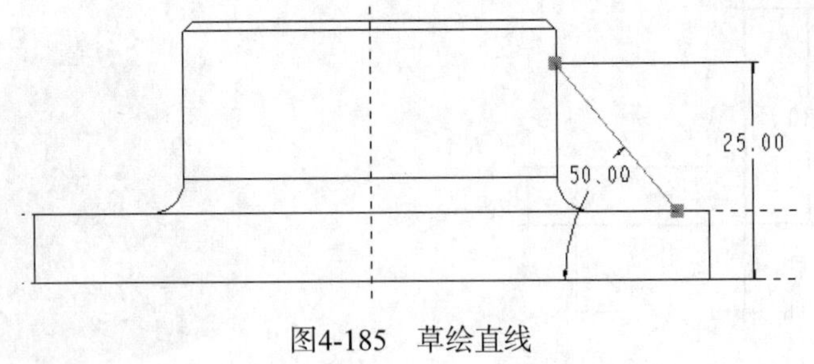

图4-185　草绘直线

6. 创建加强筋

单击“模型”功能区“工程”面板中的“筋”按钮右侧的下拉按钮，在打开的“筋”选项条中单击“轮廓筋”按钮，操作过程如图4-186所示。

7. 阵列加强筋

选中模型树列表中的“轮廓筋1”。单击“模型”功能区“编辑”面板下“几何阵列”按钮，弹出“几何阵列”操控板，选中“类型”为“Axis”，然后在绘图区拾取旋转轴，其他参数设置如图4-187所示。

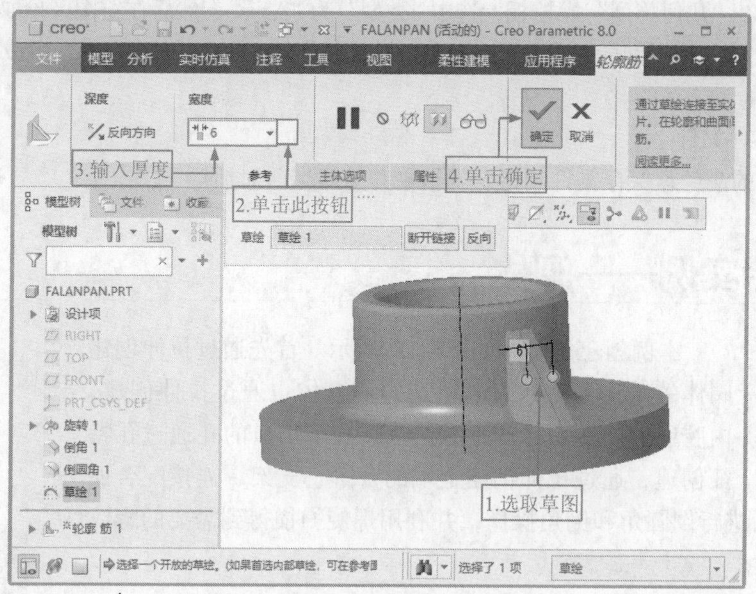

图4-186　操作过程

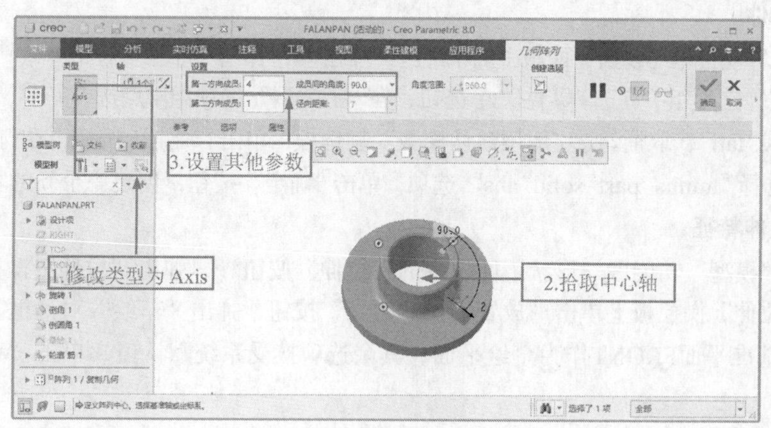

图4-187　阵列加强筋

单击操控板中的“确定”按钮，生成阵列特征，完成的实体图如图4-188所示。

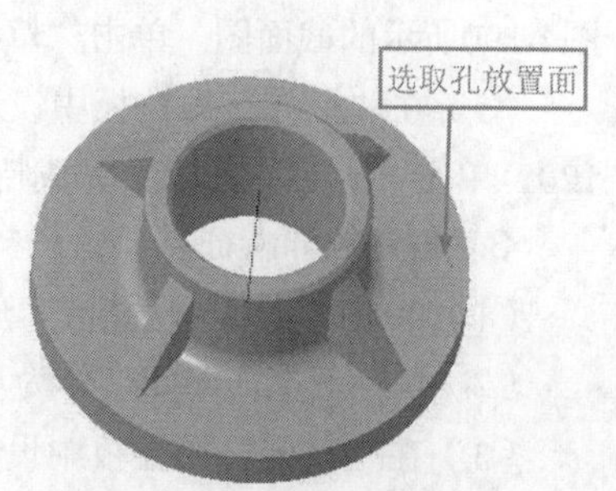

图4-188　创建加强筋

8. 创建孔特征

单击“模型”功能区“工程”面板中的“孔”按钮，选取如图4-188所示的平面为孔放置平面，选取RIGHT和TOP平面为偏移参考，输入距离为23，在操控板中输入直径为8，孔方式为“穿透”，单击“确定”按钮，完成一个孔的创建。

9. 阵列孔特征

按住<Ctrl>键，选中模型树列表中的“孔1”。单击“模型”功能区“编辑”面板下“几何阵列”按钮，弹出“几何阵列”操控板，选中“类型”为“Axis”，然后在绘图区拾取旋转中心轴，第一方向成员设置为4，成员间的角度为90°。单击操控板中的“确定”按钮，生成孔阵列特征，结果如图4-178所示。

10. 保存零件文件

将创建完成的法兰盘保存文件到指定的目录并关闭当前对话框。

4.11 综合实例——阀体

综合实例——阀体

本例创建的阀体如图4-189所示。首先通过拉伸创建阀体的基体，上入口和下出口的基体也通过拉伸创建，内腔通过旋转切除产生，上入口和下出口的孔通过孔特征创建，通过拉伸创建上端的台阶、支架、连接配合面和连接孔，最后进行倒圆角和倒角操作，并利用螺旋扫描得到需要的螺纹完成模型的创建。

图4-189 阀体

绘制步骤

1. 新建文件

单击“主页”功能区“数据”面板中的“新建”按钮，弹出“新建”对话框，在“类型”选项组中点选“零件”单选钮，在“子类型”选项组中点选“实体”单选钮，在“名称”文本框输入“fati”，取消勾选“使用默认模板”复选框，单击“确定”按钮，在打开的“新文件选项”对话框中选择“mmns_part_solid_abs”选项，单击“确定”按钮，创建一个新的零件文件。

2. 创建拉伸特征

（1）单击“模型”功能区“形状”面板中的“拉伸”按钮，弹出“拉伸”操控板。

（2）在“拉伸”操控板上单击“放置”→“定义”按钮，弹出“草绘”对话框。

（3）选择基准平面FRONT作为草绘平面，其余选项接受系统默认值，单击“草绘”按钮进入草绘界面。

（4）单击“草绘”功能区“草绘”面板中的“线”按钮和“3点/相切端”按钮，绘制如图4-190所示的截面图。单击“草绘”功能区“关闭”面板中的“确定”按钮，退出草绘环境。

（5）在“拉伸”操控板中设置“深度”为“可变”，在其后的文本框中给定拉伸深度值为120，单击“确定”按钮完成特征，如图4-191所示。

3. 创建拉伸特征

（1）单击“模型”功能区“形状”面板中的“拉伸”按钮，弹出“拉伸”操控板。

（2）选择基准面RIGHT作为草图绘制平面，在其上绘制如图4-192所示的圆。

（3）在“拉伸”操控板中设置“深度”为“可变”，在其后的文本框中给定拉伸深度值为56，单击“确定”按钮完成特征，如图4-193所示。

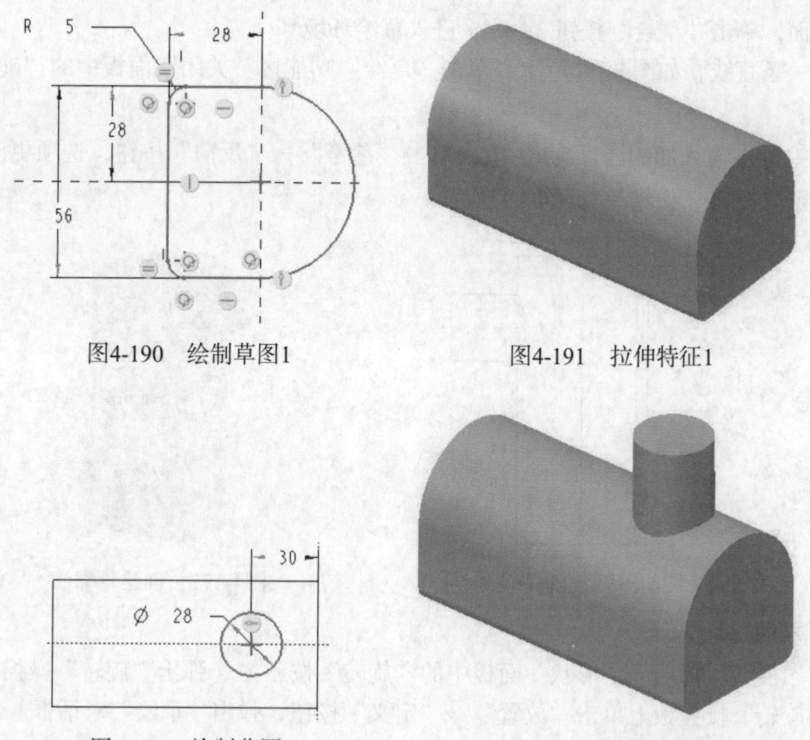

图4-190　绘制草图1

图4-191　拉伸特征1

图4-192　绘制草图2

图4-193　拉伸特征2

4. 创建拉伸特征

（1）单击“模型”功能区“形状”面板中的“拉伸”按钮，弹出“拉伸”操控板。

（2）选择基准面RIGHT作为草图绘制平面，在其上绘制如图4-194所示的草图。

（3）在“拉伸”操控板中设置“深度”为“可变”，在其后的文本框中给定拉伸深度值为56，单击“确定”按钮完成特征，如图4-195所示。

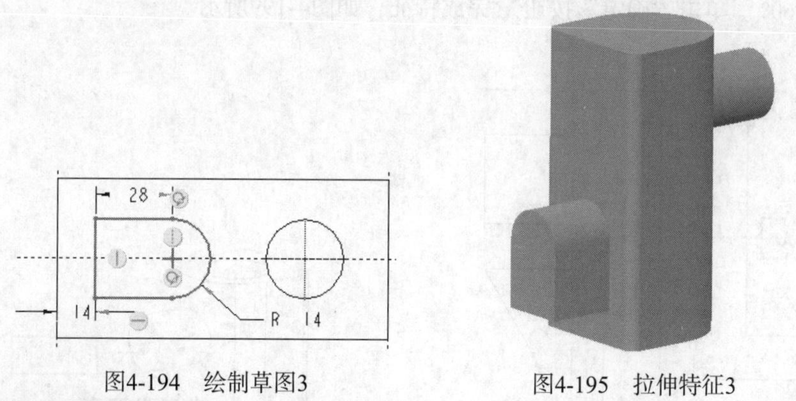

图4-194　绘制草图3

图4-195　拉伸特征3

5. 创建轮廓筋

（1）单击“模型”功能区“工程”面板中的“筋”按钮右侧的下拉按钮，在打开的“筋”选项条中单击“轮廓筋”按钮，打开“轮廓筋”操控板。

（2）在“筋”操控板上依次单击“参考”→“定义”按钮，弹出“草绘”对话框。选择TOP基准面作为草绘平面，单击“草绘”按钮 草绘 ，进入草绘环境。

（3）绘制一条直线，如图4-196所示。单击“草绘”功能区“关闭”面板中的“确定”按钮，退出草绘环境。

（4）在操控板中输入筋的厚度为4，依次单击“参考”→“反向”按钮，选项更改材料创建方向，单击“确定”按钮，结果如图4-197所示。

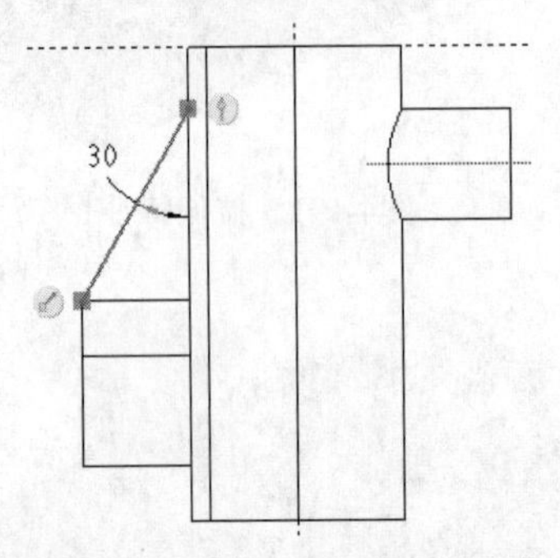

图4-196　绘制草图4

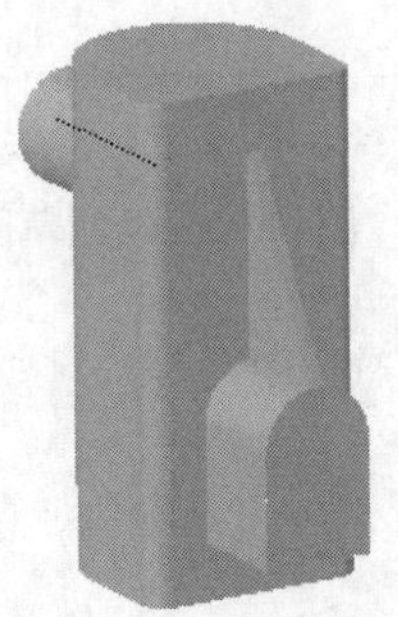

图4-197　创建轮廓筋

6. 创建旋转特征

（1）单击“模型”功能区“形状”面板中的“旋转”按钮，弹出“旋转”操控板。

（2）在“旋转”操控板上单击“放置”→“定义”按钮，弹出“草绘”对话框。

（3）在工作区上选择基准平面TOP作为草绘平面，方向设置为向左，单击“草绘”按钮进入草绘界面。

（4）首先单击“基准”面板中的“中心线”按钮，绘制一条竖直中心线作为旋转轴。然后单击“草绘”功能区“草绘”面板中的“线”按钮，绘制如图4-198所示的截面图。单击“草绘”功能区“关闭”面板中的“确定”按钮，退出草绘环境。

（5）在操控板中设置旋转方式为“可变”，单击“移除材料”按钮，在其后的文本框中给定旋转角度为360°。单击“确定”按钮完成特征，如图4-199所示。

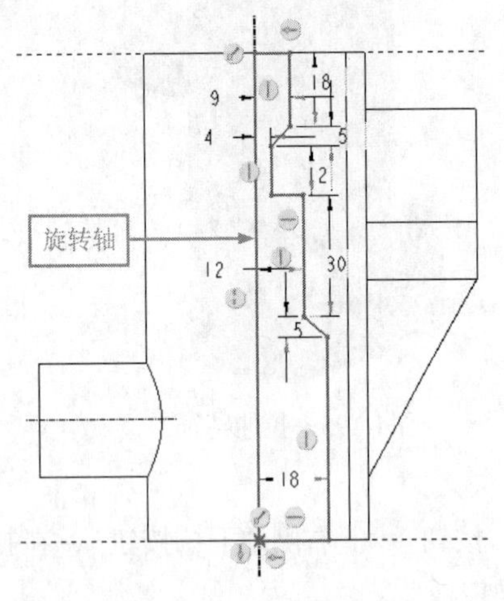

图4-198　绘制草图5

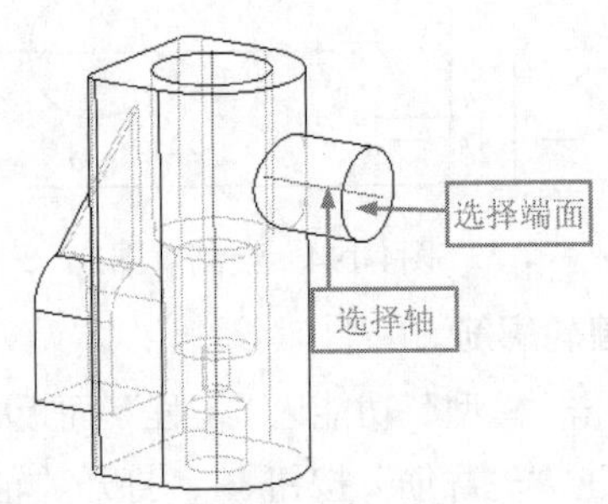

图4-199　旋转切除特征

7. 创建孔

（1）单击“模型”功能区“工程”面板中的“孔”按钮，弹出“孔”操控板。

（2）选中操控板上“简单”按钮作为孔类型，输入孔的直径为16。

（3）按住<Ctrl>键选取图4-199所示的轴和端面为放置参考。

（4）选择“到参考”作为深度选项。选择图4-200所示的旋转切除的内表面。单击操控板上的“确定”按钮，创建孔。

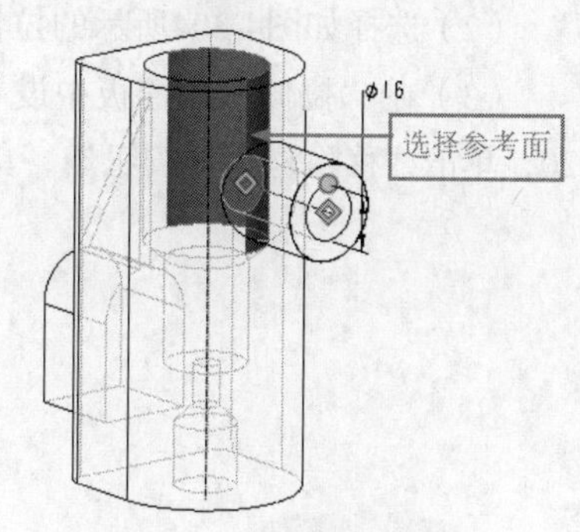

图4-200　选择曲面1

8. 创建基准轴

（1）单击“模型”功能区“基准”面板中的“轴”按钮，弹出“基准轴”对话框。

（2）选择如图4-201所示的圆弧面。

（3）选择“穿过”选项作为约束选项，如图4-202所示，单击“确定”按钮。

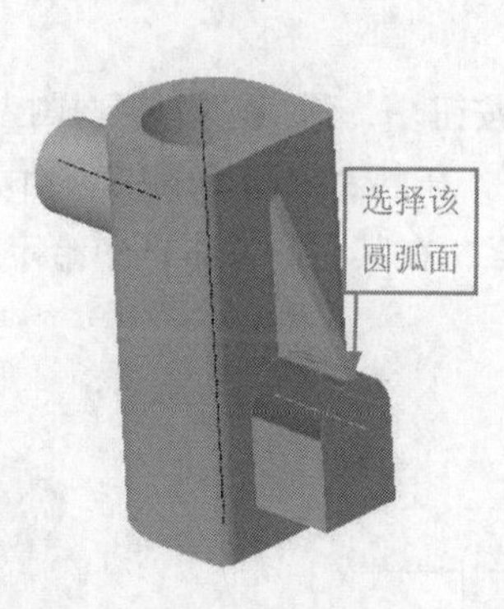

图4-201　选择曲面2

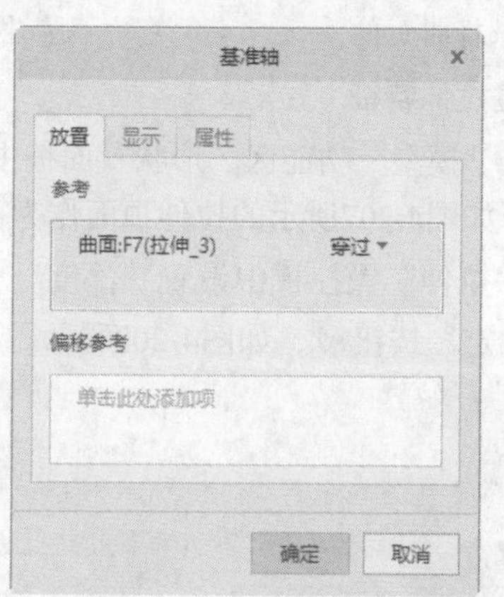

图4-202　基准轴

9. 创建孔特征

（1）单击“模型”功能区“工程”面板中的“孔”按钮，弹出“孔”操控板。

（2）创建“简单”孔类型，设置孔的直径“16”。

（3）按住<Ctrl>键选择如图4-203所示的轴和拉伸体端面为放置。

（4）深度设置为“到选定的”，选择如图4-203所示的旋转切除的内表面。单击操控板上的“确定”按钮，创建孔。

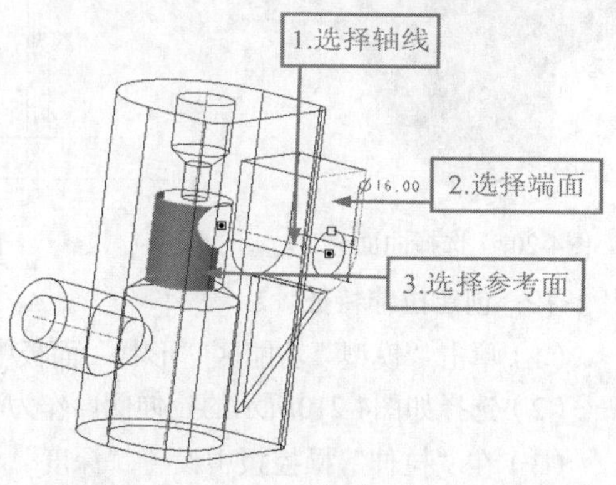

图4-203　选择曲面3

10. 创建拉伸切除特征

（1）单击“模型”功能区“形状”面板中的“拉伸”按钮，弹出“拉伸”操控板。

（2）选择如图4-204所示的拉伸顶面作为草图绘制平面，在其上绘制如图4-205所示的圆弧。

（3）在“拉伸”操控板中设置“深度”为“可变”，在其后的文本框中给定拉伸深度值为20，单击“移除材料”按钮，单击“确定”按钮，创建拉伸切除特征，如图4-206所示。

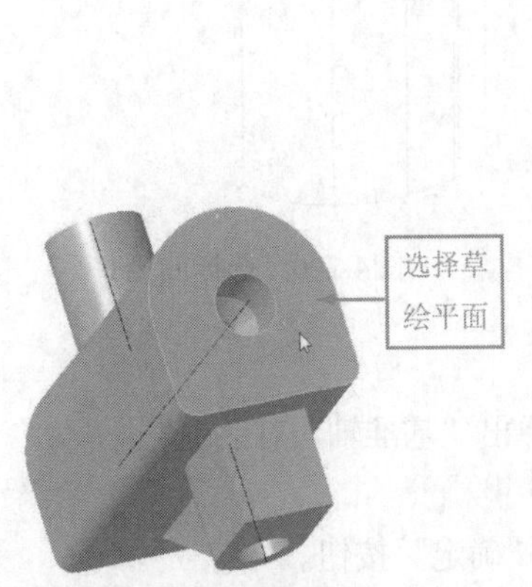

图4-204　选择曲面4

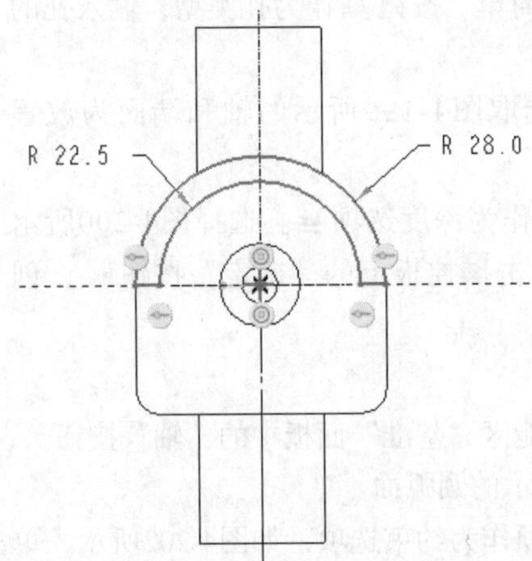

图4-205　绘制草图6

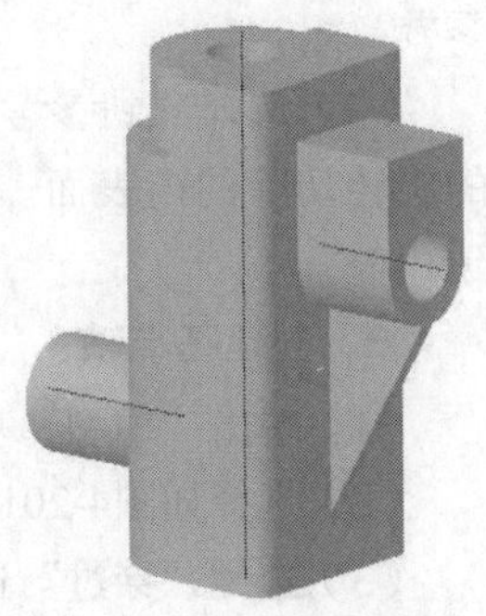

图4-206　拉伸切除特征

11．创建拉伸特征

（1）单击“模型”功能区“形状”面板中的“拉伸”按钮，弹出“拉伸”操控板。

（2）选择如图4-207所示的拉伸顶面作为草图绘制平面，在其上绘制如图4-208所示的矩形。

（3）在“拉伸”操控板中设置“深度”为“可变”，在其后的文本框中给定拉伸深度值为40，单击“确定”按钮，如图4-209所示。

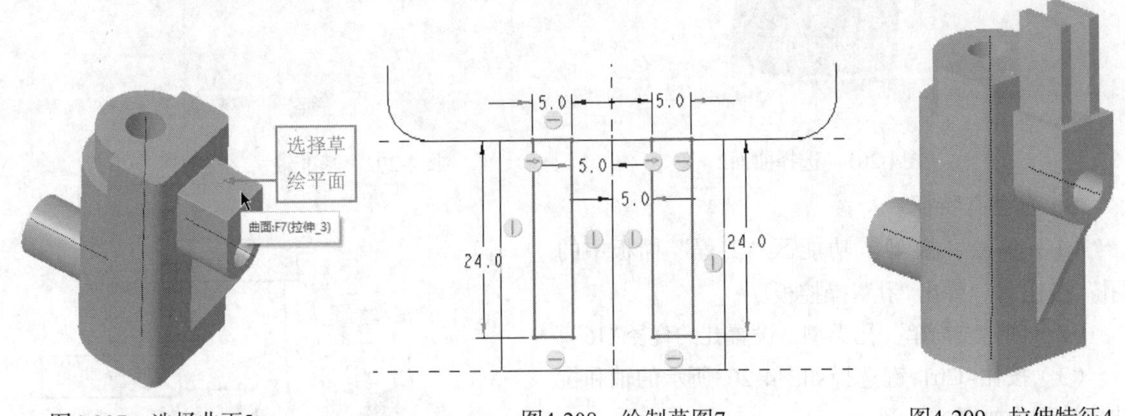

图4-207　选择曲面5　　图4-208　绘制草图7　　图4-209　拉伸特征4

12．创建拉伸特征

（1）单击“模型”功能区“形状”面板中的“拉伸”按钮，弹出“拉伸”操控板。

（2）选择如图4-210所示的拉伸侧面作为草图绘制平面，在其上绘制如图4-211所示的矩形。

（3）在“拉伸”操控板中设置“深度”为“穿透”，单击“移除材料”按钮，单击“确定”按钮，创建拉伸切除，如图4-212所示。

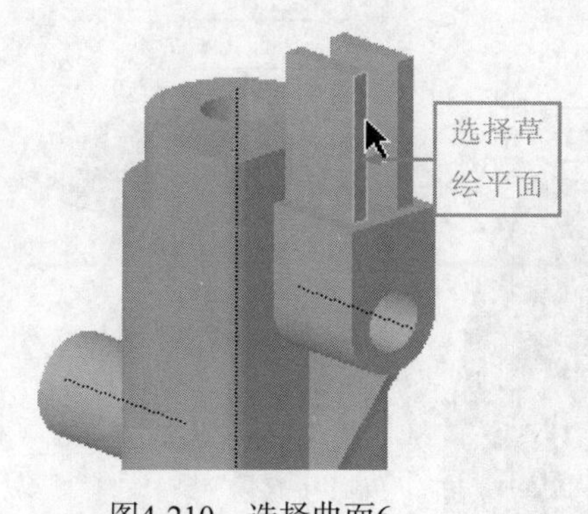

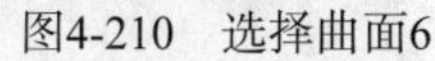

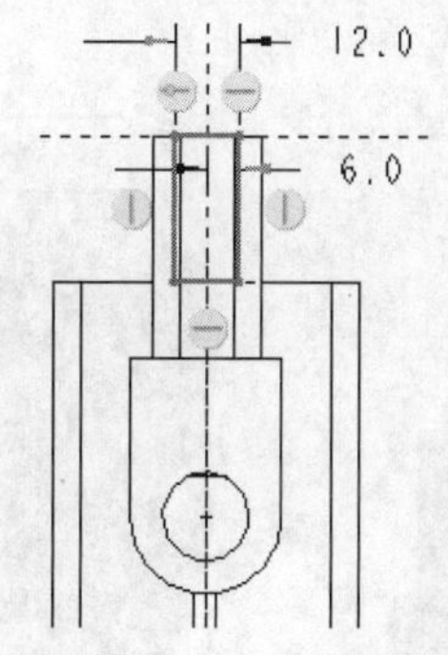

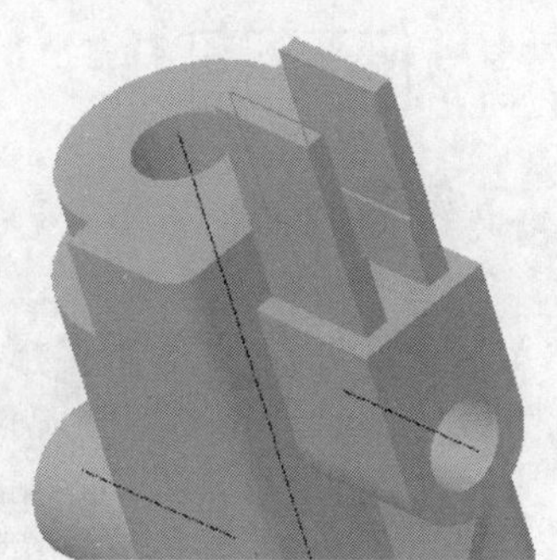

图4-210　选择曲面6　　图4-211　绘制草图8　　图4-212　拉伸切除特征

13. 创建孔特征

（1）单击“模型”功能区“工程”面板中的“孔”按钮，弹出“孔”操控板。

（2）选中操控板上“简单”按钮作为孔类型。输入孔的直径“10.0”，选择“穿透”选项作为孔深度。选择如图4-213所示的拉伸特征的侧面作为放置面。拖动孔的第一个放置句柄到第一个参考边。拖动孔的第二个放置句柄到第二个线性参考边，如图4-213所示。

（3）对于第一个定位尺寸，更改值为12.0。对于第二个定位尺寸，更改值为12.0。单击操控板上的“确定”按钮，创建孔，如图4-214所示。

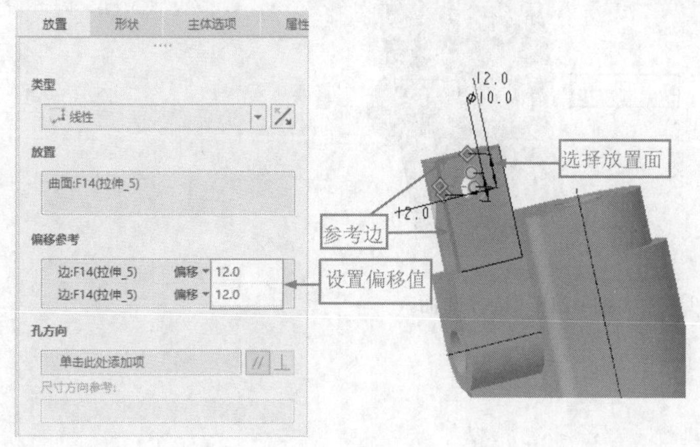

图4-213　孔参考

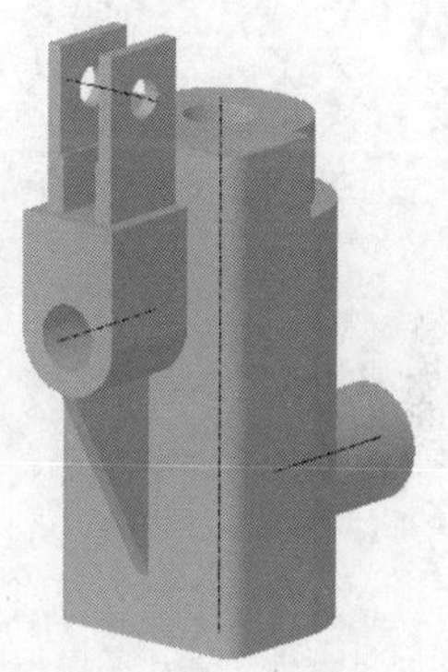

图4-214　创建孔

14. 圆角操作

单击“模型”功能区“工程”面板中的“倒圆角”按钮，弹出“倒圆角”操控板，按住<Ctrl>键，在拉伸特征的顶面选择四条边，如图4-215所示。输入“12.0”作为圆角的半径。单击操控板上的“确定”按钮，圆角如图4-216所示。

15. 倒角操作

单击“模型”功能区“工程”面板中的“边倒角”按钮，弹出“边倒角”操控板。选择旋转切除体小孔边，如图4-216所示。在操控板上，选择45 × D作为尺寸方案，输入“1.00”作为倒角尺寸。单击操控板上的“确定”按钮。重复“边倒角”命令，以“2.00”作为倒角尺寸在另一端旋转切除体大孔边上创建倒角，如图4-217所示。

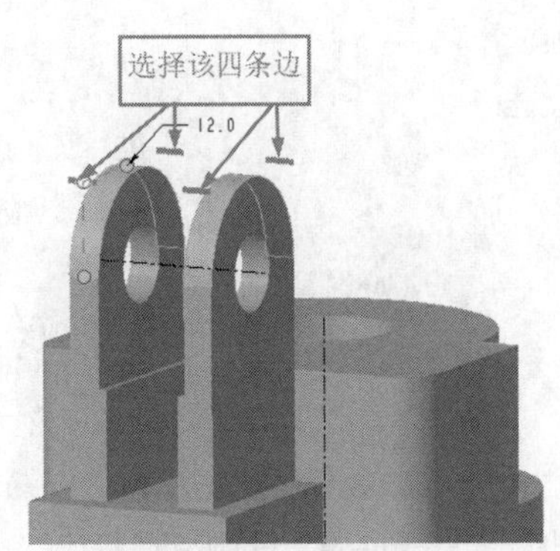

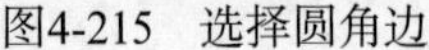
图4-215　选择圆角边

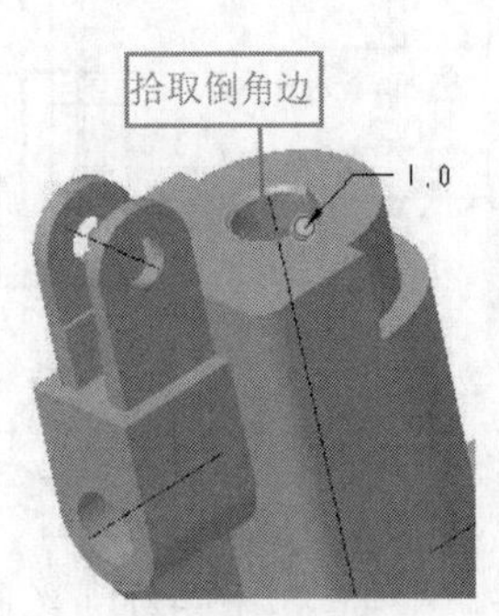

图4-216　选取边

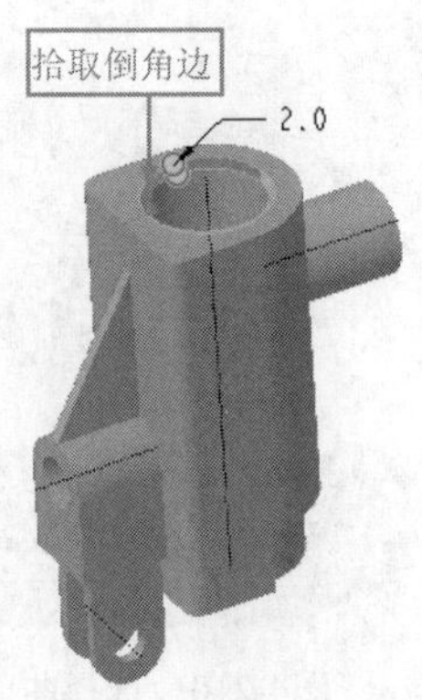

图4-217　创建倒角

16. 圆角操作

单击“模型”功能区“工程”面板中的“倒圆角”按钮，弹出“倒圆角”操控板，按住<Ctrl>键，选取如图4-218所示的边，输入“2.0”作为圆角的半径。单击操控板上的“确定”按钮，如图4-189所示。

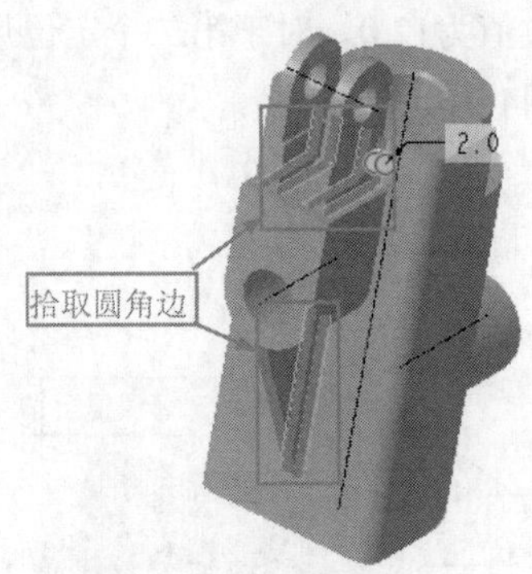

图4-218　选择曲面7

第 5 章

高级特征的创建

本章将介绍零件高级特征的创建。一些复杂的零件造型只通过基本特征和工程特征是无法完成的，还必须用到一些高级特征，如扫描混合特征、螺旋扫描特征和可变截面扫描特征。

- 扫描混合
- 螺旋扫描
- 扫描特征

5.1 扫描混合

扫描混合特征是使截面沿着指定轨迹进行延伸，生成实体，但由于沿轨迹的扫描截面是可变的，因此该特征又兼备混合特征的特性。扫描混合可以具有两种轨迹：原点轨迹（必选）和第二轨迹（可选）。每个轨迹特征必须至少有两个剖面，且可在这两个剖面间添加剖面。要定义扫描混合的轨迹，可选取一条草绘曲线、基准曲线或边的链。每次只有一个轨迹是活动的。

5.1.1 扫描混合特征创建步骤

扫描混合特征创建步骤

创建扫描混合特征的具体操作步骤如下。

（1）新建一个名称为“saomiaohh.prt”的零件文件。

（2）单击“模型”功能区“形状”面板中的“扫描混合”按钮，打开“扫描混合”操控板。

（3）单击操控板中的“实体”按钮，如图5-1所示。

（4）单击“基准”面板下的“草绘”按钮，打开“草绘”对话框，选取FRONT基准平面作为草绘平面，单击“草绘”按钮进入草绘环境。

（5）在草绘环境中，单击“草绘”面板中的“3点/相切端”按钮，绘制如图5-2所示的扫描轨迹，单击“关闭”面板中的“确定”按钮，退出草绘环境。

图5-1 “扫描混合”操控板

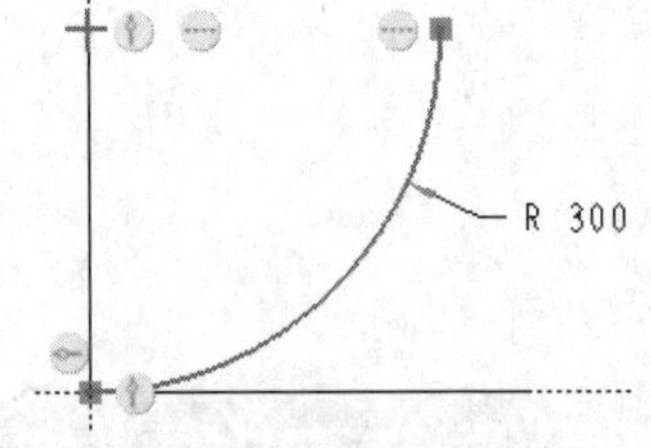

图5-2 绘制扫描轨迹

（6）系统返回“扫描混合”操控板后处于不可编辑状态，此时可单击操控板中的“继续”按钮，即可变为可编辑状态。

（7）单击操控板中的“参考”按钮，在打开的“参考”下滑面板中单击“轨迹”列表框将其激活，在绘图区选取草绘的扫描轨迹，其他选项的设置如图5-3所示。

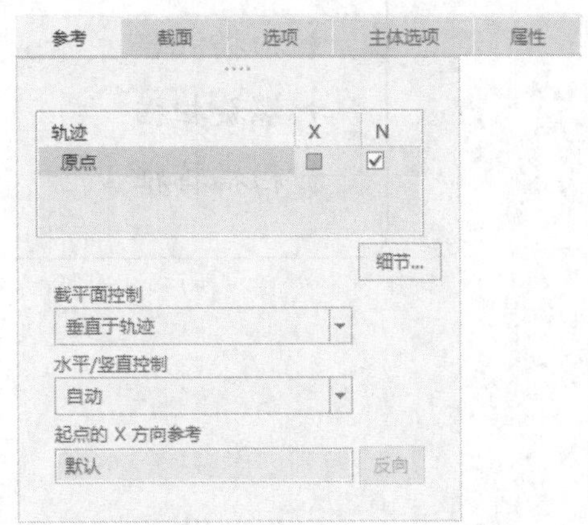

图5-3 “参考”下滑面板设置

在“参考”下滑面板的“截平面控制”下拉列表中包含“垂直于轨迹”“垂直于投影”和“恒定法向”3个选项，如图5-4所示，各选项的含义如下。

- 垂直于轨迹：使截面平面在整个长度上保持与原点轨迹垂直，为普通（默认）扫描。
- 垂直于投影：沿投影方向看，截面平面保持与原点轨迹垂直，Z轴与指定方向上原点轨迹的投影相切。选择该选项必须指定方向参考。

● 恒定法向：Z 轴平行于指定方向参考向量。选择该选项必须指定方向参考。

（8）单击“截面”按钮，打开如图5-5所示的“截面”下滑面板，点选“草绘截面”单选钮。

（9）激活“截面”列表框，消息提示区提示“选取点或顶点定位截面”，在绘图区选取扫描轨迹与坐标系相交一端的端点。

（10）设定旋转角度为30°，单击“草绘”按钮，进入草绘环境，绘制如图5-6所示的第一个截面。

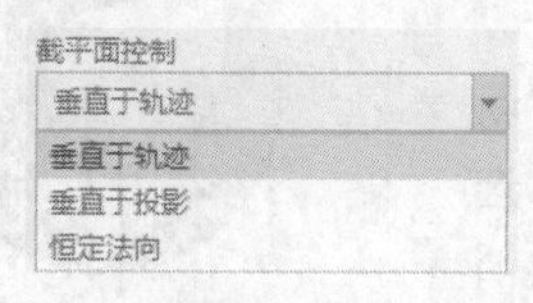

图5-4　“剖面控制”下拉列表

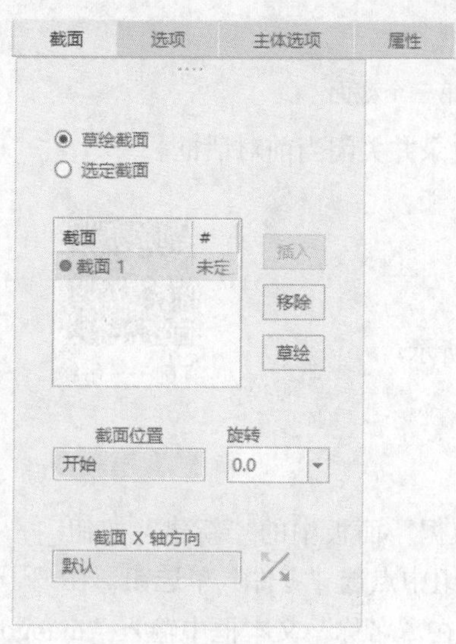

图5-5　“截面”下滑面板

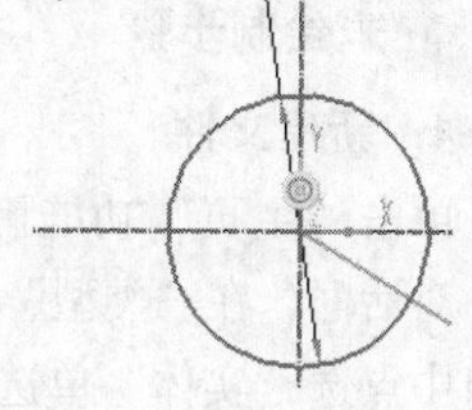

图5-6　绘制第一个截面

（11）绘制完成后，单击“关闭”面板中的“确定”按钮，返回“截面”下滑面板。单击“插入”按钮，选取扫描轨迹的终点绘制最后一个截面。如果需要添加更多截面，则可单击“基准”面板下的“点”按钮，在轨迹线上中点处添加一个基准点PNT0。

（12）单击操控板中的“继续”按钮，使当前截面变为可编辑状态。在“截面”下滑面板中，设置截面的旋转角度为0，选取基准点PNT0，然后单击“草绘”按钮，进行第二个截面的草绘。

（13）绘制如图5-7所示的第二个截面。

（14）绘制完成后，单击“关闭”面板中的“确定”按钮退出草绘环境。单击“截面”下滑面板中的“插入”按钮，选取扫描轨迹的另一个端点，然后单击“草绘”按钮，绘制最后一个截面。

（15）绘制如图5-8所示的第三个截面，单击“关闭”面板中的“确定”按钮，退出草绘环境。

（16）单击“扫描混合”操控板中的“加厚草绘”按钮，设定壁厚为5。

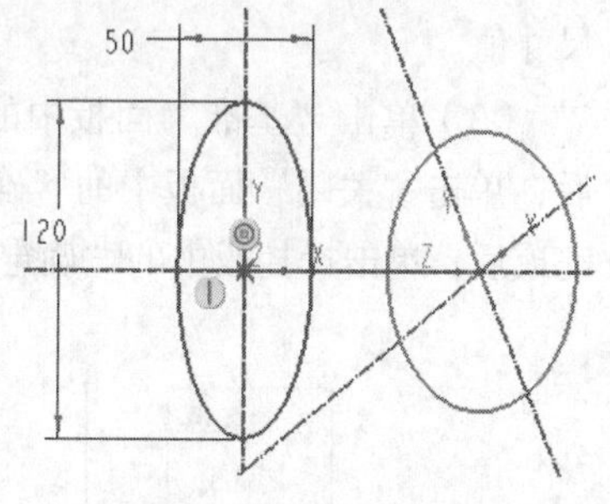

图5-7　绘制第二个截面

（17）设置完成后，单击操控板中的“确定”按钮，完成扫描混合特征的创建，结果如图5-9所示。

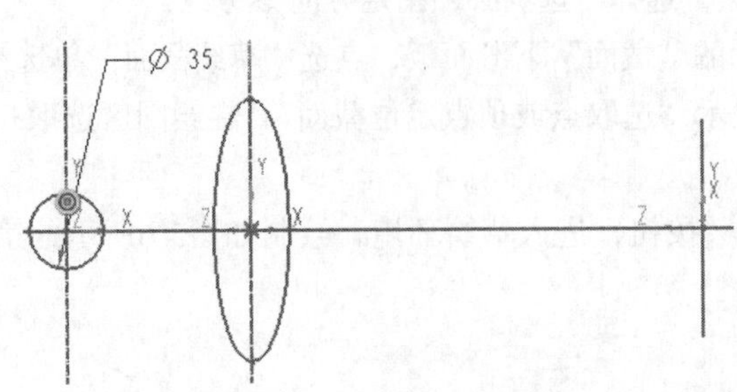

图5-8　绘制第三个截面

图5-9　扫描混合特征

（18）保存文件到指定的目录并关闭当前对话框。

5.1.2　实例——吊钩

实例——吊钩

本节创建的吊钩如图5-10所示。

图5-10　吊钩

1. 新建文件

单击“主页”功能区“数据”面板中的“新建”按钮，打开“新建”对话框，在“类型”选项组中点选“零件”单选钮，在“子类型”选项组中点选“实体”单选钮，在“名称”文本框中输入“diaogou”，取消勾选“使用默认模板”复选框，单击“确定”按钮，在打开的“新文件选项”对话框中选择“mmns_part_solid_abs”选项，单击“确定”按钮，创建一个新的零件文件。

2. 创建吊钩头

（1）单击“模型”功能区“形状”面板中的“旋转”按钮，在打开的“旋转”操控板中依次单击“放置”→“定义”按钮，在打开 的“草绘”对话框中选取TOP基准平面作为草绘平面，单击“草绘”按钮，进入草绘环境。

（2）单击“草绘”面板中的“圆心和点”按钮，绘制如图5-11所示的圆作为吊钩头并修改其尺寸值。

（3）单击“基准”面板中的“中心线”按钮，绘制与垂直参考线重合的中心线，绘制完成后，单击“关闭”面板中的“确定”按钮，返回“旋转”操控板。设定旋转角度为360°，设置完成后，单击操控板中的“确定”按钮，生成旋转特征，如图5-12所示。

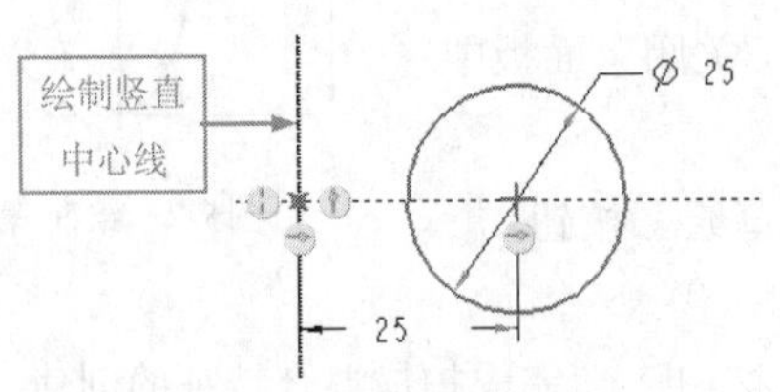

图5-11　绘制草图

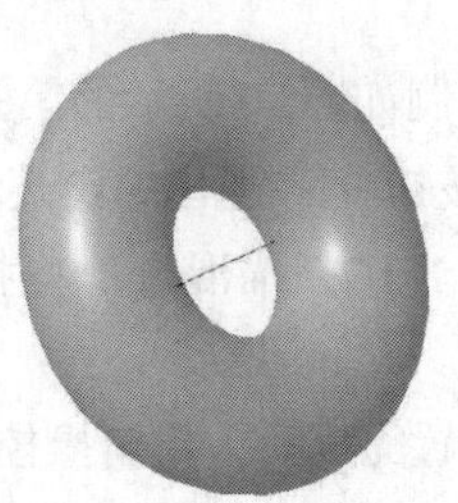

图5-12　旋转特征

3. 草绘轨迹线

（1）单击“模型”功能区“基准”面板中的“草绘”按钮，系统打开“草绘”对话框，选取FRONT基准平面作为草绘平面，单击“草绘”按钮，进入草绘环境。

（2）单击“草绘”面板中的“线”按钮、“圆心和端点”按钮和“3点/相切端”按钮，绘制如图5-13所示的轨迹线并修改其尺寸值。

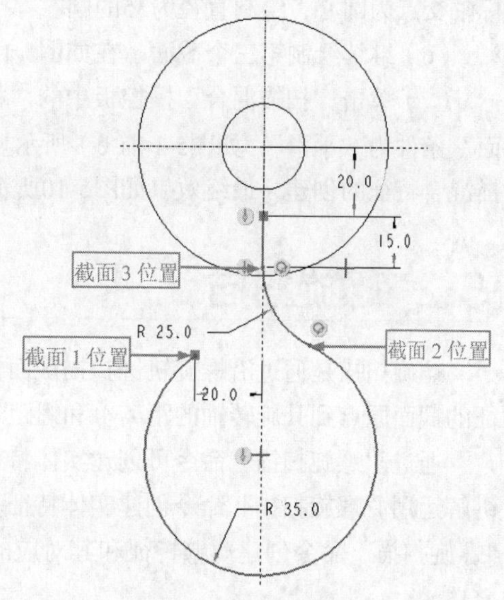

图5-13　草绘轨迹线

4. 创建圆钩

（1）单击“模型”功能区“形状”面板中的“扫描混合”按钮，打开“扫描混合”操控板。单击操控板中的“参考”按钮，系统打开“参考”下滑面板，在绘图区选取刚刚创建的轨迹线，下滑面板如图5-14（a）所示，在“截平面控制”下拉列表中选择“垂直于轨迹”选项，其他选项接受系统默认设置。

（2）单击“截面”按钮，系统打开如图5-14（b）所示的“截面”下滑面板，点选“草绘截面”单选钮，在“截面”列表框中单击将其激活，在绘图区选取吊钩的前端点，即如图5-13所示的截面1的位置。单击“草绘”按钮，进入草绘环境。

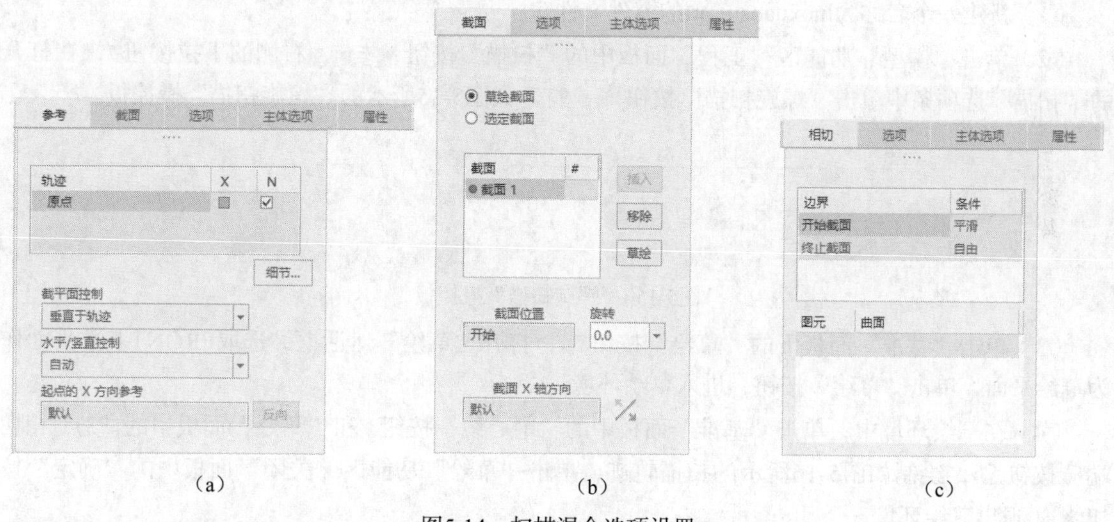

（a）　（b）　（c）

图5-14　扫描混合选项设置

（3）单击“草绘”面板中的“点”按钮，在坐标轴的交点处绘制点，再单击“草绘”功能区“关闭”面板中的“确定”按钮，退出草绘环境。

（4）单击“基准”下拉面板中的“点”按钮，在如图5-13所示的截面2位置处创建PNT0点。然后单击“截面”下滑面板中的“插入”按钮，设置旋转角度为0°，在PNT0点处，即截面2的位置处绘制截面。

（5）单击“草绘”按钮，进入草绘环境。单击“草绘”面板中的“圆心和点”按钮，以坐标轴交点为圆心，绘制直径为35的圆。

（6）继续绘制第三个截面。在如图5-13所示的截面3位置处绘制直径为20、旋转角度为0°的圆。

（7）单击“扫描混合”操控板中的“相切”按钮，在打开的“相切”下滑面板中修改“开始截面”条件为“平滑”，如图5-14（c）所示。设置完成后，单击操控板中的“确定”按钮，完成扫描混合特征的创建，最终效果如图5-10所示。

5.2 螺旋扫描

螺旋扫描是通过沿螺旋轨迹扫描截面创建螺旋扫描特征。轨迹由旋转曲面的轮廓（定义螺旋特征的截面原点到其旋转轴的距离）和螺距（螺圈间的距离）定义。

通过“螺旋扫描”命令可创建实体特征、薄壁特征以及其对应的剪切材料特征。下面通过实例讲解运用“螺旋扫描”命令创建实体特征——弹簧和创建剪切材料特征——螺纹的一般过程。通过“螺旋扫描”命令创建薄壁特征和其对应的剪切特征的过程与创建实体的过程基本一致，在此不再赘述。

5.2.1 螺旋扫描特征创建步骤

运用螺旋扫描命令创建实体特征——弹簧

1. 运用螺旋扫描命令创建实体特征——弹簧

（1）新建一个名称为luoxuansm.prt的零件文件。

（2）单击“模型”功能区“工程”面板中的“扫描”按钮 扫描 右侧的下拉按钮，在打开的“扫描”选项条中单击“螺旋扫描”按钮，打开如图5-15所示的“螺旋扫描”操控板。

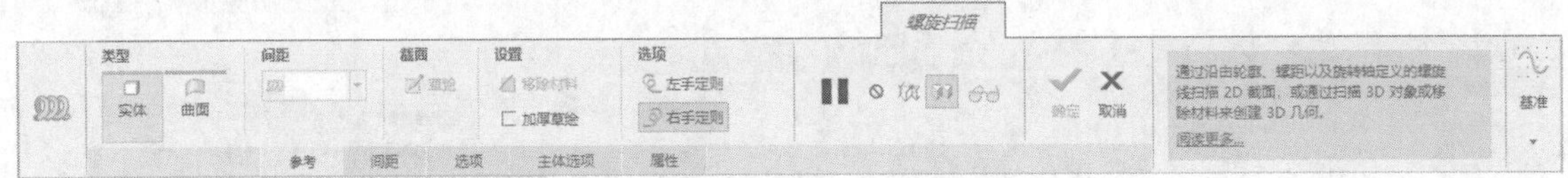

图5-15 “螺旋扫描”操控板

（3）单击“基准”面板下的“草绘”按钮，打开“草绘”对话框，选取FRONT基准平面作为草绘平面，单击“草绘”按钮，进入草绘环境。

（4）在草绘环境中，单击“基准”面板中的“中心线”按钮和“草绘”面板中的“3点/相切端”按钮，绘制如图5-16所示的扫描轨迹，单击“草绘”功能区“关闭”面板中的“确定”按钮，退出草绘环境。

（5）系统返回“螺旋扫描”操控板后处于不可编辑状态，此时可单击操控板中的“继续”按钮，即可变为可编辑状态。

（6）在操控板中单击“草绘”按钮，系统进入草绘环境，绘制如图5-17所示的扫描截面，单击“草绘”功能区“关闭”面板中的“确定”按钮，退出草绘环境。

（7）在操控板中设置“间距”为50，单击“确定”按钮，完成螺旋创建，如图5-18所示。

（8）保存文件到指定的目录并关闭当前对话框。

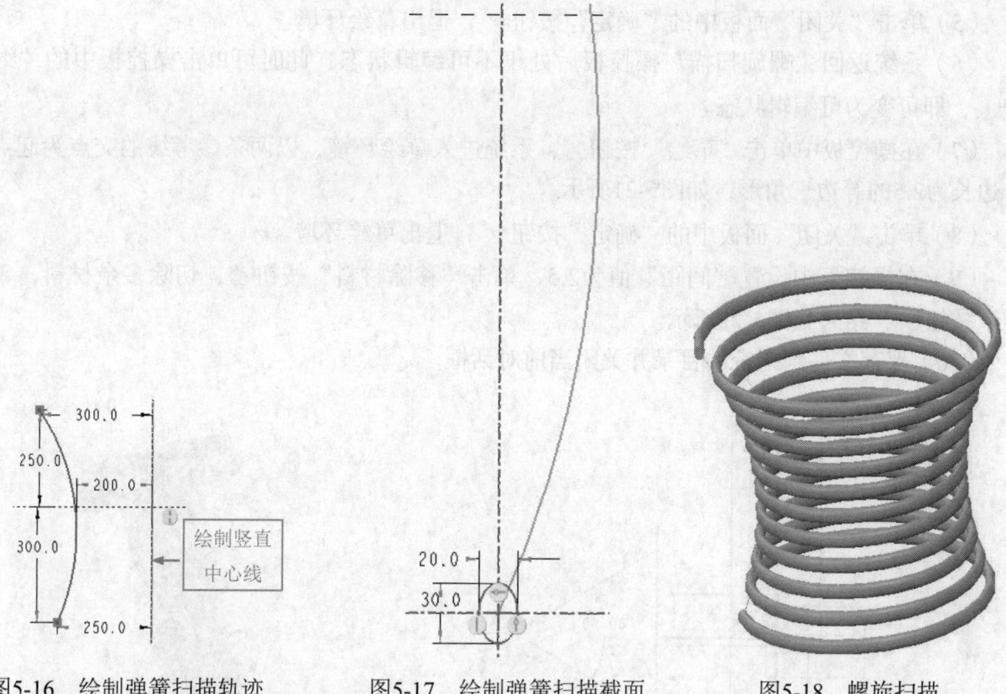

图5-16 绘制弹簧扫描轨迹 图5-17 绘制弹簧扫描截面 图5-18 螺旋扫描

2. 运用螺旋扫描命令创建实体剪切材料特征——螺纹

（1）打开配套学习资源中的"\原始文件\第5章\saomiaoqk.prt"文件，原始模型如图5-19所示。

（2）单击"模型"功能区"工程"面板中的"扫描"按钮 扫描 右侧的下拉按钮，在打开的"扫描"选项条中单击"螺旋扫描"按钮，打开"螺旋扫描"操控板。

（3）单击"基准"面板下的"草绘"按钮，打开"草绘"对话框，选取FRONT基准平面作为草绘平面，单击"草绘"按钮进入草绘环境。

（4）在草绘环境中，单击"基准"面板中的"中心线"按钮和"草绘"面板中的"线"按钮，绘制一条与参考线重合的竖直中心线作为螺旋扫描的旋转中心，另外绘制一条长度为40的线段作为扫描轨迹线，通过该轨迹线指定所要创建的螺纹长度和螺纹切口的位置，如图5-20所示。

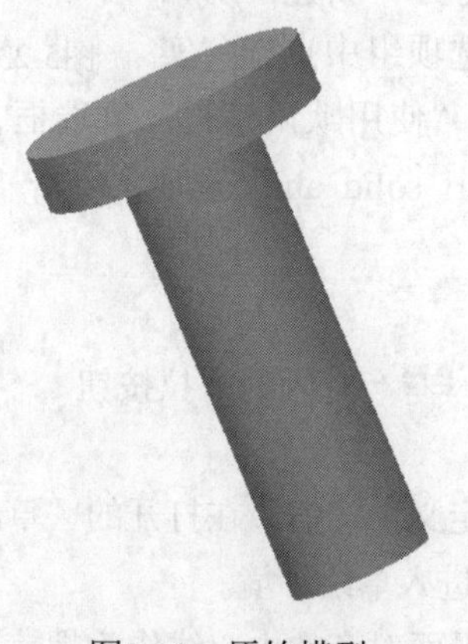

图5-19 原始模型

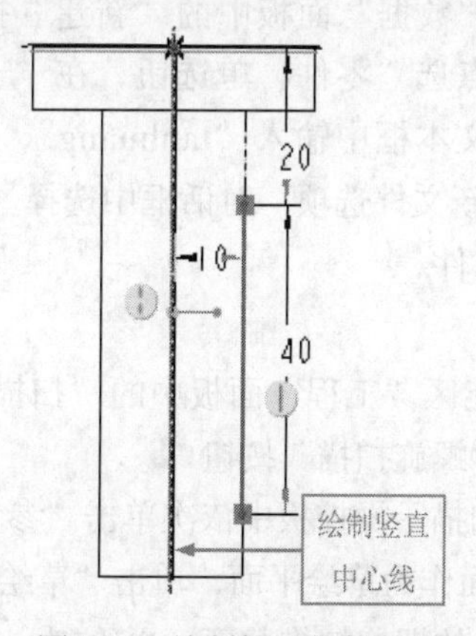

图5-20 绘制螺纹扫描轨迹

运用螺旋扫描命令
创建实体剪切材料
特征——螺纹

（5）单击“关闭”面板中的“确定”按钮✔，退出草绘环境。

（6）系统返回“螺旋扫描”操控板后处于不可编辑状态，此时可单击操控板中的“继续”按钮▶，即可变为可编辑状态。

（7）在操控板中单击“草绘”按钮，系统进入草绘环境，以两条参考线的交点为起点绘制一个边长为2.5的等边三角形，如图5-21所示。

（8）单击“关闭”面板中的“确定”按钮✔，退出草绘环境。

（9）在操控板中设置“间距”值为2.5，单击“移除材料”按钮，切除多余材料，单击“确定”按钮✔，结果如图5-22所示。

（10）保存文件到指定的目录并关闭当前对话框。

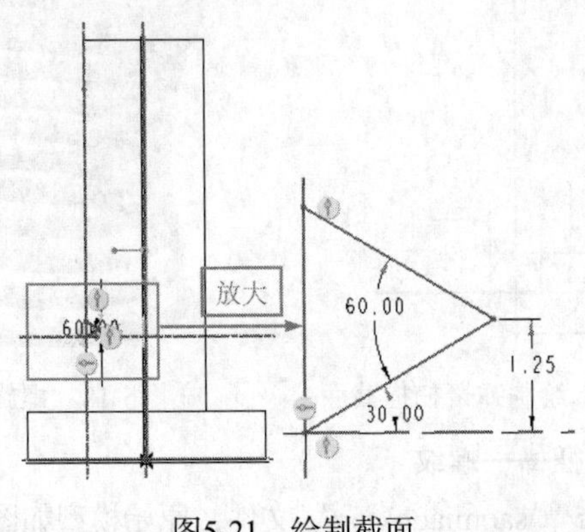

图5-21　绘制截面

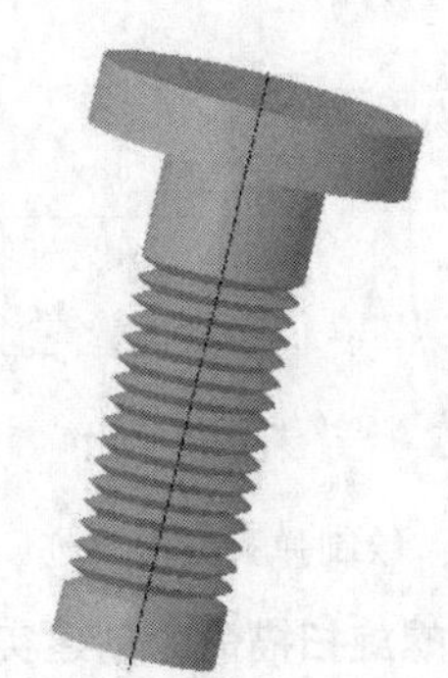

图5-22　螺纹效果

5.2.2　实例——弹簧

实例——弹簧

本实例创建的弹簧如图5-23所示。

图5-23　弹簧

绘制步骤

1. 新建文件

单击“主页”功能区“数据”面板中的“新建”按钮，打开“新建”对话框，在“类型”选项组中点选“零件”单选钮，在“子类型”选项组中点选“实体”单选钮，在“名称”文本框中输入“tanhuang”，取消勾选“使用默认模板”复选框，单击“确定”按钮，在打开的“新文件选项”对话框中选择“mmns_part_solid_abs”选项，单击“确定”按钮，创建一个新的零件文件。

2. 创建螺旋扫描特征

（1）单击“模型”功能区“工程”面板中的“扫描”按钮 扫描 右侧的下拉按钮▾，在打开的“扫描”选项条中单击“螺旋扫描”按钮。

（2）在打开的“螺旋扫描”操控板中依次单击“参考”→“定义”按钮，在打开的“草绘”对话框中选取FRONT基准平面作为草绘平面，单击“草绘”按钮，进入草绘环境。

（3）绘制如图5-24所示的螺旋扫描截面，再绘制一条与基准平面对齐的中心线作为螺旋扫描特征的旋转轴。

（4）单击“关闭”面板中的“确定”按钮✔，退出草绘环境。

（5）在“螺旋扫描”操控板中单击“间距”按钮，打开“间距”下滑面板，修改“1”的间距为2.5，单击“添加间距”按钮，添加间距“2”，并修改间距为2.5；再次单击“添加间距”按钮，添加间距“3”，修改间距为0.625，修改位置为10；再次单击“添加间距”按钮，添加间距“4”，修改间距为0.625，修改位置为20，如图5-25所示。

（6）在操控板中单击“草绘”按钮，进入草图环境。利用草绘命令绘制如图5-26所示的螺旋扫描截面。单击“草绘”功能区“关闭”面板中的“确定”按钮✔，退出草图界面。

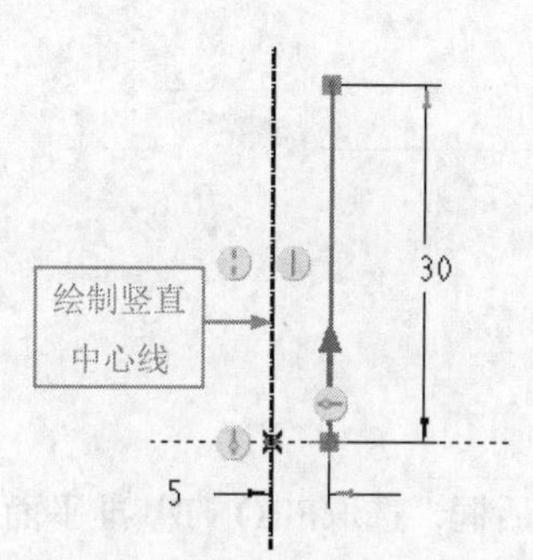

图5-24 绘制螺旋扫描引导线

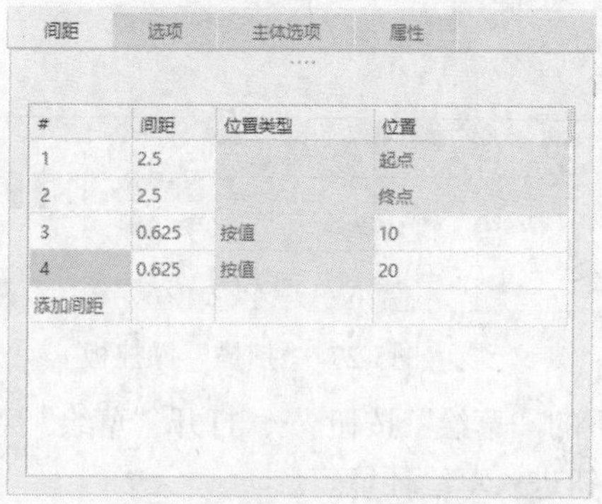

图5-25 “间距”下拉面板

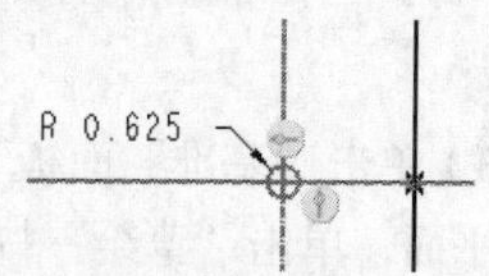

图5-26 绘制扫描截面

（7）单击操控板中的“确定”按钮✔，完成螺旋扫描特征的创建，最终效果如图5-23所示。

（8）保存文件到指定的目录并关闭当前对话框。

5.3 扫描特征

扫描特征是通过草绘轨迹或选取轨迹，然后沿该轨迹对草绘截面进行扫描来创建实体。常规截面扫描可以是特征创建时的草绘轨迹，也可以是由选定基准曲线或边组成的轨迹。作为一般规则，该轨迹必须有相邻的参考曲面或平面。在定义扫描时，系统检查指定轨迹的有效性，并创建法向曲面。法向曲面是指一个曲面，其法向用来创建该轨迹的*Y*轴。轨迹指定模糊时，系统会提示选取一个法向曲面。

可变截面扫描特征是沿一个或多个选定轨迹扫描截面时通过控制截面的方向、旋转角度和几何来添加或移除材料以创建实体或曲面特征。可变截面扫描是将草绘图元约束到其他轨迹（中心平面或现有几何），或使用由“trajpar”参数设置的截面关系来使草绘可变。草绘所约束的参考可改变截面形状。另外，以控制曲线或关系式（使用trajpar）定义标注形式也能使草绘可变。草绘在轨迹点处再生，并相应更新其形状。

5.3.1 扫描特征创建步骤

通过“扫描”特征可创建实体特征，也可创建薄壁特征。本节将分别讲述运用扫描特征创建实

以“草绘轨迹”方式
创建实体扫描特征

体特征和薄壁特征的具体操作过程。

1．创建横截面扫描特征

（1）以“草绘轨迹”方式创建实体扫描特征。

1）单击“主页”功能区“数据”面板中的“新建”按钮，系统打开“新建”对话框，在“类型”选项组中点选“零件”单选钮，在“名称”文本框中输入“saomiao”，取消勾选“使用默认模板”复选框，单击“确定”按钮，在打开的“新文件选项”对话框中选择“mmns_part_solid_abs”选项，单击“确定”按钮，创建一个新的零件文件。

2）单击“模型”功能区“形状”面板中的“扫描”按钮，系统打开如图5-27所示的“扫描”操控板。

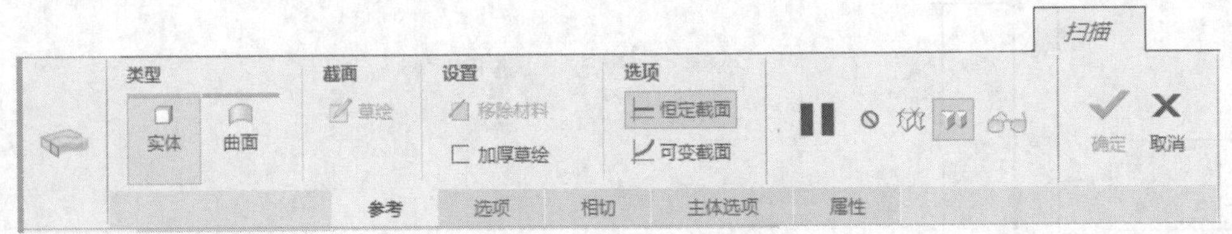

图5-27 “扫描”操控板

3）单击“基准”面板下的“草绘”按钮，打开“草绘”对话框，选取FRONT基准平面作为草绘平面，单击“草绘”按钮进入草绘环境。

4）绘制如图5-28所示的扫描轨迹线。单击“草绘”功能区“关闭”面板中的“确定”按钮，完成草图绘制。

5）系统返回“螺旋扫描”操控板后处于不可编辑状态，此时可单击操控板中的“继续”按钮，即可变为可编辑状态。

6）在操控板中单击“恒定截面”按钮，再单击“草绘”按钮，进入草绘环境。

7）以草绘参考中心为圆心，绘制如图5-29所示的椭圆形截面，绘制完成后单击“关闭”面板中的“确定”按钮，退出草绘环境。

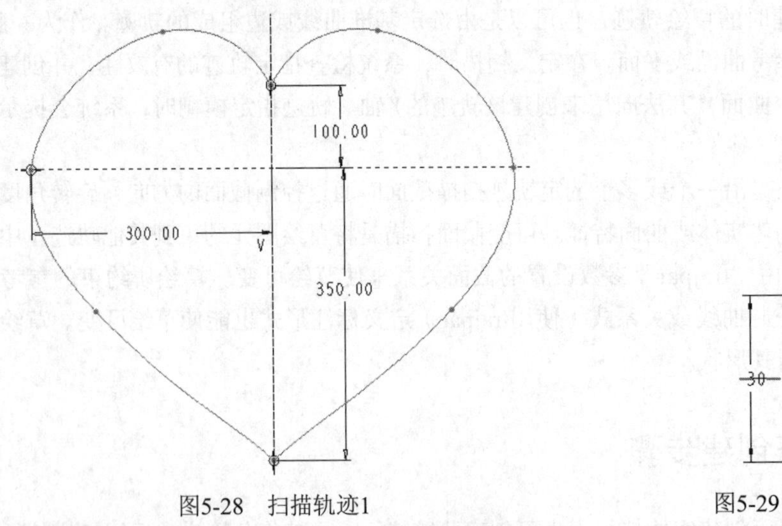

图5-28 扫描轨迹1

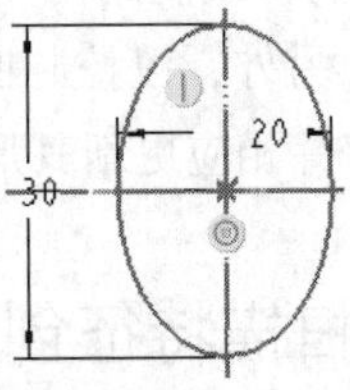

20
30

图5-29 “属性”菜单

8）在操控板中单击“确定”按钮，完成扫描特征的创建，如图5-30所示。

9）单击“文件”工具栏中的“保存”按钮保存文件到指定的目录。

图5-30　扫描特征

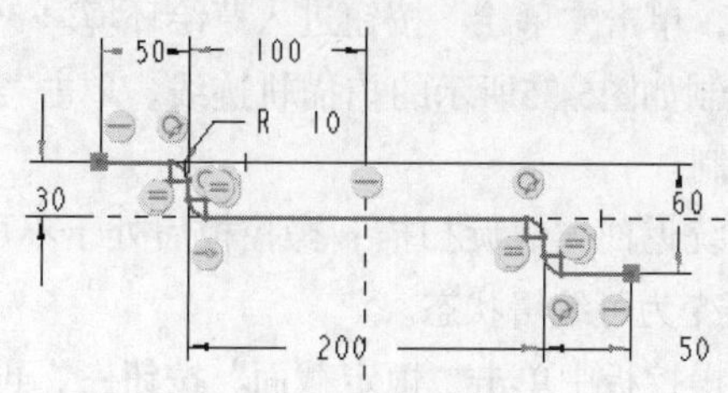

图5-31　扫描轨迹2

（2）以“选取轨迹”方式创建实体扫描特征。

1）新建名称为“saomiaoban.prt”的文件。

2）单击“模型”功能区“基准”面板中的“草绘”按钮，绘制扫描轨迹。

以“选取轨迹”方式创建实体扫描特征

3）系统打开“草绘”对话框，选取RIGHT基准平面作为草绘平面，单击“草绘”按钮进入草绘环境。

4）绘制如图5-31所示的扫描轨迹，单击“关闭”面板中的“确定”按钮，退出草绘环境。

5）单击“模型”功能区“形状”面板中的“扫描”按钮，系统打开如图5-27所示的“扫描”操控板。

6）按住<Ctrl>键同时选取曲线，被选取的曲线将加粗并高亮显示，如图5-32所示。

7）在操控板中单击“恒定截面”按钮，再单击“草绘”按钮，进入草绘环境。

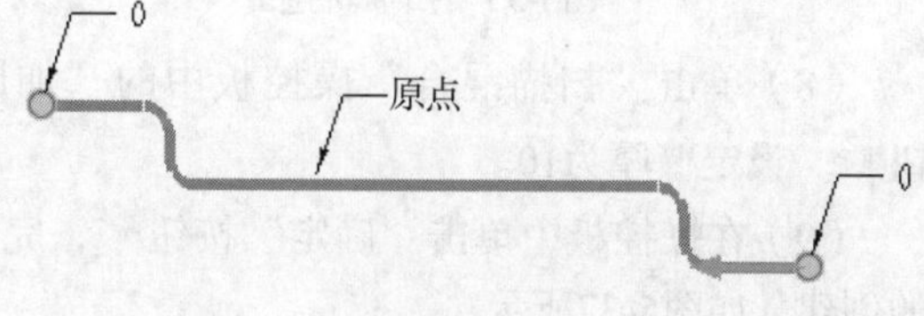

图5-32　选取曲线

8）绘制如图5-33所示的矩形截面，并使矩形关于草绘参考中心对称，绘制完成后单击“关闭”面板中的“确定”按钮，退出草绘环境。

9）在操控板中单击“确定”按钮，完成扫描特征的创建，如图5-34所示。

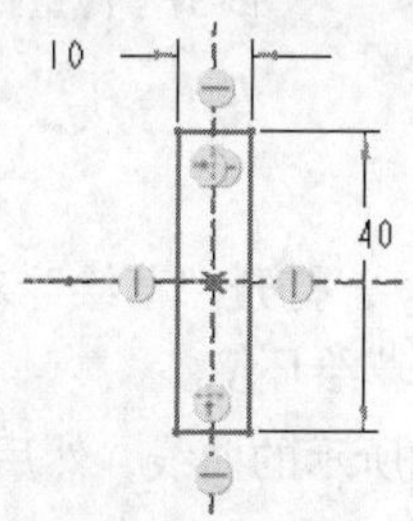

图5-33　矩形截面

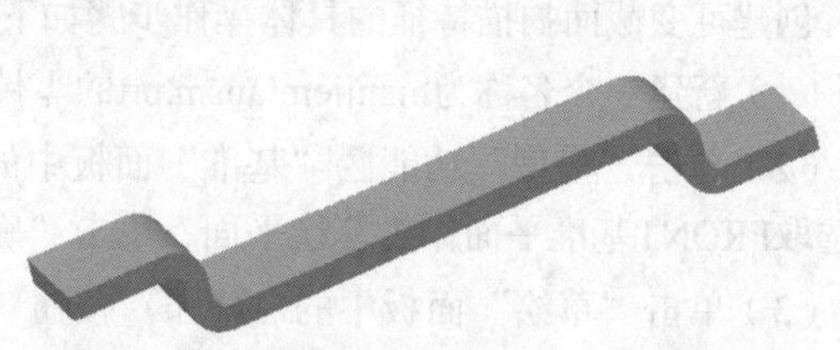
图5-34　扫描实体

10）单击“快速访问”工具栏中的“保存”按钮保存文件到指定目录。

创建薄壁扫描特征

2. 创建薄壁扫描特征

运用“扫描”工具创建薄壁特征的具体操作步骤如下。

（1）新建名称为“smbaobi.prt”的文件。

（2）单击“模型”功能区“形状”面板中的“扫描”按钮，系统打开“扫描”操控板。

（3）单击“基准”面板下的“草绘”按钮，打开“草绘”对话框，选取FRONT基准平面作为草绘平面，单击“草绘”按钮进入草绘环境。

（4）绘制如图5-35所示的扫描轨迹线。单击“草绘”功能区“关闭”面板中的“确定”按钮，完成草图绘制。

（5）系统返回“螺旋扫描”操控板后处于不可编辑状态，此时可单击操控板中的“继续”按钮，即可变为可编辑状态。

（6）在操控板中单击“恒定截面”按钮，再单击“草绘”按钮，进入草绘环境。

（7）以草绘参考中心为圆心，绘制如图5-36所示的圆形截面，绘制完成后单击“关闭”面板中的“确定”按钮，退出草绘环境。

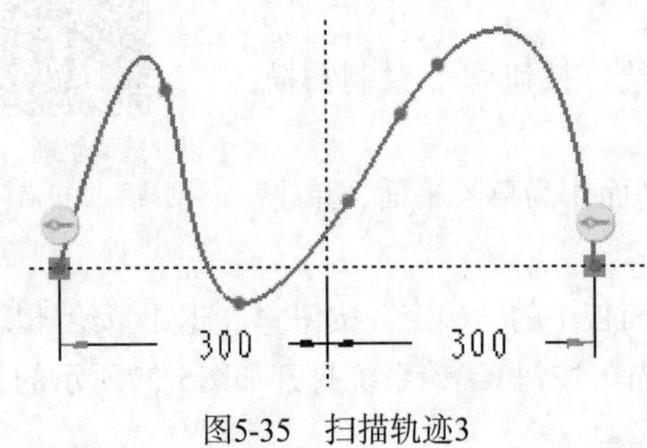

图5-35　扫描轨迹3

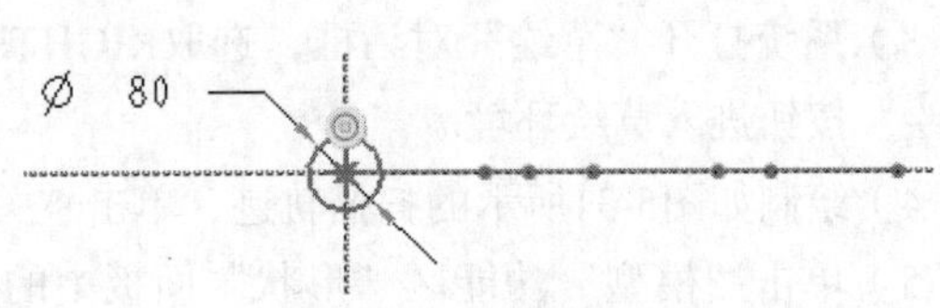

图5-36 “属性”菜单

（8）单击“扫描混合”操控板中的“加厚草绘”按钮，设定壁厚为10。

（9）在操控板中单击“确定”按钮，完成扫描特征的创建，如图5-37所示。

（10）保存文件到指定的目录并关闭当前对话框。

图5-37　薄壁扫描特征

5.3.2　可变截面扫描创建步骤

可变截面扫描创建步骤

创建可变截面扫描特征的具体操作步骤如下。

（1）新建一个名称为bianjiemiansm.prt的零件文件。

（2）单击“模型”功能区“基准”面板中的“草绘”按钮，打开“草绘”对话框，在绘图区选取FRONT基准平面作为草绘平面，单击“确定”按钮，进入草绘环境。

（3）单击“草绘”面板中的“样条”按钮，绘制如图5-38所示的曲线，然后再单击“关闭”面板中的“确定”按钮，退出草绘环境。

（4）单击“模型”功能区“基准”面板中的“平面”按钮，打开“基准平面”对话框。新建基准平面DTM1，选取FRONT基准平面作为参考平面，设置为“偏移”方式，偏移距离为100。

（5）单击“模型”功能区“基准”面板中的“草绘”按钮，在DTM1基准平面中绘制第二条曲线，如图5-39所示，然后单击“关闭”面板中的“确定”按钮，退出草绘环境。

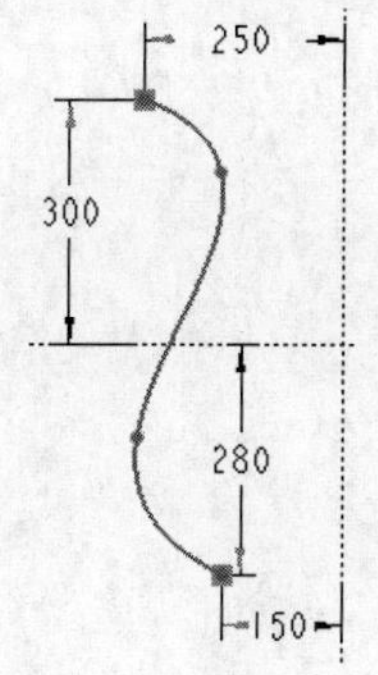

图5-38　草绘曲线1

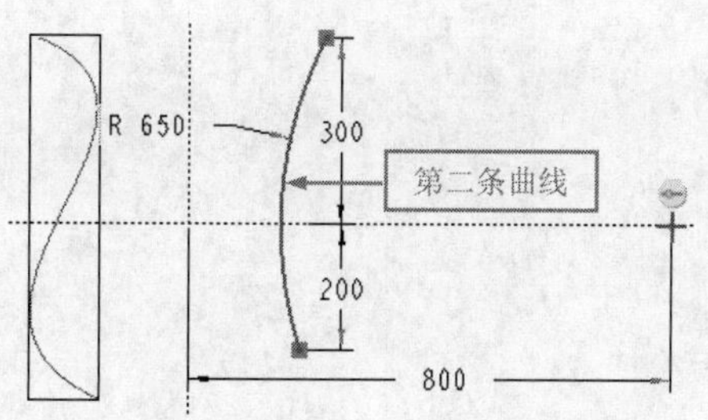

图5-39　草绘曲线2

（6）单击“模型”功能区“基准”面板中的“草绘”按钮，在RIGHT基准平面中绘制如图5-40所示的第三条曲线，然后单击“关闭”面板中的“确定”按钮，退出草绘环境。

（7）单击“模型”功能区“形状”面板中的“扫描”按钮，打开“扫描”操控板。

（8）单击操控板中的“实体”按钮和“可变截面”按钮，再单击“参考”按钮，打开如图5-41所示的“参考”下滑面板。

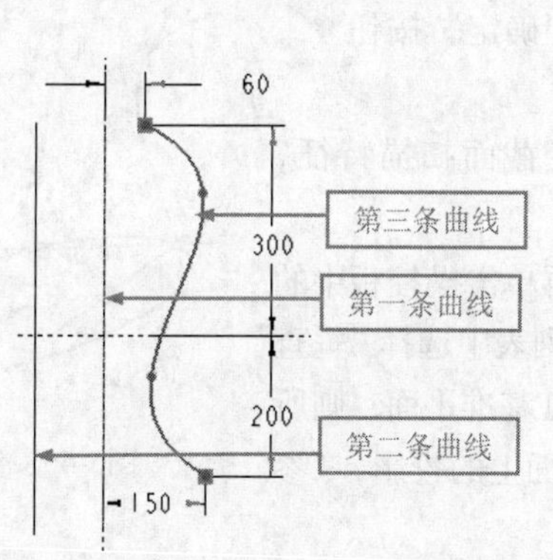

图5-40　草绘曲线3

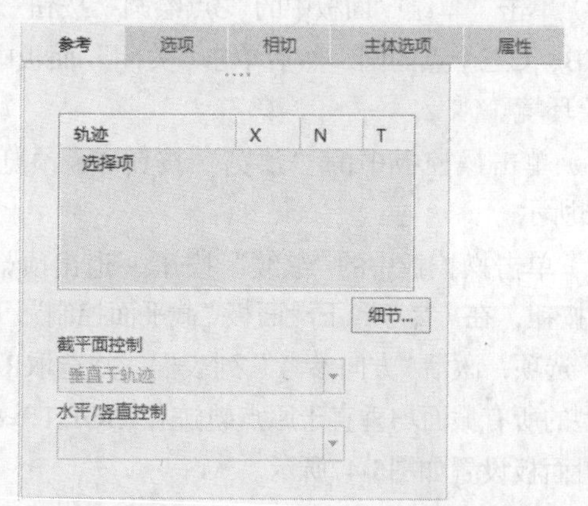

图5-41　“放置”下滑面板1

（9）单击“轨迹”选项下的列表框，按住<Ctrl>键依次选取草绘曲线1、2、3。也可以不使用<Ctrl>键，选取草绘曲线1后，单击列表框下的“细节”按钮，打开如图5-42所示的“链”对话框，单击“添加”按钮选取草绘曲线2，采用同样的方式添加曲线3，选取完成后，3条曲线将高亮显示。

（10）在“轨迹”选项下的列表框中，勾选与“链2”选项对应的“X”列复选框，设置“链2”为X轨迹。同样勾选“原点”选项对应的“N”列复选框，设置原点轨迹为曲面形状控制轨迹。然后在“截平面控制”下拉列表中选择“垂直于轨迹”选项，设置如图5-43所示（“垂直于轨迹”表示所创建模型的所有截面均垂直于原点轨迹）。

（11）单击操控板中的“草绘”按钮，进入草绘环境绘制扫描截面。在所显示的点中，每条曲线上都有一个以小“×”的方式显示的点，如图5-44所示的A、B、C三个点，所绘制的扫描截面必须通过该点。

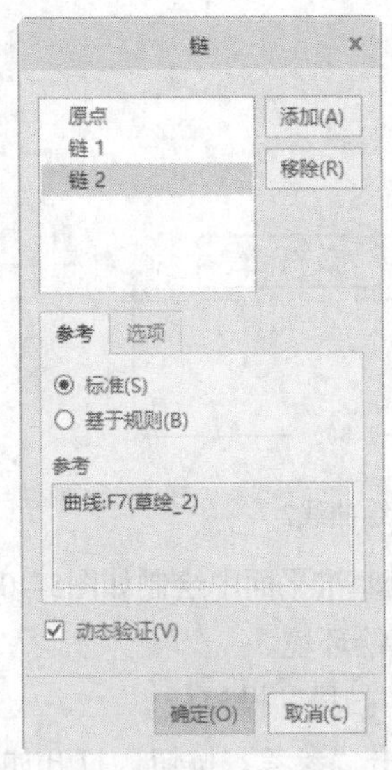

图5-42 “链”对话框

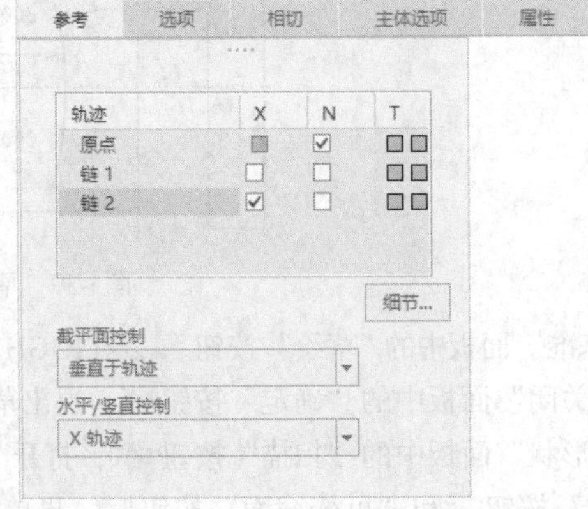

图5-43 “放置”下滑面板2

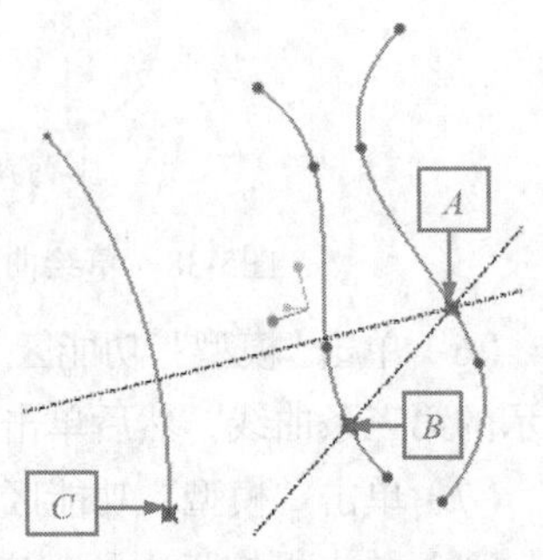

图5-44 截面控制点

（12）单击“草绘”面板中的“3点绘圆”按钮，绘制过图5-45所示通过A、B、C三个点的圆，然后单击“关闭”面板中的“确定”按钮，退出草绘环境。

（13）单击操控板中的“预览”按钮预览可变截面扫描特征，如图5-46所示。

（14）单击操控板中的“继续”按钮退出预览，再单击操控板中的“参考”按钮，在“参考”下滑面板“截平面控制”下拉列表中选择“垂直于投影”选项，激活“方向参考”列表框，并选取RIGHT基准平面，则所创建模型的所有截面均垂直于原点轨迹在RIGHT基准平面上的投影，“参考”下滑面板设置如图5-47所示。

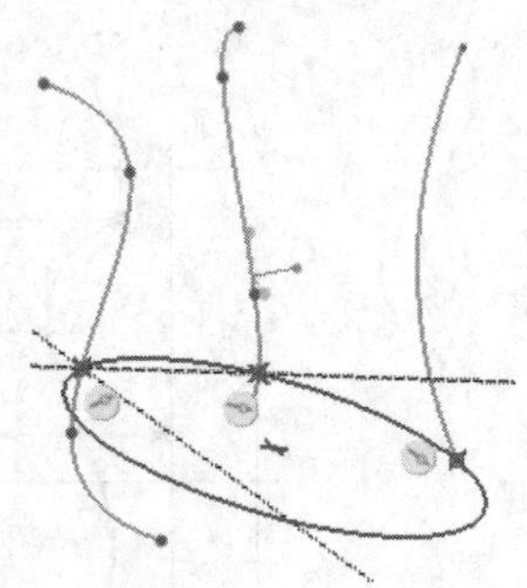

图5-45 绘制圆

（15）设置完成后，单击操控板中的“确定”按钮，完成可变截面扫描特征的创建，结果如图5-48所示。

（16）保存文件到指定的目录并关闭当前对话框。

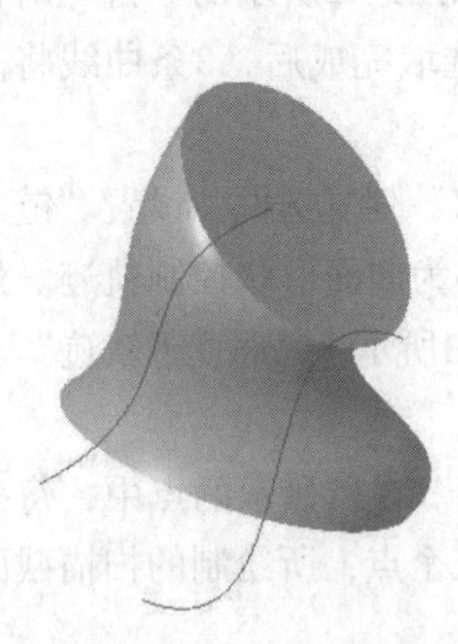

图5-46 可变截面扫描（垂直于轨迹）

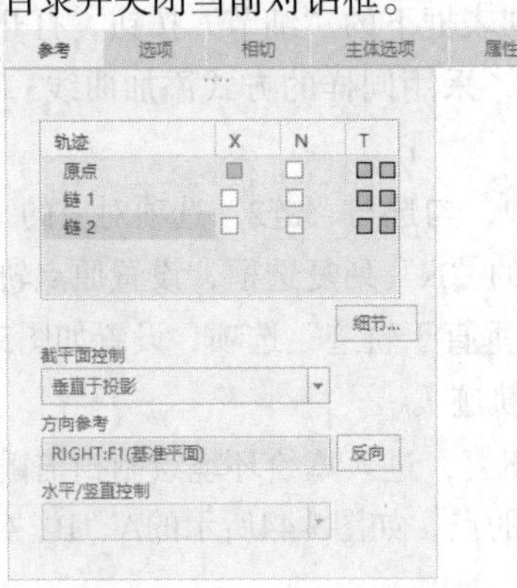

图5-47 “放置”下滑面板3

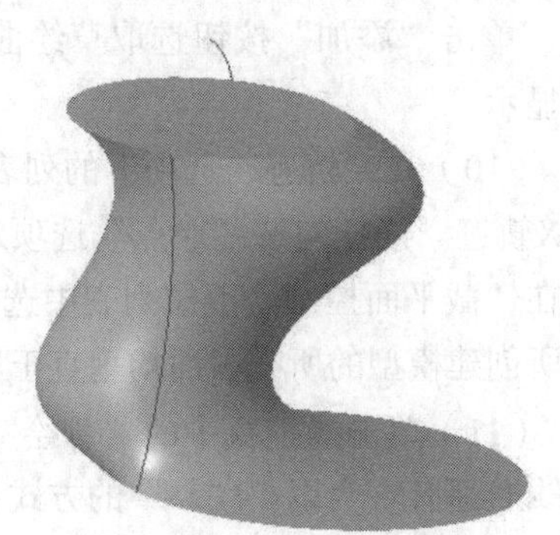

图5-48 可变截面扫描（垂直于投影）

5.3.3 实例——O型圈

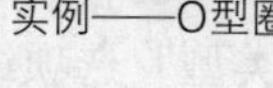
实例——O型圈

制作思路

绘制如图5-49所示的O型圈。首先绘制扫描轨迹线，然后通过扫描完成O型圈的创建。

绘制步骤

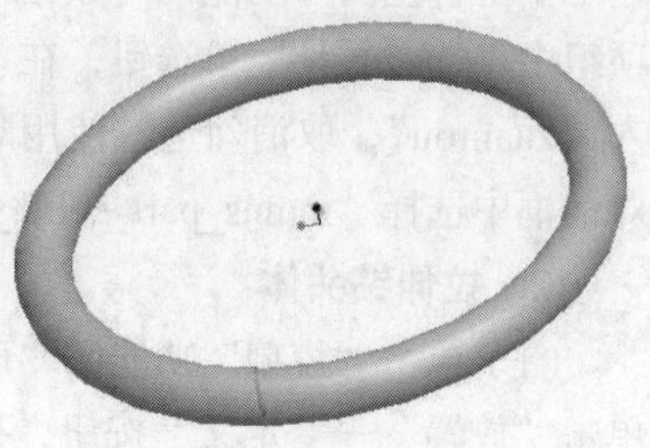
图5-49 O型圈

1. 建立新文件

单击工具栏中的“新建”按钮，弹出“新建”对话框。在“类型”中选择“零件”单选钮，在“子类型”选项组中点选“实体”单选钮，在“名称”文本框中输入“Oxingquan”，取消勾选“使用默认模板”复选框，单击“确定”按钮，在打开的“新文件选项”对话框中选择“mmns_part_solid_abs”选项，单击“确定”按钮进入实体建模界面。

2. 设置绘图基准

单击“基准”面板中的“草绘”按钮，在弹出的“草绘”对话框中选取TOP平面作为草绘平面，其他项接受系统默认，然后单击“草绘”按钮进入草绘环境。

3. 绘制扫描轨迹

单击“草绘视图”按钮，使草绘平面调整到正视于用户的视角；单击“圆心和点”按钮，绘制如图5-50所示的扫描轨迹，单击“确定”按钮，退出草图绘制环境。

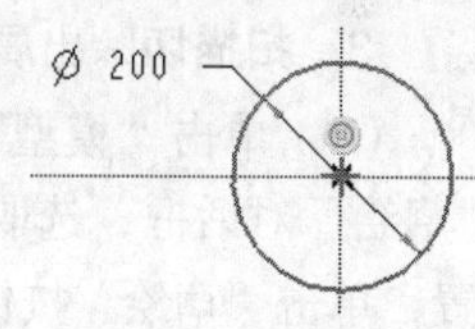

图5-50 轨迹线

4. 创建扫描特征

单击“模型”功能区“形状”面板中的“扫描”按钮，打开“扫描”操控板，打开“参考”下滑面板，在“轨迹”选型组中单击上步绘制的轨迹草图；单击“草绘”按钮，绘制如图5-51所示的扫描截面。单击“确定”按钮，退出草图绘制环境。在操控板中单击“确定”按钮，完成O型圈的创建，如图5-49所示。

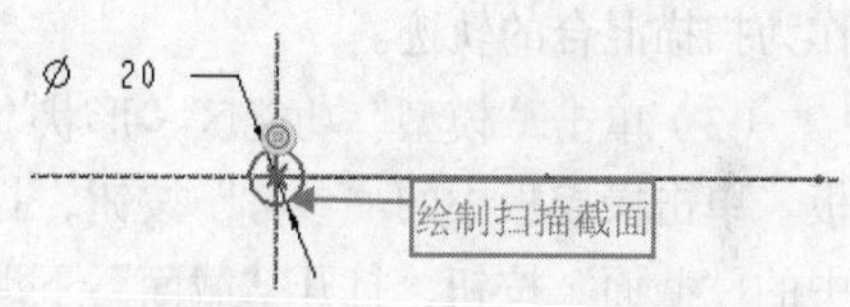

图5-51 扫描截面

5.4 实例——钻头

实例——钻头

本节创建的实例——钻头如图5-52所示。

【思路分析】

首先创建钻头体，出屑槽和刃口，需要分两段进行扫描切除，每一段进行两个相同的扫描操作，通过拉伸创建钻杆，通过旋转切除创建钻头尖，其次创建倒圆角，出屑槽的过渡段通过扫描生成，最后创建钻头部分。

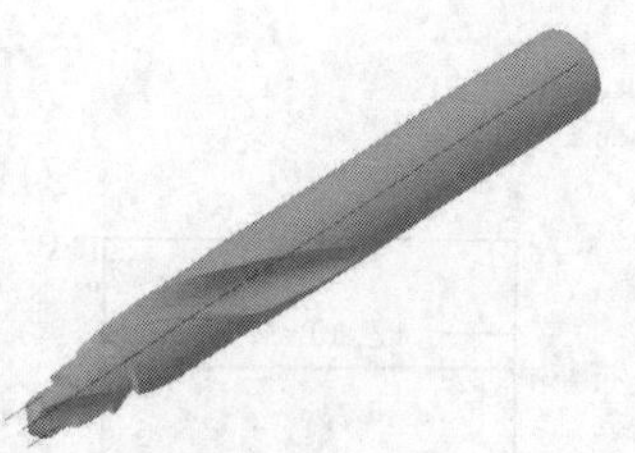
图5-52 钻头

绘制步骤

1. 新建文件

单击“主页”功能区“数据”面板中的“新建”按钮，打开“新建”对话框，在“类型”选项组中点选“零件”单选钮，在“子类型”选项组中点选“实体”单选钮，在“名称”文本框中输入“zuantou”，取消勾选“使用默认模板”复选框，单击“确定”按钮，在打开的“新文件选项”对话框中选择“mmns_part_solid_abs”选项，单击“确定”按钮，创建一个新的零件文件。

2. 拉伸钻头体

（1）单击“模型”功能区“形状”面板中的“拉伸”按钮，在打开的“拉伸”操控板中依次单击“放置”→“定义”按钮，打开“草绘”对话框，选取FRONT基准平面作为草绘平面，其余选项接受系统默认设置，单击“草绘”按钮，进入草绘环境。

（2）单击“草绘”面板中的“圆心和点”按钮，绘制如图5-53所示的圆并修改其尺寸值。单击“关闭”面板中的“确定”按钮，退出草绘环境。

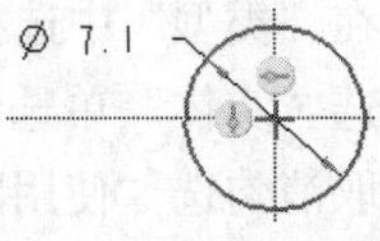

图5-53　绘制圆1

（3）在“拉伸”操控板中设置拉伸方式为“可变”，在其后的文本框中给定拉伸深度值为12。单击操控板中的“确定”按钮，完成拉伸特征1的创建，如图5-54所示。

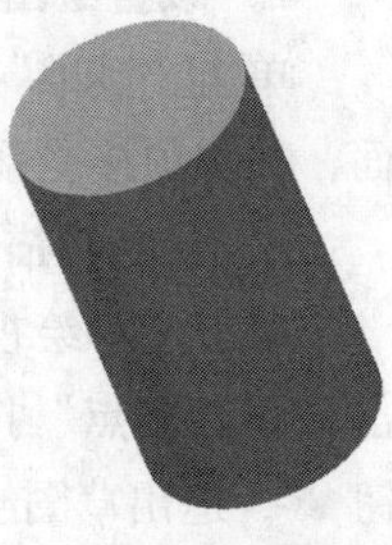

图5-54　拉伸特征1

3. 扫描切除出屑槽

（1）单击“模型”功能区“基准”面板中的“草绘”按钮，系统打开“草绘”对话框，选取TOP基准平面作为草绘平面，其余选项接受系统默认设置，单击“草绘”按钮，进入草绘环境。

（2）单击“草绘”面板中的“线”按钮，绘制如图5-55所示的直线1，作为扫描混合的轨迹。

（3）单击“模型”功能区“形状”面板中的“扫描混合”按钮，系统打开“扫描混合”操控板。单击操控板中的“参考”按钮，打开“参考”下滑面板，选取刚刚绘制的直线。再单击操控板中的“截面”按钮，打开“截面”下滑面板，选取直线的一个端点，然后单击该下滑面板中的“草绘”按钮，进入草绘环境。绘制如图5-56所示的扫描截面草图1，绘制完成后，单击“草绘”功能区“关闭”面板中的“确定”按钮，退出草绘环境。

（4）单击“截面”下滑面板中的“插入”按钮，选取直线的另一个端点，然后单击该下滑面板中的“草绘”按钮，绘制如图5-57所示的扫描截面草图2。

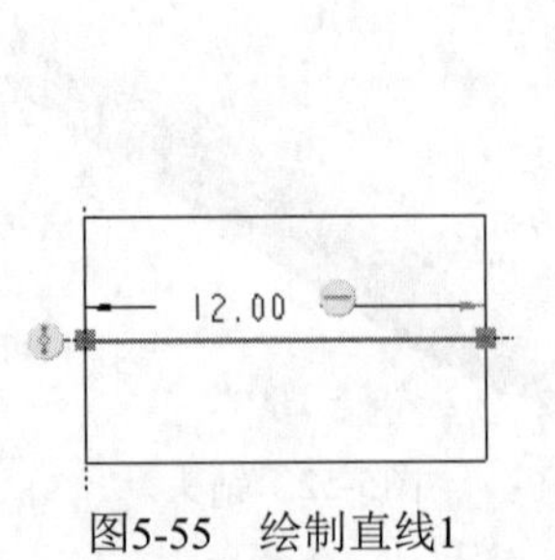

图5-55　绘制直线1

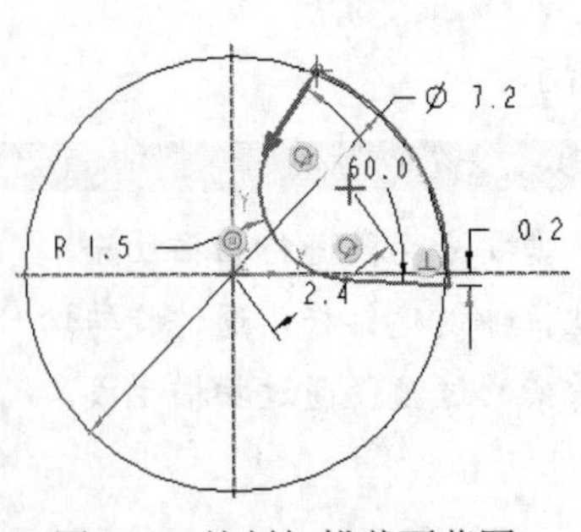

图5-56　绘制扫描截面草图1

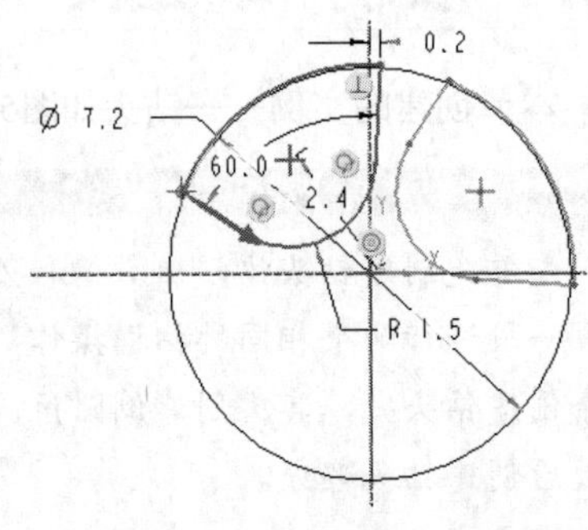

图5-57　绘制扫描截面草图2

（5）绘制完成后单击“关闭”面板中的“确定”按钮✔，退出草绘环境。

（6）单击操控板中的“移除材料”按钮◪，去除多余部分。然后单击操控板中的“选项”按钮，在打开的“选项”下滑面板中点选“设置周长控制”单选钮，使模型以周长形式显示。设置完成后单击操控板中的“确定”按钮✔，完成混合扫描特征1的创建，如图5-58所示。

（7）在模型树列表中选中“扫描混合1”特征。单击“模型”功能区“编辑”面板中的“阵列”按钮⊞，系统打开“阵列”操控板。选择“类型”为“Axis”，然后在绘图区拾取旋转轴，第一方向成员设置为2，成员间的角度为180°。生成的阵列特征1如图5-59所示。

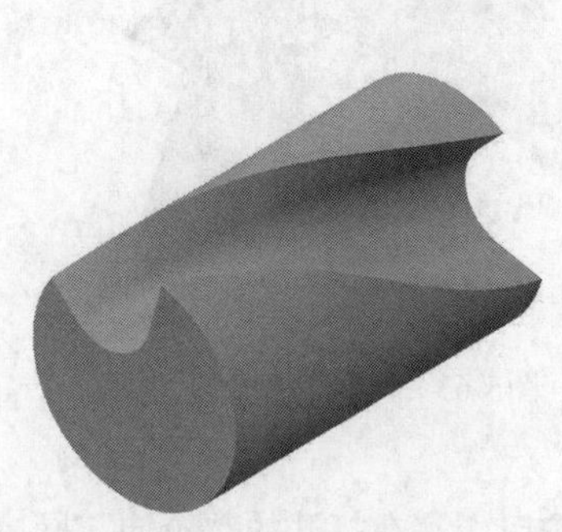

图5-58　混合扫描特征1

图5-59　阵列特征1

4. 扫描刃口

（1）选取如图5-55所示的直线为扫描轨迹线。

（2）单击“模型”功能区“形状”面板中的“扫描混合”按钮，打开的“扫描混合”操控板。单击操控板中的“截面”按钮，打开“截面”下滑面板，选取直线的一个端点，然后单击该下滑面板中的“草绘”按钮，绘制如图5-60所示的扫描截面草图，绘制完成后，单击“关闭”面板中的“确定”按钮✔，退出草绘环境。

（3）单击“截面”下滑面板中的“插入”按钮，选取直线的另一个端点，然后单击该下滑面板中的“草绘”按钮，绘制如图5-61所示的扫描截面草图，单击“关闭”面板中的“确定”按钮✔，退出草绘环境。

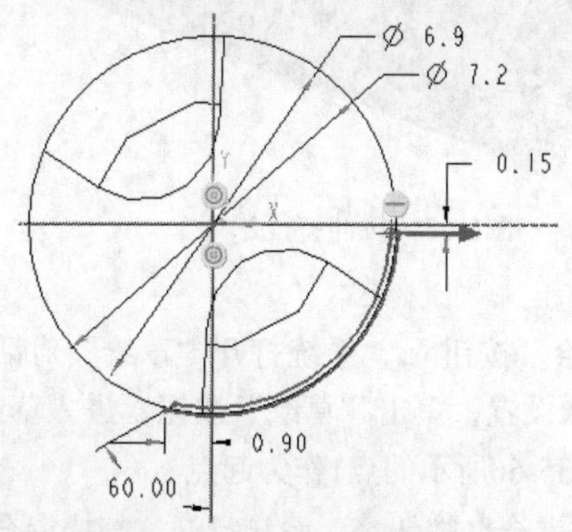

图5-60　绘制扫描截面草图3

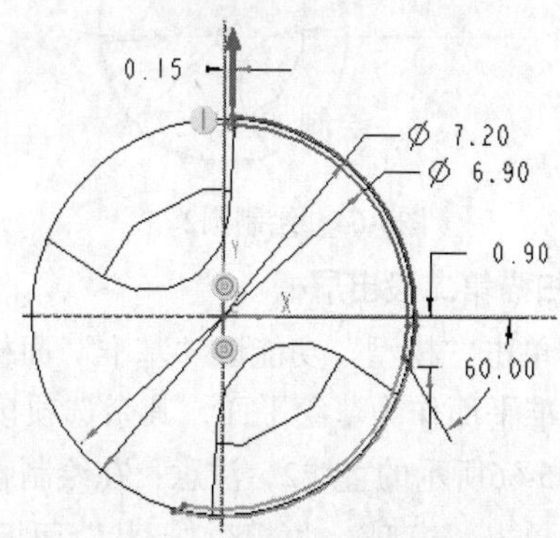

图5-61　绘制扫描截面草图4

（4）单击操控板中的“移除材料”按钮◪，去除多余部分。单击操控板中的“选项”按钮，在打开的“选项”下滑面板中点选“设置周长控制”单选钮，使模型以周长形式显示。设置完成后单击操控板中的“确定”按钮，完成混合扫描特征2的创建，如图5-62所示。

（5）在模型树列表中选中“扫描混合2”特征。单击“模型”功能区“编辑”面板中的“阵列”按钮，系统打开“阵列”操控板。选择“类型”为“Axis”，然后在绘图区拾取旋转轴，第一方向成员设置为2，成员间的角度为180°。生成的阵列特征2如图5-63所示。

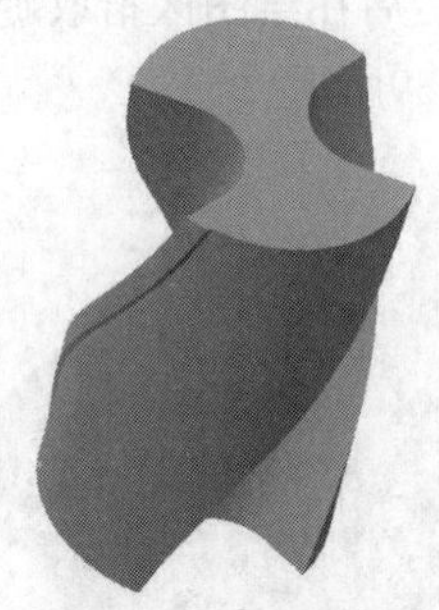

图5-62　混合扫描特征2

图5-63　阵列特征2

5. 拉伸钻头体

（1）单击“模型”功能区“形状”面板中的“拉伸”按钮，在打开的“拉伸”操控板中依次单击“放置”→“定义”按钮，打开“草绘”对话框，选取FRONT基准平面作为草绘平面，其余选项接受系统默认设置，单击“草绘”按钮，进入草绘环境。

（2）单击“草绘”面板中的“圆心和点”按钮，绘制如图5-64所示的圆并修改其尺寸值。绘制完成后，单击“关闭”面板中的“确定”按钮，退出草绘环境。

（3）在操控板中设置拉伸方式为“可变”，在其后的文本框中给定拉伸深度值为12。单击操控板中的“确定”按钮，完成拉伸特征2的创建，如图5-65所示。

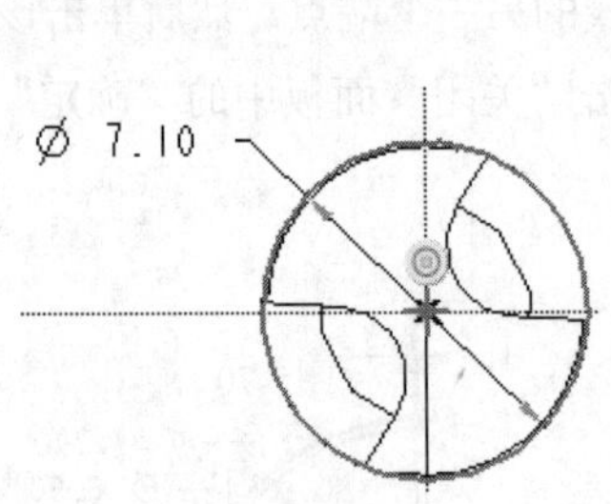

图5-64　绘制圆2

图5-65　拉伸特征2

6. 扫描第二段出屑槽

（1）单击“模型”功能区“基准”面板中的“草绘”按钮，系统打开“草绘”对话框，选取TOP基准平面作为草绘平面，其余选项接受系统默认设置，单击“草绘”按钮，进入草绘环境。绘制如图5-66所示的直线2，注意：在绘制直线时应将图5-66所示的点1作为起点。

（2）单击“模型”功能区“形状”面板中的“扫描混合”按钮，系统打开“扫描混合”操控板。单击操控板中的“参考”按钮，选取刚刚绘制的直线。再单击操控板中的“截面”按钮，打开“截面”下滑面板，选取直线的一个端点，然后单击该下滑面板中的“草绘”按钮，绘制如图5-67所示的扫描截面草图。绘制完成后，单击“关闭”面板中的“确定”按钮✔，退出草绘环境。

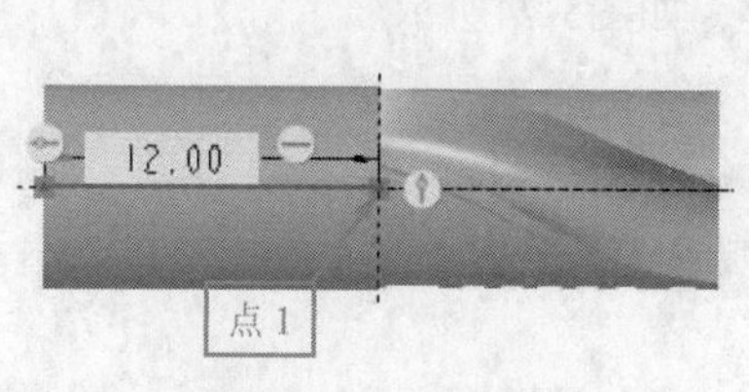

图5-66　绘制直线2

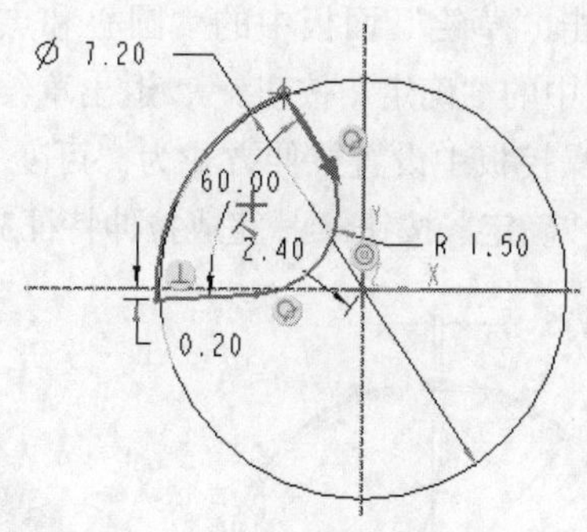

图5-67　绘制扫描截面草图5

（3）单击“截面”下滑面板中的“插入”按钮，选取直线的另一个端点，然后单击该下滑面板中的“草绘”按钮，绘制如图5-68所示的扫描截面草图，绘制完成后，单击“关闭”面板中的“确定”按钮✔，退出草绘环境。

（4）单击操控板中的“移除材料”按钮，去除多余部分。再单击操控板中的“选项”按钮，在打开的“选项”下滑面板中点选“设置周长控制”单选钮，使模型以周长形式显示。然后单击操控板中的“确定”按钮✔，完成混合扫描特征3的创建如图5-69所示。

（5）在模型树列表中选中“混合扫描混合3”特征。单击“模型”功能区“编辑”面板中的“阵列”按钮，系统打开“阵列”操控板。选择“类型”为“Axis”，然后在绘图区拾取旋转轴，第一方向成员设置为2，成员间的角度为180°。生成的阵列特征3如图5-70所示。

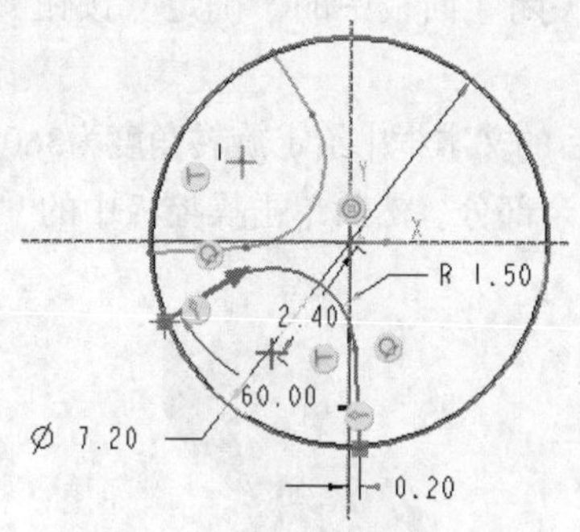

图5-68　绘制扫描截面草图6

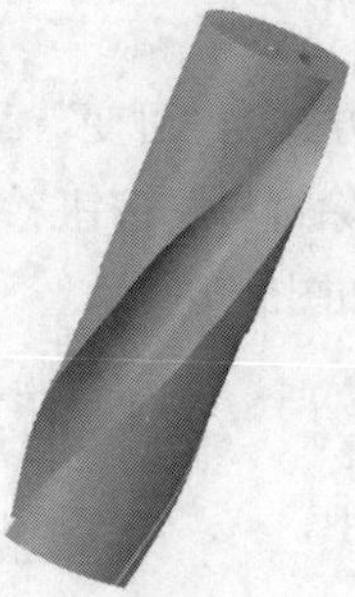

图5-69　混合扫描特征3

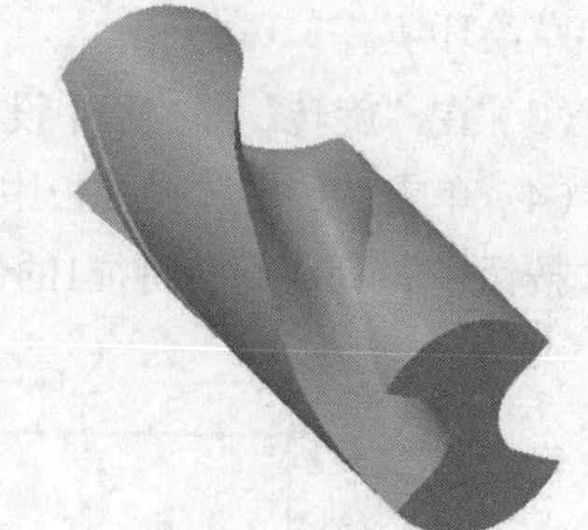

图5-70　阵列特征3

7. 扫描第二段刃口

采用与绘制“扫描第二段出屑槽”相同的方法，选取TOP基准平面作为草绘平面，绘制如图5-71、图5-72所示的草图。最终生成的混合扫描特征4。然后利用“阵列”命令，对混合扫描特征4进行阵列，结果如图5-73所示。

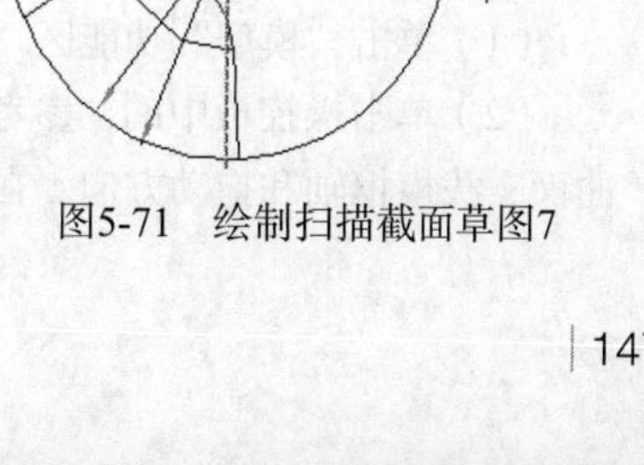

8. 拉伸钻杆

（1）单击“模型”功能区“形状”面板中的“拉伸”按钮，在打开的“拉伸”操控板中依次单击“放置”→“定义”按钮，打开“草绘”对话框，选取如图5-73所示的面作为

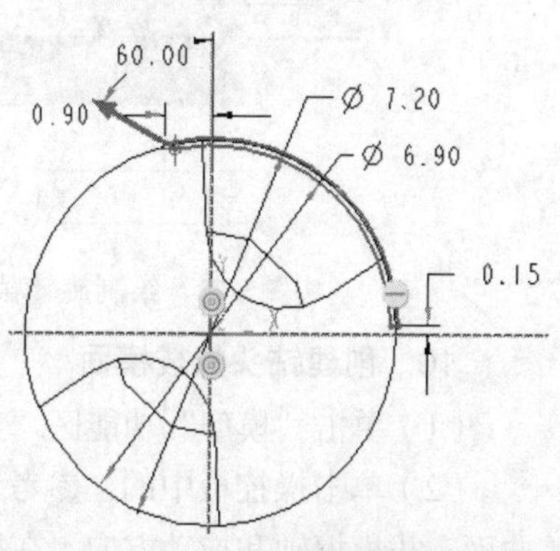

图5-71　绘制扫描截面草图7

草绘平面，其余选项接受系统默认设置，单击“草绘”按钮，进入草绘环境。

（2）单击“草绘”面板中的“圆心和点”按钮，绘制直径为7.1的圆。绘制完成后，单击“关闭”面板中的“确定”按钮，退出草绘环境。

（3）在操控板中设置拉伸方式为“可变”，在其后的文本框中给定拉伸深度值为40。单击操控板中的“确定”按钮，完成拉伸特征3的创建，如图5-74所示。

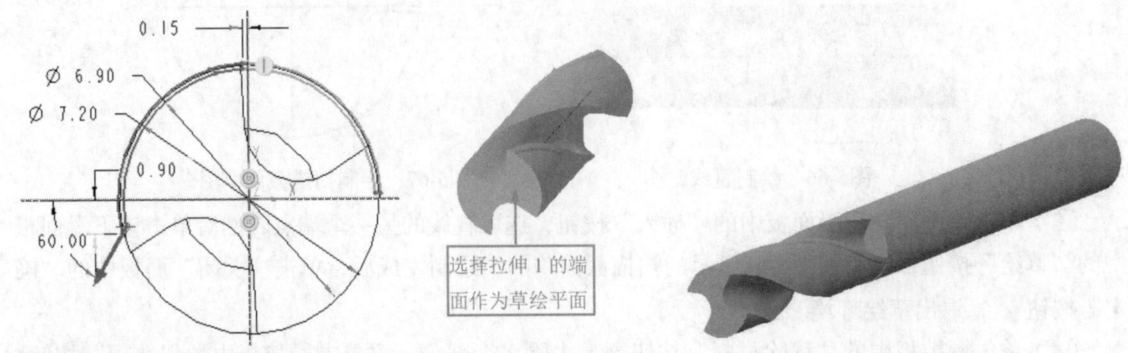

图5-72　绘制扫描截面草图8　　图5-73　混合扫描特征4　　图5-74　拉伸特征3

9. 旋转切除钻头

（1）单击“模型”功能区“形状”面板中的“旋转”按钮，在打开的“旋转”操控板中依次单击“放置”→“定义”按钮，系统打开“草绘”对话框，选取RIGHT基准平面作为草绘平面。

（2）单击“基准”面板中的“中心线”按钮和“草绘”面板中的“线”按钮，绘制一条中心线和如图5-75所示的旋转截面草图。绘制完成后，单击“关闭”面板中的“确定”按钮，退出草绘环境。

（3）在“旋转”操控板中设置旋转方式为“可变”，在其后的文本框中给定旋转角度为360°。

（4）单击“旋转”操控板中的“移除材料”按钮，去除多余部分。然后单击操控板中的“确定”按钮，完成旋转特征1的创建，如图5-76所示。

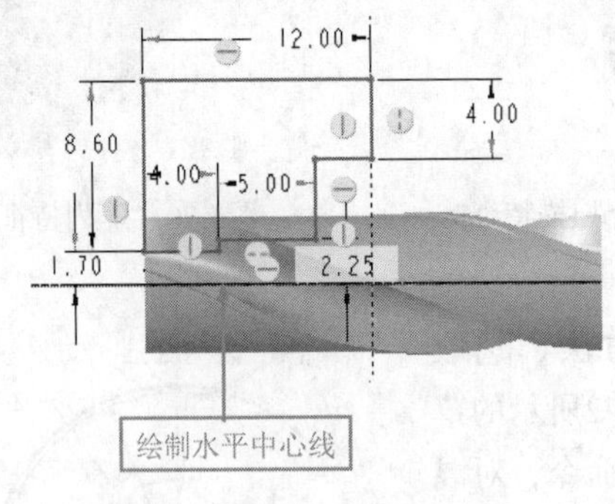

图5-75　绘制旋转截面草图1

图5-76　旋转特征1

10. 创建钻头的拔模面

（1）单击“模型”功能区“工程”面板中的“拔模”按钮，打开“拔模”操控板。

（2）单击操控板中的“参考”按钮，激活“拔模曲面”列表框，分别选取如图5-77所示的拔模曲面、拔模枢轴和拖动方向。在操控板中给定拔模角度为6°。

（3）单击“反向”按钮，调整拔模方向。然后单击操控板中的“确定”按钮，完成拔模特征的创建，如图5-78所示。

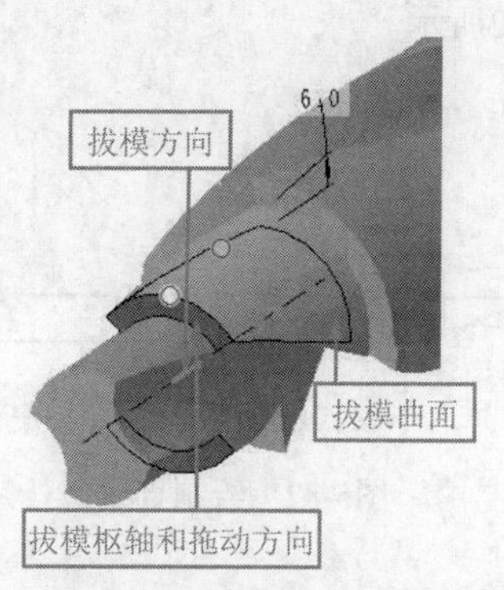

图5-77　选取拔模曲面

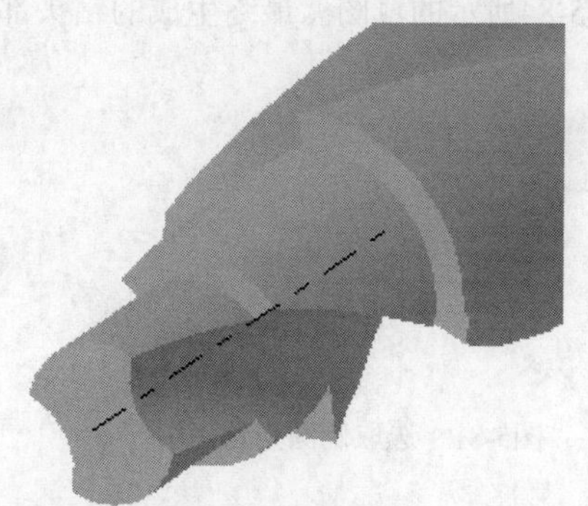

图5-78　拔模特征

11. 旋转切除钻尖

（1）单击“模型”功能区“形状”面板中的“旋转”按钮，在打开的“旋转”操控板中依次单击“放置”→“定义”按钮，系统打开“草绘”对话框，选取TOP基准平面作为草绘平面。

（2）单击“基准”面板中的“中心线”按钮和“草绘”面板中的“线”按钮，绘制一条中心线和如图5-79所示的旋转截面草图。绘制完成后，单击“关闭”面板中的“确定”按钮，退出草绘环境。

（3）在“旋转”操控板中设置旋转方式为“可变”，并在其后的文本框中给定旋转角度为360°。

（4）单击“旋转”操控板中的“移除材料”按钮，去除多余部分。再单击操控板中的“预览”按钮预览特征，然后单击操控板中的“确定”按钮，完成旋转特征2的创建。

（5）采用同样的方法在零件的另外一侧创建相同的特征，如图5-80所示。

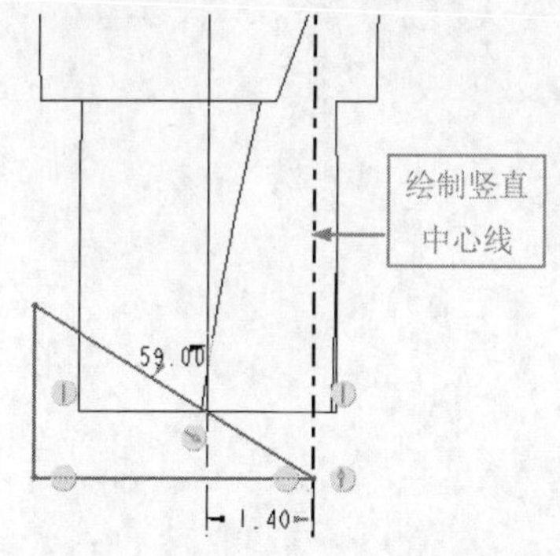

图5-79　绘制旋转截面草图2

图5-80　旋转特征2

12. 创建倒圆角特征

单击“模型”功能区“工程”面板中的“倒圆角”按钮，系统打开“倒圆角”操控板。选取如图5-81所示的倒圆角边。给定圆角半径为0.55，单击操控板中的“确定”按钮，完成倒圆角特征的创建。

13. 扫描切除过渡段

采用与绘制“扫描第二段出屑槽”相同的方法，选取TOP基准平面作为草绘平面，绘制如图5-82 ~ 图5-84所示的草图。最终生成的钻头部分如图5-52所示。

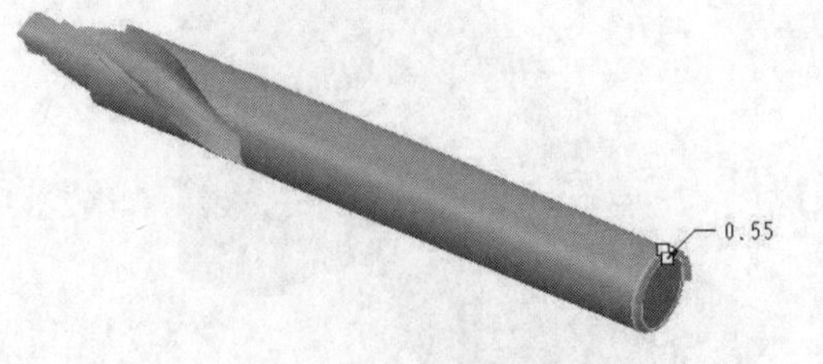

图5-81　选取倒圆角边

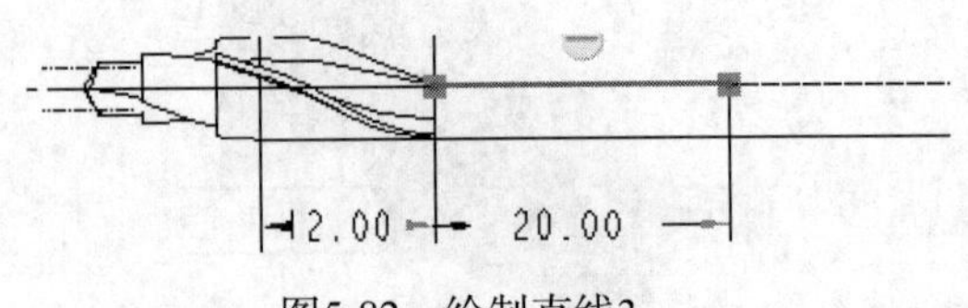

图5-82　绘制直线3

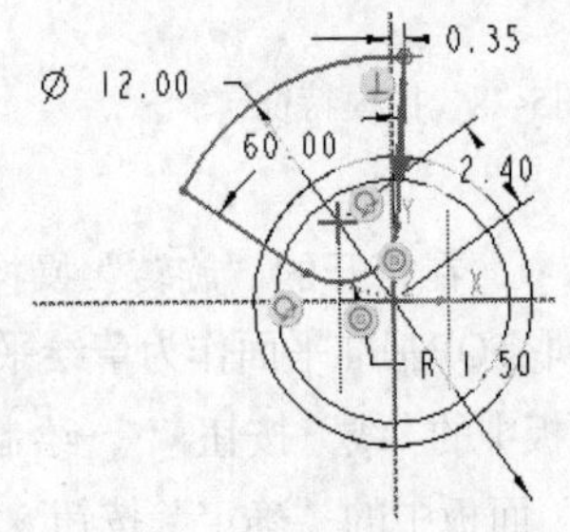

图5-83　绘制扫描截面草图9

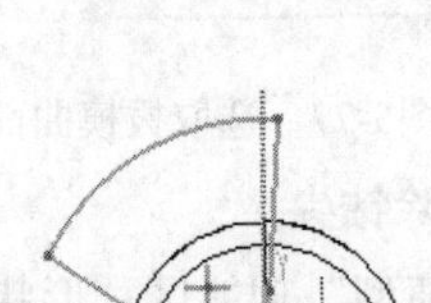
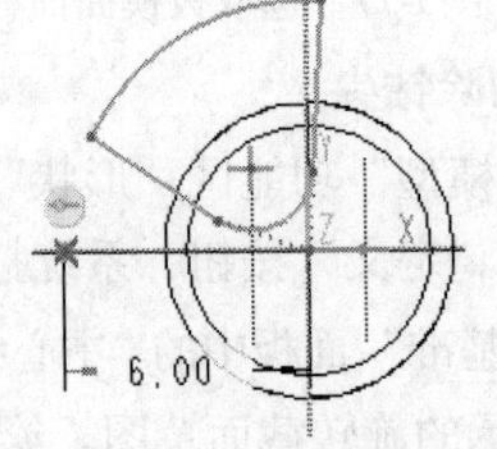

图5-84　绘制扫描截面草图10

第 6 章

实体特征编辑

在前面章节中我们学习了各种特征的创建方法，通过这些方法我们可以创建一些简单的零件。但直接创建的特征往往不能完全符合我们的设计意图，这时就需要通过特征编辑命令对创建的特征进行编辑操作，使之符合用户的要求。本章将讲解实体特征的各种编辑方法，通过本章的学习，希望读者能够熟练地掌握各种编辑命令及使用方法。

- 特征操作和删除
- 特征隐含和隐藏
- 特征阵列
- 模型缩放

6.1 特征操作

特征操作包括重新排序和插入特征模式命令。

特征操作

6.1.1 重新排序

特征的顺序是指特征出现在“模型树”选项卡中的序列。在排序的过程中不能将子项特征排在父项特征的前面；同时，对现有特征重新排序可更改模型的外观。重新排序的具体操作步骤如下。

（1）打开配套学习资源中的“\原始文件\第6章\chongxinpaixu.prt”文件，其原始模型如图6-1所示。

（2）在“模型树”选项卡中选择“设置”选项，在打开的下拉菜单中选择“树列”命令，打开如图6-2所示的“模型树列”对话框。

图6-1 原始模型

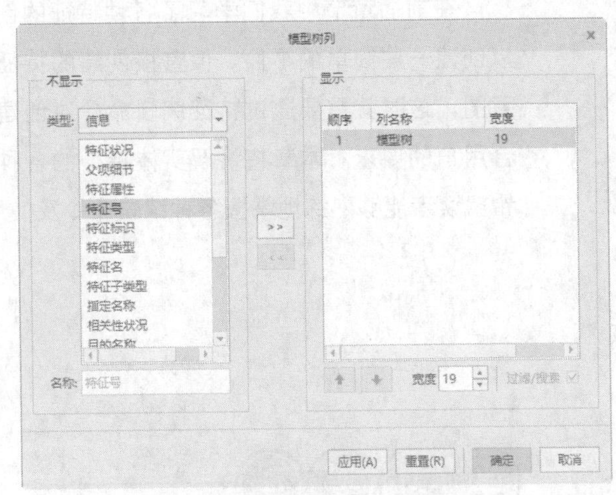

图6-2 “模型树列”对话框

（3）在“模型树列”对话框“类型”下面的列表框中选择“特征号”选项，单击“添加”按钮，将其添加到“显示”列表框中。

（4）单击“模型树列”对话框中的“确定”按钮，则在“模型树”选项卡中显示特征的“特征号”属性，如图6-3所示。

（5）单击“模型”功能区“操作”面板下的“重新排序”命令，打开如图6-4所示的“特征重新排序”对话框。

（6）单击“特征重新排序”对话框中的“要重新排序的特征”选项，在“模型树”选项卡中选择“拉伸3”选项，“新建位置”选择“之前”单选钮，在“目标特征”选项处单击，然后在“模型树”选项卡中选择“拉伸2”选项。

（7）单击“特征重新排序”对话框中的“确定”按钮，结果如图6-5所示。

从图中可以看出，虽然没有对特征进行修改或添加删除，但由于重新排序，整个图形的效果发生了很大变化。然后在“特征”菜单中选择“完成”命令，重新排序完成。

还有一种更简单的重新排序方法：在“模型树”选项卡中选取一个或多个特征，拖动鼠标，将所选特征拖动到新位置即可。但这种方法没有重新排序提示，有时可能会引起错误。

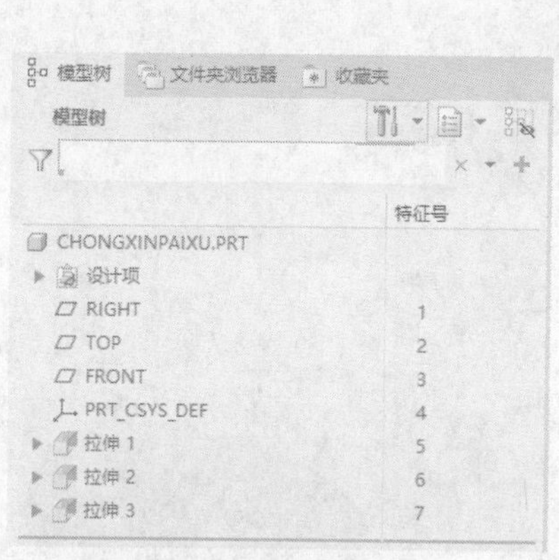

图6-3　“模型树”选项卡

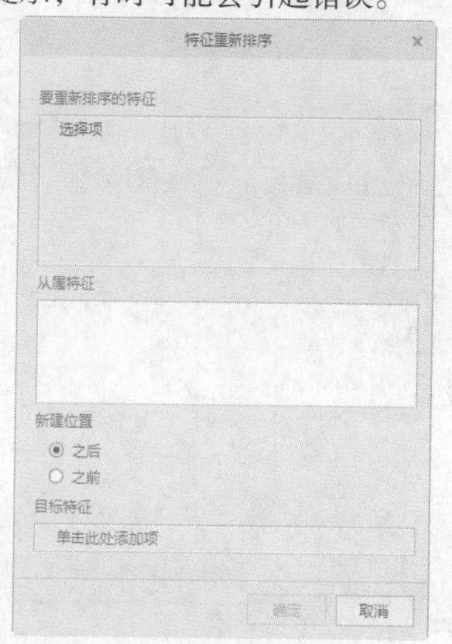

图6-4　“选择特征”菜单

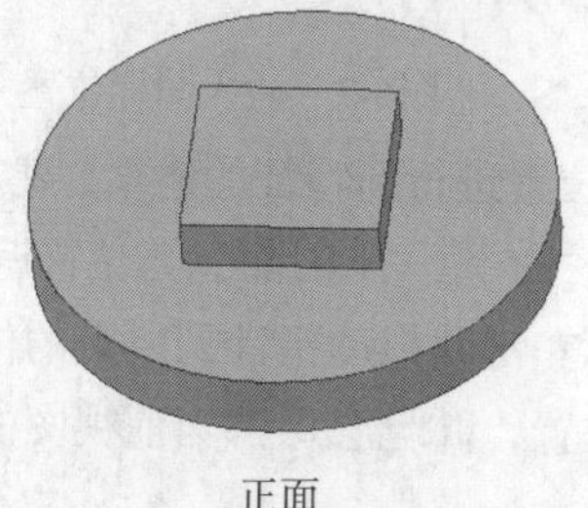

正面　　反面

图6-5　重新排序后的图形

技巧荟萃

有些特征不能重新排序，如三维注释的隐含特征。如果试图将一个子零件移动到比其父零件更高的位置，父零件将随子零件相应移动，且保持父 / 子关系。此外，如果将父零件移动到另一位置，子零件也将随父零件相应移动，以保持父 / 子关系。

6.1.2　插入特征模式

插入特征模式

在进行零件设计的过程中，有时创建一个特征后，需要在该特征或几个特征之前先创建其他特征，这时就需要启用插入特征模式。

插入特征模式的方式如下。

（1）选取一个特征，从模型树中选取一个特征“拉伸3”，单击鼠标右键弹出一个快捷菜单，如图6-6所示。选择“在此插入”命令，此时箭头➔ 在此插入就会插入到拉伸3特征下面，如图6-7所示。

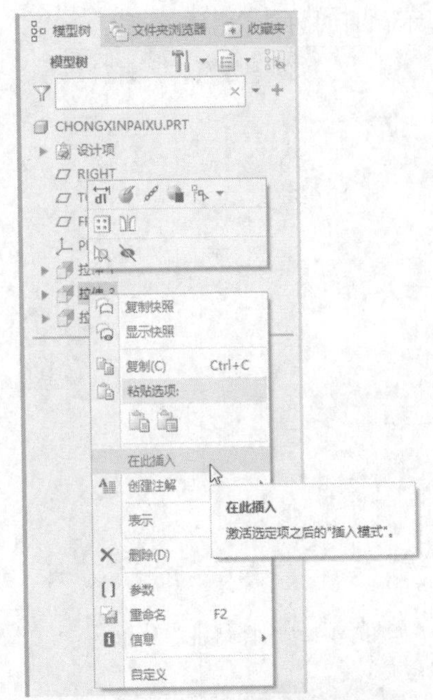

图6-6　插入特征命令

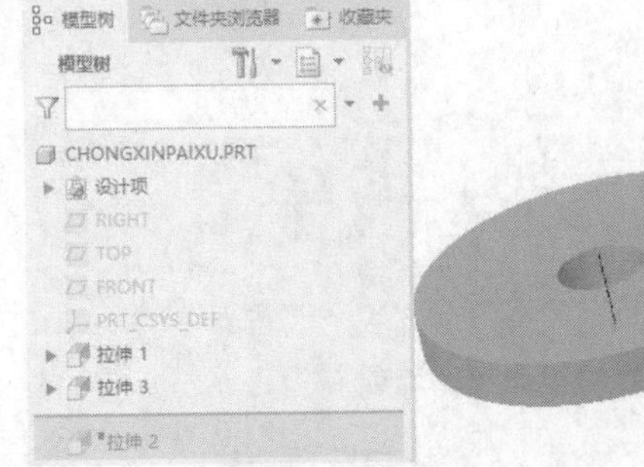

图6-7　插入图标位置

（2）操作完成，就可以在此插入定位符的当前位置进行新特征的建立。建立完成后，可以通过单击右键在此插入定位符，单击弹出的“退出插入模式”命令，可以让插入定位符返回到缺省位置。

还可以用鼠标左键选择插入定位符，按住鼠标左键并拖动指针到所需的位置，插入定位符随着指针移动。释放鼠标左键，插入定位符将置于新位置，并且会保持当前视图的模型方向，模型不会复位到新位置。

6.1.3　实例——板簧

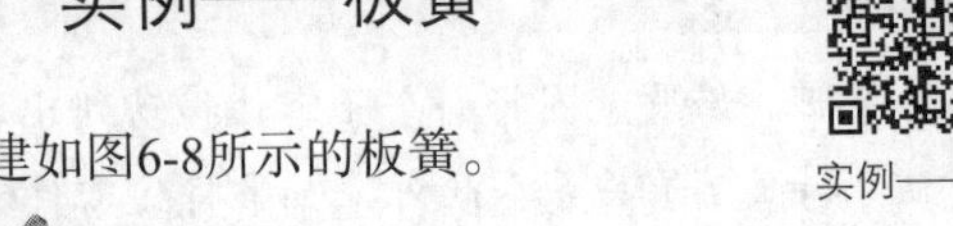

实例——板簧

创建如图6-8所示的板簧。

图6-8　板簧

绘制步骤

1. 新建文件

单击“主页”功能区“数据”面板中的“新建”按钮，打开“新建”对话框，在“类型”选项组中点选“零件”单选钮，在“子类型”选项组中点选“实体”单选钮，在“名称”文本框输入“banhuang”，取消勾选“使用默认模板”复选框，单击“确定”按钮，在打开的“新文件选项”对话框中选择“mmns_part_solid_abs”选项，单击“确定”按钮，创建一个新的零件文件。

2. 草绘扫描轨迹

单击“模型”功能区“基准”面板中的“草绘”按钮，打开“草绘”对话框；选择FRONT基准平面作为草绘平面，接受默认参考方向，单击“草绘”按钮，进入草绘界面。利用草绘命令绘制如图6-9所示的草图。单击“草绘”功能区“关闭”面板中的“确定”按钮，退出草绘环境。

3. 创建扫描实体

（1）单击“模型”功能区“形状”面板中的“扫描”按钮，系统自动拾取上步绘制的草图为轨迹，在打开的操控板中单击“恒定截面”按钮，再单击“草绘”按钮，进入草绘环境。

（2）绘制如图6-10所示的扫描截面。单击“关闭”面板中的“确定”按钮，完成草图绘制。

（3）在“扫描”操控板中单击“确定”按钮，完成板簧的创建，如图6-11所示。

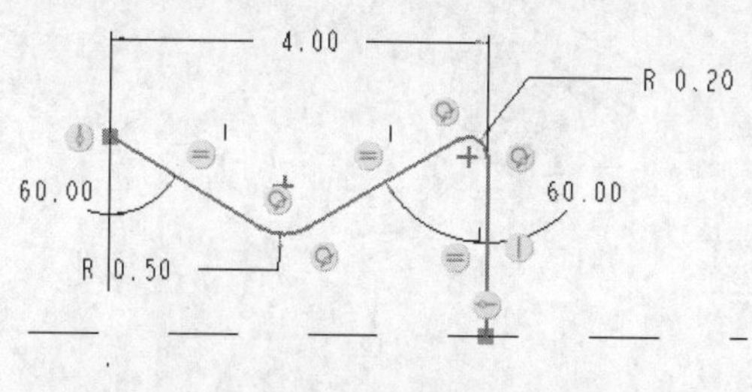

图6-9　草绘图形

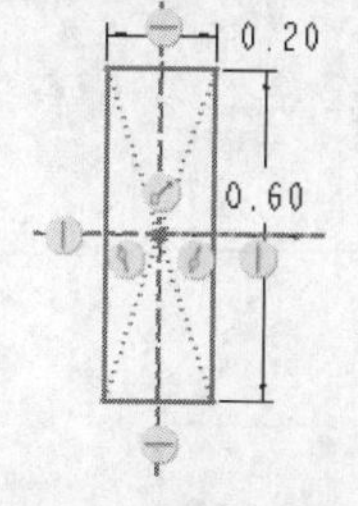

图6-10　绘制扫描截面

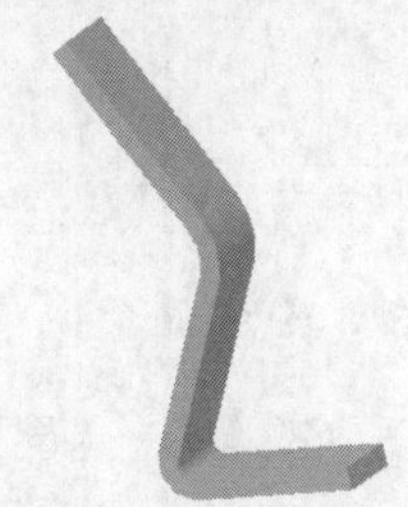

图6-11　扫描实体

4. 倒圆角修饰

单击“模型”功能区“工程”面板中的“倒圆角”按钮，选择板簧的4条边，设置圆角直径为0.1，倒圆角后的实体如图6-12所示。

5. 插入镜像特征操作

选中模型树选项卡中的“扫描1”特征，右击并在弹出的下拉菜单中选择“在此插入”命令，如图6-13所示。

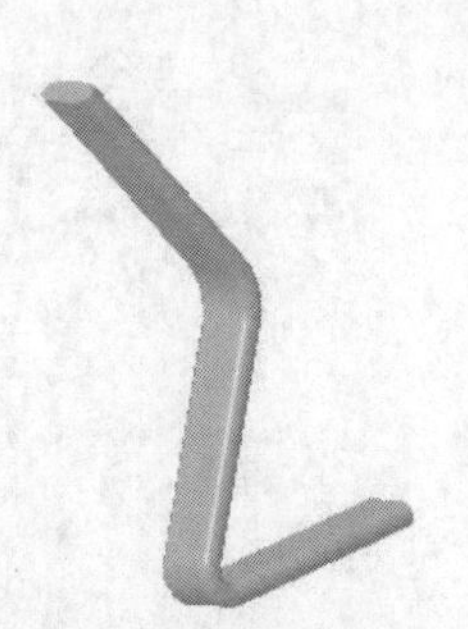

图6-12　倒圆角后的实体

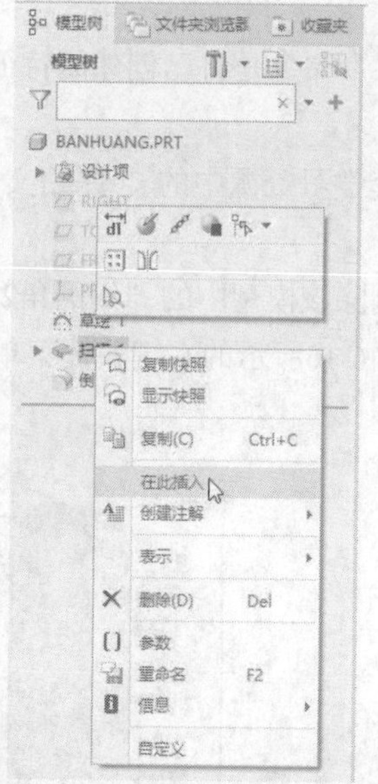

图6-13　“在此插入”命令

再次选中模型树选项卡中的“扫描1”特征。单击“模型”功能区“编辑”面板中的“镜像”按钮，（该命令会在6.5节讲解）操作过程如图6-14所示。用鼠标左键选择插入定位符，按住鼠标左键并拖动指针到“倒圆角1”下方位置，系统自动重新生成后的结果如图6-8所示。

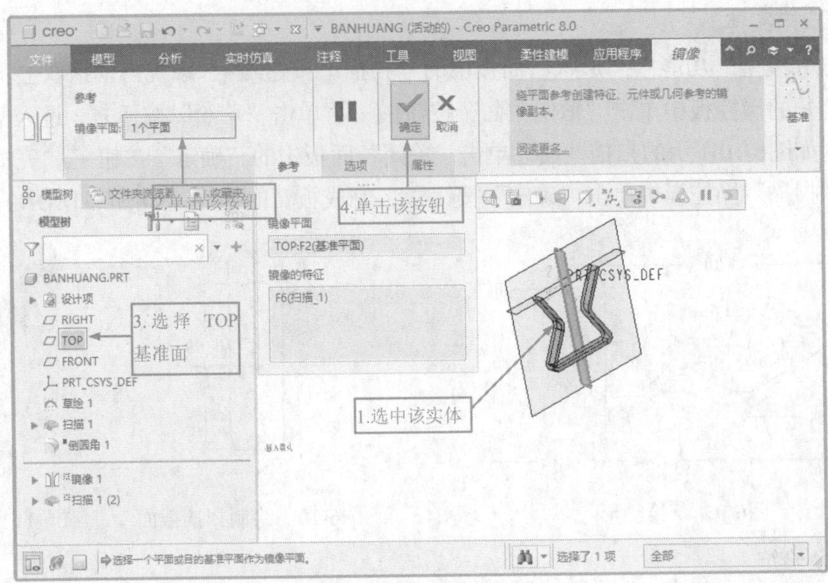

图6-14　镜像特征

6. 保存文件

保存文件到指定的位置并关闭当前对话框。

6.2 删除特征

特征的“删除”命令是将已创建的特征在“模型树”选项卡和绘图区中删除。删除特征的方式如下。

（1）打开配套学习资源中的“\原始文件\第6章\moxingcaozuo.prt”文件，其原始模型如图6-15所示。

（2）如果要删除该模型中的“倒圆角2”特征，可在“模型树”选项卡中选择“倒圆角2”选项并右击，打开如图6-16所示的右键快捷菜单。

删除特征

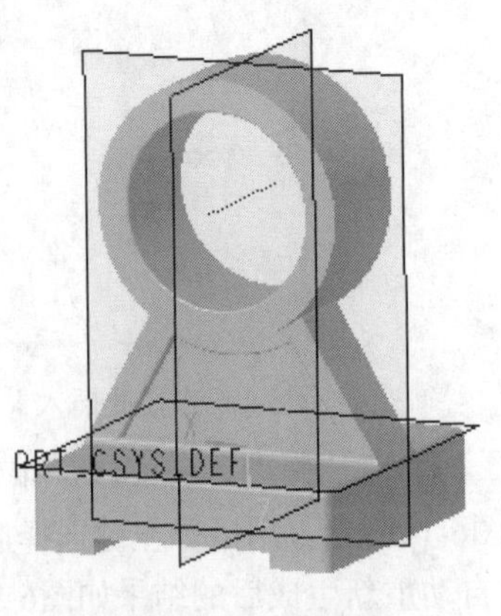

图6-15　原始模型

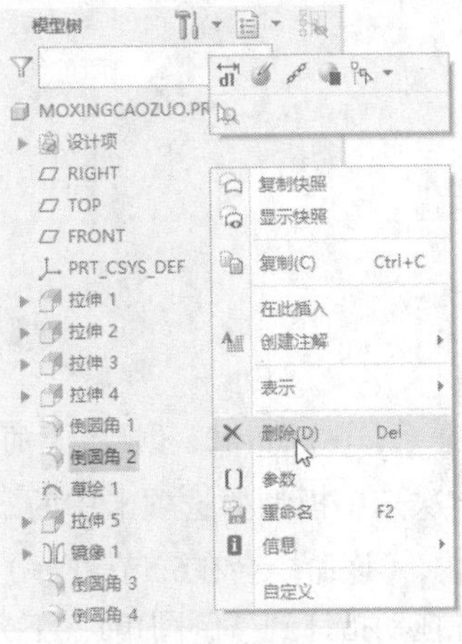

图6-16　右键快捷菜单

（3）在右键快捷菜单中选择“删除”命令，如果所选特征没有子特征，则会打开如图6-17所示的“删除”对话框，同时该特征在“模型树”选项卡和绘图区加亮显示，单击“确定”按钮即可删除该特征。

（4）若选取的特征存在子特征，如本例选取“镜像1”特征，则在选取“删除”命令后打开如图6-18所示的“删除”对话框，同时该特征及所有子特征都将在“模型树”选项卡和绘图区加亮显示，如图6-19所示。

（5）单击“确定”按钮即可删除该特征及所有子特征；单击“选项”按钮，在打开的“子项处理”对话框中对子特征进行处理，如图6-20所示。

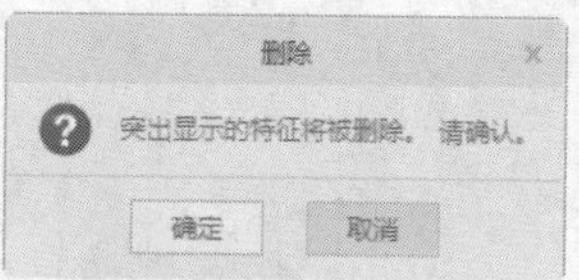

图6-17　“删除”对话框1

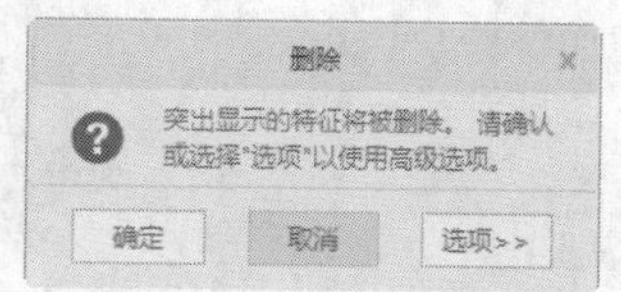

图6-18　“删除”对话框2

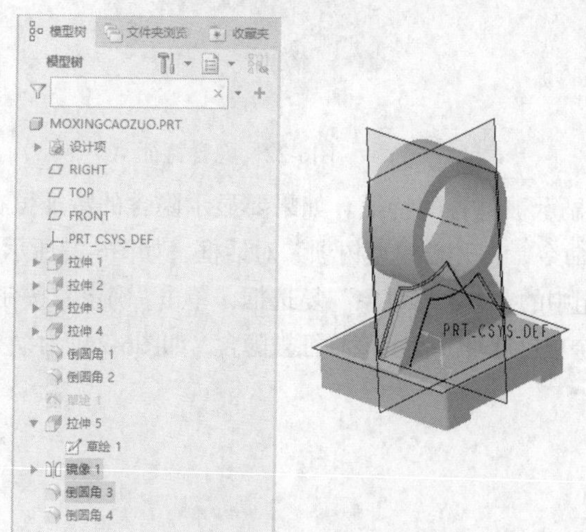

图6-19　加亮显示所选特征

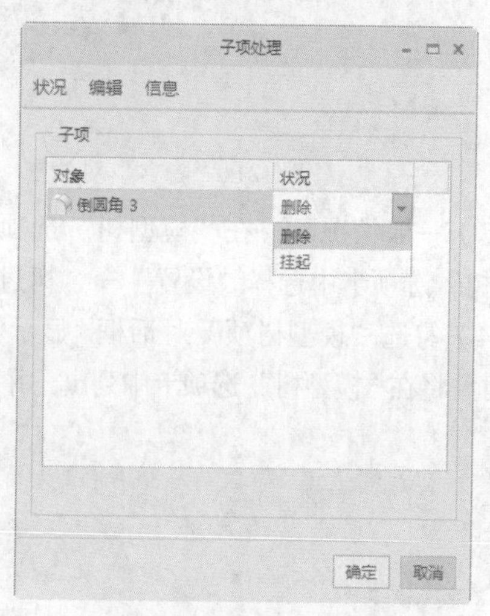

图6-20　“子项处理”对话框

6.3 隐含特征

隐含特征类似于将其从再生中暂时删除，但可随时解除隐含（恢复）显示特征。在设计过程中，可以隐含零件上的特征来简化零件模型，并减少再生时间。例如，当处理一个复杂组件时，可以隐含一些当前组件过程并不需要其详图的特征和元件。在设计过程中隐含某些特征的作用如下。

- 隐含其他区域的特征后可更专注于当前特征。
- 隐含当前不需要的特征可减少更新，加速修改过程。
- 隐含特征可减少显示内容，从而加速显示过程。
- 隐含特征可以起到暂时删除特征，尝试不同设计迭代的作用。

隐含特征

隐含特征的操作方式如下。

（1）打开配套学习资源中的“\原始文件\第6章\moxingcaozuo.prt”文件，如图6-15所示。在“模型树”选项卡中选择“拉伸3”选项，右击，在打开的右键快捷菜单中选择“隐含”按钮，打开“隐含”对话框，同时选取的特征在“模型树”选项卡和图形区加亮显示，如图6-21所示。

（2）单击“隐含”对话框中单击“确定”按钮，隐含选取的特征，如图6-22所示。

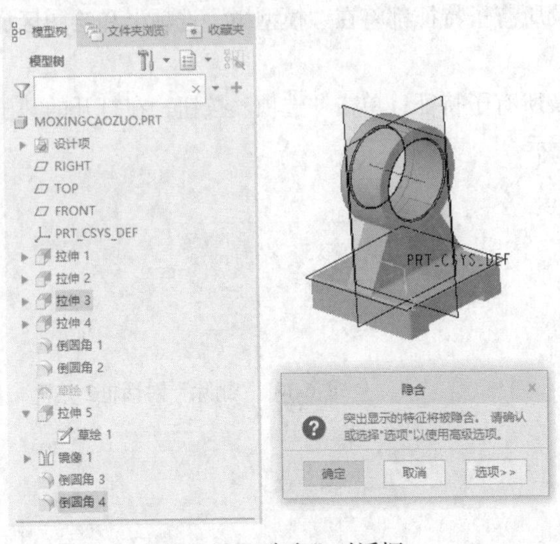

图6-21 “隐含”对话框

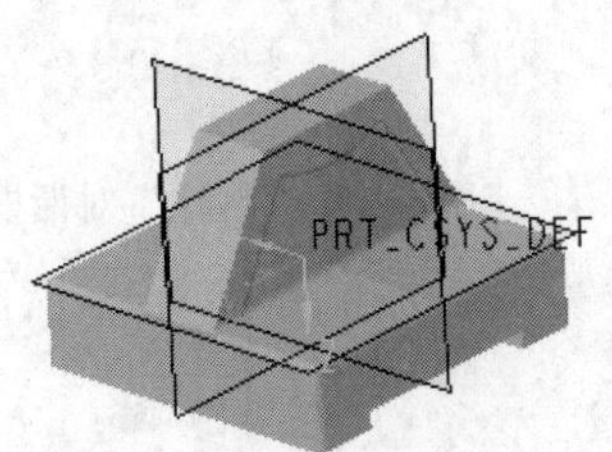

图6-22 隐含特征

（3）一般情况下，在“模型树”选项卡中不显示被隐含的特征。如果要显示隐含的特征可在“模型树”选项卡中选择“设置”→“树过滤器”命令，打开“模型树项”对话框，如图6-23所示。

（4）勾选“模型树项”对话框“显示”选项组中的“隐含的对象”复选框，单击“确定”按钮，隐含对象将在“模型树”选项卡中列出，并带有一个项目符号，表示该特征被隐含，如图6-24所示。

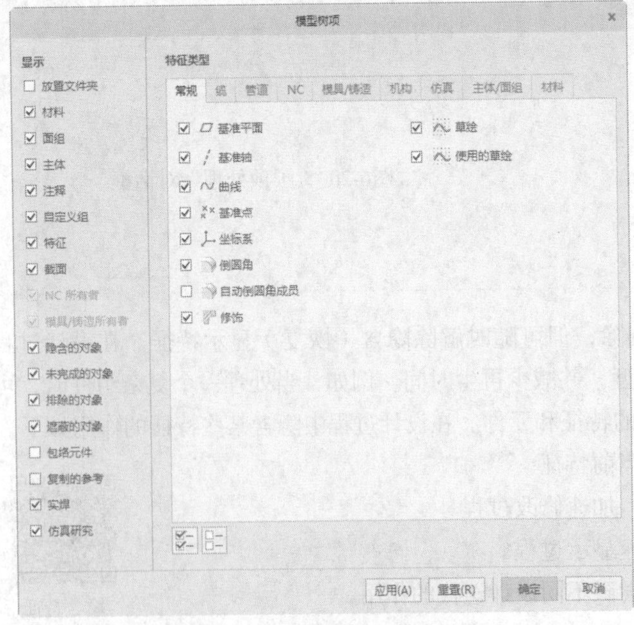

图6-23 “模型树项目”对话框

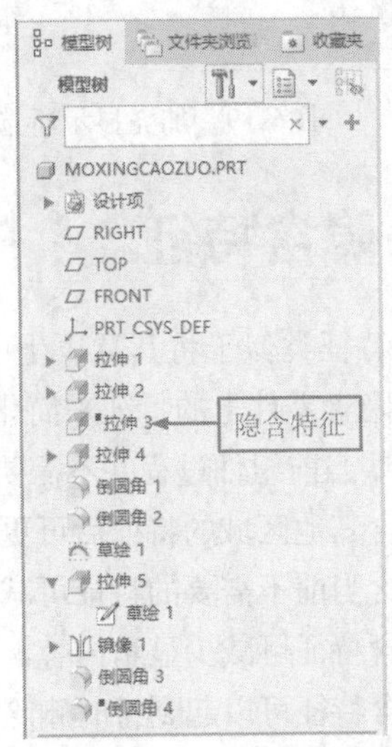

图6-24 显示隐含特征

如果要在绘图区恢复隐含特征，可在“模型树”选项卡中选取要恢复的一个或多个隐含特征，然后单击“模型”功能区“操作”面板下的“恢复”→“恢复上一个集”命令，将在“模型树”选项卡中去掉隐含特征前面的项目符号，表示该特征已经取消隐含，同时绘图区也将显示该特征。

技巧荟萃

在模型中，基本特征不能隐含。如果对基本（第一个）特征不满意，可以重定义特征截面或将其删除并重新创建。

6.4 隐藏特征

Creo Parametric允许在进程中的任何时间即时隐藏或取消隐藏所选的模型图元。使用“隐藏”和“取消隐藏”命令，可节约宝贵的设计时间。

使用“隐藏”命令无须将图元分配到某一层中并遮蔽整个层。可隐藏和重新显示单个基准特征，如基准平面和基准轴，而无须同时隐藏或重新显示所有基准特征。下列项目类型可即时隐藏。

- 单个基准面（与同时隐藏或显示所有基准面相对）。
- 基准轴。
- 含有轴、平面和坐标系的特征。
- 分析特征（点和坐标系）。
- 基准点（整个阵列）。
- 坐标系。
- 基准曲线（整条曲线，不是单个曲线段）。
- 面组（整个面组，不是单个曲面）。
- 组件元件。

如果要隐藏某一特征，可右击“模型树”选项卡或绘图区中的某一个或多个特征，在打开的右键快捷菜单中选择“隐藏”按钮即可隐藏该特征。

隐藏某一特征时，Creo Parametric将该特征在绘图区删除，但特征仍会显示在“模型树”选项卡中，其图表以灰色显示，表示该项目处于隐藏状态，如图6-25所示。

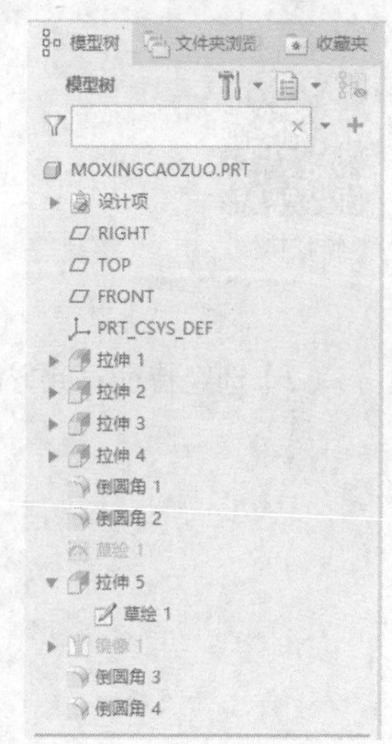

图6-25 “模型树”选项卡

如果要取消隐藏，可在“模型树”选项卡中选择隐藏的项目，然后右击，在打开的右键快捷菜单中选择“取消隐藏”命令即可取消隐藏，此时在“模型树”选项卡中，该特征将正常显示，也将在绘图区中重新显示。

另外还可单击“工具”功能区“调查”面板上的“查找”按钮，选取某一指定类型的所有项目（如某一组件内所有元件中相同类型的全部特征），然后单击“视图”功能区“可见性”面板上的“隐藏”按钮将其隐藏。

当使用“模型树”选项卡手动隐藏项目或创建异步项目时，这些项目会自动添加到被称为“隐藏项目”的层（如果该层已存在）。如果该层不存在，系统将自动创建一个名为“隐藏项目”的层，并将隐藏项目添加到其中。该层始终被创建在“层树”列表的顶部。

6.5 特征镜像

在前面所讲特征复制中的镜像操作只是针对特征进行镜像。在Creo Parametric中，还提供了单独的“镜像”命令，不仅可以镜像实体上的某一特征，还可以镜像整个实体。“镜像”工具允许复制镜像平面周围的曲面、曲线、阵列和基准特征。所有的“镜像”特征均在“模型树”选项卡中用 图标表示。可通过以下几种方法进行镜像。

1. **特征镜像**

通常采用“所有特征”和“选定特征”两种方法镜像特征。

（1）所有特征：此方法可复制特征并创建包含模型所有特征几何的合并特征，如图6-26所示。此方法必须在“模型树”选项卡中选取所有特征和零件节点。

特征镜像

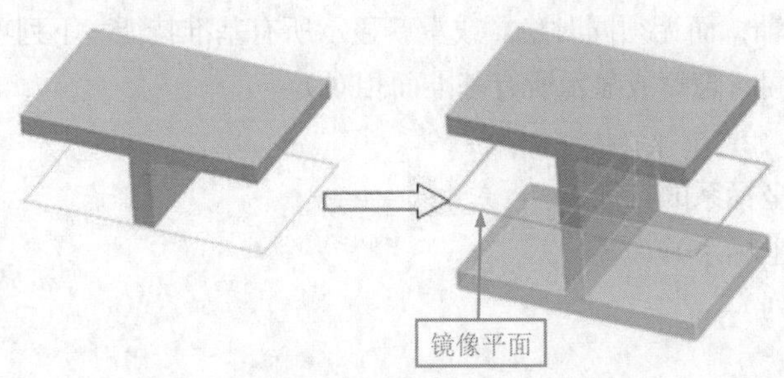

图6-26　镜像所有特征

（2）选定特征：此方法仅复制选定的特征，如图6-27所示。

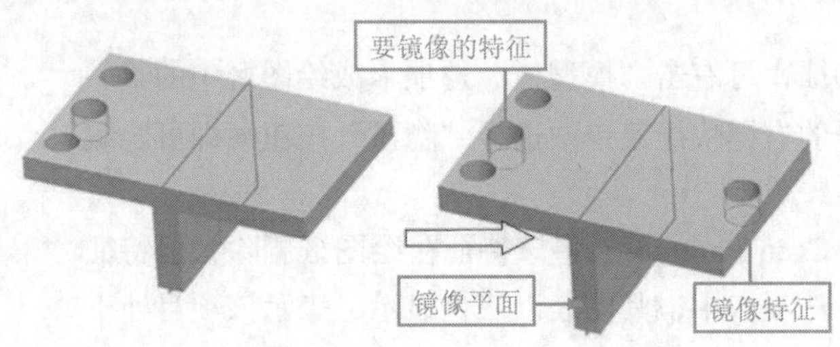

图6-27　镜像选定特征

2. **几何镜像**

允许镜像诸如基准、面组和曲面等几何特征，也可在“模型树”选项卡中选取相应节点来镜像整个零件。

6.5.1 镜像特征创建步骤

下面就结合实例讲解使用“镜像”工具从数量相对较少的几何特征创建复杂设计的具体操作

过程。

（1）打开配套学习资源中的“\原始文件\第6章\tezhengjingxiang1.prt”文件，如图6-28所示。

（2）选取模型中的所有特征，单击“模型”功能区“编辑”面板中的“镜像”按钮，打开“镜像”操控板。

（3）单击“基准”面板中的“平面”按钮，打开“基准平面”对话框。选取FRONT基准平面作为参考平面，并设置为偏移方式，使新创建的基准平面沿FRONT基准平面向下平移100。

（4）单击“基准平面”对话框中的“确定”按钮，然后单击操控板中的“继续”按钮，使当前界面恢复为可编辑状态。

（5）单击操控板中的“参考”按钮，打开如图6-29所示的“参考”下滑面板。此时的镜像平面默认为前一步创建的DTM1基准平面。用户也可通过“镜像平面”下拉列表，在模型中选取其他镜像平面。

（6）单击操控板中的“选项”按钮，打开如图6-30所示的“选项”下滑面板，该下滑面板中的“从属副本”复选框默认为勾选状态，复制得到的特征为原特征的从属特征，当原特征改变时，复制特征也将发生改变；取消勾选此复选框时，原特征的改变对复制特征不产生影响。

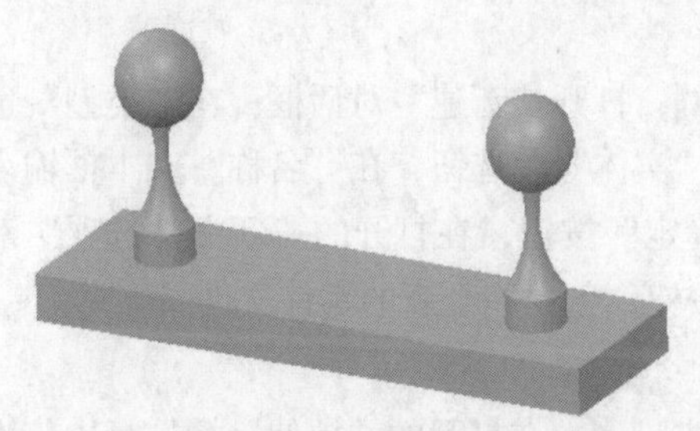

图6-28　原始模型

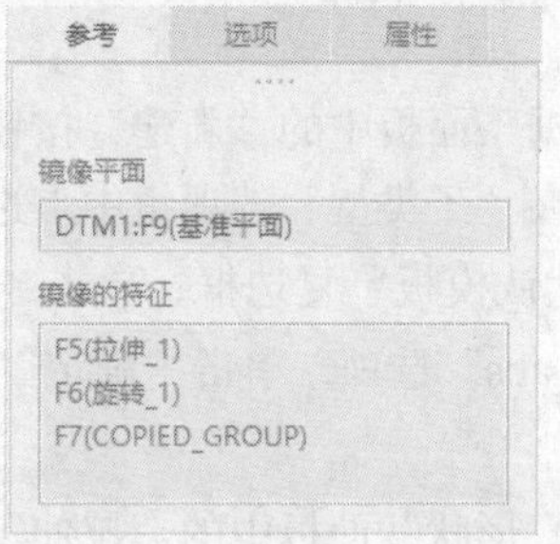

图6-29　“参考”下滑面板

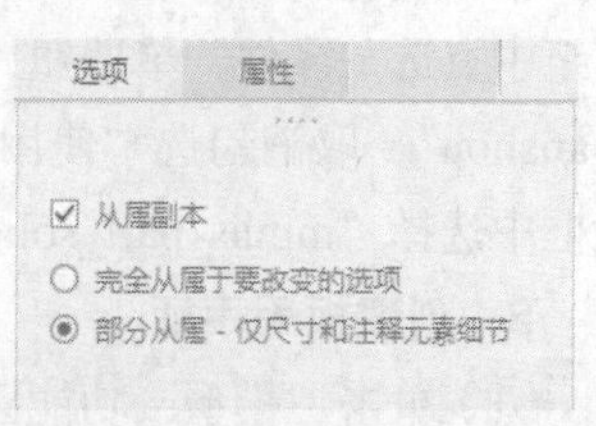

图6-30　“选项”下滑面板

（7）在如图6-31（a）~图6-31（d）中，图6-31（a）所示为原特征以DTM1基准平面为镜像平面的镜像结果；图6-31（b）所示为镜像完成后，将“模型树”选项卡中名称为“旋转1”的旋转特征的旋转角度更改为200°后的特征结果；图6-31（c）所示为勾选“从属副本”复选框，完成复制后对原始特征进行编辑后的复制结果；图6-31（d）所示为取消勾选“从属副本”复选框，完成复制后修改原特征得到的结果。

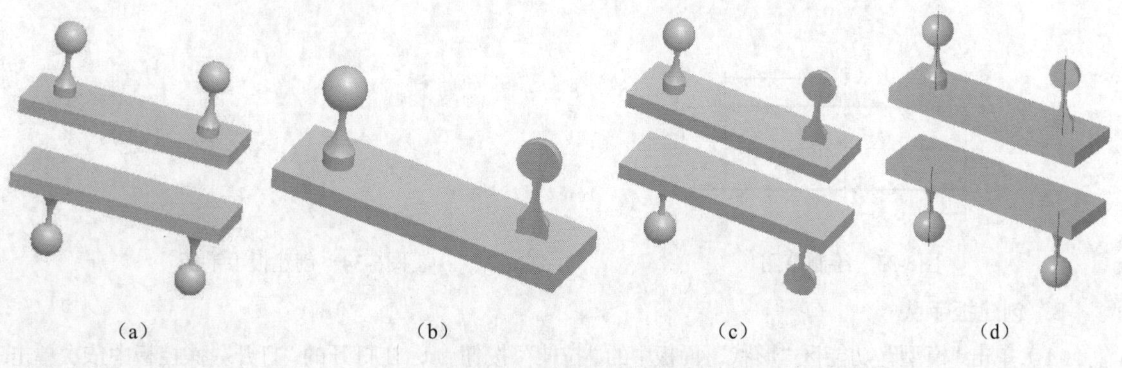

图6-31　镜像结果对比

（8）保存文件到相应的目录并关闭当前对话框。

6.5.2 实例——扳手

创建如图6-32所示的扳手。

实例——扳手

图6-32 扳手

绘制步骤

1. 新建文件

单击“主页”功能区“数据”面板中的“新建”按钮，打开“新建”对话框，在“类型”选项组中点选“零件”单选钮，在“子类型”选项组中点选“实体”单选钮，在“名称”文本框输入“banshou”，取消勾选“使用默认模板”复选框，单击“确定”按钮，在打开的“新文件选项”对话框中选择“mmns_part_solid_abs”选项，单击“确定”按钮，创建一个新的零件文件。

2. 创建扳手手柄

（1）单击“模型”功能区“形状”面板中的“拉伸”按钮，在打开的“拉伸”操控板中依次单击“放置”→“定义”按钮，选取FRONT基准平面作为草绘平面，单击“草绘”按钮，进入草绘环境。

（2）利用草绘命令绘制如图6-33所示的草图，单击“关闭”面板中的“确定”按钮，退出草绘环境。

（3）在操控板中设置拉伸方式为可变，在其后的文本框中给定深度值为40，单击“确定”按钮，生成拉伸特征，如图6-34所示。

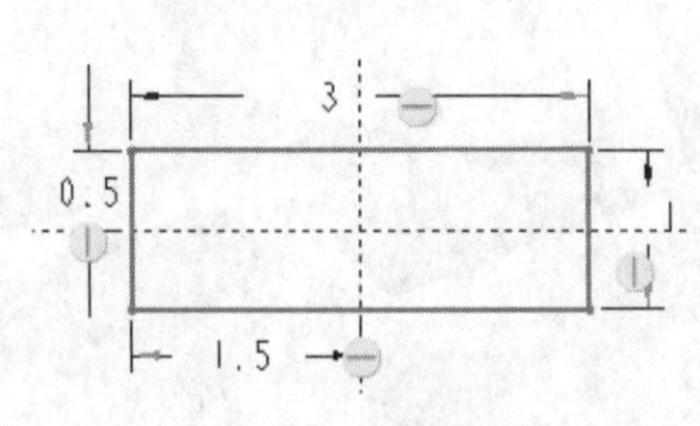

图6-33 绘制草图1

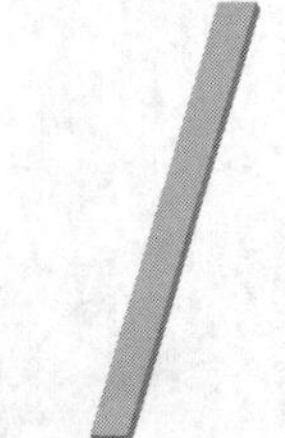

图6-34 创建扳手手柄

3. 创建扳手头

（1）单击“模型”功能区“形状”面板中的“拉伸”按钮，在打开的“打开”操控板中依次单击“放置”→“定义”按钮，选取TOP基准平面作为草绘平面，单击“草绘”按钮，进入草绘环境。

（2）利用草绘命令绘制如图6-35所示的草图，单击“关闭”面板中的“确定”按钮✔，退出草绘环境。

（3）在操控板中设置拉伸方式为“对称”，在其后的文本框中给定深度值为2，单击“确定”按钮，生成拉伸特征，如图6-36所示。

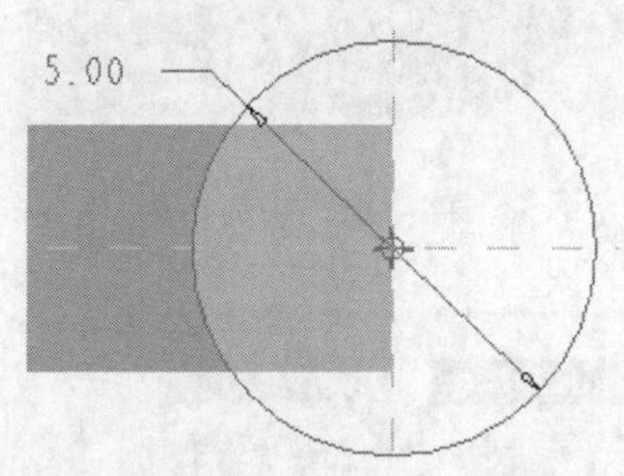

图6-35　绘制草图2

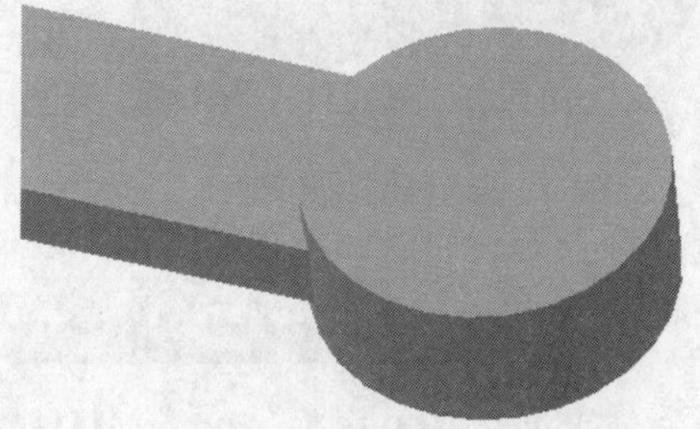

图6-36　创建扳手头

4. 创建扳手头

（1）单击“模型”功能区“形状”面板中的“拉伸”按钮，在打开的“拉伸”操控板中依次单击“放置”→“定义”按钮，选取TOP基准平面作为草绘平面，单击“草绘”按钮，进入草绘环境。

（2）利用草绘命令绘制如图6-37所示的草图，单击“草绘”功能区“关闭”面板中的“确定”按钮✔，退出草绘环境。

（3）在操控板中设置拉伸方式为“对称”，在其后的文本框中给定深度值为2，单击“移除材料”按钮，单击“确定”按钮，生成拉伸特征，如图6-38所示。

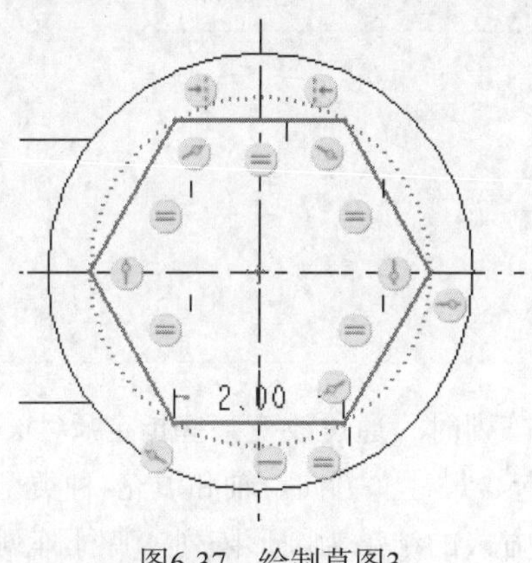

图6-37　绘制草图3

图6-38　拉伸切除特征

5. 倒圆角修饰

单击“模型”功能区“工程”面板中的“倒圆角”按钮，选择如图6-39所示的边，设置圆角直径为0.5，单击“确定”按钮，倒圆角后的实体如图6-40所示。

6. 镜像实体

在模型树选项卡中选中创建的实体特征。单击“模型”功能区“编辑”面板中的“镜像”按钮，操作过程如图6-41所示。结果如图6-32所示。

图6-39　选取倒圆角边

图6-40　倒圆角

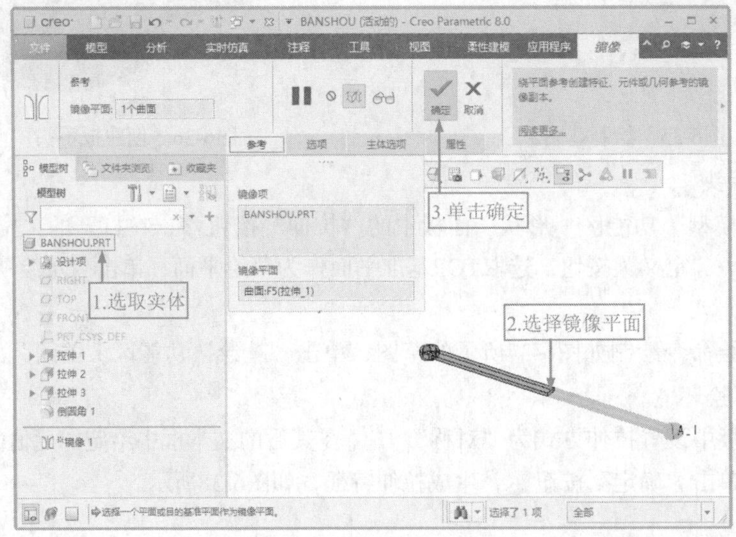

图6-41　操作过程

7. 保存文件

保存文件到指定的位置并关闭当前对话框。

6.6 特征阵列

特征阵列是按照一定的排列方式复制特征。在创建阵列时，通过改变某些指定尺寸，可创建选定特征的实例，结果将得到一个特征阵列。特征阵列包含尺寸、方向、轴和填充4种类型，其中尺寸和方向两种阵列方式的结果为矩形阵列，而轴阵列方式的结果为圆形阵列。特征阵列的优点如下。

- 创建阵列是重新生成特征的快捷方式。
- 阵列由参数控制。因此，通过改变阵列参数，比如实例数、实例之间的间距和原始特征尺寸，可修改阵列。
- 修改阵列比分别修改特征更为有效。在阵列中改变原始特征尺寸时，Creo Parametric将自动更新整个阵列。

- 对包含在一个阵列中的多个特征同时执行操作，比操作单独特征更为方便和高效。例如，可方便地隐含阵列或将其添加到层。

6.6.1　尺寸阵列

尺寸阵列

尺寸阵列是通过选择特征的定位尺寸进行阵列。创建尺寸阵列时，选取特征尺寸，并指定这些尺寸的增量变化以及阵列中的特征实例数。尺寸阵列可以是单向阵列（如孔的线性阵列），也可以是双向阵列（如孔的矩形阵列）。换句话说，双向阵列将实例放置在行和列中。根据所选取要更改的尺寸，阵列可以是线性的或角度的。尺寸阵列的具体操作步骤如下。

图6-42　原始模型

（1）打开配套学习资源中的“\原始文件\第6章\zhenliejx.prt”文件，其原始模型如图6-42所示。

（2）在“模型树”选项卡中选择“拉伸2”选项，单击“模型”功能区“编辑”面板中的“阵列”按钮，打开“阵列”操控板，在“阵列类型”下拉列表中选择“尺寸”选项，如图6-43所示。

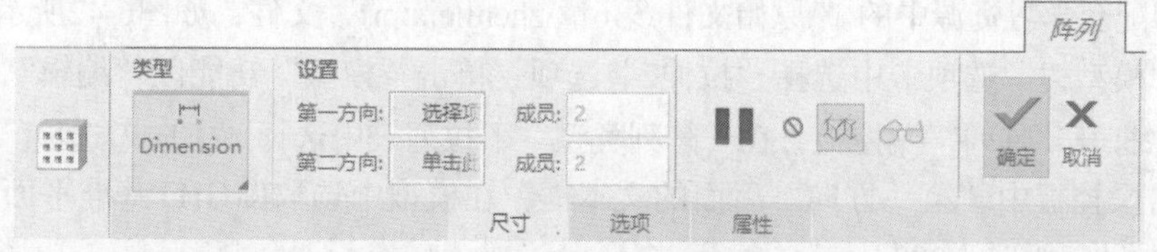

图6-43　“尺寸阵列”操控板

（3）在操控板中单击“第一方向”后面的文本框，在模型中选取水平尺寸“140”。

（4）在操控板中单击“第二方向”后面的文本框，在模型中选取水平尺寸“240”。

（5）单击操控板中的“尺寸”按钮，打开“尺寸”下滑面板，如图6-44所示。

（6）单击“尺寸”下滑面板中“方向1”列表框“增量”列的尺寸“140”使之处于可编辑状态，然后将其修改为50。

（7）采用同样的方法，将第2方向上的尺寸值修改为70，此时模型预览阵列特征如图6-45所示。

（8）在预览模型中可以看到阵列方向不理想，此时需要将阵列特征反向，将“尺寸”下滑面板“方向1”和“方向2”列表框中的尺寸值分别修改为-50和-70；然后单击操控板中的“尺寸”按钮，关闭“尺寸”下滑面板。

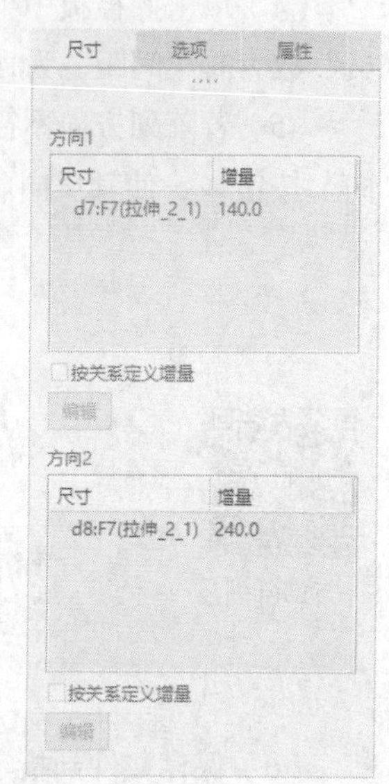

图6-44　“尺寸”下滑面板

（9）在操控板中“第一方向”后面的“成员”文本框中输入“7”，使矩形阵列特征为7列。

（10）在操控板中“第二方向”后面的“成员”文本框中输入“8”，使矩形阵列特征为8行。

（11）单击操控板中的“确定”按钮✔，生成阵列特征，如图6-46所示。

（12）保存文件到指定的位置并关闭当前对话框。

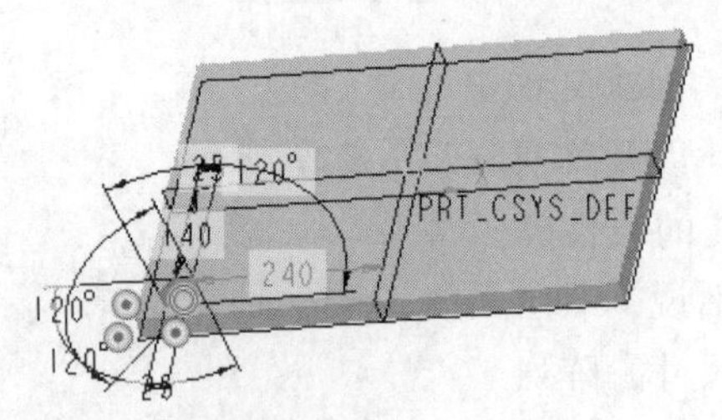

图6-45　阵列结果预览

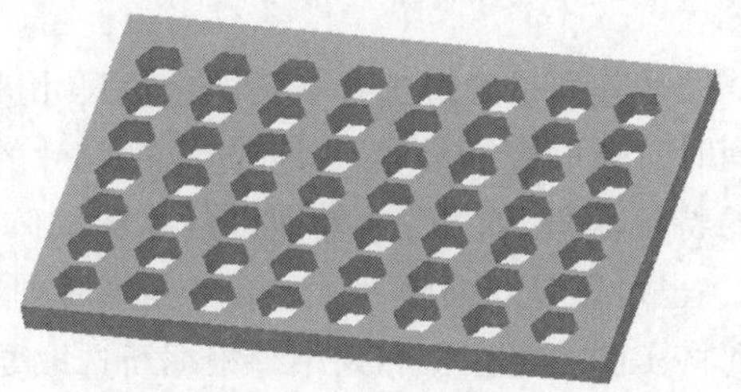

图6-46　矩形阵列结果

6.6.2　方向阵列

方向阵列是指通过指定方向并使用拖动控制滑块设置阵列增长的方向和增量来创建自由形式的阵列，即先指定特征的阵列方向，然后再指定尺寸值和行列数的阵列方式。方向阵列可为单向或双向。方向阵列的具体操作步骤如下。

（1）打开配套学习资源中的“\原始文件\第6章\zhenliejx.prt”文件，如图6-42所示。

（2）在“模型树”选项卡中选择“拉伸2”选项，单击“模型”功能区“编辑”面板中的“阵列”按钮⊞，打开“阵列”操控板，在“阵列类型”下拉列表中选择“方向”选项。

（3）单击操控板中“第一方向”后面的文本框，在模型中选取RIGHT基准平面，并给定阵列“成员”数为3，“间距”为200。

（4）单击操控板中“第二方向”后面的文本框，在模型中选取TOP基准平面，并给定阵列“成员”数为3，“间距”为140。此时预览阵列特征如图6-47所示。

（5）若阵列方向不符合要求，可单击操控板中“第一方向”或“第二方向”文本框后面的“反向”按钮⇄，使其反向。然后单击操控板中的“确定”按钮✔，阵列结果如图6-48所示。

方向阵列

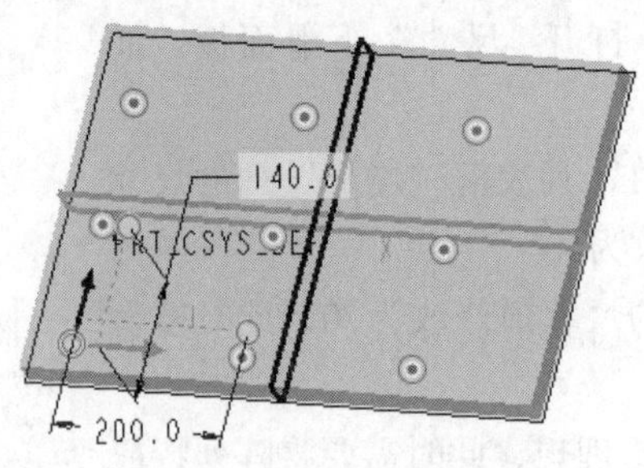

图6-47　阵列结果预览

图6-48　阵列结果

（6）保存文件到指定的位置并关闭当前对话框。

6.6.3　轴阵列

轴阵列是指特征绕旋转中心轴在圆周上进行阵列。圆周阵列第一方向的尺寸用来定义圆周方向上的角度增量，第二方向尺寸用来定义阵列径向增量。圆周阵列的具体操作步骤如下。

图6-49　原始模型

（1）打开配套学习资源中的“\原始文件\第6章\zhenlieyx.prt”文件，其原始模型如图6-49所示。

（2）在“模型树”选项卡中选择“拉伸2”选项，单击“模型”功能区“编辑”面板中的“阵列”按钮，打开“阵列”操控板，在“阵列类型”下拉列表中选择“轴”选项。

（3）在模型中选取轴A_1，并给定阵列“第一方向成员”个数为3，“成员间的角度”为120。

（4）单击操控板中“第二方向成员”后面的文本框中输入“3”，然后按<Enter>键，第二个文本框变为可编辑状态后，在其中输入径向距离为“100”，此时预览阵列特征如图6-50所示。

（5）在预览模型中可看到阵列的方向，如果阵列特征反向，将操控板中“2”后面文本框中的阵列尺寸值改为负值即可。

（6）单击操控板中的“确定”按钮，阵列结果如图6-51所示。

（7）保存文件到指定的位置并关闭当前对话框。

轴阵列

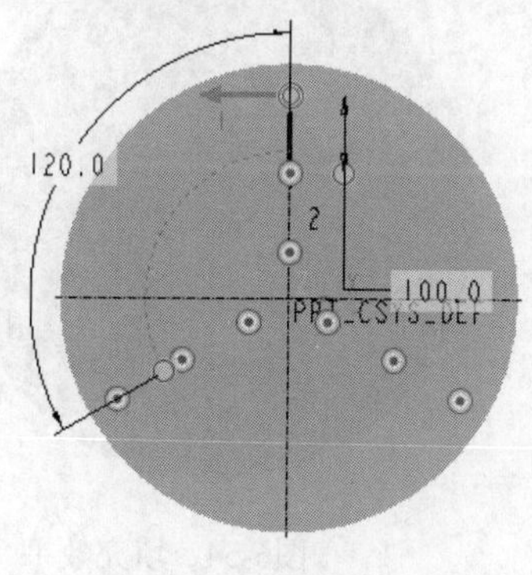

图6-50　阵列结果预览2

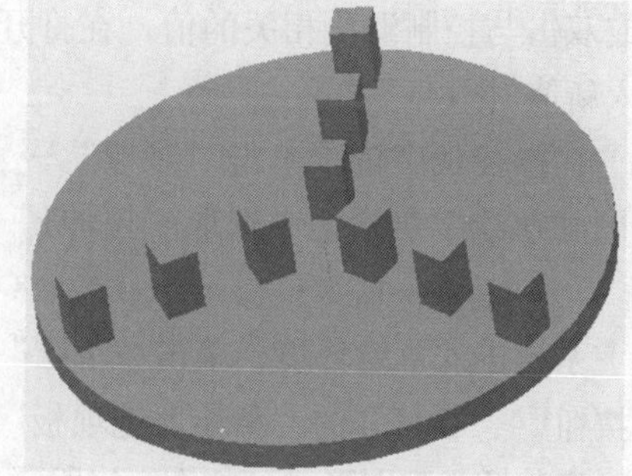

图6-51　阵列结果

填充阵列

6.6.4　填充阵列

填充阵列是指根据栅格、栅格方向和成员间的间距从原点变换成员位置而创建的。草绘的区域和边界余量决定创建的成员，将创建中心位于草绘边界内的任何成员。边界余量不会改变成员的位置。

填充阵列特征的具体操作步骤如下。

（1）打开配套学习资源中的“\原始文件\第6章\zhenlietch.prt”文件，其原始模型如图6-52所示。

（2）在“模型树”选项卡中选择“拉伸2”选项，单击“模型”功能区

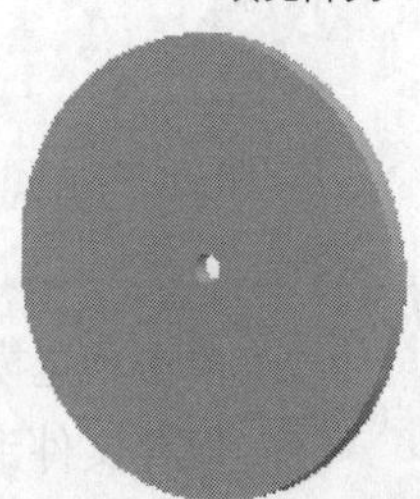

图6-52　原始模型

“编辑”面板中的“阵列”按钮，打开“阵列”操控板，在“阵列类型”下拉列表中选择“填充”选项，如图6-53所示。此时“阵列”操控板中各选项含义如下。

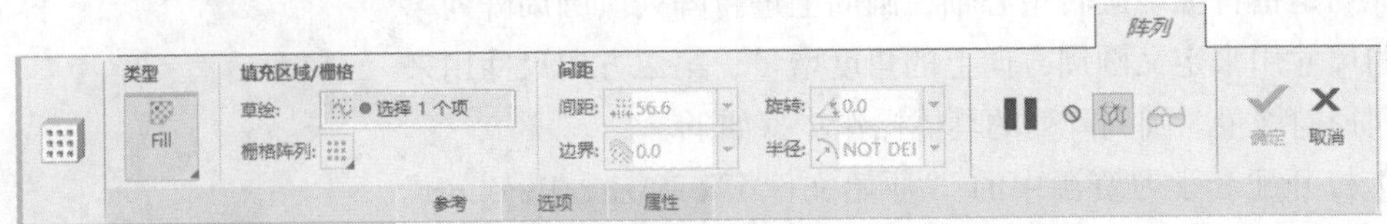

图6-53 “阵列”操控板

- 后的文本框：用于选取或草绘填充边界线。
- 后的文本框：用于设置栅格类型，默认类型为设置“方形”。
- 后的文本框：用于指定阵列成员间的间距值，可输入新值，在绘图区中拖动控制滑块，或双击与“间距”相关的值，在打开的文本框中输入新值。
- 后的文本框：用于指定阵列成员中心与草绘边界间的最小距离，可输入新值。使用负值可使中心位于草绘的外面，或在绘图区中拖动控制滑块，或双击与控制滑块相关的值，在打开的文本框中输入新值。
- 后的文本框：用于指定栅格绕原点的旋转角度，可输入新值，或在绘图区中拖动控制滑块，或双击与控制滑块相关的值，在打开的文本框中输入新值。
- 后的文本框：用于指定圆形和螺旋形栅格的径向间隔，可输入新值，或在绘图区中拖动控制滑块，或双击与控制滑块相关的值，在打开的文本框中输入新值。

（3）在操控板中依次单击“参考”→“定义”按钮，在打开的“草绘”对话框中选取“拉伸1”的圆面作为草绘平面。

（4）系统进入草绘环境，单击“草绘”面板中的“选项板”按钮，在打开的“草绘器选项板”对话框中选取六边形，将其插入到图形中，如图6-54所示。

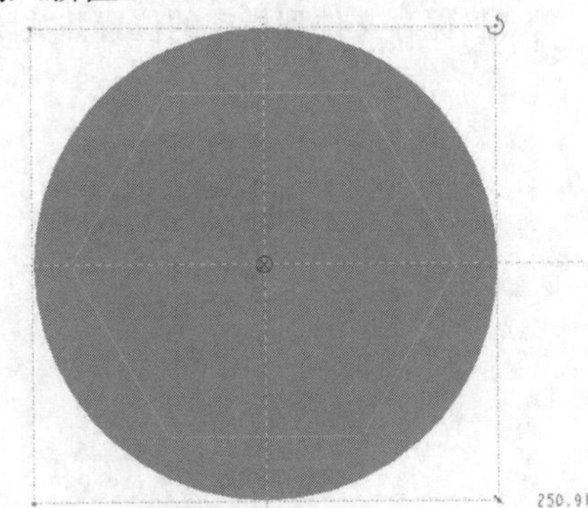

图6-54 填充效果

（5）单击“草绘”功能区中的“确定”按钮退出草绘环境。

（6）返回到“阵列”操控板，参数设置如图6-55所示。预览阵列结果如图6-56所示。

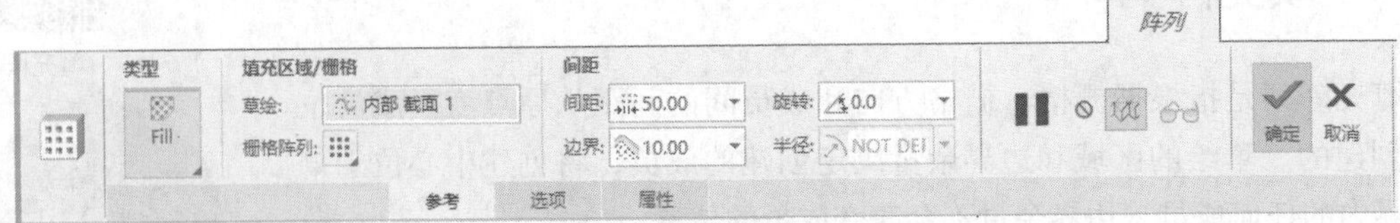

图6-55 阵列参数设置

（7）单击预览模型中特征中心线位置的黑点，使之变为圆圈，阵列结果如图6-57所示。

（8）保存文件到指定的位置并关闭当前对话框。

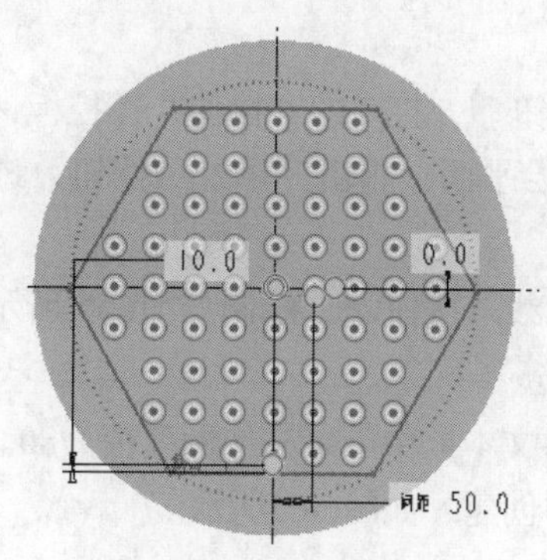

图6-56　阵列结果预览

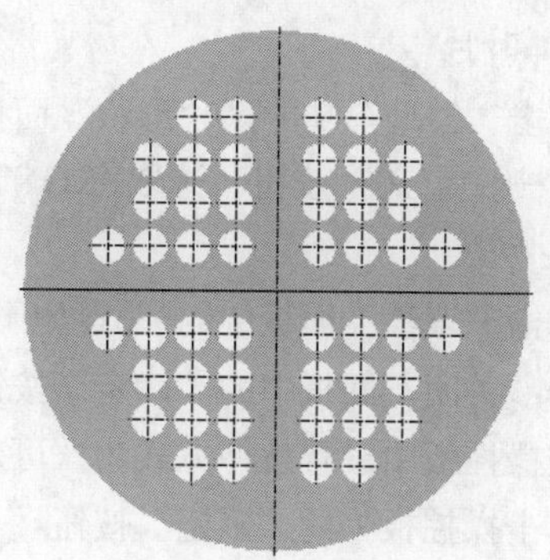

图6-57　阵列结果

6.6.5　实例——叶轮

实例——叶轮

创建如图6-58所示的叶轮。

绘制步骤

图6-58　叶轮

1. 新建文件

单击“主页”功能区“数据”面板中的“新建”按钮，打开“新建”对话框，在“类型”选项组中点选“零件”单选钮，在“子类型”选项组中点选“实体”单选钮，在“名称”文本框输入“yelun”，取消勾选“使用默认模板”复选框，单击“确定”按钮，在打开的“新文件选项”对话框中选择“mmns_part_solid_abs”选项，单击“确定”按钮，创建一个新的零件文件。

2. 旋转基体

（1）单击“模型”功能区“形状”面板中的“旋转”按钮，打开的“旋转”操控板。依次单击“放置”→“定义”按钮。选取RIGHT基准平面作为草绘平面，单击“草绘”按钮，进入草绘环境。

（2）单击“草绘”面板中的“线”按钮和“3点/相切端”按钮，绘制如图6-59所示的旋转截面图并修改其尺寸值。

（3）在操控板中设置旋转方式为“可变”，在其后的文本框中给定旋转角度值为360°。

（4）单击操控板中的“确定”按钮，完成旋转特征1的创建，如图6-60所示。

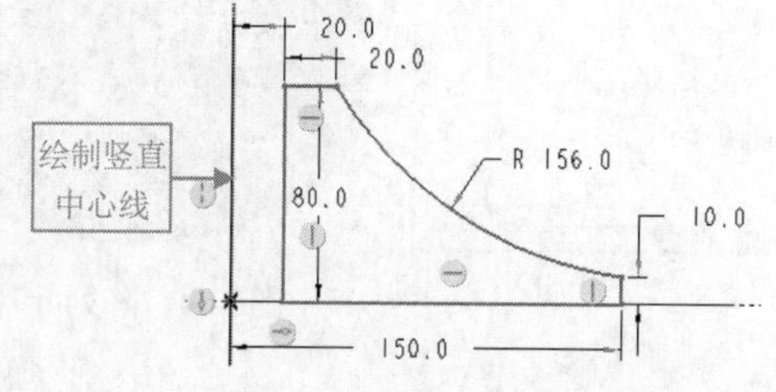

图6-59　绘制旋转截面1

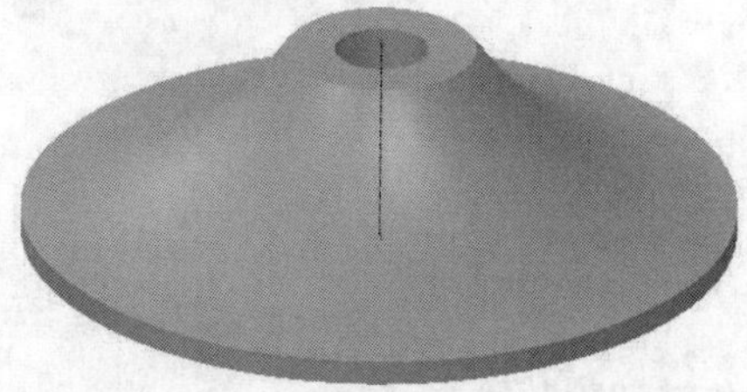

图6-60　旋转特征

3. 拉伸叶片

（1）单击“模型”功能区“形状”面板中的“拉伸”按钮，打开的“拉伸”操控板，依次单击“放置”→“定义”按钮，选取FRONT基准平面作为草绘平面，单击“草绘”按钮，进入草绘环境。

（2）单击“草绘”面板中的“3点/相切端”按钮和“线”按钮，绘制如图6-61所示的拉伸截面。单击“关闭”面板中的“确定”按钮退出草绘环境。

（3）在操控板中设置拉伸方式为“可变”，在其后的文本框中给定拉伸深度值为80。

（4）单击操控板中的“确定”按钮，完成拉伸特征的创建，如图6-62所示。

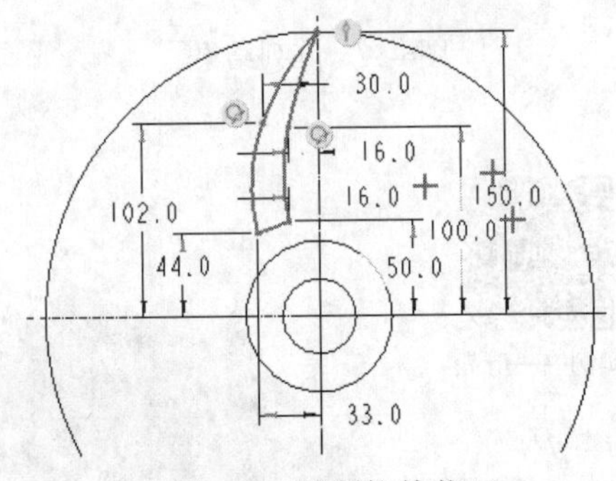

图6-61　绘制拉伸截面

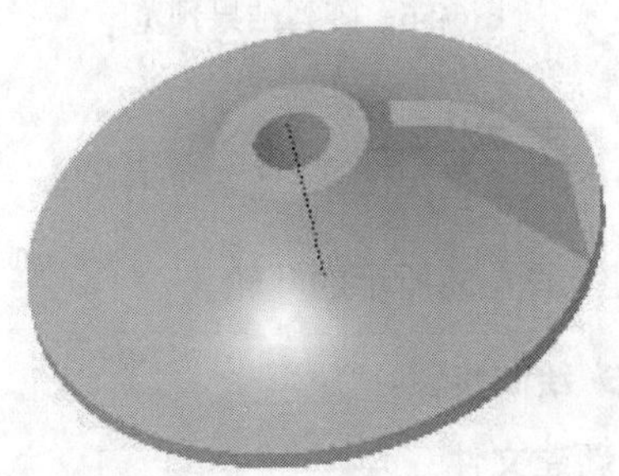

图6-62　拉伸特征

4. 阵列叶片

在“模型树”选项卡中选择前面创建的拉伸特征。单击“模型”功能区“编辑”面板中的“阵列”按钮，操作过程如图6-63所示。阵列结果如图6-64所示。

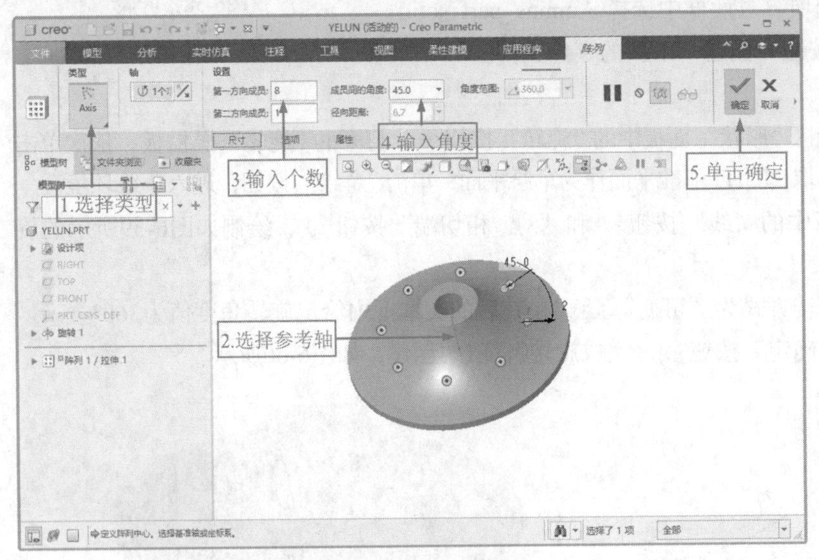

图6-63　操作过程

图6-64　阵列叶片

5. 旋转切除叶片边

（1）单击“模型”功能区“形状”面板中的“旋转”按钮，在打开的“旋转”操控板中依次单击“放置”→“定义”按钮，系统打开“草绘”对话框，选取TOP基准平面作为草绘平面，单击

“草绘”按钮，进入草绘环境。

（2）单击“草绘”面板中的“线”按钮和“3点/相切端”按钮，绘制如图6-65所示的旋转截面。单击“关闭”面板中的“确定”按钮，退出草绘环境。

（3）在“旋转”操控板中选择旋转方式为“可变”，设置旋转角度为360°，然后单击操控板中的“确定”按钮，完成旋转切除叶片边的创建。

（4）保存文件到指定的位置并关闭当前对话框。

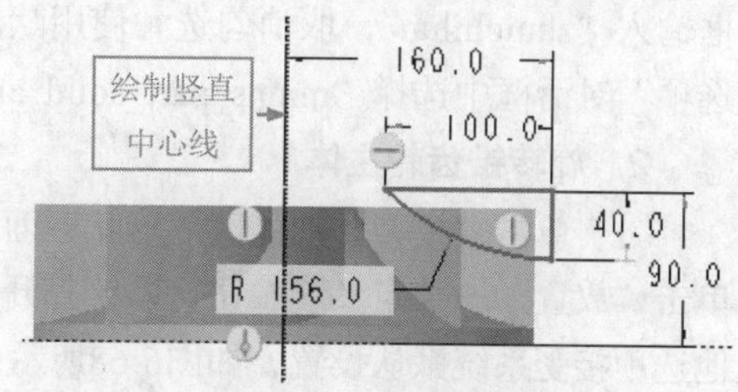

图6-65　绘制旋转截面2

6.7 缩放模型命令

缩放模型命令

利用缩放模型命令可根据用户的需求对整个零件造型进行指定比例的缩放操作。通过缩放模型命令可将特征尺寸缩小或放大一定比例。下面结合具体实例说明特征缩放的具体操作步骤。

（1）打开源文件“\原始文件\第6章\suofang.prt”文件，并双击该模型使之显示当前模型的尺寸为“300 × 50”。

（2）单击“模型”功能区“操作”面板下的“缩放模型”命令，弹出“缩放模型”对话框，“选择比例因子或输入值”为2.5，然后单击“确定”按钮，即可完成特征缩放操作，完成后模型尺寸处于隐藏状态。

（3）再次双击模型使之显示尺寸，则当前尺寸显示为“750 × 125”，图6-66所示为模型放大2.5倍后的效果。

（4）保存文件到指定的位置并关闭当前对话框。

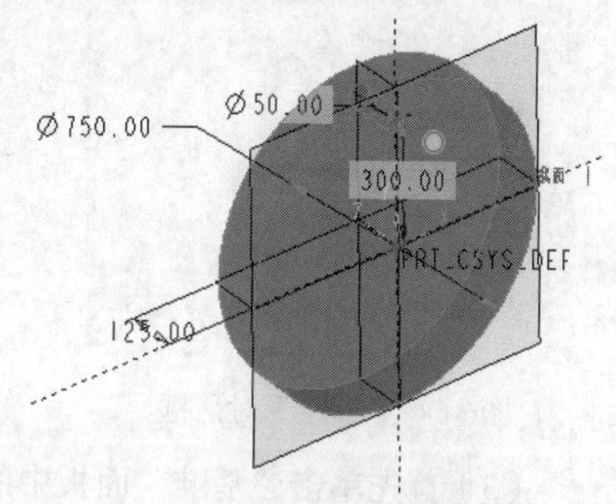

图6-66　模型缩放

6.8 实例——锥齿轮

实例——锥齿轮

本实例创建的锥齿轮如图6-67所示。

【思路分析】

创建圆锥齿轮时，首先绘制圆锥齿轮的轮廓草图并旋转生成实体，然后绘制圆锥齿轮的齿型草图，对草图进行放样切除生成实体。对生成的齿型实体进行圆周阵列，生成全部齿型实体，最后创建键槽轴孔实体。

图6-67　锥齿轮

绘制步骤

1. 新建文件

单击“主页”功能区“数据”面板中的“新建”按钮，系统打开“新建”对话框，在“类型”选项组中点选“零件”单选钮，在“子类型”选项组中点选“实体”单选钮，在“名称”文本框输入“zhuichilun”，取消勾选“使用默认模板”复选框，单击“确定”按钮，在打开的“新文件选项”对话框中选择“mmns_part_solid_abs”选项，单击“确定”按钮，创建一个新的零件文件。

2. 旋转锥齿轮主体

（1）单击“模型”功能区“形状”面板中的“旋转”按钮，系统打开“旋转”操控板，依次单击“放置”→“定义”按钮，系统打开“草绘”对话框。选取FRONT基准平面作为草绘平面，其他选项接受系统默认设置，如图6-68所示。单击“草绘”按钮，进入草绘环境。

（2）单击“草绘”面板中的“圆心和点”按钮，以原点为圆心绘制3个同心圆并标注其尺寸如图6-69所示。按住<Ctrl>键，依次选取3个圆并右击，在打开的快捷菜单中单击“构造”按钮，圆将变为虚线，如图6-70所示。

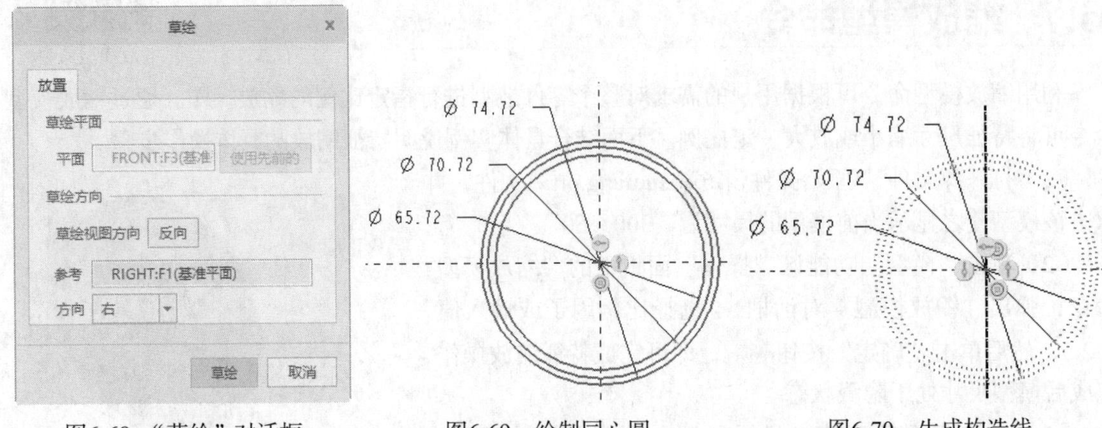

图6-68 “草绘”对话框　　图6-69 绘制同心圆　　图6-70 生成构造线

（3）首先单击“基准”面板中的“中心线”按钮，绘制一条过原点的竖直中心线，然后单击“草绘”面板中的“中心线”按钮，绘制与竖直构造线分别为45°的两条构造线，如图6-71所示。

（4）过直径为70.72的圆与倾斜构造线的交点绘制两条构造线，与此圆相切，结果如图6-72所示。

（5）单击“草绘”面板中的“线”按钮，绘制如图6-73所示的旋转截面。

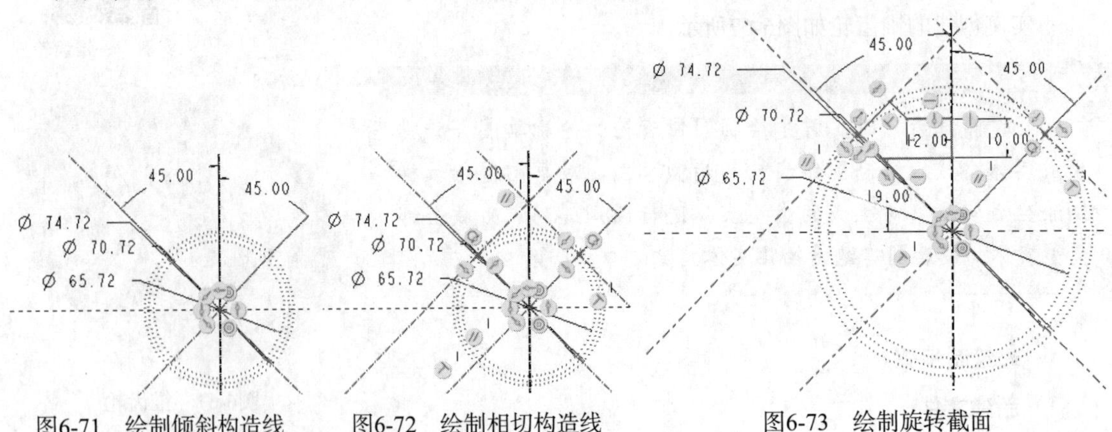

图6-71 绘制倾斜构造线　　图6-72 绘制相切构造线　　图6-73 绘制旋转截面

（6）单击“关闭”面板中的“确定”按钮退出草绘环境。

（7）在“旋转”操控板中，单击“实体”按钮和“可变”按钮，设置旋转角度为360°，然后单击操控板中的“确定”按钮✓，完成旋转特征的创建，如图6-74所示。

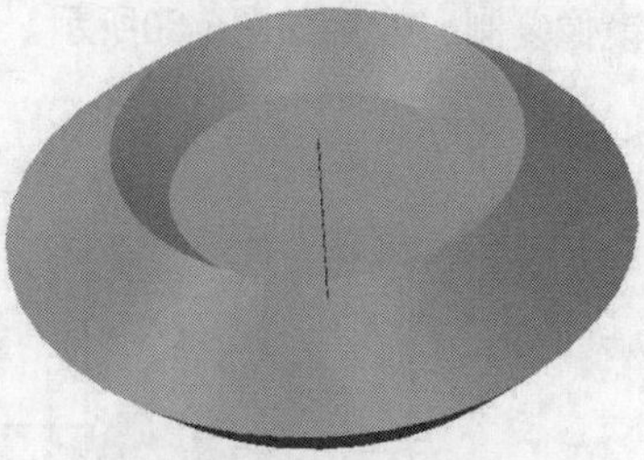

图6-74　生成的旋转特征

3. 创建轮齿

（1）单击“模型”功能区“基准”面板中的“草绘”按钮，系统打开“草绘”对话框，选取FRONT基准平面作为草绘平面，接受系统默认的参考平面及方向，单击“草绘”按钮，进入草绘环境。

（2）单击“草绘”面板中的“投影”按钮，将基体一端的边线更改为直线，并将直线延伸至如图6-75所示的竖直中心线，单击“草绘”功能区“关闭”面板中的“确定”按钮✓，完成轨迹线段的绘制。

（3）单击“模型”功能区“形状”面板中的“扫描混合”按钮，打开“扫描混合”操控板。单击“参考”按钮，系统打开“参考”下滑面板，选取刚才创建的轨迹线，“参考”下滑面板如图6-76所示，在“截平面控制”下拉列表中选择“垂直于轨迹”选项，其他选项接受系统默认设置。

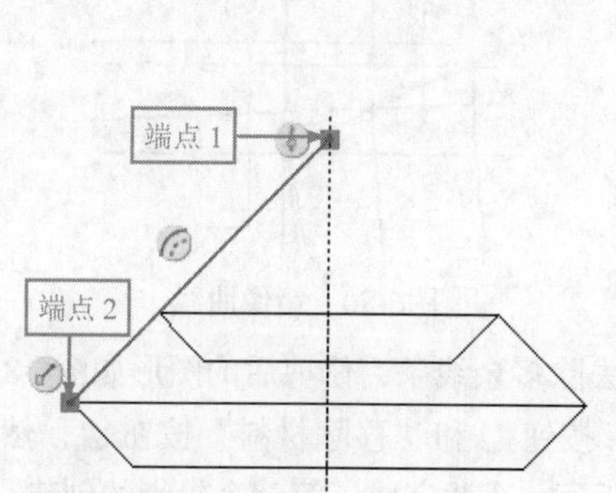

图6-75　绘制轨迹线段

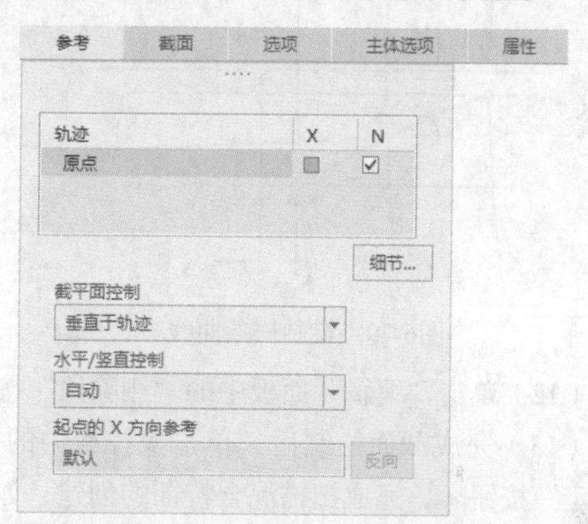

图6-76　“参考”下滑面板

（4）单击操控板中的“截面”按钮，系统打开“截面”下滑面板，点选“草绘”单选钮，在绘图区选择直线的上端点（如图6-75所示的端点1），然后单击“草绘”按钮，进入草绘环境。单击“草绘”面板中的“点”按钮×，在坐标轴的交点处绘制点，绘制完成后，单击“草绘”功能区“关闭”面板中的“确定”按钮✓，退出草绘环境。

（5）单击“插入”按钮，截面位置为直线另一端的终点（图6-75所示的端点2），旋转角度为0，再次单击“草绘”按钮，进入草绘环境。

（6）首先绘制一条竖直中心线，然后过原点绘制一条水平中心线，如图6-77所示的线1。

（7）绘制两条水平构造直线2、3，如图6-77所示。

（8）绘制一条倾斜的构造直线4，如图6-77所示。

（9）单击“草绘”面板中的“圆心和点”按钮，绘制如图6-78所示的3个圆，直径分别为65.72、70.72、75。

（10）单击“草绘”面板中的“样条”按钮∿，通过如图6-79所示的交点绘制一条样条曲线。

（11）选取刚绘制的样条曲线，单击“编辑”面板中的“镜像”按钮，将曲线以水平中心线镜像复制，效果如图6-80所示。

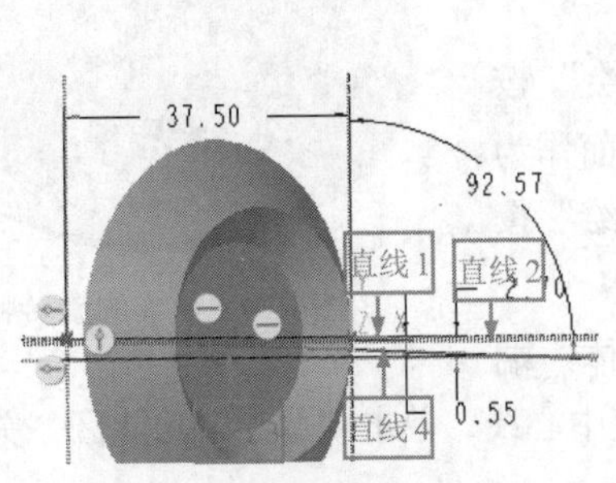

图6-77 绘制构造线草图

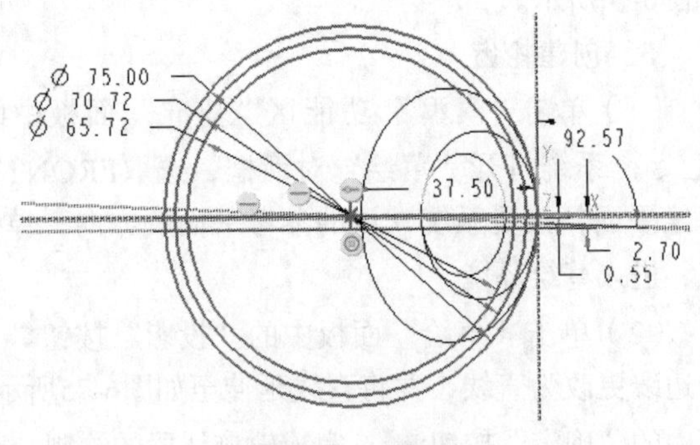

图6-78 绘制圆

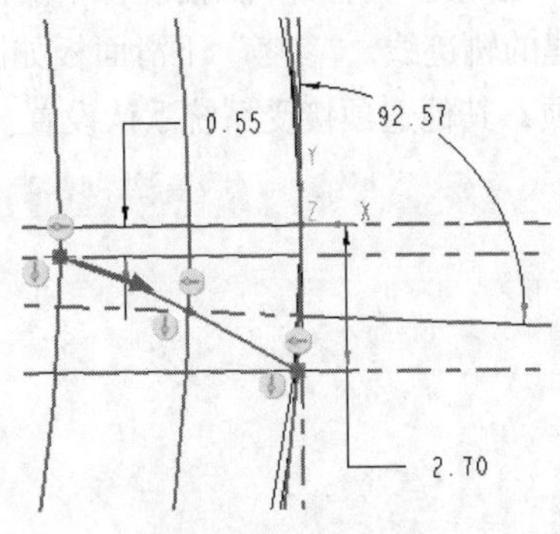

图6-79 绘制样条曲线

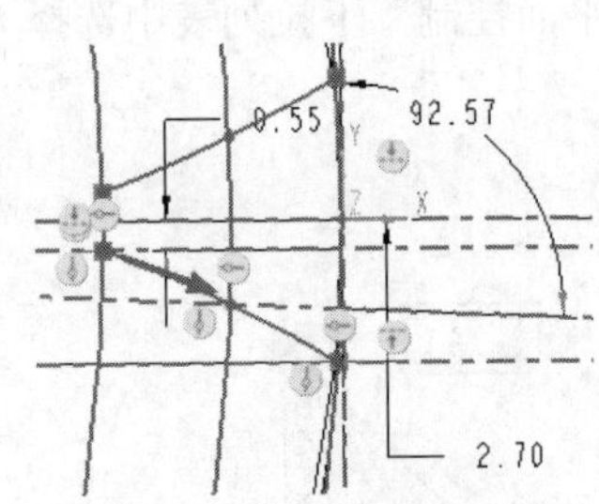

图6-80 镜像曲线

（12）单击“编辑”面板中的“删除段”按钮，去除多余线条，修剪后的图形如图6-81所示。

（13）完成截面绘制后，单击操控板中的“实体”按钮和“移除材料”按钮，然后单击“确定”按钮，完成扫描混合特征的创建，如图6-82所示。至此完成了第一个轮齿的创建。

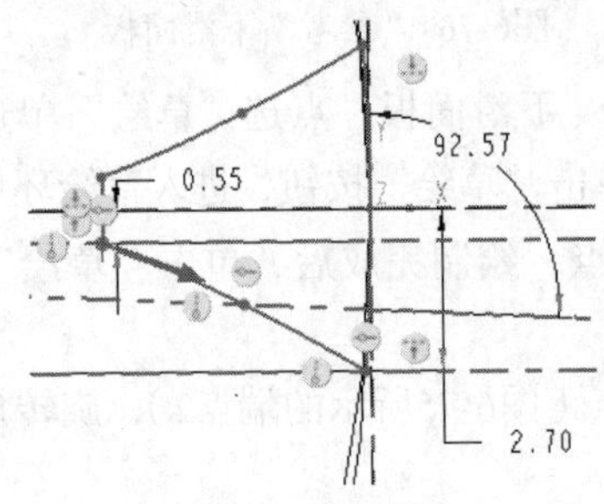

图6-81 修剪图形

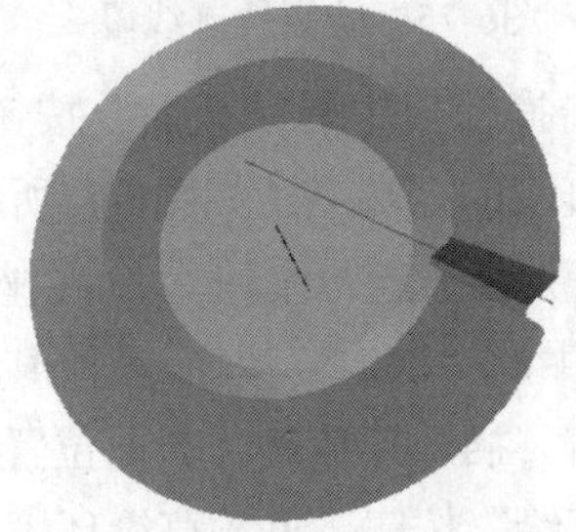
图6-82 扫描混合后的图形

4. 阵列轮齿

（1）在“模型树”选项卡中选择刚创建的扫描混合特征。

（2）单击“模型”功能区“编辑”面板中的“阵列”按钮，打开“阵列”操控板。设置阵列类型为轴，在模型中选取旋转体轴作为参考，然后在操控板中设置“第一方向成员”为25，“成员间的角度”给定角度值为14.4，如图6-83所示。

（3）单击操控板中的“确定”按钮，完成轮齿的阵列，如图6-84所示。

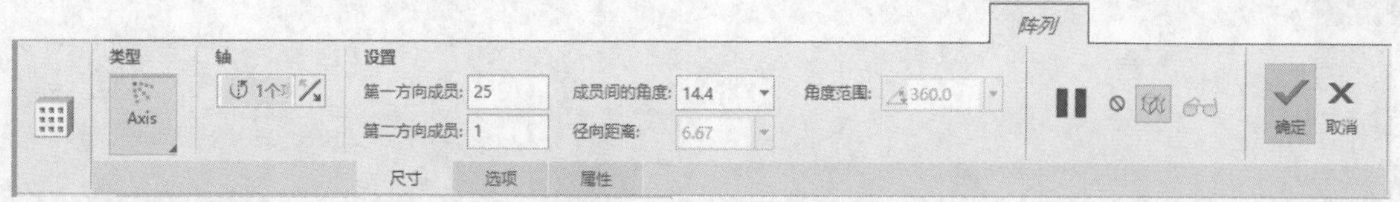

图6-83 “阵列”操控板

5. 隐藏轨迹线

在“模型树”选项卡中选择“草绘1”选项，右击，在打开的右键快捷菜单中选择“隐藏”命令，结果如图6-85所示。

6. 拉伸、切除实体生成锥齿轮

（1）单击“模型”功能区“形状”面板中的“拉伸”按钮，系统打开“拉伸”操控板。依次单击“放置”→“定义”按钮，系统打开“草绘”对话框，选取圆锥齿轮的底面作为草绘平面，其他选项接受系统默认设置，单击“草绘”按钮，进入草绘环境。

（2）单击“草绘”面板中的“圆心和点”按钮，绘制如图6-86所示的直径为25的圆。

图6-84　轮齿阵列

图6-85　隐藏轨迹线效果

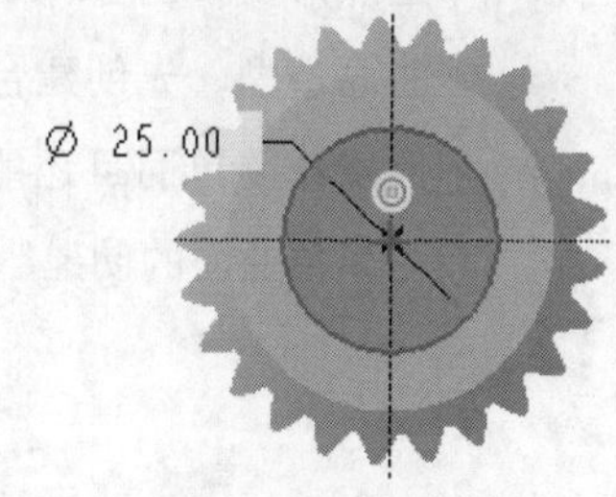

图6-86　绘制圆

（3）在“拉伸”操控板中单击“实体”按钮，设置拉伸方式为“可变”，给定拉伸深度值为6，然后单击操控板中的“确定”按钮，完成拉伸特征的创建，如图6-87所示。

（4）单击“模型”功能区“形状”面板中的“拉伸”按钮，系统打开“拉伸”操控板。依次单击“放置”→“定义”按钮，系统打开“草绘”对话框。选择上一步创建的圆柱底面作为草绘平面，接受系统提供的默认的参考平面和方向，单击“草绘”按钮，进入草绘环境。

（5）单击“草绘”面板中的“圆心和点”按钮和“线”按钮，绘制如图6-88所示的键槽轴孔草图。

（6）在“拉伸”操控板中单击“实体”按钮，设置拉伸方式为“穿透”，再单击“反向”按钮和“移除材料”按钮，最后单击“确定”按钮，完成挖孔特征的创建，如图6-89所示。

图6-87　拉伸生成实体

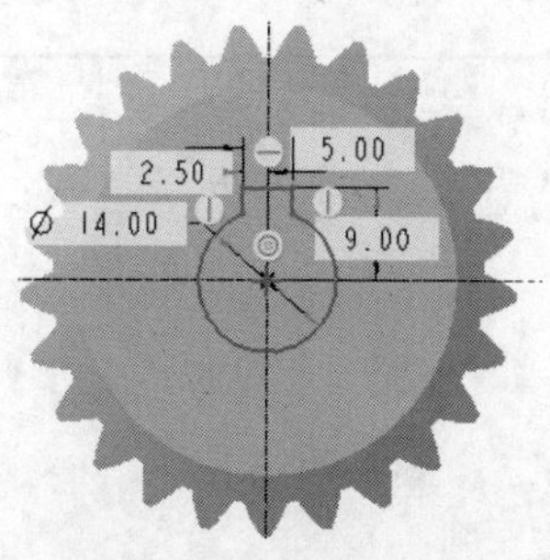

图6-88　键槽轴孔草图

图6-89　创建挖孔特征

第 7 章

曲面造型

在 Creo Parametric 中，曲面特征是一种非常有用的特征。特别是为那些外形复杂的零件建模时，通过实体特征创建模型往往十分困难，而采用曲面造型，先创建合适的曲面面组，然后再转化为实体零件模型，这样不但操作简单而且还能创建出比较复杂、美观的零件模型。本章主要介绍一些简单曲面的创建、显示、编辑以及曲面转化为实体的方法。

- 创建平整曲面
- 创建拉伸曲面和扫描曲面
- 创建边界曲面
- 曲面编辑

7.1 曲面设计概述

曲面特征主要用来创建复杂零件，曲面之所以称为面是因为其没有厚度。曲面与前面章节所讲解的实体特征中的薄壁特征不同，薄壁特征有一个厚度值。虽然薄壁特征厚度比较薄，但本质上与曲面不同，属于实体。在Creo Parametric中首先使用各种方法创建单个曲面，然后对曲面进行修剪、切削等编辑操作，完成后将多个单独的曲面进行合并。最后将合并的曲面生成实体，因为只有实体才能进行加工制作。本章将按照这个顺序先介绍曲面的创建，然后进行编辑操作，最后生成实体。

7.2 创建曲面

7.2.1 创建平整曲面

在Creo Parametric中采用填充特征创建平整曲面，平整曲面是填充特征通过其边界定义的一个二维平面特征。任何填充特征均必须包括一个平面的封闭环草绘特征。在菜单栏中选择“编辑”→“填充”命令，可创建和重定义被称为填充特征的平整曲面特征。填充特征是通过其边界定义的一种平整曲面封闭环特征，用于加厚曲面。创建平整曲面的具体操作步骤如下。

创建平整曲面

（1）新建名称为“pingzhengqm.prt”的文件。

（2）单击“模型”功能区“曲面”面板中的“填充”按钮，打开如图7-1所示的“填充”操控板。依次单击“参考”→“定义”按钮，系统打开“草绘”对话框。选取FRONT基准平面作为草绘平面，其余选项接受系统默认设置，单击“草绘”按钮，进入草绘环境。绘制如图7-2所示的草图。

（3）单击“编辑”面板中的“删除段”按钮，修剪多余的线段，结果如图7-3所示。

（4）单击“草绘”功能区“关闭”面板中的“确定”按钮退出草绘环境。

（5）单击操控板中的“确定”按钮，创建的平整曲面如图7-4所示。

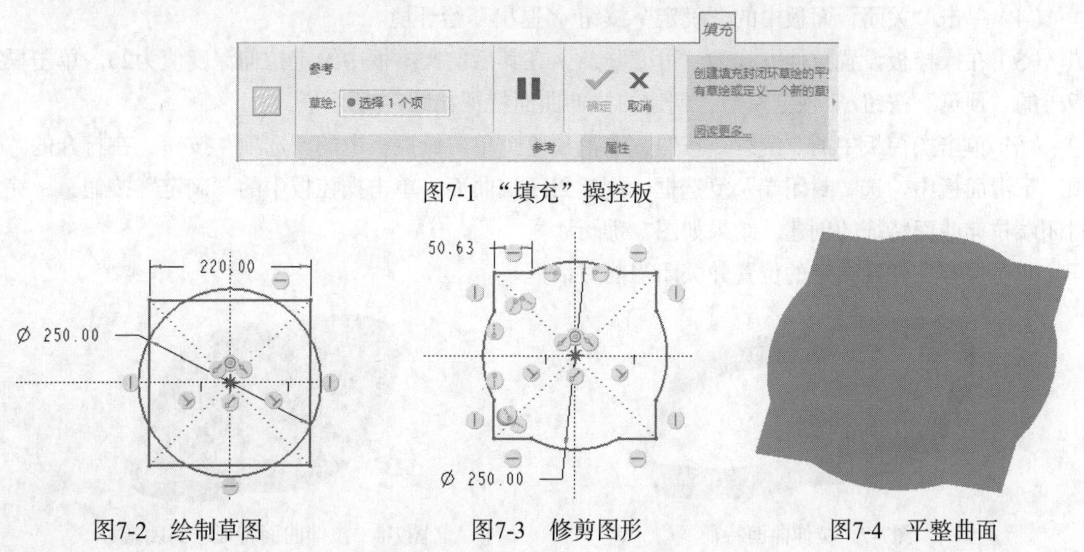

图7-1 “填充”操控板

图7-2　绘制草图　　图7-3　修剪图形　　图7-4　平整曲面

（6）保存文件到指定的位置并关闭当前对话框。

7.2.2 创建拉伸曲面

在前面章节中学习创建实体特征的工具也可用来创建曲面特征，只要选择“曲面”命令，即可创建相应的曲面。曲面特征的创建过程与相应实体特征的创建过程基本相同。

创建拉伸曲面的具体操作步骤如下。

（1）新建名称为“lashenqm.prt”的文件。

（2）单击“模型”功能区“形状”面板中的“拉伸”按钮，系统打开“拉伸”操控板。在操控板中单击“曲面”按钮，设置拉伸为曲面。再在操控板中依次单击“放置”→“定义”按钮，系统打开“草绘”对话框，选取FRONT基准平面作为草绘平面，其余选项接受系统默认设置，单击“草绘”按钮，进入草绘环境。

（3）绘制如图7-5所示的截面。单击“草绘”面板中的“中心线”按钮，绘制两条与参考线重合的中心线作为对称轴，单击“编辑”面板中的“镜像”按钮和“删除段”按钮，镜像并修剪圆弧，结果如图7-6所示。

创建拉伸曲面

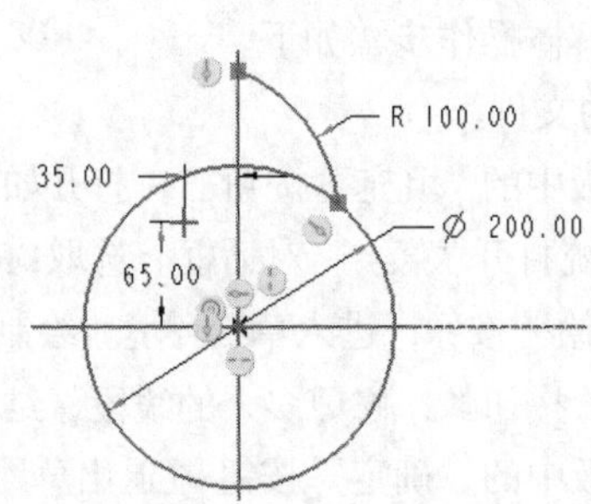

图7-5 绘制截面

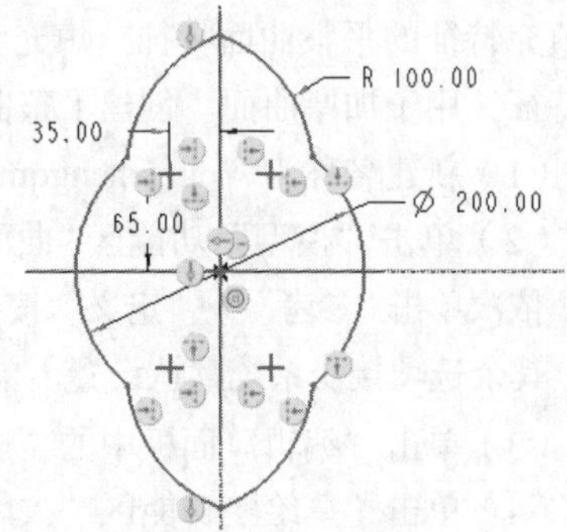

图7-6 编辑截面

（4）单击“关闭”面板中的“确定”按钮退出草绘环境。

（5）在操控板设置拉伸方式为“可变”，在其后的文本框中给定拉伸深度值为25。单击操控板中的“预览”按钮预览模型，创建的拉伸曲面特征如图7-7所示。

（6）单击操控板中的“继续”按钮取消预览。单击操控板中的“选项”按钮，在打开的“选项”下滑面板中勾选“封闭端”复选框，创建封闭端曲面。单击操控板中的“确定”按钮，完成封闭端拉伸曲面特征的创建，结果如图7-8所示。

（7）保存文件到指定的位置并关闭当前对话框。

图7-7 拉伸曲面特征

图7-8 拉伸曲面特征（封闭端）

7.2.3 创建扫描曲面

创建扫描曲面

扫描曲面可通过“扫描”命令来创建曲面特征，其基本过程与扫描实体基本相同。创建扫描曲面的具体操作步骤如下。

（1）新建名称为“saomiaoqm.prt”的文件。

（2）单击“模型”功能区“形状”面板中的“扫描”按钮，系统打开“扫描”操控板。

（3）单击“基准”面板下的“草绘”按钮，打开“草绘”对话框，选取FRONT基准平面作为草绘平面，单击“草绘”按钮，进入草绘环境。

（4）单击“草绘”面板中的“样条”按钮，绘制如图7-9所示的扫描轨迹。单击“关闭”面板中的“确定”按钮退出草绘环境。

（5）系统返回“螺旋扫描”操控板后处于不可编辑状态，此时可单击操控板中的“继续”按钮，即可变为可编辑状态。

（6）在操控板中单击“恒定截面”按钮，再单击“草绘”按钮，进入草绘环境。

（7）系统进入扫描截面的草绘环境后，以系统默认参考线交点为中心绘制如图7-10所示的草图。单击“编辑”面板中的“删除段”按钮，修剪多余的线段，结果如图7-11所示。

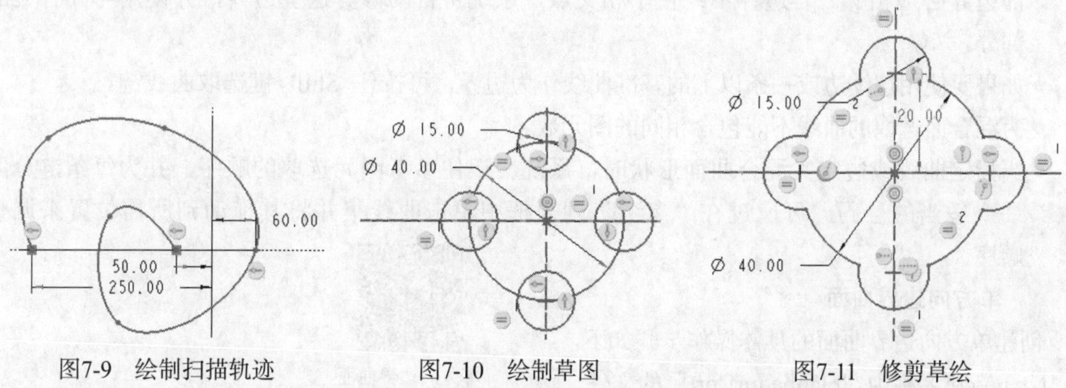

图7-9 绘制扫描轨迹　　图7-10 绘制草图　　图7-11 修剪草绘

（8）单击“草绘”功能区“关闭”面板中的“确定”按钮退出草绘环境。

（9）单击“扫描”操控板中的“预览”按钮，结果如图7-12所示。可以看到创建的实体为空心的。

（10）单击操控板中的“继续”按钮取消预览。单击操控板中的“选项”按钮，在打开的“选项”下滑面板中勾选“封闭端”复选框，创建封闭端曲面。单击操控板中的“确定”按钮，完成封闭端型扫描曲面特征的创建，结果如图7-13所示。

图7-12 扫描曲面（开放终点）

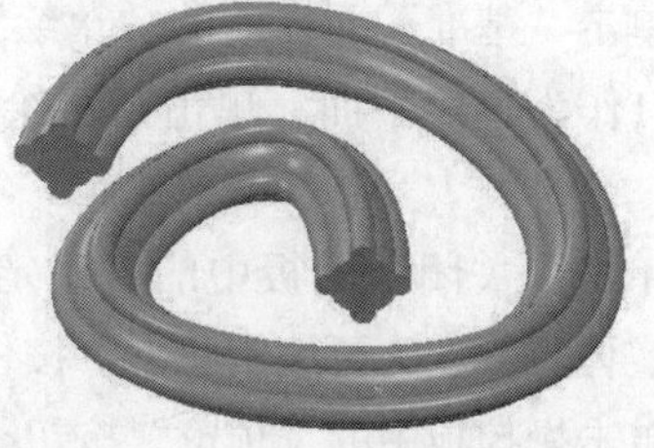

图7-13 扫描曲面（封闭端）

（11）保存文件到指定的位置并关闭当前对话框。

7.2.4 创建边界曲面

利用“边界混合”工具，可在参考实体（在一个或两个方向上定义曲面）之间创建边界混合特征。在每个方向上选定的第一个和最后一个图元上定义曲面的边界。添加更多参考图元（如控制点和边界条件）可使用户更完整地定义曲面形状。可选取曲线、零件边、基准点、曲线或边的端点作为参考图元。

在每个方向上，必须连续选择参考图元，可对参考图元进行重新排序。为边界混合曲面选取曲线时，Creo Parametric允许在第一和第二方向上选取曲线。此外，可选择混合曲面的附加曲线。选取参考图元的规则如下。

- 曲线、零件边、基准点、曲线或边的端点可作为参考图元使用。基准点或顶点只能出现在列表框的最前面或最后面。
- 在每个方向上，都必须按连续的顺序选择参考图元。
- 对于在两个方向上定义的混合曲面来说，其外部边界必须形成一个封闭的环。这意味着外部边界必须相交。若边界不终止于相交点，系统将自动修剪这些边界，并使用与其有关的部分。
- 如果要使用连续边或一条以上的基准曲线作为边界，可按住<Shift>键选取曲线链。
- 为混合而选取的曲线不能包含相同的图元数。
- 当指定曲线或边定义混合曲面形状时，系统会记住参考图元选取的顺序，并为每条链分配一个适当的号码。可通过在“参考”列表框中单击曲线集并将其拖动到所需位置来调整顺序。

1. 单方向边界曲面

单方向边界曲面

创建单方向边界曲面的具体操作步骤如下。

（1）新建名称为“bianjieqm1.prt”的文件。

（2）单击“模型”功能区“曲面”面板中的“边界混合”按钮，系统打开“边界混合”操控板。单击“基准”面板下的“草绘”按钮，打开“草绘”对话框，选取FRONT基准平面作为草绘平面，其余选项接受系统默认设置，单击“草绘”按钮，进入草绘环境。绘制如图7-14所示的曲线，单击“关闭”面板中的“确定”按钮✔退出草绘环境。

（3）单击“基准”面板下的“平面”按钮，打开“基准平面”对话框，选取FRONT基准平面作为参考平面，设置“平移”距离为300，单击“确定”按钮，创建基准平面DTM1。

（4）单击“基准”面板下的“草绘”按钮，在打开的“草绘”对话框中选取新创建的基准平面DTM1作为草绘平面，单击“草绘”按钮进入草绘环境。绘制另一条反S形曲线，如图7-15所示。

（5）单击“关闭”面板中的“确定”按钮✔退出草绘环境。再单击操控板中的“继续”按钮，使实体界面变为可编辑状态。按住<Ctrl>键从左到右依次选取图7-15中的3条曲线。

（6）单击操控板中的“预览”按钮，预览创建的边界曲面如图7-16所示。

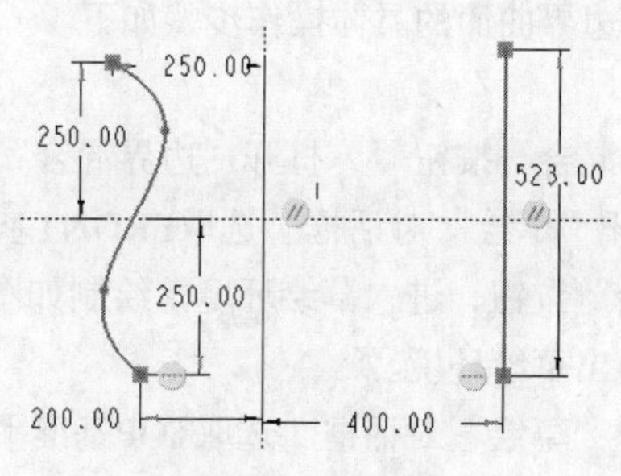

图7-14　草绘曲线1

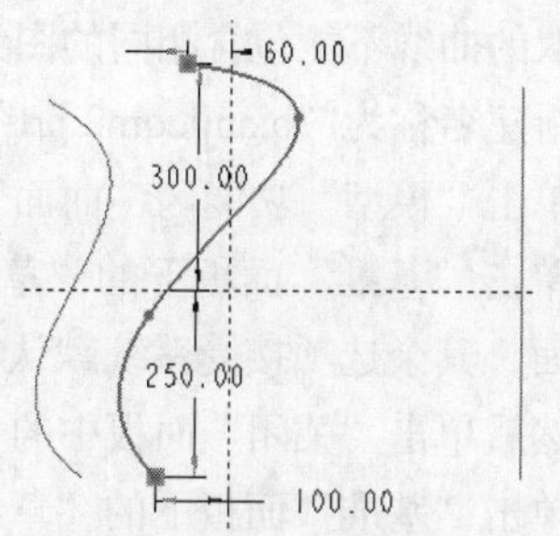

图7-15　草绘曲线2

（7）在边界曲面创建过程中，曲线选取的顺序不同，曲面的形状也会各不相同。单击操控板中的“曲线”按钮，打开如图7-17所示的“曲线”下滑面板，在“第一方向”列表框中列出了选取的曲线，选取任何一条曲线，通过右侧向上或向下的箭头调整曲线的混合顺序。

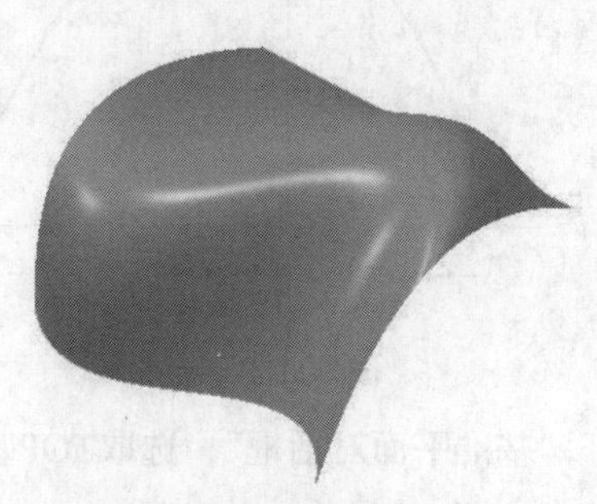

图7-16　预览边界曲面

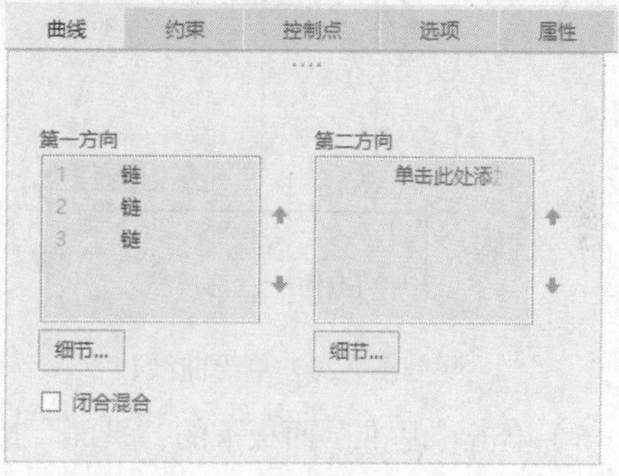

图7-17　“曲线”下滑面板

（8）将混合顺序调整为：先混合FRONT基准平面内的曲线，再混合曲线2，则创建的边界曲面如图7-18所示。

（9）勾选“曲线”下滑面板中的“闭合混合”复选框，混合结果如图7-19所示。

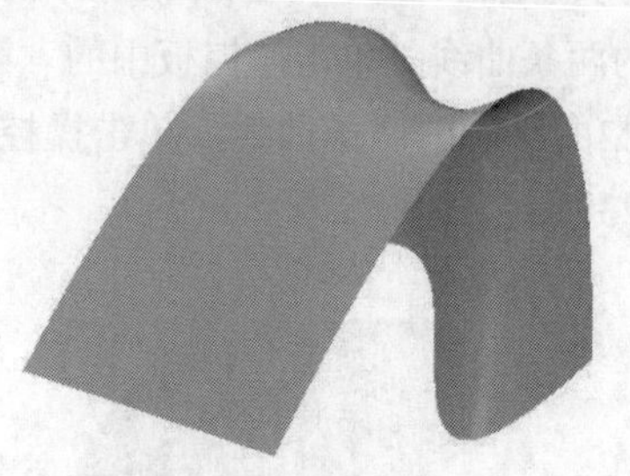

图7-18　边界曲面

图7-19　闭合混合曲面

（10）单击操控板中的“确定”按钮✓，完成边界曲面特征的创建。

（11）保存文件到指定的位置并关闭当前对话框。

2. 双向边界曲面

双向边界曲面

对于在两个方向上定义的混合曲面来说，其外部边界必须形成一个封闭的环。创建双向边界曲面时要求两个方向上的边界曲线相交。若边界未终止于相交点，Creo Parametric将自动修剪这些边界，并使用与其有关的部分。为混合而选取的曲线不能包含相同的图元数。创建双方向边界曲面的具体操作步骤如下。

（1）新建名称为“bianjieqm2.prt”的文件。

（2）单击“模型”功能区“曲面”面板中的“边界混合”按钮，打开“边界混合”操控板。

（3）单击“基准”面板下的“草绘”按钮，打开“草绘”对话框。选取FRONT基准平面作为草绘平面，其余选项接受系统默认设置，单击“草绘”按钮，进入草绘环境。绘制如图7-20所示的曲线，然后单击“关闭”面板中的“确定”按钮退出草绘环境。

（4）单击“基准”面板下的“草绘”按钮，打开“草绘”对话框。选取TOP基准平面作为草绘平面，其余选项接受系统默认设置，单击“草绘”按钮，进入草绘环境。绘制如图7-21所示的曲线，单击“关闭”面板中的“确定”按钮退出草绘环境。

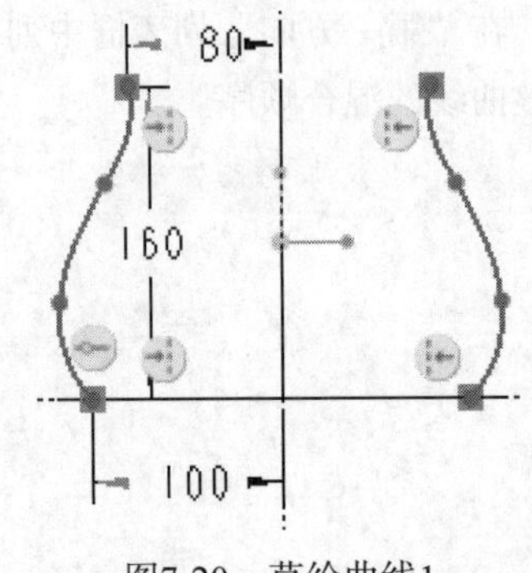

图7-20　草绘曲线1

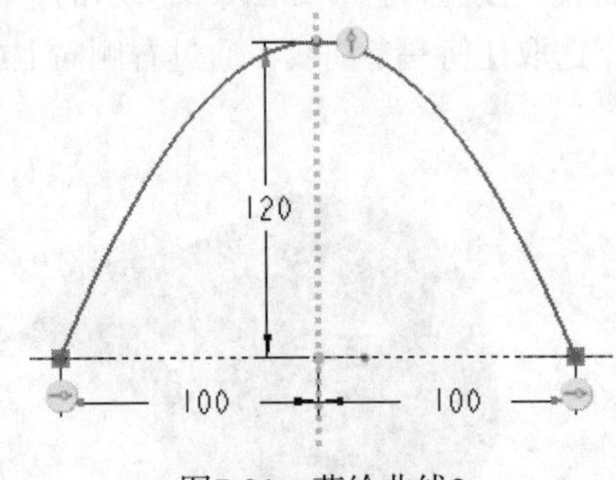

图7-21　草绘曲线2

（5）单击“基准”面板下的“平面”按钮，打开“基准平面对话框”，选取TOP基准平面作为参考平面，设置“平移”为160，创建基准平面DTM1。

（6）单击“基准”面板下的“草绘”按钮，打开“草绘”对话框。选取新创建的基准平面DTM1作为草绘平面，其余选项接受系统默认设置，单击“草绘”按钮，进入草绘环境。绘制如图7-22所示较小的拱形曲线，然后单击“关闭”面板中的“确定”按钮退出草绘环境。

（7）单击操控板中的“继续”按钮，使实体界面变为可编辑状态。单击操控板中的“第一方向”文本框，按住<Ctrl>键从左到右依次选取图7-20所示的两条曲线。单击操控板中的“第二方向”文本框，按住<Ctrl>键从左到右依次选取如图7-21和图7-22中绘制的两条曲线。单击操控板的“确定”按钮，完成双向边界曲面特征的创建，结果如图7-23所示。

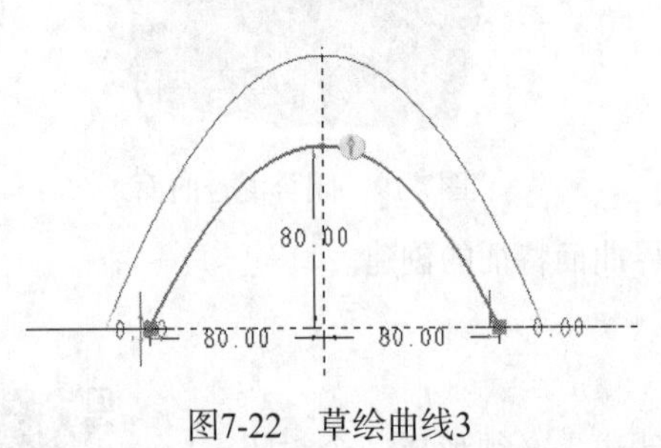

图7-22　草绘曲线3

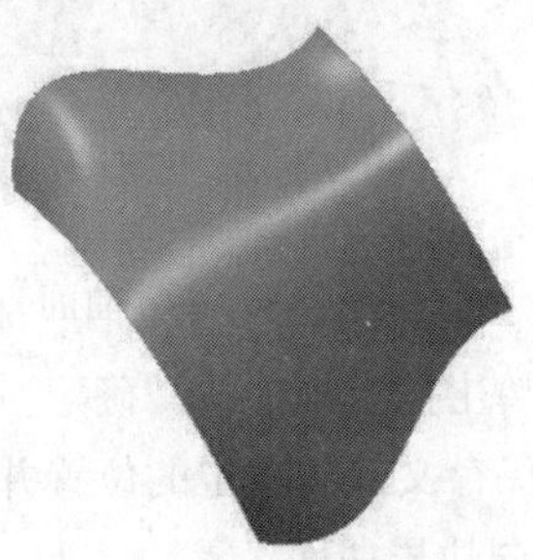

图7-23　双向边界曲面

（8）保存文件到指定的位置并关闭当前对话框。

7.2.5　实例——铣刀刀部

实例——铣刀刀部

本实例创建的铣刀刀部如图7-24所示。

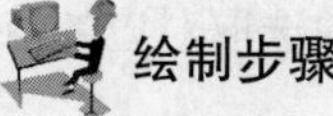

1. 新建文件

单击“主页”功能区“数据”面板中的“新建”按钮，弹出“新建”对话框，在“类型”选项组中点选“零件”单选钮，在“子类型”选项组中点选“实体”单选钮，在“名称”文本框中输入“xidao”，取消勾选“使用默认模板”复选框，单击“确定”按钮，在打开的“新文件选项”对话框中选择“mmns_part_solid_abs”选项，单击“确定”按钮，创建一个新的零件文件。

2. 绘制草图1

单击“基准”面板下的“草绘”按钮，弹出“草绘”对话框，选取TOP基准平面作为草绘平面，其余选项接受系统默认设置，单击“草绘”按钮，进入草绘环境。利用草绘命令，绘制如图7-25所示的曲线，单击“草绘”功能区“关闭”面板中的“确定”按钮退出草绘环境。

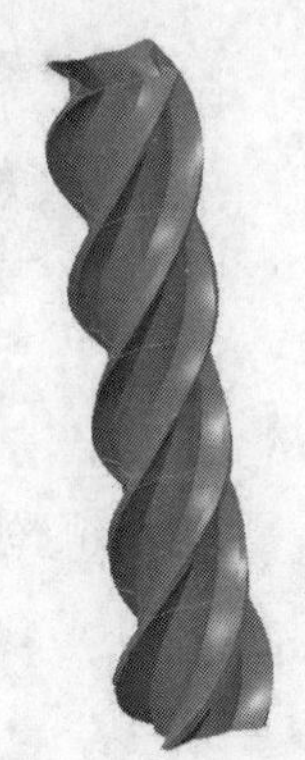
图7-24　铣刀刀部

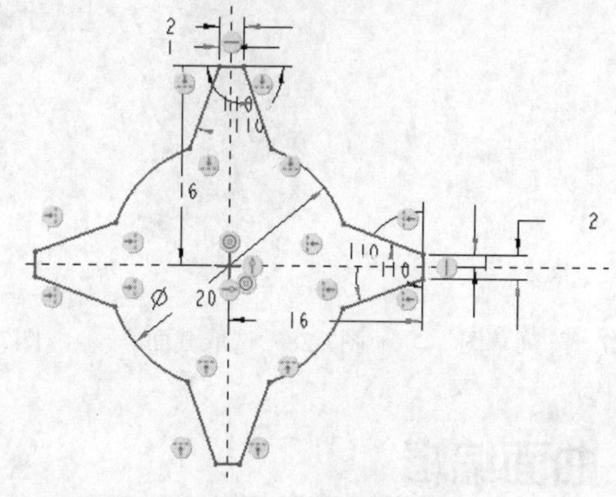

图7-25　绘制草图

3. 阵列草图

（1）在“模型树”选项卡中选择前面创建的草绘1。单击“模型”功能区“编辑”面板中的“阵列”按钮，弹出“阵列”操控板。

（2）在操控板中设置阵列类型为“方向”，在模型树中选取TOP基准平面为方向参考，输入“成员”个数为6，“间距”为30，如图7-26所示。

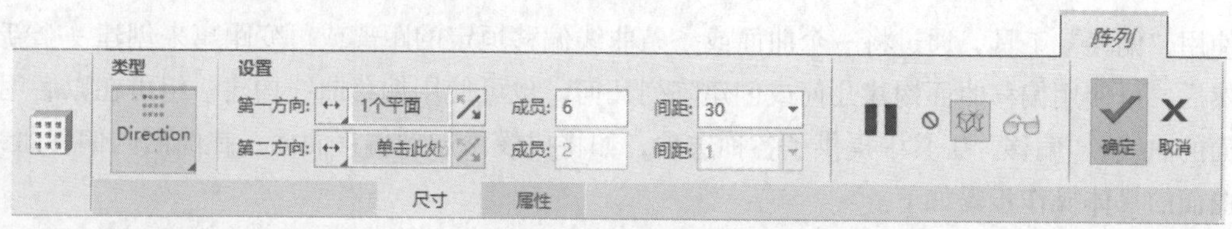

图7-26　“阵列”操控板

（3）单击操控板中的“确定”按钮，完成草图阵列，如图7-27所示。

4. 创建边界曲面

（1）单击“模型”功能区“曲面”面板中的“边界混合”按钮，弹出“边界混合”操控板，按<Ctrl>键，依次选取6个截面，如图7-28所示。

（2）在操控板中单击“控制点”按钮，弹出“控制点”下拉面板，在视图中选取对应的点，如图7-29所示。

（3）单击操控板中的“确定”按钮，生成边界曲面，如图7-30所示。

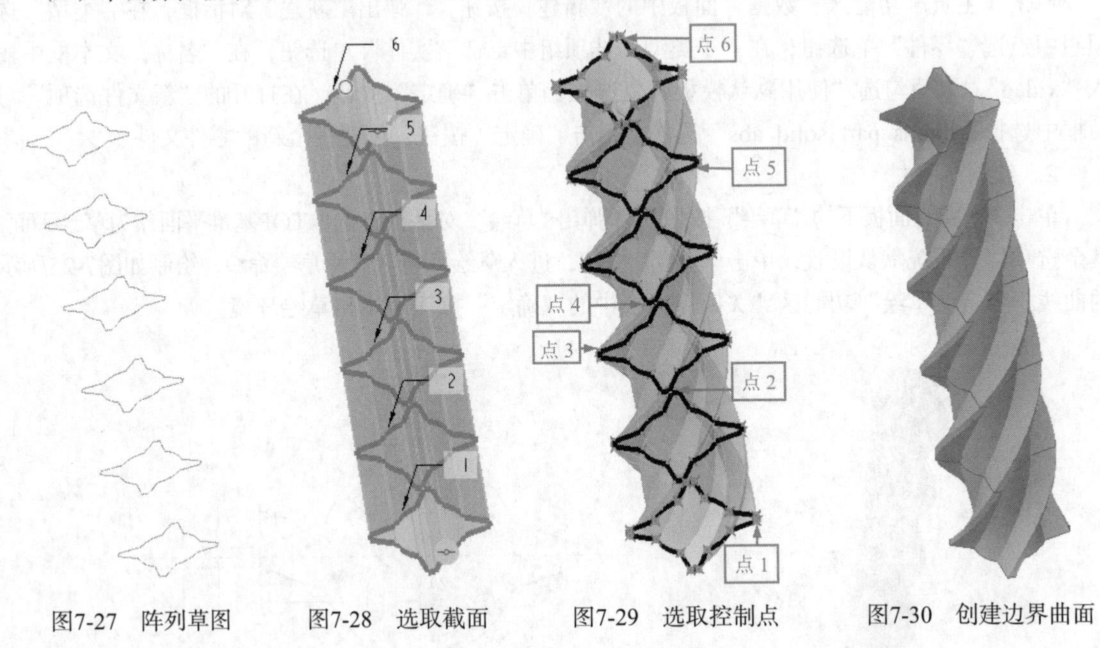

图7-27　阵列草图　　图7-28　选取截面　　图7-29　选取控制点　　图7-30　创建边界曲面

7.3 曲面编辑

前面所讲述曲面的创建方法可创建一些简单曲面，下面将通过学习曲面的编辑方法，对曲面进行偏移、复制、修剪等操作，还可将多个曲面合并成面组，最后将曲面面组实体化，通过曲面来创建实体模型。

7.3.1 偏移曲面

偏移曲面

使用“偏移”工具，通过将一个曲面或一条曲线偏移恒定的距离或可变距离来创建一个新的特征。然后，可使用偏移曲面构建几何或创建阵列几何，也可使用偏移曲线构建一组可在以后用来构建曲面的曲线。“偏移”工具中提供了各种选项，如将拔模添加到偏移曲面、在曲面内偏移曲线等。偏移曲面的具体操作步骤如下。

（1）打开源文件“\原始文件\第7章\qumianbj.prt”文件，在菜单栏中选择“文件”→“另存为”→“保存副本”命令，更改当前文件名称为“pianyiqm.prt”，单击“确定”按钮保存文件。原始模型如图7-31所示。

（2）将右下角的几何过滤器设置为“面组”。将鼠标移至图形的上部面组，单击，选取整个曲面面组，如图7-32所示。

图7-31　原始模型

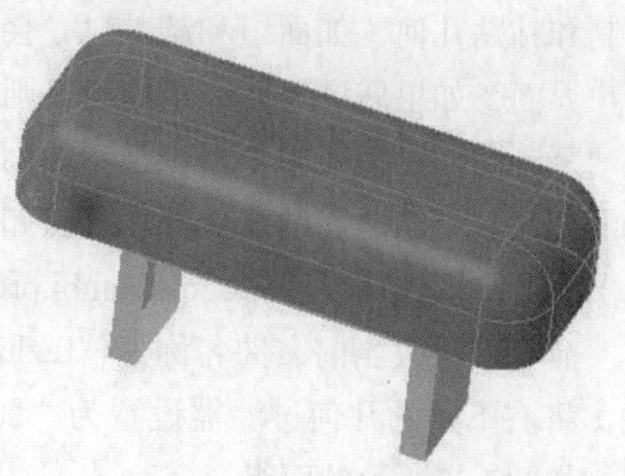

图7-32　选取面组

（3）单击“模型”功能区“编辑”面板中的“偏移”按钮，系统打开“偏移”操控板，如图7-33所示。

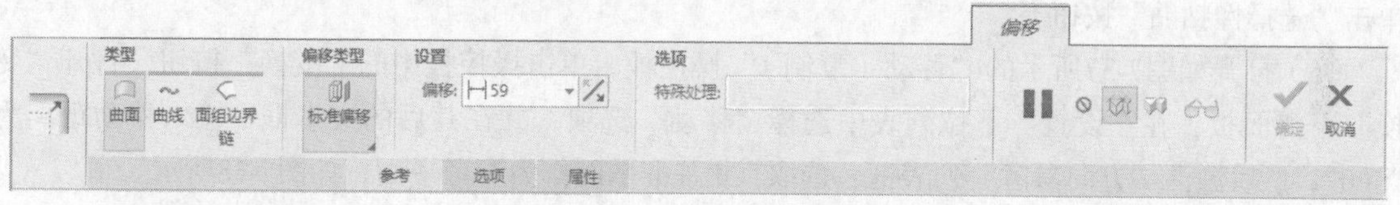

图7-33　“偏移”操控板

（4）在操控板中设置偏移类型为“标准偏移”，单击操控板中的“选项”按钮，在打开“选项”下滑面板的下拉列表中选择“垂直于曲面”选项并勾选“创建侧曲面”复选框，激活“特殊处理”列表框，选取模型上表面的矩形平面，表示将矩形的上表面排除使之不在偏移的面组之内。

（5）在操控板的“偏移”文本框中输入偏移值“100”。

（6）除了被排除的曲面外，其他曲面均向外偏移100，曲面各个部分保持原来的形状，曲面偏移预览结果如图7-34所示。

（7）单击“特殊处理”列表框，在绘图区选取曲面的下表面（曲面：F6）作为排除的曲面。

（8）在打开的“选项”下滑面板中取消勾选“创建侧曲面”复选框，如图7-35所示。

（9）单击操控板中的“确定”按钮，完成曲面偏移特征的创建，结果如图7-36所示。

（10）保存文件到指定的位置并关闭当前对话框。

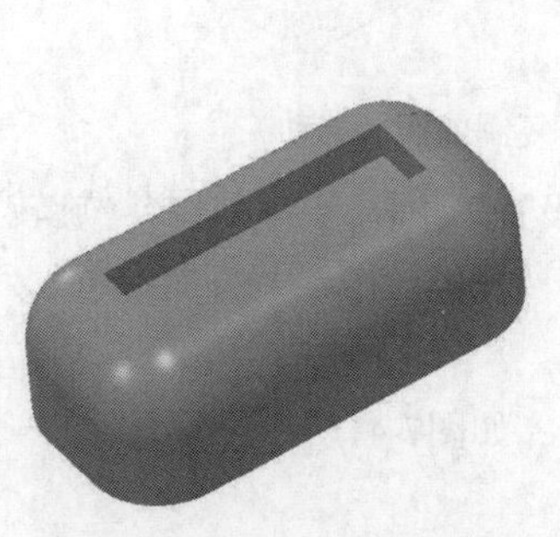

图7-34　曲面偏移预览结果

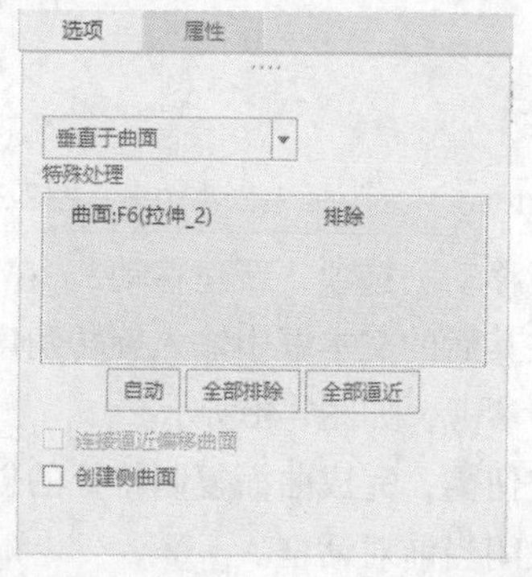

图7-35　“从列表中拾取”对话框

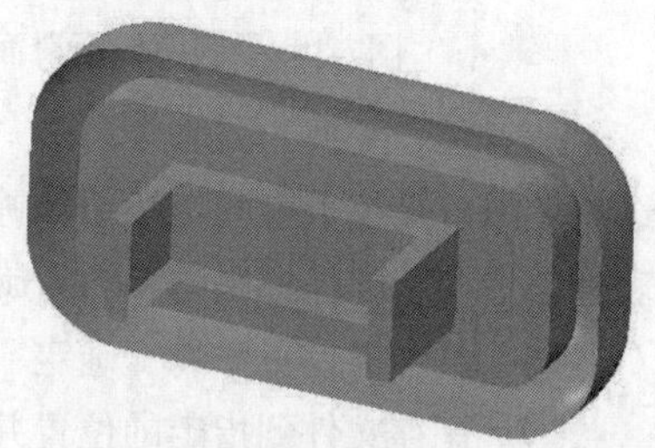

图7-36　偏移曲面

7.3.2 复制曲面

复制和粘贴几何（如面组和链）时，会生成实体特征。粘贴复制几何时，将打开与几何类型相关的用户界面，如果您已经复制了面组，则将打开面组的操控板。

在“复制曲面”模式中，可在选定曲面上直接创建面组。生成的面组含有与父项曲面形状和大小相同的曲面。复制曲面的具体操作步骤如下。

（1）打开如图7-31所示的“qumianbj.prt”文件，在菜单栏中选择“文件”→“另存为”→“保存副本”命令，更改当前文件名称为“fuzhiqm.prt”，单击“确定”按钮保存文件。

（2）将右下角的几何过滤器设置为“面组”。将鼠标移至图形的上部面组，单击，选取整个曲面面组，如图7-32所示的面组。

（3）完成面组选取后，单击“模型”功能区“操作”面板中的“复制”按钮，即可将选取的面组复制到剪贴板中。也可按<Ctrl>+<C>键复制曲面。

（4）单击“模型”功能区“操作”面板中的“粘贴”按钮右侧，在打开的下拉选项中单击“选择性粘贴”按钮。

（5）打开如图7-37所示的“移动（复制）”操控板。单击操控板中的“变换”按钮，打开“变换”下滑面板，在“设置”下拉列表中选择“移动”选项，并在其后的文本框中输入移动距离为“500”，然后激活“方向参考”列表框，选取TOP基准平面作为参考平面，如图7-38所示。

复制曲面

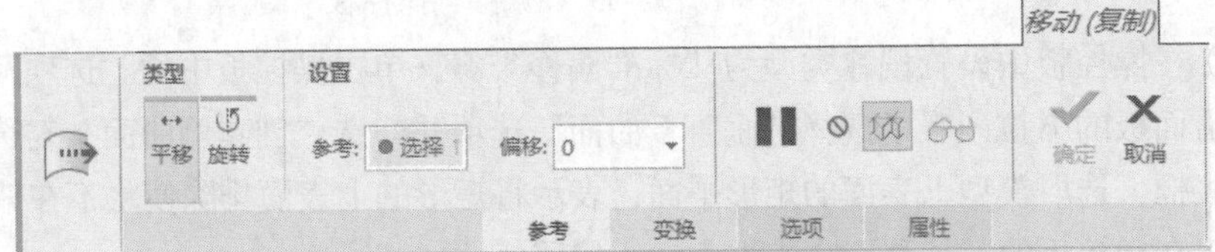

图7-37 “选择性粘贴”操控板

（6）图形预览结果如图7-39所示。

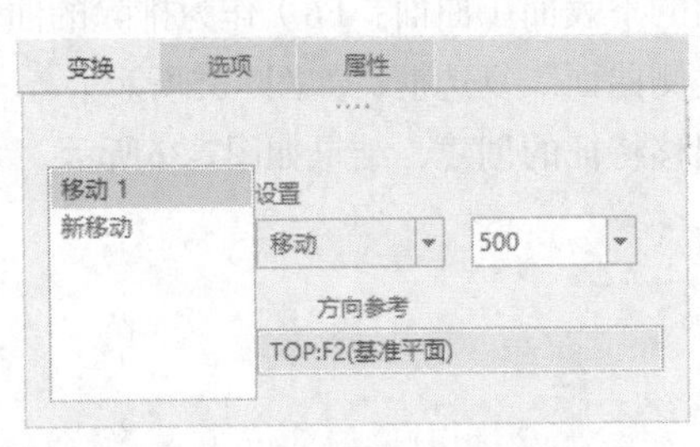

图7-38 “变换”下滑面板1

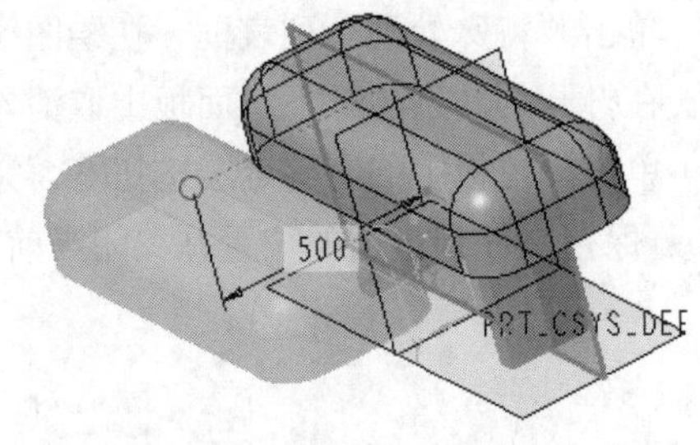

图7-39 复制曲面（移动）

（6）在“变换”列表中单击“新移动”选项，新建移动2。在“设置”下拉列表中选择“旋转”选项或单击操控板中的按钮，并在其后的文本框中输入旋转角度为“100”，激活“方向参考”列表框，选取基准坐标系的X轴为旋转参考，如图7-40所示。

（8）单击操控板中的“确定”按钮，完成曲面复制特征的创建，如图7-41所示。

（9）保存文件到指定的位置并关闭当前对话框。

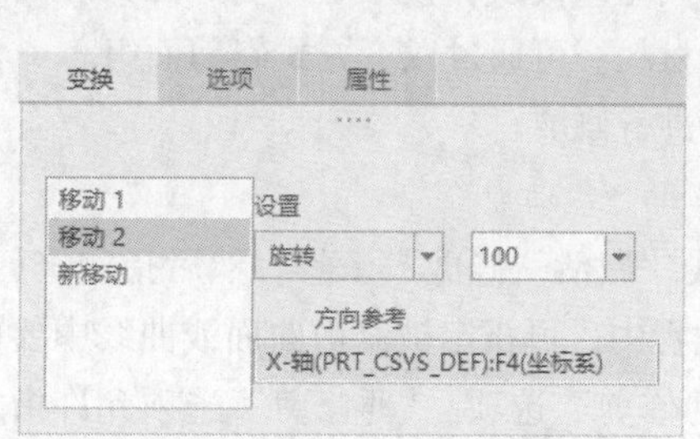

图7-40　“变换”下滑面板2

图7-41　复制曲面（旋转）

7.3.3　镜像曲面

使用镜像工具将简单零件镜像到较为复杂的设计中可节省绘制时间。除了零件几何，“镜像”工具允许复制镜像平面周围的曲面。镜像曲面的具体操作步骤如下。

（1）再次打开图7-31所示的“qumianbj.prt”文件，在菜单栏中选择“文件”→“另存为”→“保存副本”命令，更改当前文件名称为“jingxiangqm.prt”，单击“确定”按钮保存文件。

（2）将右下角的几何过滤器设置为“面组”。将鼠标移至图形的上部面组，单击，选取整个曲面面组，如图7-32所示的面组。

（3）单击“模型”功能区“编辑”面板中的“镜像”按钮，系统打开“镜像”操控板。

（4）单击“参考”按钮，在打开的“参考”下滑面板中激活“镜像平面”列表框，选取FRONT基准平面作为镜像平面，如图7-42所示。

（5）单击操控板中的“确定”按钮，完成曲面的镜像如图7-43所示。

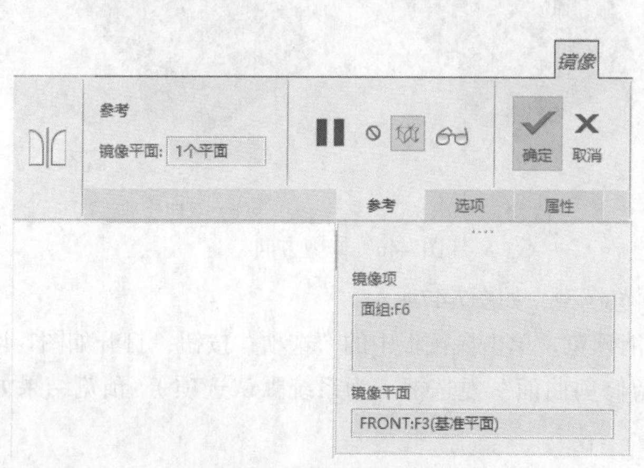

图7-42　“镜像”操控板

图7-43　镜像曲面

（6）保存文件到指定的位置并关闭当前对话框。

7.3.4 修剪曲面

修剪曲面

可使用“修剪”工具来剪切或分割面组或曲线。使用“修剪”工具从面组或曲线中移除材料，以创建特定形状或分割材料。可通过以下方式修剪面组。

- 在与其他面组或基准平面相交处进行修剪。
- 使用面组上的基准曲线修剪。

要修剪面组或曲线，首先要选取修剪的面组或曲线，激活“修剪”工具，然后指定修剪对象。可在创建或重定义期间指定和更改修剪对象。在修剪过程中，可指定被修剪曲面或曲线中要保留的部分。另外，在使用其他面组修剪面组时，可使用“薄修剪”选项。“薄修剪”选项允许指定修剪厚度尺寸及控制曲面拟合要求。创建修剪曲面的具体操作步骤如下。

（1）打开源文件“\原始文件\第7章\qmxiujian.prt”文件，其原始模型如图7-44所示。

（2）单击“模型”功能区“编辑”面板中的“修剪”按钮，打开“修剪”操控板。单击操控板中的“参考”按钮，打开“参考”下滑面板，单击“修剪的面组”列表框将其激活，选取边界混合曲面作为修剪面组，单击“修剪对象”列表框将其激活，选取拉伸圆筒曲面作为修剪对象，参数设置如图7-45所示。

图7-44 原始模型

（3）此时在模型中出现一个指示修剪方向的箭头，如图7-46（a）所示。箭头向外，表示圆筒以外的曲面保留。单击操控板中的“反向”按钮，改变修剪的方向。再次单击该按钮则指示箭头变为双向，表示以修剪曲面为基准面向两侧修剪，但该功能在选取“选项”下滑面板中的“加厚修剪”选项后不可用，如图7-46（b）所示。本例中设置为保留圆筒外侧方式。

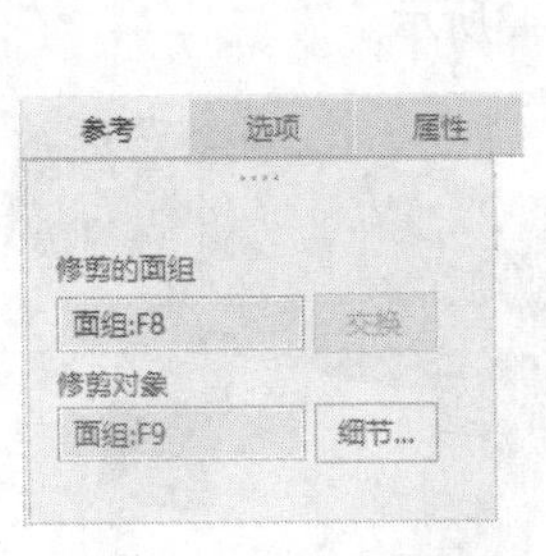

图7-45 参数设置

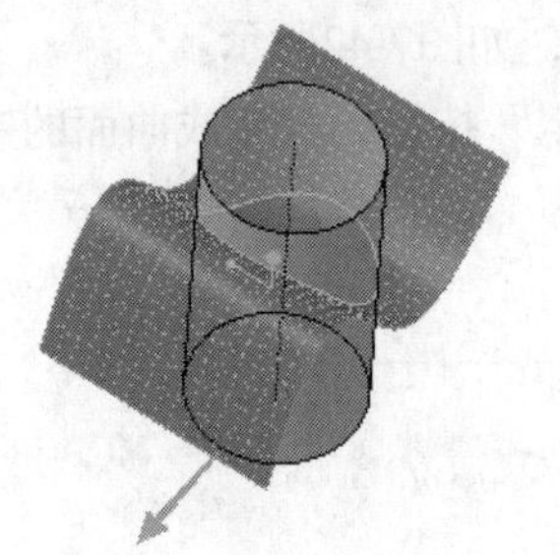

（a）单向修剪

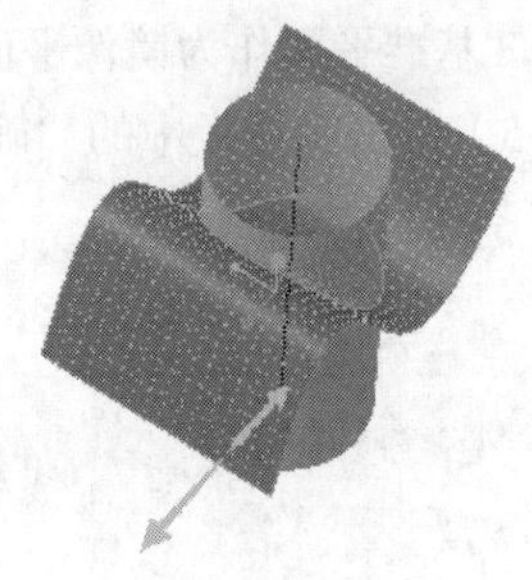

（b）双向修剪

图7-46 修剪方向

（4）单击操控板中的“预览”按钮预览模型，如图7-47所示。

（5）单击操控板中的“继续”按钮取消预览。单击操控板中的“选项”按钮，打开如图7-48所示的“选项”下滑面板，取消勾选“保留修剪曲面”复选框（为系统默认选项），预览结果如图7-49所示。

（6）单击操控板中的“继续”按钮取消预览。单击操控板中的“选项”按钮，打开“选项”下滑面板，勾选“加厚修剪”复选框，并在其后的文本框中输入壁厚值“6”，激活“排除曲面”列表框，选取如图7-51所示的拉伸曲面的半圆，被选取的曲面会加亮显示，“选项”下滑面板设置如

图7-50所示。双击操控板中的“反向”按钮☒使修剪方向变为双向，当前模型状态如图7-51所示。

图7-47　曲面修剪（保留修剪曲面）

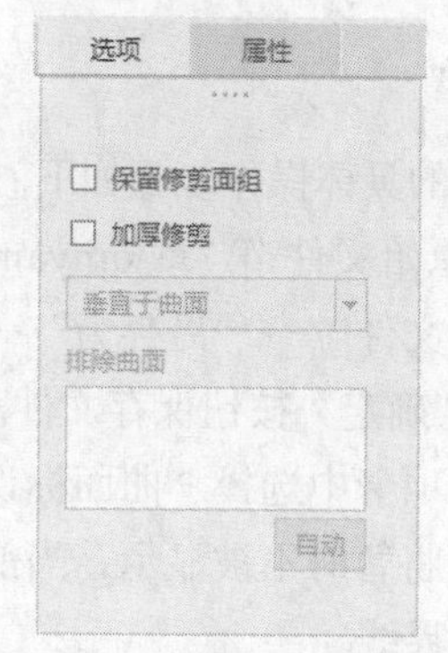

图7-48　“选项”下滑面板1

图7-49　曲面修剪（不保留修剪曲面）

（7）单击操控板中的“确定”按钮✓，完成曲面的修剪如图7-52所示。

（8）保存文件到指定的位置并关闭当前对话框。

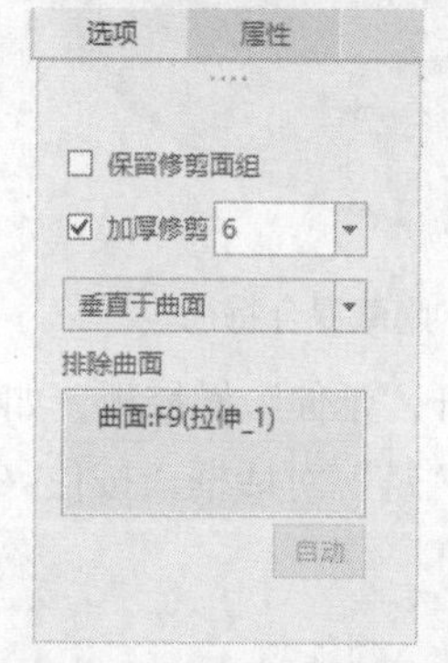

图7-50　“选项”下滑面板2

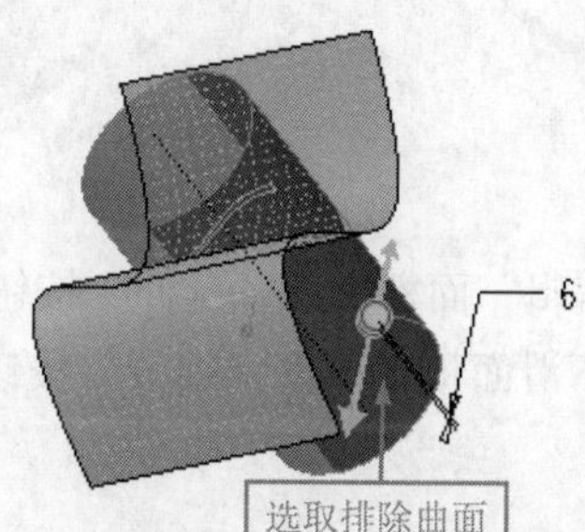

图7-51　选取排除曲面

图7-52　薄修剪

7.3.5　延伸曲面

要激活“延伸”工具，必须先选取要延伸的边界边链，单击“模型”功能区“编辑”面板中的“延伸”按钮⊡，在打开的“延伸”操控板中可将面组延伸到指定距离或延伸至一个平面。

使用沿曲面创建延伸特征时，可选取下面任一个选项确定如何完成延伸。

- 相同（默认）：创建相同类型的延伸作为原始曲面（如平面、圆柱、圆锥或样条曲面）。通过其选定边界边链延伸原始曲面。
- 相切：创建延伸作为与原始曲面相切的直纹曲面。
- 逼近：创建延伸作为原始曲面的边界边与延伸边之间的边界混合。当将曲面延伸至不在同一条直边上的顶点时，使用此方法操作将很简单。

延伸面组时，需要考虑到以下情况：①可表明是要沿延伸曲面还是沿选定基准平面测量延伸距离；②可将测量点添加到选定边，从而更改沿边界边的不同点处的延伸距离；③延伸距离可输入正值或负值。输入负值会导致曲面被修剪。

曲面延伸包含沿原始曲面延伸曲面和将曲面延伸到参考平面两种类型。下面以实例分别讲述两种曲面延伸类型的具体操作步骤。

1. 沿原始曲面延伸曲面

沿原始曲面延伸曲面

沿原始曲面延伸曲面的具体操作步骤如下。

（1）打开源文件“\原始文件\第7章\qmyanshen.prt”文件，其原始模型如图7-53所示。在菜单栏中选择“文件”→“另存为”→“保存副本”命令，更改文件名称为“qmyanshen1.prt”，单击“确定”按钮保存文件。

（2）在“模型树”选项卡中选择“曲面标识80”选项，右击并选取右键快捷菜单中的“隐藏”按钮，该特征在模型中将暂时不被显示，当前模型显示如图7-54所示。

（3）选取图7-54中旋转特征的下边界线。

图7-53 原始模型

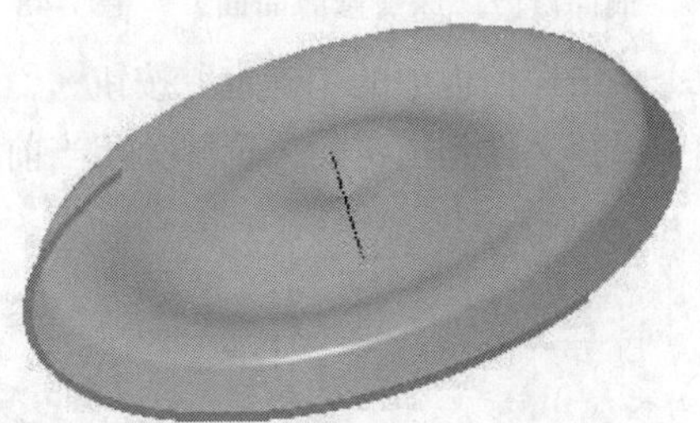

图7-54 隐藏混合特征

（4）单击“模型”功能区“编辑”面板中的“延伸”按钮，打开“延伸”操控板，如图7-55所示。单击“参考”按钮，打开下滑面板，单击“细节”按钮，弹出“链”对话框，按住<Ctrl>键拾取旋转特征的另半部分边界边。

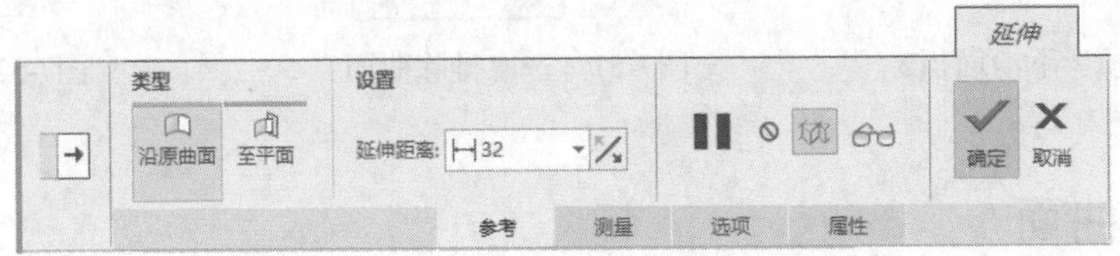

图7-55 “延伸”操控板

（5）单击操控板中的“沿原曲面”按钮，再单击“测量”按钮，系统打开如图7-56所示的“测量”下滑面板。

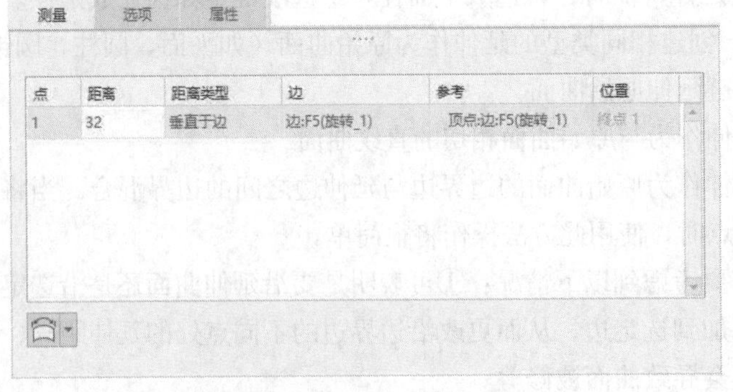

图7-56 “测量”下滑面板

（6）在“延伸”操控板“延伸距离”的文本框中输入延伸距离为“50”，设置测量曲面延伸距离方式为“测量参考曲面中的延伸距离”，使测量方式为与延伸曲面平行。

（7）设置完成后再次单击“测量”按钮关闭下滑面板。预览特征如图7-57所示。

（8）重新设置测量参考曲面中延伸距离的方式为“测量选定平面中的延伸距离”，激活其后面的列表框，选取基准平面DTM1作为参考平面。预览效果如图7-58所示。

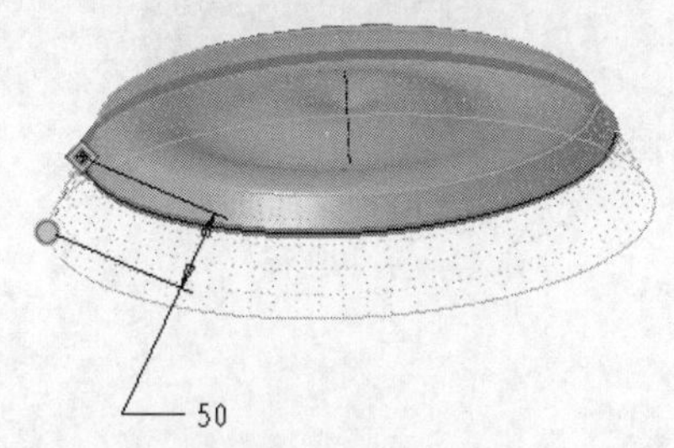

图7-57 预览效果1

图7-58 预览效果2

（9）不同测量方式得到的效果不同，图7-59（a）所示为沿延伸曲面测量延伸距离，如图7-59（b）所示为在参考平面中测量延伸距离。

（10）保存文件到指定的位置并关闭当前对话框。

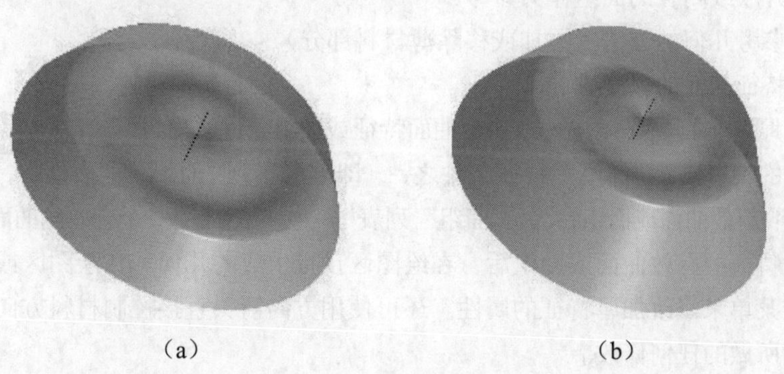

（a） （b）

图7-59 模型结果对比

2. 将曲面延伸到参考平面

将曲面延伸到参考平面

这种方式是在与指定平面垂直的方向延伸边界边链至指定平面。将曲面延伸到参考平面的具体操作步骤如下。

（1）打开图7-53所示的“qmyanshen.prt”文件，在菜单栏中选择“文件”→“另存为”→“保存副本”命令，更改文件名称为“qmyanshen2.prt”，单击“确定”按钮保存文件。

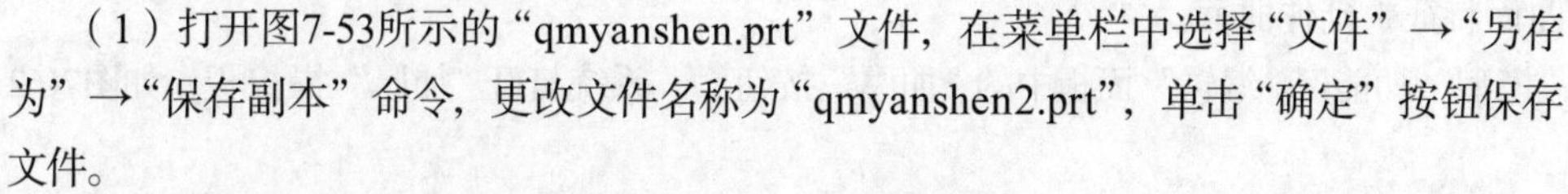

（2）选取旋转特征的下边界线，单击“模型”功能区“编辑”面板中的“延伸”按钮，打开“延伸”操控板，单击操控板中的“至平面”按钮。

（3）单击操控板中的“参考”按钮，打开“参考”下滑面板，在“参考平面”列表框中单击将其激活，单击“细节”按钮，打开“链”对话框，按<Ctrl>键选取另一半边界边，单击“确定”按钮；选取基准平面DTM1作为参考平面，如图7-60所示。

（4）单击操控板中的“确定”按钮✓，完成曲面延伸特征的创建，结果如图7-61所示。

（5）保存文件到指定的位置并关闭当前对话框。

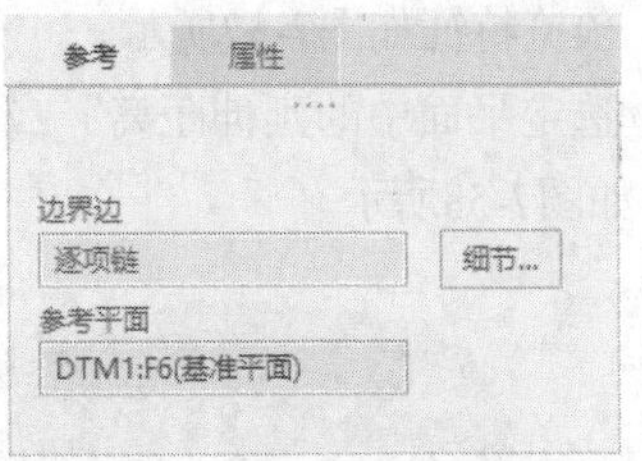

图7-60 “参考”下滑面板

图7-61 延伸曲面

7.3.6 加厚曲面

加厚曲面

加厚特征使用预定的曲面特征或面组几何将薄材料部分添加到设计中，或在其中移除薄材料部分。在设计过程中，曲面特征或面组几何可提供很大的灵活性，并允许对该几何进行转换，以更好地满足设计需求。设计“加厚”特征时必须先执行以下操作。

- 选取一个开放或闭合的面组作为参考。
- 确定使用参考几何的方法（添加或移除薄材料部分）。
- 定义加厚特征几何的厚度方向。

要进入“加厚”工具，必须先选取一个曲面特征或面组。进入“加厚”工具前，只能选取有效的几何。如果选取的特征满足“加厚”特征条件之一，即被放置到“面组”列表框中。当该工具处于活动状态时，可选取新的曲面或面组参考。“面组”列表框一次只能接受一个有效的曲面或面组参考。

指定实体化特征的有效曲面或面组后，在绘图区预览生成的几何。在绘图区或操控板中，可通过使用右键快捷菜单来修改加厚特征的属性。还可使用方向箭头直接控制材料方向。预览几何会自动更新，以反映所做的任何修改。

通常，“加厚”特征被用来创建复杂的薄几何，如果可能，使用常规的实体特征创建这些几何将更为困难。曲面加厚的具体操作步骤如下。

（1）打开源文件“\结果文件\第7章\qmyanshen2.prt”文件，在菜单栏中选择“文件”→“另存为”→“保存副本”命令，更改文件名称为“qmjiahou.prt”，单击“确定”按钮保存文件。

（2）选取曲面特征中延伸曲面。

（3）单击“模型”功能区“编辑”面板中的“加厚”按钮⊏，系统打开“加厚”操控板，如图7-62所示。

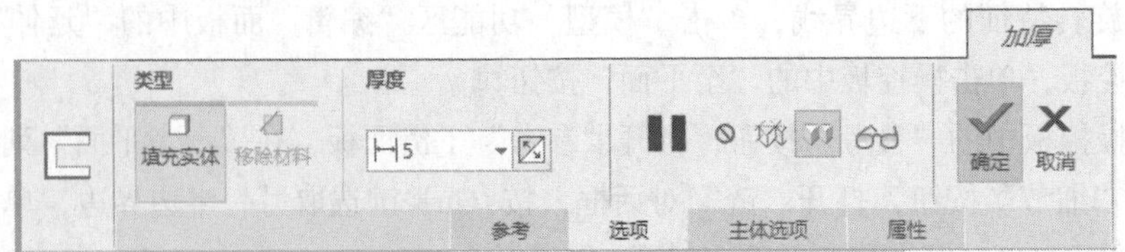

图7-62 “加厚”操控板

（4）单击操控板中的“选项”按钮，系统打开“选项”下滑面板，单击“排除曲面”列表框将其激活，选取如图7-63所示延伸特征的部分环作为排除曲面。

（5）再次单击操控板中的“选项”按钮关闭下滑面板，并给定加厚尺寸值为10。

（6）单击操控板中的“确定”按钮✓，完成曲面加厚特征的创建，结果如图7-64所示。

（7）保存文件到指定的位置并关闭当前对话框。

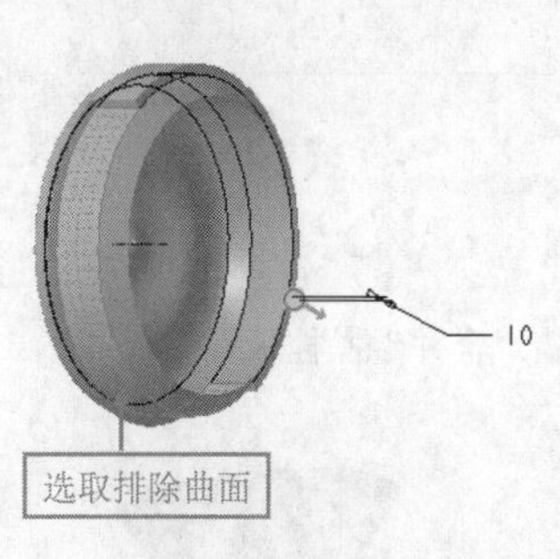

图7-63　选取排除曲面

图7-64　加厚曲面

7.3.7　合并曲面

合并曲面

可使用“合并”工具通过相交或连接合并两个面组。生成的面组是一个单独的面组，与两个原始面组一致。如果删除合并特征，原始面组仍保留。合并面组的方法包含以下两种。

- 使用相交创建一个由两个相交面组修剪部分所组成的面组。
- 如果一个面组的边位于另一个面组的曲面上，则使用连接。

技巧荟萃

在“组件”模式中，只可合并组件级面组。如果要生成元件级合并特征，必须先激活元件，然后在该元件中合并面组。

一个合并的面组包含提供几何的两个或多个原始面组，以及一个包含曲面相交或连接信息的合并特征。合并两个面组时，两个参考面组均成为合并特征的父项。默认情况下，选取的第一个面组将成为主参考面组，它确定合并面组ID。对于诸如隐含和恢复或层遮蔽等操作可能会很重要。如果隐含主参考面组（通过在“模型树”选项卡选取），则合并面组也被隐含。曲面合并的具体操作步骤如下。

（1）打开源文件“\原始文件\第7章\qmhebing.prt”文件，其原始模型如图7-65所示。

（2）同时选取旋转特征和填充特征的两个曲面，选取的曲面将加亮显示。

（3）单击“模型”功能区“编辑”面板中的“合并”按钮，打开“合并”操控板，如图7-66所示。将两个模型合并后保留曲面的箭头，如图7-67所示。单击操控板中的“保留的第一面组的侧”或“保留的第二面组的侧”按钮，可改变曲面保留的部分。

（4）单击操控板中的“确定”按钮✓，完成曲面的合并如图7-68所示。

（5）保存文件到指定的位置并关闭当前对话框。

图7-65 原始模型

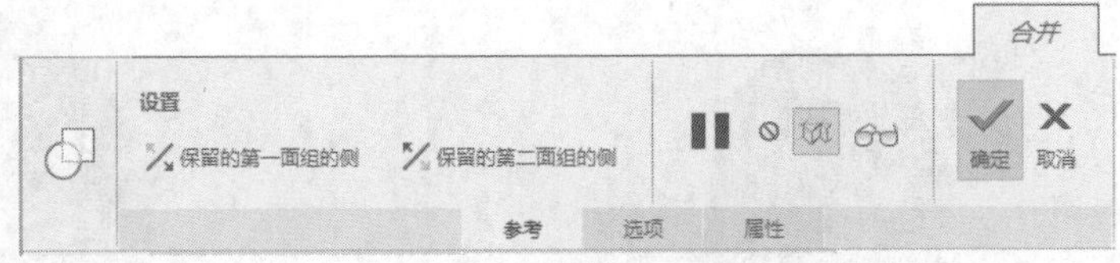

图7-66 “合并”操控板

图7-67 保留曲面选取

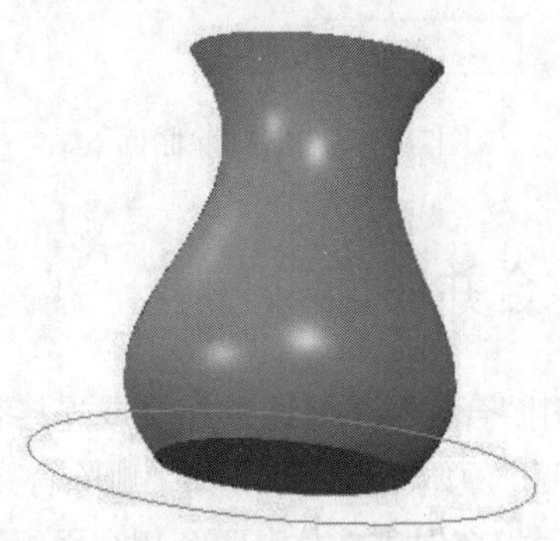

图7-68 合并曲面

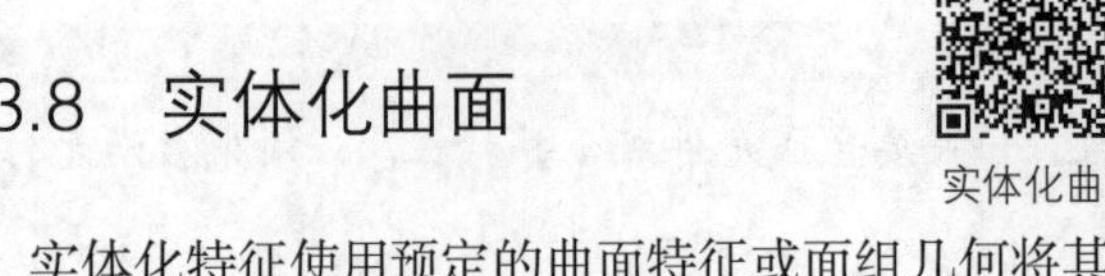

7.3.8 实体化曲面

实体化特征使用预定的曲面特征或面组几何将其转换为实体几何。在设计中，可使用实体化特征添加、移除或替换实体材料。在设计过程中，面组几何可提供更大的灵活性，而实体化特征允许对几何进行转换以满足设计需求。

通常实体化特征被用来创建复杂的几何，使用常规的实体特征创建这些几何会更为困难。设计实体化特征必须执行以下操作。

- 选取一个曲面特征或面组作为参考。
- 确定使用参考几何的方法（添加实体材料、移除实体材料或修补曲面）。
- 定义几何的材料方向。

要进入“实体化”工具，必须先选取一个曲面特征或面组。在进入“实体化”工具前，只能选取有效的几何。当选取的曲面特征或面组满足其条件时，将被自动放置到相应列表框中。当该工具处于活动状态时，可选取新的参考。参考收集器一次只接受一个有效的曲面特征或面组参考。

为实体化特征指定有效的曲面特征或面组后，生成的几何则会在绘图区显示其预览效果。在绘图区或操控板中，可通过直接使用右键快捷菜单来修改实体化特征的属性，还可使用方向箭头直接控制材料方向。预览几何会自动更新，以反映所做的任何修改。将所有曲面合并成一个封闭的面组后，才可以对其进行实体化操作。对曲面进行实体化操作的步骤如下。

（1）打开源文件“\原始文件\第7章\qmshitihua.prt”文件，其原始模型如图7-69所示。

（2）通过合并操作将方形平面与下面的平面合并成一个整体，使之组成一个封闭的曲面“合并2”。

（3）在“模型树”选项卡中选择“合并2”选项，单击“模型”功能区“编辑”面板中的“实体化”按钮，打开“实体化”操控板，如图7-70所示。

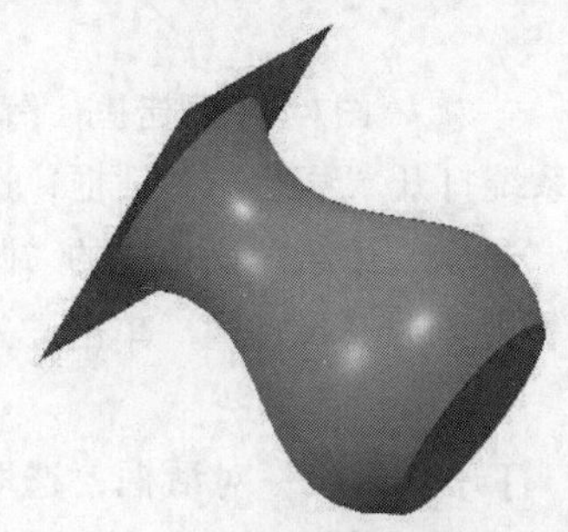

图7-69　原始模型

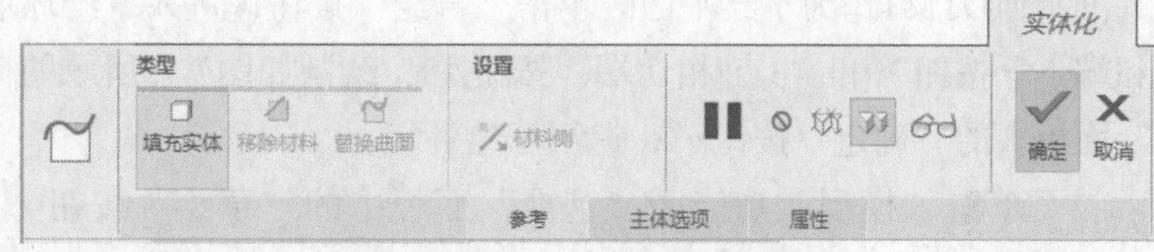

图7-70　“实体化”操控板

（4）单击操控板中的“确定”按钮，完成曲面的实体化操作，结果如图7-71所示。图7-72所示为沿RIGHT基准平面所做的剖面效果，在该图中可以看出，整个封闭曲面内部都形成了实体状态。

（5）保存文件到指定的位置并关闭当前对话框。

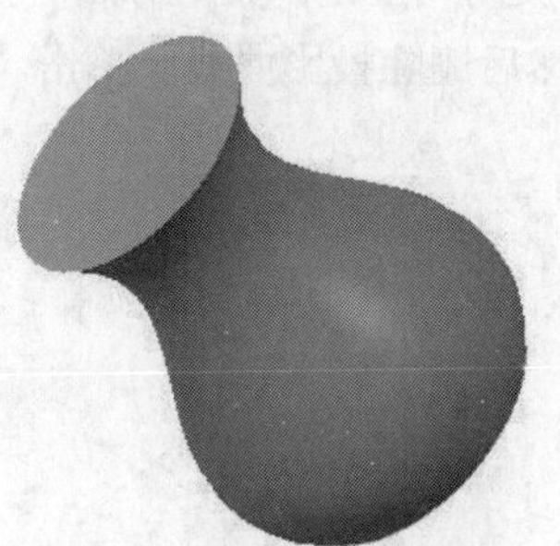

图7-71　实体化曲面

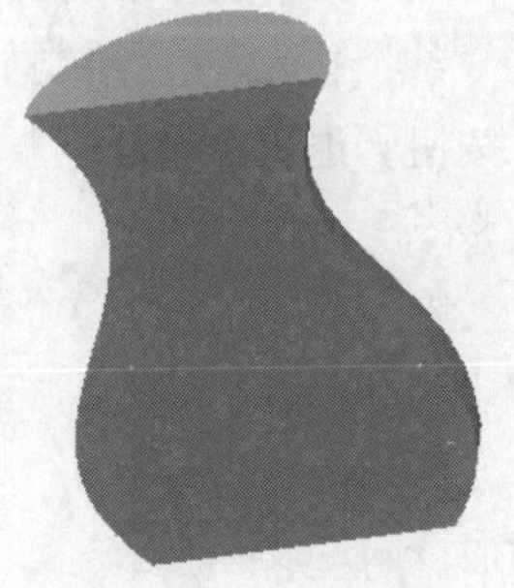

图7-72　模型剖面显示

7.3.9　实例——椅子

实例——椅子

本实例创建的椅子如图7-73所示。

图7-73　椅子

绘制步骤

1．新建文件

单击“主页”功能区“数据”面板中的“新建”按钮，打开“新建”对话框，在“类型”选项组中点选“零件”单选钮，在“子类型”选项组中点选

“实体”单选钮，在“名称”文本框中输入“yizi”，取消勾选“使用默认模板”复选框，单击“确定”按钮，在打开的“新文件选项”对话框中选择“mmns_part_solid_abs”选项，单击“确定”按钮，创建一个新的零件文件。

2. 创建基准平面

单击“模型”功能区“基准”面板中的“平面”按钮，系统打开“基准平面”对话框。选取TOP基准平面作为参考平面，设置约束类型为“偏移”，并给定偏移值为“25”，如图7-74所示的第一个基准平面；再以TOP基准平面为参考，分别偏移28和29创建第二和第三个基准平面。

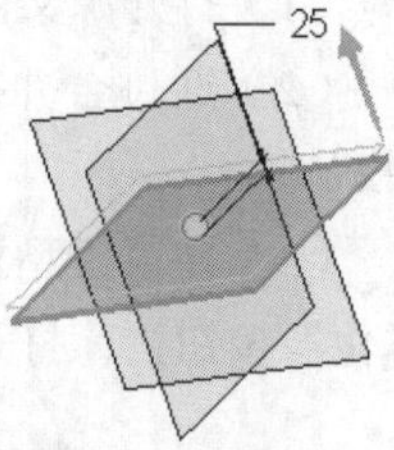

图7-74　创建基准平面

3. 草绘椅子轮廓线

（1）单击“模型”功能区“基准”面板中的“草绘”按钮，系统打开“草绘”对话框，选取基准平面DTM1作为草绘平面。单击“草绘”按钮，进入草绘环境。单击“草绘”面板中的“圆心和端点”按钮和“3点/相切端”按钮，绘制如图7-75所示的草图并修改其尺寸值。单击“关闭”面板中的“确定”按钮，退出草绘环境。

（2）单击“模型”功能区“基准”面板中的“草绘”按钮，打开“草绘”对话框，选取DTM2基准平面作为草绘平面，单击“草绘”按钮，进入草绘环境。单击“草绘”面板中的“圆心和端点”按钮和“3点/相切端”按钮，绘制如图7-76所示的草图并修改其尺寸值，单击“关闭”面板中的“确定”按钮，退出草绘环境。

（3）单击“基准”面板中的“草绘”按钮，打开“草绘”对话框，选取DTM3基准平面作为草绘平面，单击“草绘”按钮，进入草绘环境。单击“草绘”面板中的“投影”按钮，弹出“类型”对话框。在图形区中选择绘制的草图1和草图2，单击“关闭”按钮，关闭对话框。再单击“草绘”面板中的“线”按钮，绘制如图7-77所示的直线，然后删除投影曲线。单击“关闭”面板中的“确定”按钮退出草绘环境。

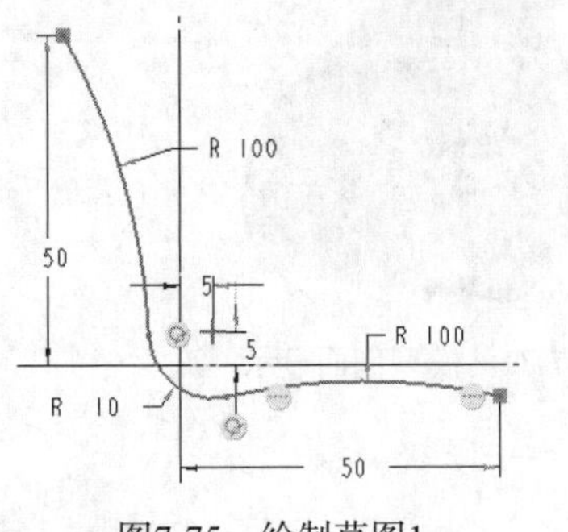

图7-75　绘制草图1

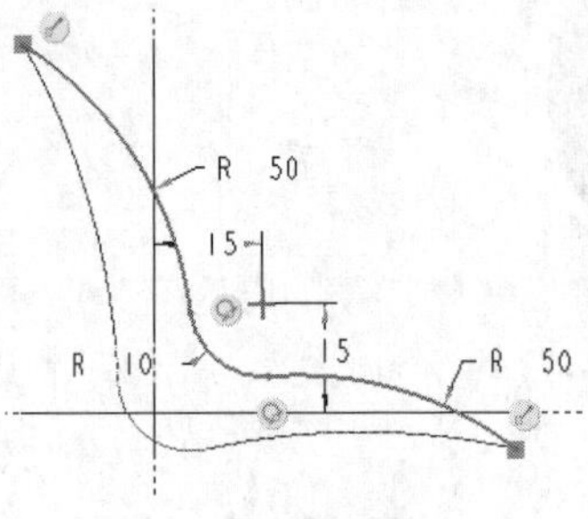

图7-76　绘制草图2

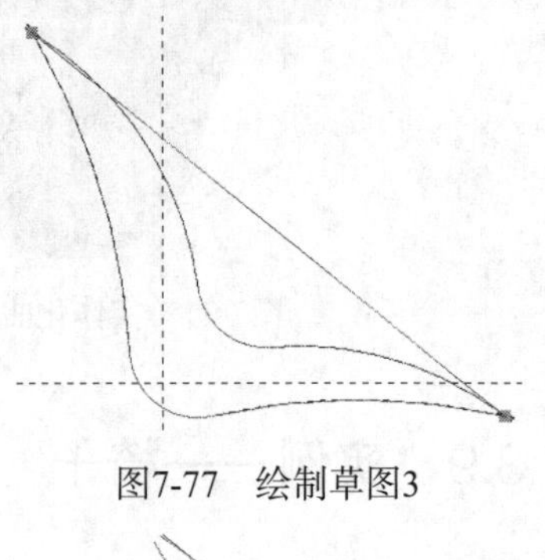

图7-77　绘制草图3

（4）镜向椅子轮廓线。按<Ctrl>键选取绘制的3个草图。单击“模型”功能区“编辑”面板中的“镜像”按钮，选取TOP基准平面作为镜像参考平面，镜像结果如图7-78所示。

图7-78　镜像草图

4. 创建边界混合曲面作为椅子边界

（1）单击“模型”功能区“曲面”面板中的“边界混合”按钮，系统打开“边界混合”操控板。单击“第一方向”

列表框将其激活，按住<Ctrl>键，选取图7-79所示的3条基准曲线。单击操控板中的“确定”按钮，完成边界混合曲面1特征的创建。

（2）采用同样的方法选取如图7-80和图7-81所示的曲线，创建边界混合曲面2、3特征。

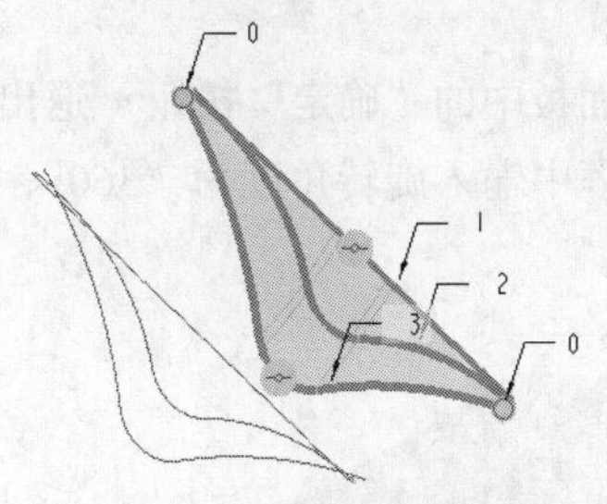

图7-79 选取基准曲线1

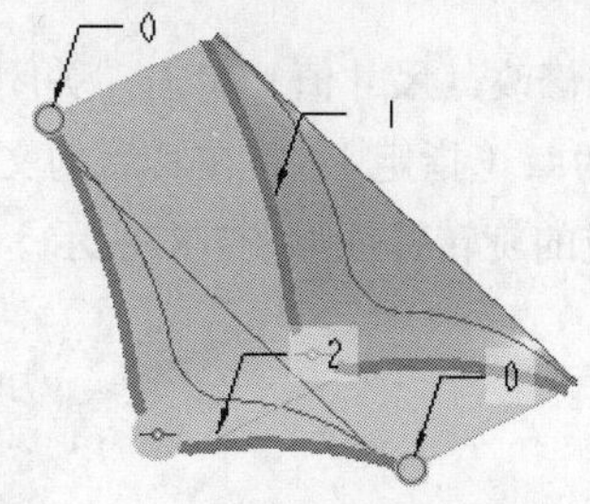

图7-80 创建边界混合曲面1

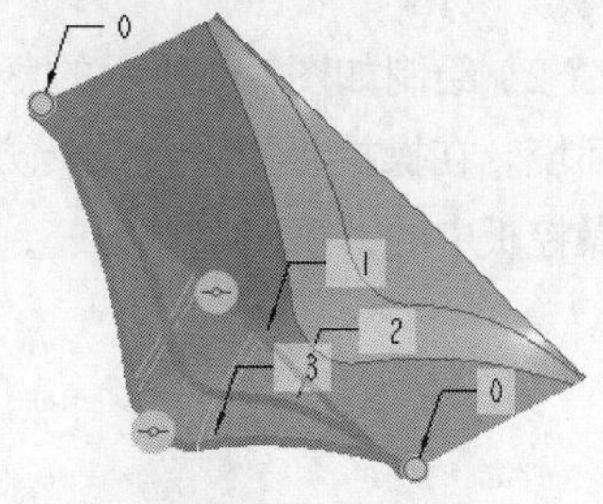

图7-81 创建边界混合曲面2

5. 合并椅子边界

（1）按住<Ctrl>键，选取如图7-82所示边界混合曲面1、2，单击“模型”功能区“编辑”面板中的“合并”按钮，单击操控板中的“确定”按钮。

（2）按住Ctrl键，选取如图7-83所示的合并1和边界混合曲面3，单击“模型”功能区“编辑”面板中的“合并”按钮，再单击操控板中的“确定”按钮，完成椅子边界的合并。

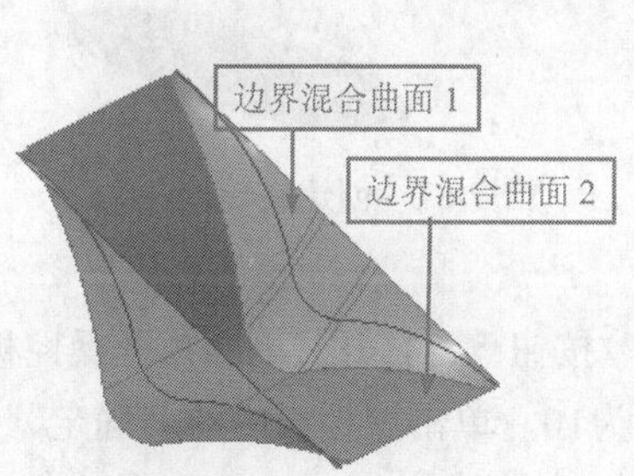

图7-82 选取边界混合曲面1、2

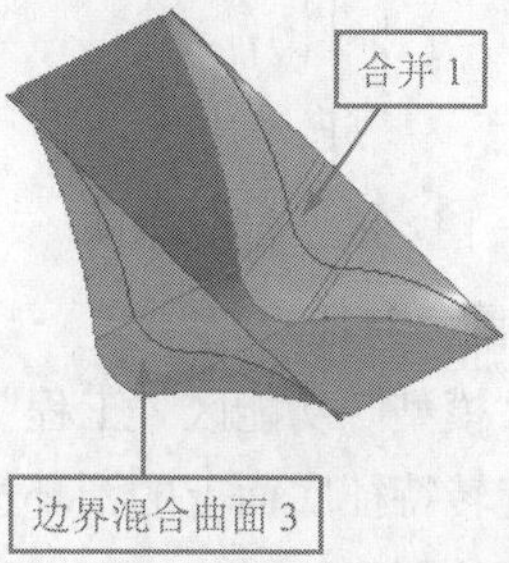

合并 1

边界混合曲面 3

图7-83 选取边界混合曲面3和合并1

6. 加厚椅子边界

选取如图7-84所示的曲面合并2，单击“模型”功能区“编辑”面板中的“加厚”按钮，打开“加厚”操控板。在操控板中给定薄板实体特征的厚度值为1，再单击操控板中的“确定”按钮，完成加厚特征的创建，如图7-85所示。

图7-84 选取合并曲面

图7-85 加厚曲面

7. **旋转形成椅子腿**

（1）单击“模型”功能区“形状”面板中的“旋转”按钮，在打开的“旋转”操控板中依次单击“放置”→“定义”按钮。选取TOP基准平面作为草绘平面，单击“草绘”按钮，进入草绘环境。

（2）绘制如图7-86所示的草图并修改其尺寸值，单击“关闭”面板中的“确定”按钮退出草绘环境。在操控板中设置旋转方式为（指定），并在其后的文本框中输入旋转角度为“360”，单击操控板中的“确定”按钮，完成的旋转特征如图7-87所示。

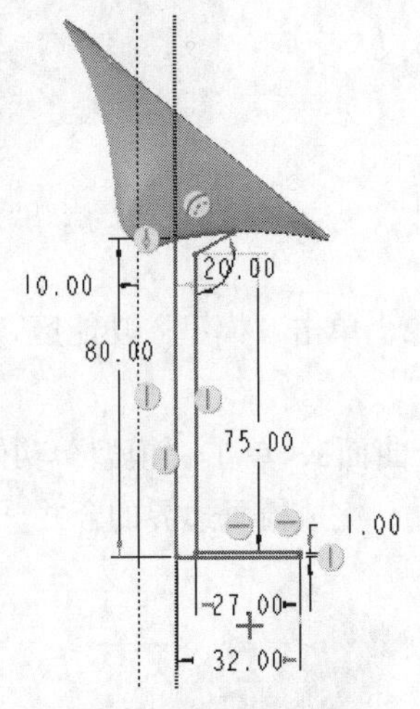

图7-86 绘制草图4

图7-87 创建旋转特征

8. **创建倒圆角特征**

（1）单击“模型”功能区“工程”面板中的“倒圆角”按钮，打开“倒圆角”操控板。选取如图7-88所示旋转特征底面上的圆环边，给定圆角半径值为10。单击操控板中的“确定”按钮，完成倒圆角特征的创建。

（2）采用同样的方法选取如图7-89所示的旋转特征顶面上的圆环边，给定圆角半径值为15，创建倒圆角特征。

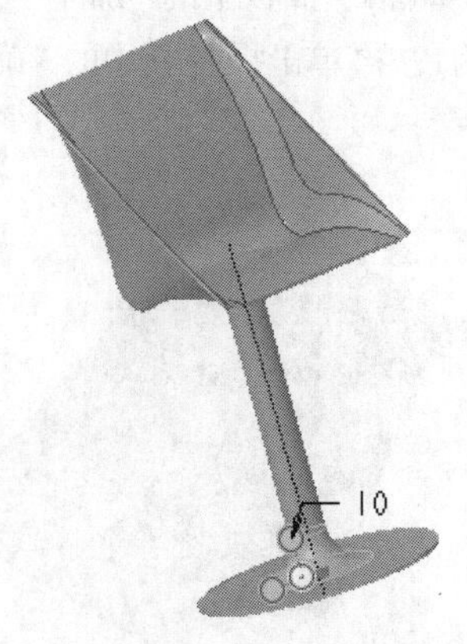

图7-88 选取倒圆角边1

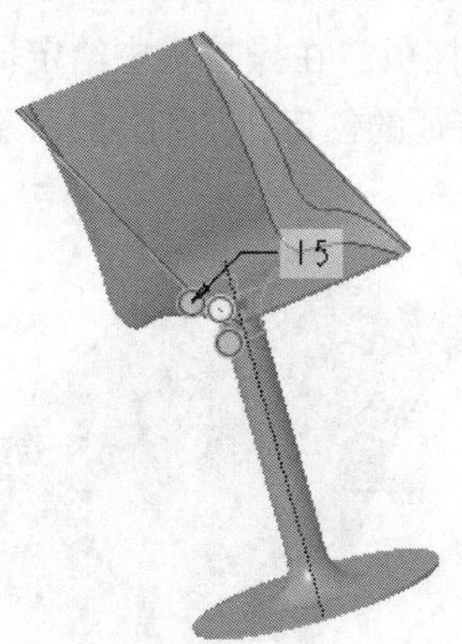

图7-89 选取倒圆角边2

（3）保存文件到指定的位置并关闭当前对话框。

实例——轮毂

7.4 实例——轮毂

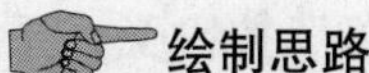
绘制思路

本综合实例主要练习曲面的基本造型，关系式建模，以及曲面编辑。首先分析要创建的模型的特征，轮毂由外圈和轮条组成，轮条是通过在曲面上挖孔得到的。在轮条的设计中的一个主要的技术就是投影，变截面扫描和合并，这是本曲面制作中比较核心的部分。最终轮毂模型如图7-90所示。

图7-90　轮毂模型

绘制步骤

1. 建立新文件

单击“快速访问”工具栏中的“新建”按钮，弹出“新建”对话框，在“类型”选项组中点选“零件”单选钮，在“子类型”选项组中点选“实体”单选钮，在“名称”文本框中输入“lungu”，取消勾选“使用默认模板”复选框，单击“确定”按钮，在打开的“新文件选项”对话框中选择“mmns_part_solid_abs”选项，单击“确定”按钮，建立新文件。

2. 建立外圈

（1）单击“模型”功能区“形状”面板上的“旋转”按钮，系统弹出“旋转”操控面板，如图7-91所示。选择“曲面”按钮，设置旋转曲面选项。

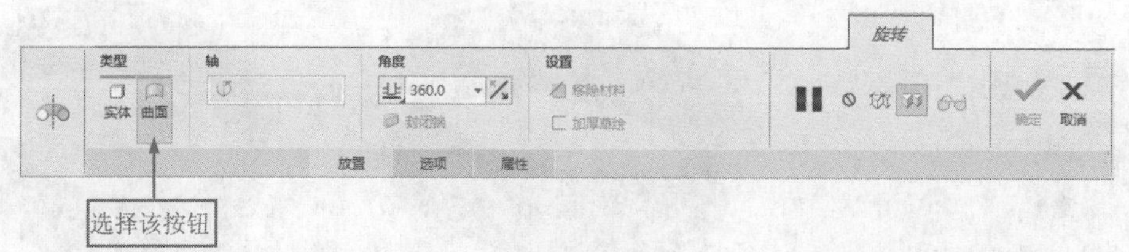

图7-91　“旋转”操控面板

（2）单击“放置”按钮，在弹出的下滑面板中单击“定义”按钮，系统弹出“草绘”对话框，选择FRONT基准面作为草绘平面，如图7-92所示。单击“草绘”按钮，进入草绘界面。

（3）使基准平面正视。单击“草绘”功能区“基准”面板上的“中心线”按钮绘制旋转中心线，并绘制如图7-93所示的草图。

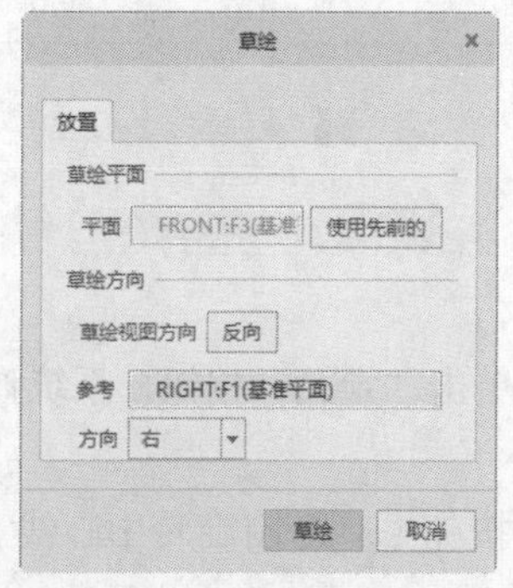

图7-92　“草绘”对话框1

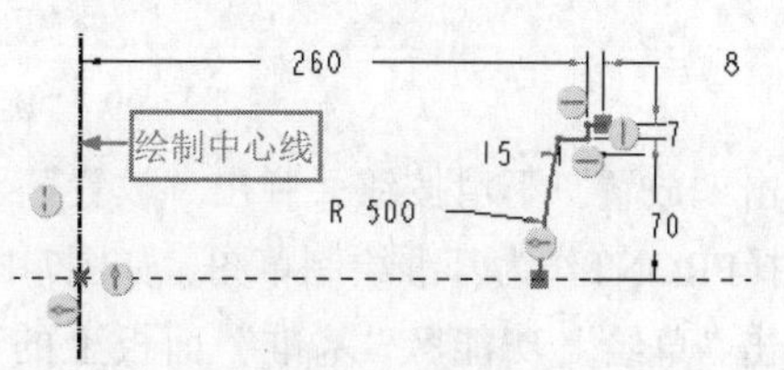

图7-93　绘制草图1

（4）单击“确定”按钮✔，完成草图的绘制，然后单击操控板中的“确定”按钮✔，完成实体的旋转，结果如图7-94所示。

（5）选取创建的旋转曲面后单击“模型”功能区“编辑”面板上的“镜像”按钮，系统弹出“镜像”操控面板，如图7-95所示。

图7-94　旋转曲面

图 7-95　镜像特征面板

（6）单击“参考”按钮，弹出如图7-96所示的“参考”下滑面板。

（7）选择TOP基准面作为镜像平面，然后单击操控板中的“确定”按钮✔，完成镜像模型，如图7-97所示。

（8）按住<Ctrl>键，选择镜像后的实体和旋转实体。

（9）单击“模型”功能区“编辑”面板上的“合并”按钮，系统弹出“合并”操控板。

（10）单击操控板中的“确定”按钮✔，完成实体合并，如图7-98所示。

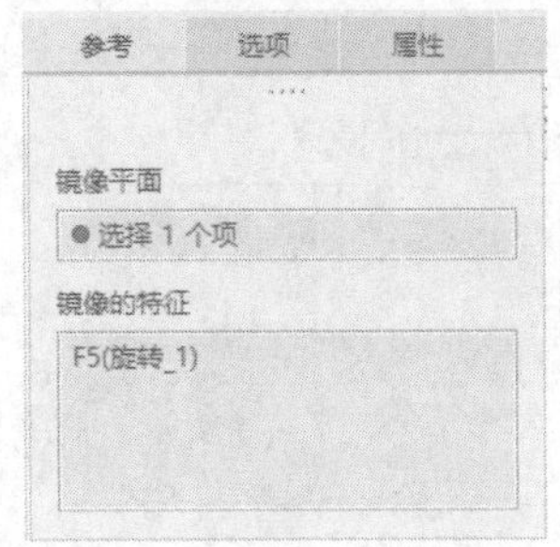

图7-96　“参考”下滑面板

图 7-97　镜像模型

图7-98　合并曲面

3. 曲面

（1）单击“模型”功能区“形状”面板上的“旋转”按钮，系统弹出“旋转”操控板，如图7-99所示。单击“曲面”按钮，设置旋转形式为曲面选项。

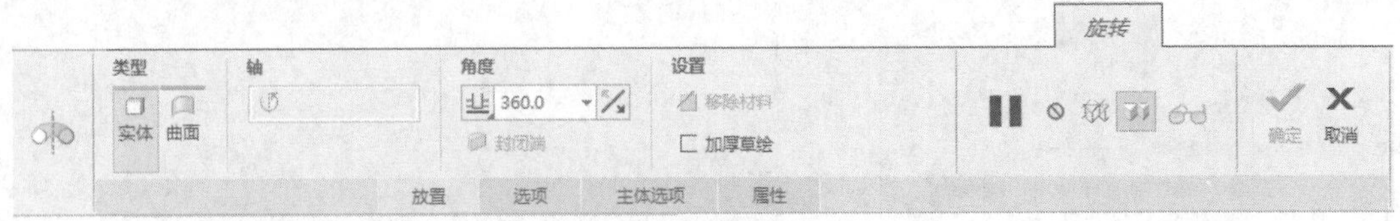

图7-99　“旋转”操控板

（2）单击“放置”下滑按钮，弹出“放置”下滑面板，单击“定义”按钮，系统弹出“草绘”对话框，选择FRONT作为基准绘制草图，如图7-100所示。

（3）单击“草绘”功能区“基准”面板上的“中心线”按钮，绘制旋转中心线。再绘制如图7-101所示的草图。

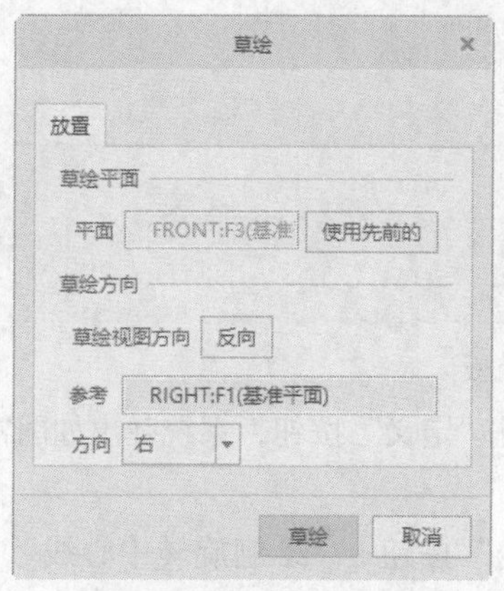

图7-100　“草绘”对话框2

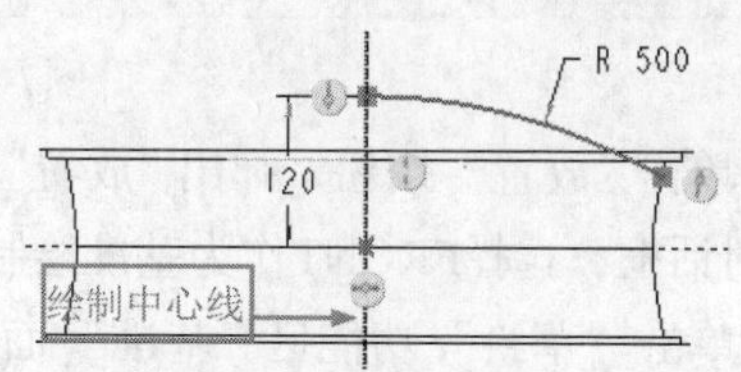

图7-101　绘制草图2

（4）单击“确定”按钮✔，退出草图绘制环境，得到如图7-102所示的旋转预览图。

（5）单击操控板中的“确定”按钮✔，完成旋转曲面制作，如图7-103所示。

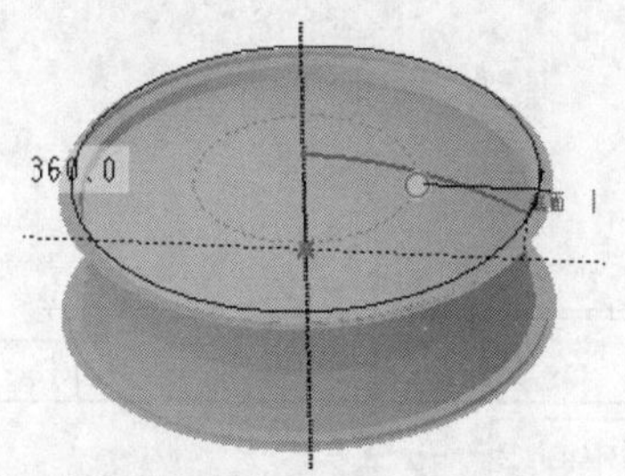

图7-102　旋转预览

图7-103　旋转的曲面

（6）选取旋转特征后单击鼠标右键，弹出如图7-104所示的右键快捷菜单。

（7）选取“隐藏”选项，隐藏后得到的模型如图7-105所示。

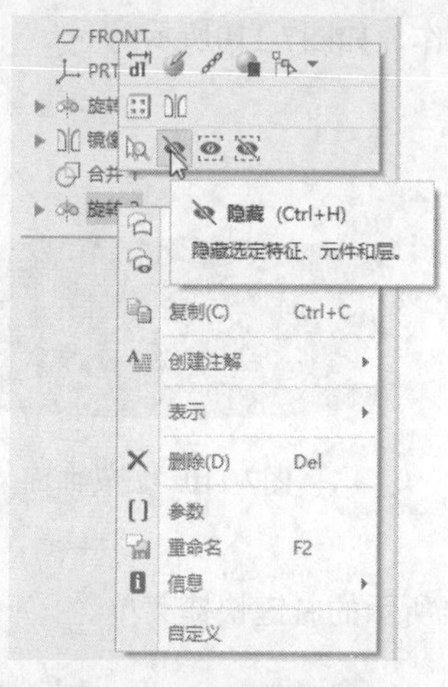

图7-104　右键快捷菜单

图7-105　隐藏后的模型

4. 旋转曲面

（1）单击“模型”功能区“形状”面板上的“旋转”按钮，系统弹出“旋转”操控板，如

图7-106所示，单击“曲面”按钮，设置为旋转曲面选项。

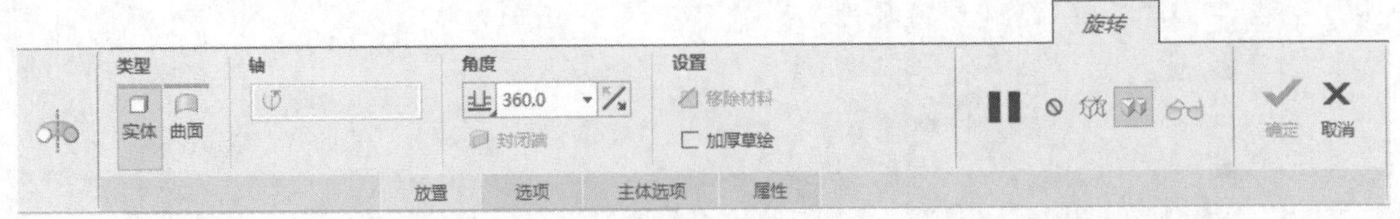

图7-106 “旋转”操控板

（2）单击“放置”按钮，弹出“放置”下滑面板，单击“定义”按钮，系统弹出如图7-107所示“草绘”对话框，选择FRONT作为基准绘制草图。

（3）单击“草绘”功能区“基准”面板上的“中心线”按钮，绘制旋转中心线。再绘制如图7-108所示的草图。

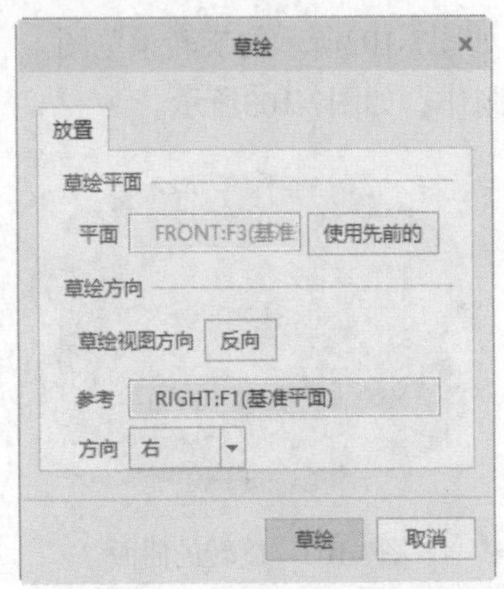

图7-107 “草绘”对话框3

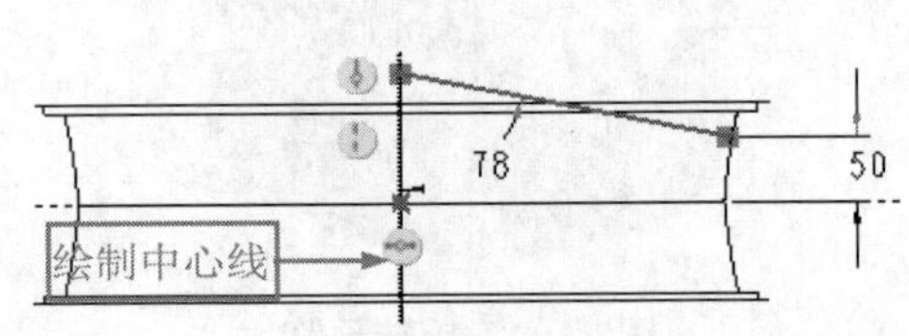

图7-108 绘制草图3

（4）单击“确定”按钮，完成旋转曲面的预览图，如图7-109所示。

（5）单击操控板中的“确定”按钮，完成旋转曲面制作，如图7-110所示。

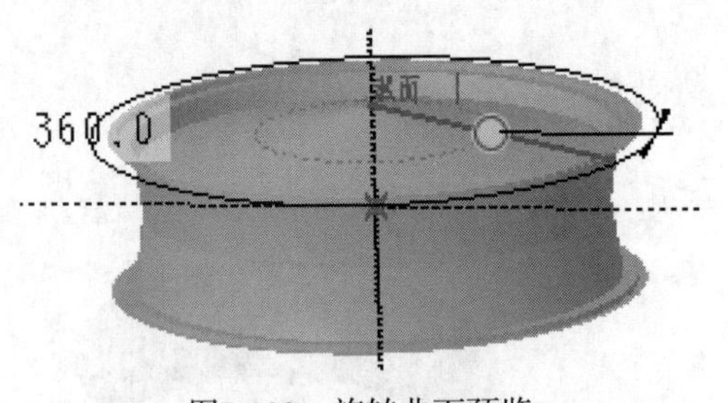

图7-109 旋转曲面预览

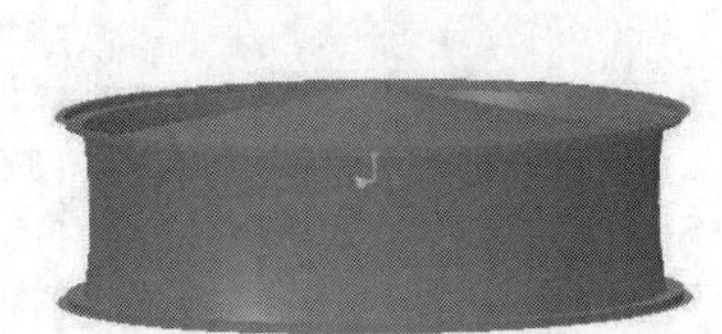

图7-110 旋转曲面

5. 创建曲面

（1）选取旋转特征后单击鼠标右键，系统弹出如图7-111所示的右键快捷菜单。

（2）选取“隐藏”选项，结果如图7-112所示。

（3）单击“模型”功能区“基准”面板上的“草绘”按钮，系统弹出“草绘”对话框，选择TOP基准平面作为草绘平面，如图7-113所示，单击“草绘”按钮，进入草图绘制截面。

（4）绘制如图7-114所示的草图，单击“确定”按钮，退出草图绘制环境。

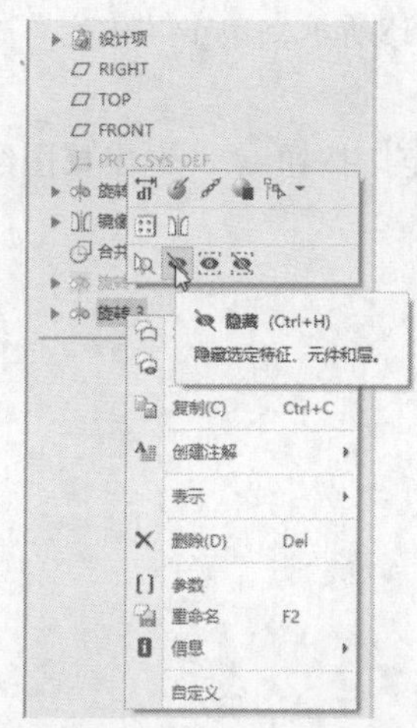

图7-111　隐藏旋转曲面

图7-112　隐藏曲面后的模型

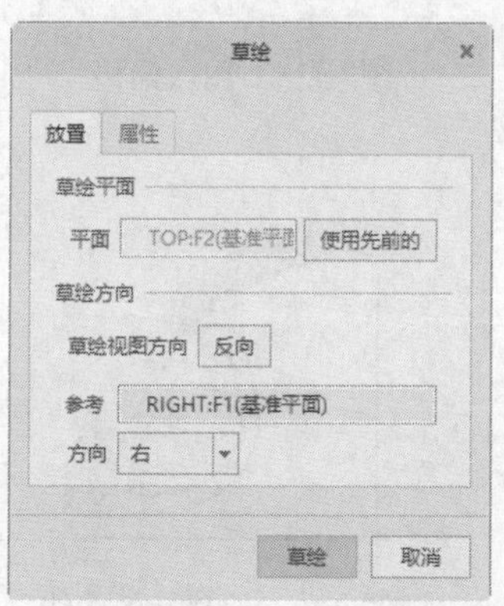

图7-113　“草绘”对话框4

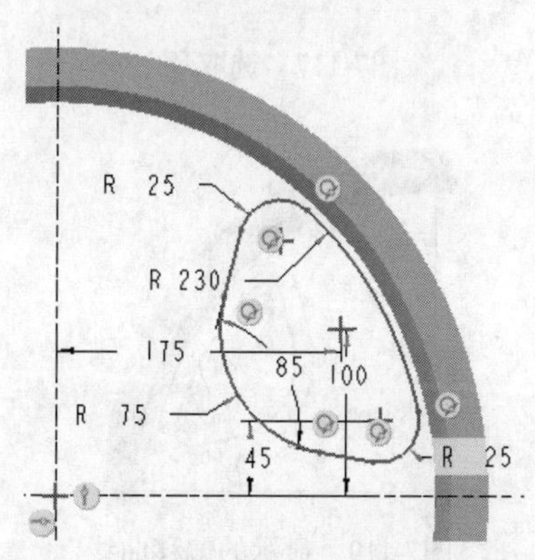

图7-114　绘制草图4

6. 绘制另一曲线

（1）单击“模型”功能区“基准”面板上的“草绘”按钮，系统弹出“草绘”对话框，选择TOP基准平面作为草绘平面，如图7-115所示，单击“草绘”按钮，进入草图绘制截面。

（2）单击“草绘”功能区“草绘”面板上的“偏移”按钮，系统弹出“类型”对话框，勾选“环”选项，如图7-116所示。

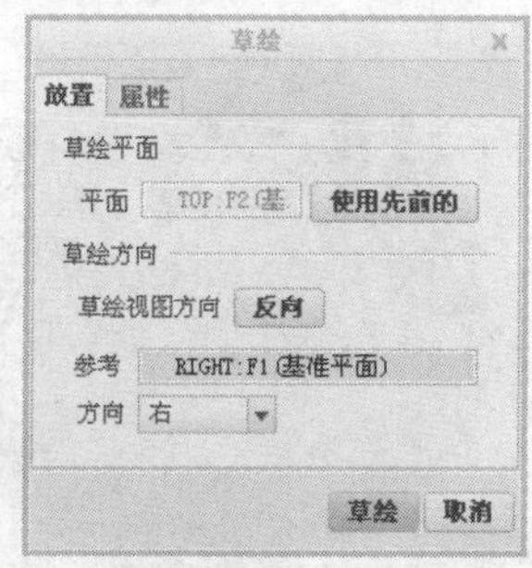

图7-115　“草绘”对话框5

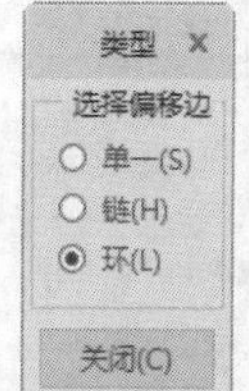

图7-116　“类型”对话框

（3）选择如图7-117所示的圆弧。

（4）在系统弹出的文本框内输入偏移距离值-14，如图7-118所示，单击“确定”按钮。曲线在图中显示如图7-119所示。

（5）单击“类型”选项板中的“关闭”按钮。单击“确定”按钮，退出草图绘制环境，结果如图7-120所示。

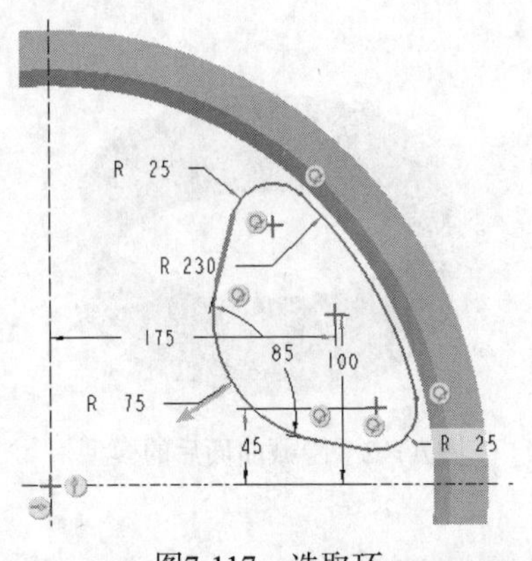

图7-117 选取环

图7-118 输入偏移

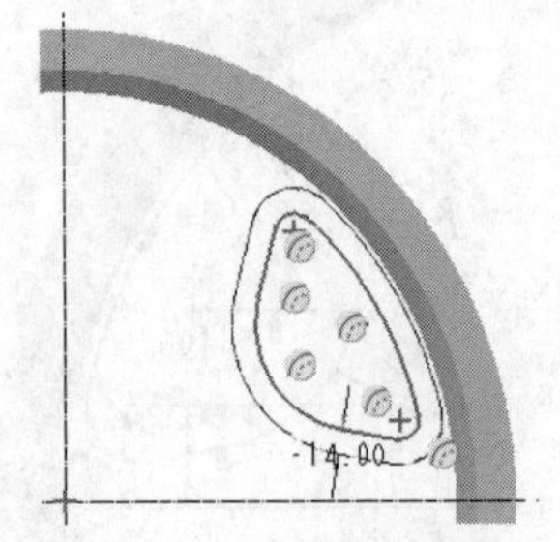

图7-119 显示的偏移曲线

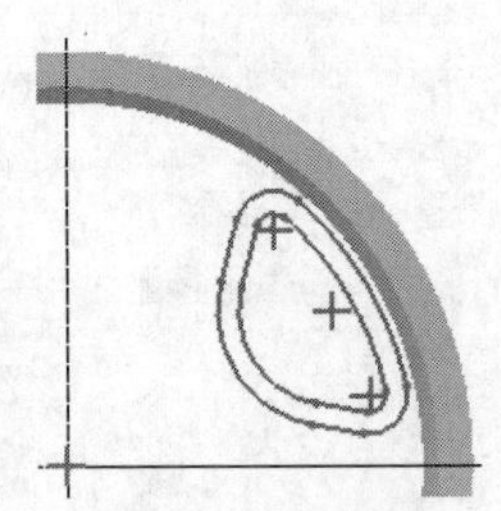

图7-120 偏移后的曲线

7. 曲线投影

（1）按住<Ctrl>键在模型树中选取“旋转2、3”特征后单击鼠标右键，弹出如图7-121所示的右键快捷菜单。

（2）选取“显示”命令，显示结果如图7-122所示。

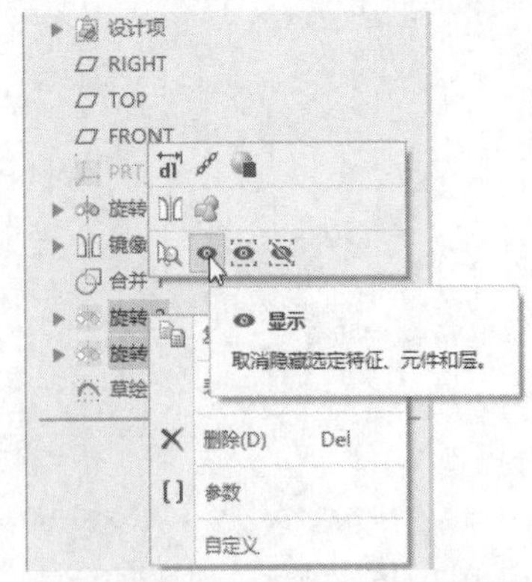

图7-121 取消隐藏

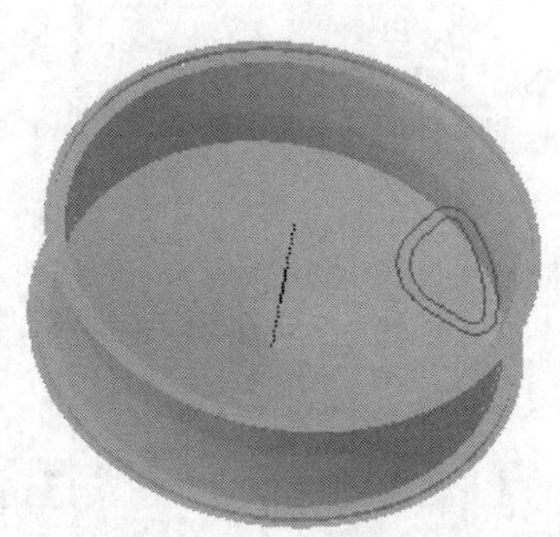

图7-122 消除隐藏后的模型框架显示

（3）单击“模型”功能区“编辑”面板上的“投影”按钮，系统“投影曲线”操控板，如图7-123所示。

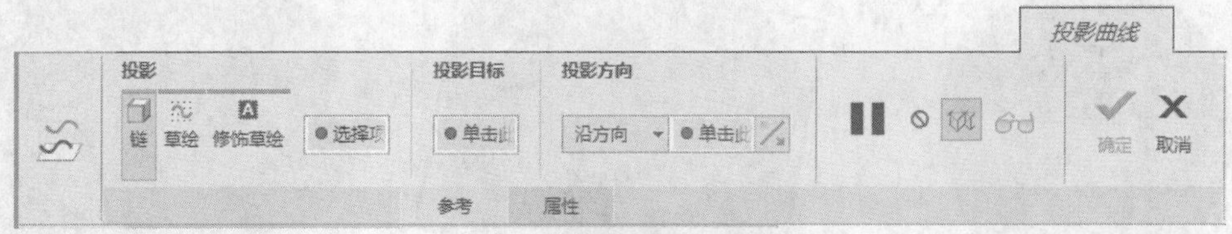

图7-123　“投影曲线”操控板

（4）单击面板中的“参考”按钮，弹出如图7-124所示“参考”下滑面板。

（5）单击“链”列表框，单击如图7-125所示的曲线。

（6）单击“曲面”列表框，选取如图7-126所示的曲面。

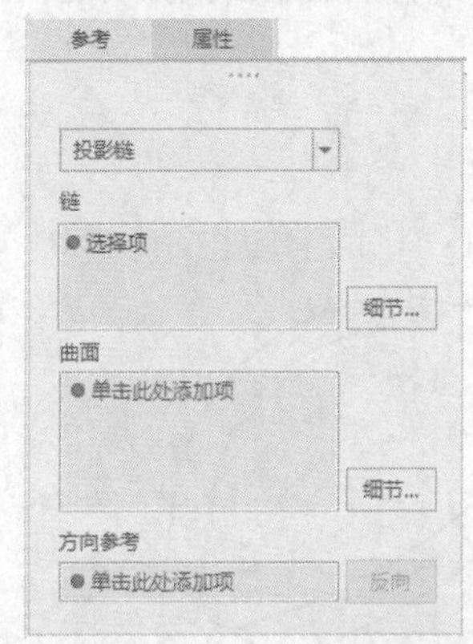

图7-124　“参考”下滑面板

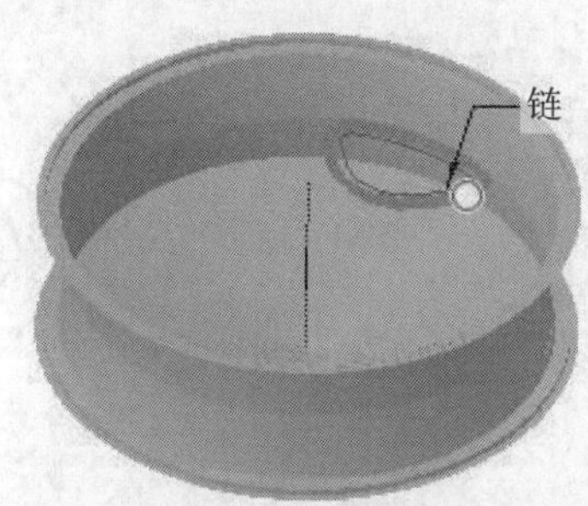

图7-125　选择曲线1

图7-126　投影曲面1

（7）单击“方向参考”列表框，选取TOP基准面，如图7-127所示。

（8）单击操控板中的“确定”按钮，完成曲线的投影操作如图7-128所示。

（9）单击“模型”功能区“编辑”面板上的“投影”按钮，系统“投影曲线”操控板。

（10）单击“参考”按钮，弹出“参考”下滑面板，单击“链”列表框，单击如图7-129所示的曲线。

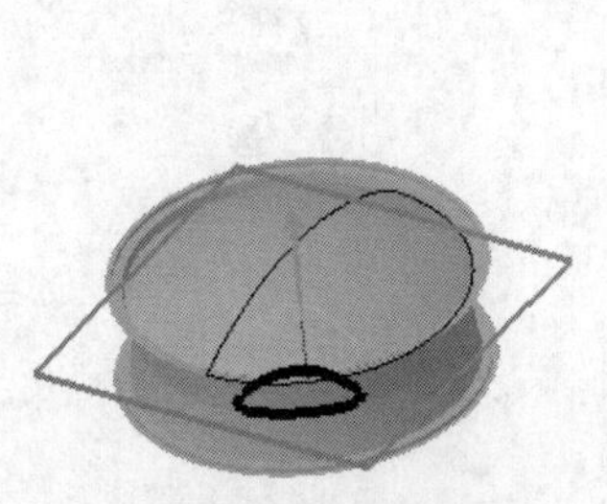

图7-127　参考方向

图7-128　投影曲线1

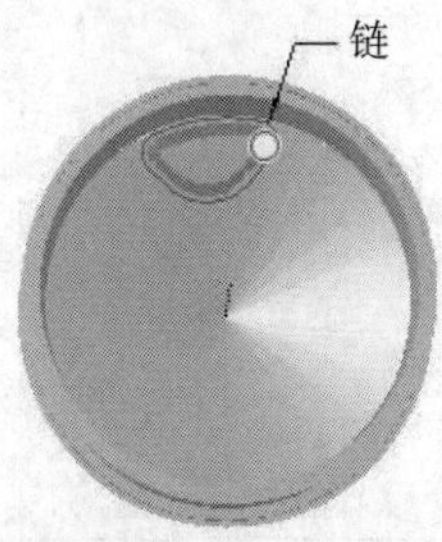

图7-129　选择曲线2

（11）单击“曲面”列表框，选取如图7-130所示的曲面。

（12）单击“方向参考”列表框，选取TOP基准面，如图7-131所示。

（13）单击操控板中的“确定”按钮✓，完成曲线的投影操作如图7-132所示。

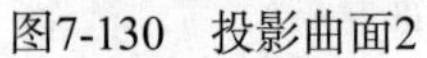
图7-130　投影曲面2

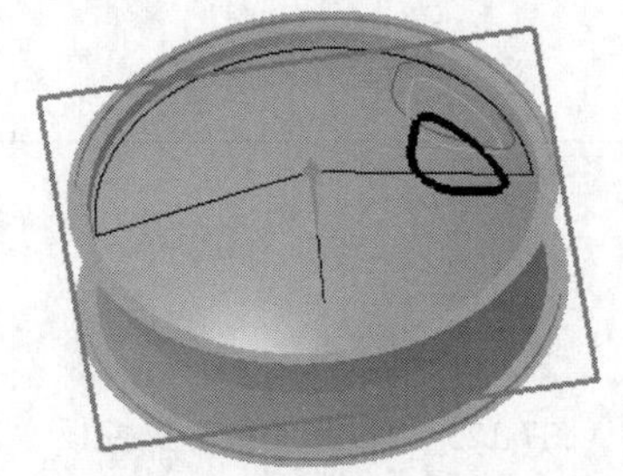
图7-131　参考方向

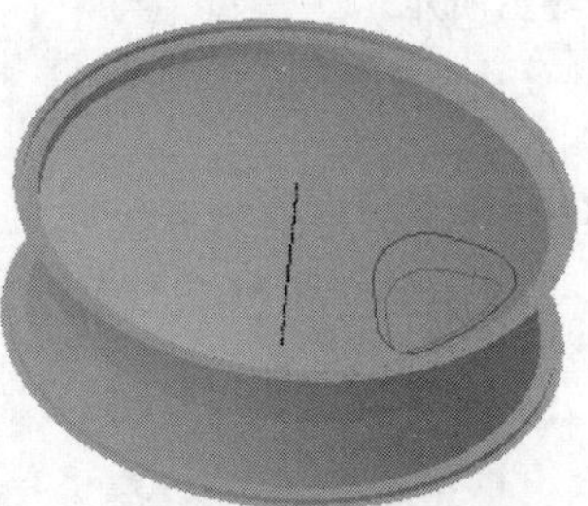
图7-132　投影曲线2

8. **边界扫描**

（1）按住<Ctrl>键，选取“模型树”中的所有旋转曲面以及两个草图，然后单击鼠标右键，弹出如图7-133所示的右键快捷菜单。

（2）选取“隐藏”命令，结果如图7-134所示。

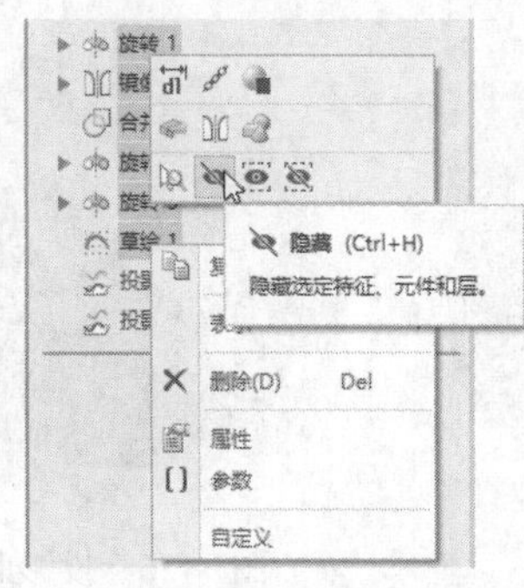

图7-133　隐藏特征

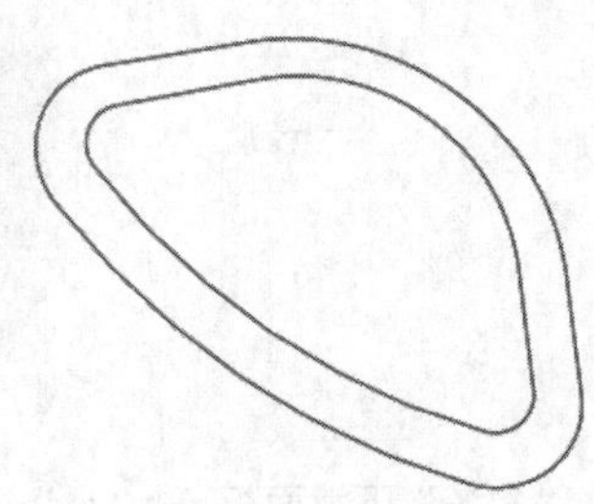
图7-134　隐藏

（3）单击“模型”功能区“基准”面板下的“通过点的曲线”按钮～，系统弹出如图7-135所示的“曲线：通过点”操控板。

（4）单击面板中的“放置”按钮，弹出如图7-136所示的“放置”下滑面板。

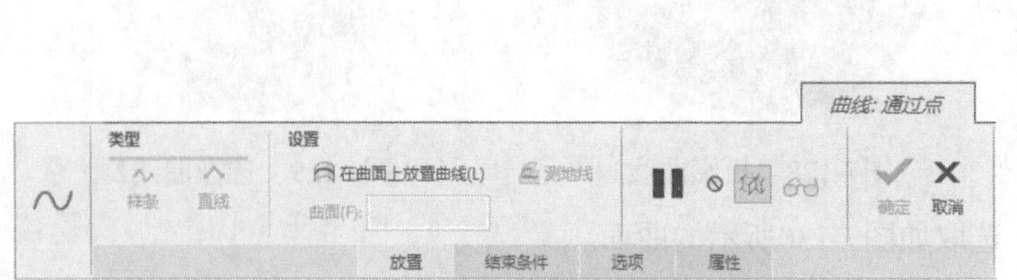

图7-135　“曲线：通过点”操控板

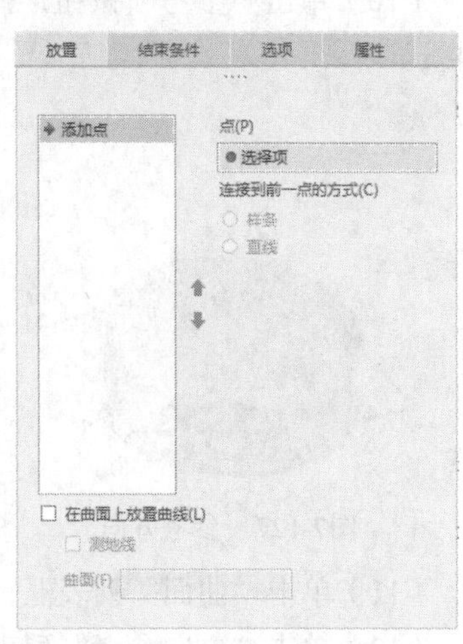

图7-136　“放置”下滑面板

（5）单击“点”列表框，选取如图7-137所示的两个交点，然后单击操控板中的“确定”按钮✓，完成曲线创建。结果如图7-138所示。

（6）同理，创建其余6条曲线，结果如图7-139所示。

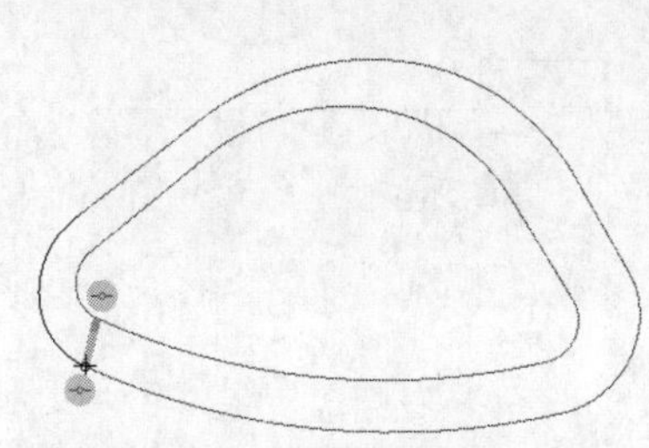

图7-137　选择点

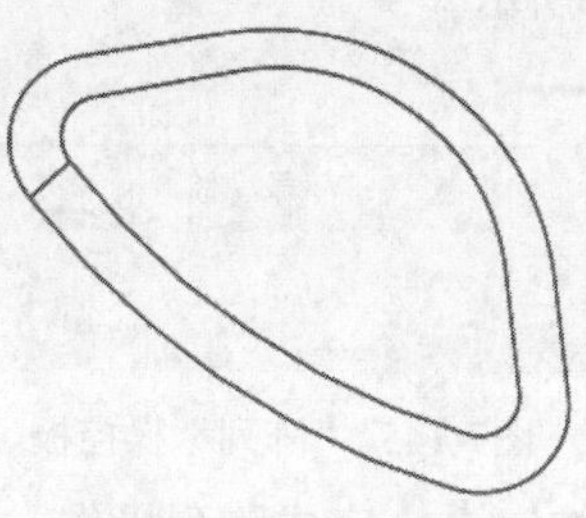
图7-138　创建的曲线

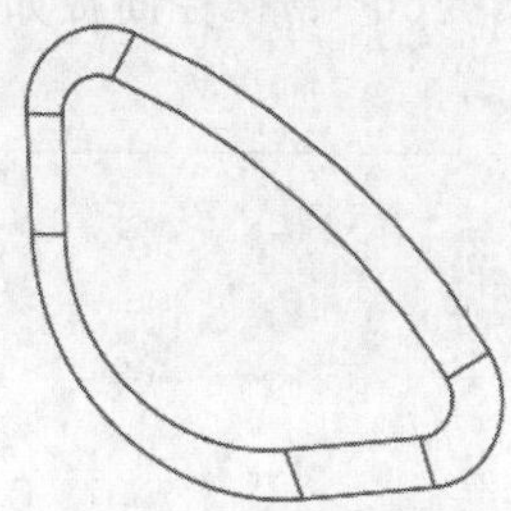
图7-139　创建的6条曲线

（7）单击“模型”功能区“曲面”面板上的“边界混合”按钮，系统弹出“边界混合”操控板，如图7-140所示。

（8）单击“曲线”下滑按钮，系统弹出如图7-141所示的“曲线”下滑面板，单击“第一方向”列表框。

图7-140　“边界混合”操控板

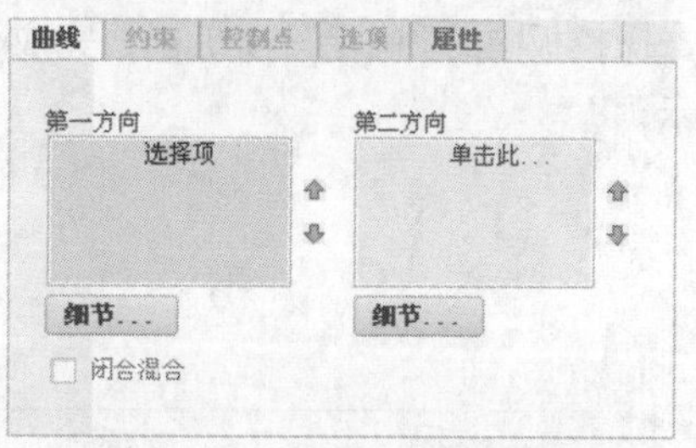

图7-141　“曲线”下滑面板

（9）按住<Ctrl>键，选取如图7-142所示的曲线。

（10）单击“第二方向”列表框，按住<Ctrl>键，选择外面的两个曲线，如图7-143所示。

（11）单击操控板中的“确定”按钮✓，结果如图7-144所示。

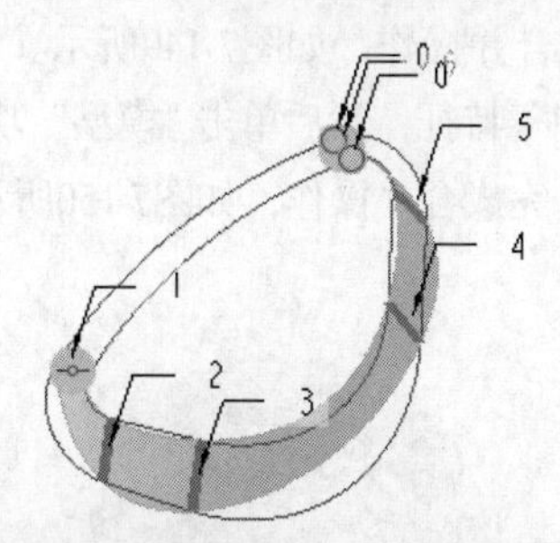

图7-142　选择第一方向的曲线

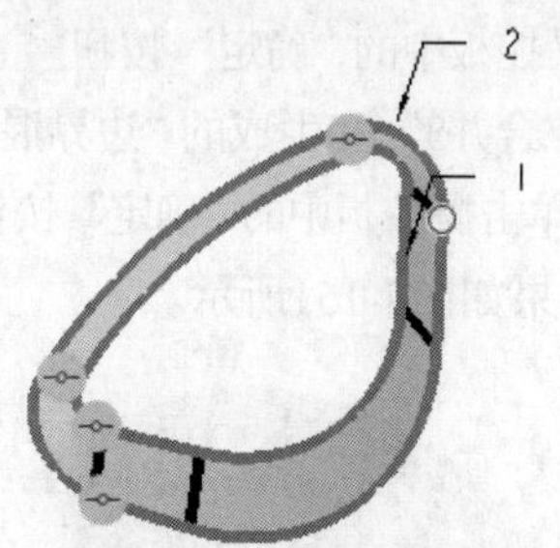

图7-143　选择第二方向的曲线

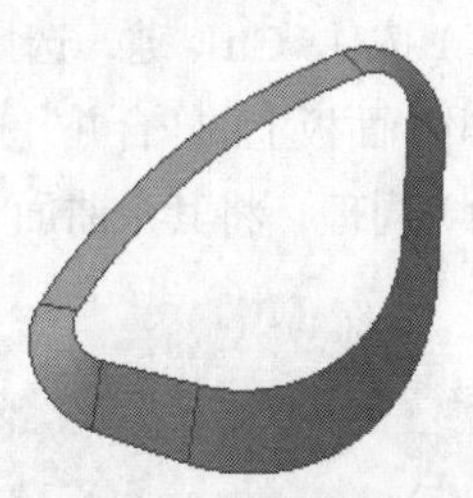
图7-144　边界混合曲面

9．去除材料

（1）选取模型树中的“旋转1和镜像1”特征后单击鼠标右键，在弹出的右键快捷菜单中选取“显示”命令。

（2）选取创建的“边界混合”特征，然后单击“模型”功能区“编辑”面板上的“阵列”按钮，系统弹出“阵列”操控板。

（3）选取阵列方式为“轴”，选取基准轴，设置阵列“第一方向成员”为6，“成员间的角度”为60°，操控面板如图7-145所示。

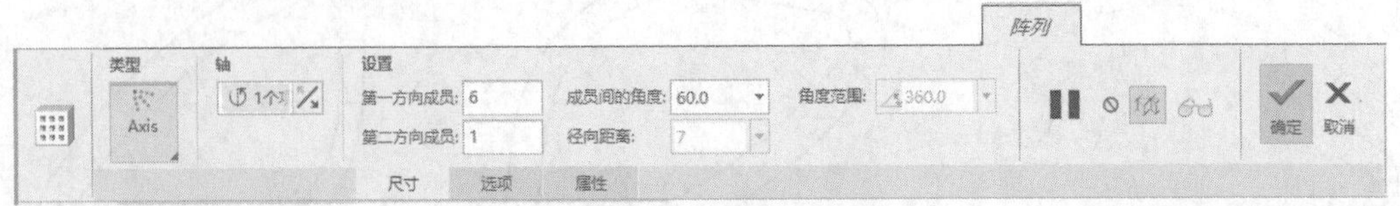

图7-145 “阵列”操控板

（4）单击操控板中的“确定”按钮，完成阵列操作，如图7-146所示。

（5）将所有隐藏的特征显示。

（6）按住<Ctrl>键，选择生成的“边界混合1 [1]”和生成的“旋转2”特征，然后单击“模型”功能区“编辑”面板上的“合并”按钮，系统弹出“合并”操控板，如图7-147所示。单击操控板中的“确定”按钮，完成合并操作，如图7-148所示。

图7-146 阵列操作后的模型

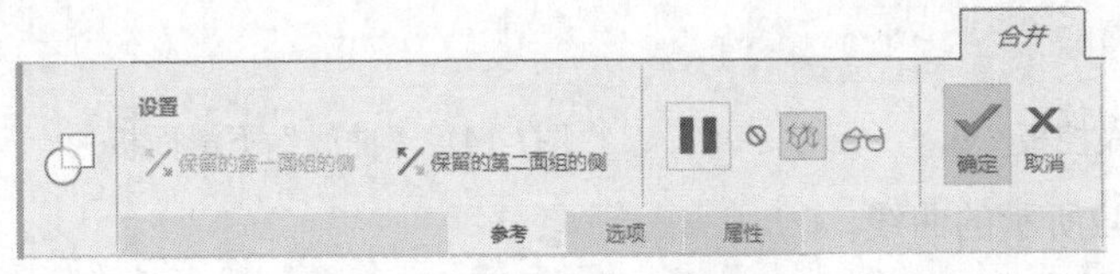

图7-147 “合并”操控板

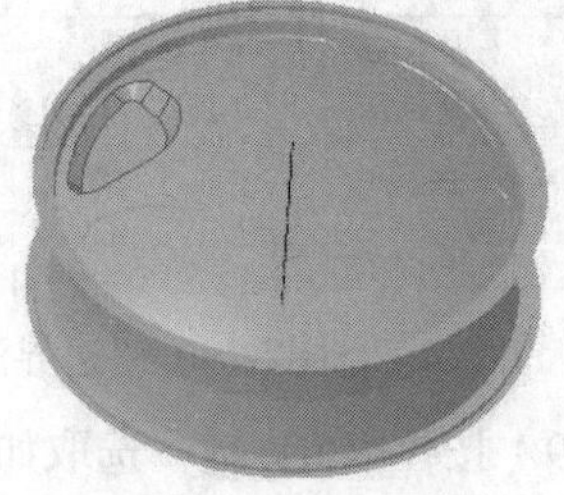

图7-148 合并2结果

（7）按住<Ctrl>键，选择生成的“合并2”和生成的“旋转3”特征，然后单击“模型”功能区“编辑”面板上的“合并”按钮，单击操控板中的“确定”按钮，完成合并操作，如图7-149所示。

（8）按住<Ctrl>键，选择生成的“合并3”和生成的“边界混合1 [2]”特征，然后单击“模型”功能区“编辑”面板上的“合并”按钮，单击操控板中的“确定”按钮，完成合并操作，如图7-150所示。

（9）同理，将其余曲面合并，结果如图7-151所示。

图7-149 合并3结果

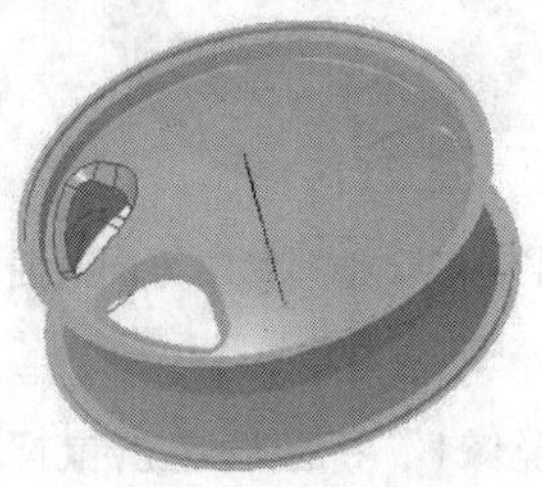

图7-150 合并4结果

图7-151 合并操作后的模型

10. 挖孔

（1）在模型树中选择“合并1”以下的所有特征并单击鼠标右键，在弹出的快捷菜单中选取“隐藏”命令。

（2）单击“模型”功能区“形状”面板上的“旋转”按钮，系统弹出“旋转”操控板，如图7-152所示，单击“曲面”按钮，可建立拉伸曲面特征。

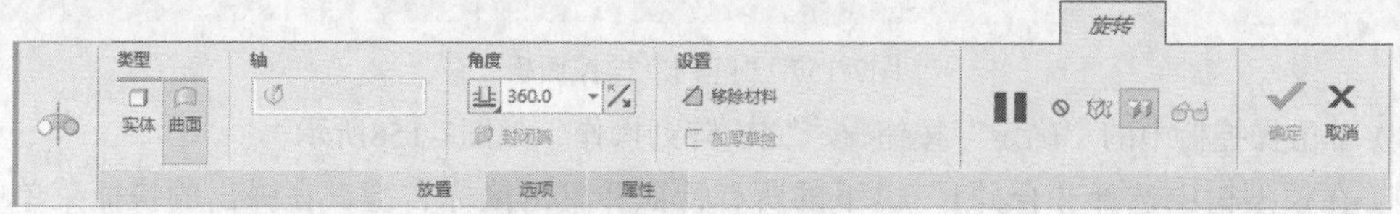

图7-152 “旋转”操控板

（3）单击“放置”按钮，在下滑面板中单击“定义”按钮，系统弹出如图7-153所示“草绘”对话框，选择FRONT作为基准绘制草图，其余设置默认。单击“草绘”按钮，进入草绘界面。使基准平面正视。

（4）单击“草绘”功能区“基准”面板上的“中心线”按钮，绘制旋转中心线如图7-154所示。

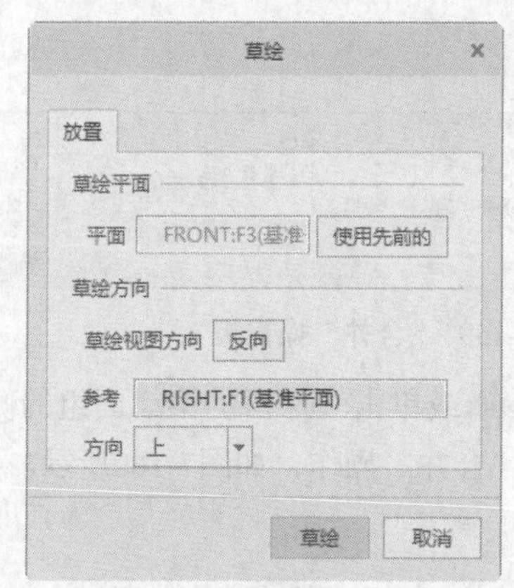

图7-153 “草绘”对话框6

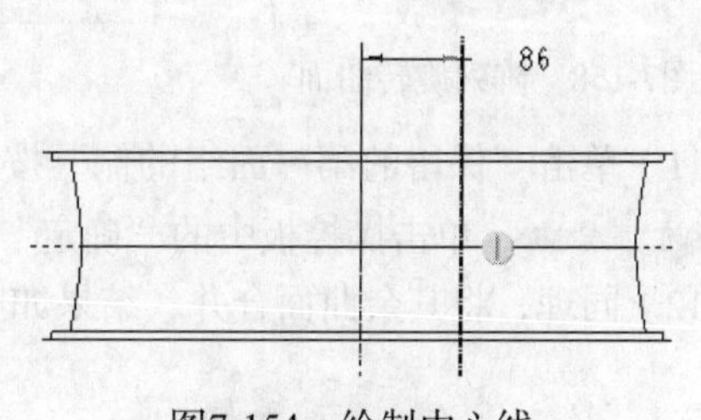

图7-154 绘制中心线

（5）绘制如图7-155所示的草图。

（6）单击操控板中的“确定”按钮，完成如图7-156所示的旋转实体的操作。

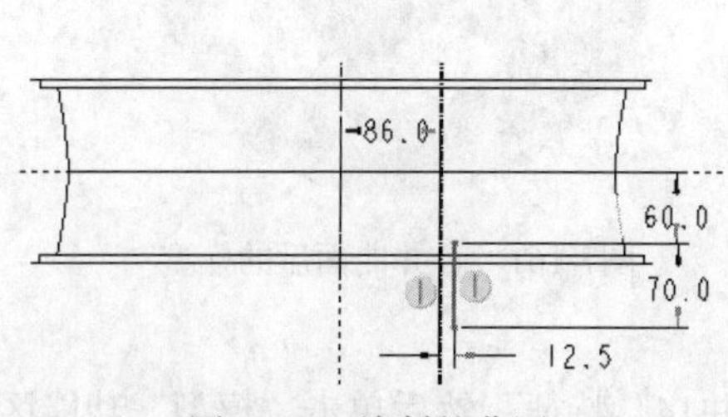

图7-155 绘制的草图

图7-156 旋转曲面

（7）选取刚刚创建旋转特征后单击“模型”功能区“编辑”面板上的“阵列”按钮，系统弹出“阵列”操控板，选取阵列方式为“轴”，选取基准轴，设置阵列“第一方向成员”为6，“成员间的角度”为60°，操控面板如图7-157所示。

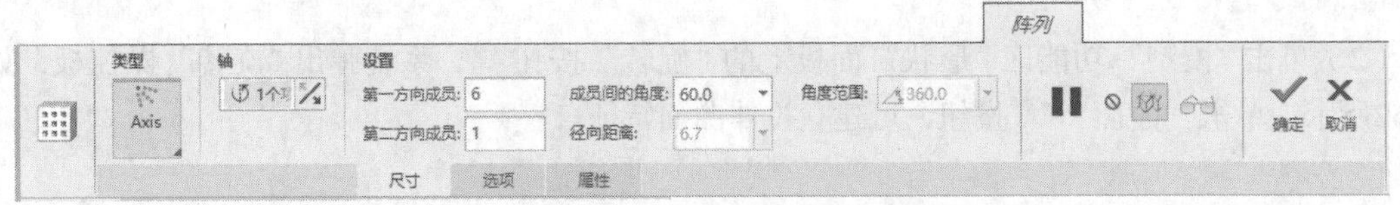

图7-157 “阵列”操控面板

（8）单击操控板中的“确定”按钮，完成阵列操作，如图7-158所示。

（9）在模型树中选择“合并1”以下的所有特征并单击鼠标右键，在弹出的快捷菜单中选取“显示”命令。

（10）按住<Ctrl>键，选择生成的旋转曲面和生成的合并8特征，然后单击“模型”功能区“编辑”面板上的“合并”按钮，系统弹出“合并”操控板，如图7-159所示。

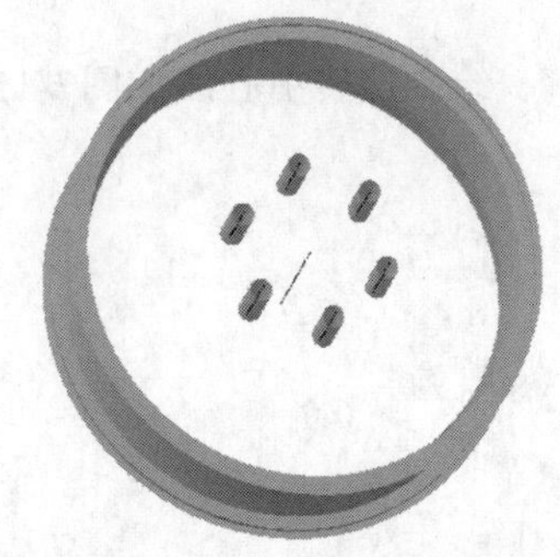

图7-158 阵列旋转曲面

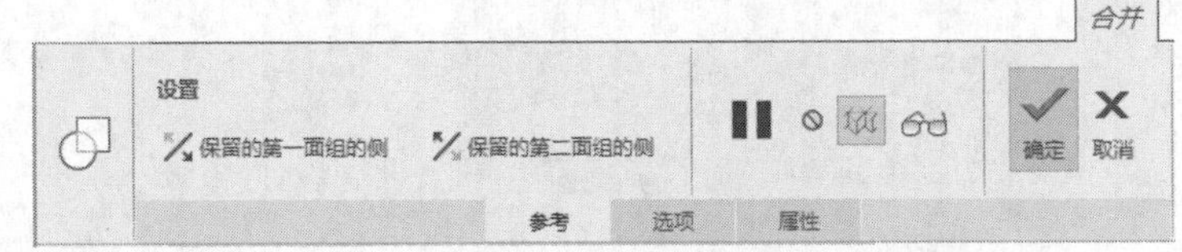

图7-159 “合并”操控板

（11）单击“保留的第一面组的侧”按钮保留的第一面组的侧或单击“保留的第二面组的侧”按钮保留的第二面组的侧，单击操控板中的“确定”按钮，完成“合并”操作，如图7-160所示。

（12）同理，将其余曲面合并，结果如图7-161所示。

图7-160 合并曲面

图7-161 合并曲面后的模型

11. 合并主体

（1）按住<Ctrl>键，选择生成的“合并1”和“合并14”特征，然后单击“模型”功能区“编辑”面板上的“合并”按钮，系统弹出“合并”操控板。

（2）单击操控面板上的“选项”按钮，在下滑面板中勾选“联接”单选钮，如图7-162所示。

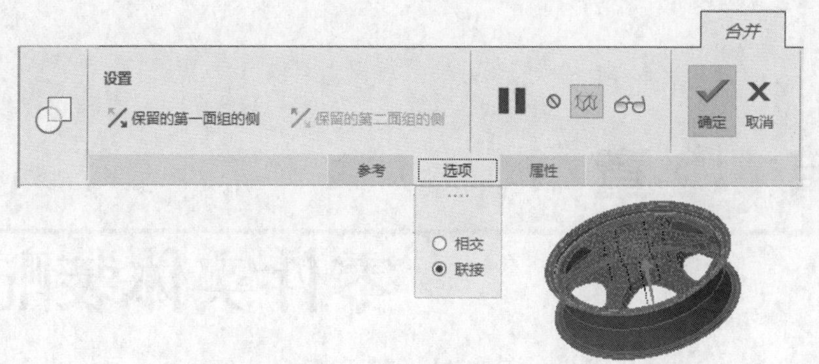

图7-162　设置“选项”下滑面板

（3）单击操控板中的“确定”按钮✓，完成“合并”操作。

12. 修饰

（1）选取最后一个合并特征后单击“模型”功能区“编辑”面板上的“加厚”按钮⊏，系统弹出“加厚”操控板，如图7-163所示。

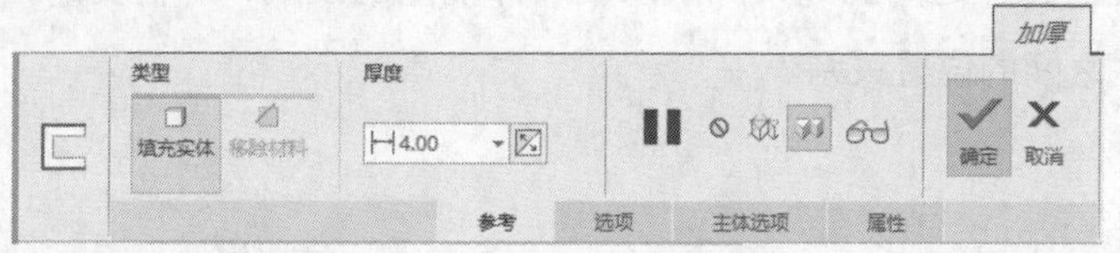

图7-163　“加厚”操控板

（2）设置加厚的厚度为4，模型如图7-164所示。

（3）单击操控板中的“确定”按钮✓，完成“加厚”操作，如图7-165所示。

图7-164　加厚模型

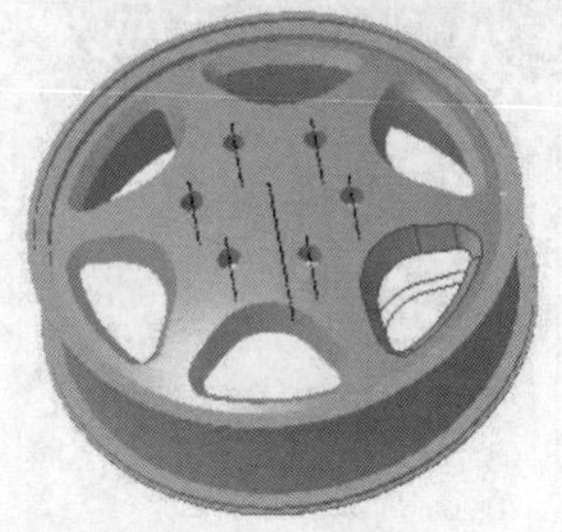

图7-165　加厚的曲面模型

（4）保存当前模型文件。

第 8 章

零件实体装配

在 Creo Parametric 中，设计的单个零件需要通过装配的方式形成组件，组件通过一定的约束方式将多个零件合并到一个文件中。元件之间的位置关系可以进行设定和修改，从而满足用户的设计要求。本章将讲解装配零件的过程、元件之间的约束关系以及爆炸视图的生成，从而更清晰地表现出各元件之间的位置关系。

- 零件装配
- 约束类型
- 生成爆炸图

8.1 装配基础

8.1.1　装配简介

零件装配功能是Creo Parametric非常重要的功能之一。下面对装配环境进行简单介绍，让读者先对整个环境有些了解，装配环境的用户界面如图8-1所示。

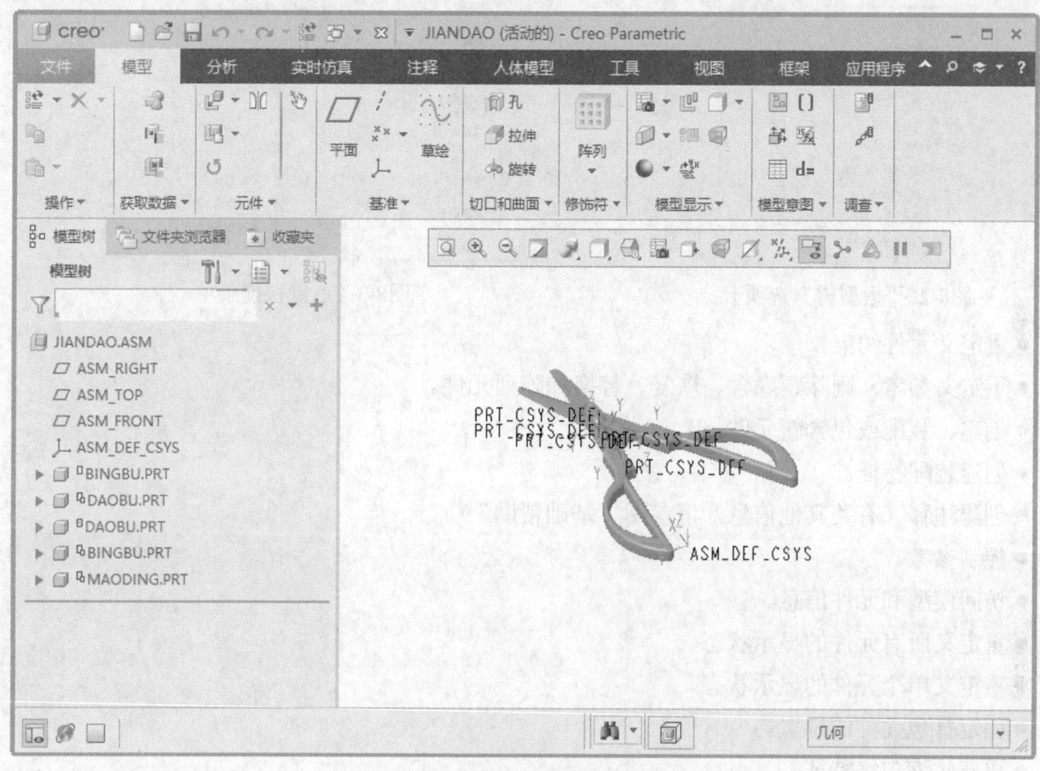

图8-1　装配环境的用户界面

8.1.2　组件模型树

如图8-2所示，在“模型树”选项卡中组件以图形化、分层表示。模型树中的节点表示构成组件的子组件、零件和特征，图标或符号提供其他信息。可双击元件名称以放大或缩小树显示。

“模型树”选项卡可作为一个选择工具，在各种元件和特征操作中迅速标识并选取对象。另外，系统定义信息栏可用于显示“模型树”中有关元件和特征的信息。当顶级组件处于活动状态时，可通过右击“模型树”选项卡中的选项，在打开的如图8-3所示的右键快捷菜单中对组件进行如下操作。

- 修改组件或组件中的任意元件。
- 打开元件模型。

图8-2 “模型树”选项卡

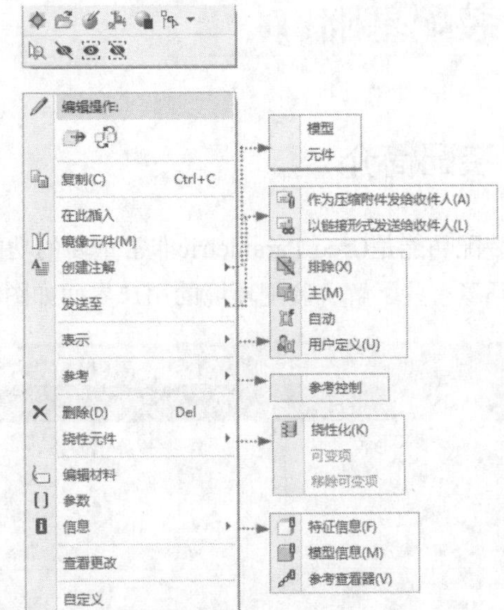

图8-3 右键快捷菜单

- 重定义元件约束。
- 重定义参考，删除、隐含、恢复、替换和阵列元件。
- 创建、装配或包含新元件。
- 创建装配特征。
- 创建注释（有关其他信息，请参阅“基础帮助”）。
- 控制参考。
- 访问模型和元件信息。
- 重定义所有元件的显示状态。
- 重定义单个元件的显示状态。
- 固定打包元件的位置。
- 更新收缩包络特征。

技巧荟萃

只有当系统中不存在其他活动操作时，才可在“模型树”选项卡中调用操作，且当子模型处于活动状态时，在没有活动模型的项目上只能进行编辑、隐藏/取消隐藏及查看信息等操作。

8.2 创建装配图

创建装配图

如果要创建一个装配体模型，首先要创建一个装配体模型文件。单击“主页”功能区“数据”面板中的“新建”按钮，打开如图8-4所示的“新建”对话框。在“类型”选项组中点选“装配”单选钮，在“子类型”选项组中点选“设计”单选钮，在“名称”文本框中输入“example”，取消勾选“使用默认模板”

复选框，单击“确定”按钮，在打开的“新文件选项”对话框中选择“mmns_asm_design_abs”选项，单击“确定”按钮，进入装配环境。

此时在绘图区有3个默认的基准平面，如图8-5所示。这3个基准平面相互垂直，是默认的装配基准平面，用来作为放置零件时的基准，尤其是第一个零件。

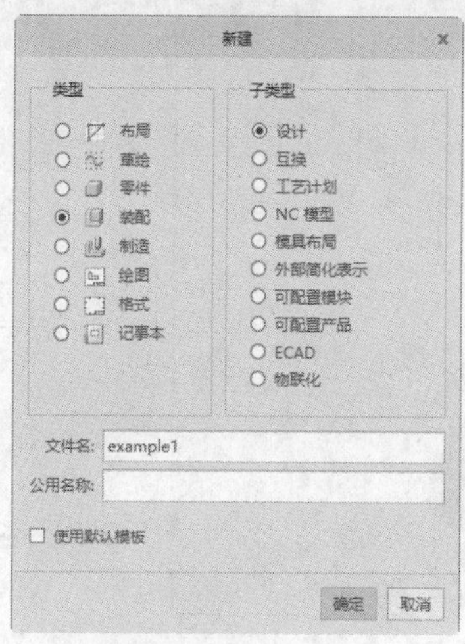

图8-4 “新建”对话框

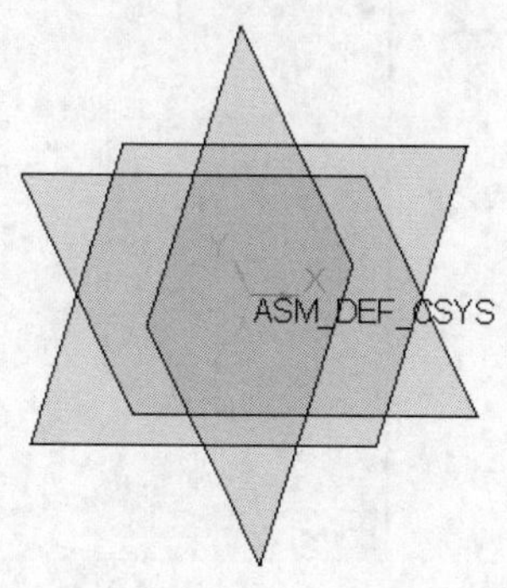

图8-5　默认的基准平面

8.3 进行零件装配

零件装配的具体操作步骤如下。

（1）按照8.2节中介绍的方法新建一个组件类型的文件，文件名称为“lianzhouqi.asm”。进入装配环境后，单击“模型”功能区“元件”面板中的“组装”按钮，系统打开如图8-6所示的“打开”对话框。

进行零件装配

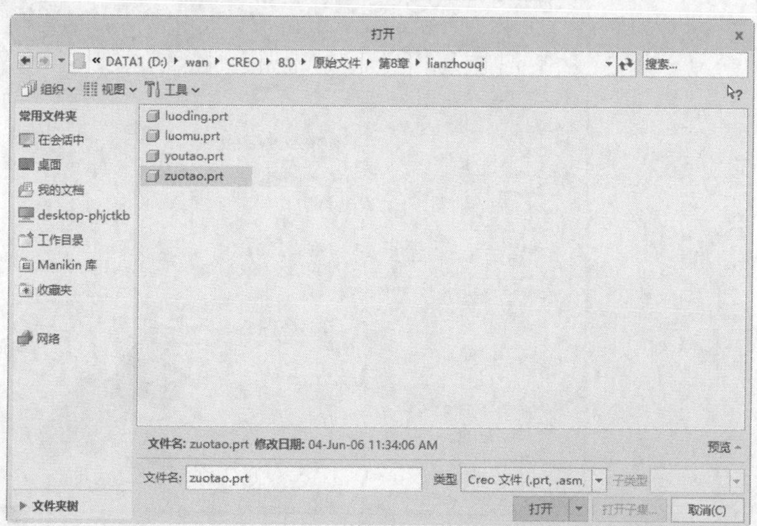

图8-6 “打开”对话框

（2）打开配套学习资源中的“\原始文件\第8章\lianzhouqi\zuotao.prt”文件，单击“打开”按钮，将元件添加到当前装配模型，将基准平面和基准坐标系隐藏后的结果如图8-7所示。

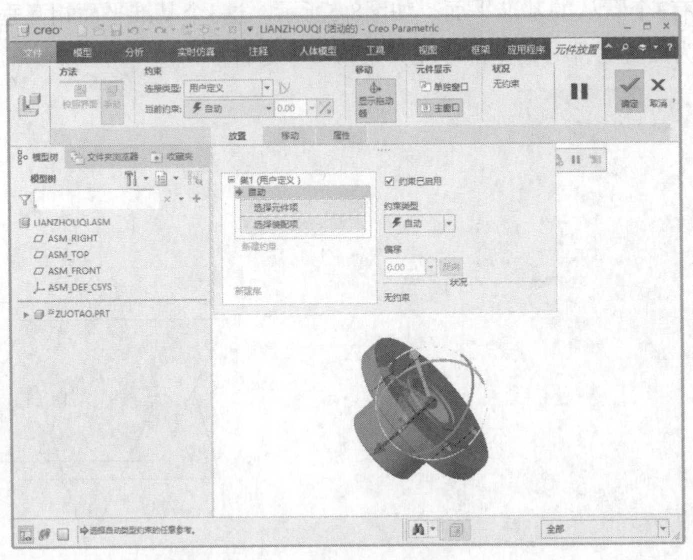

图8-7　插入第一个零件

（3）从图中可以看出，选取的零件模型已经出现在绘图区，同时在绘图区上方打开“元件放置”操控板。在“约束类型”下拉列表中选择“默认”（具体含义在下一节中讲述）选项，如图8-8所示，然后单击操控板中的“确定”按钮✓，即可将该零件固定在默认位置。

（4）单击“模型”功能区“元件”面板中的“组装”按钮，系统打开“打开”对话框，打开配套学习资源中的“\原始文件\第8章\lianzhouqi\yaotao.prt”文件，结果如图8-9所示。新添加的零件将处于加亮显示状态，表示该零件还处于未固定状态。

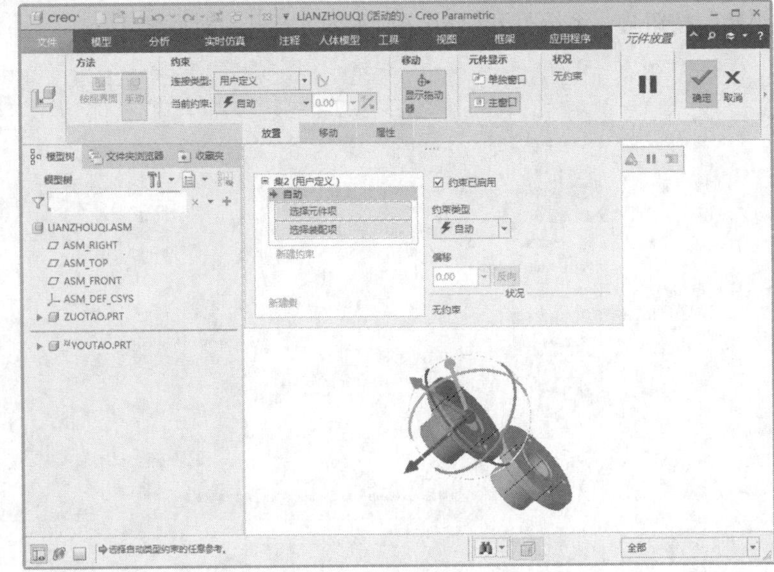

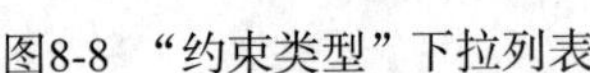

图8-8　“约束类型”下拉列表

图8-9　添加第二个零件

（5）此时系统自动打开如图8-9所示的“放置”下滑面板，该下滑面板的左侧为约束管理器，右侧为约束类型和状态显示。

（6）在“约束类型”下拉列表中选择“重合”选项，然后选择如图8-10所示的组件和元件上的重合平面，然后通过“反向”按钮，调整方向。系统即可根据约束类型将零件移动到相应位置。此时“放置”下滑面板的设置如图8-11所示。

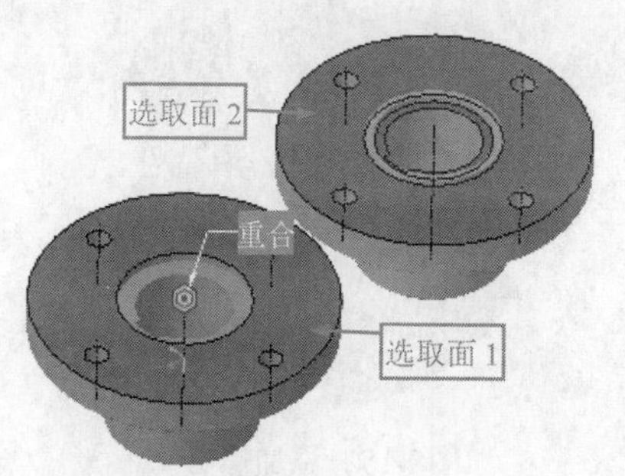

图8-10　选取重合平面

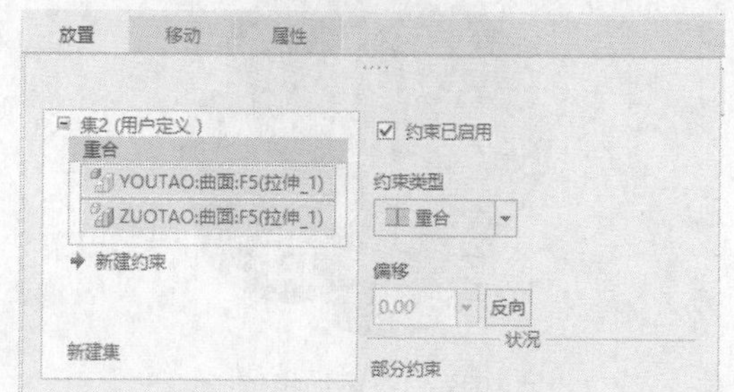

图8-11　“放置”下滑面板

（7）单击约束管理器中的“新建约束”按钮，创建一个新约束，在“约束类型”下拉列表中选择“居中”选项。选取两个零件的中心圆柱面，如图8-12（a）所示，新添加的零件就会移动到相应的位置，如图8-12（b）所示。

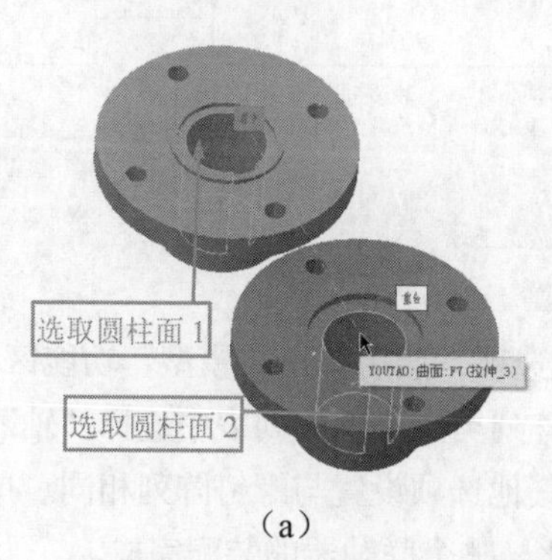

（a）（b）

图8-12　选取圆柱面1

（8）单击约束管理器中的“新建约束”按钮，创建一个新的约束，并将约束类型修改为“居中”，然后选取两个螺钉孔的圆柱面，如图8-13所示。

（9）单击操控板中的“确定”按钮，将该零件按照当前设置的约束固定在当前位置。

（10）单击“模型”功能区“元件”面板中的“组装”按钮，系统打开“打开”对话框，打开配套学习资源中的“\原始文件\第8章\lianzhouqi\luoding.prt”文件，在“约束类型”下拉列表中依次选择“重合”“居中”选项，将其固定到合适的位

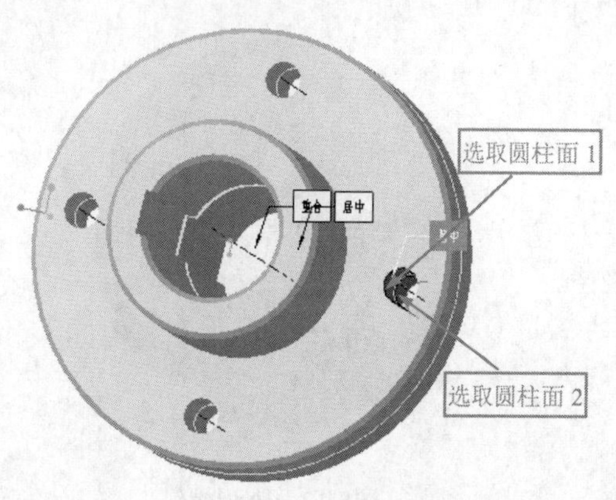

图8-13　选取圆柱面2

置，如图8-14所示。

（11）单击“模型”功能区“元件”面板中的“组装”按钮，系统打开“打开”对话框，打开配套学习资源中的“\原始文件\第8章\lianzhouqi\luomu.prt”文件，在“约束类型”下拉列表中依次选择“重合”“重合”选项，将其固定到合适的位置，如图8-15所示。

图8-14　添加螺钉

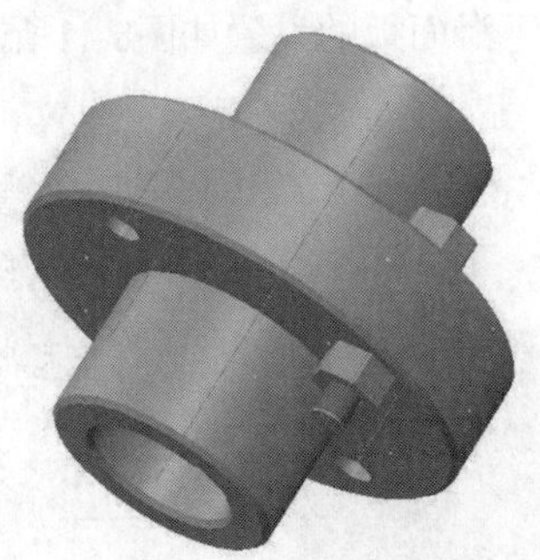

图8-15　添加螺母

（12）在“模型树”选项卡中选择“LUODING.PRT”选项，然后单击“模型”功能区“修饰符”面板中的“阵列”按钮，打开“阵列”操控板，在“阵列类型”下拉列表中选择“轴”选项，然后在模型中选取两个轴承套的中心线作为阵列基准轴，其他选项设置如图8-16所示。

（13）单击操控板中的“确定”按钮，阵列后的图形如图8-17所示。

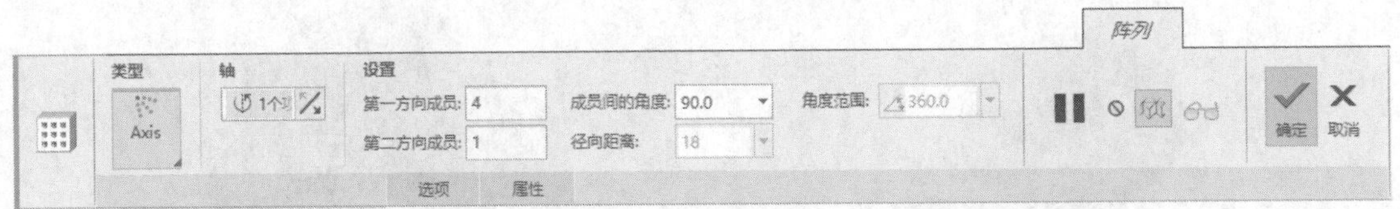

图8-16　参数设置

（14）在“模型树”选项卡中选择“LUOMU.PRT”选项，然后单击“模型”功能区“修饰符”面板中的“阵列”按钮，打开“阵列”操控板，在“阵列类型”下拉列表中选择“轴”选项，然后在模型中选取两个轴承套的中心线作为阵列基准轴，其他选项设置与螺钉阵列相同。单击操控板中的“确定”按钮，阵列后的图形如图8-18所示。至此，整个联轴器的装配完成。

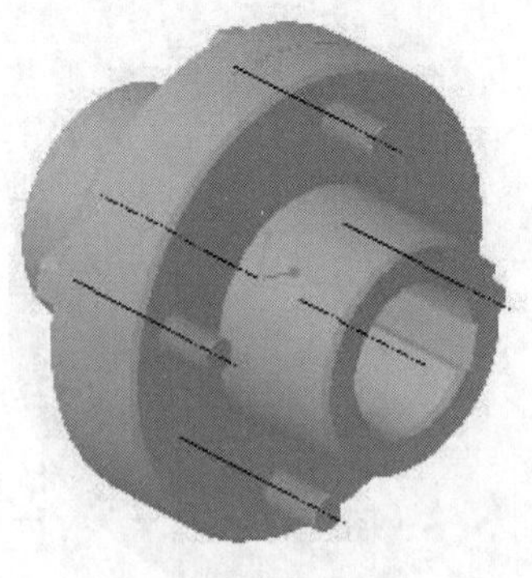

图8-17　阵列螺钉

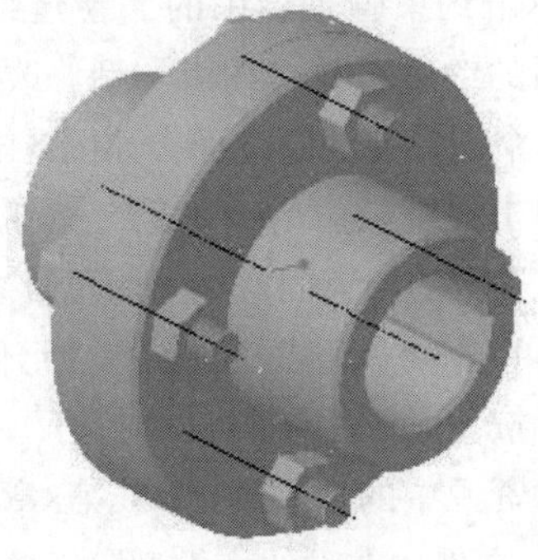

图8-18　螺母阵列

8.4 装配约束

前面简单介绍了零件的装配过程，在这个过程中零件之间相对位置的确定需要配合关系，这个关系就称之为装配约束。为了能够控制和确定元件之间的相对位置，往往需要设置多种约束条件。在Creo Parametric的“约束类型”下拉列表中包含11种约束类型，如图8-19所示。各约束类型的具体含义如下。

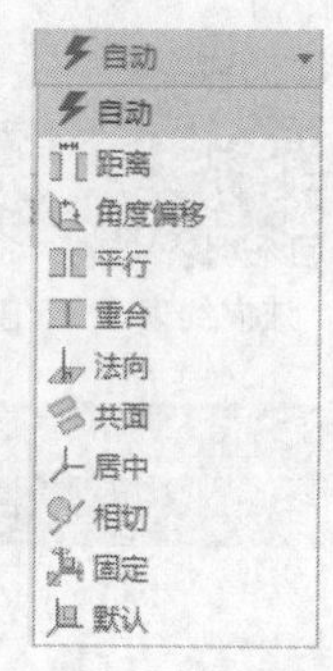

图8-19　约束类型

- 自动：由系统通过猜测来设置适当的约束类型，如配对、对齐等。使用过程中用户只需选取元件和相应的组建参考即可。
- 距离：指元件参考偏离装配参考一定的距离。
- 角度偏移：指元件参考与装配参考成一个角度。
- 平行：指元件参考与装配参考的两个面平行。
- 重合：指元件参考与装配参考重合，包括了对齐和配对两个约束。
- 法向：指元件参考与装配参考垂直。
- 共面：将一个旋转曲面插入另一旋转曲面中，且使它们各自的轴同轴。当轴选取无效或不方便时可使用此约束。
- 居中：指元件参考与装配参考同心。
- 相切：使不同元件上的两个参考呈相切的状态。
- 固定：在目前位置直接固定元件的相互位置，使之达到完全约束的状态。
- 默认：使两个元件的缺省坐标系相互重合并固定相互位置，使之达到完全约束的状态。

下面通过简单的实例来介绍常用约束类型的使用方法。

8.4.1 重合约束

在“放置”下滑面板的“约束类型”下拉列表中选择“重合”选项，然后激活左侧约束管理器中的“选取元件项”选项，并单击零件表面，再次激活左侧约束管理器“选取装配项”选项，并单击用于重合的参考面，则零件就会自动移动到相应的位置，如图8-20所示。

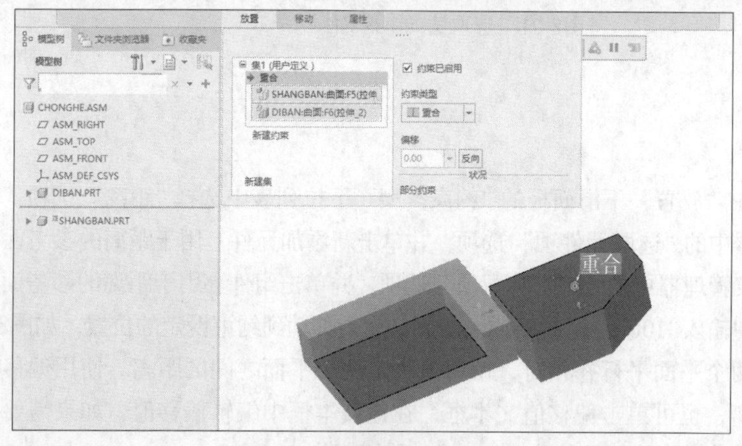

图8-20　选取重合参考面

重合约束

8.4.2 法向约束

法向约束

在“放置”下滑面板的“约束类型”下拉列表中选择“法向”选项，然后激活左侧约束管理器中的“选取元件项”选项，并单击零件表面，再次激活左侧约束管理器“选取装配项”选项，并单击用于法向的参考面，则零件就会自动移动到相应的位置，如图8-21所示。

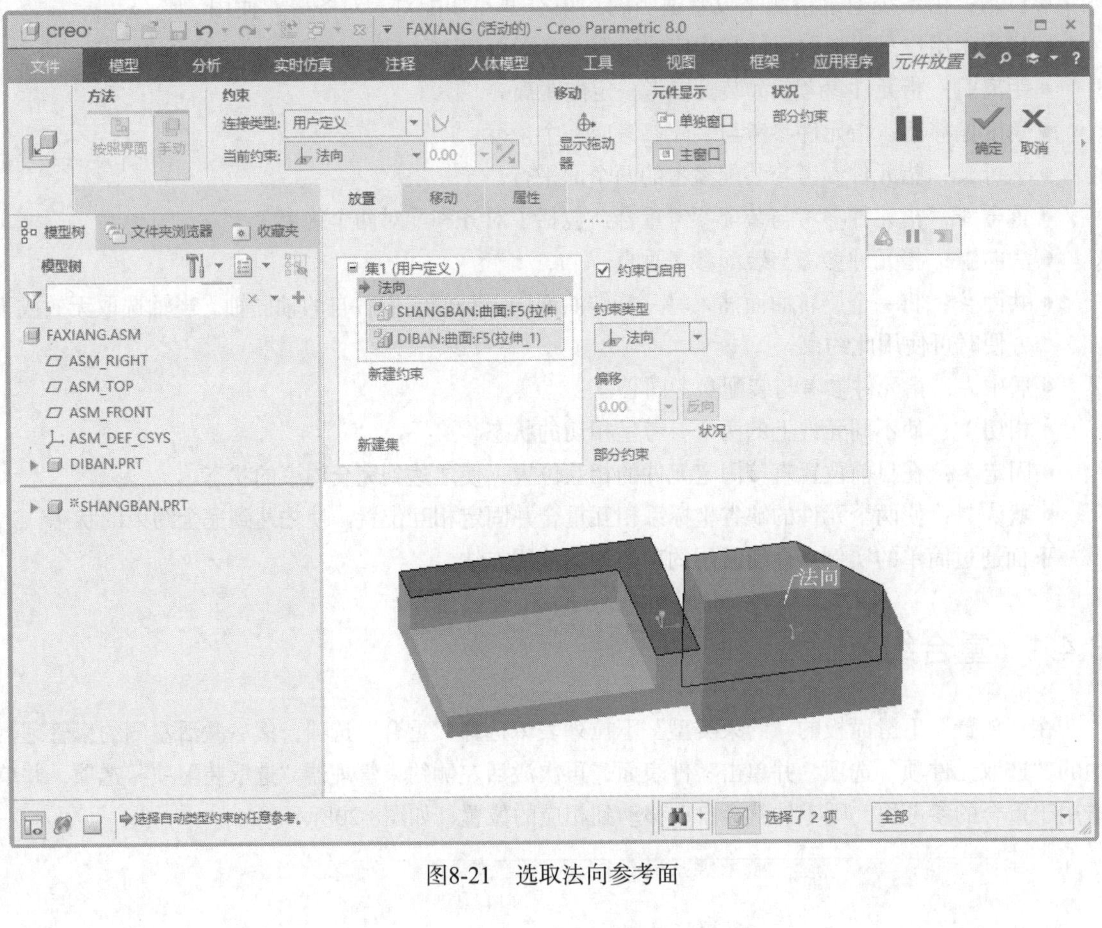

图8-21 选取法向参考面

8.4.3 距离

距离

（1）在“放置”下滑面板的“约束类型”下拉列表中选择“距离”选项，激活左侧约束管理器中的“选取元件项”选项，并单击新添加元件上用于距离的参考面，再次激活左侧约束管理器中的“选取装配项”选项，并单击组件上用于距离的参考面，在偏移值文本框中输入“100”，这时新插入的元件就会移动到约束设定的位置，如图8-22所示。

（2）距离约束可使两个平面平行并相对，偏移值决定两个平面之间的距离。使用偏移约束拖动控制滑块来更改偏移距离，也可单击偏移值文本框，在该文本框中编辑偏移值，如果需要反向则输入负值即可，如图8-23所示为修改偏移值为“-150”后的效果。

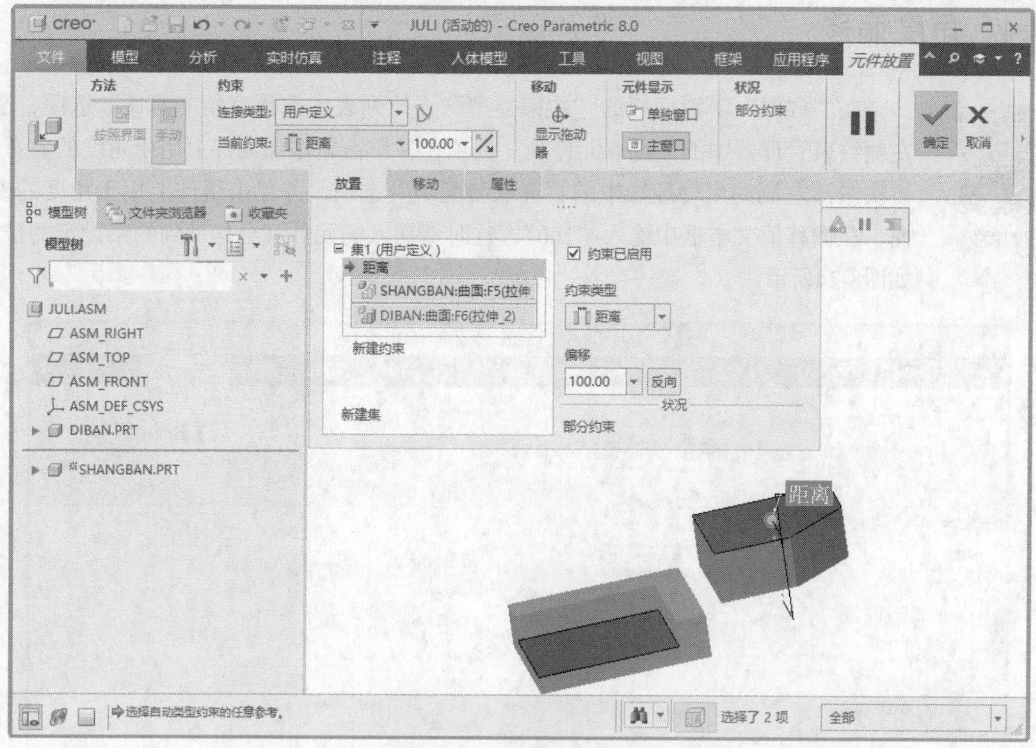

图8-22　选取距离参考面

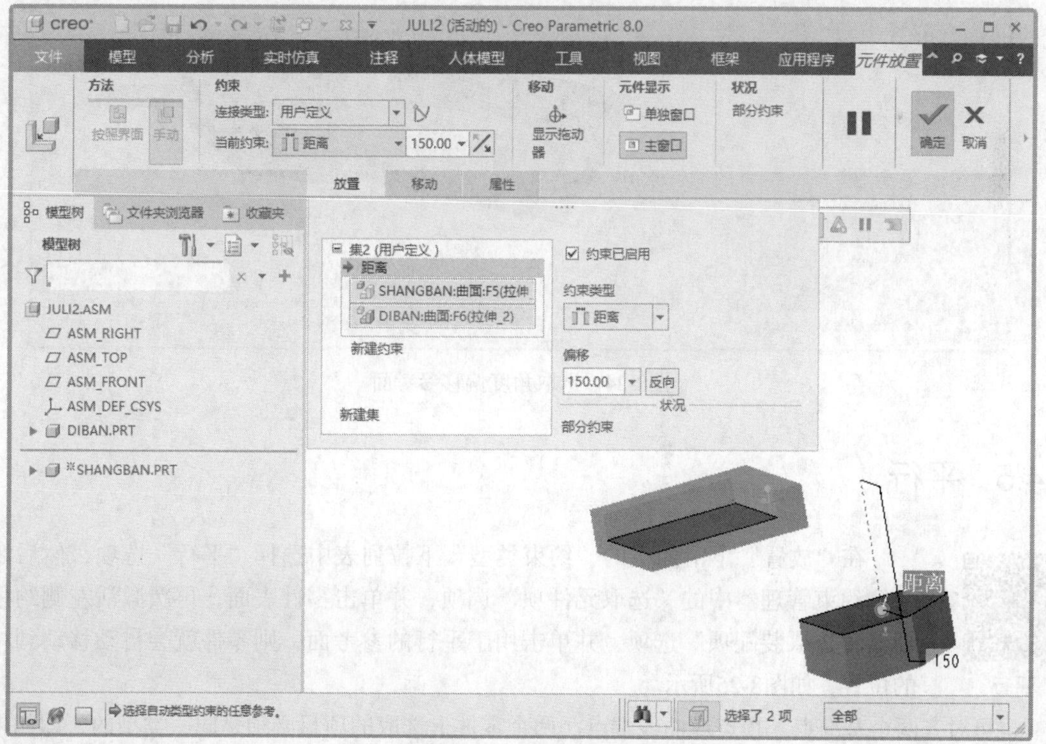

图8-23　修改偏移值

8.4.4 角度偏移

角度偏移

在“放置”下滑面板的“约束类型”下拉列表中选择“角度偏移”选项，激活左侧约束管理器中的“选取元件项”选项，并单击新添加元件上用于角度的参考面，再次激活左侧约束管理器中的“选取装配项”选项，并单击组件上用于角度的参考面，在偏移值文本框中输入“100”，这时新插入的元件就会移动到约束设定的位置，如图8-24所示。

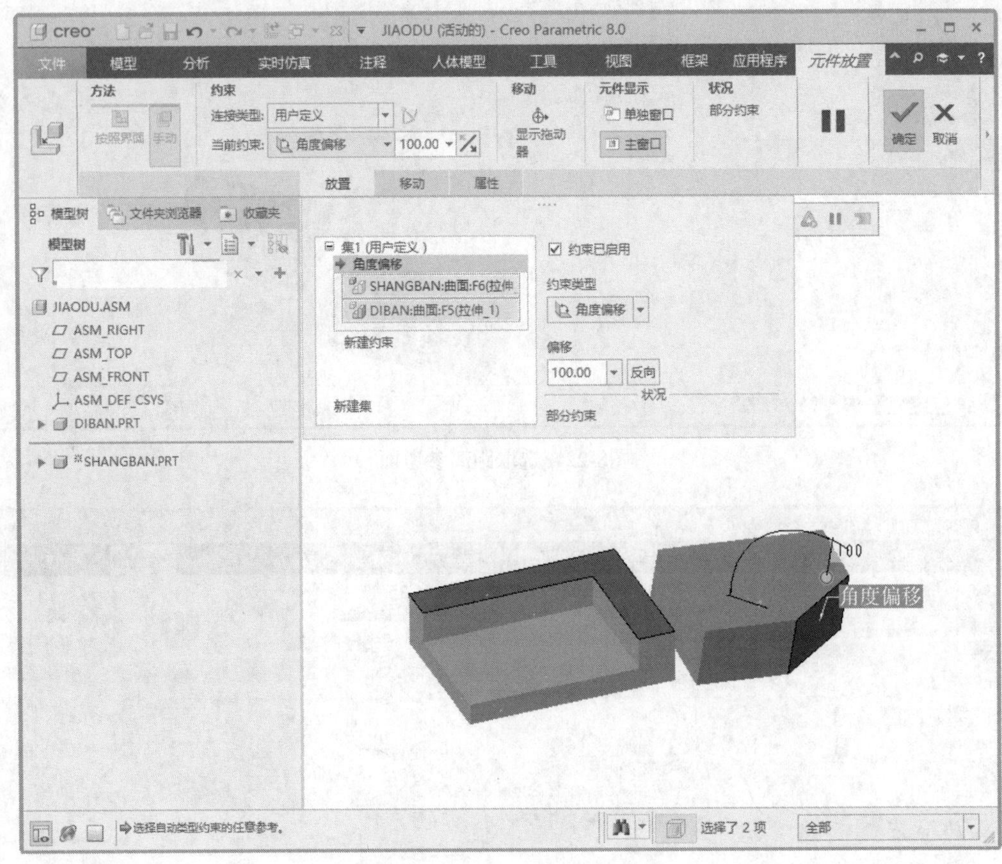

图8-24 选取角度偏移参考面

8.4.5 平行

平行

在“放置”下滑面板的“约束类型”下拉列表中选择“平行”选项，然后激活左侧约束管理器中的“选取元件项”选项，并单击零件表面，再次激活左侧约束管理器“选取装配项”选项，并单击用于平行的参考面，则零件就会自动移动到相应的位置，如图8-25所示。

也可对齐两个基准点、顶点或曲线端点。两个零件上选取的项目必须是同一类型的，即如果在一个零件上选取一个点，则必须在另一零件上也选取一个点。

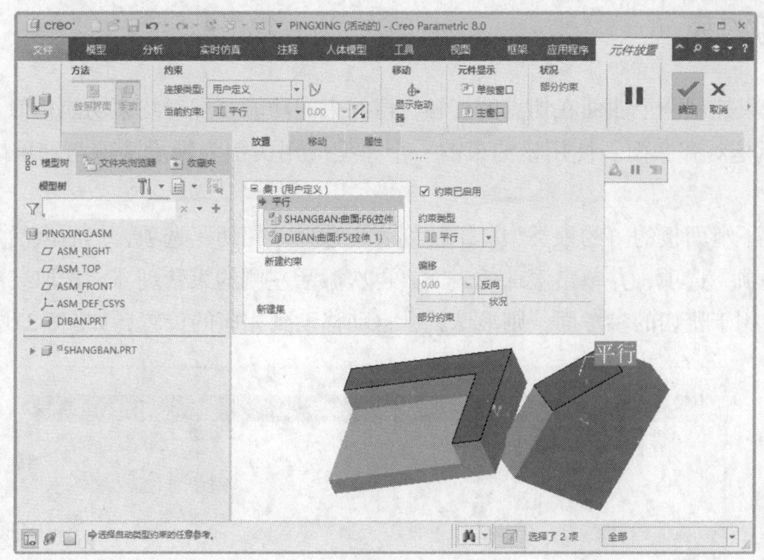

图8-25　选取平行参考面

8.4.6　居中约束

居中约束

使用约束可将一个旋转曲面插入到另一旋转曲面中，且使它们同轴。当轴选取无效或不方便时可使用此约束。

在“放置”下滑面板的“约束类型”下拉列表中选择“居中”选项，然后激活左侧约束管理器中的“选取元件项”选项，并单击新添加元件上用于居中的参考面，再次激活左侧约束管理器中的“选取装配项”选项，并单击组件上用于居中的参考面，新插入的元件将会移动到约束设定的位置，如图8-26所示。

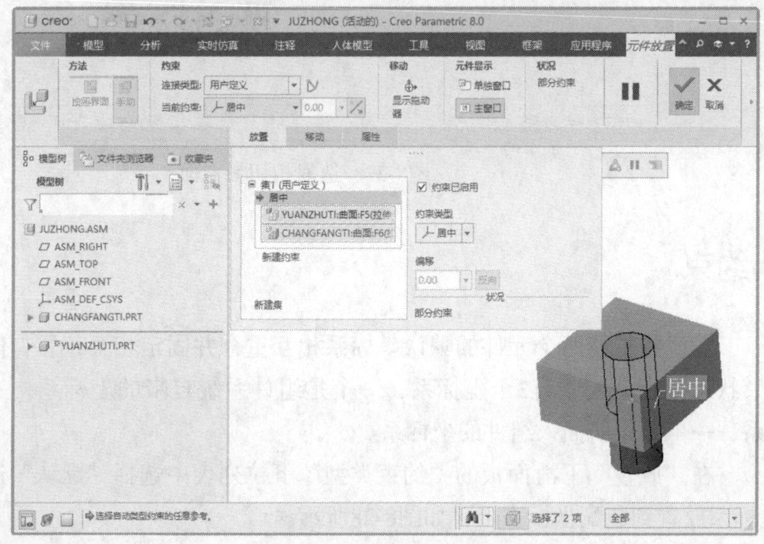

图8-26　选取居中参考面

8.4.7 相切约束

使用相切约束控制两个曲面在切点的接触，该约束的功能与配对约束功能相似，因为该约束是配对曲面，而不是对齐曲面。使用该约束的一个典型应用实例为轴承滚珠与轴承内外套之间的接触点。

在“放置”下滑面板的“约束类型”下拉列表中选择“相切”选项，然后激活左侧约束管理器中的“选择元件项”选项，并单击滚珠的表面，再次激活左侧约束管理器“选取装配项”选项，并单击轴承内套上用于相切的参考面，则滚珠就会自动移动到相应的位置，如图8-27所示。

相切约束

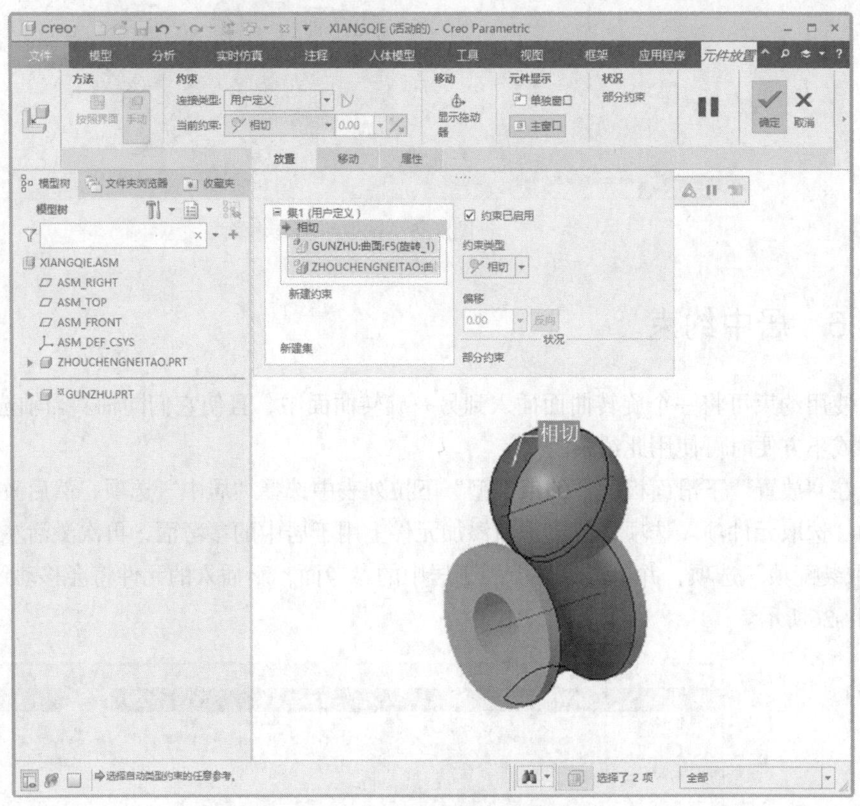

图8-27　选取相切参考面

8.4.8 默认约束

默认约束

默认是指使两个元件的默认坐标系相互重合并固定相互位置，使其达到完全约束状态。在装配中有3个坐标系，一个是组件系统自带的坐标系，一个是元件坐标系，一个是先前插入组件的坐标系。

在“放置”下滑面板的“约束类型”下拉列表中选择“默认”选项，系统自动将插入元件的坐标系放置到装配坐标系上，如图8-28所示。

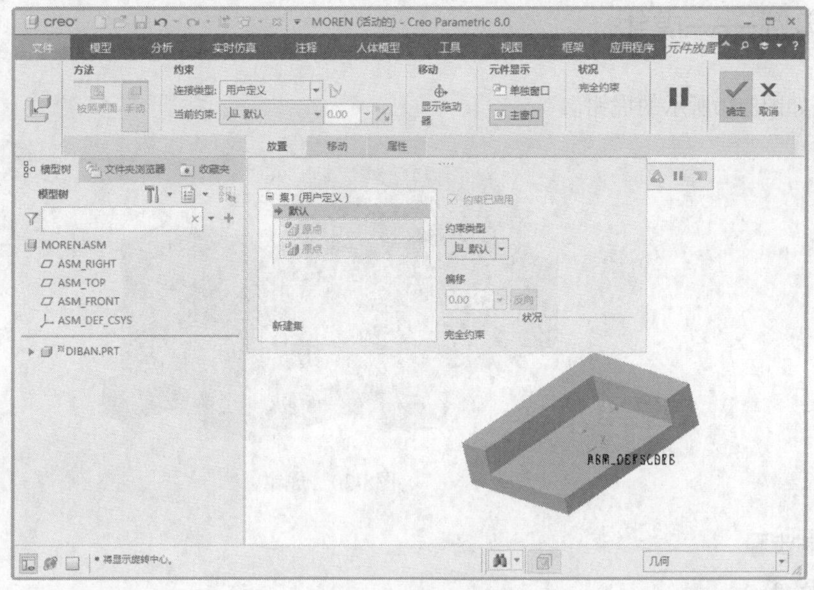

图8-28　默认约束

8.4.9　固定约束

固定约束

固定是指在目前位置固定元件的相互位置，使其达到完全约束状态。

在“放置”下滑面板的“约束类型”下拉列表中选择“固定”选项，然后激活左侧约束管理器“偏移原点”选项，并单击装配坐标系，通过拖动可以看到装配件与元件相对固定不动，如图8-29所示。

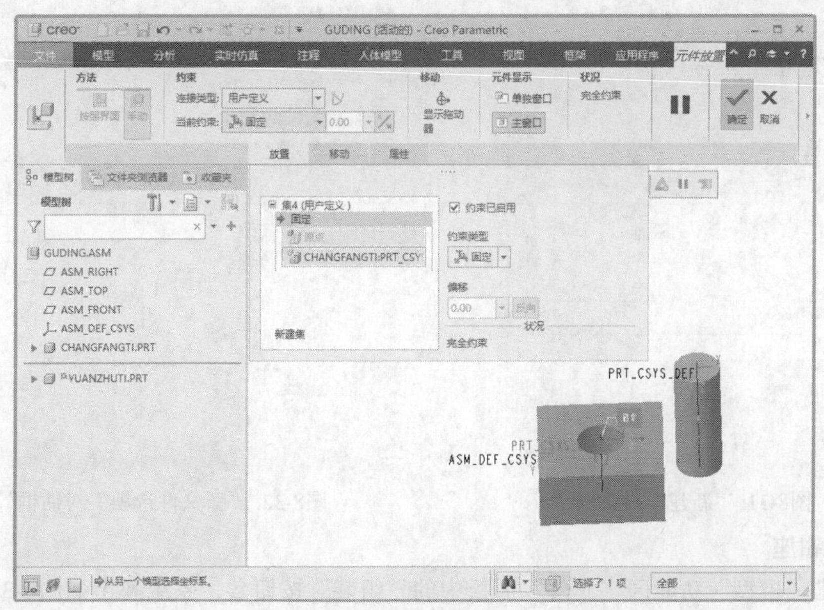

图8-29　固定约束

8.4.10 实例——虎钳

本例装配如图8-30所示的虎钳。

实例——虎钳

图8-30 虎钳

绘制步骤

1. 新建文件

单击“主页”功能区“数据”面板中的“新建”按钮，系统弹出如图8-31所示的“新建”对话框，在“类型”选项组中点选“装配”单选钮，在“子类型”选项组中点选“设计”单选钮，在“名称”文本框中输入文件名“huqian”，取消“使用默认模板”复选框的勾选，单击“确定”按钮，然后在弹出的“新文件选项”对话框中选择“mmns_asm_design_abs”选项，如图8-32所示，单击“确定”按钮，创建一个新的装配文件。

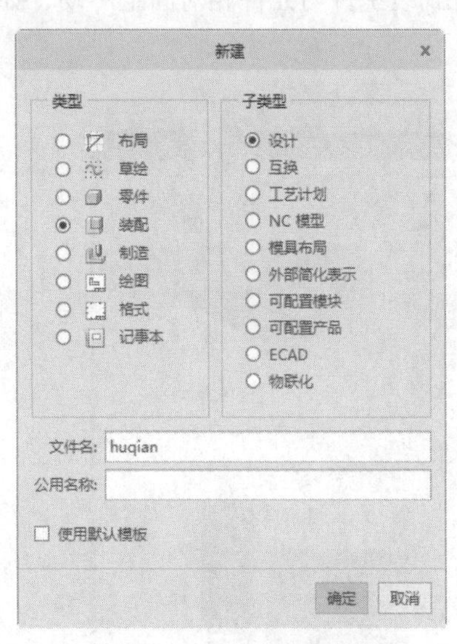

图8-31 “新建”对话框

图8-32 “新文件选项”对话框

2. 导入钳座

（1）单击“模型”功能区“元件”面板中的“组装”按钮，系统弹出如图8-33所示的“打开”对话框。

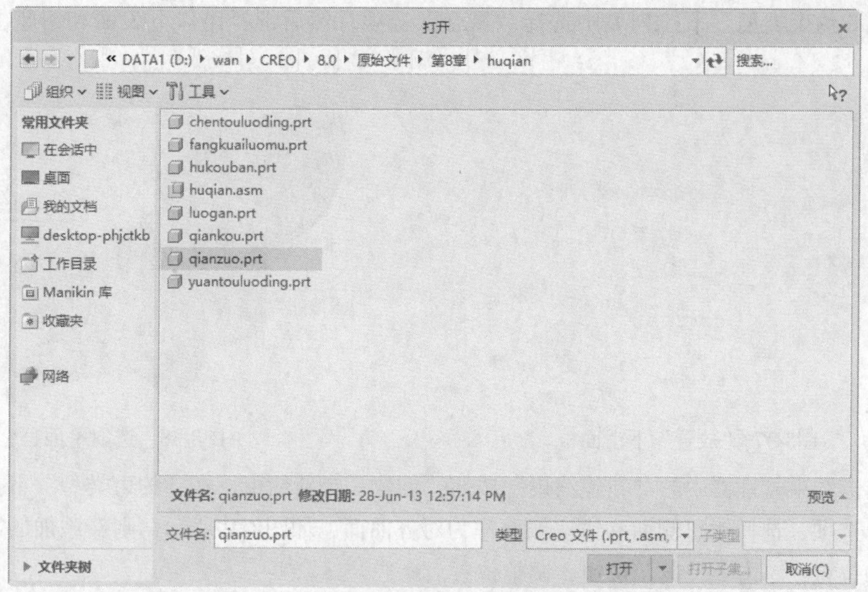

图8-33　“打开”对话框

（2）打开配套学习资源中的“\原始文件\第8章\huqian\qianzuo.prt”文件，单击“打开”按钮，将元件添加到当前装配模型，如图8-34所示。

（3）从图中可以看出，选取的零件模型已经出现在绘图区，同时在绘图区上方弹出“元件放置”操控板。在“约束类型”下拉列表中选择“默认”选项，然后单击操控板中的“确定”按钮，即可将该零件固定在默认位置，如图8-35所示。

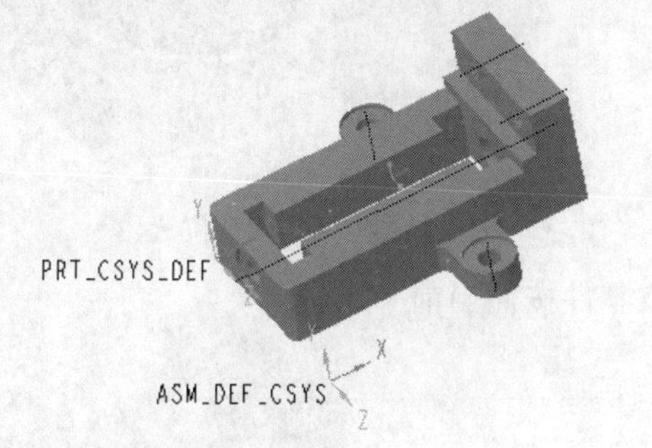

图8-34　插入钳座

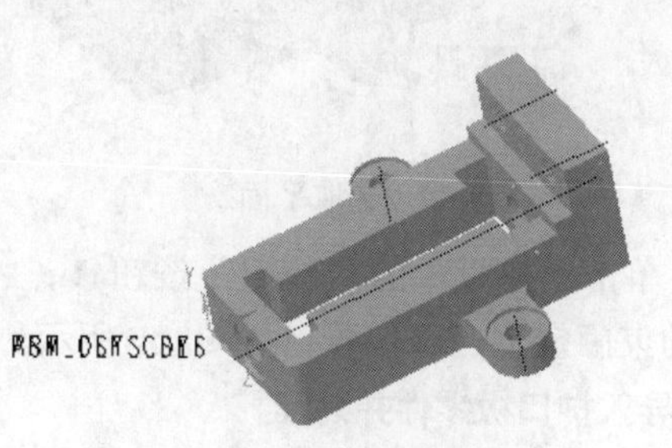

图8-35　装配钳座

3. 导入钳口零件并装配

（1）单击“模型”功能区“元件”面板中的“组装”按钮，系统弹出“打开”对话框，打开配套学习资源中的“\原始文件\第8章\huqian\qiankou.prt”文件，结果如图8-36所示。

（2）单击操控面板中的“放置”按钮，系统弹出如图8-37所示的“放置”下滑面板，该下滑面板的左侧为约束管理器，右侧为约束类型和状态显示。

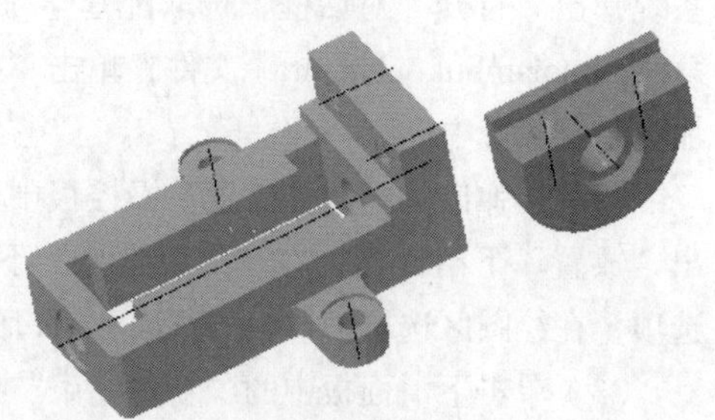

图8-36　添加钳口

（3）在“约束类型”下拉列表中选择“重合”选项，然后选择钳口下表面和钳座上表面，如图8-38所示。

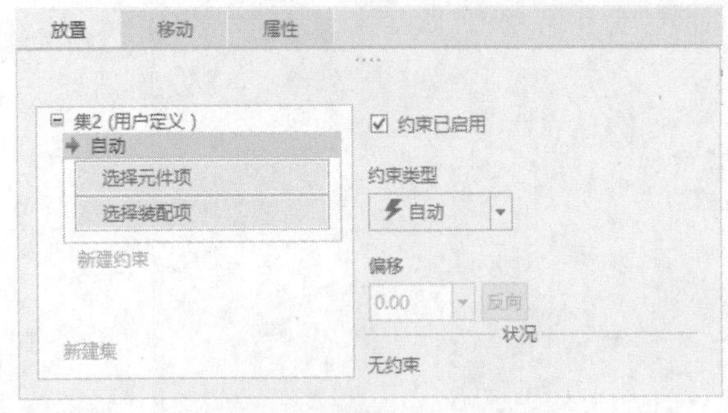

图8-37 “放置”下滑面板

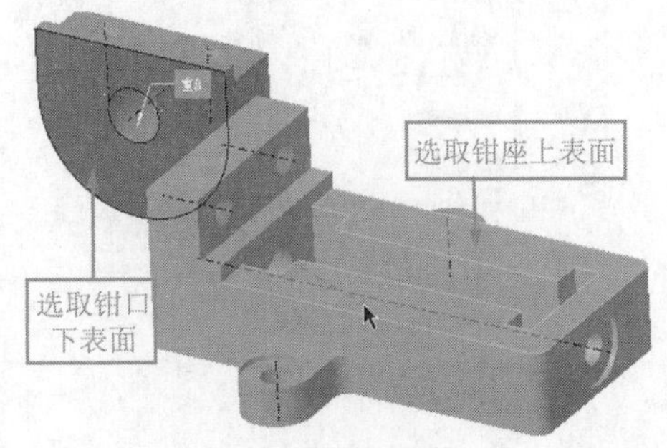

图8-38 选取平面1

（4）单击约束管理器中的“新建约束”按钮，创建一个新约束，在“约束类型”下拉列表中选择“重合”选项，选择钳口侧面和钳座侧面作为对齐曲面，如图8-39所示，则新添加的零件就会移动到相应的位置，单击“反向”按钮，调整位置。

（5）在操控板的“连接类型”下拉列表中选择“刚性”选项。单击“显示拖动器”按钮，显示球坐标系，调整钳口位置，如图8-40所示。

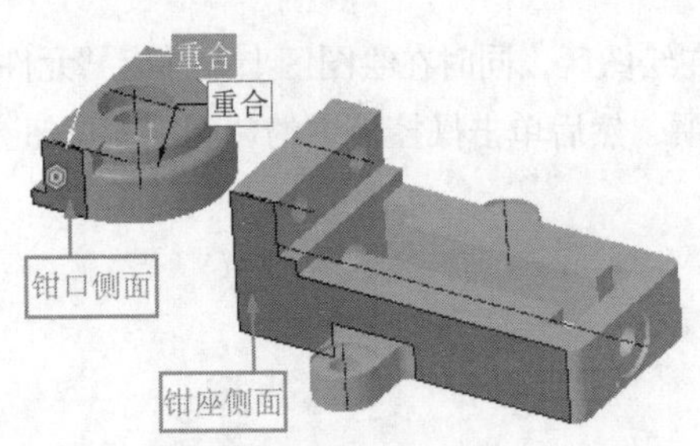

图8-39 选取平面2

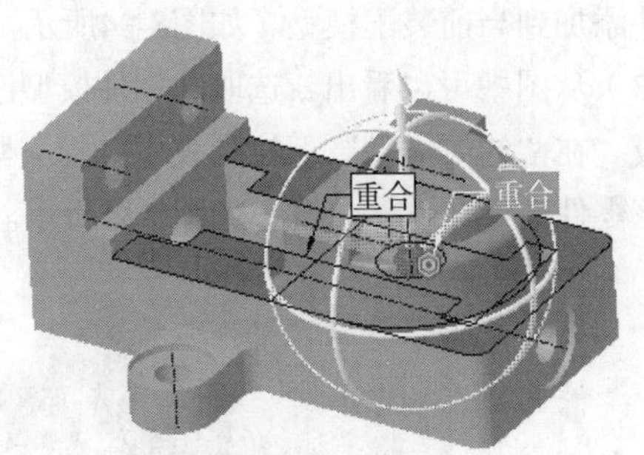

图8-40 调整位置

（6）单击操控板中的“确定”按钮，将该零件按照当前设置的约束固定在当前位置，如图8-41所示。

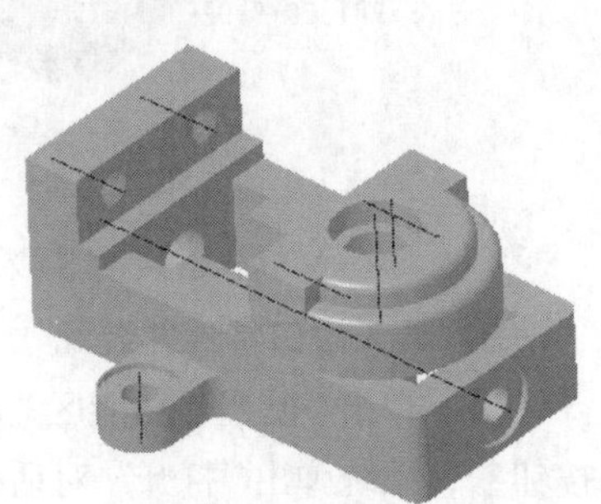
图8-41 装配钳口

4. 导入护口板零件并装配

（1）单击“模型”功能区“元件”面板中的“组装”按钮，系统弹出“打开”对话框，选取配套学习资源中的“\原始文件\第8章\huqian\hukouban.prt”文件，单击“打开”按钮，将元件添加到装配环境中。

（2）在弹出的“元件放置”操控板中单击“放置”按钮，弹出“放置”下滑面板，在“约束类型”下拉列表中选择“重合”选项，在绘图区选取护口板的背面和钳口的前面，如图8-42所示。

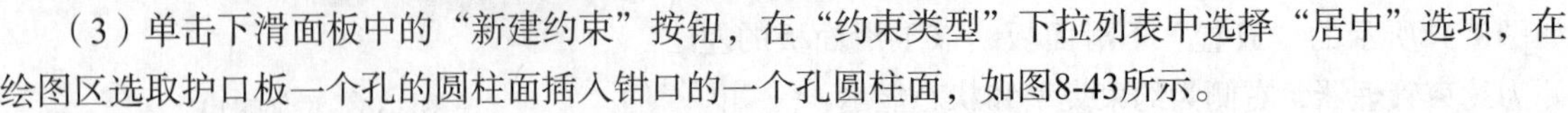
（3）单击下滑面板中的“新建约束”按钮，在“约束类型”下拉列表中选择“居中”选项，在绘图区选取护口板一个孔的圆柱面插入钳口的一个孔圆柱面，如图8-43所示。

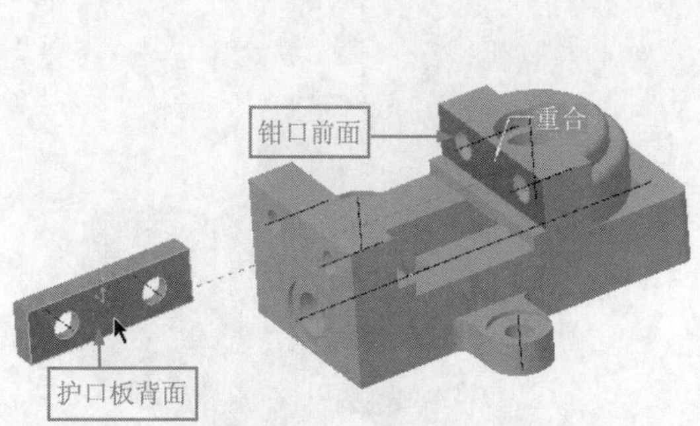

图8-42　选取平面3

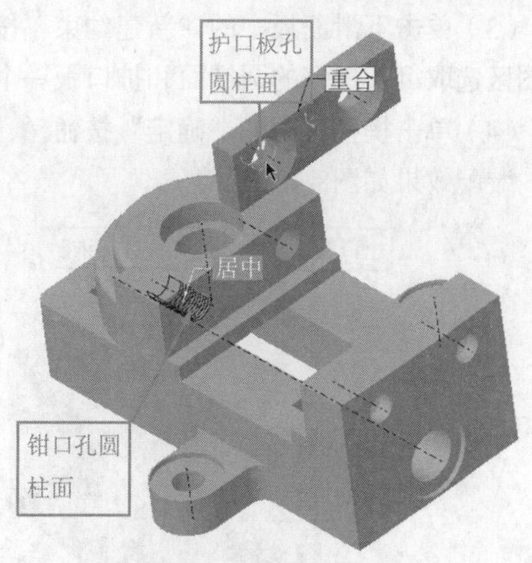

图8-43　选取圆柱面1

（4）单击下滑面板中的“新建约束”按钮，在“约束类型”下拉列表中选择“居中”选项，在绘图区选取护口板另一个孔的圆柱面插入钳口的另一个孔圆柱面，如图8-44所示。

（5）单击操控板中的“确定”按钮，完成一个护口板的装配，装配效果如图8-45所示。

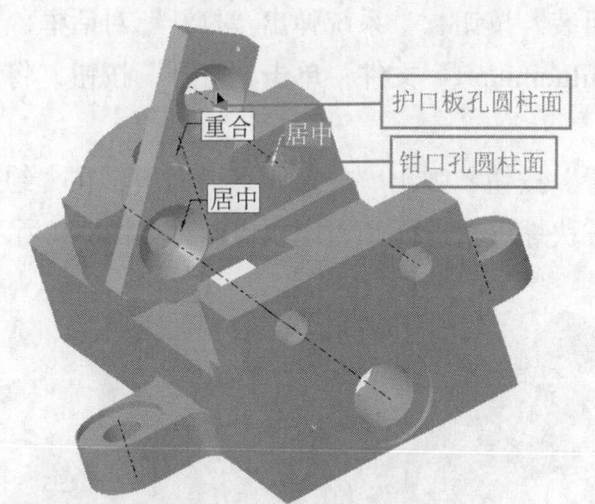

图8-44　选取圆柱面2

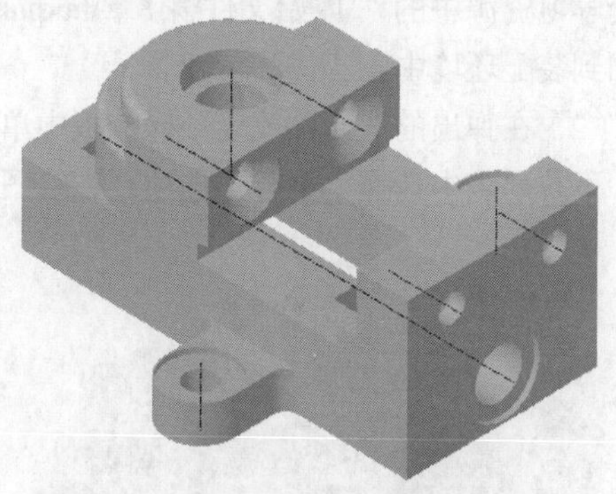

图8-45　装配护口板

5. 导入沉头螺钉零件并装配

（1）单击“模型”功能区“元件”面板中的“组装”按钮，系统弹出“打开”对话框，选取配套学习资源中的“\原始文件\第8章\huqian\chentouluoding.prt”文件，单击“打开”按钮，将元件添加到装配环境中。

（2）在弹出的“元件放置”操控板中单击“放置”按钮，弹出“放置”下滑面板，在“约束类型”下拉列表中选择“重合”选项，在绘图区选取沉头螺钉的中心线和护口板一个孔的中心线，如图8-46所示。单击“反向”按钮，调整方向。

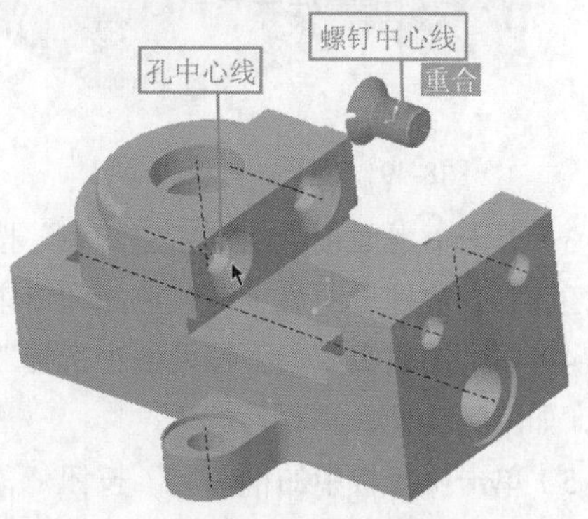

图8-46　选取中心线

（3）单击下滑面板中的“新建约束”按钮，在“约束类型”下拉列表中选择“居中”选项，在绘图区选取沉头螺钉的圆锥面和护口板一个孔的圆锥面，如图8-47所示。

（4）单击操控板中的“确定”按钮，完成一个螺钉的装配；采用相同的步骤，装配另一个螺钉，装配效果如图8-48所示。

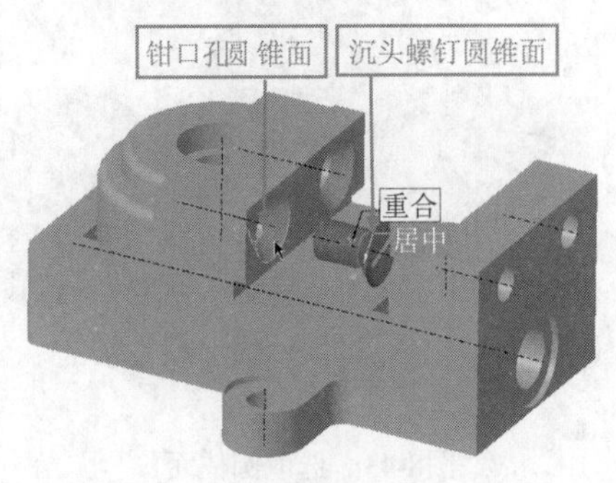

图8-47　选取圆锥面

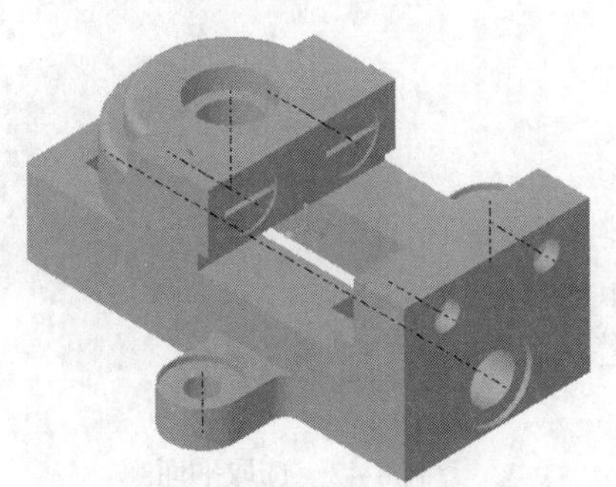

图8-48　装配螺钉

（5）重复步骤3和4，在钳座上装配护口板和沉头螺钉，装配效果如图8-49所示。

6. 导入方块螺母零件并装配

（1）单击“模型”功能区“元件”面板中的“组装”按钮，系统弹出“打开”对话框，选取配套学习资源中的“\原始文件\第8章\huqian\fangkuailuomu.prt”文件，单击“打开”按钮，将元件添加到装配环境中。

（2）在弹出的“元件放置”操控板中单击“放置”按钮，弹出“放置”下滑面板，在“约束类型”下拉列表中选择“重合”选项，在绘图区选取方块螺母轨道面和钳座轨道面，如图8-50所示。

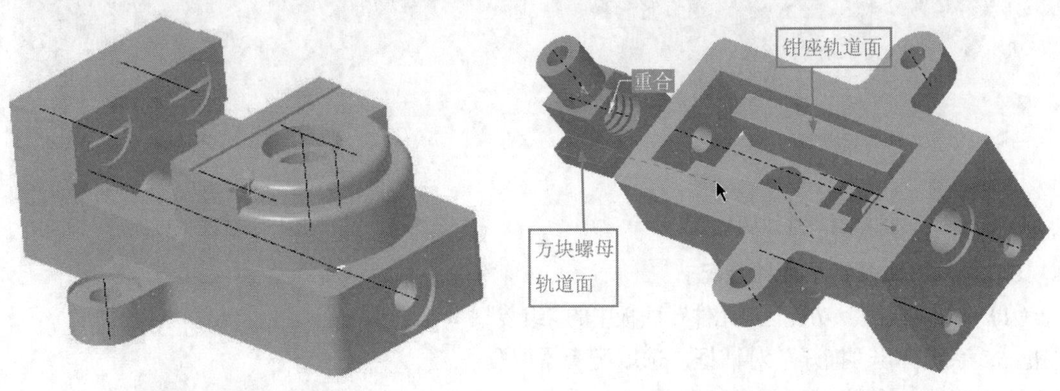

图8-49　装配护口板和螺钉　　图8-50　选取轨道面

（3）单击下滑面板中的“新建约束”按钮，在“约束类型”下拉列表中选择“重合”选项，在绘图区选取方块螺母的另一侧轨道面和钳座的另一侧轨道面，创建重合约束。

（4）在“约束类型”下拉列表中选择“居中”选项，在绘图区选取方块螺母圆柱面和钳口孔圆柱面，如图8-51所示。

（5）单击操控板中的“确定”按钮，完成一个方块螺母的装配，装配效果如图8-52所示。

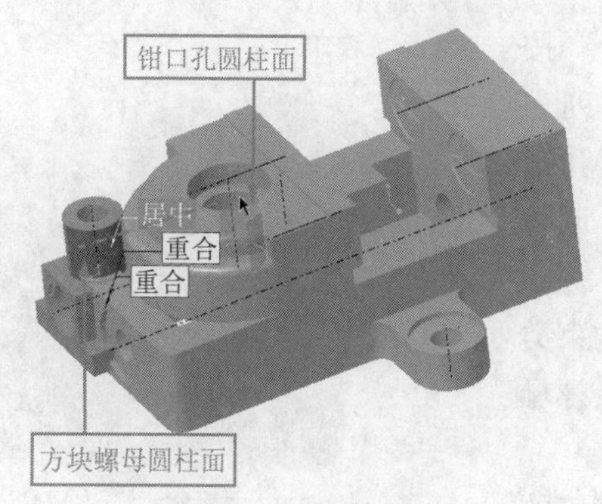

图8-51　选取圆柱面3

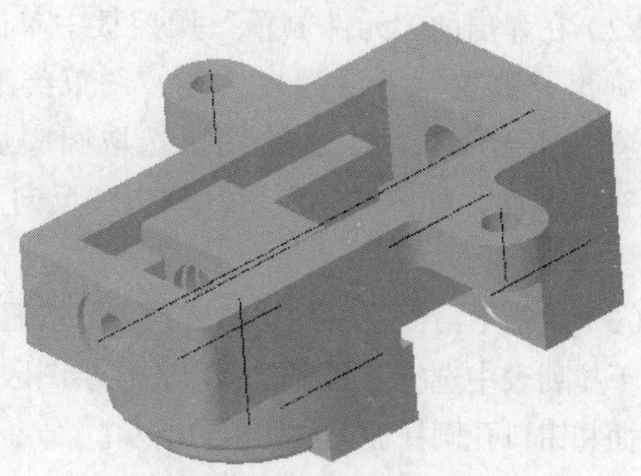

图8-52　装配方块螺母

7. 导入螺杆零件并装配

（1）单击“模型”功能区“元件”面板中的“组装”按钮，系统弹出“打开”对话框，选取配套学习资源中的“\原始文件\第8章\huqian\luogan.prt”文件，单击“打开”按钮，将元件添加到装配环境中。

（2）在弹出的“元件放置”操控板中单击“放置”按钮，弹出“放置”下滑面板，在“约束类型”下拉列表中选择“重合”选项，在绘图区选取螺杆圆台面和钳座圆台面，如图8-53所示。单击“反向”按钮，调整方向。

（3）单击下滑面板中的“新建约束”按钮，在“约束类型”下拉列表中选择“居中”选项，在绘图区选取螺杆圆柱面和钳座的一个孔圆柱面，如图8-54所示。

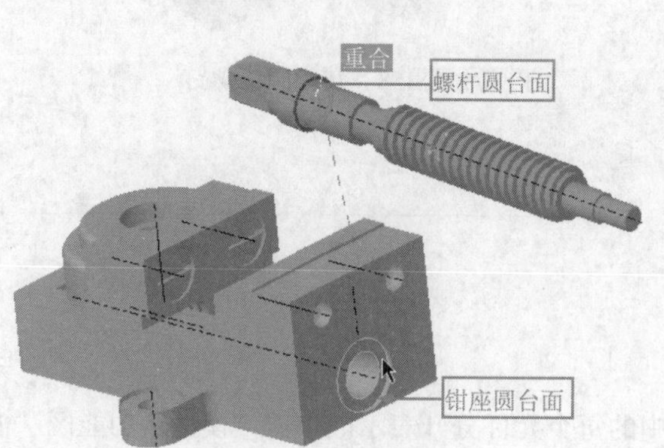

图8-53　选取平面4

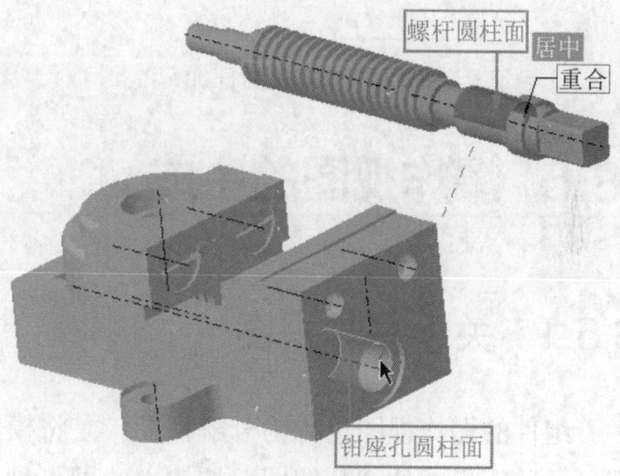

图8-54　选取圆柱面4

（4）单击操控板中的“确定”按钮，完成螺杆的装配，装配效果如图8-55所示。

8. 导入圆头螺钉零件并装配

（1）单击“模型”功能区“元件”面板中的“组装”按钮，系统弹出“打开”对话框，选取配套学习资源中的“\原始文件\第8章\huqian\yuantouluoding.prt”文件，单击“打开”按钮，将元件添加到装配环境中。

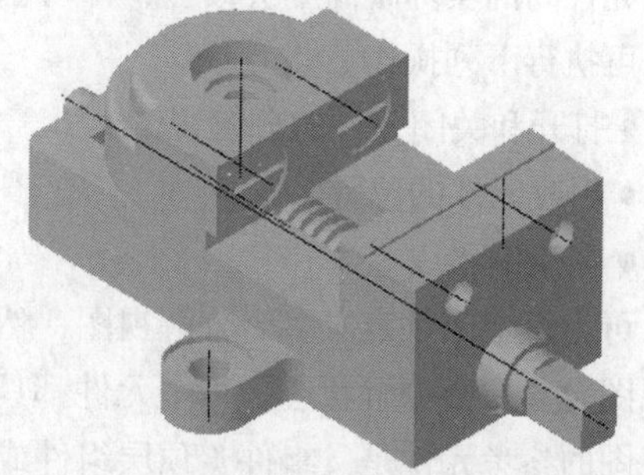

图8-55　装配螺杆

（2）在弹出的“元件放置”操控板中单击“放置”按钮，弹出“放置”下滑面板，在“约束类型”下拉列表中选择“重合”选项，在绘图区选取圆头螺钉端面和钳口沉头孔端面，如图8-56所示。单击“反向”按钮，调整方向。

（3）单击下滑面板中的“新建约束”按钮，在“约束类型”下拉列表中选择“居中”选项，在绘图区选取圆头螺母圆柱面和钳口孔圆柱面，如图8-57所示。

（4）单击操控板中的“确定”按钮，完成圆头螺钉的装配，装配效果如图8-58所示。

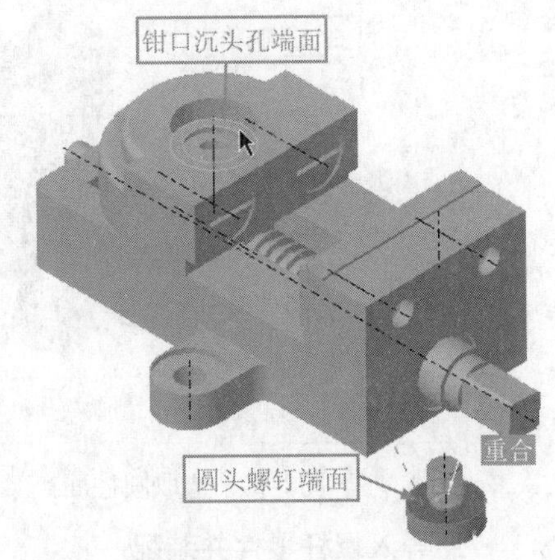

图8-56　选取平面5

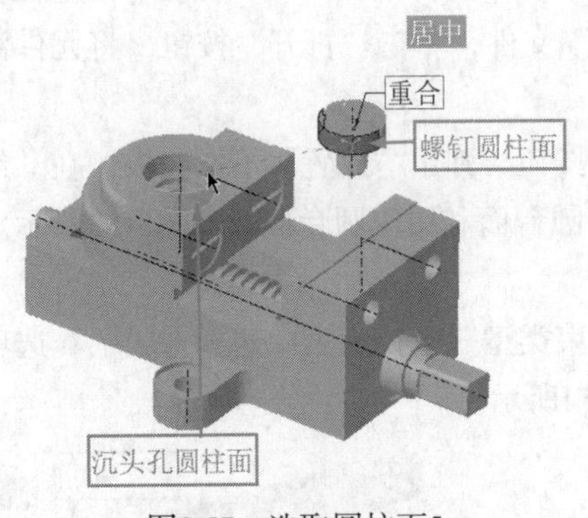

图8-57　选取圆柱面5

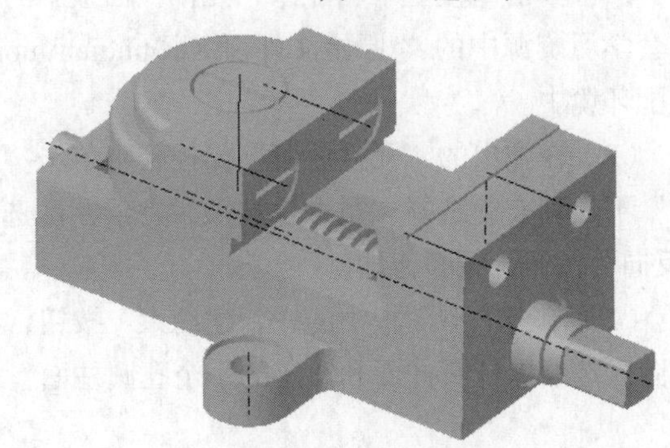
图8-58　装配圆头螺钉

8.5 爆炸视图的生成

8.5.1　关于爆炸视图

组件的爆炸视图也称为分解视图，是将模型中的每个元件分开表示。单击“模型”功能区“模型显示”面板中的“分解图”按钮，即可创建分解视图。分解视图仅影响组件外观，设计意图及装配元件间的实际距离不会改变，即可创建分解视图来定义所有元件的分解位置。对于每个分解视图，可执行下列操作。

- 打开和关闭元件的分解视图。
- 更改元件的位置。
- 创建偏移线。

可为每个组件定义多个分解视图，然后可随时使用任意一个已保存的视图，还可以为组件的每个视图设置一个分解状态。每个元件都具有一个由放置约束确定的默认分解位置。默认情况下，分解视图的参考元件是父组件（顶层组件或子组件）。

使用分解视图时，必须遵守以下规则。

- 如果在更高级的组件范围内分解子组件，则子组件中的元件不会自动分解，可为每个子组件指定要使用的分解状态。
- 关闭分解视图时，将保留与元件分解位置有关的信息。打开分解视图后，元件将返回其上一分解位置。
- 所有组件均具有一个默认分解视图，该视图是使用元件放置规范创建的。
- 在分解视图中多次出现的同一组件在高级组件中可以具有不同的特性。

8.5.2　创建爆炸视图

创建爆炸视图

在装配环境下创建爆炸视图的步骤如下。

（1）打开本章8.3节中创建的组件文件“lianzhouqi.asm”，如图8-59所示。

图8-59　打开装配图

（2）单击“模型”功能区“模型显示”面板中的“分解视图”按钮或单击“视图”功能区“模型显示”面板中的“分解视图”按钮，系统就会根据使用的约束产生一个默认的分解视图，如图8-60所示。

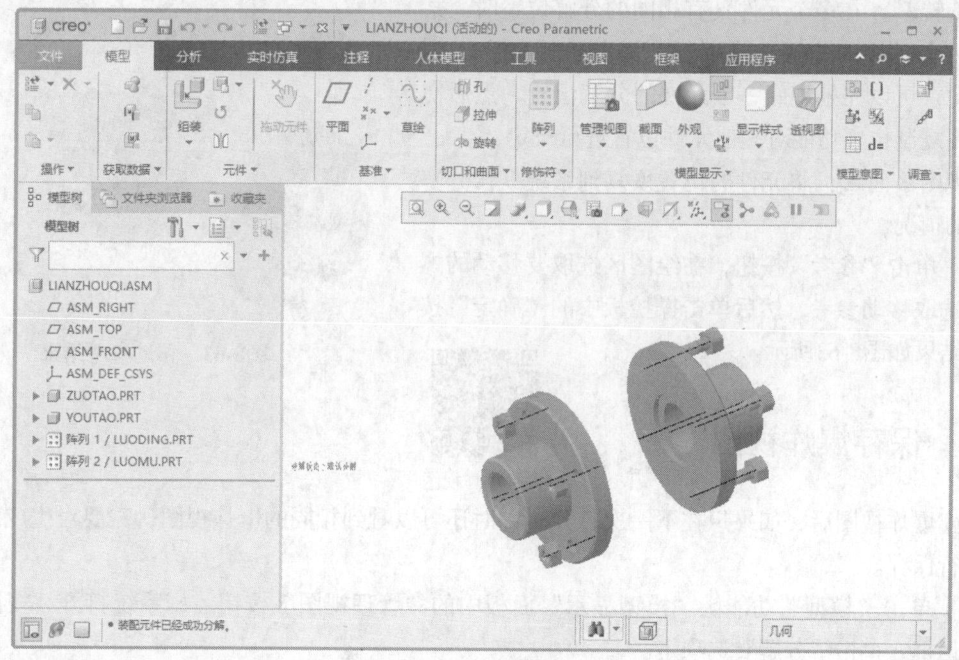

图8-60　分解视图

8.5.3　编辑爆炸视图

编辑爆炸视图

默认分解视图的生成非常简单，但默认分解视图通常无法贴切地表现出各个元件间的相对位置，因此常常需要通过编辑元件位置来调整爆炸视图。

（1）单击“模型”功能区“模型显示”面板中的“管理视图”按钮，打开如图8-61所示的“视图管理器”对话框，单击“分解”选项卡。

（2）单击“编辑”按钮，在打开的下拉列表中选择“编辑位置”选项，打开如图8-62所示的“分解工具”操控板，编辑爆炸视图。

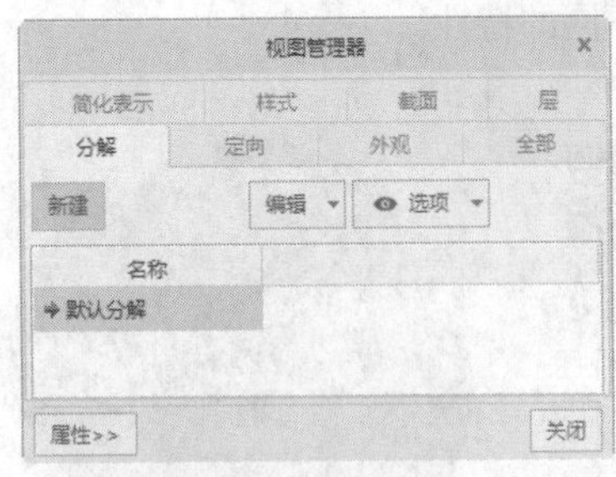

图8-61 “视图管理器”对话框

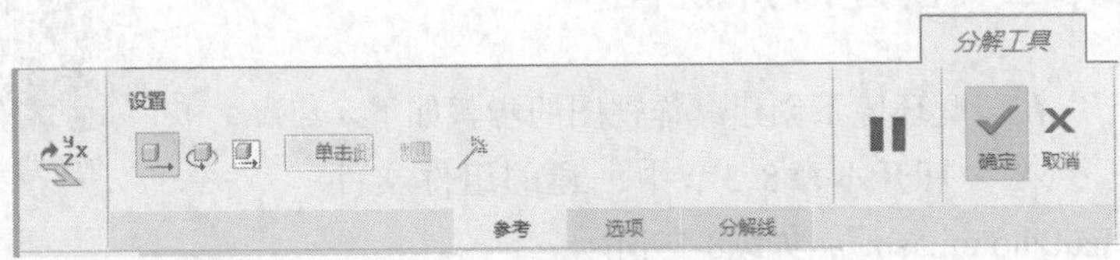

图8-62 “编辑位置”操控板

“编辑位置”操控板中提供了3种编辑类型。

- 平移：使用“平移”类型移动元件时，可通过平移参考设置移动方向，平移的运动参考包含6类。
- 旋转：在多个元件具有相同的分解位置时，某一个元件的分解方式可复制到其他元件上。因此，可以先处理好一个元件的分解位置，然后使用复制位置功能对其他元件位置进行设定。
- 视图平面：将元件的位置恢复到系统默认分解的情况。

（3）单击“参考”按钮，在绘图区选取要移动的螺钉，再选取移动参考，然后单击操控板中的“确定”按钮，结果如图8-63所示。

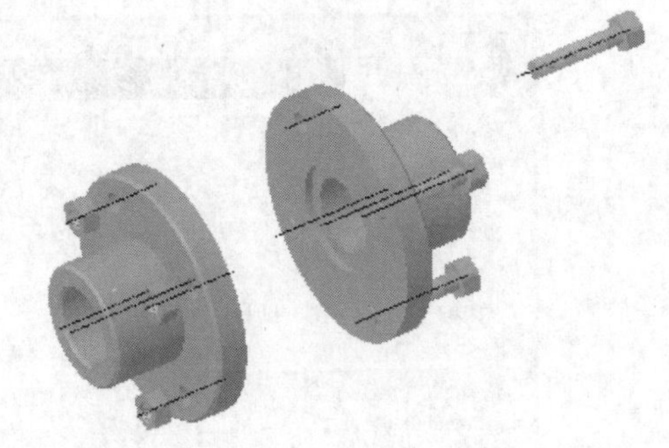

图8-63　移动参考结果

8.5.4　保存爆炸视图

保存爆炸视图

创建爆炸视图后，如果想在下一次打开文件时还可以看到相同的爆炸视图，需要对生成的爆炸视图进行保存。

（1）单击“模型”功能区“模型显示”面板中的“管理视图”按钮，系统打开“视图管理器”对话框，单击“分解”选项卡。

（2）单击“编辑”按钮，在打开的下拉列表中选择“保存”选项。

（3）系统打开如图8-64所示的“保存显示元素”对话框，如果在“分解”下拉列表中选择“默认分解”选项，并单击“确定”按钮，系统打开如图8-65所示的“更新默认状态”对话框。如果在“分解”下拉列表中选择其他选项，则直接返回“视图管理器”对话框。

（4）在“视图管理器”对话框中单击“新建”按钮，输入爆炸视图的名称，默认的名称是

“Exp000#”，其中，“#”是按顺序编列的数字。单击“关闭”按钮，即可完成爆炸视图的保存。

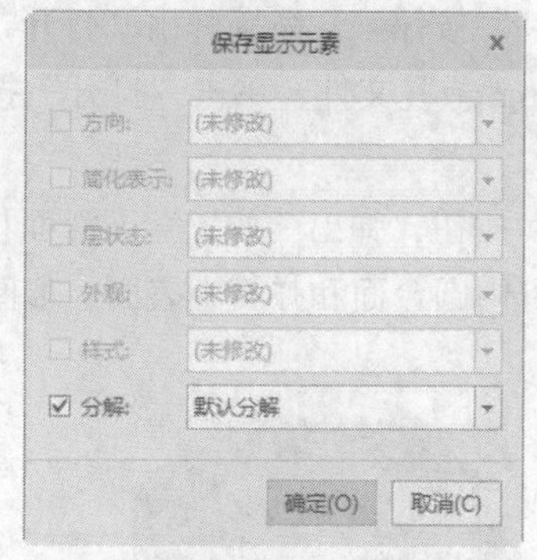

图8-64 “保存显示元素”对话框

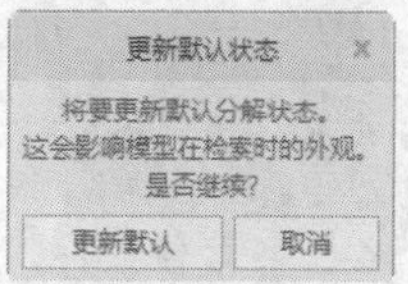

图8-65 “更新默认状态”对话框

8.5.5 删除爆炸视图

删除爆炸视图

可将生成的爆炸视图恢复到没有分解的装配状态。要将视图返回到未分解的状态，可单击“模型”功能区“模型显示”面板中的“分解图”按钮。

8.6 综合实例——手压阀装配

本例安装手压阀，如图8-66所示。首先安装调节螺母和弹簧，安装阀体和阀杆，继续安装锁紧螺母、销钉、手柄和球头，最终得到模型。

综合实例——手压阀装配

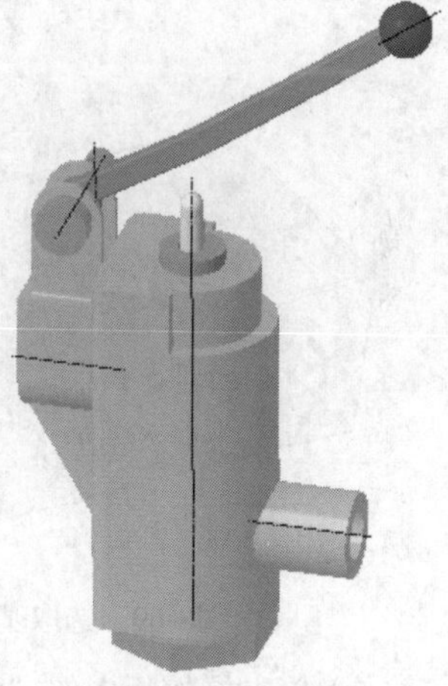

图8-66 手压阀

绘制步骤

1. 新建文件

单击“主页”功能区“数据”面板中的“新建”按钮，弹出“新建”对话框，在“类型”选项组中点选“装配”单选钮，在“子类型”选项组中点选“设计”单选钮，在“名称”文本框中输入文件名shouyafa，取消勾选“使用默认模板”复选框，单击“确定”按钮，在打开的“新文件选项”对话框中选择“mmns_part_design_abs”选项，单击“确定”按钮，创建一个新的零件文件。

2. 调入调节螺母零件

（1）单击“模型”功能区“元件”面板中的“组装”按钮，在弹出的“打开”对话框中选择配套学习资源“\原始文件\第8章\shouyafa\tiaojieluomu.prt”文件，单击“打开”按钮，弹出“元件放置”操控板。

（2）在“约束类型”下拉列表中选择“自动”选项，单击操控板中的“确定”按钮，完成调节螺母零件的调入，将其放置到视图中任意位置，如图8-67所示。

3. 调入弹簧零件并装配

（1）单击“模型”功能区“元件”面板中的“组装”按钮，系统弹出“打开”对话框，选取配套学习资源中的“\原始文件\第8章\shouyafa\tanhuang.prt”文件，单击“打开”按钮，将弹簧添加到装配环境中。

（2）在弹出的“元件放置”操控板中单击“放置”按钮，弹出“放置”下滑面板，在“约束类型”下拉列表中选择“重合”选项，在绘图区调节螺母内圆台面和弹簧上表面，如图8-68所示。

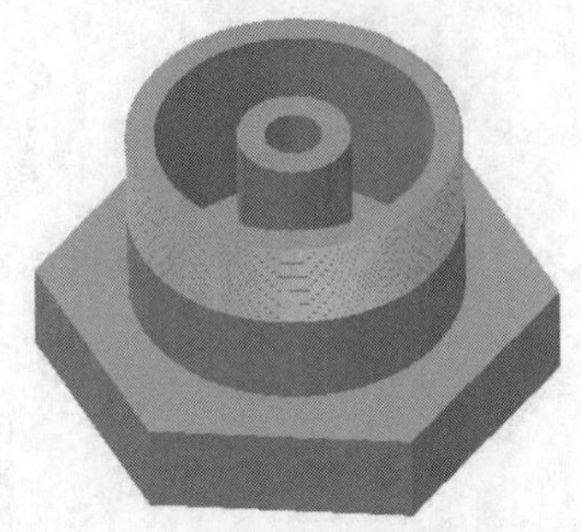

图8-67 调入调节螺母零件

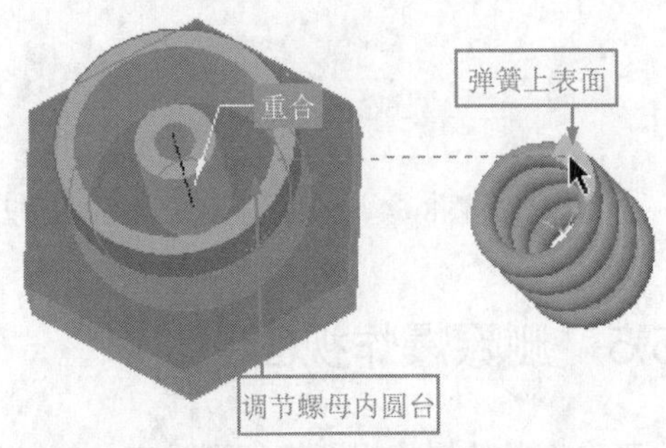

图8-68 选取面1

（3）单击下滑面板中的“新建约束”按钮，在“约束类型”下拉列表中选择“重合”选项，在绘图区选取弹簧基准平面和调节螺母基准平面，如图8-69所示。

（4）单击下滑面板中的“新建约束”按钮，在“约束类型”下拉列表中选择“重合”选项，在绘图区选取弹簧基准平面和调节螺母基准平面，如图8-70所示。

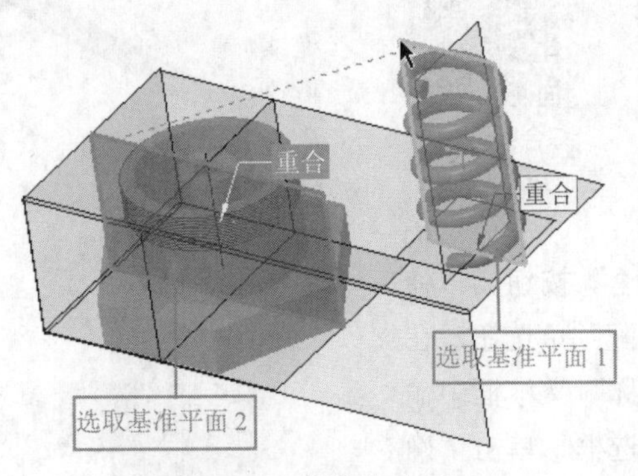

图8-69 选取基准平面1

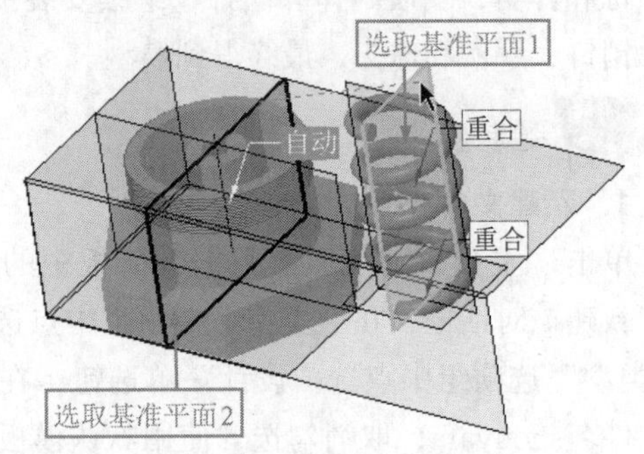

图8-70 选取基准平面2

（5）单击操控板中的“确定”按钮，完成弹簧的装配，如图8-71所示。

4. 调入胶垫并装配

（1）单击“模型”功能区“元件”面板中的“组装”按钮，系统弹出“打开”对话框，选取配套学习资源中的“\原始文件\第8章\shouyafa\jiaodian.prt”文件，单击“打开”按钮，将胶垫添加到装配环境中。

（2）在弹出的“元件放置”操控板中单击“放置”按钮，弹出“放置”下滑面板，在“约束类型”下拉列表中选择“重合”选项，在绘图区选取胶垫端面和调节螺母端面，如图8-72所示。

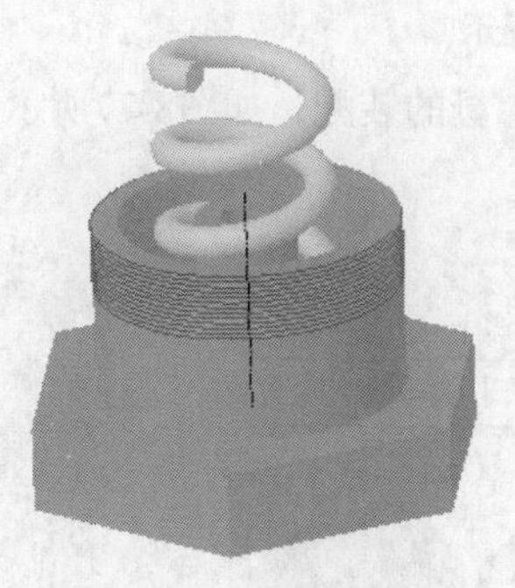
图8-71　装配弹簧

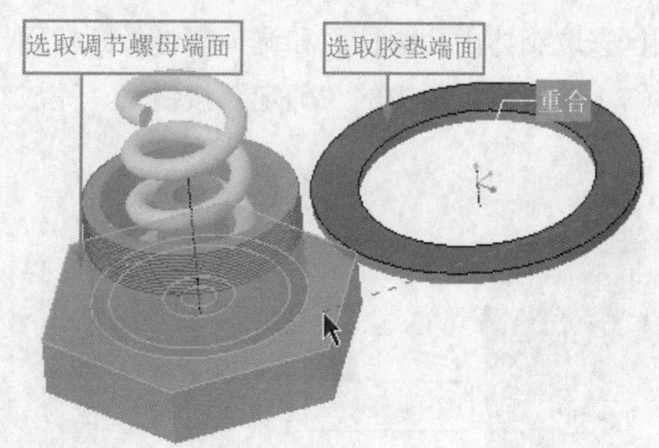

图8-72　选取端面1

（3）单击下滑面板中的“新建约束”按钮，在“约束类型”下拉列表中选择“居中”选项，在绘图区选取胶垫圆柱面和调节螺母圆柱面，如图8-73所示。

（4）单击操控板中的“确定”按钮✓，完成胶垫的装配，如图8-74所示。

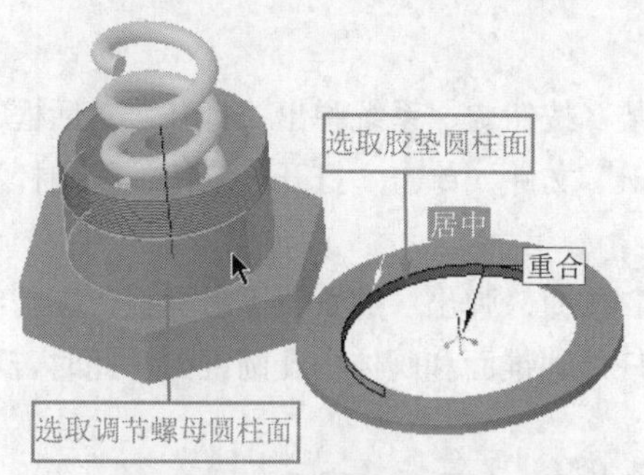

图8-73　选取圆柱面1

图8-74　装配胶垫

5. 调入阀体并装配

（1）单击“模型”功能区“元件”面板中的“组装”按钮，系统弹出“打开”对话框，选取配套学习资源中的“\原始文件\第8章\shouyafa\fati.prt”文件，单击“打开”按钮，将阀体添加到装配环境中。

（2）在“约束类型”下拉列表中选择“默认”选项，单击操控板中的“确定”按钮✓，将阀体放置到坐标原点处。

（3）在模型树中将“FATI.PRT”拖动到“TIAOJIELUOMU”前面，然后在模型树中选取“jiaodian.prt”文件，单击鼠标右键，在弹出的快捷菜单中选择“编辑定义”选项，弹出“元件放置”操控板。

（4）在弹出的“元件放置”操控板中单击“放置”按钮，弹出“放置”下滑面板，在“约束类型”下拉列表中选择“重合”选项，在绘图区选取阀体端面和胶垫端面，如图8-75所示。单击操控板中的“确定”按钮✓。

（5）在模型树中选取“TIAOJIELUOMU.PRT”文件，单击鼠标右键，在弹出的快捷菜单中选择“编辑定义”选项，弹出“元件放置”操控板。

（6）单击下滑面板中的“新建约束”按钮，在“约束类型”下拉列表中选择“居中”选项，在绘图区选取阀体内孔圆柱面和调节螺母外圆柱面，如图8-76所示。

（7）单击操控板中的“确定”按钮，完成阀体与调节螺母的装配，如图8-77所示。

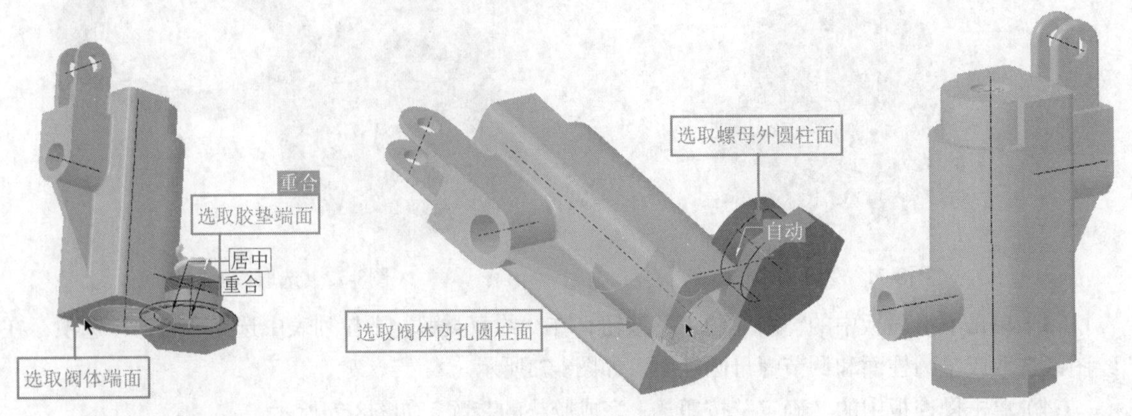

图8-75　选取端面2　　图8-76　选取圆柱面2　　图8-77　装配阀体

6. **调入阀杆并装配**

（1）单击“模型”功能区“元件”面板中的“组装”按钮，系统弹出“打开”对话框，选取配套学习资源中的“\原始文件\第8章\shouyafa\fagan.prt”文件，单击“打开”按钮，将阀杆添加到装配环境中。

（2）在弹出的“元件放置”操控板中单击“放置”按钮，弹出“放置”下滑面板，在“约束类型”下拉列表中选择“居中”选项，在绘图区选取阀杆外圆锥面和阀体内孔圆锥面（此时若不方便拾取，可将其他元件隐藏），如图8-78所示。

（3）单击操控板中的“确定”按钮，完成阀杆的装配，如图8-79所示。

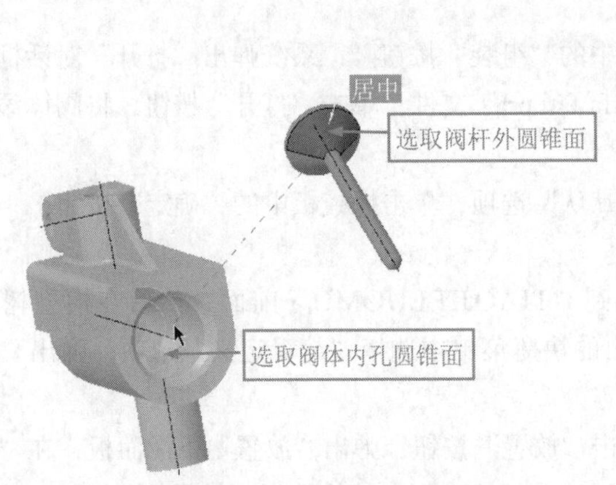

图8-78　选取圆锥面　　图8-79　装配阀杆

7. **调入锁紧螺母并装配**

（1）单击“模型”功能区“元件”面板中的“组装”按钮，系统弹出“打开”对话框，选取配套学习资源中的“\原始文件\第8章\shouyafa\suojinluomu.prt”文件，单击“打开”按钮，将锁紧螺母添加到装配环境中。

（2）在弹出的“元件放置”操控板中单击“放置”按钮，弹出“放置”下滑面板，在“约束类型”下拉列表中选择“重合”选项，在绘图区选取锁紧螺母端面和阀体上端面，如图8-80所示。

（3）单击下滑面板中的“新建约束”按钮，在“约束类型”下拉列表中选择“居中”选项，在绘图区选取锁紧螺母圆柱面和阀体孔圆柱面，如图8-81所示。

（4）在操控板中单击“确定”按钮✓，完成锁紧螺母的装配，如图8-82所示。

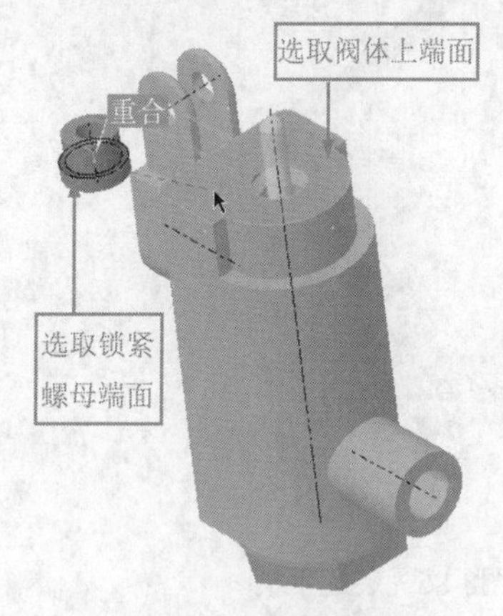

图8-80　选取面2

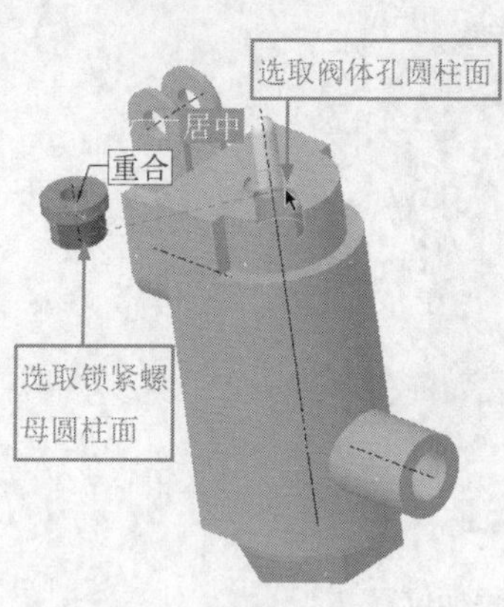

图8-81　选取圆柱面3

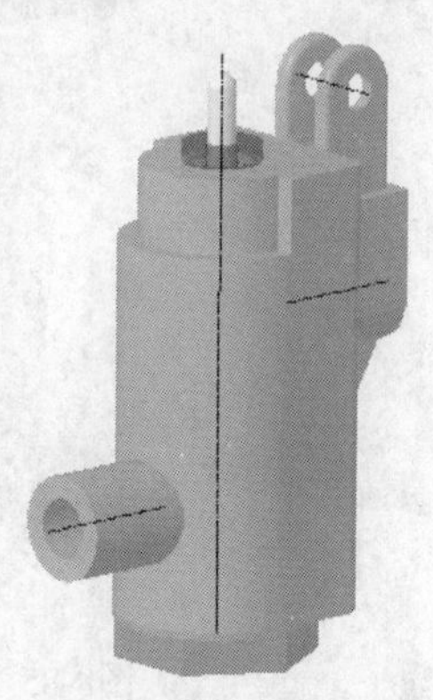

图8-82　装配锁紧螺母

8. 调入手柄并装配

（1）单击“模型”功能区“元件”面板中的“组装”按钮，系统弹出“打开”对话框，选取配套学习资源中的“\原始文件\第8章\shouyafa\shoubing.prt”文件，单击“打开”按钮，将手柄添加到装配环境中。

（2）在弹出的“元件放置”操控板中单击“放置”按钮，弹出“放置”下滑面板，在“约束类型”下拉列表中选择“居中”选项，在绘图区选取手柄孔圆柱面和阀体孔圆柱面，如图8-83所示。

（3）单击下滑面板中的“新建约束”按钮，在“约束类型”下拉列表中选择“距离”选项，在绘图区选取手柄一侧端面和阀体上一侧端面，输入偏移距离为1，如图8-84所示。

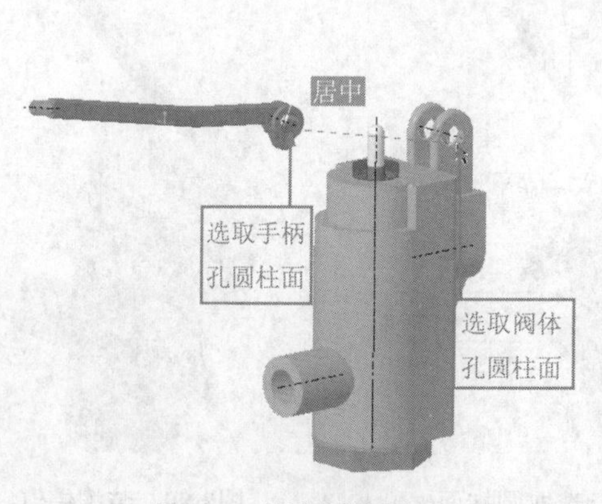

图8-83　选取圆柱面4

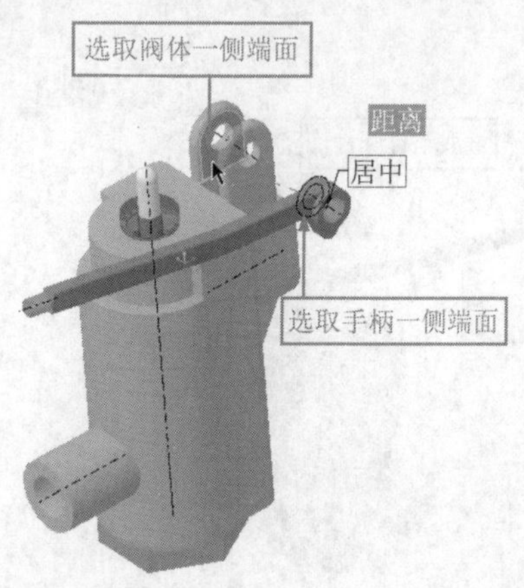

图8-84　选取端面3

（4）在操控板的“连接类型”下拉列表中选择“刚性”选项。单击“显示拖动器”按钮，显示球坐标系，调整手柄位置，如图8-85所示。

（5）单击操控板中的“确定”按钮，完成装配的后手柄，如图8-86所示。

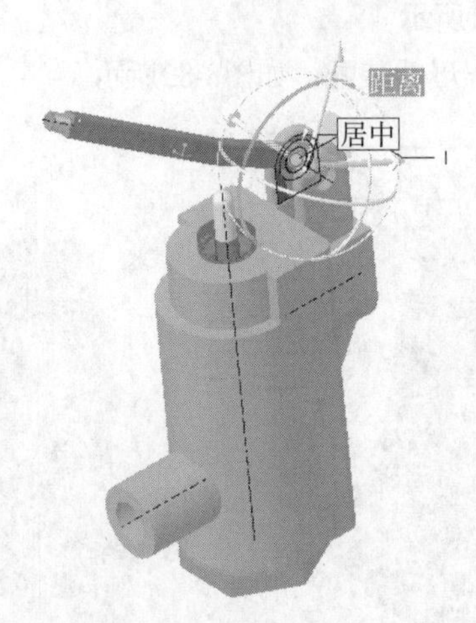

图8-85　调整手柄位置

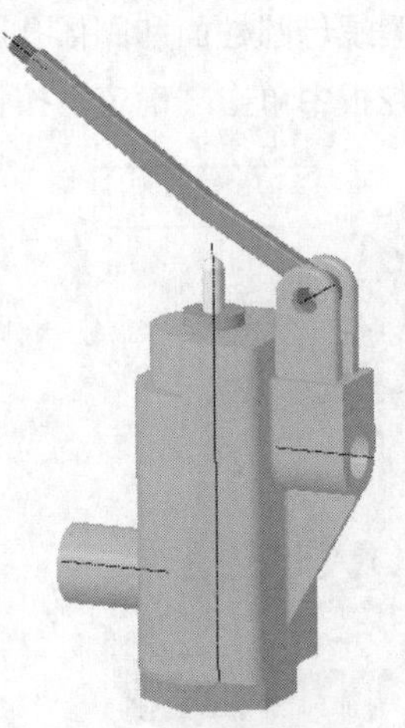

图8-86　装配手柄

9．调入销钉并装配

（1）单击“模型”功能区“元件”面板中的“组装”按钮，系统弹出“打开”对话框，选取配套学习资源中的“\原始文件\第8章\shouyafa\xiaoding.prt”文件，单击“打开”按钮，将销钉添加到装配环境中。

（2）在弹出的“元件放置”操控板中单击“放置”按钮，弹出“放置”下滑面板，在“约束类型”下拉列表中选择“居中”选项，在绘图区选取销钉圆柱面和阀体孔圆柱面，如图8-87所示。

（3）单击下滑面板中的“新建约束”按钮，在“约束类型”下拉列表中选择“重合”选项，在绘图区选取销钉端面和阀体端面，如图8-88所示。

（4）单击操控板中的“确定”按钮，完成后，如图8-89所示。

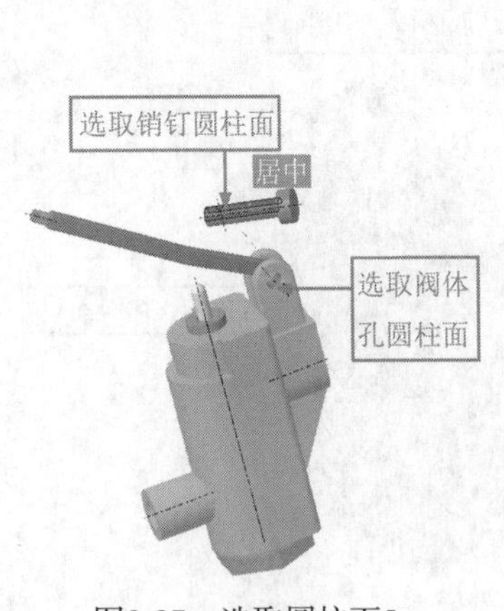

图8-87　选取圆柱面5

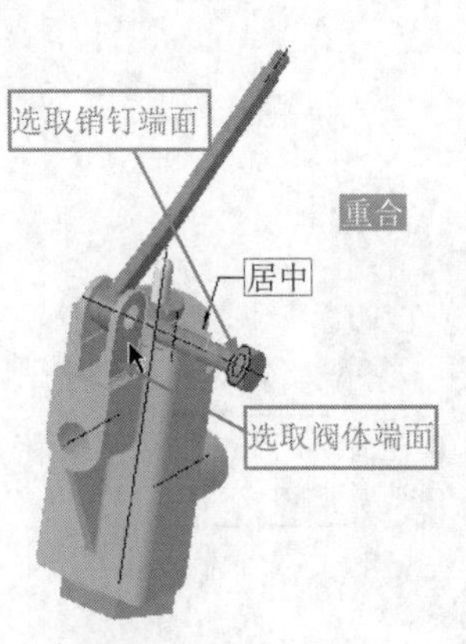

图8-88　选取圆柱面6

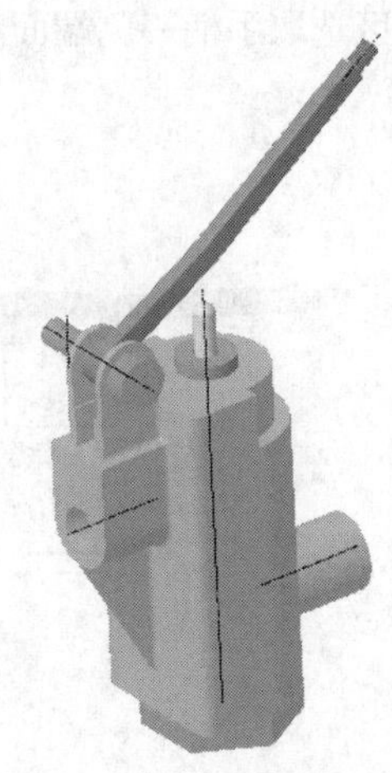

图8-89　装配销钉

10. 调入球头并装配

（1）单击“模型”功能区“元件”面板中的“组装”按钮，系统弹出“打开”对话框，选取配套学习资源中的“\原始文件\第8章\shouyafa\qiutou.prt”文件，单击“打开”按钮，将球头组件添加到装配环境中。

（2）在弹出的“元件放置”操控板中单击“放置”按钮，弹出“放置”下滑面板，在“约束类型”下拉列表中选择“居中”选项，在绘图区选取球头孔圆柱面和手柄圆柱面，如图8-90所示。

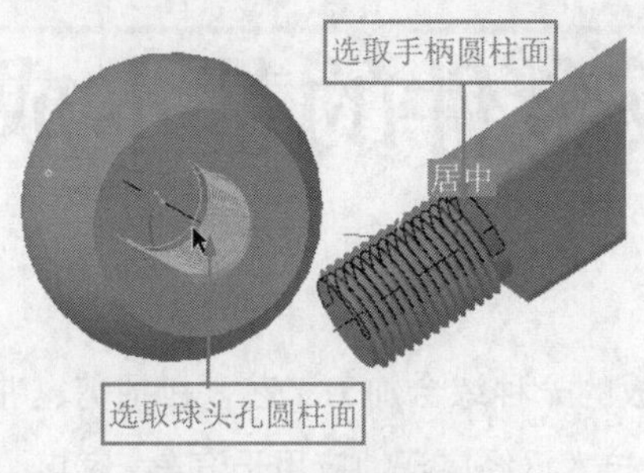

图8-90　选取圆柱面7

（3）单击下滑面板中的“新建约束”按钮，在“约束类型”下拉列表中选择“重合”选项，在绘图区选取球头端面和手柄端面，如图8-91所示。

（4）单击操控板中的“确定”按钮，完成球头的装配。

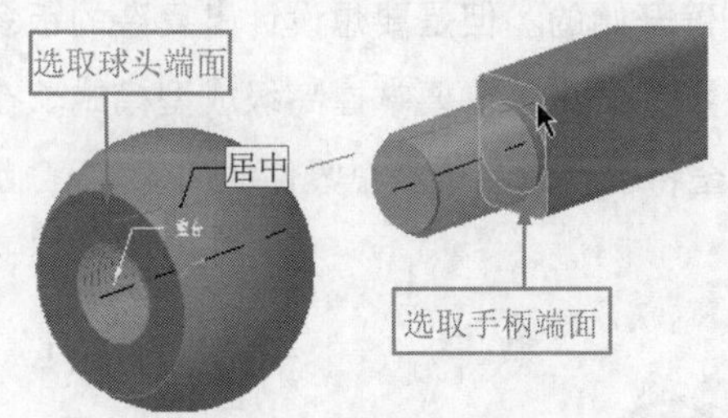

图8-91　选取圆柱面8

11. 保存文件

单击“快速访问”工具栏中的“保存”按钮，将零件文件存盘，以备后用。

第 9 章 钣金件的基本成型模式

钣金是金属薄板的一种综合加工工艺，包括剪、冲压、折弯、成型、焊接、拼接等。钣金技术已经广泛地应用于汽车、家电、计算机、家庭用品、装饰材料等各个相关领域，钣金加工已经成为现代工业中一种重要的加工方法。

在钣金设计中，壁类结构是创建其他钣金特征的基础，任何复杂的特征都是从创建第一壁开始的。但是要想设计出复杂的钣金件，仅仅掌握钣金件的基本成型是不够的，还需要掌握高级成型模式。在第一壁的基础上继续创建其他钣金壁特征，以完成整个零件的创建。

- 基本钣金特征
- 高级钣金特征
- 后继钣金壁特征
- 钣金操作

9.1 创建基本钣金特征

在钣金设计中，需要先创建第一壁，然后在第一壁的基础上创建后继的钣金壁和其他特征。第一壁主要通过拉伸、平整、旋转和混合等方法创建。

9.1.1　创建平面壁特征

创建平面壁特征

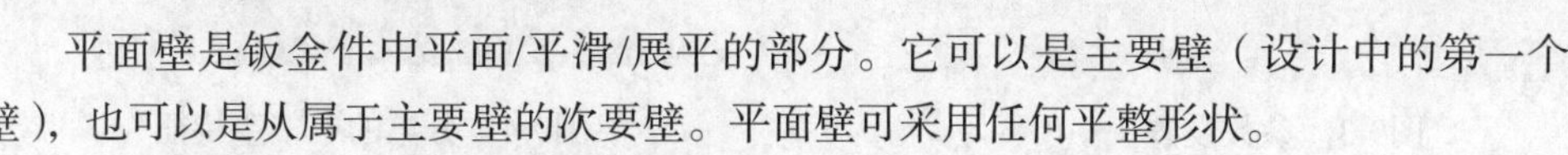

平面壁是钣金件中平面/平滑/展平的部分。它可以是主要壁（设计中的第一个壁），也可以是从属于主要壁的次要壁。平面壁可采用任何平整形状。

1．创建分离的平整壁的具体操作步骤

（1）单击“主页”功能区“数据”面板中的“新建”按钮，系统打开“新建”对话框，在“类型”选项组中点选“零件”单选钮，在“子类型”选项组中点选“钣金件”单选钮，在“名称”文本框中输入“pingmianbi”，取消勾选“使用默认模板”复选框，单击“确定”按钮，在打开的“新文件选项”对话框中选择“mmns_part_sheetmetal_abs”选项，单击“确定”按钮，创建一个新的钣金件文件。

（2）单击“钣金件”功能区“壁”面板中的“平面”按钮，系统打开“平面”操控板，依次单击“参考”→“定义”按钮，系统打开如图9-1所示的“草绘”对话框。

（3）选取FRONT基准平面作为草绘平面，其他选项接受系统默认设置，单击“草绘”按钮，进入草绘环境。

（4）绘制如图9-2所示的草图。单击“草绘”功能区“关闭”面板中的“确定”按钮，退出草绘环境。

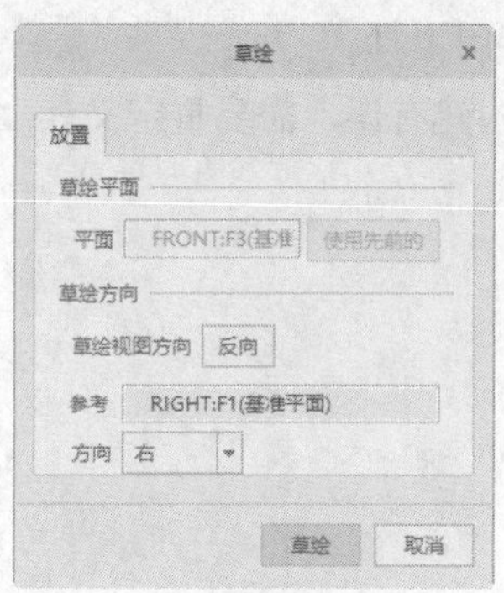

图9-1　“草绘”对话框

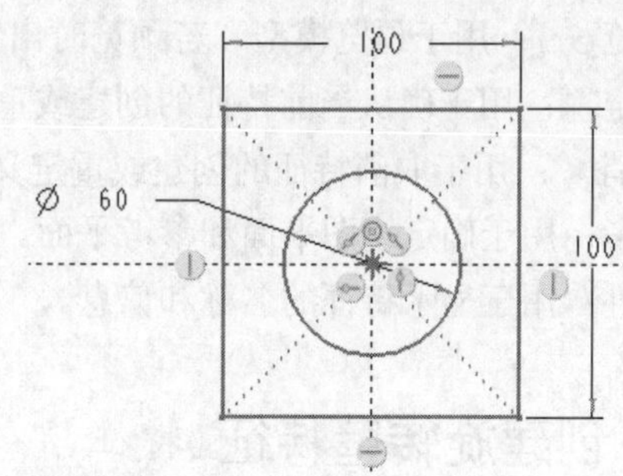

图9-2　绘制草图

技巧荟萃

平面壁特征的草绘图形必须是闭合的。

（5）在操控板中给定钣金厚度值为1，如图9-3所示。然后单击“反向”按钮，调整增厚方向，再单击操控板中的“确定”按钮，结果如图9-4所示。

（6）保存文件到指定的位置并关闭当前对话框。

图9-3　参数设置

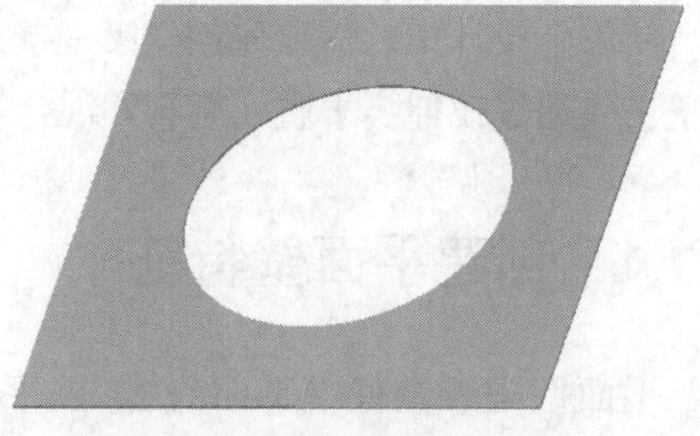

图9-4　分离的平整壁特征

2. 命令选项介绍

单击“钣金件”功能区“壁”面板中的“平面”按钮，系统打开如图9-5所示“平面”操控板。

图9-5　“平面”操控板

“平面”操控板中各按钮功能如下。

- 钣金厚度：用于设置钣金厚度。
- 反向：用于设置钣金厚度的增长方向。
- 暂停：暂时中止使用当前的特征工具，以访问其他可用工具。
- 预览：用于预览模型。若预览时出错，表明特征的构建有误，需要重定义。
- 确定：用于确认当前特征的创建或重定义。
- 取消：用于取消特征的创建或重定义。
- 参考：用于确定绘图平面和参考平面。
- 属性：用于显示特征的名称和信息。

9.1.2　创建旋转壁特征

创建旋转壁特征

旋转壁是由特征截面绕旋转中心线旋转而成的一类特征，适合于构造回转体零件特征，具体操作步骤如下。

（1）单击“主页”功能区“数据”面板中的“新建”按钮，系统打开“新建”对话框，在“类型”选项组中点选“零件”单选钮，在“子类型”选项组中点选“钣金件”单选钮，在“名称”文本框中输入“xuanzhuanbi”，取消勾选“使用默认模板”复选框，单击“确定”按钮，在打开的“新文件选项”对话框中选择“mmns_part_sheetmetal_abs ”选项，单击“确定”按钮，创建一个新的钣金件文件。

（2）单击“钣金件”功能区“壁”面板下的“旋转”按钮，系统打开“旋转”操控板。依次选择“放置”→“定义”命令，选取FRONT基准平面作为草绘平面，接受系统默认的视图方向，单击“草绘”按钮，接受系统默认的参考方向，进入草绘环境。

（3）单击“基准”面板中的“中心线”按钮，绘制一条中心线作为旋转轴，再绘制如图9-6所示的截面并修改尺寸，然后单击“关闭”面板中的“确定”按钮，退出草绘环境。

技巧荟萃

一定要绘制一条中心线作为旋转特征的旋转轴。

（4）选择“反向”命令，其作用与拉伸特征中的“反向”按钮相似，可改变钣金增厚的方向，如图9-7所示。然后给定钣金厚度值为1。

（5）在操控板中设置旋转角度为270°，单击操控板中的“确定”按钮，完成旋转壁特征的创建，如图9-8所示。

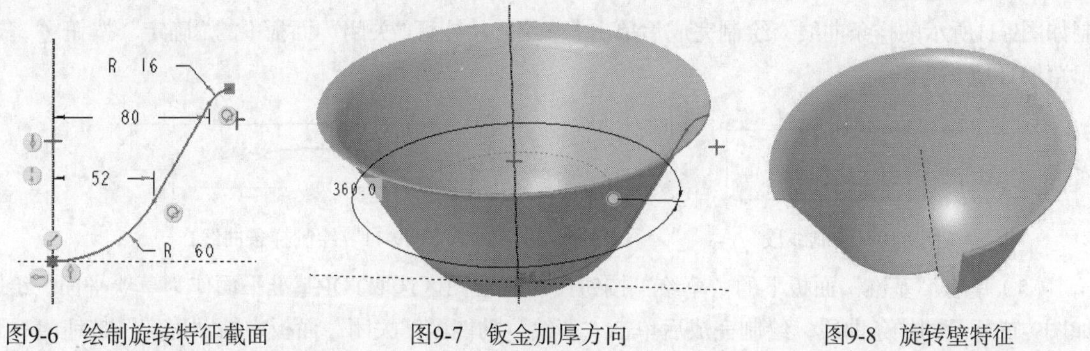

图9-6　绘制旋转特征截面　　图9-7　钣金加厚方向　　图9-8　旋转壁特征

（6）保存文件到指定的位置并关闭当前对话框。

9.2 创建高级钣金特征

本节主要介绍创建扫描特征、扫描混合特征以及边界混合特征的方法。

创建扫描特征

9.2.1　创建扫描特征

“扫描”命令用于创建一个可变化的截面，此截面将沿轨迹线和轮廓线进行扫描操作。截面的形状大小将随着轨迹线和轮廓线的变化而变化。在给定的截面较少，而轨迹线的尺寸很明确，且轨迹线较多的场合，较适合使用扫描。可将现有的基准线作为轨迹线或轮廓线，也可在构建特征时绘制轨迹线或轮廓线。创建扫描特征的具体操作步骤如下。

（1）单击“主页”功能区“数据”面板中的“新建”按钮，系统打开“新建”对话框，在“类型”选项组中点选“零件”单选钮，在“子类型”选项组中点选“钣金件”单选钮，在“名称”文本框中输入“saomiao”，取消勾选“使用默认模板”复选框，单击“确定”按钮，在打开的“新文件选项”对话框中选择“mmns_part_sheetmetal_abs”选项，单击“确定”按钮，创建一个新的钣金件文件。

（2）在单击“钣金件”功能区“壁”面板下的“扫描”按钮，系统打开“扫描”操控板，如图9-9所示。

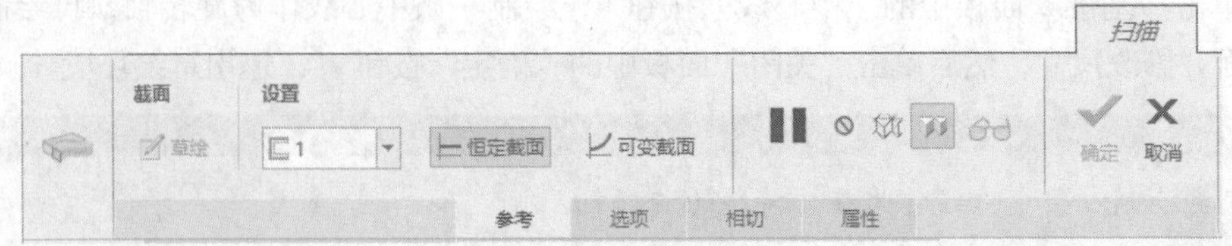

图9-9 “扫描”操控板

（3）单击“基准”面板下的“草绘”按钮，在绘图区选取FRONT基准平面作为草绘平面，进入草绘环境。绘制如图9-10所示的线段，绘制完成后单击“草绘”功能区“关闭”面板中的“确定”按钮，退出草绘环境。

（4）单击“基准”面板下的“草绘”按钮，在绘图区选取FRONT基准平面作为草绘平面，绘制如图9-11所示的样条曲线，绘制完成后单击“草绘”功能区“关闭”面板中的“确定”按钮，退出草绘环境。

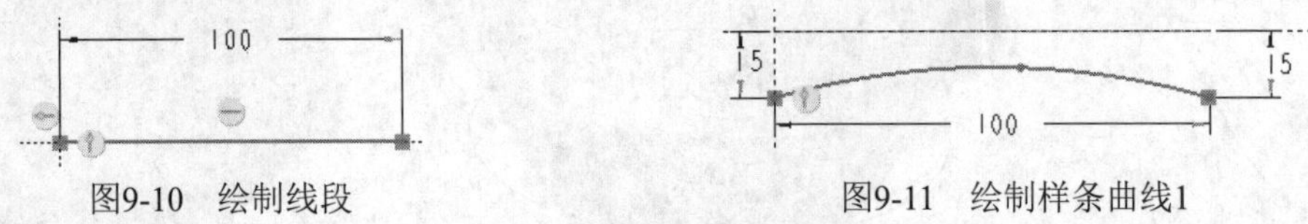

图9-10 绘制线段　　图9-11 绘制样条曲线1

（5）单击“基准”面板下的“草绘”按钮，在绘图区选取TOP基准平面作为草绘平面，绘制如图9-12所示的样条曲线，绘制完成后单击“草绘”功能区“关闭”面板中的“确定”按钮，退出草绘环境。

（6）系统返回“扫描”操控板后处于不可编辑状态，此时可单击操控板中的“继续”按钮，即可变为可编辑状态。

（7）单击“可变截面”按钮，再单击“草绘”按钮，进入草绘环境。绘制如图9-13所示的圆，然后单击“草绘”功能区“关闭”面板中的“确定”按钮，退出草绘环境。

（8）在操控板中设置钣金厚度值为1，单击操控板中的“确定”按钮，完成可变截面扫描特征的创建，如图9-14所示。

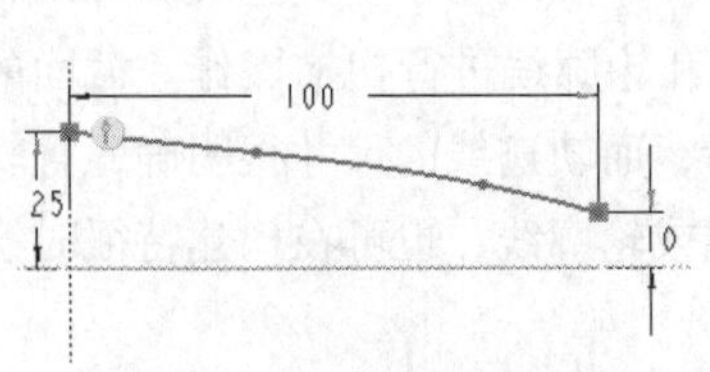

图9-12 绘制样条曲线2

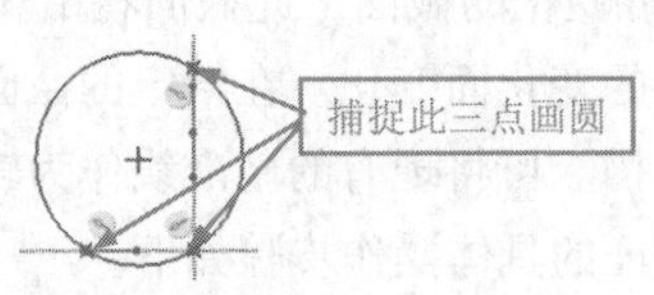

图9-13 绘制圆

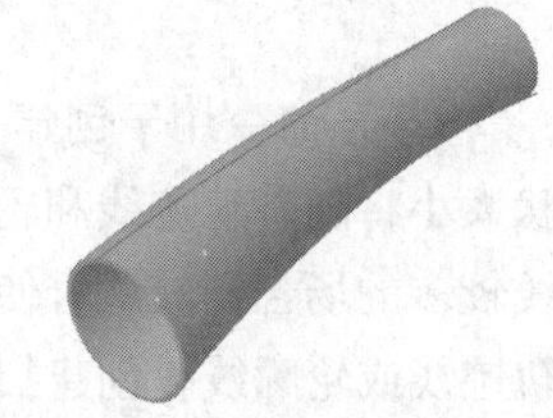

图9-14 可变截面扫描特征

（9）保存文件到指定的位置并关闭当前对话框。

9.2.2　创建扫描混合特征

创建扫描混合特征

“扫描混合”命令可使用一条轨迹线与几个剖面来创建一个实体特征，创建的特征同时具有扫描与混合的效果。创建扫描混合特征的具体操作步骤如下。

（1）单击“主页”功能区“数据”面板中的“新建”按钮，系统打开“新建”对话框，在“类型”选项组中点选“零件”单选钮，在“子类型”选项组中点选“钣金件”单选钮，在“名称”文本框中输入“saomiaohunhe”，取消勾选“使用默认模板”复选框，单击“确定”按钮，在打开的“新文件选项”对话框中选择“mmns_part_sheetmetal_abs”选项，单击“确定”按钮，创建一个新的钣金件文件。

（2）在单击“钣金件”功能区“壁”面板下的“扫描混合”按钮，系统打开如图9-15所示的“扫描混合”操控板。

（3）单击“基准”面板下的“草绘”按钮，选取FRONT基准平面作为草绘平面，进入草绘环境。

（4）绘制如图9-16所示的曲线。单击“关闭”面板中的“确定”按钮，退出草绘环境。

（5）系统返回“扫描混合”操控板后处于不可编辑状态，此时可单击操控板中的“继续”按钮，即可变为可编辑状态。

（6）系统自动拾取9-16所示的曲线为扫描轨迹线。

图9-15 “扫描混合”操控板

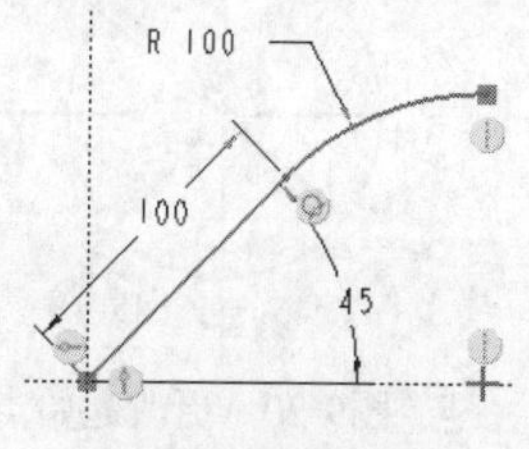

图9-16 绘制曲线

（7）单击“截面”按钮，在打开的“截面”下滑面板中点选“草绘截面”单选钮，单击“草绘”按钮，进入草绘环境。

（8）绘制如图9-17所示的截面，绘制完成后单击“关闭”面板中的“确定”按钮，退出草绘环境。

（9）在“截面”下滑面板中单击“插入”按钮，在视图中选取圆弧与直线的相切点为截面位置，单击“草绘”按钮，进入草绘环境。

（10）绘制如图9-18所示的截面，绘制完成后单击“关闭”面板中的“确定”按钮，退出草绘环境。

（11）在“截面”下滑面板中单击“插入”按钮，截面位置为轨迹线的端点，单击“草绘”按钮，进入草绘环境。

（12）采用同样的方法给定截面旋转角度值为0，绘制如图9-19所示的直径为16的圆。

（13）单击“编辑”面板中的“分割”按钮，将圆分割为4段圆弧。绘制完成后单击“关闭”面板中的“确定”按钮，退出草绘环境。

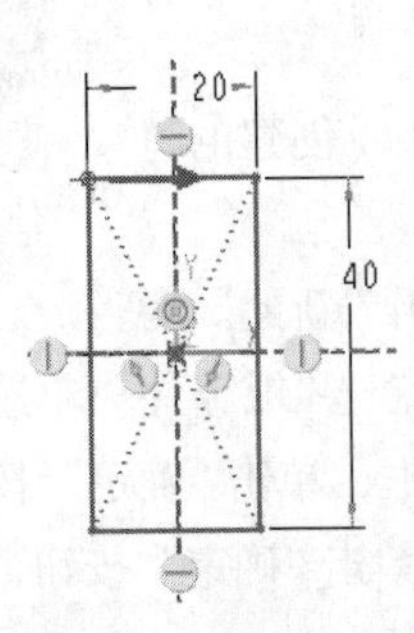

图9-17 绘制截面1

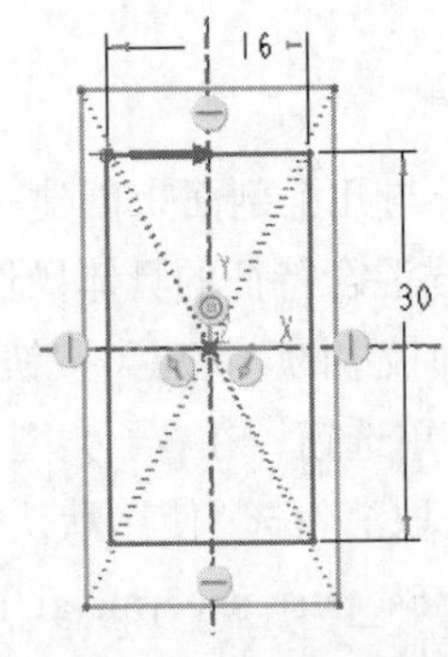

图9-18 绘制截面2

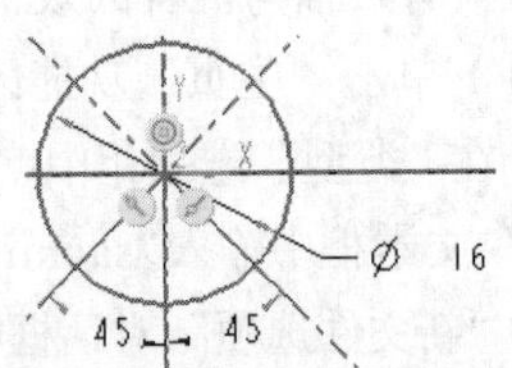

图9-19 绘制截面3

技巧荟萃

如果截面的起始点方向与上两个截面不同，可通过选取要作为起始点的点，然后右击，在打开的右键快捷菜单中选择“起点”命令，来设置起始点的位置和方向，设置结果如图 9-20 所示。

（14）在操控板中设置钣金厚度值为1，单击“确定”按钮，完成扫描混合特征的创建，如图9-21所示。

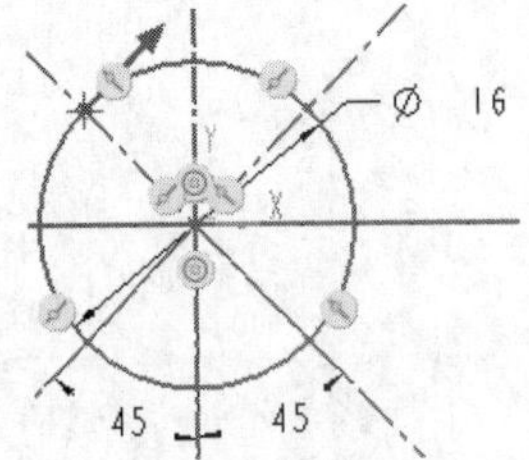

图9-20 更改起始点方向

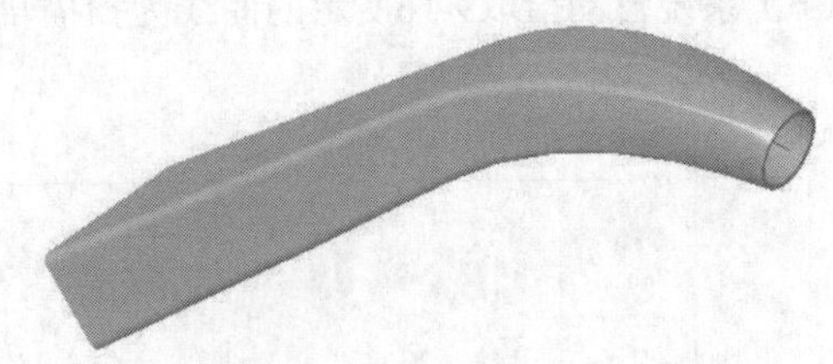
图9-21 扫描混合特征

（15）保存文件到指定的位置并关闭当前对话框。

技巧荟萃

创建扫描混合特征时必须遵循以下规则。

- 所有截面与轨迹线必须相交。
- 创建扫描混合特征时也要遵循混合特征的规则，即所有截面中图元的段数必须相同。
- 起始点要合理定义，否则将造成特征扭曲或根本无法生成。
- 若轨迹线为封闭线，则至少要有两个截面，而且其中必须有一个在轨迹线的起点上。
- 若轨迹线为开放式，则必须定义首尾两个端点不相反的截面。

创建边界混合特征

9.2.3 创建边界混合特征

边界混合特征是利用边界线来创建钣金件的。当曲面的形状比较复杂时，可以利用边界线来创建钣金件。因此，在创建边界特征时需要先绘制边界线。创建边界混合特征的具体操作步骤如下。

（1）本例我们可以打开配套学习资源中的“\原始文件\第9章\bianjie.prt”文件，也可以创建钣金零件。单击“主页”功能区“数据”面板中的“新建”按钮，系统打开“新建”对话框，在“类型”选项组中点选“零件”单选钮，在“子类型”选项组中点选“钣金件”单选钮，在“名称”文本框中输入“bianjie”，取消勾选“使用默认模板”复选框，单击“确定”按钮，在打开的“新文件选项”对话框中选择“mmns_part_sheetmetal_abs”选项，单击“确定”按钮，创建一个新的钣金件文件。

（2）绘制如图9-22所示的曲线。

（3）单击“钣金件”功能区“壁”面板中的“边界混合”按钮，系统打开如图9-23所示的“边界混合”操控板。

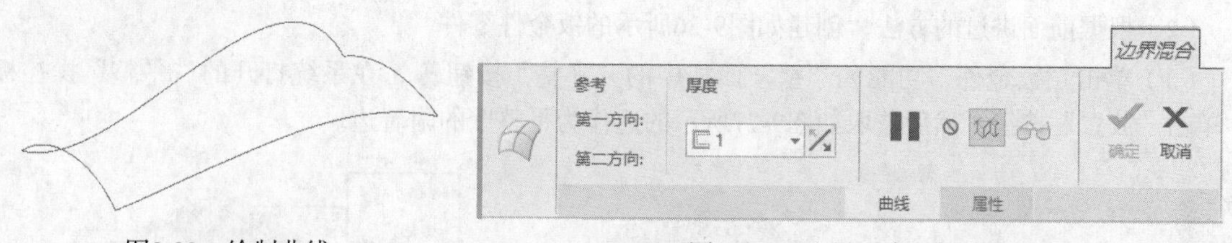

图9-22　绘制曲线　　　　图9-23　“边界混合”操控板

（4）单击操控板中的“第一方向”列表框，按住<Ctrl>键从左到右依次选取图9-24所示的两条曲线。单击操控板中的“第二方向”列表框，按住<Ctrl>键从左到右依次选取如图9-24中绘制的两条曲线。

（5）在操控板中设置钣金厚度值为1，单击“确定”按钮，完成边界混合特征的创建，如图9-25所示。

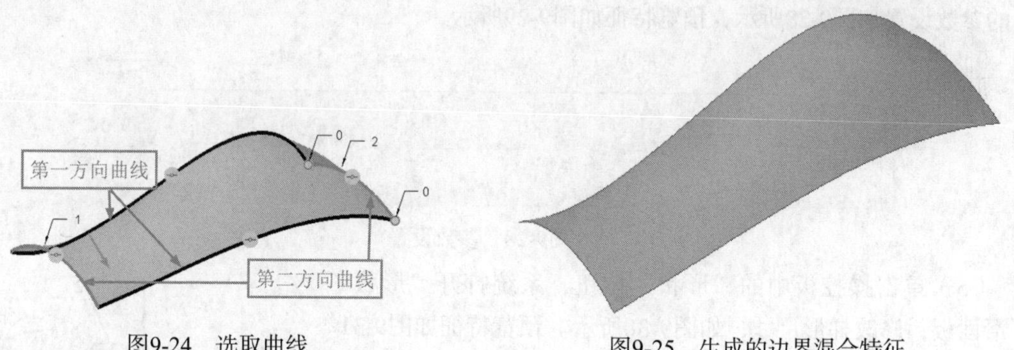

图9-24　选取曲线　　　　图9-25　生成的边界混合特征

（6）保存文件到指定的位置并关闭当前对话框。

9.3 创建后继钣金壁特征

在创建钣金零件的过程中创建完第一壁后，还需要在第一壁的基础上继续创建其他的钣金壁特征，以完成整个零件的创建。后继壁主要包括平整壁、法兰壁、扭转壁和延伸壁4种类型。本节将介绍常用的平整壁和法兰壁特征。

9.3.1 创建平整壁特征

平整壁只能附着在已有钣金壁的直线边上，壁的长度可以等于、大于或小于所附着壁的长度。

1. 创建平整壁特征的具体操作步骤

（1）本例我们可以打开配套学习资源中的"\原始文件\第9章\pingzhengbi.prt"文件。也可以创建钣金零件。单击"主页"功能区"数据"面板中的"新建"按钮，系统打开"新建"对话框，在"类型"选项组中点选"零件"单选钮，在"子类型"选项组中点选"钣金件"单选钮，在"名称"文本框中输入"pingzhengbi"，取消勾选"使用默认模板"复选框，单击"确定"按钮，在系统打开的"新文件选项"对话框中选择"mmns_part_sheetmetal_abs"选项，单击"确定"按钮，创建一个新的钣金件文件。

（2）根据前面讲过的方法，创建如图9-26所示的钣金件零件。

（3）单击"钣金件"功能区"壁"面板中的"平整"按钮，在系统打开的"平整"操控板中单击"放置"按钮，然后选取如图9-27所示的边作为平整壁的附着边。

创建平整壁特征

图9-26 钣金件零件

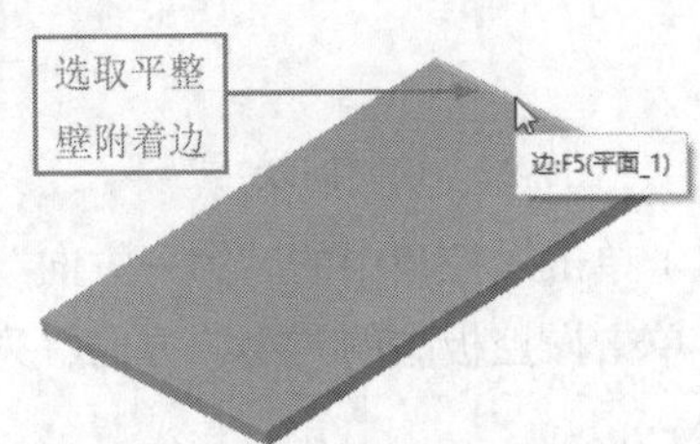

图9-27 选取平整壁的附着边1

（4）在操控板中设置平整壁的形状为梯形，给定折弯角度为60°，圆角半径为2，此时操控板中的参数设置如图9-28所示，预览特征如图9-29所示。

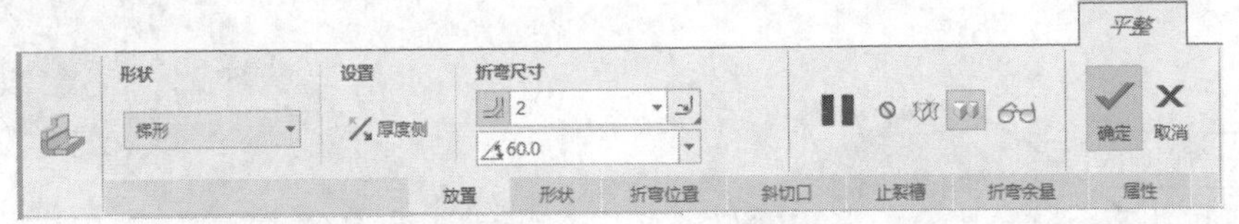

图9-28 参数设置

（5）单击操控板中的"形状"按钮，系统打开"形状"下滑面板，修改梯形尺寸，如图9-30所示。预览特征如图9-31所示。

（6）单击操控板中的"止裂槽"按钮，系统打开"止裂槽"下滑面板，勾选"单独定义每侧"复选框，点选"侧1"单选钮，在"类型"下拉列表中选择"矩形"选项，接受默认的止裂槽尺寸，如图9-32所示。点选"侧2"单选钮，在"类型"下拉列表中选择"长圆形"选项，接受默认的止裂槽尺寸，如图9-33所示。预览特征如图9-34所示。

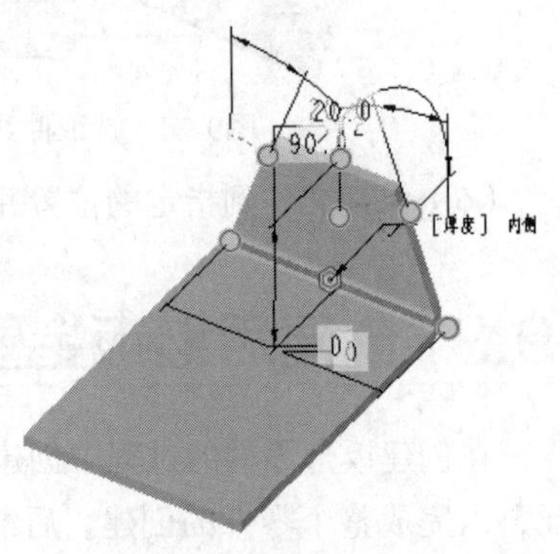

图9-29 预览特征1

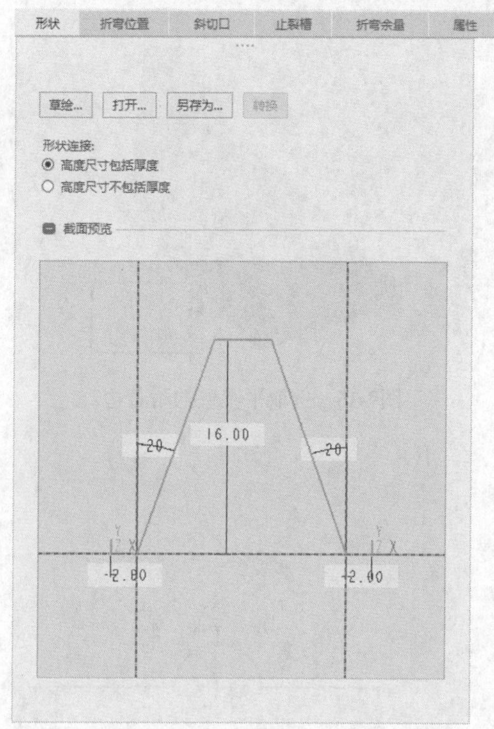

图9-30　梯形的尺寸设置

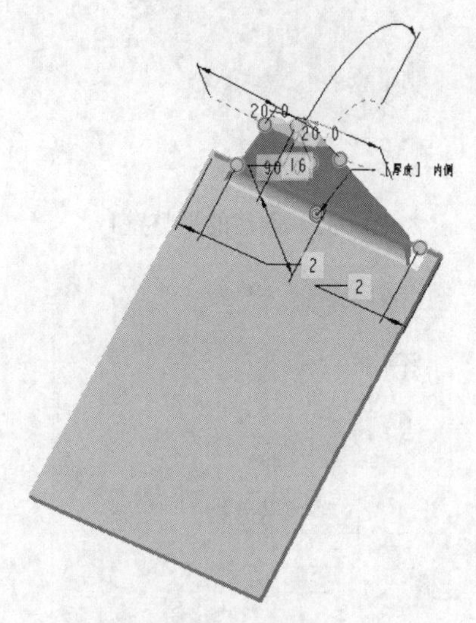

图9-31　预览特征2

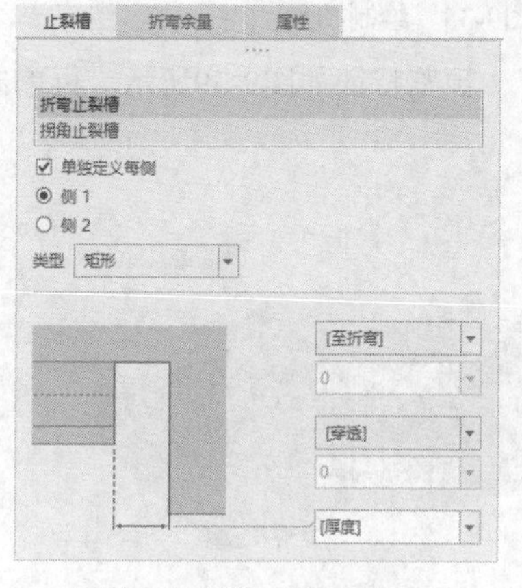

图9-32　第一侧止裂槽

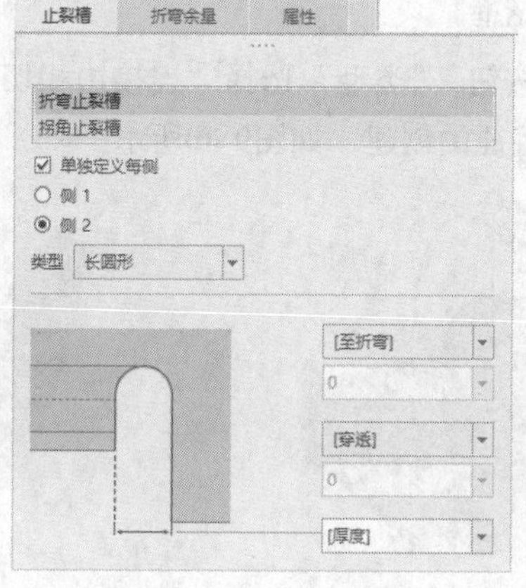

图9-33　第二侧止裂槽

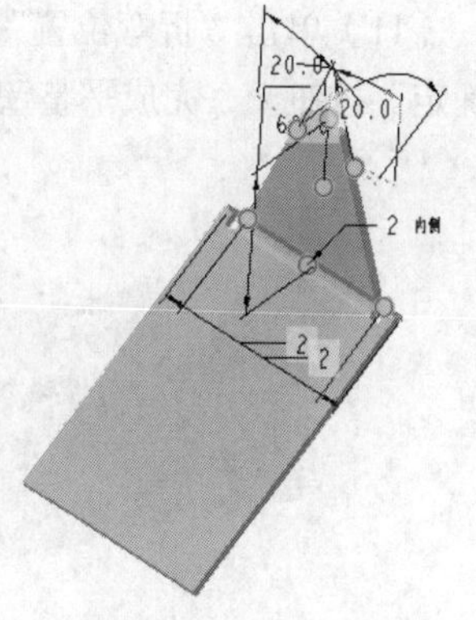

图9-34　预览特征3

（7）单击操控板中的“确定”按钮✔，完成平整壁特征的创建如图9-35所示。

（8）单击“钣金件”功能区“壁”面板中的“平整”按钮，在系统打开的“平整”操控板中单击“位置”按钮，然后选取如图9-36所示的边作为平整壁的附着边。

（9）在操控板中设置平整壁的形状为用户定义，给定角度为90°，然后依次单击“形状”→“草绘”按钮，打开“草绘”对话框，接受系统默认的视图方向，如图9-37所示。单击“草绘”按钮，进入草绘环境。

（10）绘制如图9-38所示的图形。单击“草绘”功能区“关闭”面板中的“确定”按钮✔，退出草绘环境。

图9-35　创建的平整壁1

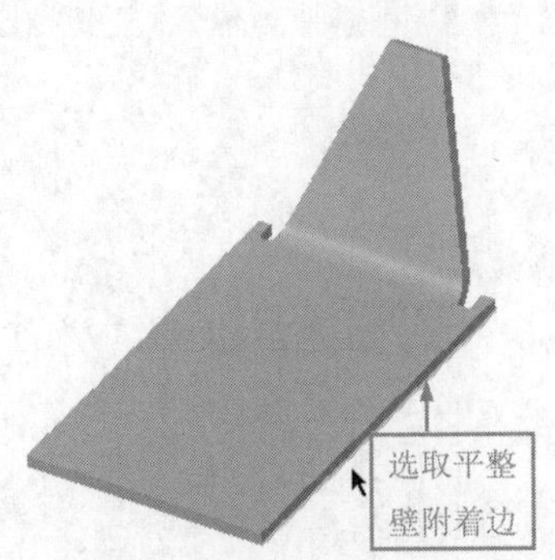

图9-36　选取平整壁的附着边2

图9-37　“草绘”对话框

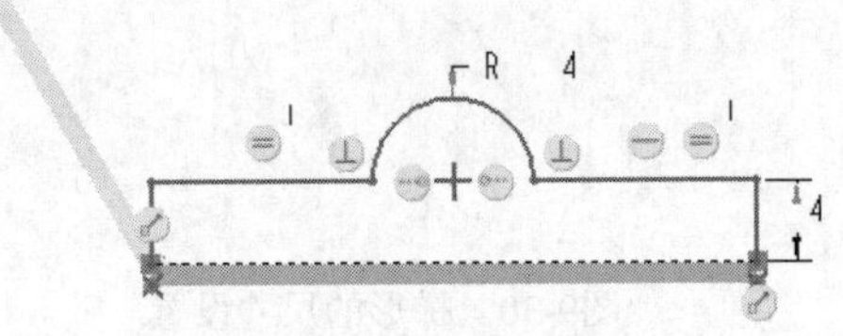

图9-38　绘制图形

（11）单击“折弯位置”按钮，“类型”选择“连接边相切”，预览特征如图9-39所示，再单击“确定”按钮，完成平整壁特征的创建，如图9-40所示。

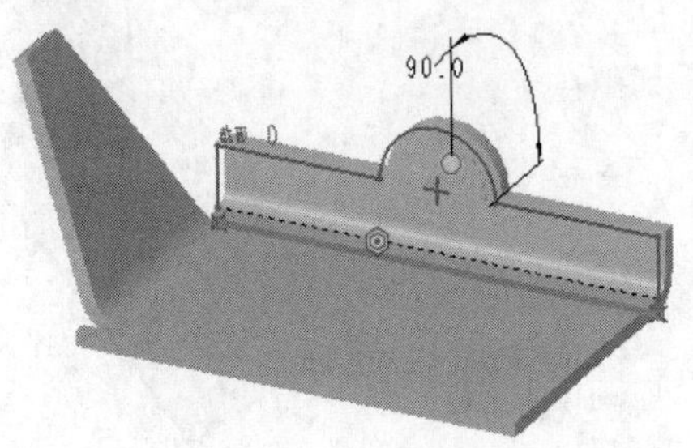

图9-39　预览特征4

图9-40　创建的平整壁2

（12）保存文件到合适的位置并关闭当前对话框。

2. 命令选项介绍

单击“钣金件”功能区“壁”面板中的“平整”按钮，系统打开如图9-41所示的“平整”操控板。

“平整”操控板中各按钮的含义如下。

- 放置：用于定义平整壁的附着边。
- 形状：用于设置修改平整壁的形状。
- 折弯位置：用于设置折弯类型。

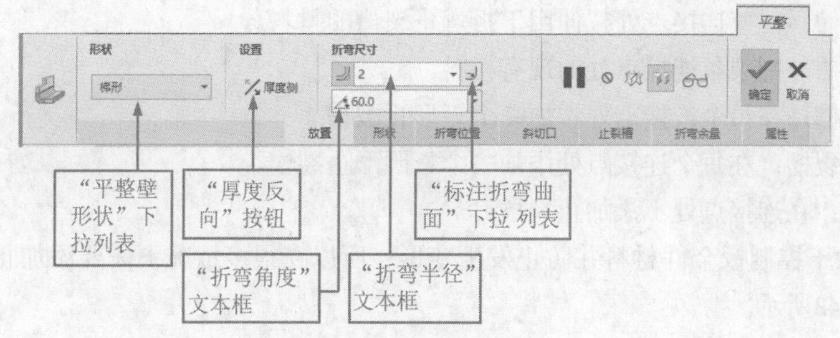

图9-41　“平整”操控板

- 斜切口：用于是否设置斜切口及斜切口的类型等。
- 止裂槽：用于设置平整壁的止裂槽形状及尺寸。
- 折弯余量：用于设置平整壁展开时的长度。
- 属性：用于显示特征的名称和信息。

3. **命令扩展**

（1）“平整”操控板的“形状”下拉列表中包含“矩形”“梯形”“L”“T”和“用户定义”5个选项，所形成的平整壁形状如图9-42所示。

（2）在“平整”操控板中单击“止裂槽”按钮，系统打开“止裂槽”下滑面板，“折弯类型”下拉列表中包含“拉伸止裂槽”“扯裂止裂槽”“矩形止裂槽”“长圆形止裂槽”“无止裂槽”5个选项，各选项的含义如下。

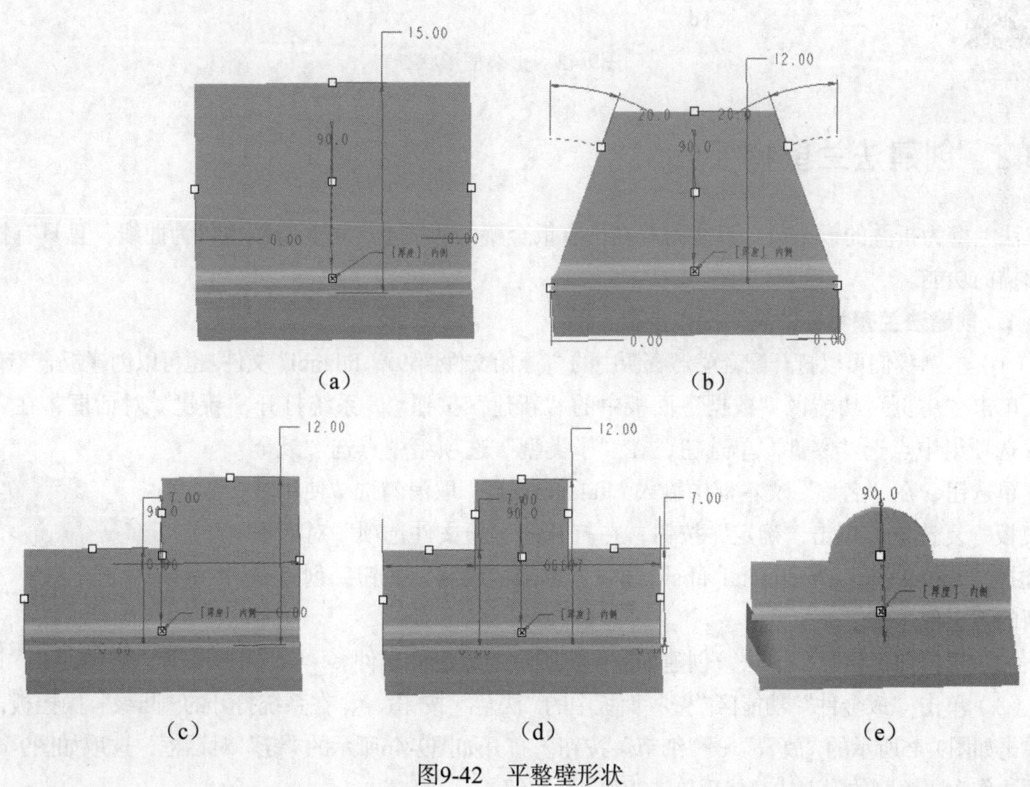

图9-42　平整壁形状

- 拉伸止裂槽：在壁连接点处拉伸用于折弯止裂槽的材料。
- 扯裂止裂槽：割裂各连接点处的现有材料。
- 矩形止裂槽：在每个连接点处添加一个矩形止裂槽。
- 长圆形止裂槽：在每个连接点处添加一个长圆形止裂槽。
- 无止裂槽：在连接点处不添加止裂槽。

止裂槽有助于控制钣金件材料并防止发生变形，所以在很多情况下需要添加止裂槽，5种止裂槽的形状如图9-43所示。

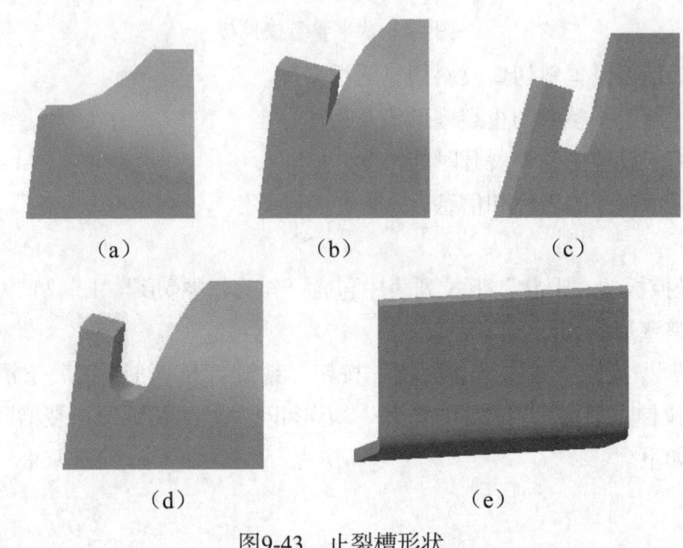

图9-43 止裂槽形状

创建法兰壁特征

9.3.2 创建法兰壁特征

法兰壁为折叠的钣金边，只能附着在已有钣金壁的边线上，可为直线也可为曲线，且具有拉伸和扫描的功能。

1. 创建法兰壁特征的具体操作步骤

（1）本例我们可以打开配套学习资源中的“\原始文件\第9章\falanbi”文件，也可以创建钣金零件。

单击“主页”功能区“数据”面板中的“新建”按钮，系统打开“新建”对话框，在“类型”选项组中点选“零件”单选钮，在“子类型”选项组中点选“钣金件”单选钮，在“名称”文本框中输入“falanbi.prt”，取消勾选“使用默认模板”复选框，单击“确定”按钮，在打开的“新文件选项”对话框中选择“mmns_part_sheetmetal_abs”选项，单击“确定”按钮，创建一个新的钣金件零件。

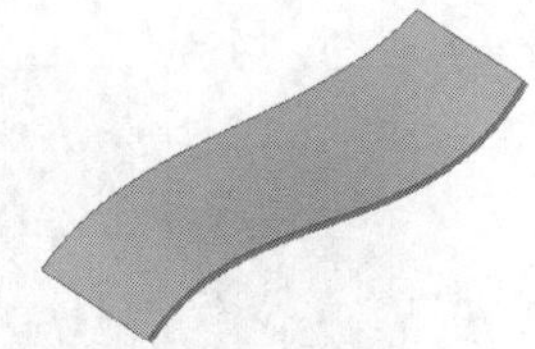

图9-44 钣金件零件

（2）根据前面讲过的方法，创建如图9-44所示的钣金件零件。

（3）单击“钣金件”功能区“壁”面板中的“法兰”按钮，在系统打开的“凸缘”操控板，依次单击如图9-45所示的“放置”→“细节”按钮。打开如图9-46所示的“链”对话框，选取如图9-47所示的边作为法兰壁的附着边，然后单击“确定”按钮。

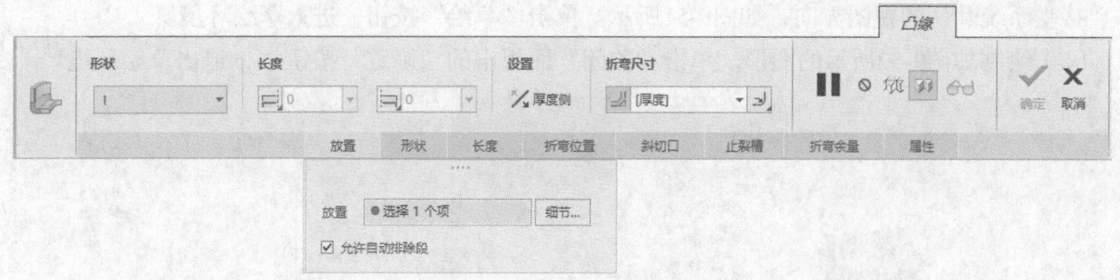

图9-45 “凸缘”操控板

（4）在“凸缘”操控板中设置法兰壁的形状为鸭形，然后单击“形状”按钮，修改法兰壁尺寸，如图9-48所示。

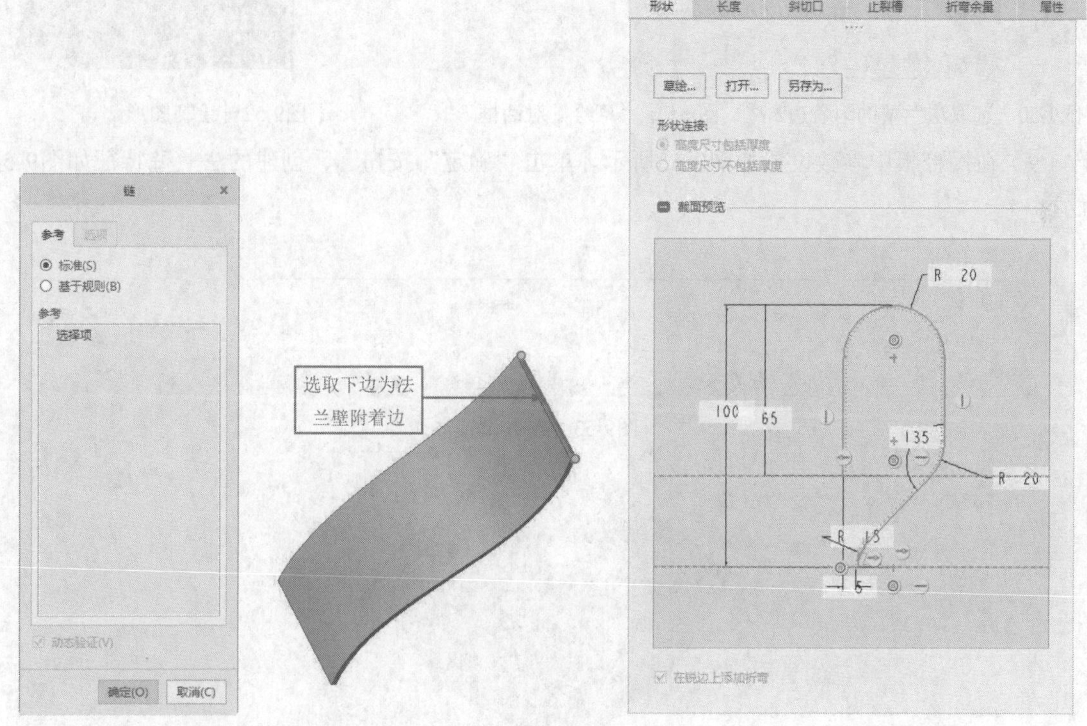

图9-46 “链”对话框　　图9-47 选取法兰壁的附着边1　　图9-48 修改法兰壁尺寸

（5）在操控板中设置法兰壁第一端端点和第二端端点的位置均为“盲孔”，长度值均为-8，然后单击“确定”按钮，结果如图9-49所示。

（6）单击“钣金件”功能区“壁”面板中的“法兰”按钮，在系统打开的“凸缘”操控板中依次单击“放置”→“细节”按钮，系统打开“链”对话框，选取如图9-50所示的边作为法兰壁的附着边，然后单击“确定”按钮。

（7）在操控板中设置法兰壁的形状为用户定义，然后单击“形状”按钮，再单击“草绘”按钮，系统打开“草绘”对话

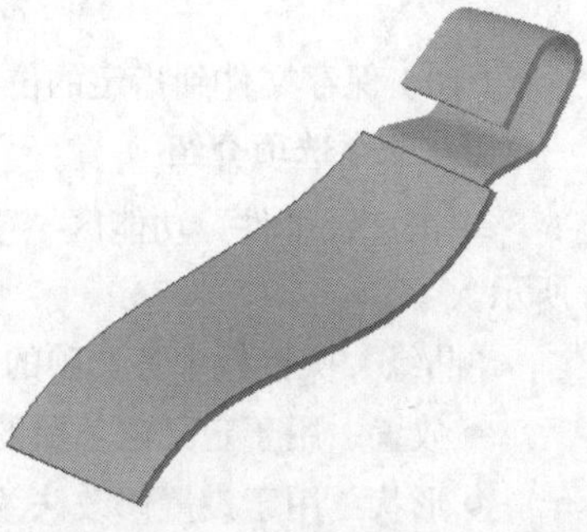

图9-49 创建的法兰壁1

框，接受系统默认的视图方向，如图9-51所示。单击“草绘”按钮，进入草绘环境。

（8）绘制如图9-52所示的图形。单击“关闭”面板中的“确定”按钮✔，退出草绘环境。

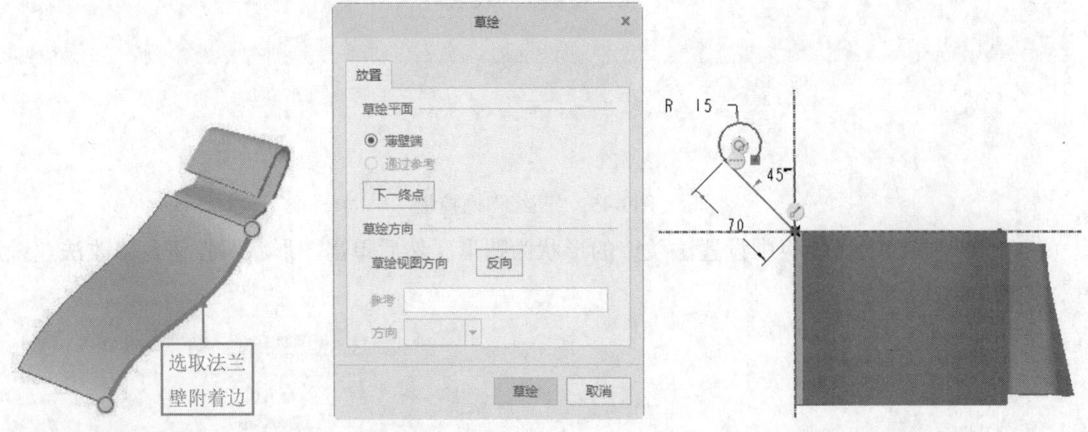

图9-50 选取法兰壁的附着边2　　图9-51 “草绘”对话框　　图9-52 绘制图形

（9）在操控板中参数设置如图9-53所示。单击“确定”按钮✔，创建的法兰壁特征如图9-54所示。

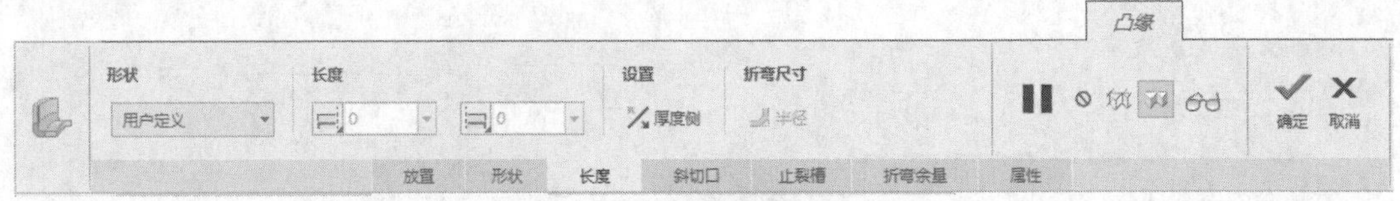

图9-53 参数设置

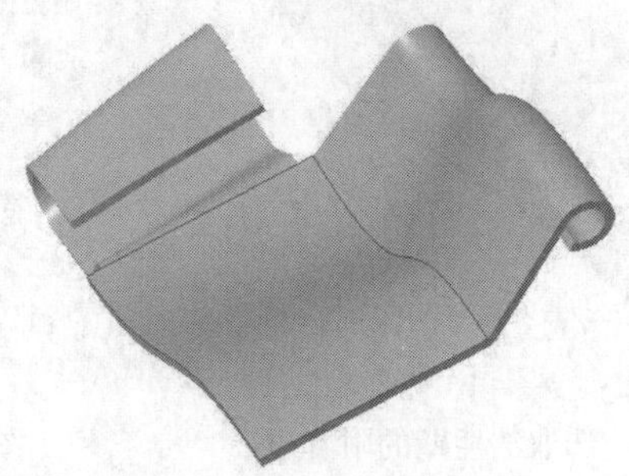

图9-54 创建的法兰壁2

（10）保存文件到指定的位置并关闭当前对话框。

2. 命令选项介绍

单击“钣金件”功能区“壁”面板中的“法兰”按钮，系统打开“凸缘”操控板，如图9-55所示。

“凸缘”操控板中各选项的含义如下。

- 放置：用于定义法兰壁的附着边。
- 形状：用于设置修改法兰壁的形状。
- 长度：用于设定法兰壁两侧的长度。

- 折弯位置：用于确定折弯的位置。
- 斜切口：指定折弯处切口形状及尺寸。
- 止裂槽：用于设置法兰壁的止裂槽形状及尺寸。
- 折弯余量：用于设置法兰壁展开时的长度。
- 属性：用于显示特征的名称和信息。

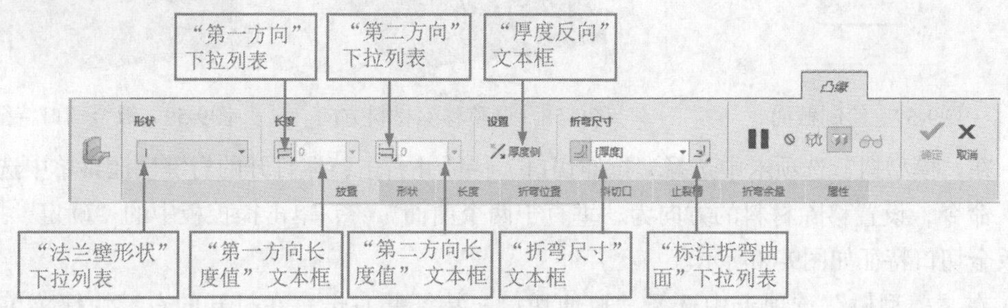

图9-55 "凸缘"操控板

9.4 钣金操作

本节主要介绍创建钣金切口特征、合并壁以及转换特征的方法。

创建钣金切口特征

9.4.1 创建钣金切口特征

钣金模块中的钣金切口特征与实体模块中拉伸移除材料特征的创建过程相似，拉伸的实质是绘制钣金件的二维截面，然后沿草绘截面的法线方向增加材料，生成一个拉伸特征。

1. 创建钣金切口特征的具体操作步骤

（1）本例我们可以打开配套学习资源中的"\原始文件\第9章\ banjinqiekou"文件，也可以创建一个新的钣金件文件。

（2）根据前面讲解的方法，创建如图9-56所示的钣金件零件。

（3）单击"钣金件"功能区"工程"面板中的"拉伸切口"按钮，在打开的"拉伸切口"操控板中单击"垂直于曲面"按钮，设置移除材料的方向为"垂直于驱动曲面"，然后依次单击"放置"→"定义"按钮，系统打开"草绘"对话框。

（4）选取FRONT基准平面作为草绘平面，RIGHT基准平面作为参考平面，方向为底部，单击"草绘"按钮，进入草绘环境。绘制如图9-57所示的截面，绘制完成后单击"关闭"面板中的"确定"按钮，退出草绘环境。

图9-56　钣金件零件

（5）在操控板中设置拉伸方式为（穿透），然后单击"反向"按钮，调整移除材料的方向，如图9-58所示。单击操控板中的"确定"按钮，完成钣金切口特征的创建，如图9-59所示。

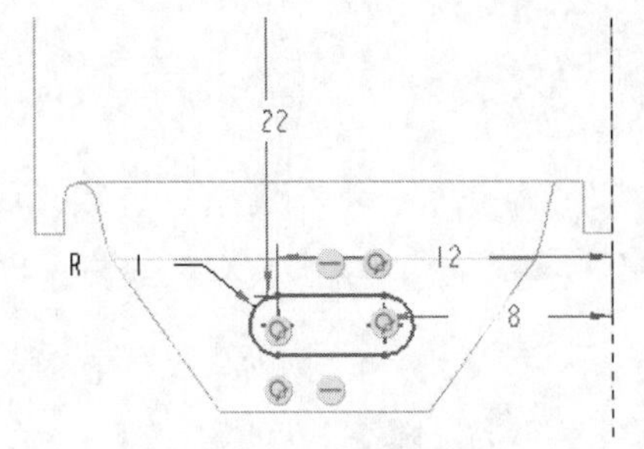

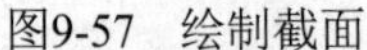
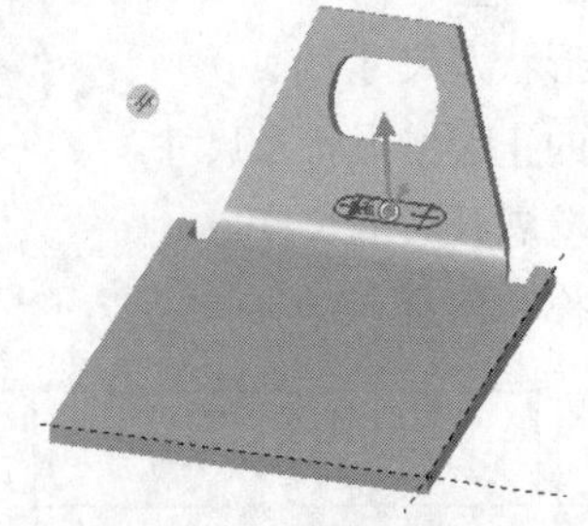

图9-57　绘制截面　　图9-58　调整移除材料方向　　图9-59　钣金切口特征1

（6）在“模型树”选项卡中选择“拉伸切口”特征并右击，在打开的右键快捷菜单中选择“编辑定义”命令，设置移除材料的方向为“垂直于两个曲面”，单击操控板中的“确定”按钮，创建的钣金切口特征如图9-60所示。

（7）在“模型树”选项卡中选择“拉伸切口”特征并右击，在打开的右键快捷菜单中选择“编辑定义”命令，设置移除材料的方向为“垂直于偏移曲面”，然后单击操控板中的“确定”按钮，创建的钣金切口特征如图9-61所示。

图9-60　钣金切口特征2

图9-61　钣金切口特征3

（8）在“模型树”选项卡中选择“拉伸切口”特征并右击，在打开的右键快捷菜单中选择“编辑定义”命令，单击“垂直于曲面”按钮，将按钮关闭。操控板设置如图9-62所示，单击操控板中的“确定”按钮，创建的钣金拉伸移除材料特征如图9-63所示。注意，此时创建的已经不是钣金切口特征，而是普通的拉伸移除材料特征。

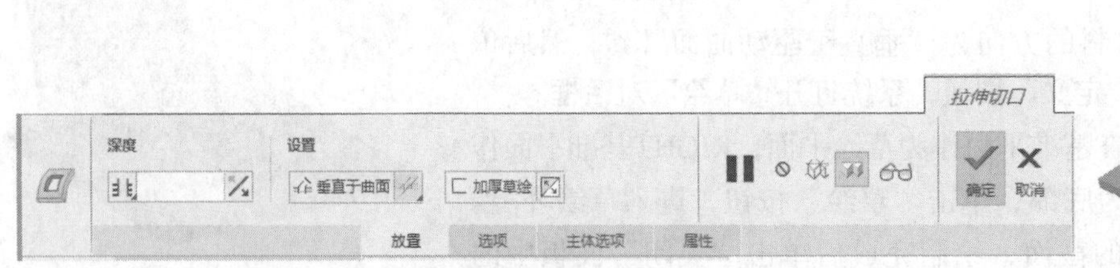

图9-62　操控板设置

图9-63　钣金拉伸移除材料特征

2. 命令选项介绍

打开一个钣金文件或在已有第一壁特征的情况下，单击“钣金件”功能区“壁”面板中的“拉伸切口”按钮，系统打开如图9-64所示的“拉伸”操控板。

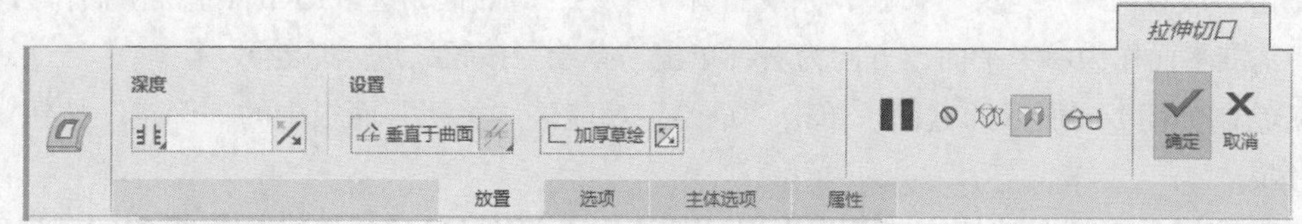

图9-64 “拉伸”操控板

“拉伸切口”操控板中各选项的功能如下。

- “可变”按钮：按给定深度自草绘平面沿一个方向拉伸。单击其右下角的功能延伸按钮，可选择其他拉伸方式，其作用在前面已经介绍过。
- “反向”按钮：将拉伸的深度方向更改为草图的另一侧。
- “移除材料”按钮：当该按钮处于未选中状态时，将添加拉伸特征；当该按钮处于选中状态时，将创建拉伸去除特征，从已有的模型中移除材料。
- “垂直于曲面”按钮：创建钣金切口，主体选项变为可用。
- “加厚草绘”按钮：单击此按钮，用于设置草图偏移距离。
- “反向”按钮：定义要创建切口的侧面。
- “垂直于两个曲面”按钮：同时垂直于驱动曲面和偏移曲面移除材料。
- “垂直于驱动曲面”按钮：垂直于驱动曲面移除材料。系统默认选择此选项。
- “垂直于偏移曲面”按钮：垂直于偏移曲面移除材料。
- “暂停”按钮：暂时中止使用当前的特征工具，以访问其他可用的工具。
- “预览”按钮：预览模型。若预览时出错，表明特征的构建有误，需要重定义。
- “确定”按钮：确认当前特征的创建或重定义。
- “取消”按钮：取消特征的创建或重定义。
- 放置：确定绘图的平面和参考平面。
- 选项：单击此按钮，可以更加灵活地定义拉伸高度。
- 主体选项：用于设置切割的主体是全部或选定。
- 属性：用于显示打开特征的名称、信息。

9.4.2 创建合并壁

创建合并壁

1. 创建合并壁特征的具体操作步骤

（1）本例我们可以打开配套学习资源中的“\原始文件\第9章\hebingbi”文件，也可以创建钣金零件。单击“主页”功能区“数据”面板中的“新建”按钮，系统打开“新建”对话框，在“类型”选项组中点选“零件”单选钮，在“子类型”选项组中点选“钣金件”单选钮，在“名称”文本框中输入“hebingbi.prt”，取消勾选“使用默认模板”复选框，单击“确定”按钮，在打开的“新文件选项”对话框中选择“mmns_part_sheetmetal_abs”选项，单击“确定”按钮，创建一个新的钣金件。

（2）根据前面讲过的方法，创建如图9-65所示的钣金件零件。

（3）单击“钣金件”功能区“壁”面板中的“拉伸”按钮，在系统打开的“拉伸”操控板中依次单击“放置”→“定义”按钮，系统打开“草绘”对话框，选取RIGHT基准平面作为草绘平面，TOP基准平面作为参考平面，方向为右，单击“草绘”按钮，进入草绘环境。

（4）绘制如图9-66所示的截面。单击“草绘”功能区“关闭”面板中的“确定”按钮，退出草绘环境。

（5）在操控板中设置拉伸方式为（对称），输入深度为212，单击操控板中的“确定”按钮，创建的拉伸特征如图9-67所示。

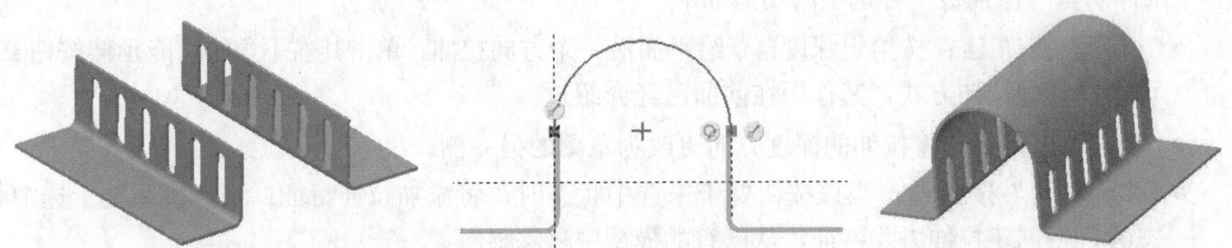

图9-65　钣金件零件　　图9-66　绘制截面　　图9-67　创建的拉伸特征

（6）在“模型树”选项卡中选择“拉伸1”选项并右击，在打开的右键快捷菜单中选择“编辑定义”命令，打开“拉伸”操控板。单击“选项”按钮，系统打开“选项”下滑面板，点选“不合并到模型”单选钮，勾选“将驱动曲面设置为与草绘平面相对”复选框，再单击操控板中的“确定”按钮。此时3块钣金壁的绿色面是不连续的。

（7）单击“钣金件”功能区“编辑”面板下的“合并壁”按钮，系统打开如图9-68所示的“合并”操控板。单击“参考”下滑面板，单击“基础曲面”选项，在绘图区选取如图9-69所示的曲面作为基础曲面。

图9-68　“合并”操控板

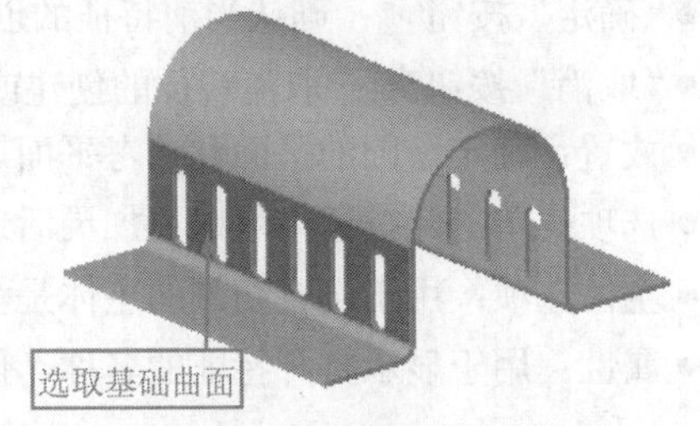

图9-69　选取基础曲面1

（8）单击“合并曲面”选项，在绘图区选取如图9-70所示的曲面为要合并的曲面。

（9）单击“合并”操控板中的“确定”按钮，完成合并壁的创建，如图9-71所示。

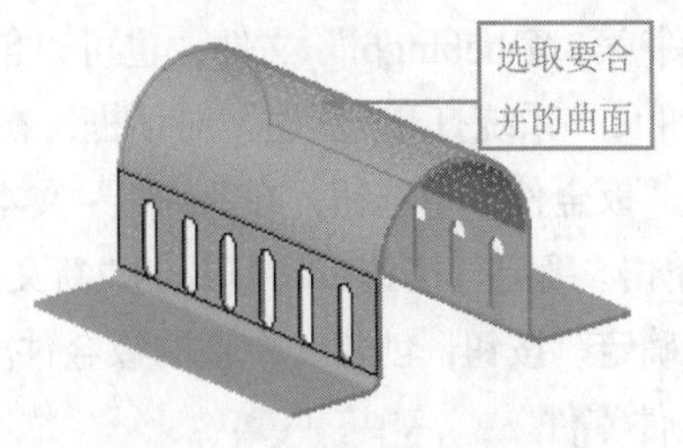

图9-70　选取合并的曲面1

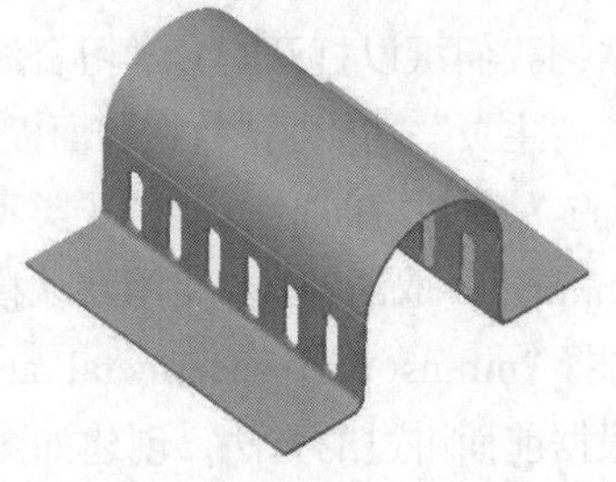

图9-71　创建完成的合并壁1

（10）采用同样的方法合并另外两个钣金壁。选取如图9-72所示的曲面作为基础曲面，选取如图9-73所示的曲面作为要合并的曲面，合并完成后如图9-74所示。

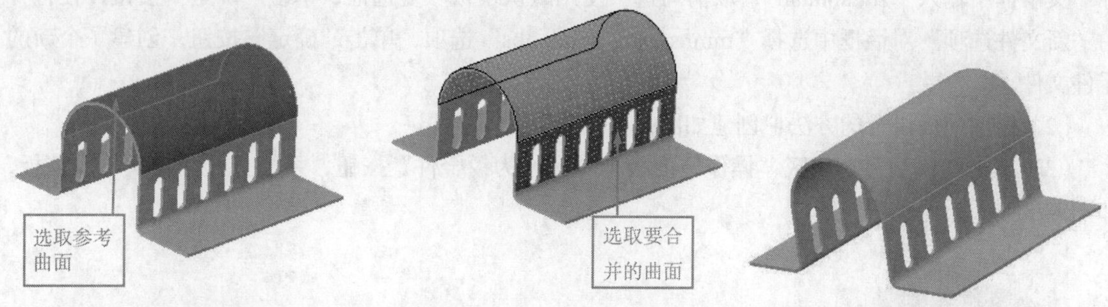

图9-72　选取参考曲面2　　图9-73　选取合并的曲面2　　图9-74　创建完成的合并壁2

（11）单击“钣金件”功能区“折弯”面板下的“展平”按钮，系统打开“展平”操控板，如图9-75所示。单击“展平”操控板中的“确定”按钮，展开结果如图9-76所示。

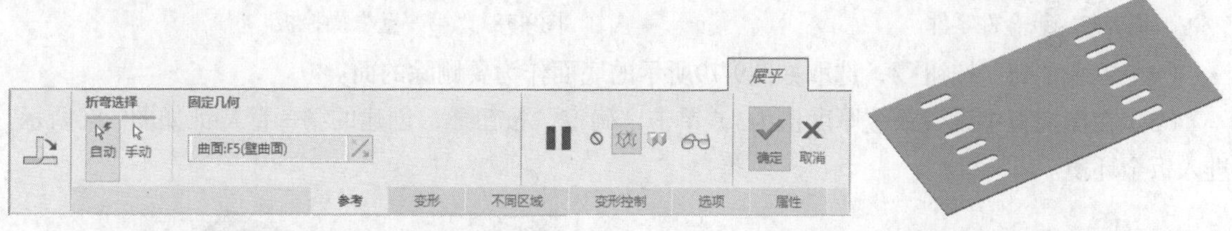

图9-75　“展平”操控板　　图9-76　钣金件展开结果

（12）保存文件到指定的位置并关闭当前对话框。

2．命令选项介绍

单击“钣金件”功能区“编辑”面板下的“合并壁”按钮，系统打开“合并”操控板，如图9-68所示。其中各选项的含义如下。

- 基础曲面：用于选取基础壁的曲面。
- 合并曲面：用于选取要合并壁的曲面。
- 保留合并边：该复选框用于控制是否保留合并边线。
- 保留折弯的边：该复选框用于控制曲面接头上合并边的可见性。

创建转换特征

9.4.3　创建转换特征

将实体零件转换为钣金件后，可用钣金行业特征修改现有的实体设计。在设计过程中，可将这种转换用作快捷方式，为实现钣金件设计意图，用户可反复使用现有的实体设计，而且可在一次转换中包括多种特征。将零件转换为钣金件后，它将与其他钣金件一样。

1．创建转换特征的具体操作步骤

（1）本例我们可以打开配套学习资源中的“\原始文件\第9章\zhuanhuan.prt”文件，也可以创建钣金零件。单击“主页”功能区“数据”面板中的“新建”按钮，系统打开“新建”对话框，在“类型”选项组中点选“零件”单选钮，在“子类型”选项组中点选“实体”单选钮，在“名称”文本框中输入“zhuanhuan”，取消勾选“使用默认模板”复选框，单击“确定”按钮，在打开的“新文件选项”对话框中选择“mmns_part_solid_abs”选项，单击“确定”按钮，创建一个新的零件文件。

（2）根据前面讲过的方法，创建如图9-77所示的实体零件。

（3）单击“模型”功能区“操作”面板下“转换为钣金件”按钮，系统打开“转换”操控板，如图9-78所示。

图9-77　钣金件零件

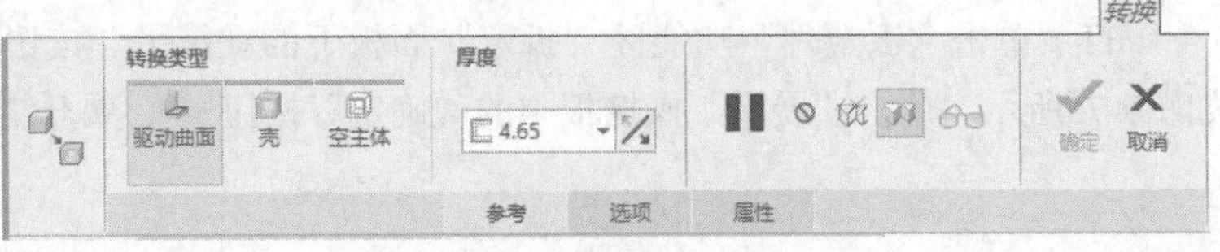

图9-78　“第一壁”操控板

（4）单击“壳”按钮，选取如图9-79所示的底面作为要删除的面。

（5）在操控板中设置钣金厚度值为3，单击“确定”按钮，创建的第一壁特征如图9-80所示。进入钣金环境。

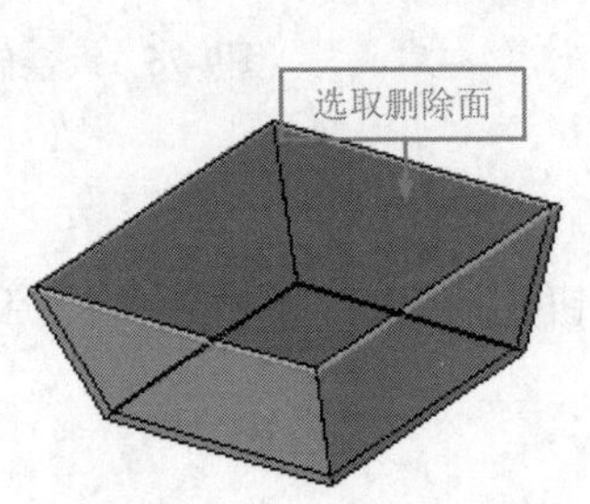

图9-79　选取删除的面

图9-80　创建的第一壁特征

（6）单击“钣金件”功能区“工程”面板中的“转换”按钮，系统打开如图9-81所示的“转换”操控板。

图9-81　“转换”操控板

（7）在操控板中单击“边扯裂”按钮，系统打开如图9-82所示的“边扯裂”操控板，选取如图9-83所示的4条棱边，然后连续单击“确定”按钮，完成转换特征的创建，如图9-84所示。

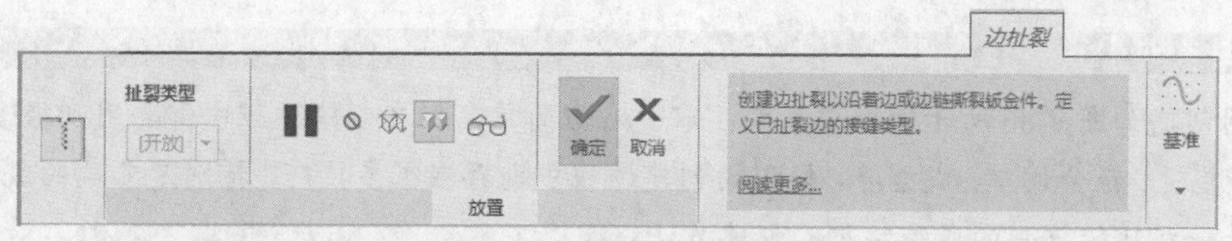

图9-82　“边扯裂”操控板

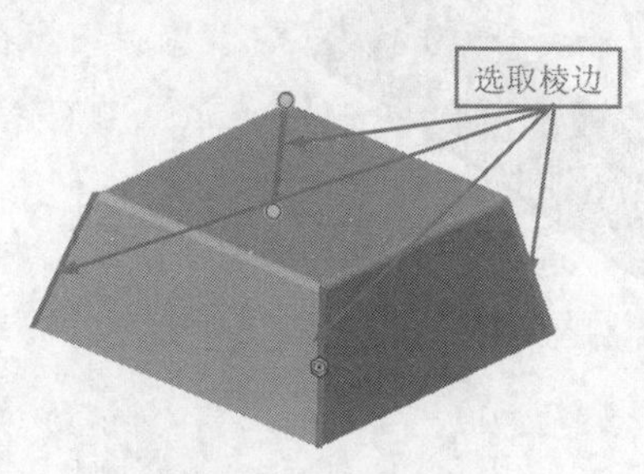

图9-83　选取棱边

图9-84　创建的转换特征

2. 命令选项介绍

单击“钣金件”功能区“工程”面板中的“转换”按钮，系统打开如图9-85所示“转换”操控板。

图9-85　“转换”操控板

“转换”操控板中各按钮的含义如下。

- 边扯裂：用于沿边形成扯裂，这样便能展平钣金件。拐角边可以是开放的边、盲边或重叠的边。
- 扯裂连接：用于平面、直线之间的扯裂进行连接。扯裂连接使用点到点连接进行草绘，就需要用户定义扯裂端点。扯裂端点可以是基准点或顶点，并且必须在扯裂的末端处或零件的边界上。扯裂连接不能与现有的边共线。
- 边折弯：用于将锐边转换为折弯。默认情况下，将折弯的内侧半径设置为钣金件厚度。当指定一个边为裂缝时，所有非相切的相交边都将转换为折弯。
- 拐角止裂槽：用于将止裂槽放置在选定的拐角上。

9.5 实例——抽屉支架

在前面的小节中我们介绍了钣金设计中所有常用的命令。本小节将利用前面讲过的命令，设计两个复杂的钣金零件，以帮助读者更好地掌握钣金设计命令的使用方法。读者也可以结合自己的学习情况，利用前面讲过的钣金命令设计一些日常生活和工业生成中常见的钣金零件。

实例——抽屉支架

【思路分析】

本例创建如图 9-86 所示的抽屉支架。零件看似简单，但在创建过程中需要用到很多钣金命令，如平整壁、钣金切口、成型等，模型的创建过程中也存在很多技巧，特别是末端的成型特征，用到的是一种比较少用的成型特征的创建方法。

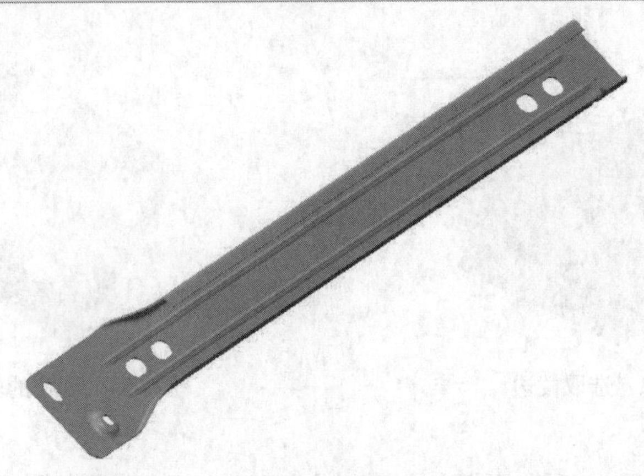

图9-86　抽屉支架

绘制步骤

1. 新建文件

单击“主页”功能区“数据”面板中的“新建”按钮，系统打开“新建”对话框，在“类型”选项组中点选“零件”单选钮，在“子类型”选项组中点选“钣金件”单选钮，在“名称”文本框中输入“chou-ti-zhi-jia”，取消勾选“使用默认模板”复选框，单击“确定”按钮，在打开的“新文件选项”对话框中选择“mmns_part_sheetmetal_abs”选项，单击“确定”按钮，创建一个新的钣金件文件。

2. 创建主体

（1）单击“钣金件”功能区“壁”面板中的“平面”按钮，在系统打开的“平面”操控板中依次单击“参考”→“定义”按钮，系统打开“草绘”对话框，选取FRONT基准平面作为草绘平面，RIGHT基准平面作为参考平面，方向向右，单击“草绘”按钮，进入草绘环境。

（2）绘制如图9-87所示的截面。单击“关闭”面板中的“确定”按钮，退出草绘环境。在操控板中给定钣金厚度值为0.7，然后单击“确定”按钮，创建的主体如图9-88所示。

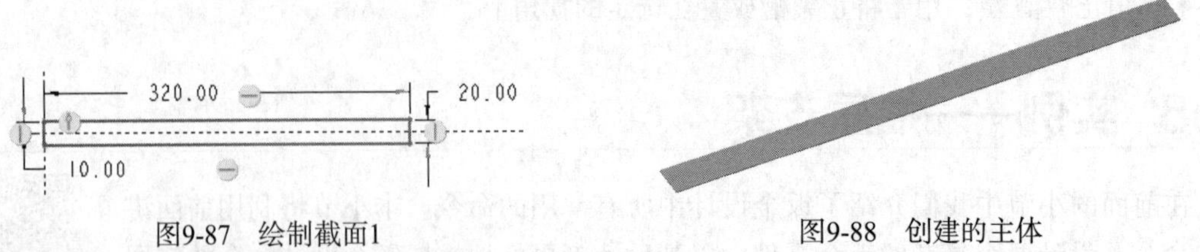

图9-87　绘制截面1　　　　图9-88　创建的主体

3. 创建两侧折弯主体

（1）单击“钣金件”功能区“壁”面板中的“平整”按钮，在系统打开的“平整”操控板中单击“放置”按钮，然后选取如图9-89所示的边作为平整壁的附着边。

（2）在操控板中设置平整壁的形状为用户定义，给定角度值为180°，然后依次单击“形状”→“草绘”按钮，系统打开“草绘”对话框，接受系统提供的默认设置，单击“草绘”按钮，进入草绘环境。绘制如图9-90所示的图形，绘制完成后单击“关闭”面板中的“确定”按钮，返回到“平整”操控板，单击“在连接边上添加折弯”按钮，取消折弯半径设置，其他参数设置如图9-91所示。单击操控板中的“确定”按钮，创建的平整壁如图9-92所示。

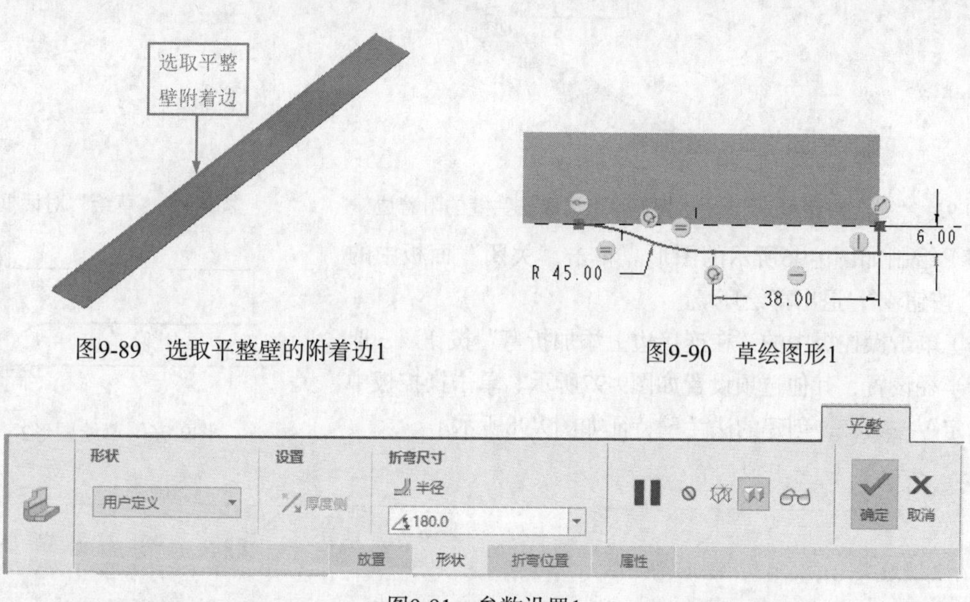

图9-89　选取平整壁的附着边1

图9-90　草绘图形1

图9-91　参数设置1

图9-92　创建的平整壁特征1

（3）单击“钣金件”功能区“壁”面板中的“法兰”按钮，在系统打开的操控板中依次单击“放置”→“细节”按钮，系统打开如图9-93所示的“链”对话框。选取如图9-94所示的边作为法兰壁的附着边，然后单击“确定”按钮。

（4）在操控板中设置法兰壁的形状为用户定义，然后依次单击“形状”→“草绘”按钮，系统打开如图9-95所示的“草绘”对话框，接受系统提供的默认设置。单击“草绘”按钮，进入草绘环境。

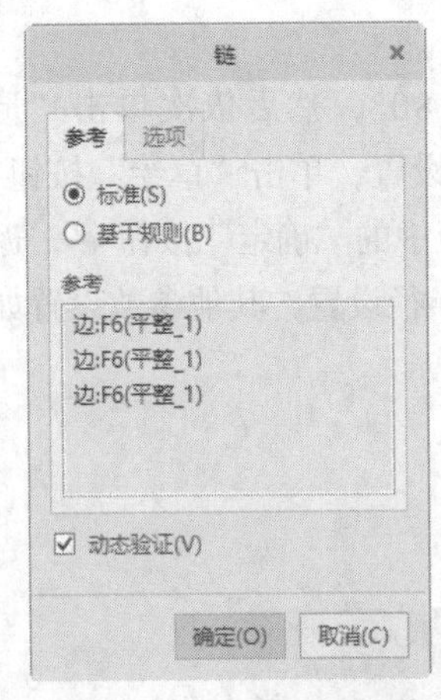

图9-93 “链”对话框

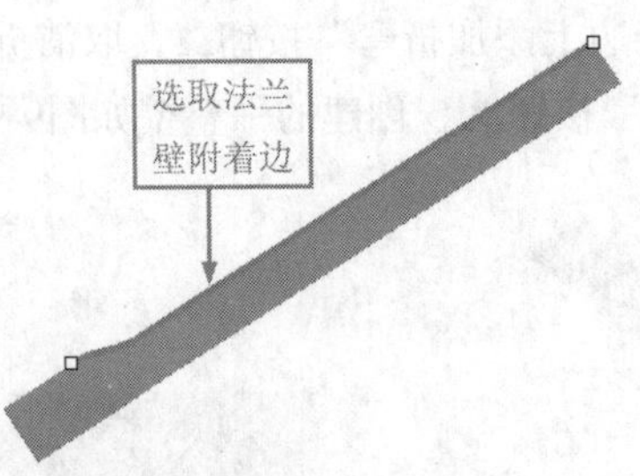

图9-94 选取法兰壁的附着边1

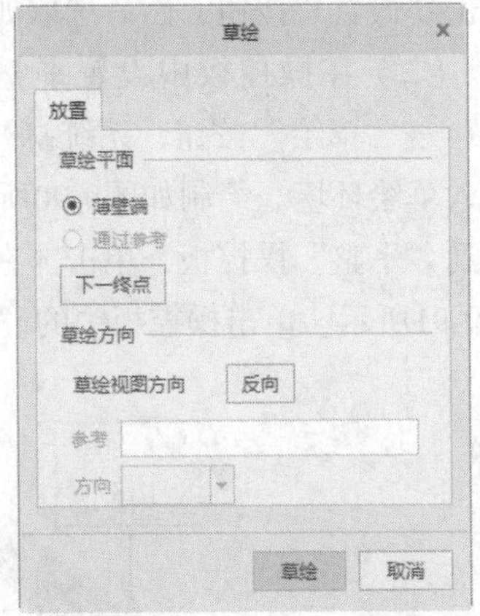

图9-95 “草绘”对话框

（5）绘制如图9-96所示的图形。单击“关闭”面板中的“确定”按钮，退出草绘环境。

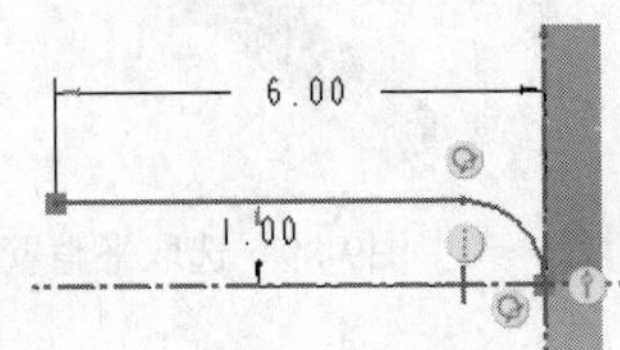

图9-96 草绘图形2

（6）单击操控板中的“在连接边上添加折弯”按钮，取消折弯半径设置，其他选项设置如图9-97所示。单击操控板中的“确定”按钮，创建的法兰壁特征如图9-98所示。

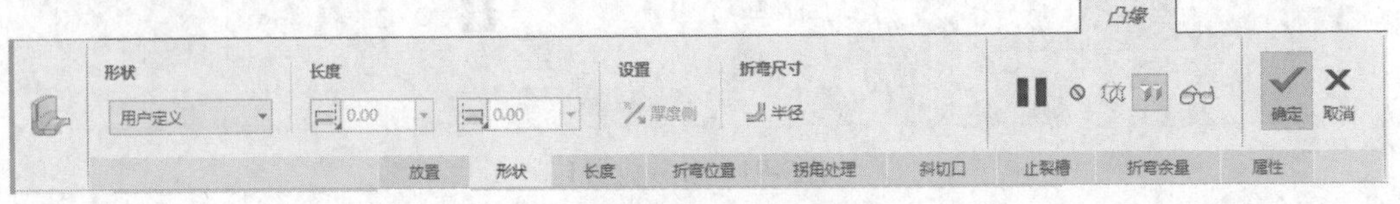

图9-97 参数设置2

（7）单击“钣金件”功能区“折弯”面板中的“展平”按钮，在系统打开的“展平”操控板中采用默认设置，单击“确定”按钮，创建的展开特征如图9-99所示。

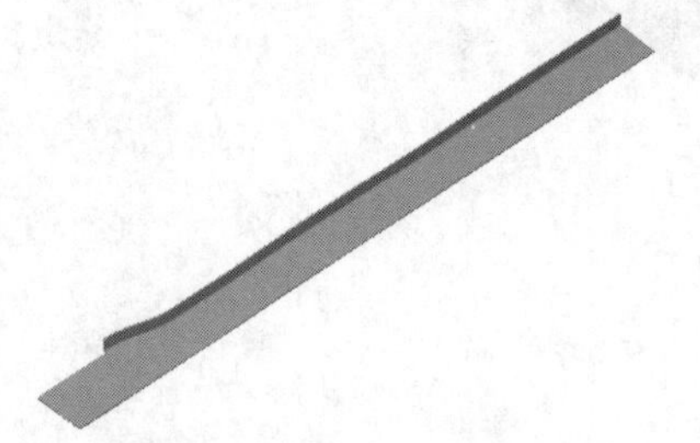

图9-98 创建的法兰壁特征1

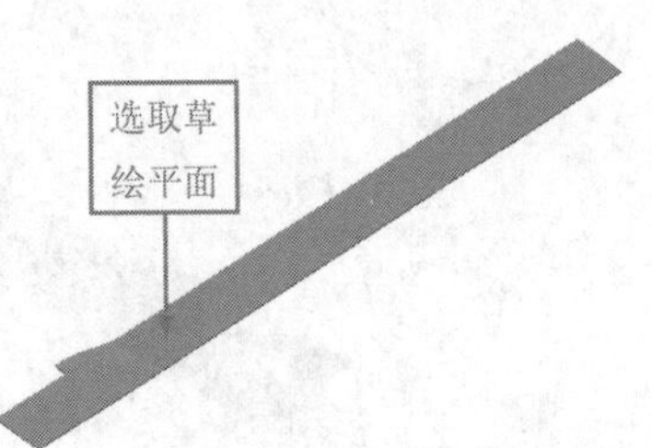

图9-99 创建的展开特征1

（8）单击“钣金件”功能区“壁”面板中的“拉伸切口”按钮，在系统打开的“拉伸切口”操控板中单击“垂直于曲面”按钮，然后依次单击“放置”→“定义”按钮，系统打开“草绘”对话框，选取如图9-99所示的平面作为草绘平面。单击“草绘”按钮，进入草绘环境。

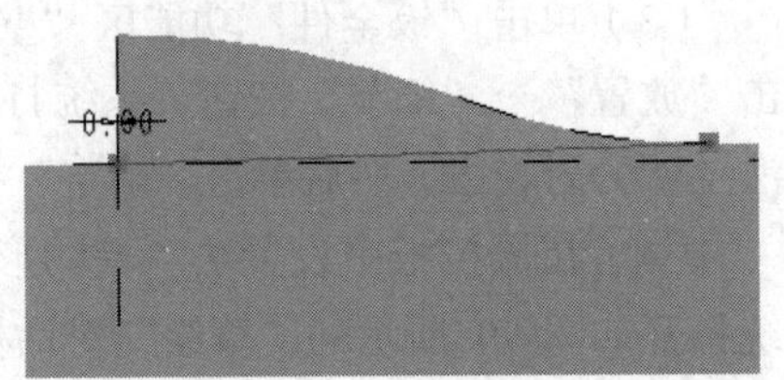

图9-100 绘制草图

（9）绘制如图9-100所示的图形。单击“关闭”面板中的“确定”按钮✔，退出草绘环境。

（10）在操控板中设置拉伸方式为⫼（穿透），单击“反向”按钮☒，调整移除材料的方向，如图9-101所示，单击操控板中的“确定”按钮✔，创建的拉伸切除特征如图9-102所示。

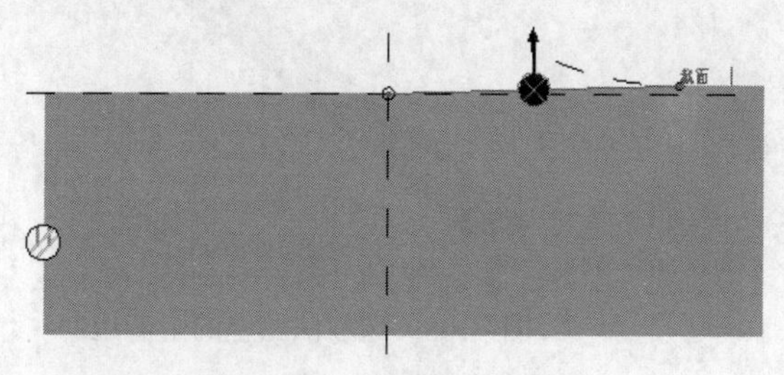

图9-101　移除材料方向1

图9-102　创建的拉伸切除特征1

（11）单击“钣金件”功能区“折弯”面板中的“折回”按钮，系统打开如图9-103所示的“折回”操控板。

（12）采用默认设置，单击“确定”按钮✔。创建的折弯回去特征如图9-104所示。

图9-103　“折回”操控板

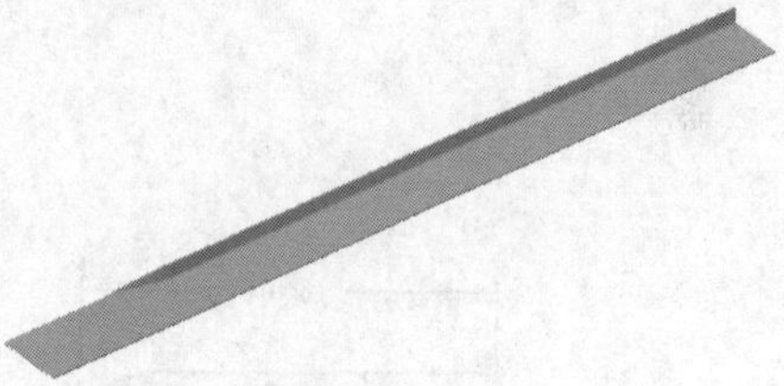

图9-104　创建的折弯回去特征1

（13）单击“钣金件”功能区“壁”面板中的“平整”按钮，在系统打开的“平整”操控板中单击“放置”按钮，然后选取如图9-105所示的边作为平整壁的附着边。

（14）在操控板中设置平整壁的形状为“用户定义”，给定角度值为180°，然后依次单击“形状”→“草绘”按钮，系统打开“草绘”对话框，接受系统提供的默认设置，单击“草绘”按钮，进入草绘环境。绘制如图9-106所示的图形，绘制完成后单击“关闭”面板中的“确定”按钮✔。返回到“平整”操控板，单击“在连接边上添加折弯”按钮，取消折弯半径设置，单击操控板中的“确定”按钮✔，创建的平整壁特征如图9-107所示。

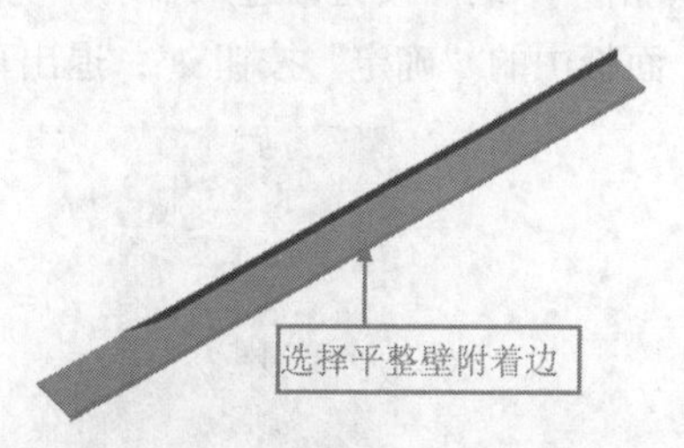

图9-105　选取平整壁的附着边2

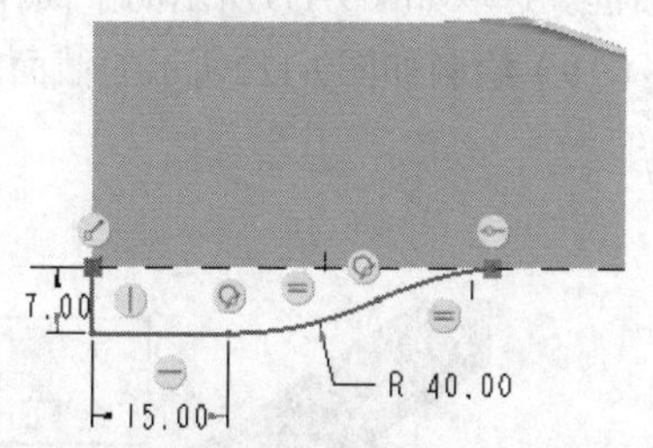

图9-106　草绘图形3

（15）单击“钣金件”功能区“壁”面板中的“法兰”按钮，选取如图9-108所示的边作为法兰壁的附着边。

图9-107　创建的平整壁特征2

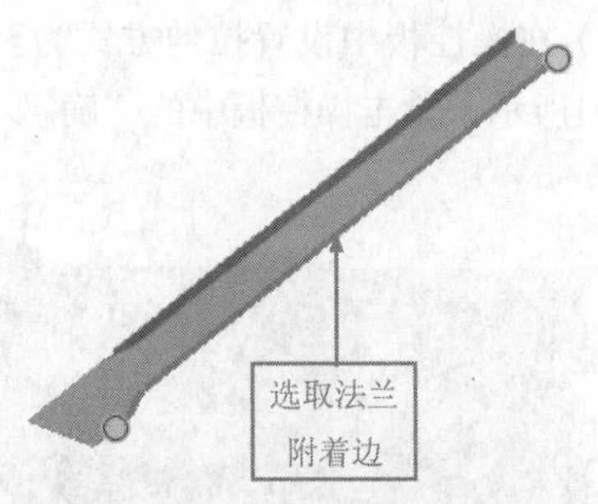

图9-108　选取法兰壁的附着边2

（16）在操控板中设置法兰壁的形状为“用户定义”，绘制如图9-109所示的图形，绘制完成后单击“关闭”面板中的“确定”按钮，退出草绘环境。单击操控板中的“在连接边上添加折弯”按钮，取消折弯半径设置。再单击操控板中的“确定”按钮，创建的法兰壁特征如图9-110所示。

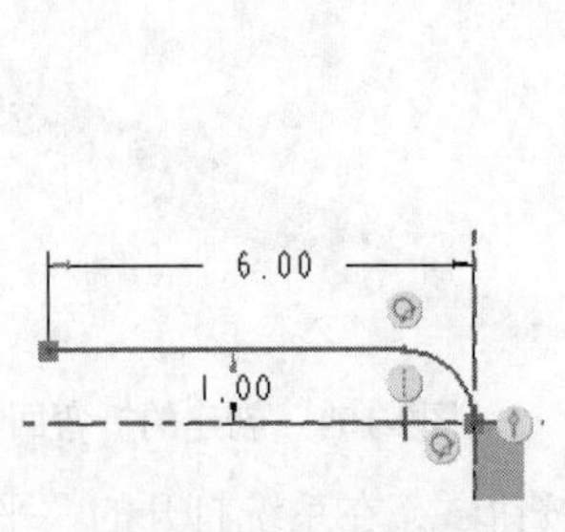

图9-109　草绘图形4

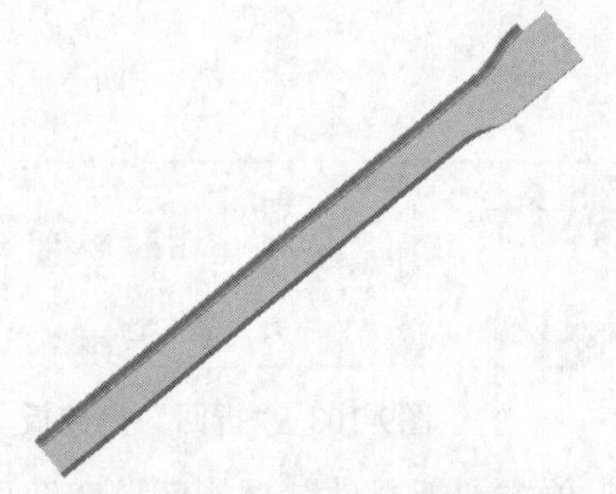

图9-110　创建的法兰壁特征2

（17）单击“钣金件”功能区“折弯”面板中的“展平”按钮，系统打开“展平”操控板。单击“手动”按钮，选取刚刚创建的法兰壁折弯拐角部分为折弯部分，将零件完全展开，创建的展开特征如图9-111所示。

（18）单击“钣金件”功能区“壁”面板中的“拉伸切口”按钮，在打开的“拉伸切口”操控板中单击“垂直于曲面”按钮，然后依次单击“放置”→“定义”按钮，系统打开“草绘”对话框。选取如图9-111所示的平面作为草绘平面，单击“草绘”按钮，进入草绘环境。

（19）绘制如图9-112所示的截面。单击“关闭”面板中的“确定”按钮，退出草绘环境。

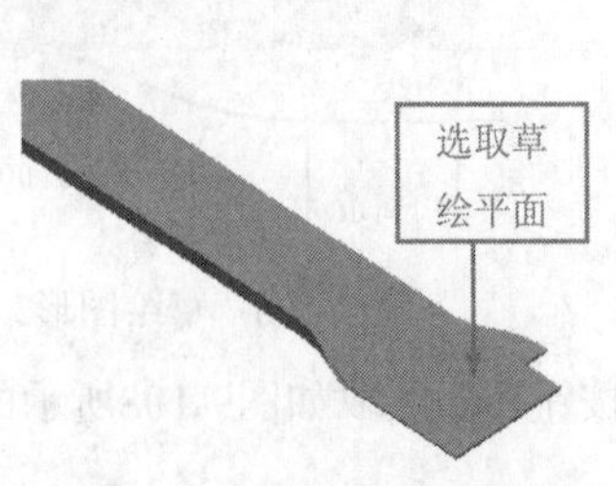

图9-111　创建的展开特征2

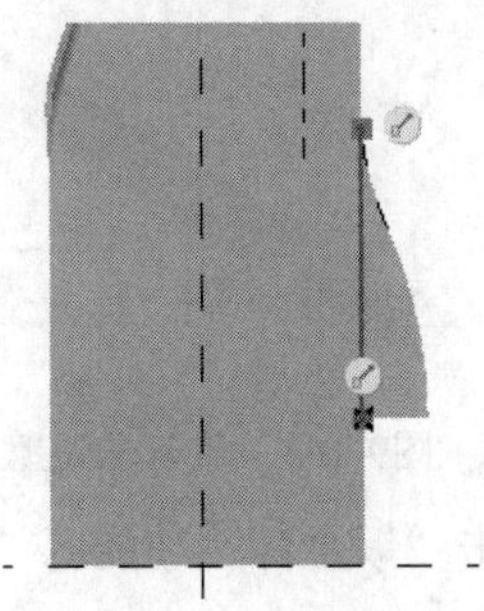

图9-112　草绘截面2

（20）在操控板中设置拉伸方式为（穿透），单击“反向”按钮，调整移除材料的方向，如图9-113所示，单击操控板中的“确定”按钮，创建的拉伸切除特征如图9-114所示。

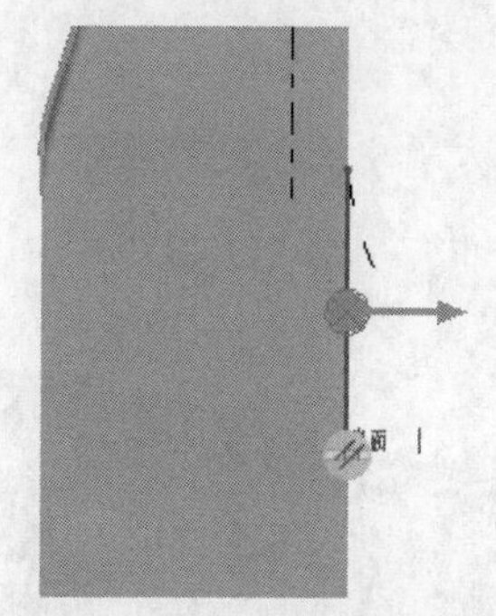

图9-113　移除材料方向2

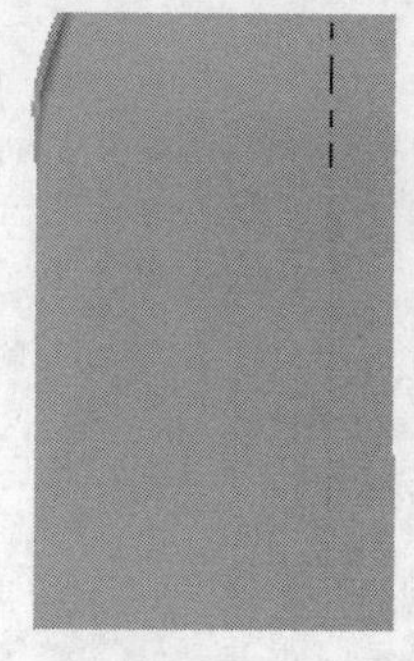

图9-114　创建的拉伸切除特征2

（21）单击“钣金件”功能区“折弯”面板中的“折回”按钮，采用默认设置，单击操控板中的“确定”按钮，创建的折弯回去特征如图9-115所示。

（22）单击“钣金件”功能区“壁”面板中的“法兰”按钮，打开“凸缘”控制板，选取如图9-116所示的边作为法兰壁的附着边。

图9-115　创建的折弯回去特征2

图9-116　选取法兰壁的附着边3

（23）在操控板中设置法兰壁的形状为“用户定义”，绘制如图9-117所示的图形。单击“关闭”面板中的“确定”按钮，退出草绘环境。单击操控板中的“在连接边上添加折弯”按钮，取消折弯半径设置。单击操控板中的“确定”按钮，创建的法兰壁特征如图9-118所示。

4. 创建孔

（1）单击“钣金件”功能区“工程”面板中的“拉伸切口”按钮，在系统打开的“拉伸切口”操控板中单击“垂直于曲面”按钮，然后依次单击“放置”→“定义”按钮，系统打开“草绘”对话框。选取如图9-118所示的平面作为草绘平面，单击“草绘”按钮，进入草绘环境。

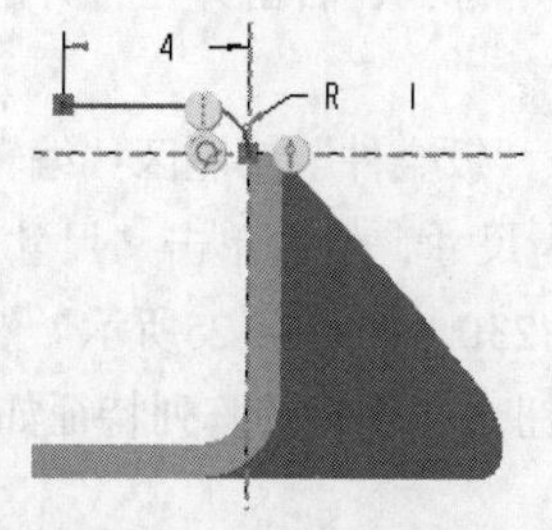

图9-117　草绘图形5

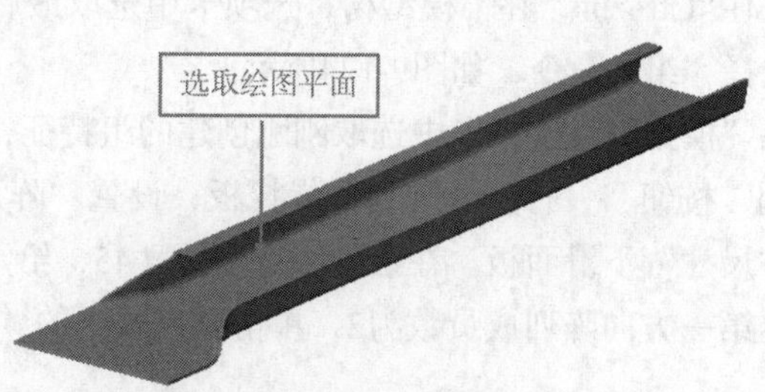

图9-118　创建的法兰壁特征3

（2）绘制如图9-119所示的截面。单击“关闭”面板中的“确定”按钮✔，退出草绘环境。在操控板中设置“深度”为（穿透），然后单击“确定”按钮，创建的拉伸切除特征如图9-120所示。

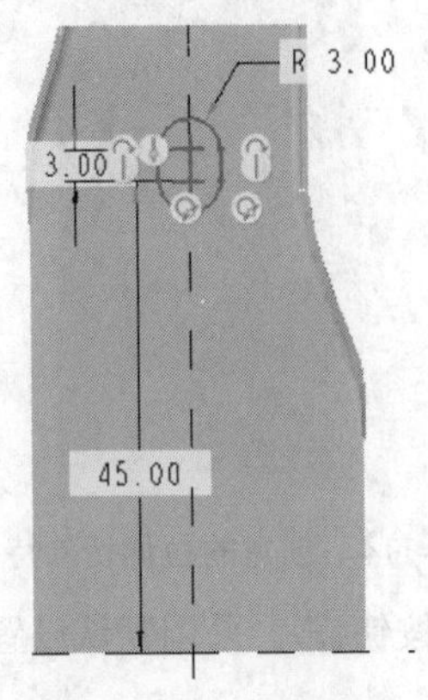

图9-119　草绘截面3

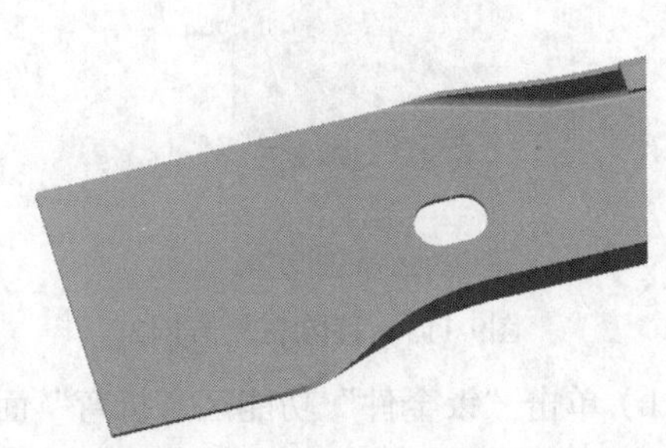

图9-120　创建的拉伸切除特征3

（3）在“模型树”选项卡中选取刚刚创建的拉伸切口特征，然后单击“钣金件”功能区“操作”面板中“复制”按钮，然后单击“钣金件”功能区“操作”面板中“粘贴”按钮粘贴下拉按钮，在打开的“粘贴”选项条中单击“选择性粘贴”按钮，系统打开“选择性粘贴”对话框。

（4）勾选“选择性粘贴”对话框中的“对副本应用移动/旋转变换”选项，如图9-121所示，单击“确定”按钮。选取RIGHT基准平面作为移动参考平面，给定移动值为15，预览效果如图9-122所示。然后单击操控板中的“确定”按钮，结果如图9-123所示。

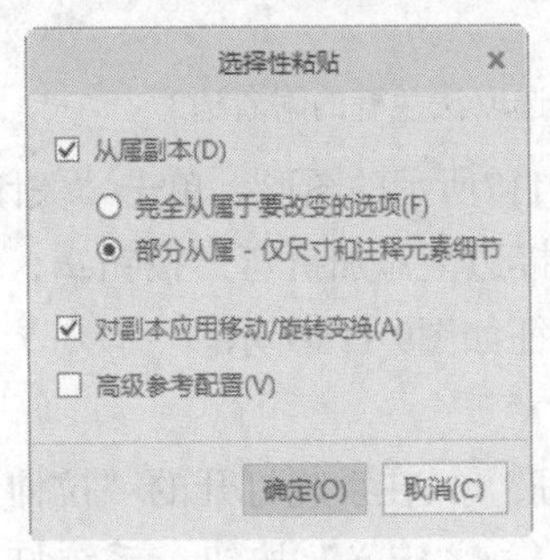

图9-121　“选择性粘贴”对话框

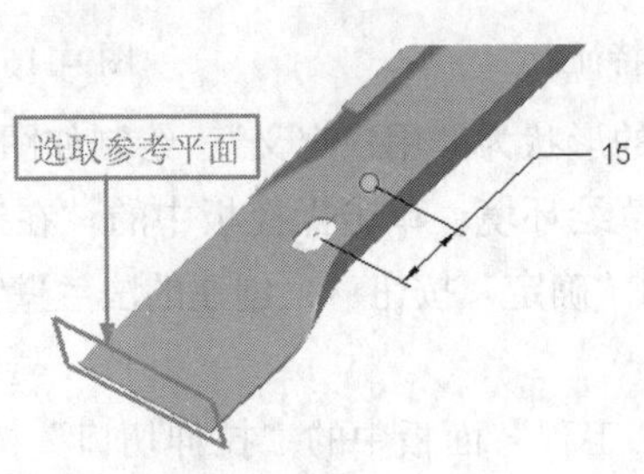

图9-122　复制特征预览

图9-123　特征复制结果

（5）按住<Ctrl>键，在“模型树”选项卡中选取最后创建的两个特征，右击并在打开的右键快捷菜单中选择“组”命令，如图9-124所示。

（6）在“模型树”选项卡中选取刚刚创建的组特征，然后单击“钣金件”功能区“编辑”面板下的“阵列”按钮，打开“阵列”操控板，设置“阵列类型”为尺寸，然后单击“尺寸”按钮，系统打开“尺寸”下滑面板。在绘图区选取尺寸45，给定增量值为230，如图9-125所示。然后在操控板中给定第一方向阵列成员数为2，单击操控板中的“确定”按钮，创建的阵列特征如图9-126所示。

（7）单击“钣金件”功能区“工程”面板中的“拉伸切口”按钮，在系统打开的“拉伸切口”操控板中单击“垂直于曲面”按钮，然后依次单击“放置”→“定义”命令，系统打开“草绘”对话框，选取图9-126所示的平面作为草绘平面，单击“草绘”按钮，进入草绘环境。绘制如图9-127所示的截面。在操控板中设置拉伸方式为（穿透），然后单击“确定”按钮，创建的拉伸切除特征如图9-128所示。

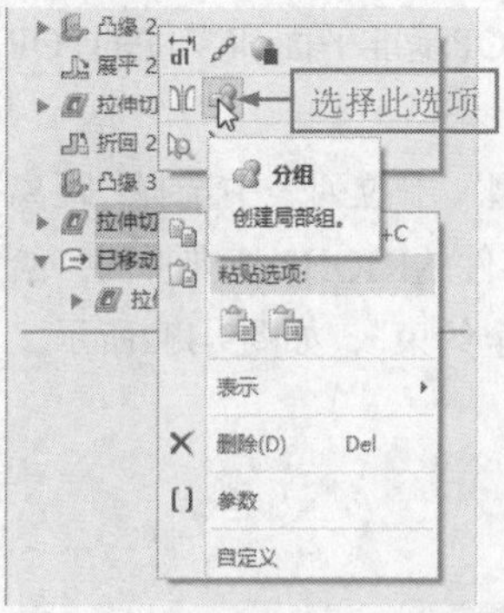

图9-124　创建组

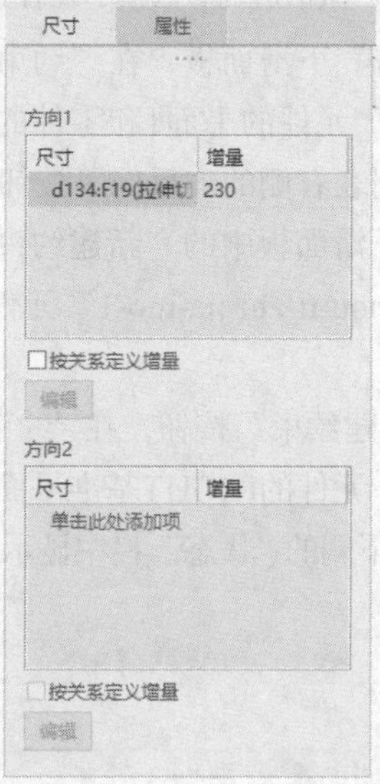

图9-125　阵列尺寸设置

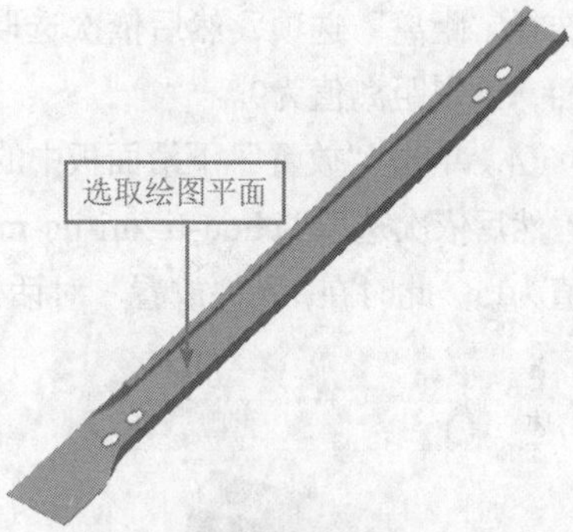

图9-126　创建的阵列特征

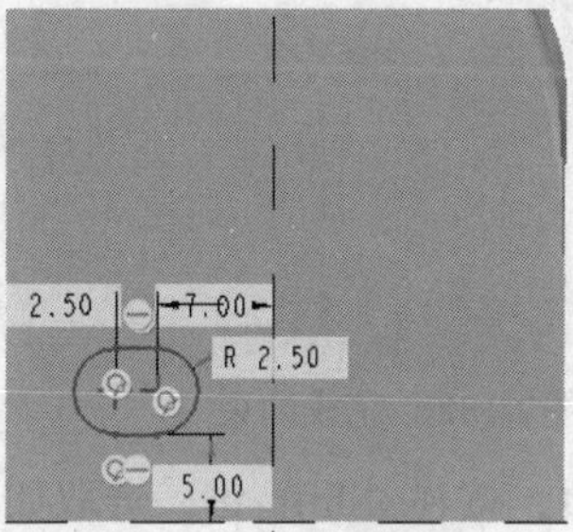

图9-127　绘制截面2

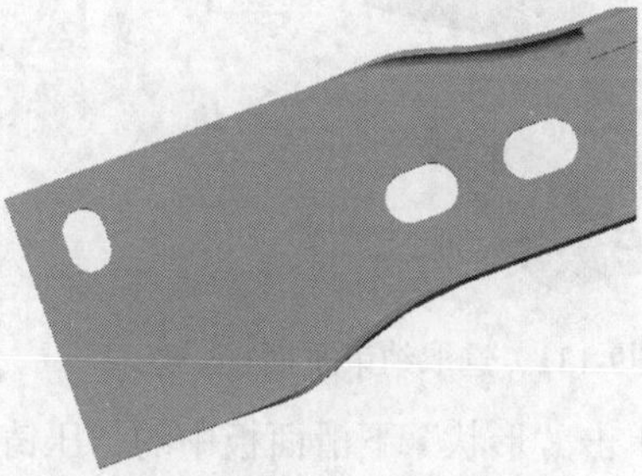

图9-128　创建的拉伸切除特征4

5. 创建凹槽特征

（1）单击“钣金件”功能区“工程”面板中的“成型”按钮下拉按钮，在打开的“成型”选项条中单击“凹模”按钮，在系统打开“凹模”操控板中单击“打开”按钮，如图9-129所示。系统打开“打开”对话框，选择“\原始文件\第9章\chou-ti-zhi-jia-mo-1.prt”选项，单击“打开”按钮。“凹模”操控板上“放置方法”选项和“设置”选项激活，如图9-130所示。

图9-129　“凹模”操控板

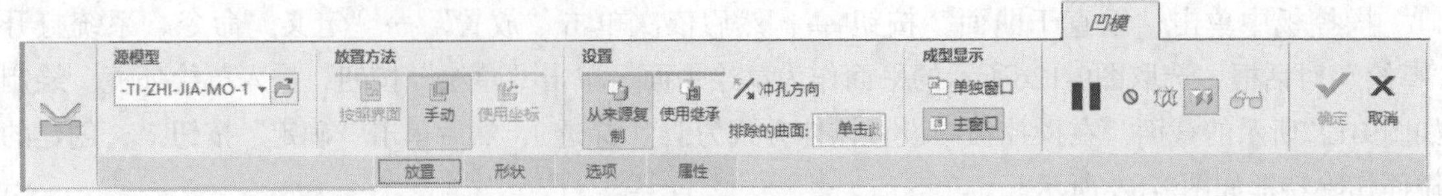

图9-130　激活后的“凹模”操控板

（2）单击“放置”按钮，弹出“放置”下滑面板，在“约束类型”下拉列表中选择“重合”选项，然后依次选择“chou-ti-zhi-jia-mo-1”元件的平面1和零件的平面2，如图9-131所示，使这两个面相重合。通过单击“约束类型”下拉列表右侧的“反向”按钮，调整两个零件的匹配方向。

（3）单击“模板”对话框“放置”下滑面板中的“新建约束”按钮，在“约束类型”下拉列表中选择“距离”选项，然后依次选取“chou-ti-zhi-jia-mo-1”元件的TOP基准平面和零件的TOP基准平面，给定距离值为9。

（4）单击“放置”下滑面板中的“新建约束”按钮，在“约束类型”下拉列表中选择“距离”选项，然后依次选取“chou-ti-zhi-jia-mo-1”元件的RIGHT基准平面和零件的RIGHT基准平面，给定距离值为15。此时在“元件放置”对话框右下侧的“状态”栏中显示“完全约束”，如图9-132所示。

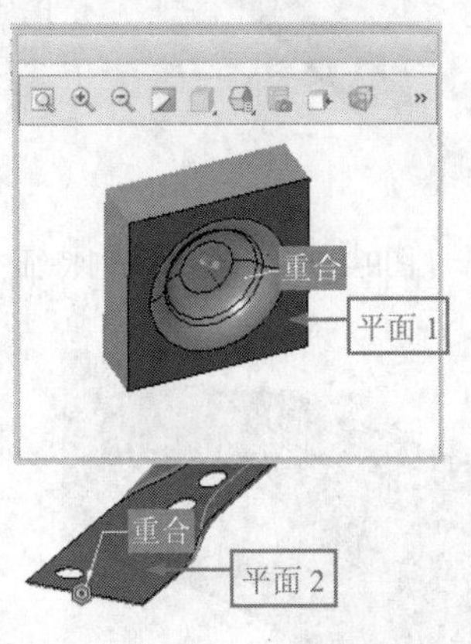

图9-131　选取约束平面1

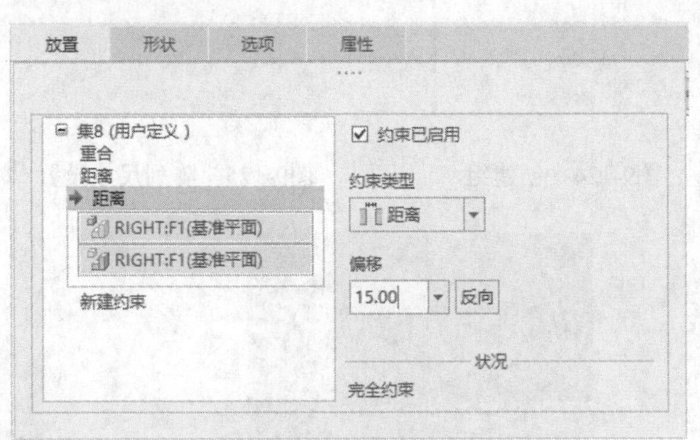

图9-132　完成约束

（5）单击“形状”下滑面板中的“压铸模形状”选项，按住<Shift>键，选取如图9-133所示的“chou-ti-zhi-jia-mo-1”元件的种子曲面和边界曲面。然后单击“确定”按钮，完成成型特征的创建，如图9-134所示。

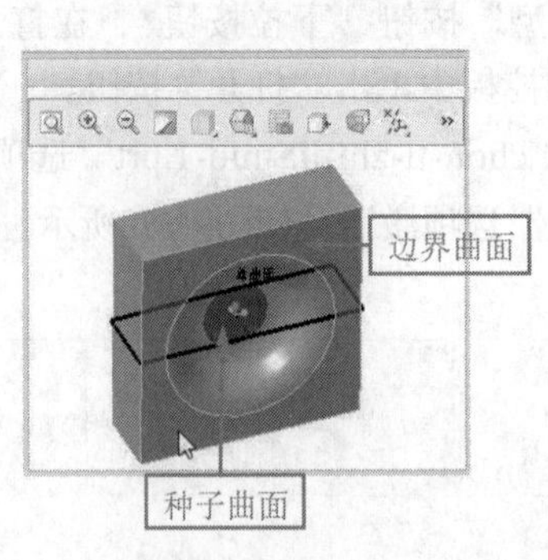

图9-133　选取面1

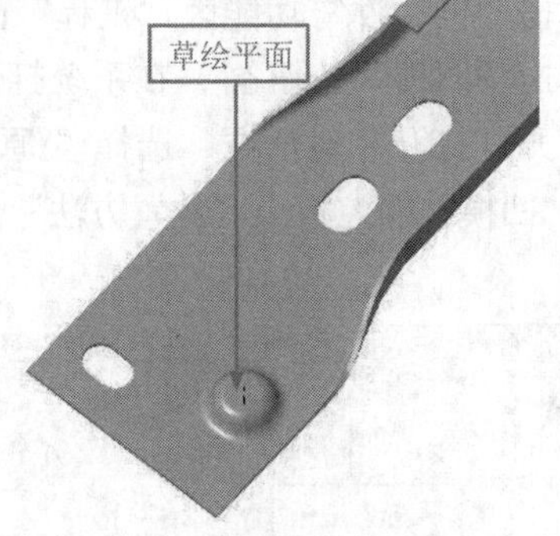

图9-134　创建的成型特征1

（6）单击“钣金件”功能区“工程”面板中的“拉伸切口”按钮，在系统打开的“拉伸切口”操控板中单击“垂直于曲面”按钮，然后依次单击“放置”→“定义”按钮，系统打开“草绘”对话框，选取图9-134所示的平面作为草绘平面，单击“草绘”按钮，进入草绘环境。绘制如图9-135所示的截面。在操控板中设置拉伸方式为（穿透），单击“确定”按钮，创建的拉伸切除特征如图9-136所示。

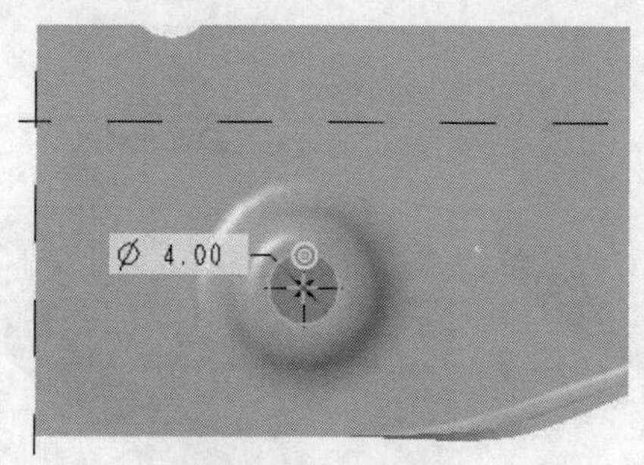

图9-135　绘制截面3

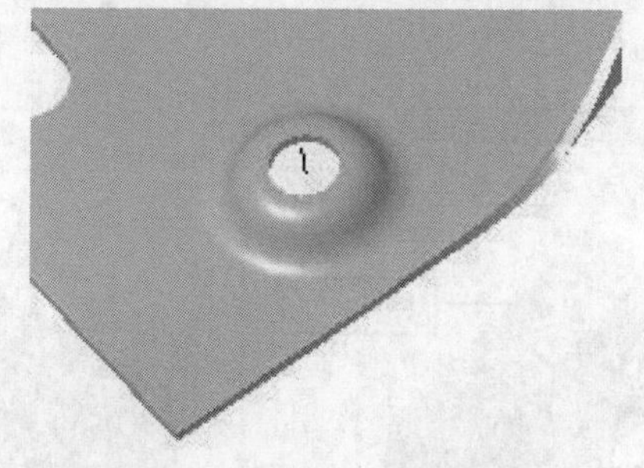

图9-136　创建的拉伸切除特征5

（7）单击“钣金件”功能区“工程”面板中的“成型”按钮下拉按钮，在打开的“成型”选项条中单击“凹模”按钮，在系统打开“凹模”操控板中单击“打开”按钮，系统打开“打开”对话框，选择“\源文件\第9章\chou-ti-zhi-jia-mo-2.prt”选项，单击“打开”按钮，成型特征模型如图9-137所示。

（8）单击“放置”按钮，弹出“放置”下滑面板，在“约束类型”下拉列表中选择“重合”选项，然后选取“chou-ti-zhi-jia-mo-2”的平面1和零件的平面2，如图9-138所示，通过单击“约束类型”下拉列表右侧的“反向”按钮，调整两个零件的匹配方向。

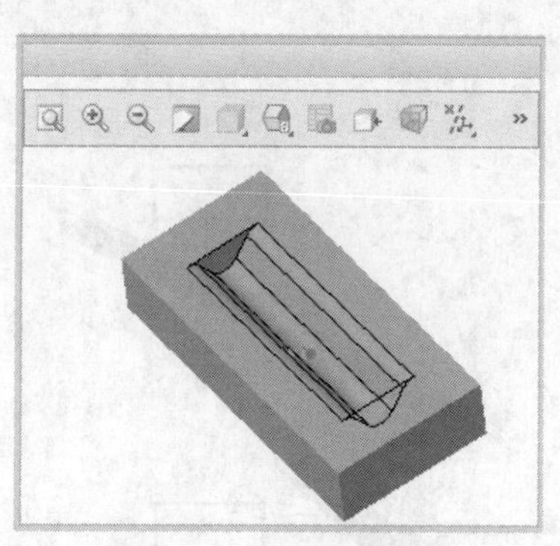

图9-137　成型特征模型

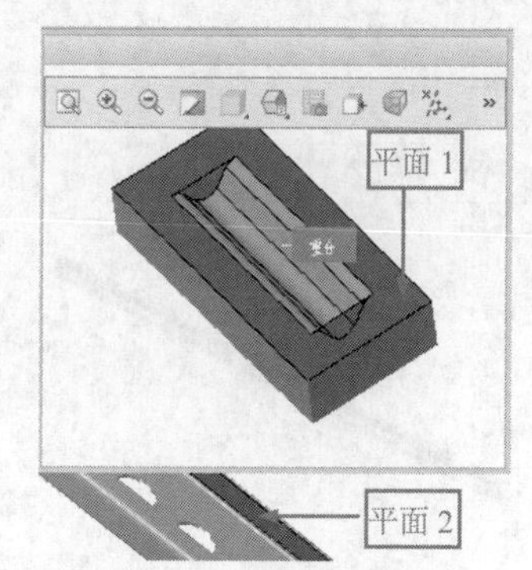

图9-138　选取约束平面2

（9）单击“模板”对话框“放置”选项卡中的“新建约束”按钮，在右侧的“约束类型”下拉列表中选择“距离”选项，然后选取“chou-ti-zhi-jia-mo-2”元件的TOP基准平面和零件的RIGHT基准平面，给定距离值为300。

（10）单击“放置”下滑面板中的“新建约束”按钮，在右侧的“约束类型”下拉列表中选择“距离”选项，然后选取“chou-ti-zhi-jia-mo-2”元件的RIGHT基准平面和零件的FRONT基准平面，给定距离值为5。此时，“放置”下滑面板中显示“完全约束”。

（11）单击“形状”下滑面板中的“压铸模形状”按钮，按住<Shift>键，选取如图9-139所示的

“chou-ti-zhi-jia-mo-2”元件的种子曲面和边界曲面。单击操控板上的“冲孔方向”按钮，调整建模方向。然后单击“确定”按钮，完成成型特征的创建，如图9-140所示。

（12）在“模型树”选项卡中选取刚刚创建的成型特征，然后单击“钣金件”功能区“编辑”面板下的“镜像”按钮，系统打开“镜像”操控板。选取TOP基准平面作为镜像参考平面，然后单击操控板中的“确定”按钮，镜像结果如图9-141所示。

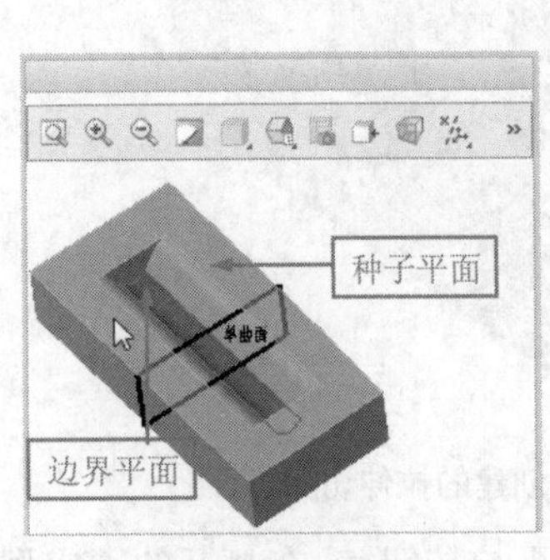

图9-139　选取面2

图9-140　创建的成型特征2

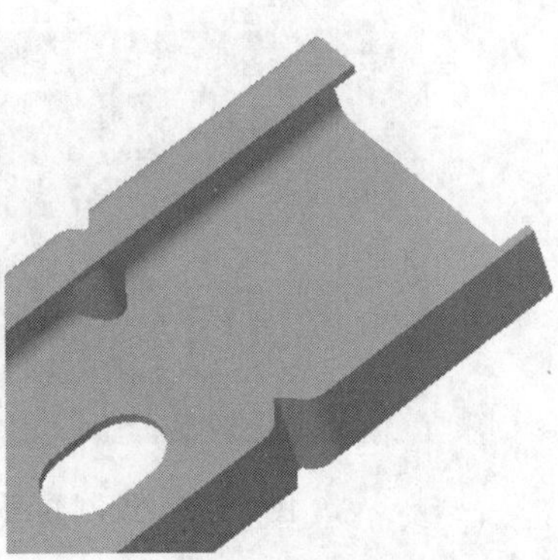

图9-141　镜像结果1

（13）采用相同的方法，创建模板为“chou-ti-zhi-jia-mo-3”的成型特征，如图9-142所示。模板与零件的3个约束如下。

1）模板的平面1和零件的平面2为重合约束，如图9-143所示，单击“反向”按钮，调整方向。

2）模板的FRONT基准平面与零件的RIGHT基准平面约束类型为距离，距离值为170。

3）模板的RIGHT基准平面与零件的TOP基准平面约束类型为距离，距离值为-6，单击“反向”按钮，调整方向。

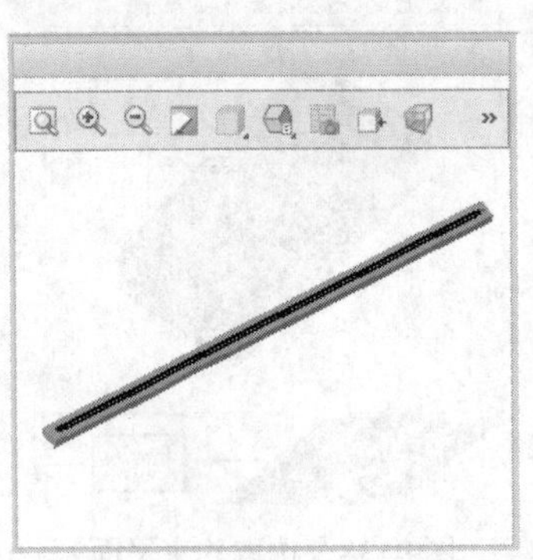

图9-142　成型特征模板

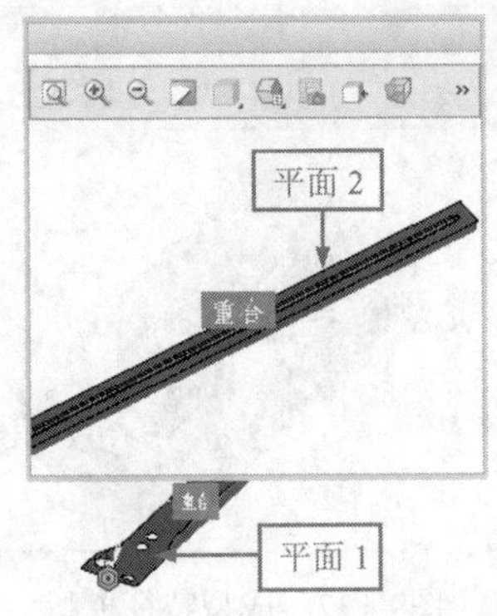

图9-143　选取约束平面3

（14）选取如图9-144所示的模板边界平面和种子曲面，然后单击“确定”按钮，完成成型特征的创建，如图9-145所示。

（15）在“模型树”选项卡中选取刚刚创建的成型特征，然后单击“钣金件”功能区“编辑”面板下的“镜像”按钮，系统打开“镜像”操控板，选取TOP基准平面作为镜像参考平面，单击操控板的“确定”按钮，镜像结果如图9-146所示。

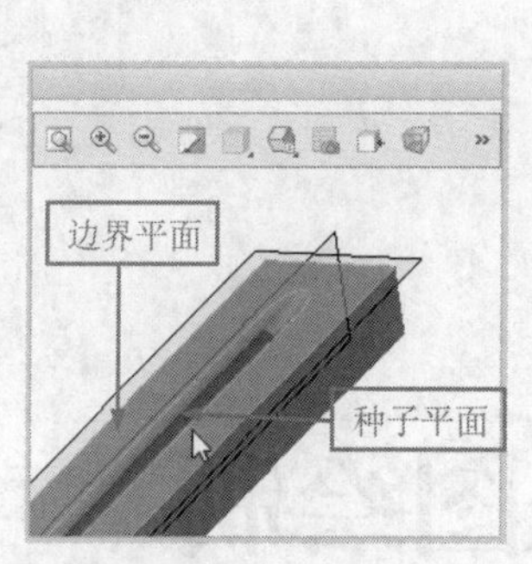

图9-144　选取面

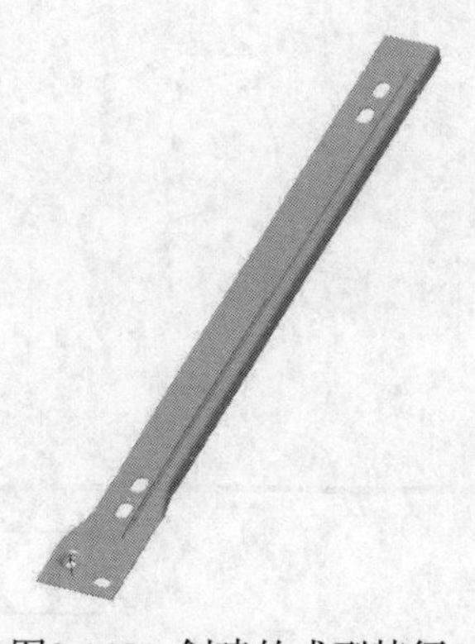

图9-145　创建的成型特征3

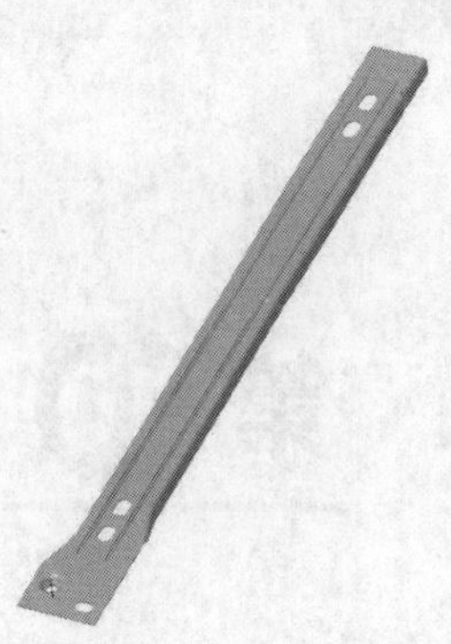

图9-146　镜像结果2

（16）单击“钣金件”功能区“工程”面板中的“拉伸切口”按钮，在系统打开的“拉伸切口”操控板中单击“垂直于曲面”按钮，然后依次单击“放置”→“定义”按钮，系统打开“草绘”对话框。选取TOP基准平面作为草绘平面，FRONT基准平面作为参考平面，方向向右，单击“草绘”按钮，进入草绘环境。绘制如图9-147所示的截面。在操控板中设置拉伸方式为（对称），再单击“确定”按钮，创建的拉伸切除特征如图9-148所示。

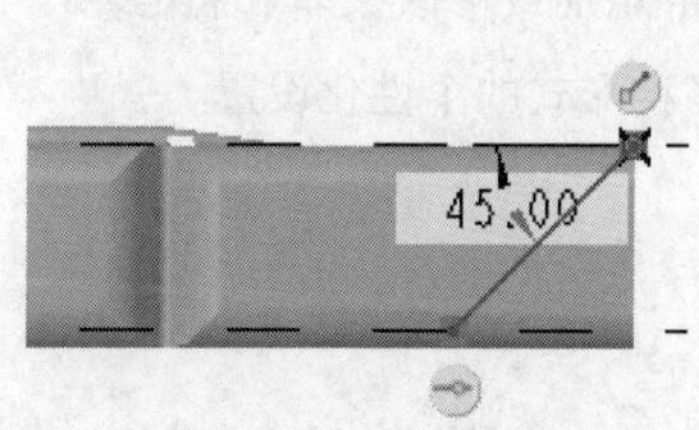

图9-147　绘制截面4

图9-148　创建的拉伸切除特征6

（17）单击“钣金件”功能区“工程”面板下的“倒圆角”按钮，打开“倒圆角”操控板。按住<Ctrl>键，选取如图9-149所示的两条棱边，在操控板中给定圆角半径为5，单击“确定”按钮，完成抽屉支架的创建，如图9-150所示。

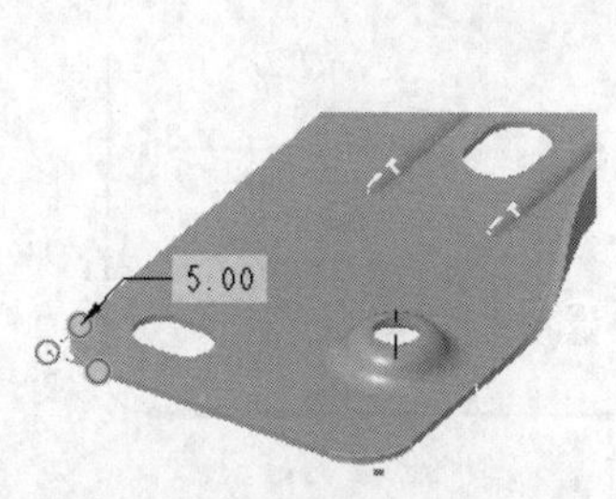

图9-149　选取倒圆角棱边

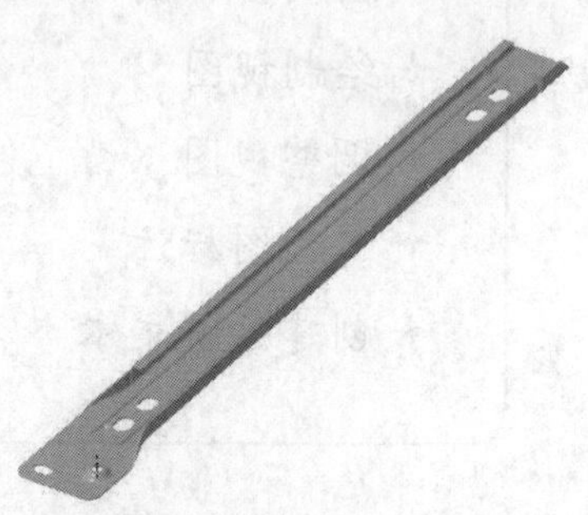

图9-150　抽屉支架

第10章 工程图绘制

Creo Parametric 作为优秀的三维建模软件，拥有强大的生成工程图的能力。它允许直接从 Creo Parametric 实体模型产品按 ANSI、ISO、JIS、DIN 标准生成工程图，并且能自动标注尺寸、添加注释、使用层来管理不同类型的内容、支持多文档等，可以向工程图中添加或修改文本和符号形式的信息，还可以自定义工程图的格式，进行多种形式的个性化设置。

- ✧ 工程图概述
- ✧ 绘制工程图
- ✧ 绘制视图
- ✧ 调整视图
- ✧ 工程图标注
- ✧ 创建注解文本

10.1 工程图概述

工程图是指能给一线加工制造人员提供加工制造信息的图纸，在图纸中，设计人员要根据相关的国际和国家规范以及行业标准充分而清晰地表达出产品或零件的几何结构、尺寸大小及相关的加工信息。

工程图广泛应用于各个行业，而且从设计部门到加工制造部门和检验部门贯穿了零件设计制造的全过程和所有部门，因此需要一个统一的标准来规范工程图的绘制，这样有利于不同行业、不同岗位的技术人员进行技术交流。这个标准就是“国家制图标准”（以下简称国标），主要通过以下几个方面来规范工程图的绘制。

1. 图纸幅面和图框格式

国标规定了工程图图纸幅面的大小和相关图纸上图框的格式、大小及标题栏等相关信息。在绘制工程图时要优先选用国标规定的5种图纸幅面和相应的图框格式。表10-1所示为国标规定的5种基本幅面及其尺寸大小。

表10-1 图纸幅面及其尺寸大小

幅面代号	A0	A1	A2	A3	A4
B×L	841×1189	594×841	420×594	297×420	210×297

2. 绘图比例

图纸上图形尺寸和实际尺寸之间的比称为比例。国标规定了一系列的比例，绘图时可从中选择所需要的绘图比例。但无论采用哪种比例绘图，图纸上所标注的尺寸值都是零件的实际尺寸，而不随绘图比例的改变而改变。另外，在绘制工程图时，同一张图纸上尽量采用同一个比例，如果某一视图采用不同的绘图比例时，应在该视图上方注释所采用的比例。

3. 图线标准

在绘图时，采用不同的图线绘制不同类型的元素。但同一张图纸上，同一类型的元素要采用相同的图线绘制，而且图线的宽度应保持一致。国标对图线的名称、代号、样式和宽度等都做了相应的规定。

4. 文字标准

文字包括图纸中的尺寸标准文字和用于说明零件加工要求和技术要求的文字、数字和字母。国标也对文字的样式做了相应的规定。

5. 标题栏和明细表

标题栏包括图纸的名称、编号、设计人员等，而明细表包括材料、数量和零件编号等内容。国标对标题栏和明细表的样式大小都做了详细的规定。

10.2 绘制工程图

绘制工程图

在创建工程图之前，首先要新建一个工程图文件。

（1）打开配套学习资源中的“\原始文件\第10章\zhijia.prt”文件，零件模型如图10-1所示。

（2）单击“快速访问”工具栏中的“新建”按钮，系统打开“新建”对话框，在“类型”选项组中点选“绘图”单选钮，在“名称”文本框中输入“gongcheng1”，取消勾选“使用默认模板”复选框，如图10-2所示。

（3）单击“新建”对话框中的“确定”按钮，系统打开如图10-3所示的“新建绘图”对话框，在“默认模型”文本框中自动显示当前处于活动状态的模型。用户也可单击其后的“浏览”按钮选择其他模型。在“指定模板”选项组中点选“空”单选钮，在“方向”选项组中单击“横向”按钮，在“标准大小”下拉列表中选择“A4”选项。

图10-1　零件模型

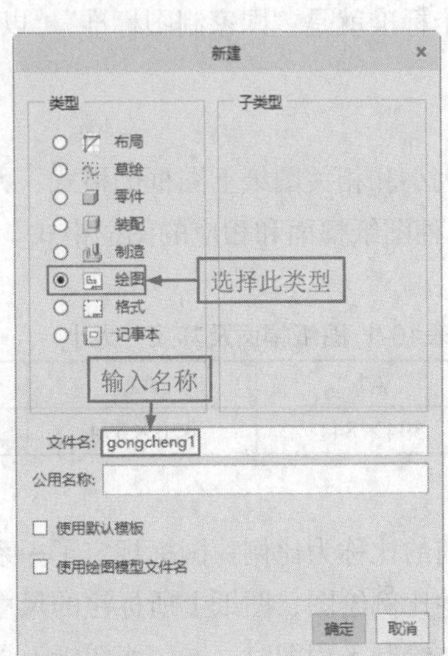

图10-2　“新建”对话框

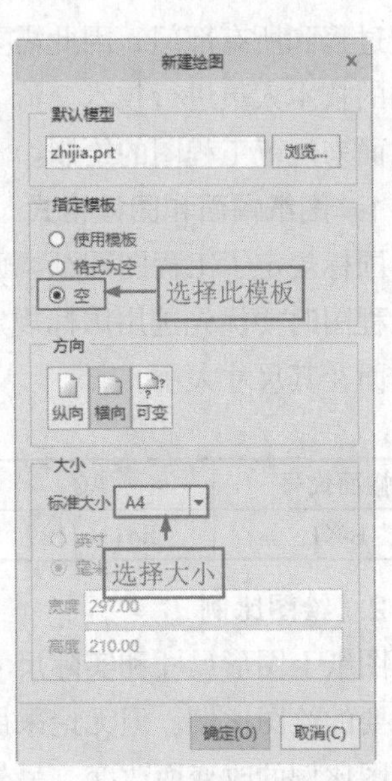

图10-3　“新建绘图”对话框

（4）单击“确定”按钮，进入工程图环境，如图10-4所示。

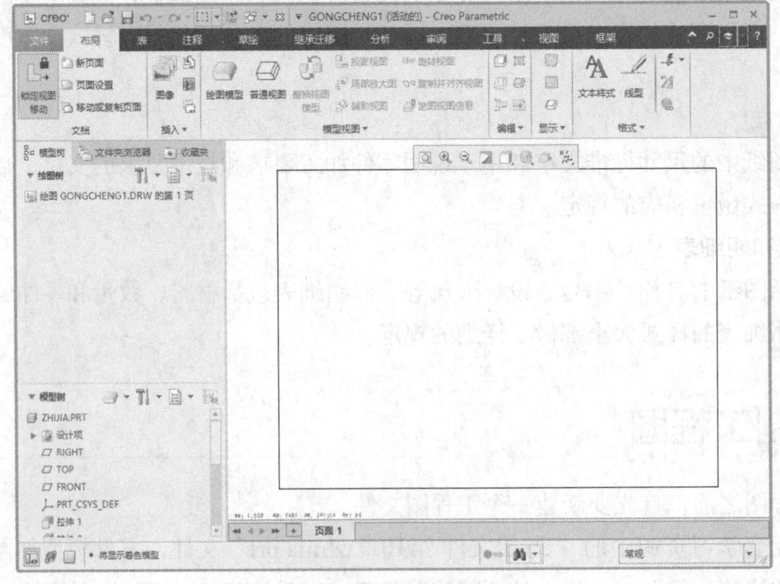

图10-4　工程图环境

10.3 绘制视图

插入视图是指定视图类型、特定类型可能具有的属性插入视图后在页面上为该视图选择位置的一个过程，最后放置视图，再为其设置所需方向。Creo Parametric中使用的基本视图类型包括一般视图、投影视图、辅助视图和局部放大图4种。

10.3.1　绘制普通视图

绘制普通视图

通常放置在页面上的第一个视图称为普通视图。它是最易于变动的视图，因此可根据任何设置对其进行缩放或旋转。

单击“布局”功能区“模型视图”面板中的“普通视图”按钮，打开如图10-5所示的“选择组合状态”对话框，勾选“对于组合状态不提示”复选框，单击“确定”按钮。

根据系统提示，在图纸范围内单击，即可选择普通视图的放置位置。普通视图将显示所选组合状态指定的方向，同时打开如图10-6所示的“绘图视图”对话框。

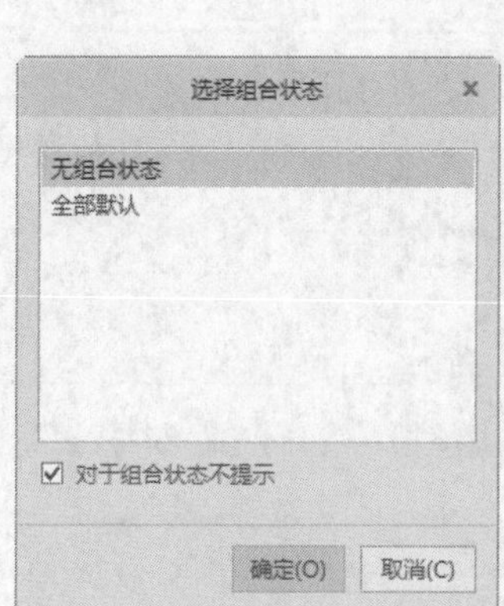

图10-5　“选择组合状态”对话框

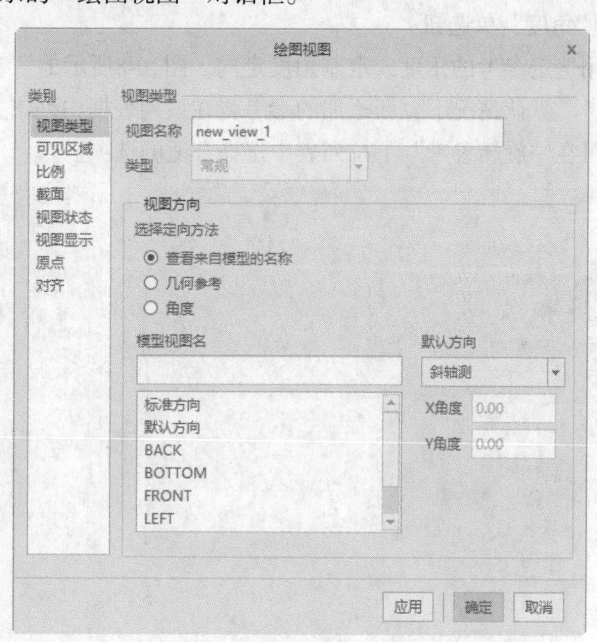

图10-6　“绘图视图”对话框1

在左侧的“类别”列表框中可选择不同的视图类型，并显示用于定义视图类型和方向的选项。

在“视图名称”文本框中可修改视图名称，通过“类型”下拉列表中的可用选项更改视图类型。通过“视图方向”选项组中的各单选钮可更改当前方向。

1.“查看来自模型的名称”单选钮

使用来自模型的已保存视图定向。在“模型视图名”列表框中选择相应的模型视图，通过在“默认方向”下拉列表框中选择合适的方向定义*X*和*Y*的方向。此列表框中包含“等轴测”“斜轴测”和“用户定义”3个选项。对于“用户定义”选项，必须指定定制角度值。

技巧荟萃

在绘制视图时，如果已经选取了一个组合状态，则所选组合中的已命名方向将保留在“模型视图名”列表框中。如果更改该命名视图，组合状态将不再列出。

2. “几何参考”单选钮

使用来自绘图中预览模型的几何参考进行定向。选择方向以定向来自于当前所定义“参考1”和“参考2”下拉列表中的参考。此下拉列表中包含“前”“后”“上”“下”“左”“右”“竖直轴”和“水平轴”8个选项，如图10-7所示。在绘图区中预览的模型上选取所需参考，模型可根据定义方向和选取参考重新定位。通过单击“参考1”或“参考2”右侧的文本框并在绘图模型上选取新参考，可更改选定参考。

技巧荟萃

要将视图恢复为其原始方向，可在“模型视图名”列表框中选择“默认方向”选项。

3. “角度”单选钮

使用选定参考的角度或定制角度定向。图10-8所示的“参考角度”列表框中列出了用于定向视图的参考。默认情况下，新添加的参考将在该列表框中列出并加亮显示。针对列表框中加亮显示的参考，可在“旋转参考”下拉列表中选择合适的选项。

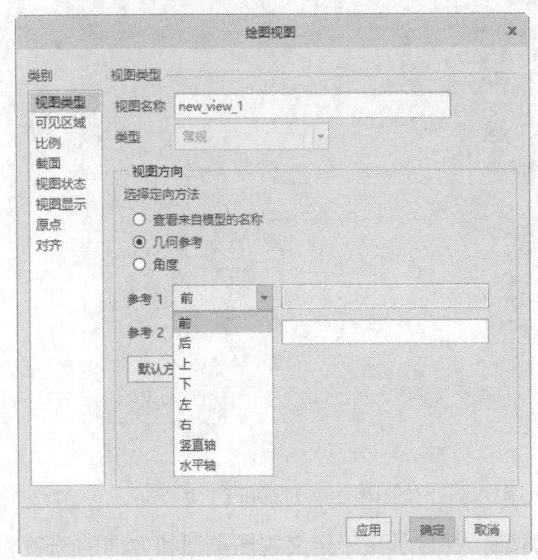

图10-7 “绘图视图”对话框2

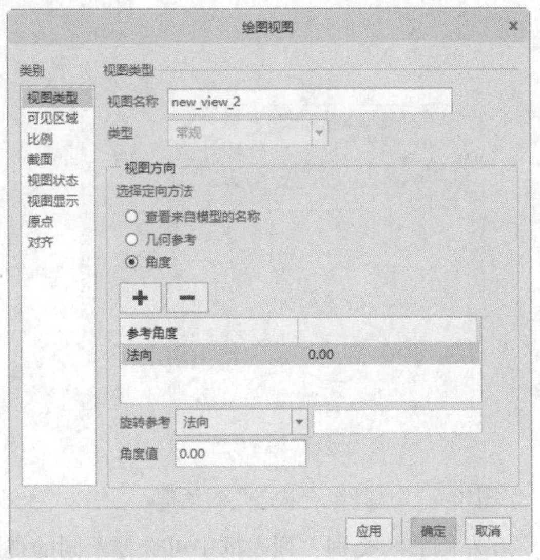

图10-8 “绘图视图”对话框3

- 法向：绕通过视图原点并法向于绘图页面的轴旋转模型。
- 竖直：绕通过视图原点并垂直于绘图页面的轴旋转模型。
- 水平：绕通过视图原点并与绘图页面保持水平的轴旋转模型。
- 边/轴：绕通过视图原点并根据与绘图页面所成指定角度的轴旋转模型。在预览的绘图视图上选取适当的边或轴参考。

在“角度值”文本框中可输入参考的角度值。单击并重复角度定向过程，可创建附加参考，在本例中将新插入的视图命名为“zhushitu”，然后点选“查看来自模型的名称”单选钮，并在“模型视图名”下拉列表中选择“BOTTOM”选项，再单击“应用”按钮，完成第一个视图的设定，如图10-9所示。

如果视图中包含多个模型，且要继续定义绘图视图的其他属性，可单击“应用”按钮，然后选择合适的类别。如果已完成了对绘图视图的定义，单击“确定”按钮，生成的一般视图如图10-10所示。

图10-9 设定视图方向

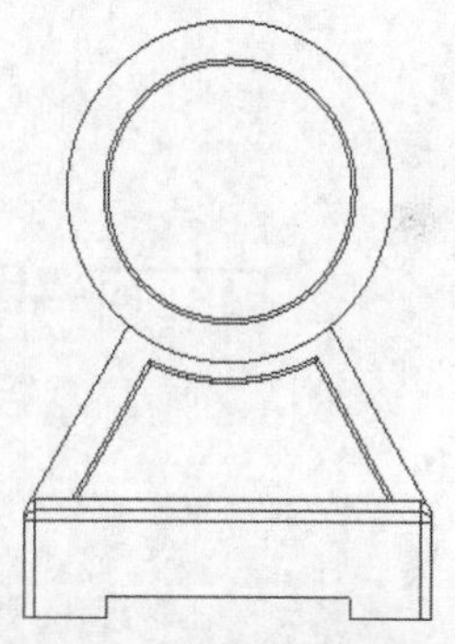

图10-10 生成的普通视图

技巧荟萃

如果删除或隐含 Creo Parametric 用来定向视图的几何特征，Creo Parametric 会将该视图和其子项更改为默认方向；如果删除该几何特征，则无法恢复原始视图方向，但恢复隐含特征将恢复视图的原始方向。

10.3.2 绘制投影视图

绘制投影视图

投影视图是另一个视图沿水平或垂直方向的正交投影。投影视图放置在投影通道中，位于父视图上方、下方、右边或左边。当绘制投影视图时，将根据该投影生成的方向为其赋予一个默认名称。

创建投影视图的方法如下。

（1）单击“布局”功能区“模型视图”面板中的“投影视图”按钮，根据系统提示选取要在投影中显示的父视图，这时父视图右侧出现一个矩形框来代表投影视图，如图10-11所示。

（2）将此矩形框水平或垂直拖到所需的位置，单击即可放置视图，如图10-12所示。

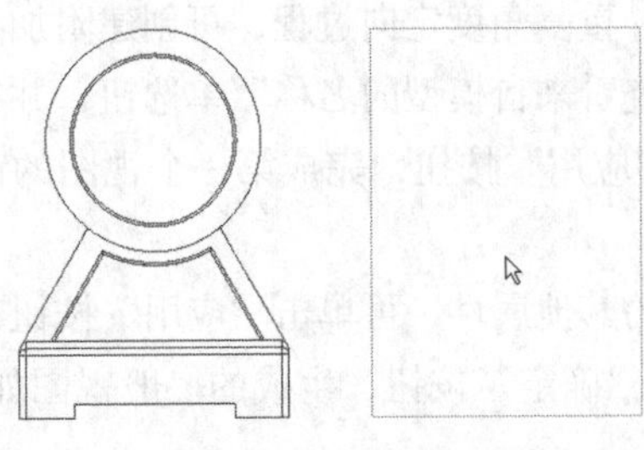

图10-11　选取父视图

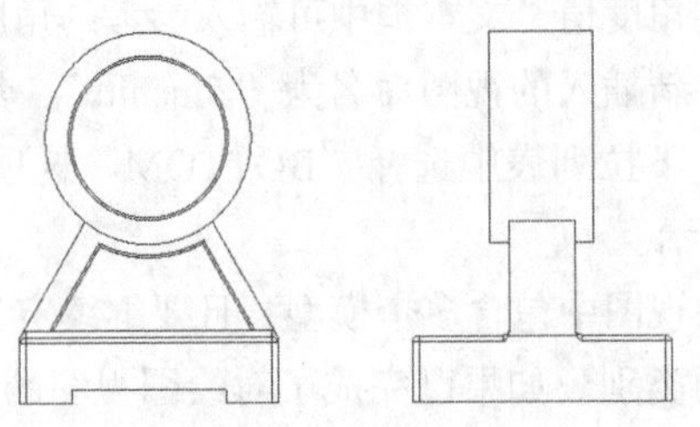

图10-12　生成的左视图

（3）如果需要修改投影视图的属性，可右击该视图，打开如图10-13所示的右键快捷菜单，选择“属性”命令，即可打开如图10-14所示的“绘图视图”对话框，在该对话框中可修改投影视图的属性。修改完成后如要继续定义绘图视图的其他属性，单击“应用”按钮，然后选择适当的类别；如果已完全定义好绘图视图，单击“确定”按钮即可。

（4）也可通过右击父视图，在打开的右键快捷菜单中选择“投影视图”命令来绘制投影视图。

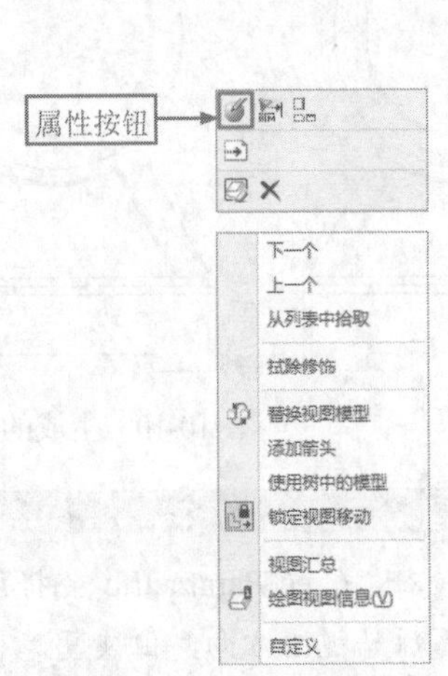

图10-13　右键快捷菜单

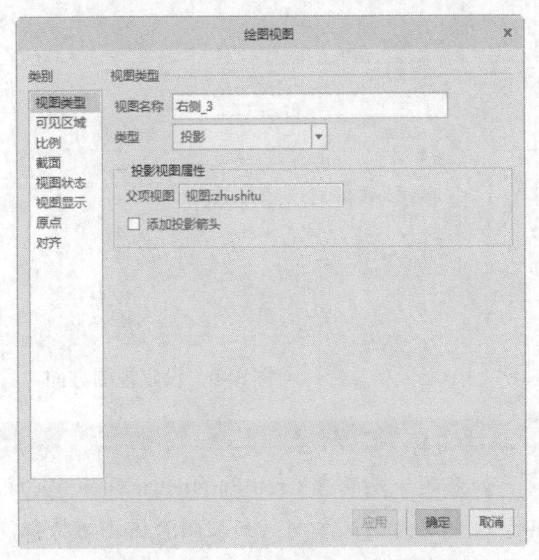

图10-14　“绘图视图”对话框

技巧荟萃

在创建投影视图时，系统默认是第三角度投影标准，但是我国采用的是第一角度投影标准，因此为统一标准，选择菜单中的“文件”→“准备”→“绘图属性”命令，打开“绘图属性”对话框，在对话框中单击“细节选项”栏中的“更改”按钮，打开“选项”对话框，将“projection_type”选项中的值更改为“first_angle”即可。

绘制辅助视图

10.3.3　绘制辅助视图

辅助视图是一种投影视图，以垂直角度向选定曲面或轴进行投影。选定曲面的方向确定投影通道。父视图中的参考必须垂直于屏幕平面。

绘制辅助视图的方法如下。

（1）单击“布局”功能区“模型视图”面板中的“辅助视图”按钮，根据系统提示选取要绘制辅助视图的边、轴、基准平面或曲面，父视图下方出现一个代表辅助视图的矩形框，如图10-15所示。

（2）将此矩形框水平或垂直拖到所需的位置，然后单击即可放置视图，如图10-16所示。

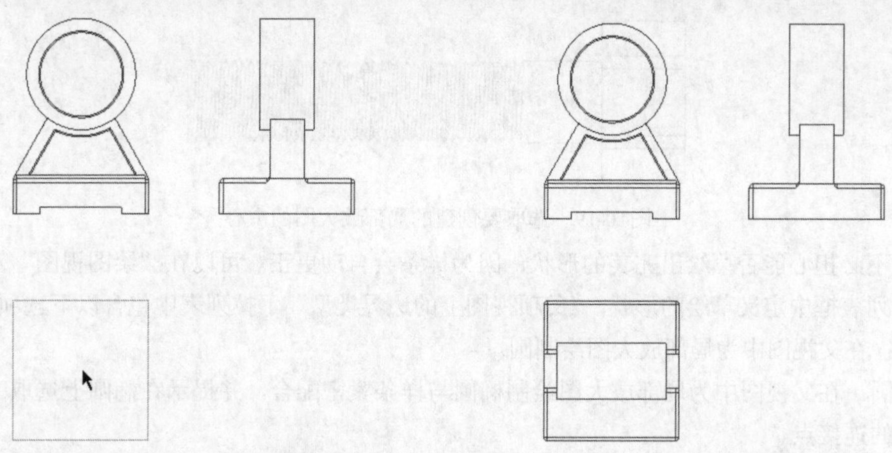

图10-15　预显辅助视图位置　　图10-16　生成的辅助视图

（3）如果需要修改辅助视图的属性，可通过双击或右击投影视图，在打开的右键快捷菜单中选择“属性”选项，打开“绘图视图”对话框，在“绘图视图”对话框中选择合适的类别定义其他属性。每定义完一个类别后，应单击“应用”按钮，然后选择下一个适当的类别，定义完成后，单击“确定”按钮，退出“绘图视图”对话框。

（4）保存文件以备后用。

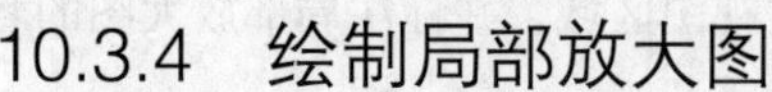

10.3.4　绘制局部放大图

绘制局部放大图

局部放大图是指用另一个视图放大显示模型中的一小部分。父视图中的参考注解和边界为局部放大图设置的一部分。将局部放大图放置在绘图页上后，即可使用“绘图视图”对话框中的各选项进行修改，包括其样条边界。例如，在绘制螺纹时，为了更清楚地显示螺纹结构，就经常需要局部放大图。打开配套学习资源中的“\原始文件\第10章\luoding.prt”文件，螺钉模型如图10-17所示。

（1）创建一个新的工程图文件jubufangdatu，并采用同样的方法创建一个主视图，结果如图10-18所示。

图10-17　螺钉模型

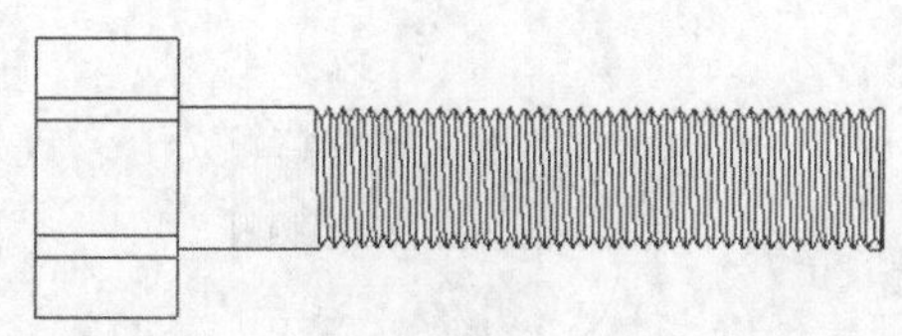

图10-18　螺钉主视图

（2）单击“布局”功能区“模型视图”面板中的“局部放大图”按钮，根据系统提示选取要在局部放大图中放大的现有绘图视图中的点，如图10-19所示。选取的项目将加亮显示，根据系统提示绕点草绘样条。注意不要使用“草绘”功能选项卡启动样条草绘，如果访问“草绘”功能选项卡以绘制样条，则将退出局部放大图的创建。直接在绘图区单击绘制样条。

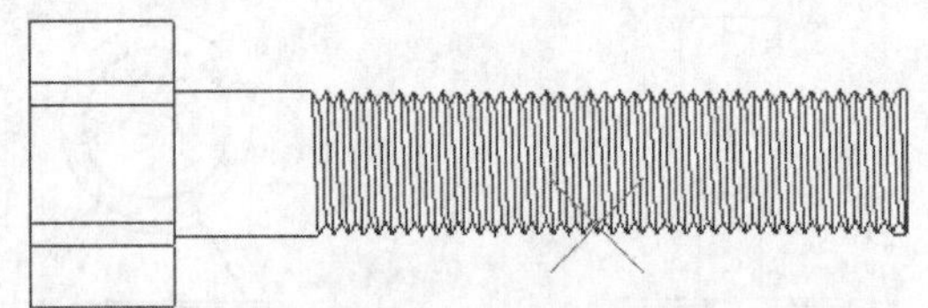

图10-19　选取要创建的局部放大图的中心

（3）不必担心能否草绘出完美的形状，因为样条会自动更正。可以在“绘图视图”对话框“视图类型”列表框中定义草绘的形状。“父项视图上的边界类型”下拉列表中包含以下选项。

- 圆：在父视图中为局部放大图绘制圆。
- 椭圆：在父视图中为局部放大图绘制椭圆与样条紧密配合，并提示在椭圆上选取一个视图注解的连接点。
- 水平/竖直椭圆：绘制具有水平或垂直主轴的椭圆，并提示在椭圆上选取一个视图注解的连接点。
- 样条：在父视图上显示局部放大图的实际样条边界，并提示在样条上选取一个视图注解的连接点。
- ASME94圆：在父视图中将符合ASME标准的圆显示为带有箭头和局部放大图名称的圆弧。

（4）草绘完成后单击鼠标中键确认。样条显示为一个圆和一个查看细节名称的注解，如图10-20所示。

（5）选择要放置局部放大图的位置。将显示样条范围内的父视图区域，并标注局部放大图的名称和缩放比例，如图10-21所示。

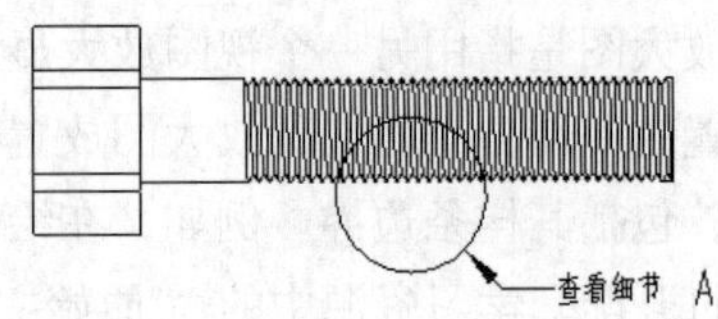

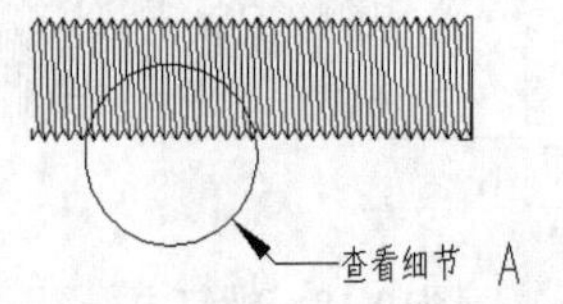

图10-20　显示局部放大图的范围和名称

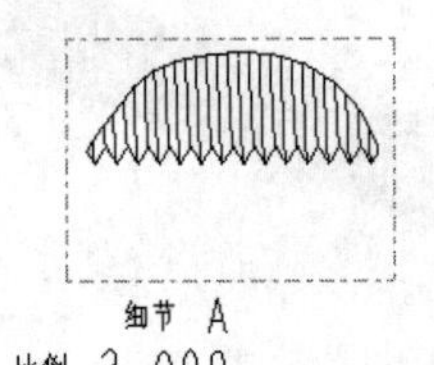

图10-21　创建详细视图

（6）双击该视图，打开如图10-22所示的“绘图视图”对话框，在“类别”列表框中选择“比例”选项，修改比例数值为5，单击“确定”按钮，即可更改局部放大图的比例，如图10-23所示。

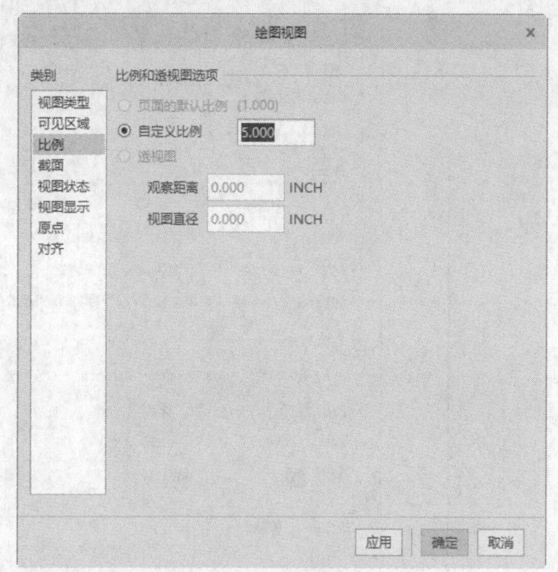

图10-22　“绘图视图”对话框

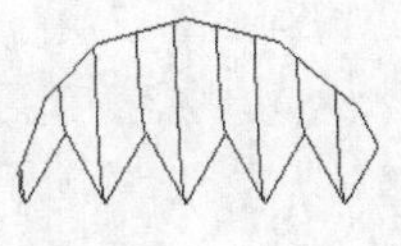

图10-23　修改比例

（7）选中整个标签，右击，在打开的下拉菜单中单击“属性”按钮，可打开如图10-24所示的“注解属性”对话框。

（8）在该对话框的“文本”选项卡中可编辑注解内容。如果需要插入文本符号，可单击右侧的“文本符号”按钮，打开如图10-25所示的“文本符号”对话框，在该对话框中包含各种常用的符号。

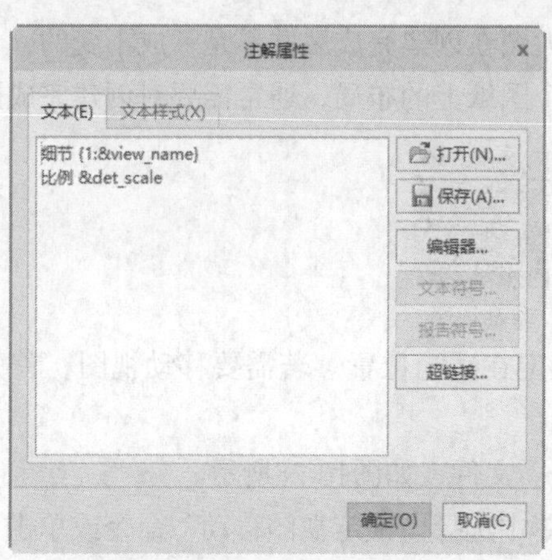

图10-24　“注解属性”对话框

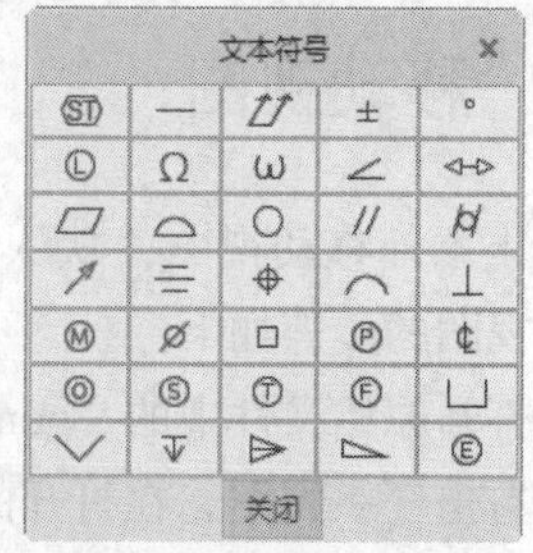

图10-25　“文本符号”对话框

（9）单击“编辑器”按钮，可打开系统安装时选定的默认编辑器“记事本”对话框，如图10-26所示，可在这里编辑注解文本，完成后保存即可。

（10）编辑完成后可以保存注解文件，也可添加新的注解文件。

（11）单击“注解属性”对话框中的“文本样式”选项卡，对话框显示如图10-27所示。在该选项卡中可对注解文本的样式进行修改。

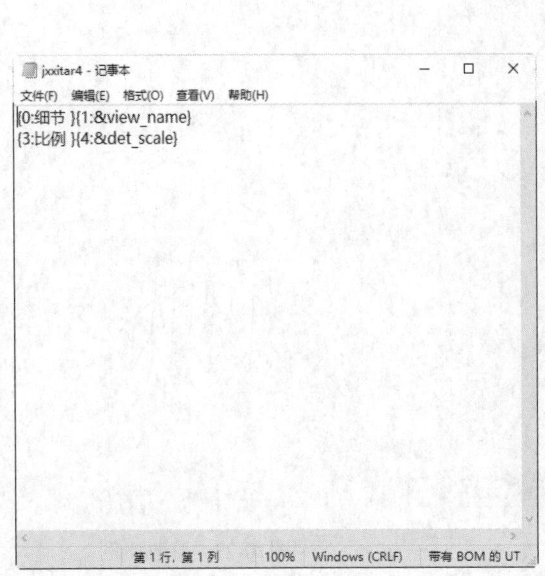

图10-26 “记事本”对话框

图10-27 “文本样式”选项卡

（12）保存该文件以备后用。

10.4 调整视图

一般视图、投影视图、辅助视图和局部放大图在创建完成后并不是一成不变的，为了在后面方便使用尺寸标注和文本注解以及各个视图在整个图纸上的布局，通常需要对创建完成的各个视图进行调整编辑，如移动、拭除和删除等。

10.4.1 移动视图

移动视图

为防止意外移动视图，默认情况下将其锁定在适当位置。若需要移动视图，首先必须解锁视图。解锁视图的步骤如下。

（1）打开原始文件中的“gongchengtu1.drw”文件，如图10-28所示。

（2）右击任一视图，在打开的右键快捷菜单中选择“锁定视图移动”命令或单击“布局”功能区“文档”面板中的“锁定视图移动”按钮，即可解除所有视图的锁定。

（3）被选取的视图轮廓将加亮显示，通过拐角拖动句柄或中心点可将该视图拖动到新位置。当拖动模式激活时，光标变为十字形。也可单击“表”功能区“表”面板下的“移动特殊”按钮，编辑视图的确切X-Y位置来移动视图。

（4）选取如图10-29所示的视图，在虚线框中间和4个顶点处都有一个用来控制视图位置的小方块。

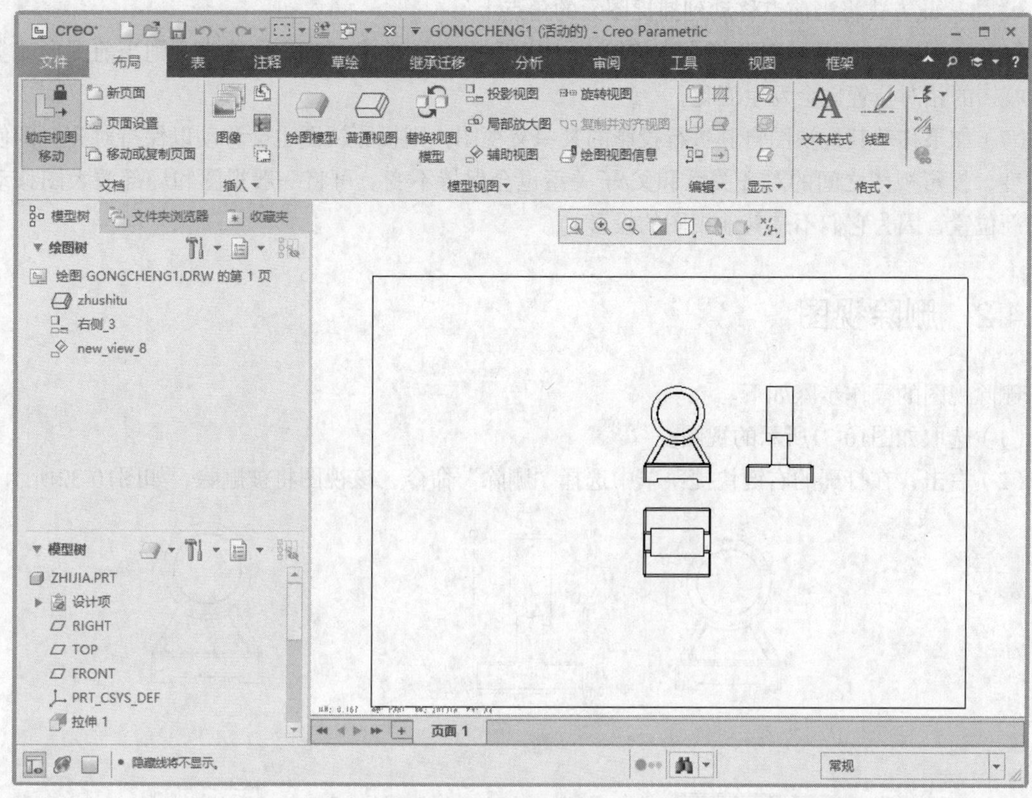

图10-28 绘图文件

（5）单击“表”功能区“表”面板下的“特殊移动”按钮，根据系统提示选取一个控制点作为移动原点，打开如图10-30所示的“移动特殊”对话框。

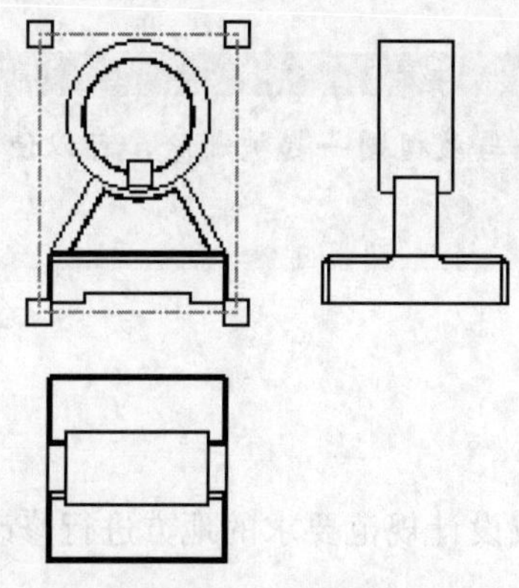

图10-29 选取视图

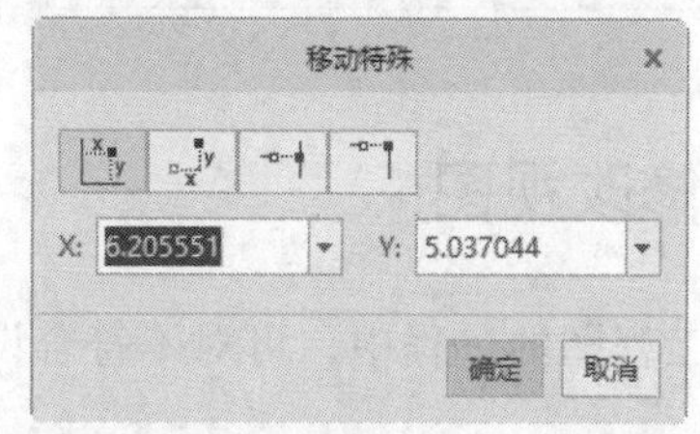

图10-30 “移动特殊”对话框

“移动特殊”对话框中包含以下4种移动方式。

- ：此方式以绝对坐标将当前点移动到坐标位置。
- ：此方式以增量式来移动视图，输入移动坐标值后，视图将会相对于当前位置移动。

- ：此方式将当前点移动到捕捉图元的参考点上。
- ：此方式将当前点移动到捕捉图元的角点上。

（6）在图10-30所示的对话框中直接输入“4”和“6”，单击“确定”按钮，则当前图形就会移动，视图的相对位置也会发生变化。

（7）如果移动其他视图自其进行投影的某一父视图，则投影视图也会移动以保持对齐。即使模型改变，投影视图之间的对齐关系和父/子关系也会保持不变。可将一般视图和局部放大图移动到任何新位置，因为它们不是其他视图的投影。

10.4.2　删除视图

删除视图的操作步骤如下。

（1）选取如图10-31所示的视图。

（2）右击，在打开的右键快捷菜单中选择“删除”命令，该视图将被删除，如图10-32所示。

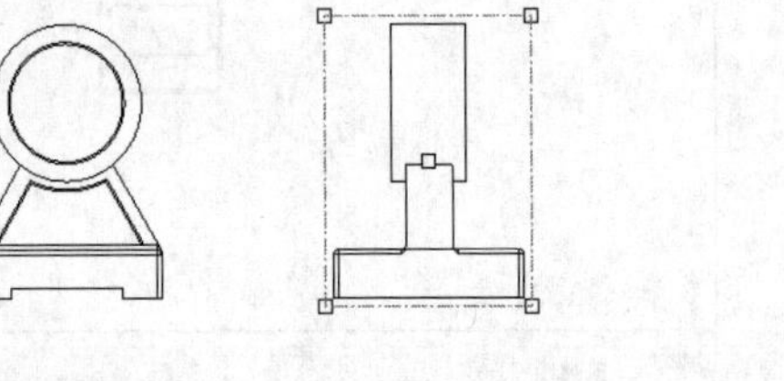

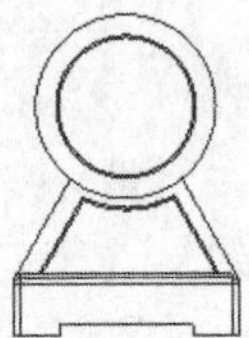

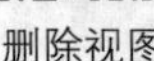

删除视图

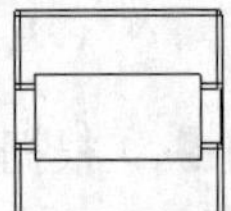

图10-31　选取要删除的视图

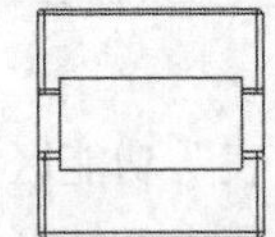

图10-32　删除结果

技巧荟萃

如果选取的视图具有投影视图，则投影视图将会与该视图一起被删除，可以使用撤销命令撤销删除操作。

10.4.3　修改视图

在设计工程图的过程中，可对不符合设计意图或设计规范要求的地方进行修改，使其符合要求。

双击要修改的视图，打开如图10-33所示的“绘图视图”对话框。该对话框的“类别”列表框中包含“视图类型”“可见区域”“比例”“截面”“视图状态”“视图显示”“原点”和“对齐”8个选项。

1．“视图类别”选项

“视图类别”选项用于修改视图的类别。选择该选项后可修改视图的名称和类型，该对话框中的“类型”下拉列表如图10-34所示。选择不同的类型，其激活的选项也各不相同，常用的几种前面已经介绍过，在此不再赘述。

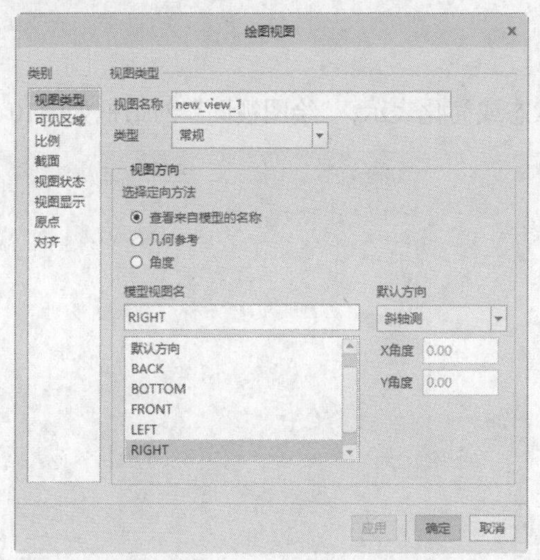

图10-33　“绘图视图”对话框1

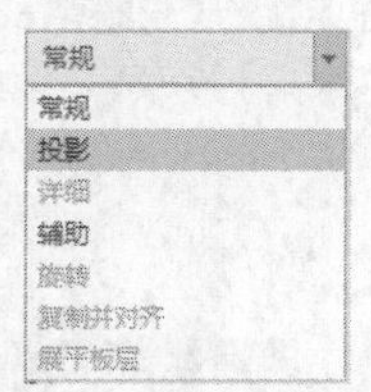

图10-34　“类型”下拉列表

2. **“可见区域”选项**

选择“可见区域”选项后，“绘图视图”对话框如图10-35所示。在该对话框的“视图可见性”下拉列表中可修改视图的可见性区域，此下拉列表中包含“全视图”“半视图”“局部视图”和“破断视图”4个选项。

3. **“比例”选项**

“比例”选项用于修改视图的比例，主要针对设有比例的视图，如局部放大图。此时“绘图视图”对话框如图10-36所示。在该对话框中可选择视图的默认比例，也可自定义比例，自定义比例时直接输入比例值即可。另外，在该对话框中还可设置透视图的观察距离和视图直径。

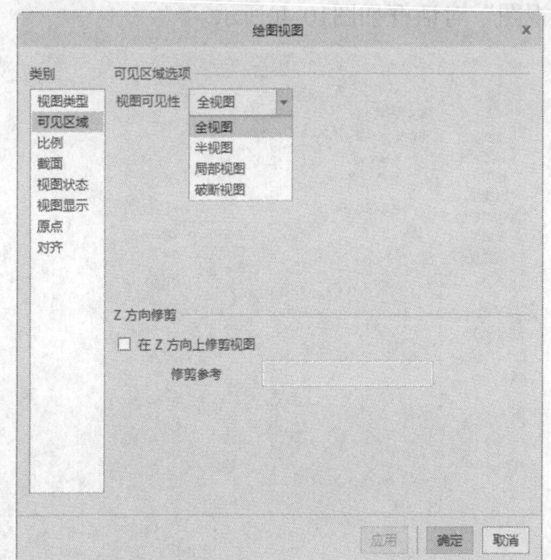

图10-35　“绘图视图”对话框2

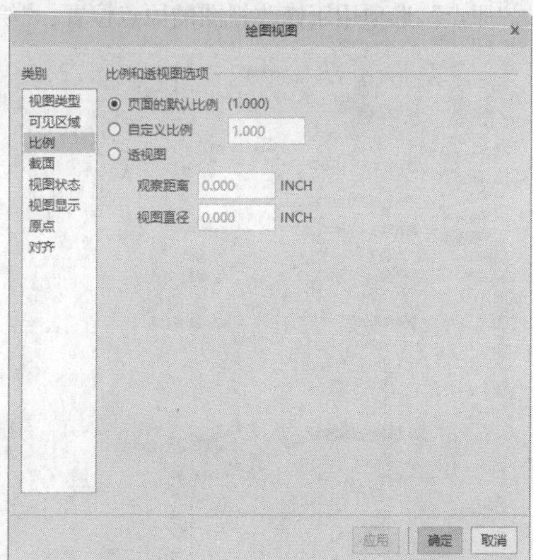

图10-36　“绘图视图”对话框3

4. **“截面”选项**

“截面”选项用于修改视图的剖面，“绘图视图”对话框如图10-37所示。在其中可以添加二维或三维截面，还可以添加单个零件曲面。

5. **“视图状态”选项**

“视图状态”选项用于修改视图的处理状态或简化表示，“绘图视图”对话框如图10-38所示。

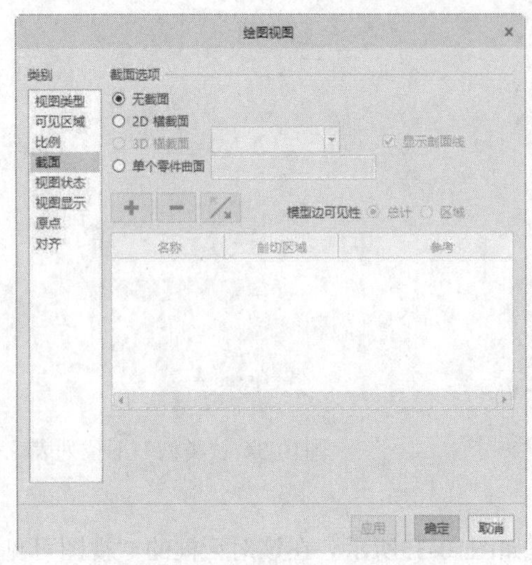

图10-37 “绘图视图”对话框4

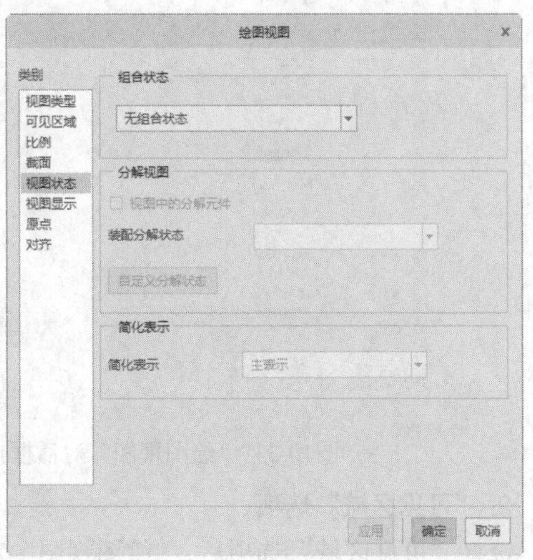

图10-38 “绘图视图”对话框5

6. **“视图显示”选项**

“视图显示”选项用于修改视图显示的选项和颜色配置，“绘图视图”对话框如图10-39所示，可在“显示样式”下拉列表中选择合适的样式，可在“相切边显示样式”下拉列表中选择相切边的处理方式。

7. **“原点”选项**

“原点”选项用于修改视图的原点位置，“绘图视图”对话框如图10-40所示。

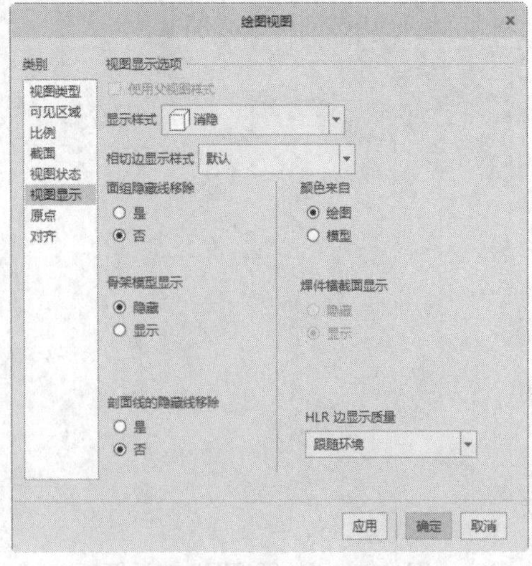

图10-39 “绘图视图”对话框6

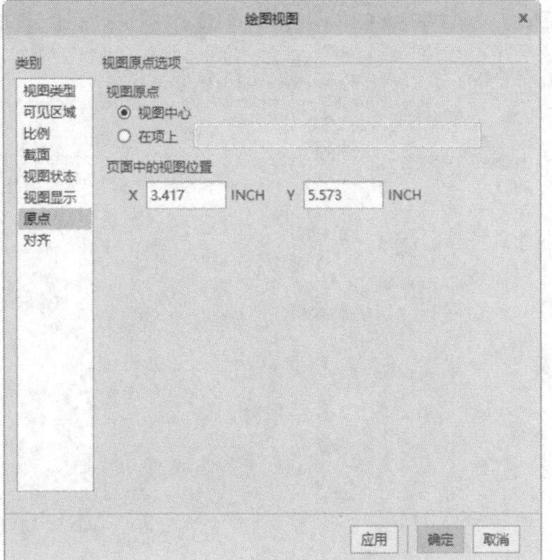

图10-40 “绘图视图”对话框7

8. “对齐”选项

“对齐”选项用于修改视图的对齐情况，“绘图视图”对话框如图10-41所示。

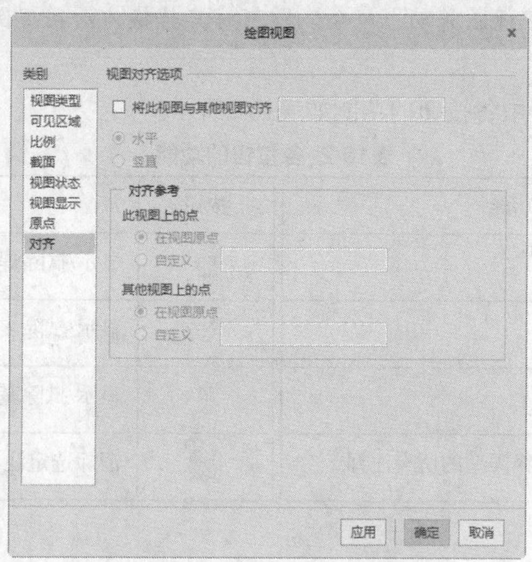

图10-41 “绘图视图”对话框8

10.5 工程图标注

视图创建完成后，需要对工程图进行尺寸标注。尺寸标注是工程图设计中的重要环节，它关系到零件的加工、检验和使用等各个环节。只有配合合理的尺寸标注才能帮助设计者更好地表达其设计意图。

10.5.1 尺寸标注

“显示模型注释”选项可用来显示三维模型尺寸，也可显示从模型中输入的其他视图项目，使用“显示模型注释”选项的优势如下。

- 在工程图中显示尺寸并进行移动，比重新创建尺寸更快。
- 由于工程图与三维模型的关联性，在工程图中修改三维模型显示的尺寸值时，系统将在零件或组件中显示相应的反映。
- 可使用绘图模板自动显示和定位尺寸。
- 显示模型注释的方式。可通过单击“注释”功能区“注释”面板中的“显示模型注释”按钮，在“类型”列表框中选择注释类型，然后在工程图中选取要进行注释的视图，在“显示模型注释”对话框中将会有相应的显示，如图10-42所示。

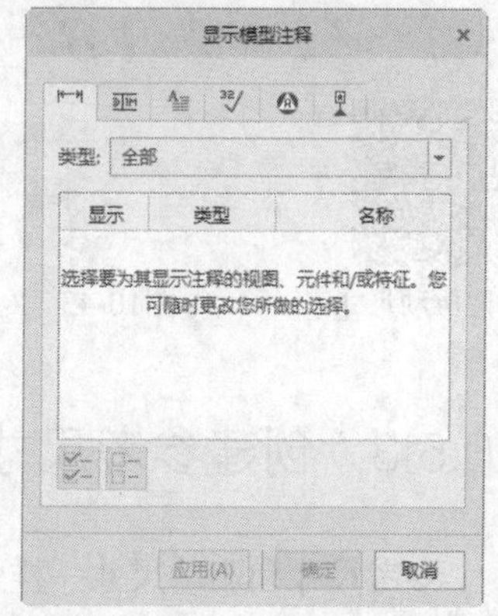

图10-42 “显示模型注释”对话框

技巧荟萃

要显示的视图必须为活动视图。如果不是活动视图，可选取该视图，然后右击，在打开的右键快捷菜单中选择“锁定视图移动”命令，即可将其转换为活动视图。

“显示模型注释”对话框中各按钮的功能如表10-2所示。

表10-2 各按钮的功能

按钮	功能	按钮	功能
	显示/拭除尺寸		显示/拭除焊接符号
	显示/拭除形位公差		显示/拭除表面粗糙度
	显示/拭除注释		显示/拭除基准平面
	选择并显示选定注释类型的所有注释		清除选定注释类型的所有注释

10.5.2 创建驱动尺寸

驱动尺寸是通过现有基线为参考定义的尺寸。可通过手动方式创建驱动尺寸。

（1）单击“注释”功能区“注释”面板中的“尺寸”按钮，打开“选择参考”对话框，在对话框中可以选择参考的类型，包括选择图元、选择曲面、选择图元、选择圆弧或圆的切线、选择边或图元的中点、选择由两个对象定义的相交等类型，如图10-43所示。

（2）在“选择参考”菜单管理器中选择参考类型后，根据系统要求选取两个新参考，在合适的位置单击鼠标中键，即可放置新参考尺寸，如图10-44所示。

创建驱动尺寸

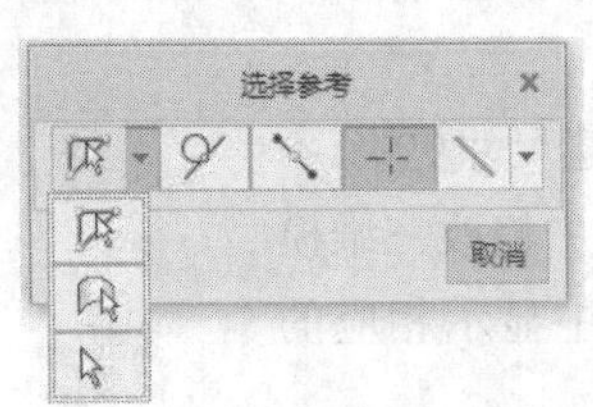

图10-43 “选择参考”菜单管理器

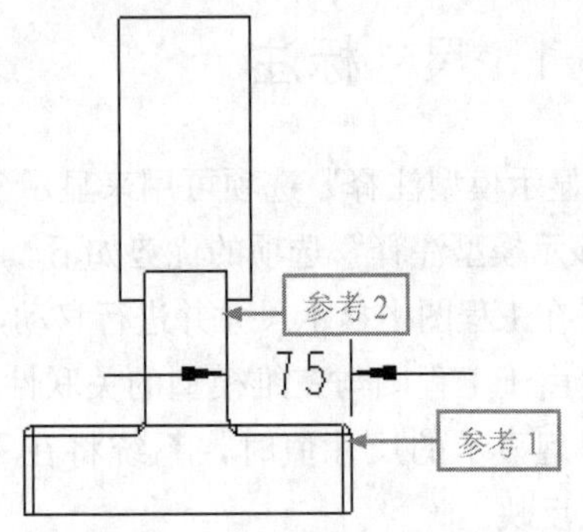

图10-44 选取尺寸参考

10.5.3 创建参考尺寸

参考尺寸和驱动尺寸一样，也是根据参考定义的尺寸，不同之处在于参考尺寸不显示公差。用户可通过括号或在尺寸值后添加REF来表示参考尺寸，也可通过手动方式创建参考尺寸。

（1）单击“注释”功能区“注释”面板右侧下拉按钮▾，在打开的下拉选项中选择“参考尺寸”按钮，打开“选择参考”对话框。

（2）在“选择参考”对话框中选择参考类型后，根据系统要求选取两个新参考，在合适的位置单击鼠标中键，即可放置新参考尺寸，如图10-45所示。

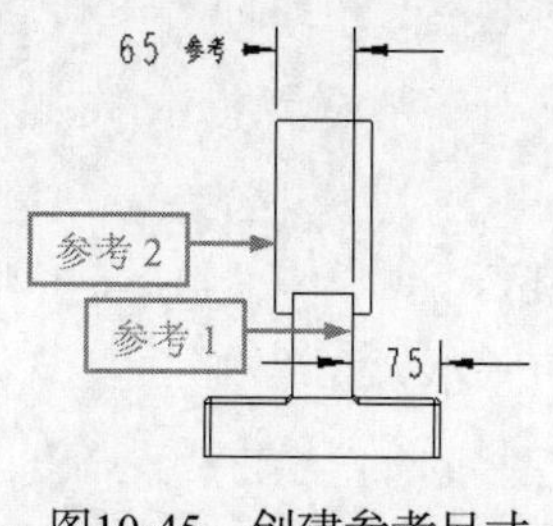

图10-45 创建参考尺寸

创建参考尺寸

10.5.4 几何公差的标注

几何公差的标注

几何公差用来标注产品工程图中的直线度、平面度、圆度、圆柱度、线轮廓度、面轮廓度、倾斜度、垂直度、平行度、位置度、同轴度、对称度、圆跳动度和全跳动等。

（1）单击“注释”功能区“注释”面板中的“几何公差”按钮，在需要标注“几何公差”的地方单击鼠标，系统打开如图10-46所示的“几何公差”操控板。

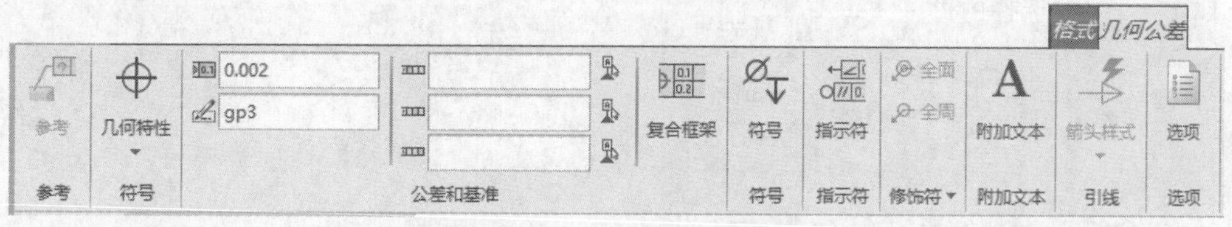

图10-46 “几何公差”操控板

（2）“几何公差”操控板中左边的“参考”功能区用来设置参考模型、参考图素的选取方式及几何公差的放置方式；在“符号”功能区中选择基准符号，在“公差和基准”功能区中输入几何公差的公差值和定义参考基准，用户可在“主要”“次要”“第三”功能区中分别定义主要、次要、第三基准。在“复合框架”编辑框中输入复合公差的数值。

（3）在“几何公差”操控板的“符号”功能区中可指定其他符号。

（4）在“几何公差”操控板的“附加文本”功能区中可添加文本说明。

（5）设置完成后，在绘图区单击即可完成几何公差的标注。

10.5.5 表面粗糙度的标注

表面粗糙度的标注

（1）单击“注释”功能区“注释”面板中的“表面粗糙度”按钮。

（2）打开如图10-47所示的“打开”对话框，双击“machined”文件，在其文件中的“standard1.sym”

文件，单击“打开”按钮。

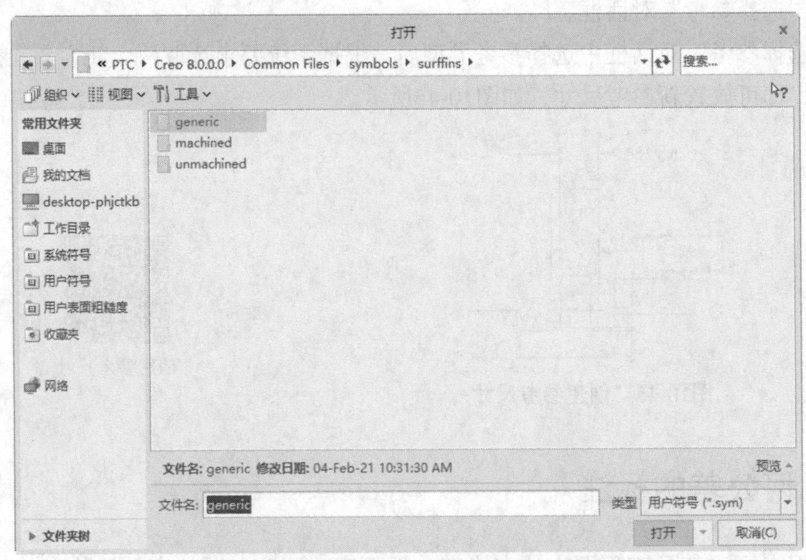

图10-47 “打开”对话框

（3）打开如图10-48所示的“表面粗糙度”对话框，类型选择“垂直于图元”选项，选取放置粗糙度的位置，如图10-49所示。

图10-48 “表面粗糙度”对话框

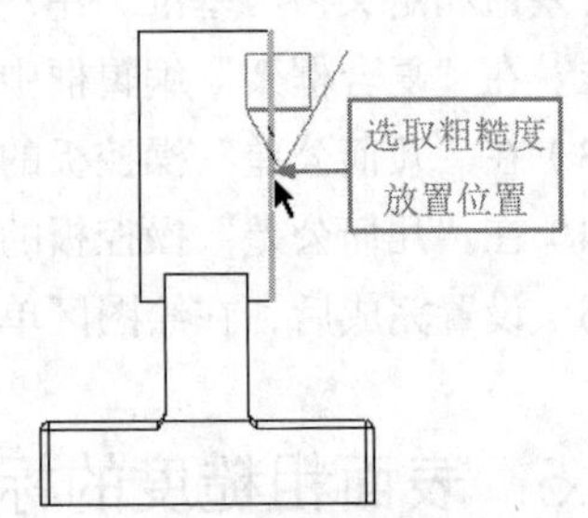

图10-49 选择图元

（4）单击“可变文本”选项卡，打开如图10-50所示的对话框，输入表面粗糙度值为6.3，然后点击鼠标中键，单击“确定”按钮，完成粗糙度的标注，如图10-51所示。

图10-50　“可变文本”选项卡

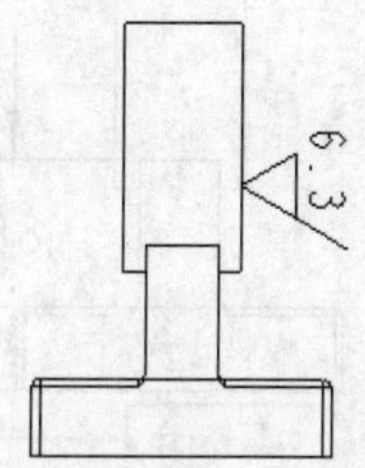

图10-51　标注粗糙度

10.5.6　编辑尺寸

编辑尺寸

尺寸创建完成后，若存在位置不合理或有尺寸相互重叠的情况，可对尺寸进行编辑修改。通过编辑修改可使视图更加美观、合理，绘图尺寸的放置应符合工业标准，并能使模型细节更易读取。

1. 移动尺寸

（1）利用10.5.2节的方法对工程图“gongchengshitu1.drw”进行标注，结果如图10-52所示。

（2）选取要移动的尺寸，光标变为四角箭头形状，如图10-53所示。

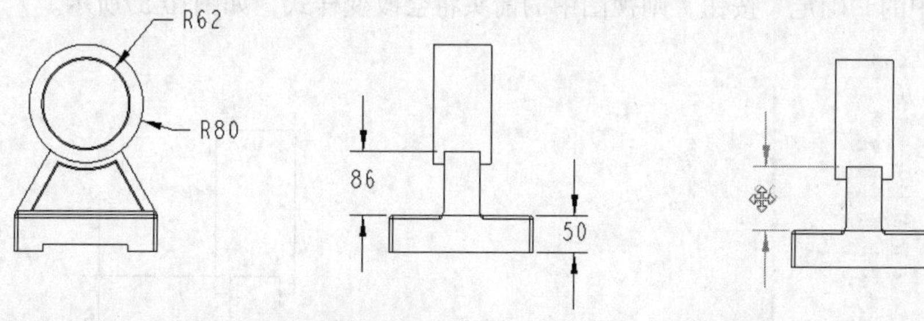

图10-52　原始图形　　　图10-53　选取要移动的尺寸

（3）按住鼠标左键，将尺寸拖动到所需的位置，然后释放按键即可将尺寸移动到新位置，如图10-54所示。可使用<Ctrl>键选取多个尺寸，如果移动选定尺寸中的一个，所有选中的尺寸都将随之移动。

2. 对齐尺寸

可通过对齐线性、径向和角度尺寸来整理图形显示。选定尺寸与所选取的第一尺寸对齐（假设它们共享一条平行的尺寸界线）。无法与选定尺寸对齐的任何尺寸都不会移动。

（1）选取要将其他尺寸与之对齐的尺寸，该尺寸会加亮显示。按住<Ctrl>键选取要对齐的剩余尺寸。可单独选取附加尺寸或使用区域选取，也可选取未标注尺寸的对象，但对齐只适用于选定尺寸。

（2）选取尺寸后右击，在打开的右键快捷菜单中选择“对齐尺寸”命令，或单击“注释”功能区“编辑”面板中的“对齐尺寸”按钮，则尺寸与第一个选定的尺寸对齐，如图10-55所示。

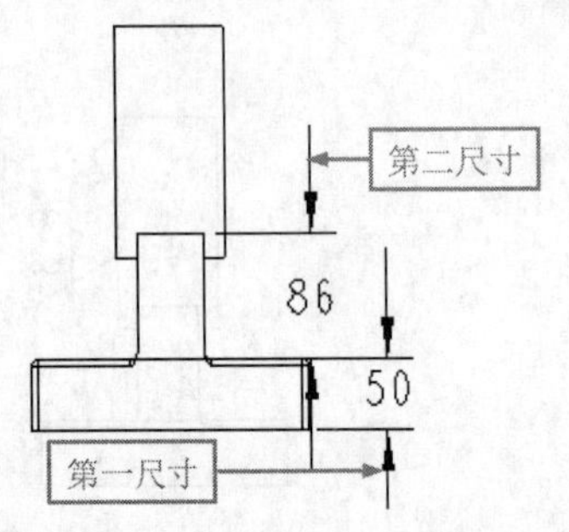

图10-54 移动尺寸后的图形

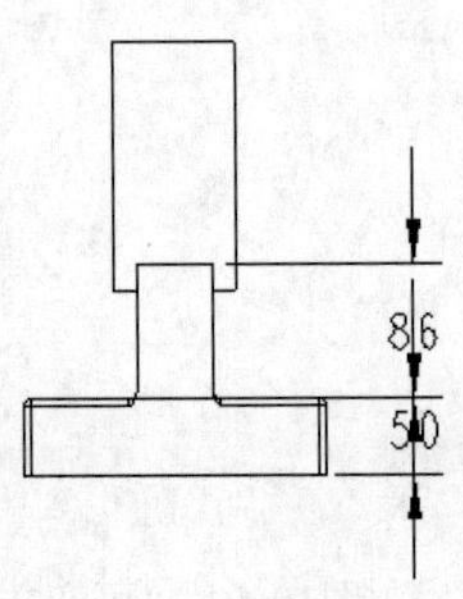

图10-55 对齐尺寸

技巧荟萃

每个尺寸可独立移动到一个新位置。如果其中一个尺寸被移动，则已对齐的尺寸不会保持其对齐状态。

3. 修改尺寸线样式

（1）单击“注释”功能区“格式”面板中的“箭头样式”按钮 箭头样式 右侧的下拉按钮，打开如图10-56所示的“箭头样式”下拉列表。

（2）在菜单中选择合适的命令，本列选择“实心点”命令，选取待修改的尺寸线箭头，然后单击“选择”对话框中的“确定”按钮，则视图中的箭头将会改变样式，如图10-57所示。

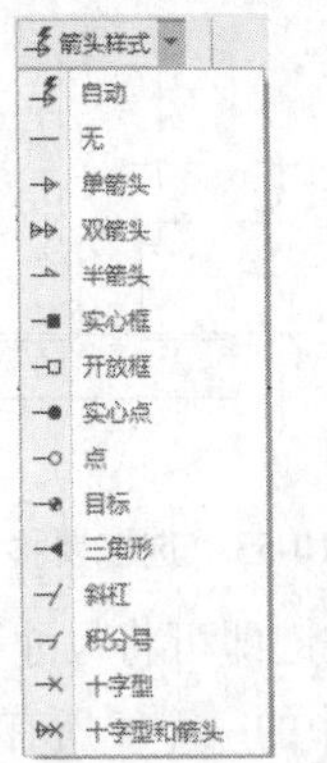

图10-56 “箭头样式”下拉列表

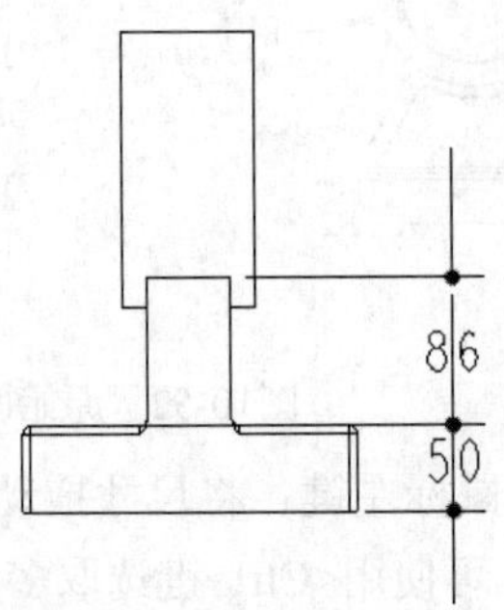

图10-57 修改箭头样式

4. **删除尺寸**

如果要删除某一尺寸，可直接选取该尺寸，在打开的快捷菜单中单击“删除”按钮✕，或者右击，在打开的右键快捷菜单中单击“删除”按钮✕，即可将选中的尺寸删除。

10.5.7　显示尺寸公差

显示尺寸公差

本例利用支架零件图讲解尺寸公差的显示方法。

（1）单击“主页”功能区“数据”面板中的“打开”按钮，打开“文件打开”对话框，选择配套学习资源中的“\原始文件\第10章\zhijia.prt”文件，打开支架零件图。

（2）在菜单栏中选择“文件”→“选项”命令，打开如图10-58所示的“Creo Parametric选项”对话框。

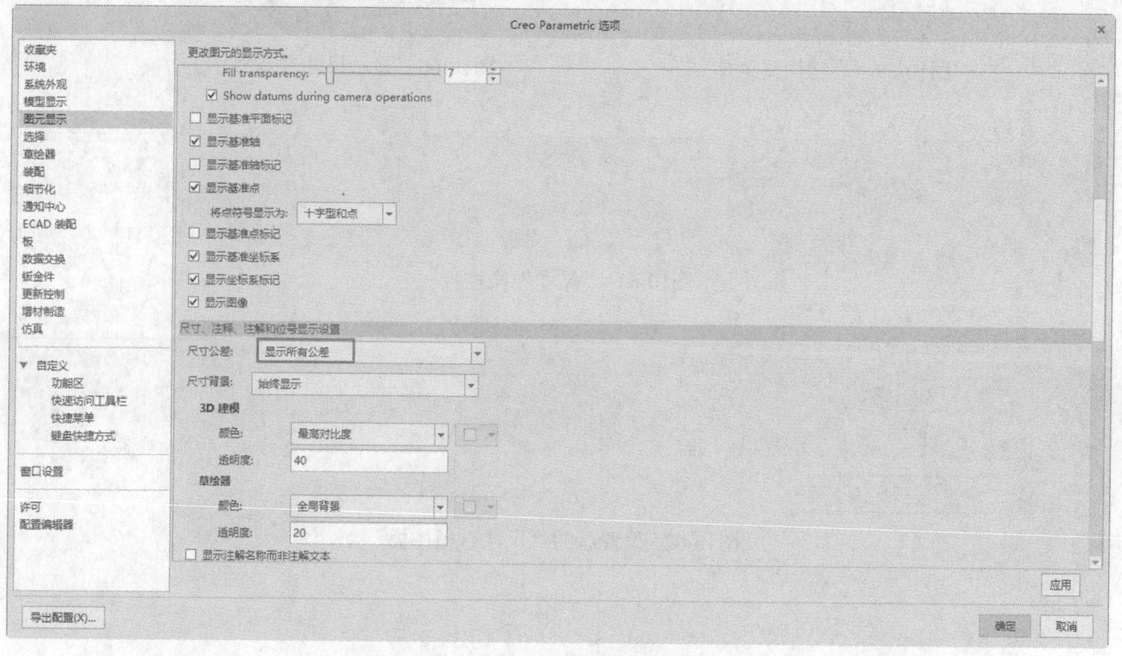

图10-58　“Creo Parametric选项”对话框

（3）在该对话框中的“图元显示”选项卡中将“尺寸公差”设置为“显示所有公差”，单击“确定”按钮即可设定公差的显示模式。然后在“模型树”选项卡中选择“拉伸3”选项并右击，在打开的右键快捷菜单中单击“编辑尺寸”按钮，如图10-59所示。

（4）绘图区中的零件视图在尺寸中已显示了尺寸公差，如图10-60所示。单击图中的尺寸公差，打开“尺寸”操控板，如图10-61所示。

（5）在“尺寸”操控板中可修改公差模式和公差值。在“公差”选项卡下的“公差”下拉列表中选择“正负”选项，则设置后的“尺寸”操控板如图10-62所示。

（6）在“上公差”和“下公差”的文本框中修改公差值，修改完成后绘图区单击，图形显示如图10-63所示。

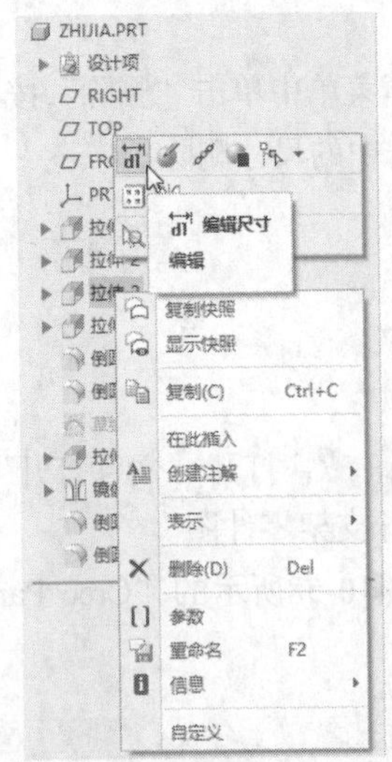

图10-59　右键快捷菜单

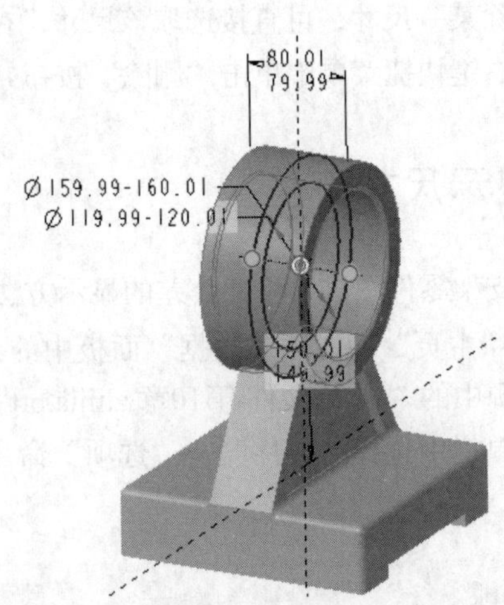

图10-60　显示尺寸公差

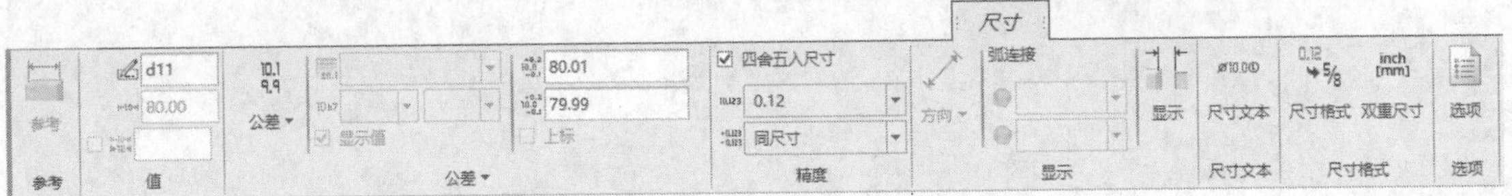

图10-61　“尺寸”操控板

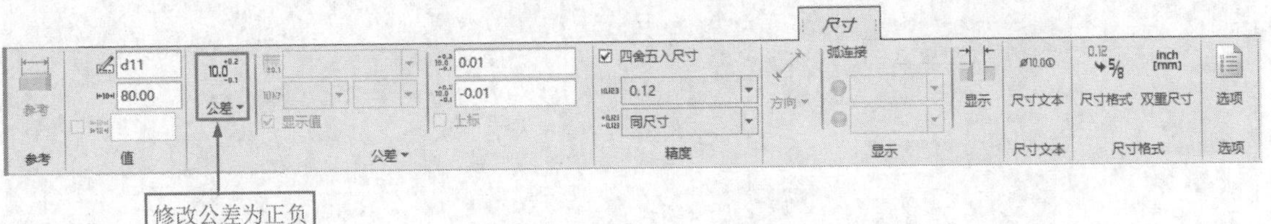

图10-62　设置后的“尺寸”操控板

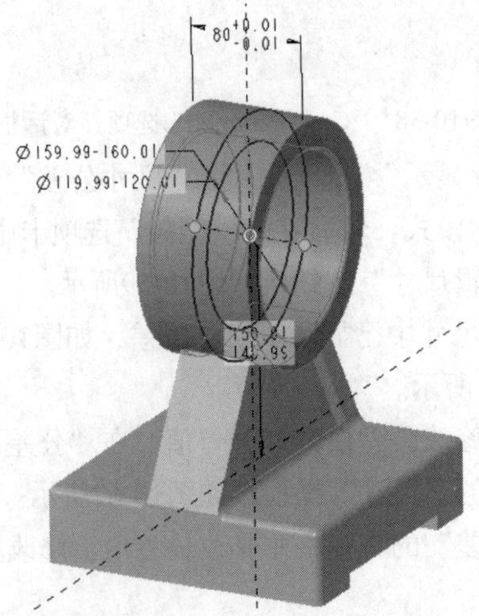

图10-63　修改公差值后的图形

（7）将零件文件存盘，再次打开工程图时，工程图的相应尺寸上将会出现公差值。

10.5.8　实例——联轴器工程图

实例——联轴器工程图

本实例绘制的联轴器工程图如图10-64所示。

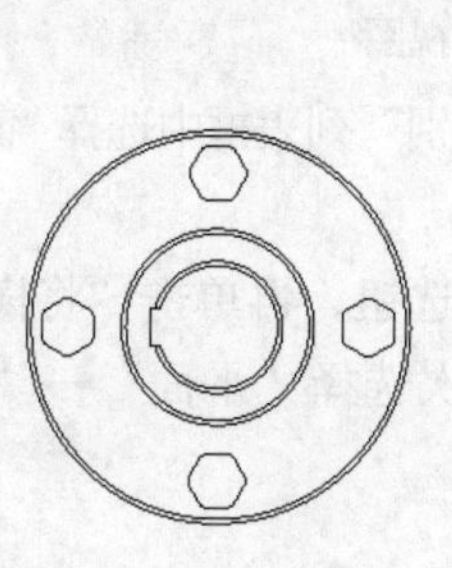
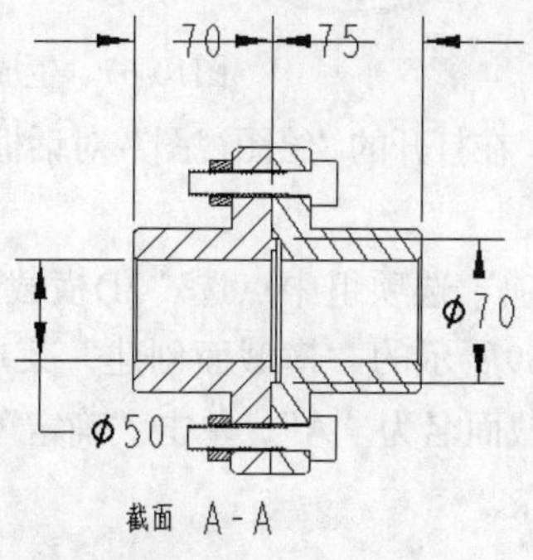

图10-64　联轴器工程图

绘制步骤

1. 新建文件

（1）打开配套学习资源中的“\原始文件\第10章\lianzhouqi\lianzhouqi.asm”文件，如图10-65所示。

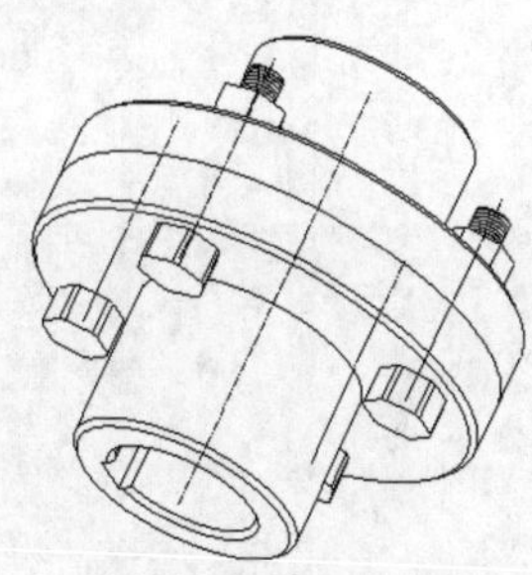
图10-65　联轴器模型

（2）单击“快速访问”工具栏中的“新建”按钮，打开“新建”对话框，在“类型”选项组中点选“绘图”单选钮，在“名称”文本框中输入“lianzhouqi”，取消勾选“使用默认模板”复选框，单击“确定”按钮，创建一个新的工程图文件。

（3）打开“新建绘图”对话框，在“指定模板”选项组中点选“空”单选钮，在“方向”选项组中单击“横向”按钮，在“标准大小”下拉列表中选择“A4”选项，单击“确定”按钮，进入工程图环境。

2. 创建一般视图

（1）单击“布局”功能区“模型视图”面板中的“普通视图”按钮，打开“选择组合状态”对话框，选择“无组合状态”选项，勾选“对于组合状态不显示”复选框，单击“确定”按钮。

（2）根据系统提示在视图中选择适当位置作为放置中心，打开“绘图视图”对话框。

（3）在“模型视图名”下拉列表中选择“BACK”选项作为模型视图名，然后单击“确定”按钮，生成的一般视图如图10-66所示。

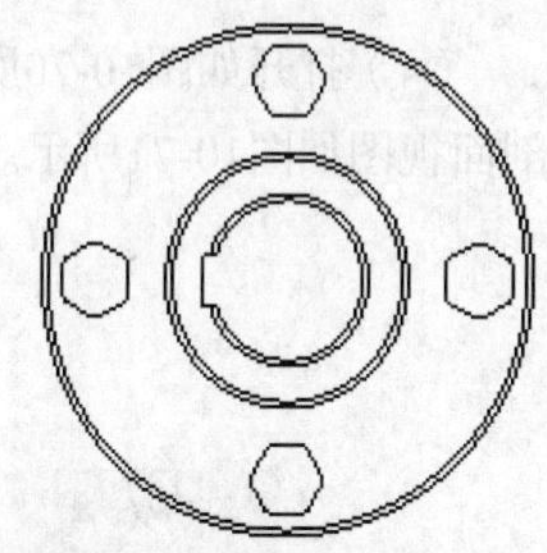
图10-66　生成的普通视图

3. 创建投影视图

（1）单击“布局”功能区“模型视图”面板中的“投影视图”按钮，根据系统提示，在适当位置单击放置视图，结果如图10-67所示。

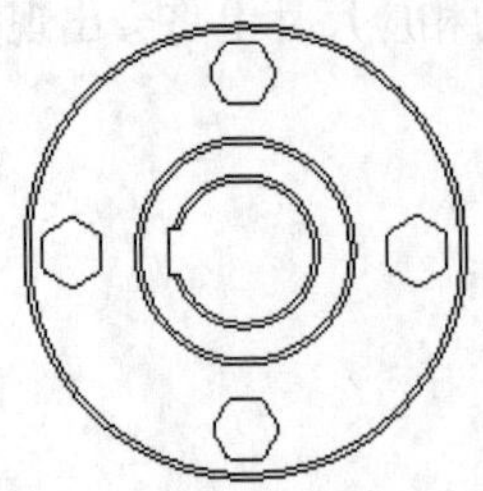
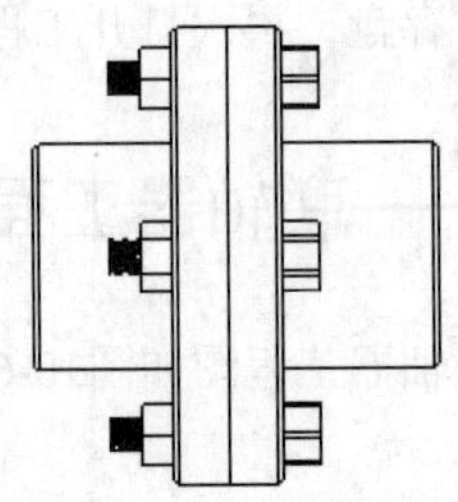

图10-67　生成的投影视图

（2）双击该视图，在打开的"绘图视图"对话框的"类别"列表框中选择"截面"选项，如图10-68所示。

（3）在"截面选项"选项组中点选"2D横截面"单选钮，再单击"将横截面添加到视图"按钮，打开如图10-69所示的"横截面创建"菜单，依次选择"平面"→"单一"→"完成"选项，根据提示输入横截面名为"A"，单击"确定"按钮。

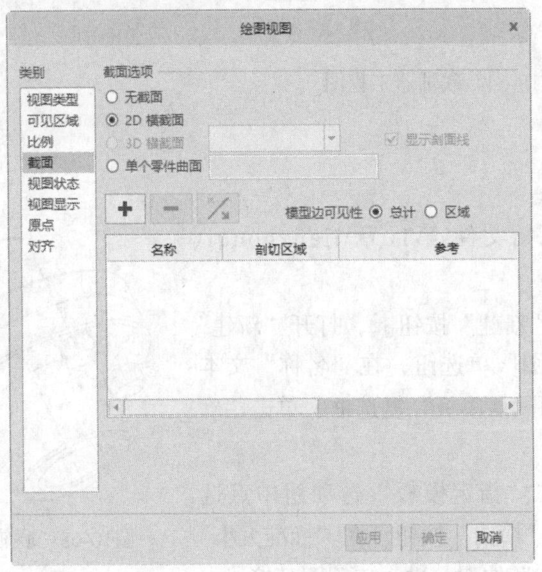

图10-68　"绘图视图"对话框

图10-69　"横截面创建"菜单

（4）打开如图10-70所示的"设置平面"菜单，选择"ASM_RIGHT"面作为基准平面，生成的剖面视图如图10-71所示。

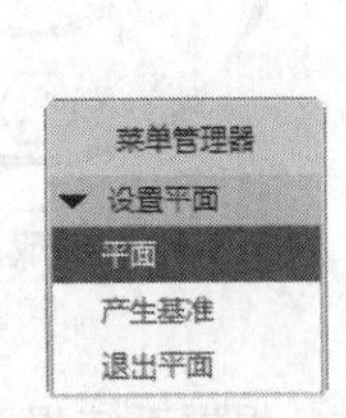

图10-70　"设置平面"菜单

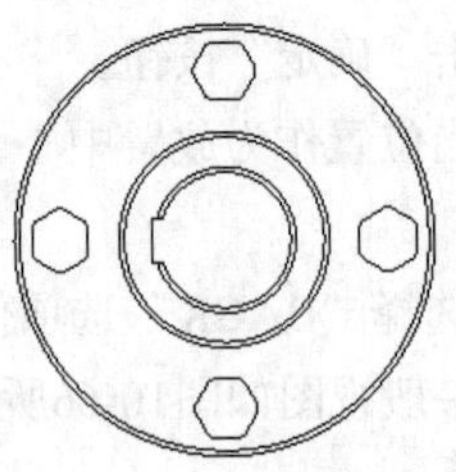
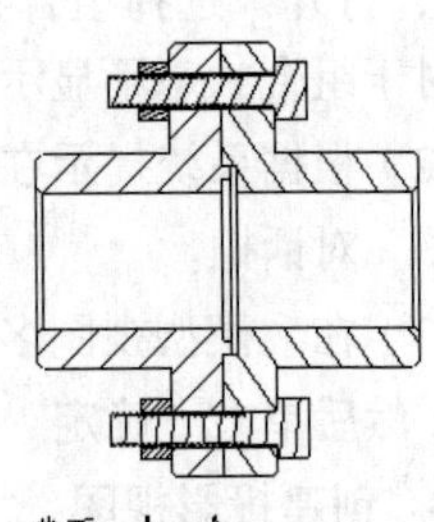

图10-71　生成的剖面视图

（5）双击剖面线可打开如图10-72所示的“修改剖面线”菜单，单击“下一个”命令，选中螺钉位置的剖面，然后选择“拭除”命令，即可去除螺钉上的剖面线。采用相同的方法去除另一个螺钉上的剖面线，结果如图10-73所示。

4. 尺寸标注

（1）单击“注释”功能区“注释”面板中的“尺寸”按钮，打开“选择参考”对话框，在对话框中单击“选择图元”按钮右侧的下拉按钮，在打开的下拉列表中单击“选择图元”按钮，在如图10-74所示的位置添加尺寸标注。

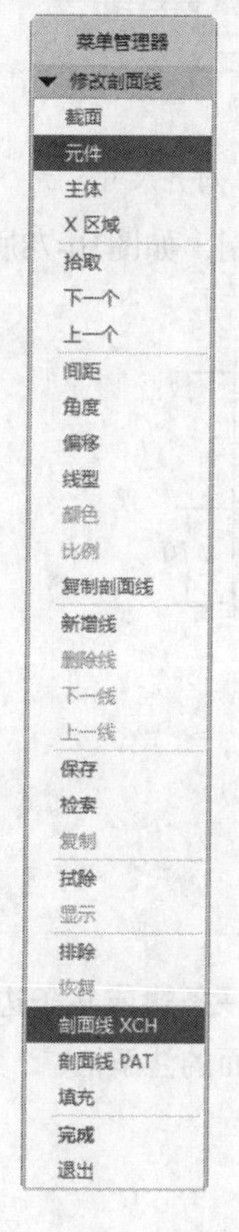

图10-72　“修改剖面线”菜单

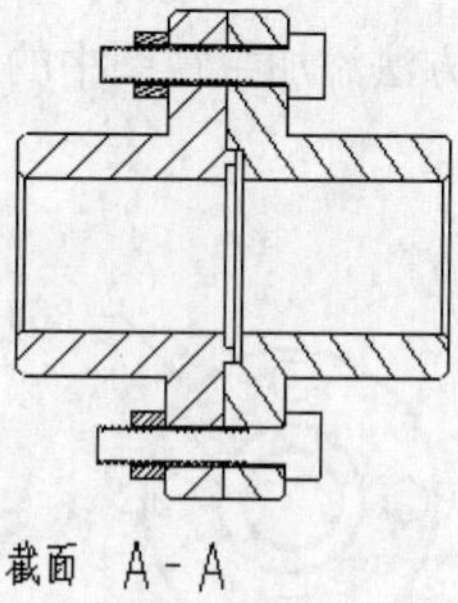

截面　A-A

图10-73　去除剖面线

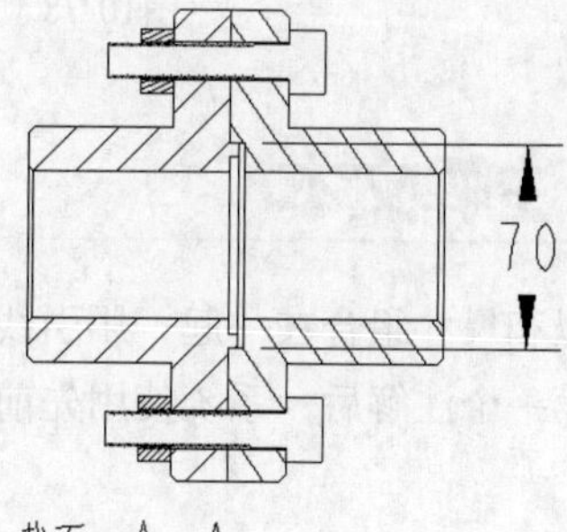

图10-74　添加尺寸标注

（2）单击该尺寸线，打开“尺寸”操控板。单击“尺寸文本”选项卡的“尺寸文本”按钮，打开“尺寸文本”对话框。

（3）将鼠标放置到“前缀”文本框中，再选择“ϕ”选项将其插入到尺寸文本最前面。

（4）关闭“尺寸文本”对话框，添加文本符号后的尺寸如图10-75所示。

（5）采用相同的方法添加左视图中的其他尺寸，结果如图10-76所示。

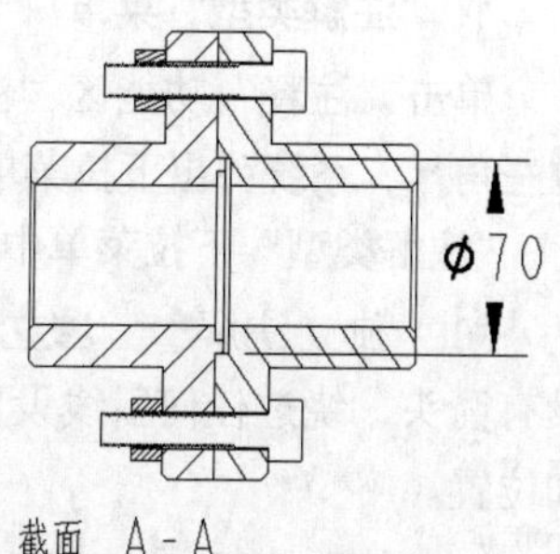

图10-75　添加文本符号后的尺寸

（6）按<Ctrl>键，选取上方的两个尺寸并右击，在打开的右键快捷菜单中选择“对齐尺寸”命令，所选中的尺寸将会自动对齐，如图10-77所示。

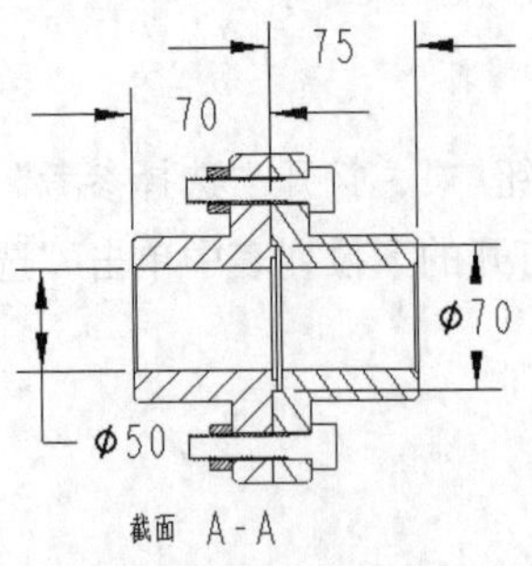

图10-76　添加其他尺寸

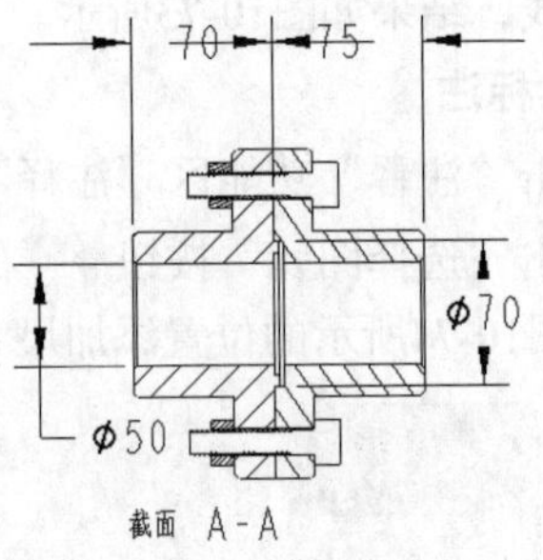

图10-77　对齐尺寸

（7）采用同样的方法添加主视图中的尺寸“R80”，完成工程图的绘制，如图10-78所示。

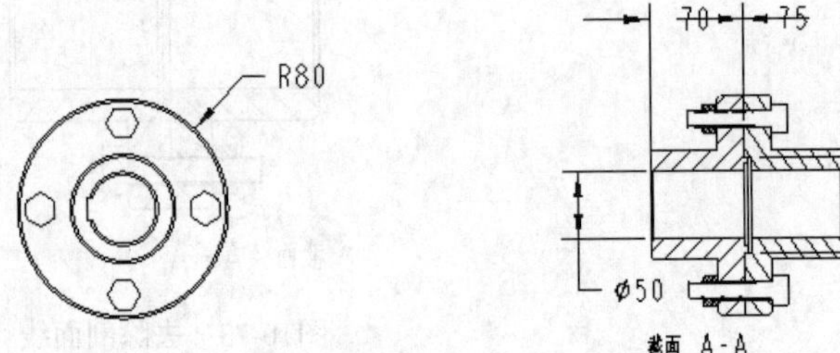

图10-78　完成工程图的绘制

10.6 创建注解文本

注解文本可以和尺寸组合在一起，用引线或不用引线连接到模型的一条边或几条边上，或“自由”定位。创建第一个注解后，系统使用先前指定的属性要求来创建后面的注解。

10.6.1　注解标注

1．“注解类型”菜单

单击“注释”功能区“注释”面板中的“注解”按钮右侧的下拉三角，系统弹出下拉菜单，如图10-79所示。

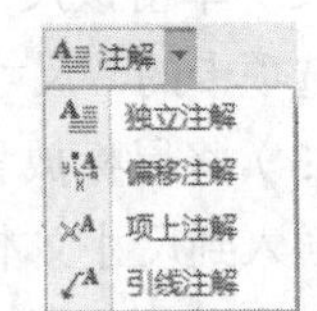

图10-79　“注解”下拉菜单

“注解类型”下拉菜单中的命令分为4类，其含义分别如下。

（1）独立注解 独立注解：创建为附加到任何参考的新注解，没有箭头，绕过任何引线设置选项并且只提示给出页面上的注释文本和位置。

（2）偏移注解 偏移注解：创建一个相对选定参考偏移放置的新注解，绕过任何引线设置选项并且只提示给出偏移文本的注释文本和尺寸。

（3）项上注解 项上注解：创建一个放置在选定参考上的新注解，直接注释到选定图元上。

（4）引线注解 引线注解：创建带引线的新注解。

2. “独立注解”命令

单击“注释”功能区“注释”面板中的“注解”按钮右侧的下拉三角，系统弹出下拉菜单，选择“独立注解”命令，系统弹出“选择点”对话框，如图10-80所示。在对话框中可以设置要注解的点的类型。

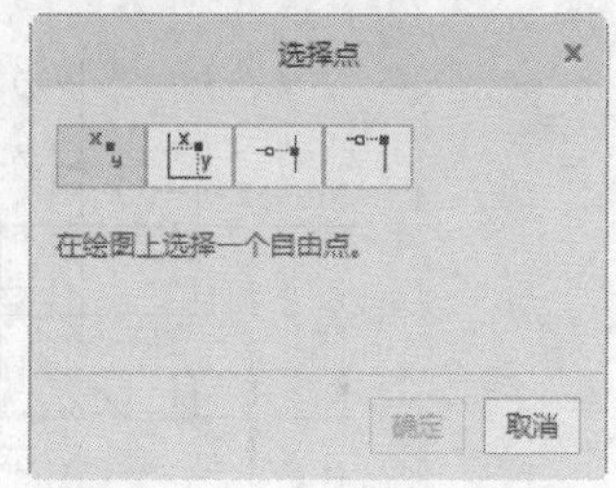

图10-80　“选择点”对话框

- ：单击该按钮，可以在绘图上选择一个自由点作为注解位置。
- ：单击该按钮，可以在对话框中输入绝对坐标值确定注解位置。
- ：单击该按钮，可以在绘图区选择几何图素作为注解位置。
- ：单击该按钮，可以选择几何元素的顶点作为注解位置。

3. “引线注解”命令

单击“注释”功能区“注释”面板中的“注解”按钮右侧的下拉三角，系统弹出下拉菜单，选择“引线注解”命令，系统弹出“选择参考”对话框，如图10-81所示。

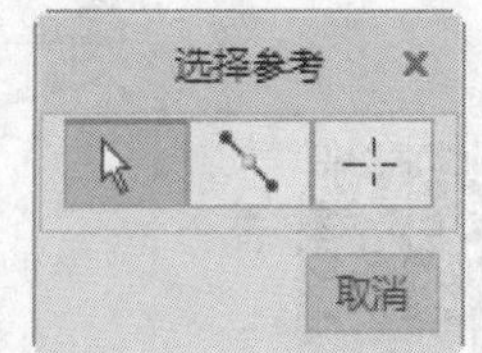

图10-81　“选择参考”对话框

- ：单击该按钮可以选择几何、尺寸界线或轴作为注解位置。
- ：单击该按钮可以选择几何、点或轴线作为注解位置。
- ：单击该按钮，弹出“选择”对话框，按住<Ctrl>键选择两个几何、尺寸线或轴，系统自动捕捉其交点作为注解位置。

10.6.2　注解编辑

与尺寸的编辑操作一样，也可对注解文本的内容、字形、字高等造型属性进行修改。

选取需要编辑的注解并右击，在打开的右键快捷菜单中选择“属性”命令，系统打开如图10-82所示的“注解属性”对话框。

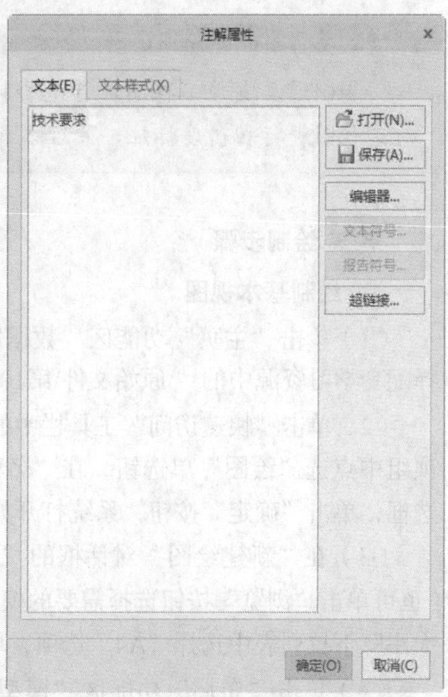

图10-82　“注解属性”对话框

“注解属性”对话框中各选项卡的功能如下。

- 文本：用于修改注解文本的内容。
- 文本样式：用于修改文本的字形、字高、字的粗细等造型属性，其中各选项的功能与“尺寸属性”对话框的“文本样式”选项卡中各选项的功能一样。

10.7 实例——通盖支座工程图

本实例绘制的通盖支座工程图如图10-83所示。

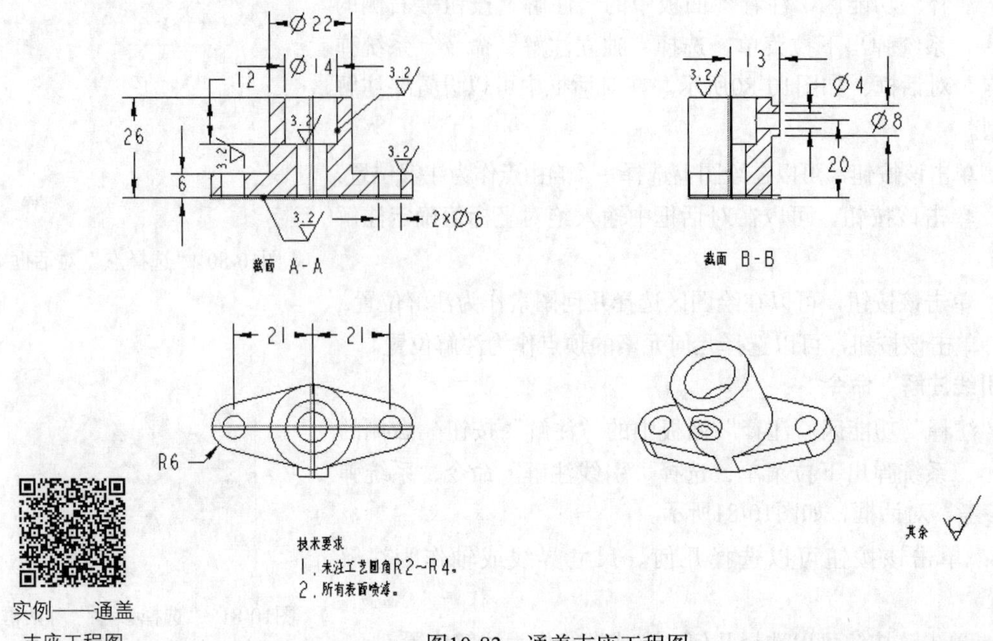

实例——通盖支座工程图

图10-83　通盖支座工程图

【思路分析】

绘制通盖支座工程图应首先绘制基本视图，然后绘制剖视图，对工程图进行尺寸标注，再对工程图进行粗糙度标注，最后添加文本技术要求。

绘制步骤

1. 绘制基本视图

（1）单击“主页”功能区“数据”面板中的“打开”按钮，打开“文件打开”对话框，选择配套学习资源中的“\原始文件\第10章\zhizuo.prt”文件，打开的零件模型如图10-84所示。

（2）单击“快速访问”工具栏中的“新建”按钮，系统打开“新建”对话框，在“类型”选项组中点选“绘图”单选钮，在“名称”文本框中输入“zhizuo”，取消勾选“使用默认模板”复选框，单击“确定”按钮，系统打开如图10-85所示的“新建绘图”对话框。

（3）在“新建绘图”对话框的“默认模型”选项组中自动选定当前活动的模型“zhizuo.prt”（也可单击“浏览”按钮选择需要的模型），在“指定模板”选项组中点选“空”单选钮，在“标准大小”下拉列表中选择“A4”选项，单击“确定”按钮，进入工程图环境。

（4）单击“布局”功能区“模型视图”面板中的“普通视图”按钮，打开“选择组合状态”对话框，选择“无组合状态”选项，勾选“不要提示组合状态的显示”复选框，单击“确定”按钮。

（5）根据系统提示选择视图的放置中心点，模型将以三维形式显示在工程图中，随即打开“绘图视图”对话框，根据系统提示选择视图方向，在“模型视图名”列表框中选择“FRONT”选项，单击“确定”按钮，结果如图10-86所示。

图10-84　零件模型

图10-85　“新建绘图”对话框

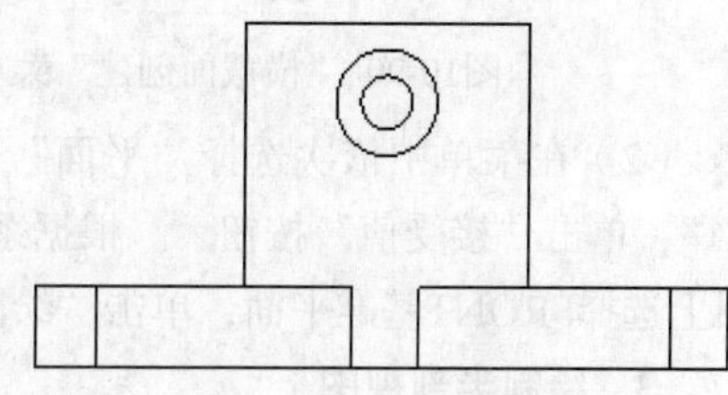

图10-86　生成的主视图

（6）单击“布局”功能区“模型视图”面板中的“投影视图”按钮，根据系统提示选择视图的放置中心点，在主视图右侧选择左视图的放置中心点，左视图随即显示在工程图中，如图10-87所示。

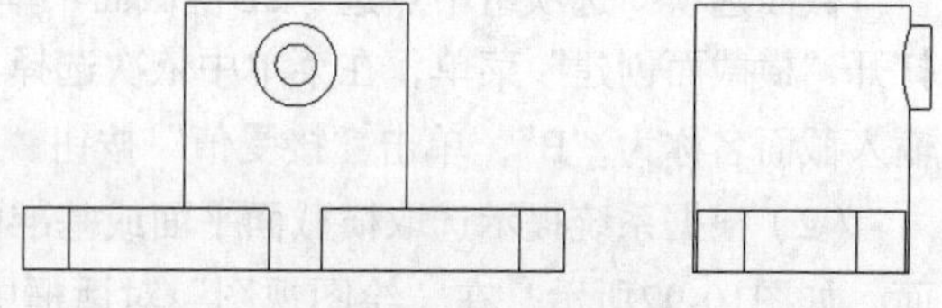

图10-87　绘制左视图

（7）单击“布局”功能区“模型视图”面板中的“投影视图”按钮，根据系统提示选择视图的放置中心点，在主视图的下边选择俯视图的放置中心点，俯视图随即显示在工程图中，如图10-88所示。

（8）单击“布局”功能区“模型视图”面板中的“普通视图”按钮，根据系统提示选择视图的放置中心点，系统打开“绘图视图”对话框，在“模型视图名”列表框中不选择任何选项，单击“确定”按钮，结果如图10-89所示。

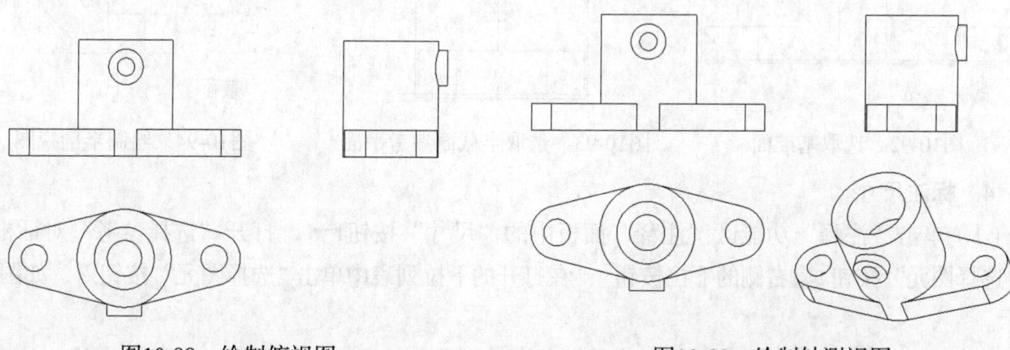

图10-88　绘制俯视图　　图10-89　绘制轴测视图

2. 绘制全剖视图

（1）双击主视图，系统打开“绘图视图”对话框，在“类别”列表框中选择“截面”选项，在“截面选项”选项组中点选“2D横截面”单选钮，然后单击“将横截面添加到视图”按钮 + ，系统打开“横截面创建”菜单，如图10-90所示。

图10-90 “横截面创建”菜单

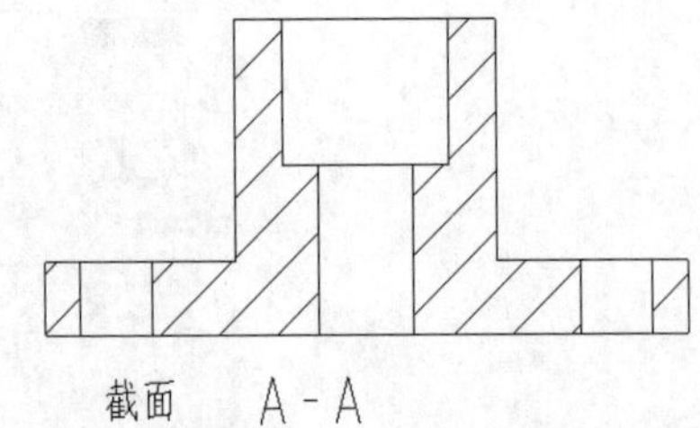

图10-91 绘制全剖视图

（2）在菜单中依次选择“平面”→“单一”→“完成”命令，根据系统提示输入截面名称为“A”，单击“接受值”按钮 。根据系统提示选取横截面平面或基准面，打开基准面显示，在俯视图上选择FRONT基准平面，单击“绘图视图”对话框中的“确定”按钮，结果如图10-91所示。

3. 绘制半剖视图

（1）双击左视图，系统打开“绘图视图”对话框，在“类别”选项组中点选“截面”单选钮，在“截面选项”选项组中点选“2D横截面”单选钮，单击“将横截面添加到视图”按钮 + ，系统打开“横截面创建”菜单，在菜单中依次选择“平面”→“单一”→“完成”命令，根据系统提示输入截面名称为“B”，单击“接受值”按钮 ，完成剖视图的选项设置。

（2）根据系统提示选取横截面平面或基准面，打开基准面显示，在主视图中选取RIGHT基准平面，如图10-92所示。在“绘图视图”对话框中的“剖切区域”列选择“半倍”选项，根据系统提示选取半截面参考平面，在左视图中选取FRONT基准平面，如图10-93所示。此时，左视图上出现一箭头，选取箭头方向向右。单击“绘图视图”对话框中的“确定”按钮，生成的半剖视图如图10-94所示。

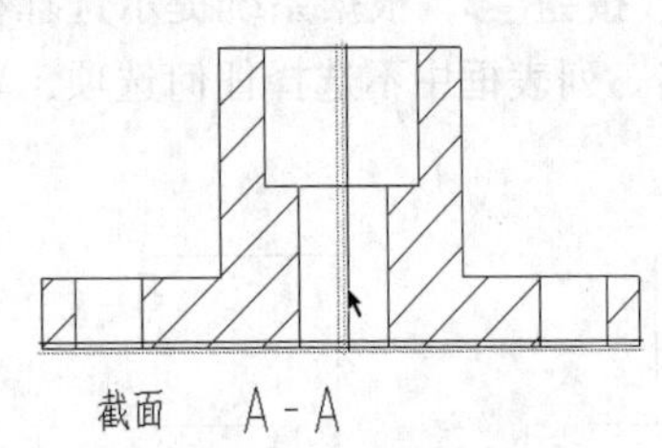

图10-92 选取基准面

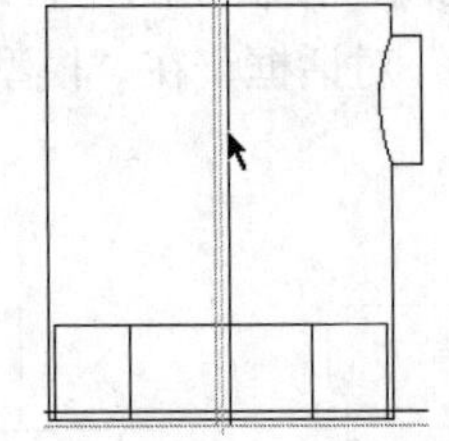

图10-93 选取半截面参考平面

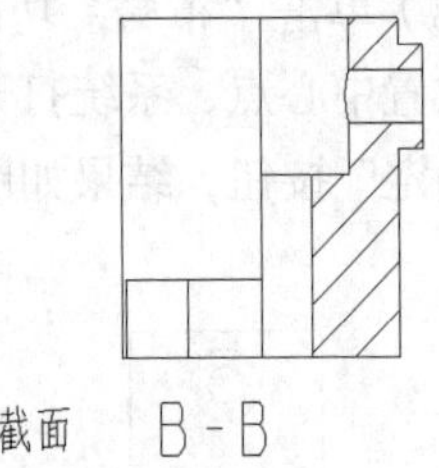

图10-94 绘制半剖视图

4. 标注尺寸

（1）单击“注释”功能区“注释”面板中的“尺寸”按钮 ，打开“选择参考”对话框，单击“选择图元”按钮 右侧的下拉按钮 ，在打开的下拉列表中单击“选择图元”按钮 ，如图10-95所示。

（2）标注线性尺寸：按住<Ctrl>键，选取第一条图元边线，再选取第二条图元边线，然后单击鼠标中键，选择尺寸的放置位置，完成线性尺寸的标注，如图10-96所示。

（3）标注直径尺寸：单击该尺寸线，打开“尺寸”操控板。单击“尺寸文本”选项卡的“尺寸文本”按钮，打开“尺寸文本”对话框。将鼠标放置到“前缀”文本框中，再选择“φ”选项将其插入到尺寸文本最前面，如图10-97所示。

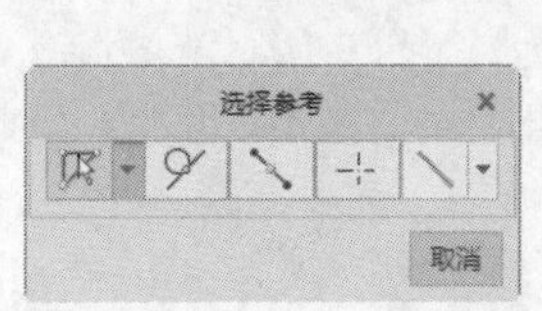

图10-95　“依附类型”菜单

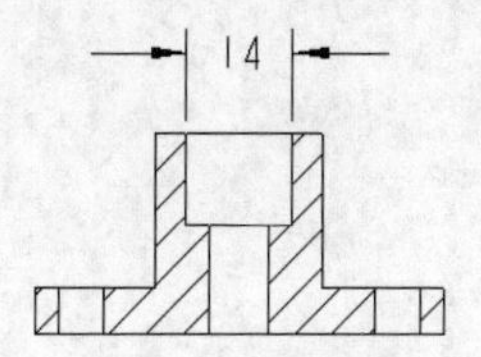

图10-96　标注线性尺寸

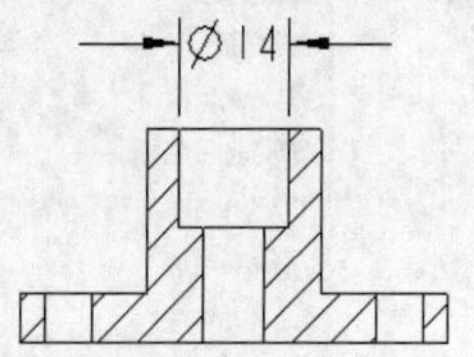

图10-97　标注直径尺寸

（4）标注中心距：在“选择参考”对话框中单击“选择边或图元的中点按钮”按钮，按住<Ctrl>键，选取第一个图元中点，再选取第二个图元的中点，如图10-98所示。然后单击鼠标中键，选择尺寸的放置位置，如图10-99所示。

（5）标注半径尺寸：在“选择参考”对话框中单击“选择图元”按钮，选取要标注的圆弧，单击鼠标中键，选择尺寸的放置位置，完成半径尺寸的标注，如图10-100所示。

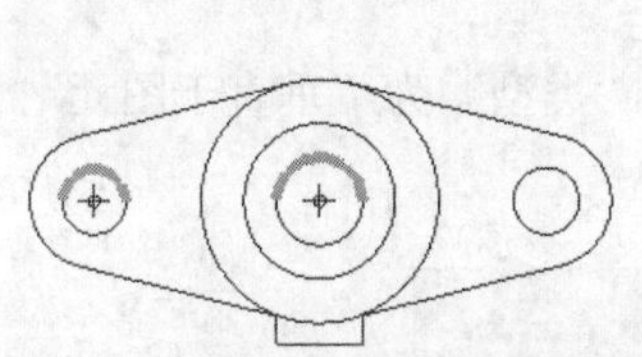

图10-98　拾取图元

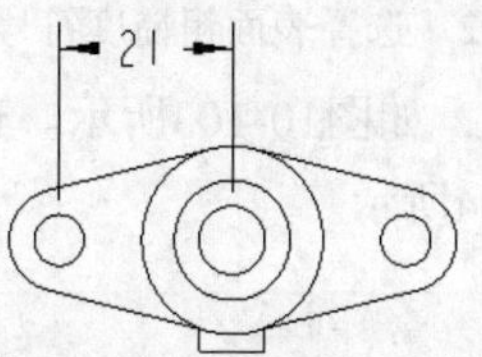

图10-99　标注中心距

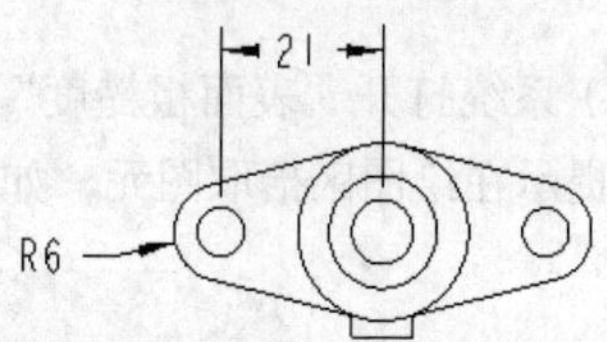

图10-100　标注半径尺寸

（6）采用上述方法标注其他尺寸，结果如图10-101所示。

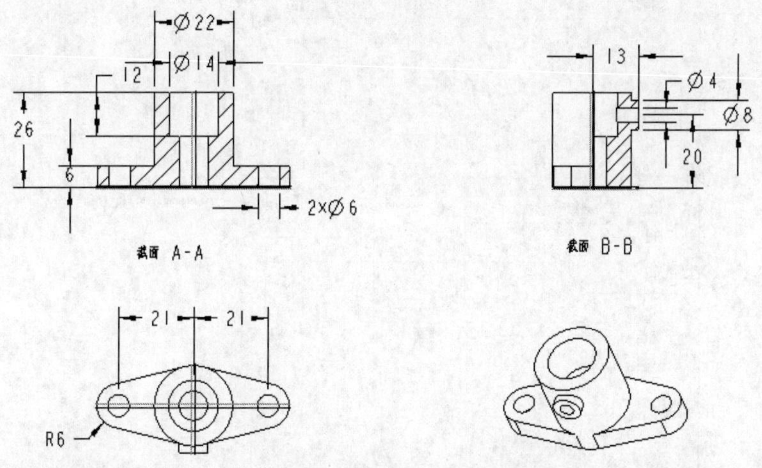

图10-101　标注尺寸

5. 标注粗糙度

（1）单击“注释”功能区“注释”面板中的“表面粗糙度”按钮，系统打开“打开”对话框，列出系统提供的基本粗糙度符号文件夹和用户自定义的粗糙度符号，选择去除材料粗糙度符号

“machined ”文件夹下的“standard1.sym ”符号，如图10-102所示。单击“打开”按钮。

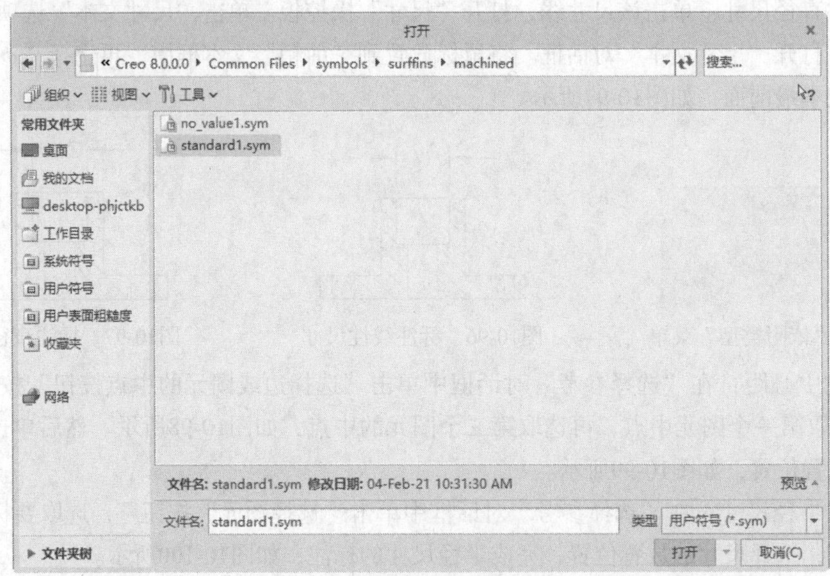

图10-102　选择表面粗糙度符号

（2）系统打开“表面粗糙度”对话框，如图10-103所示。选择“类型”为“垂直于图元”，根据系统提示在绘图区拾取图元，如图10-104所示。

图10-103　“表面粗糙度”对话框

（3）单击“可变文本”选项卡，修改粗糙度数值为3.2，单击鼠标中键，结果如图10-105所示。

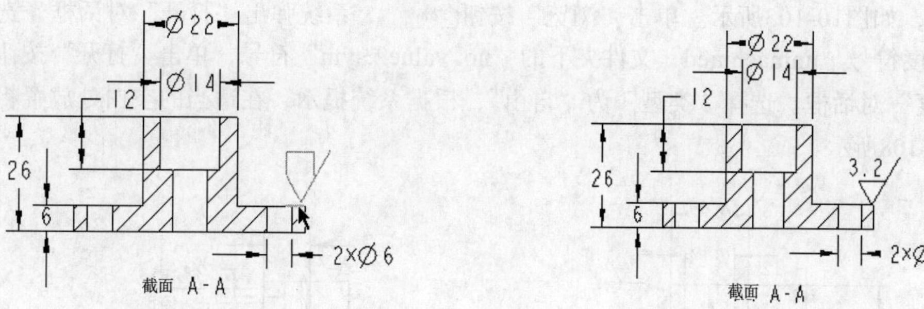

图10-104 拾取图元　　图10-105 标注表面粗糙度

（4）将“粗糙度”对话框中“类型”修改为“带引线”，“下一条引线”设置为“图元上”，根据系统提示在绘图区拾取图元，标注结果如图10-106所示。

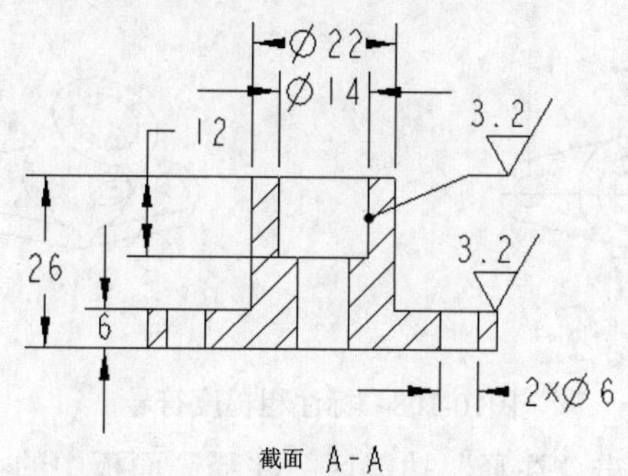

图10-106 标注带引线粗糙度

（5）采用上面的方法标注其他位置粗糙度，结果如图10-107所示。

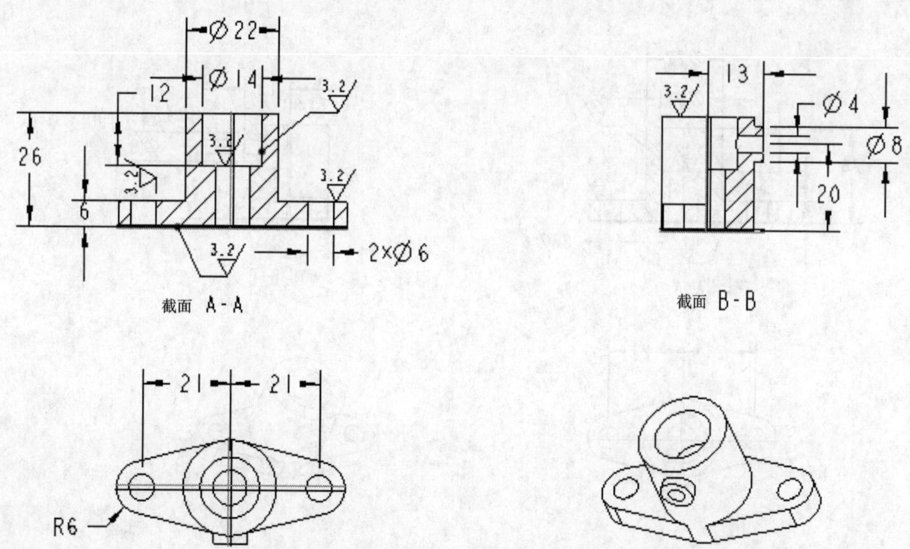

图10-107 标注其他粗糙度

（6）单击“注释”功能区“注释”面板中的“表面粗糙度”按钮，系统打开“表面粗糙度”对话框，如图10-103所示。单击“浏览”按钮，系统弹出“打开”对话框，选择不去除材料粗糙度符号“unmachined”文件夹下的“no_value2.sym”符号，单击“打开”按钮，返回“表面粗糙度”对话框。选择“类型”为“自由”，根据系统提示，在适当的空白处放置粗糙度符号，如图10-108所示。

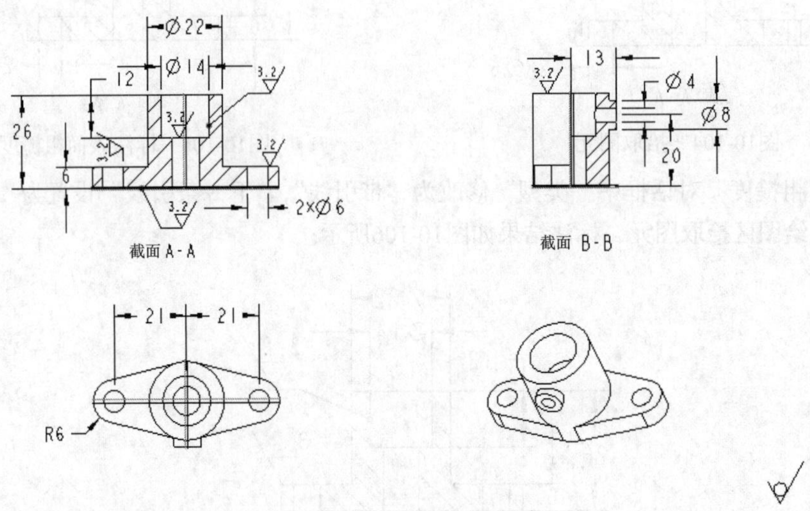

图10-108　标注粗糙度符号

（7）添加粗糙度注解。单击“注释”功能区“注释”面板中的“注解”按钮右侧的下拉三角，系统弹出下拉菜单，单击“独立注解”命令。系统打开“选择点”对话框。在对话框中选择“在绘图上选择一个自由点”按钮，根据系统提示选择注解的放置位置，再输入“其余”注解文字，单击“确定”按钮结束注解输入，如图10-109所示。

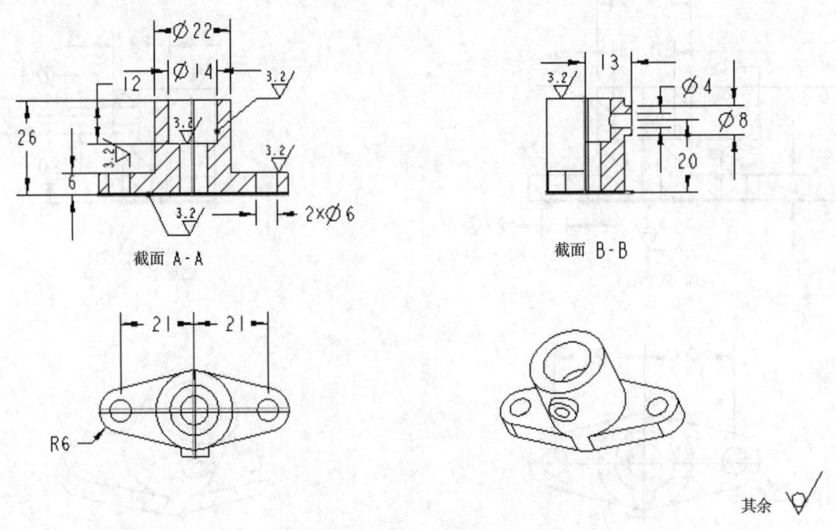

图10-109　添加粗糙度注解

6. 添加技术要求注解

（1）单击“注释”功能区“注释”面板中的“注解”按钮右侧的下拉三角，系统弹出下拉菜单，选择“独立注解”命令，系统弹出“选择点”对话框。根据系统提示选取合适的位置放置注解，如图10-110所示。同时，系统弹出“格式”操控板，在“样式”功能区设置字高为0.2。如图10-111所示。

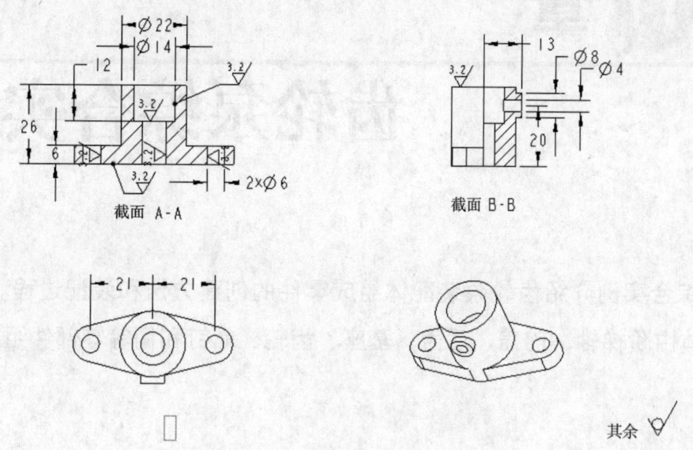

图10-110　选取注解的放置位置

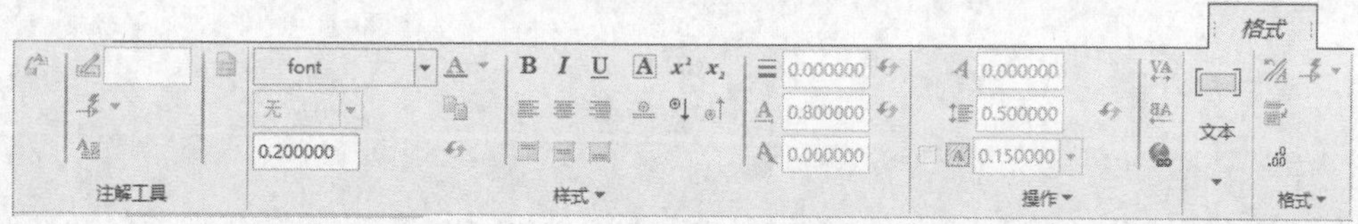

图10-111　“格式”操控板

（2）根据系统提示输入“技术要求”，“1.未注工艺圆角R2～R4。”，“2.所有表面喷漆。”，在绘图区空白处单击，结束注解的输入，结果如图10-112所示。

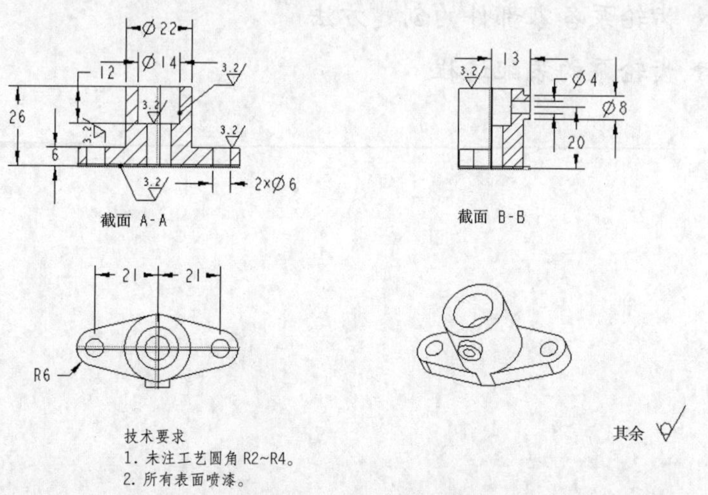

图10-112　添加技术要求

第11章 齿轮泵综合实例

此综合实例介绍齿轮泵装配体组成零件的创建方法和装配过程。齿轮泵装配体由阶梯轴、前盖、后盖、基座、齿轮、螺钉和销等零部件组成。

- 齿轮泵各零部件的创建方法
- 齿轮泵的装配过程

11.1 阶梯轴

【思路分析】

本例创建的阶梯轴如图 11-1 所示。首先绘制轴体截面，使用“旋转”命令生成轴体外形；其次创建键槽；然后创建倒角特征；最后生成螺纹修饰。

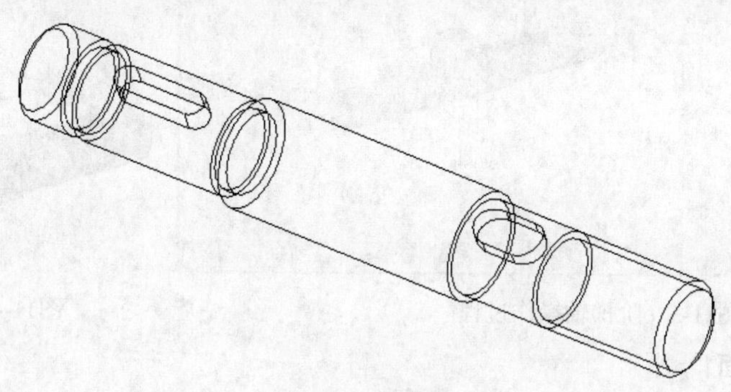

阶梯轴

图11-1　阶梯轴

绘制步骤

1. 新建文件

单击“主页”功能区“数据”面板中的“新建”按钮，打开“新建”对话框，在“类型”选项组中点选“零件”单选钮，在“子类型”选项组中点选“实体”单选钮，在“名称”文本框中输入文件名shaft，取消对“使用默认模板”复选框的勾选，单击“确定”按钮，然后在打开的“新文件选项”对话框中选择“mmns_part_solid_abs”选项，单击“确定”按钮，创建一个新的零件文件。

2. 绘制草图

单击“模型”功能区“基准”面板中的“草绘”按钮，打开“草绘”对话框；选择TOP基准平面作为草绘平面，接受默认参考方向，单击“草绘”按钮，进入草绘界面。利用草绘命令绘制如图11-2所示的草图，单击“草绘”功能区“关闭”面板中的“确定”按钮，退出草图界面。

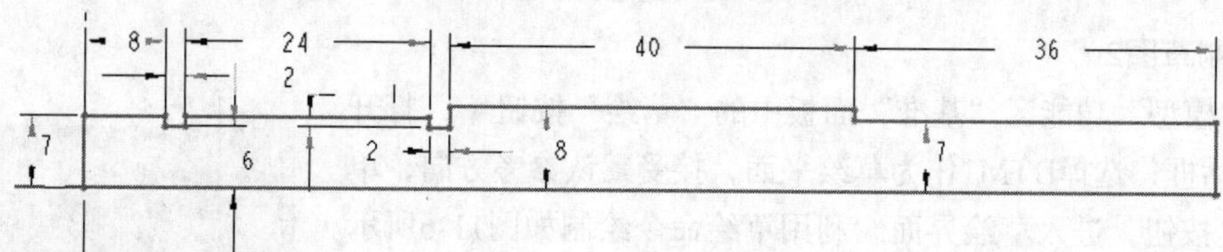

图11-2　绘制草图1

3. 创建轴主体

单击“模型”功能区“形状”面板中的“旋转”按钮，操作过程如图11-3所示。完成轴主体的创建，如图11-4所示。

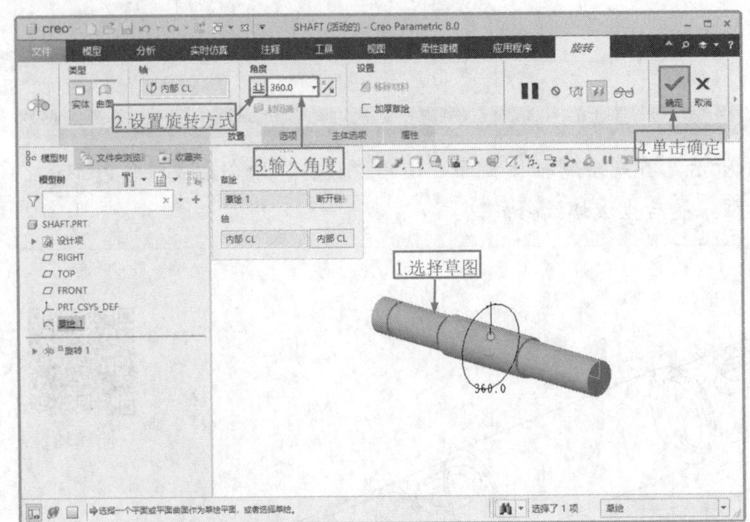

图11-3 阶梯轴操作过程

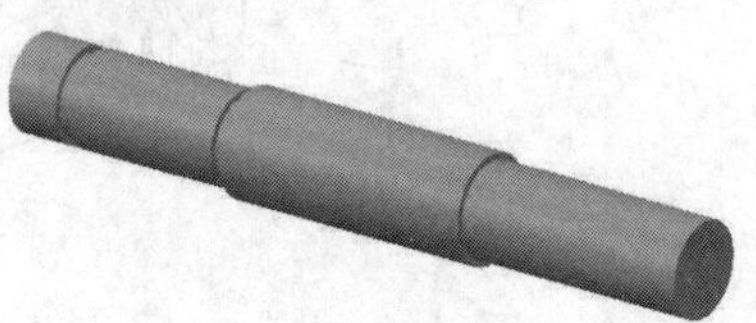

图11-4 创建阶梯轴

4. 创建基准平面1

单击“模型”功能区“基准”面板上的“平面”按钮，打开如图11-5所示的“基准平面”对话框，选择TOP基准平面作为参考平面，给定平移尺寸为4.5，单击“确定”按钮。

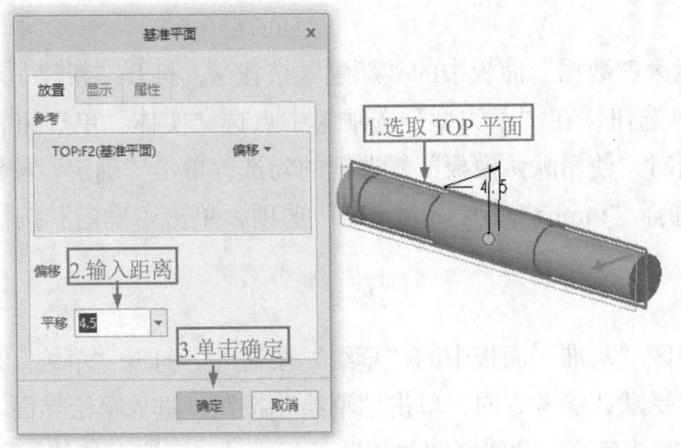

图11-5 创建基准平面1

5. 绘制草图2

单击“模型”功能区“基准”面板中的“草绘”按钮，打开“草绘”对话框；选择DTM1作为草绘平面，接受默认参考方向，单击“草绘”按钮，进入草绘界面。利用草绘命令绘制如图11-6所示的草图，单击“草绘”功能区“关闭”面板中的“确定”按钮，退出草图界面。

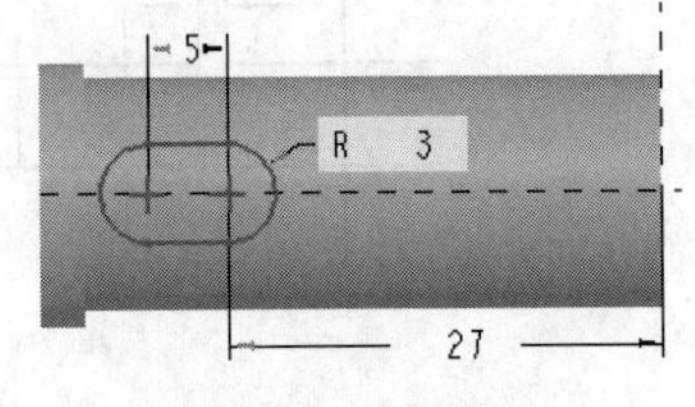

图11-6 绘制草图2

6. 创建键槽1

单击“模型”功能区“形状”面板中的“拉伸”按钮，操作过程如图11-7所示。结果如图11-8所示。

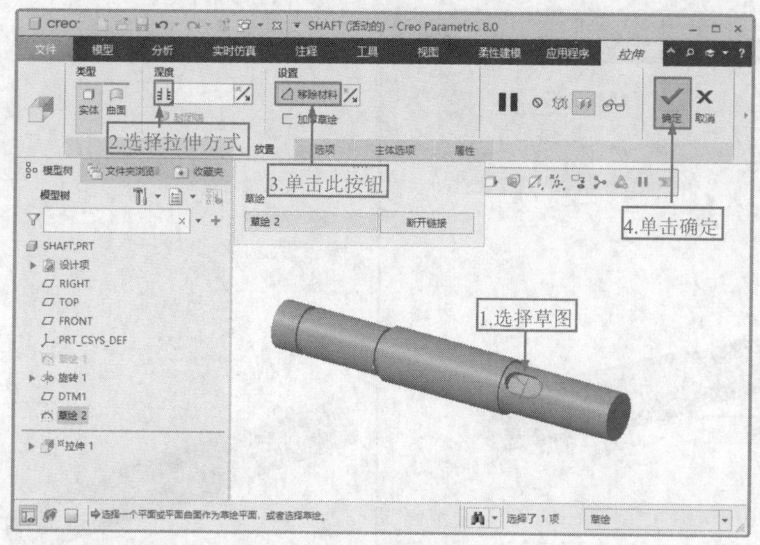

图11-7　键槽1操作过程

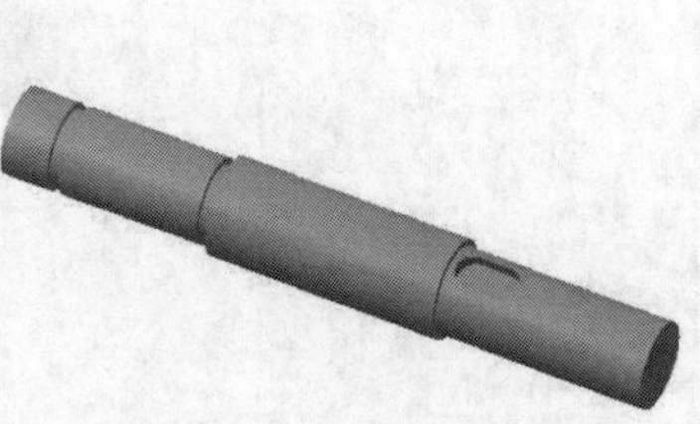

图11-8　创建键槽1

7. 创建基准平面2

单击“模型”功能区“基准”面板上的“平面”按钮，打开如图11-9所示的“基准平面”对话框，选择TOP基准平面作为参考平面，给定平移尺寸为3.5，单击“确定”按钮。

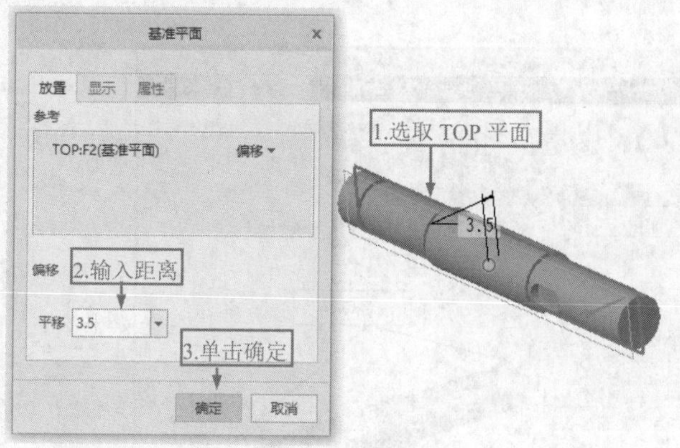

图11-9　创建基准平面2

8. 绘制草图3

单击“模型”功能区“基准”面板中的“草绘”按钮，打开“草绘”对话框；选择基准平面2作为草绘平面，接受默认参考方向，单击“草绘”按钮，进入草绘界面。利用草绘命令绘制如图11-10所示的草图，单击“草绘”功能区“关闭”面板中的“确定”按钮，退出草图界面。

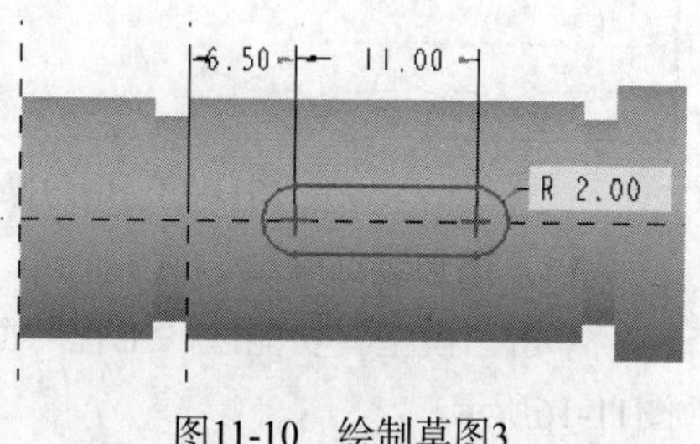

图11-10　绘制草图3

9. 创建键槽2

单击“模型”功能区“形状”面板中的“拉伸”按钮，操作过程如图11-11所示。结果如图11-12所示。

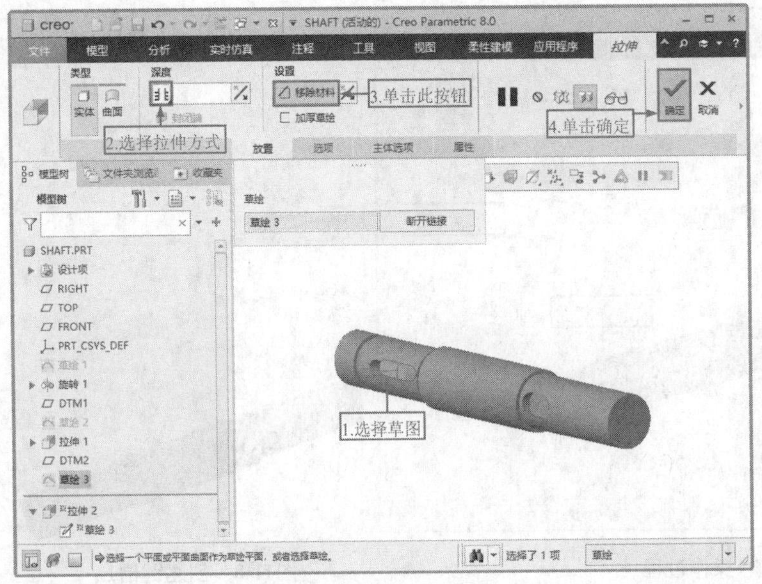

图11-11　键槽2操作过程

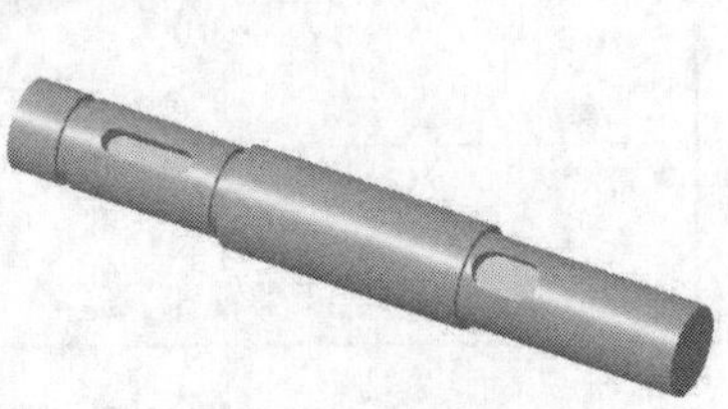

图11-12　创建键槽2

10. 创建倒角

单击“模型”功能区“工程”面板中的“边倒角”按钮，操作过程如图11-13所示，结果如图11-14所示。

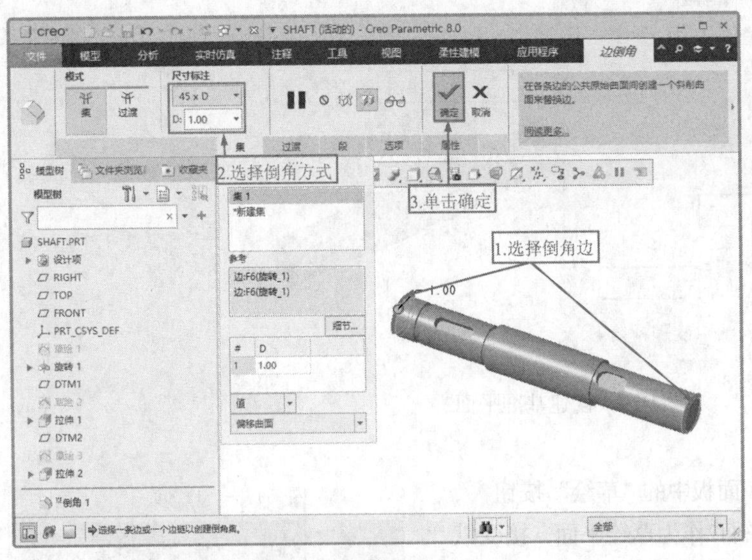

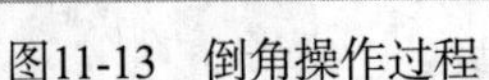

图11-13　倒角操作过程

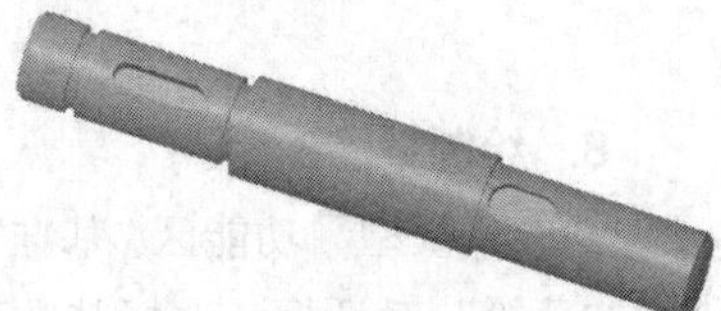

图11-14　倒角

11. 添加装饰螺纹

单击“模型”功能区“工程”面板下的“修饰螺纹”按钮，操作过程如图11-15所示，结果如图11-16所示。

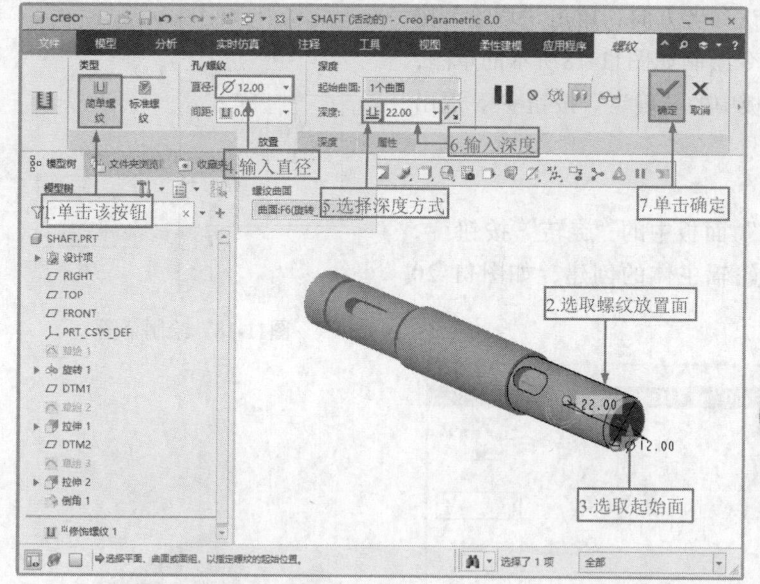

图11-15　修饰螺纹操作过程

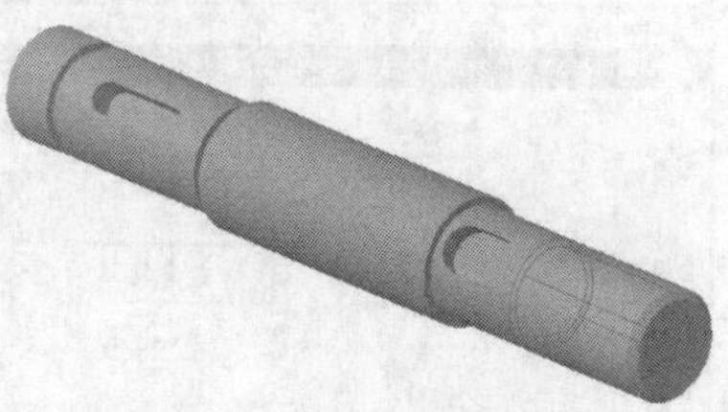

图11-16　创建修饰螺纹

12. 保存文件

单击“快速访问”工具栏中的“保存”按钮，将零件文件存盘，以备后用。

11.2 齿轮轴

齿轮轴

本例创建的齿轮轴如图11-17所示。

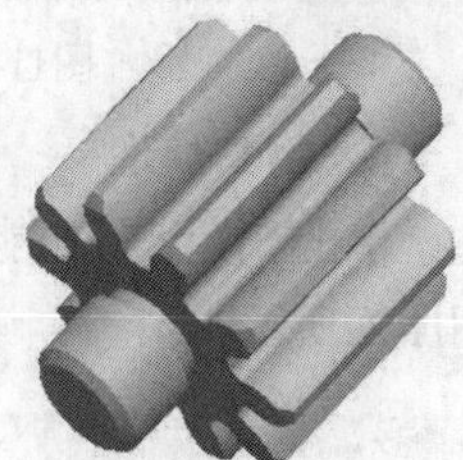

图11-17　齿轮轴

【思路分析】

齿轮轴的设计过程如下：首先利用“旋转”命令生成轮辐，然后绘制齿根圆及分度圆曲线，利用方程生成齿廓形状，修剪生成齿槽并阵列齿槽特征。创建的过程中使用了很多参考线，因此通过设置图层的方法隐藏参考线。

绘制步骤

1. 新建文件

单击“主页”功能区“数据”面板中的“新建”按钮，打开“新建”对话框，在“类型”选项组中点选“零件”单选钮，在“子类型”选项组中点选“实体”单选钮，在“名称”文本框中输入文件名gear-1，取消对“使用默认模板”复选框的勾选，单击“确定”按钮，然后在打开的“新文件选项”对话框中选择“mmns_part_solid_abs”选项，单击“确定”按钮，创建一个新的零件文件。

2. 绘制草图

单击“模型”功能区“基准”面板中的“草绘”按钮，打开“草绘”对话框；选择RIGHT

基准平面作为草绘平面，接受默认参考方向，单击“草绘”按钮，进入草绘界面。利用草绘命令绘制如图11-18所示的草图，单击“草绘”功能区“关闭”面板中的“确定”按钮✔，退出草图界面。

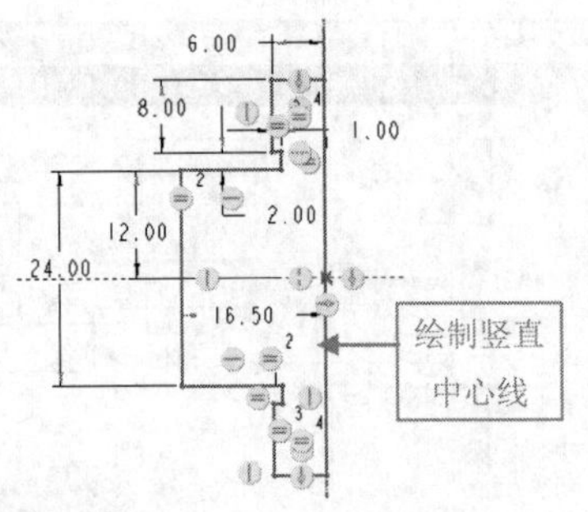

图11-18 绘制草图

3. 创建轮辐主体

单击“模型”功能区“形状”面板中的“旋转”按钮，操作过程如图11-19所示。完成轮辐主体的创建，如图11-20所示。

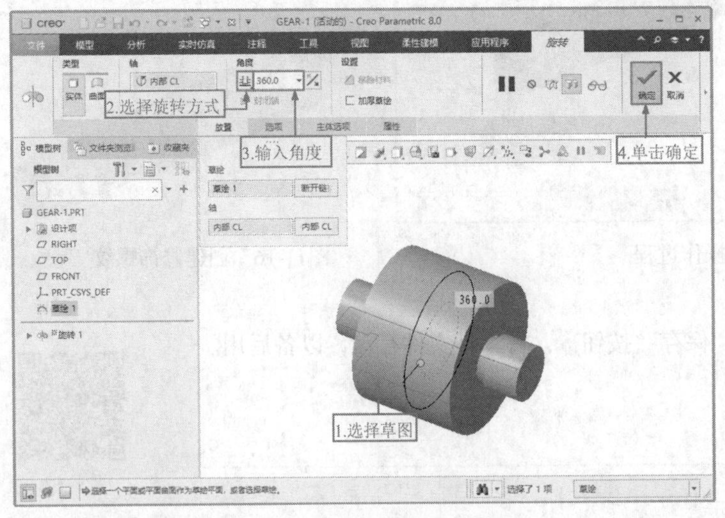

图11-19 齿轮轴主体操作过程

图11-20 创建齿轮轴主体

4. 倒角处理

单击“模型”功能区“工程”面板中的“边倒角”按钮，操作过程如图11-21所示，结果如图11-22所示。

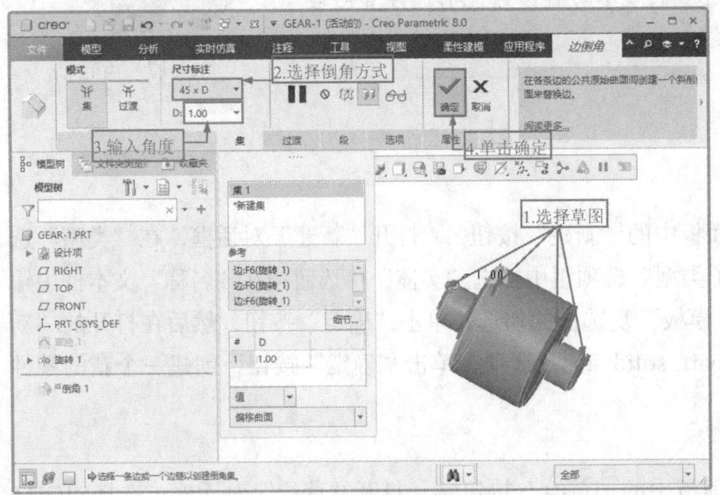

图11-21 倒角操作过程

图11-22 倒角处理

5. 绘制齿根圆和分度圆曲线

单击“模型”功能区“基准”面板中的“草绘”按钮，打开“草绘”对话框；选择FRONT基准平面作为草绘平面，接受默认参考方向，单击“草绘”按钮，进入草绘界面。利用草绘命令绘制如图11-23所示的草图，单击“草绘”功能区“关闭”面板中的“确定”按钮✔，退出草图界面。

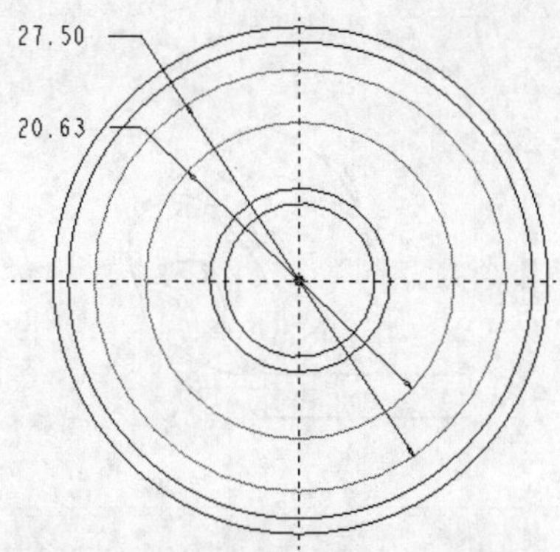

图11-23　绘制齿根圆和分度圆曲线

6. 利用方程绘制齿廓外形曲线

单击“模型”功能区“基准”面板下“曲线”按钮～右侧的下拉按钮▸，在打开的“曲线”选项条中单击“来自方程的曲线”按钮～，操作过程如图11-24所示，结果如图11-25所示。

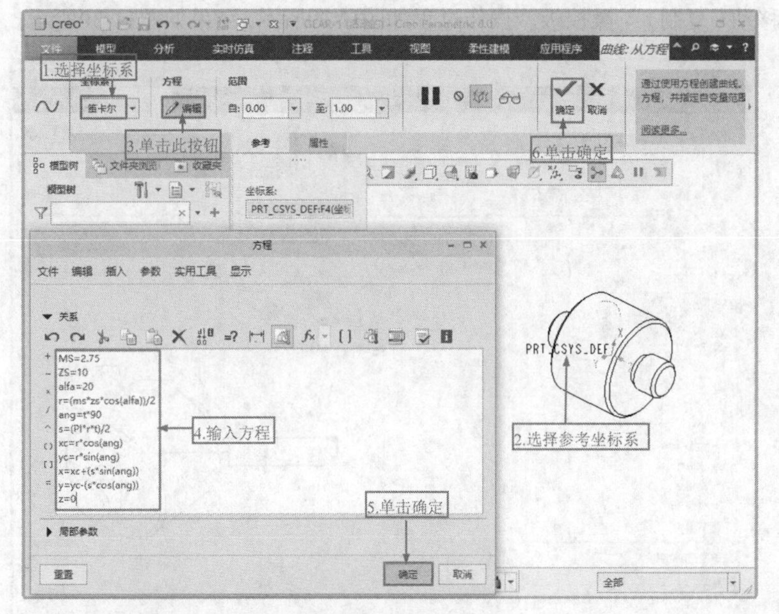

图11-24　操作过程

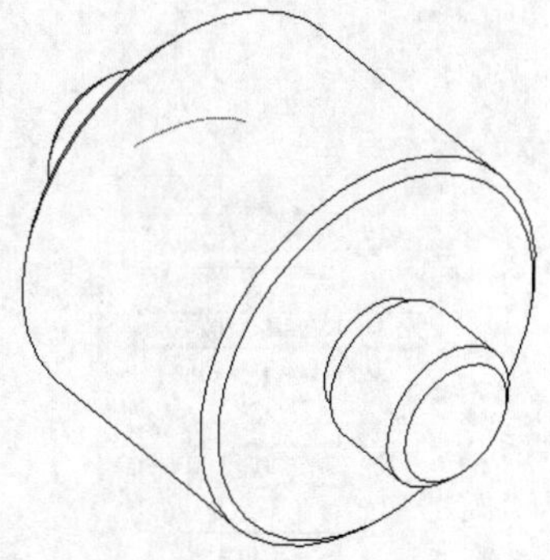

图11-25　绘制曲线

7. 镜像曲线

选取上步绘制的齿廓曲线，单击“模型”功能区“编辑”面板中的“镜像”按钮，操作过程如图11-26所示，结果如图11-27所示。

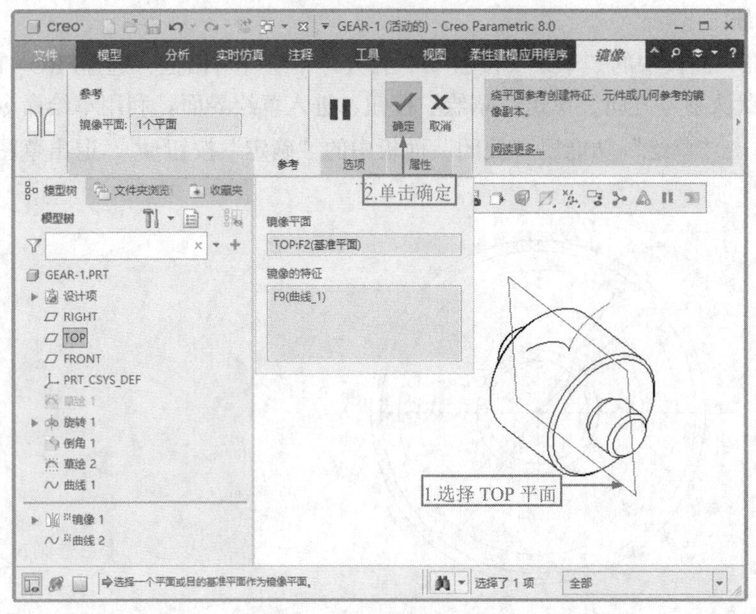

图11-26　镜像操作过程

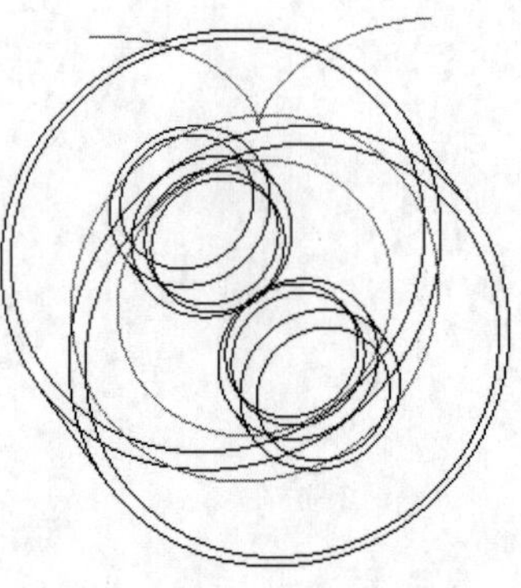

图11-27　镜像曲线

8. 复制曲线

选择刚刚镜像得到的曲线，单击“模型”功能区“操作”面板中的“复制”按钮，再单击“模型”功能区“操作”面板中的“选择性粘贴”按钮，打开“选择性粘贴”对话框，操作如图11-28所示。单击“确定”按钮，弹出“移动(复制)”操控板。操作过程如图11-29所示，结果如图11-30所示。

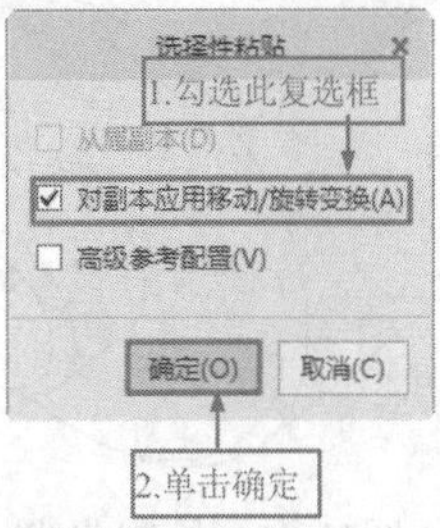

图11-28　“选择性粘贴”对话框

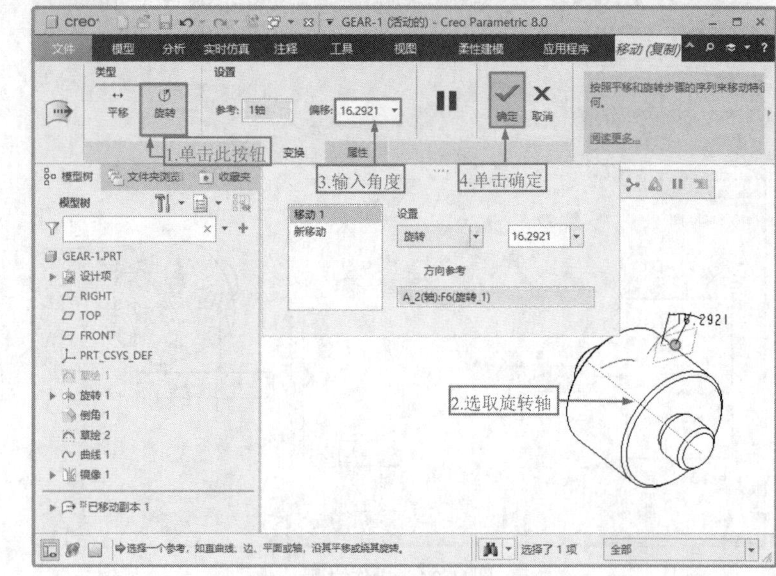

图11-29　复制曲线操作过程

9. 绘制齿形草图

单击“模型”功能区“基准”面板中的“草绘”按钮，打开“草绘”对话框；选择FRONT

基准平面作为草绘平面，接受默认参考方向，单击“草绘”按钮，进入草绘界面。利用“投影”和“拐角”命令绘制如图11-31所示的草图，单击“草绘”功能区“关闭”面板中的“确定”按钮✔，退出草图界面。

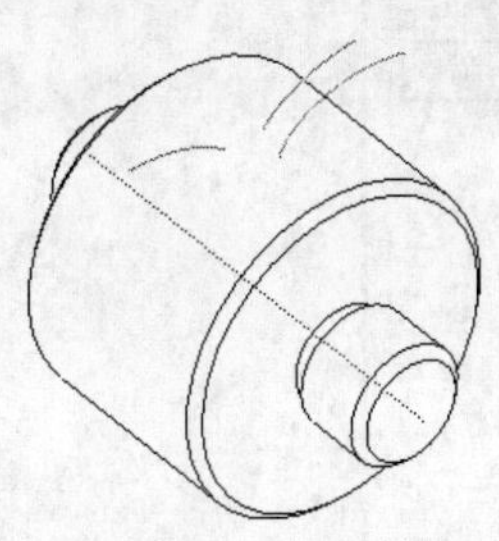

图11-30　复制曲线

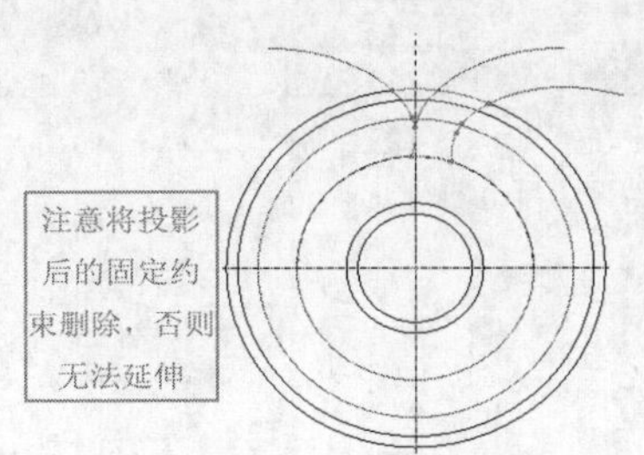

图11-31　绘制齿形草图

10. 创建齿形特征

单击“模型”功能区“形状”面板中的“拉伸”按钮，操作过程如图11-32所示，结果如图11-33所示。

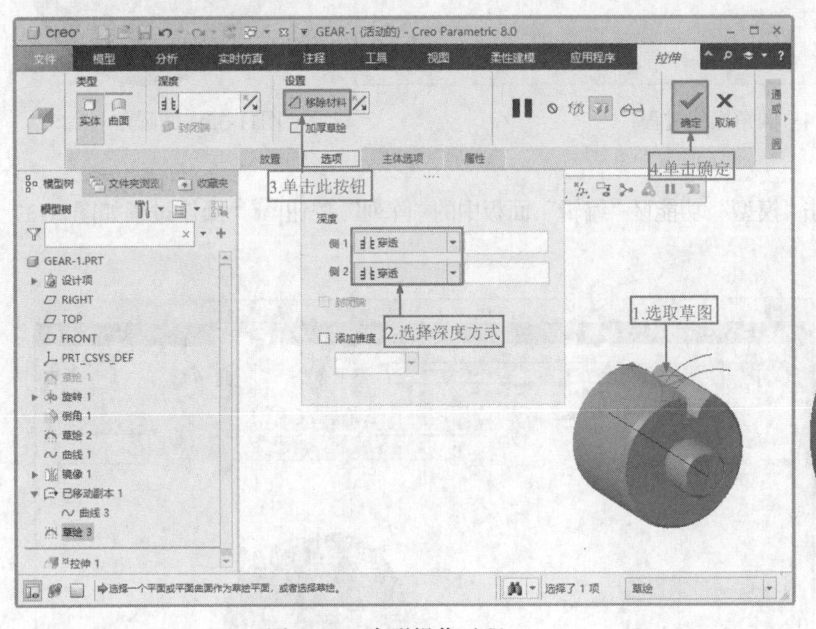

图11-32　齿形操作过程

图11-33　创建齿形

11. 圆角处理

单击“模型”功能区“工程”面板中的“倒圆角”按钮，操作过程如图11-34所示，结果如图11-35所示。

12. 创建组

在模型树中选择前面创建的拉伸特征和倒圆角特征并右击，在打开的快捷菜单中单击“分组”选项，如图11-36所示，创建组。

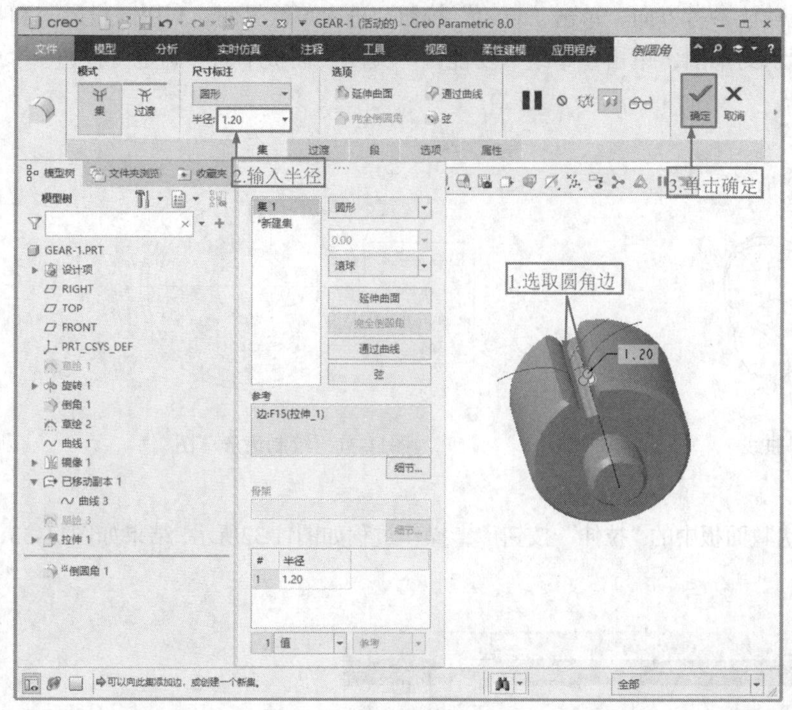

图11-34　圆角操作过程

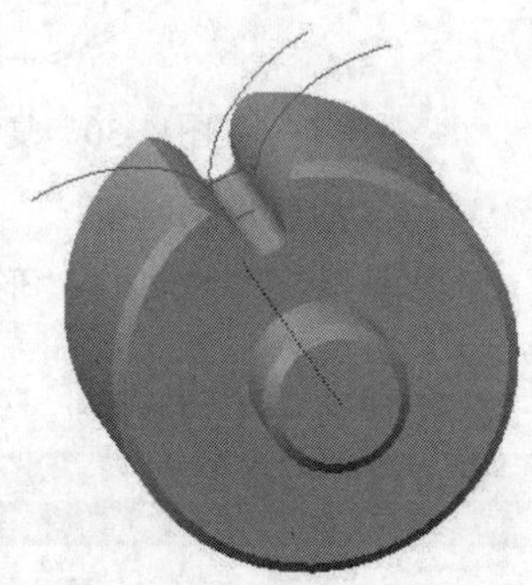

图11-35　倒圆角

13. 阵列齿槽

选择上步创建的组，单击“模型”功能区“编辑”面板中的“阵列”按钮，操作过程如图11-37所示，结果如图11-38所示。

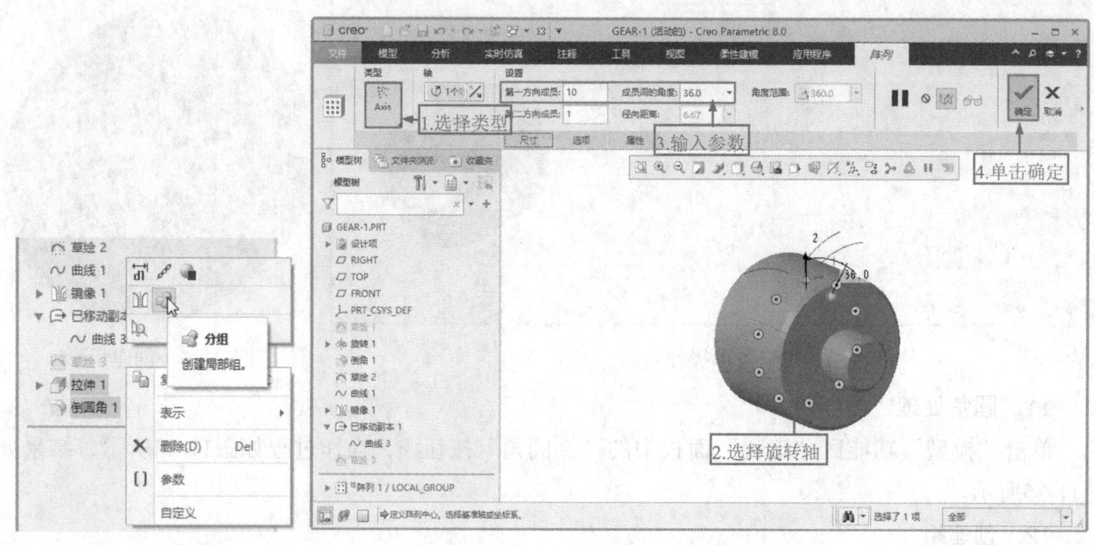

图11-36　快捷菜单　　图11-37　阵列操作过程

14. 保存文件

单击“快速访问”工具栏中的“保存”按钮，将零件文件存盘，以备后用。

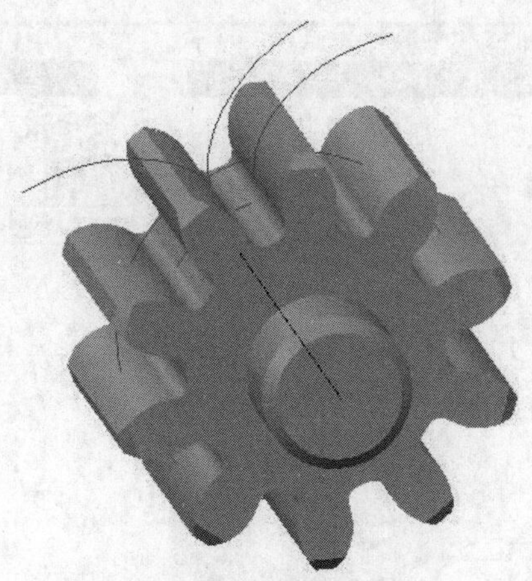

图11-38　阵列齿槽

齿轮泵前盖

11.3 齿轮泵前盖

本例创建的齿轮泵前盖如图11-39所示。

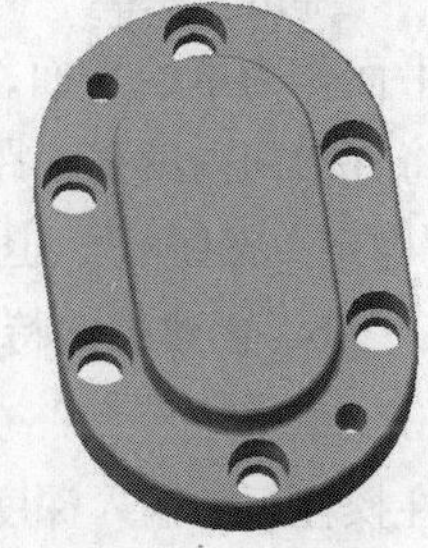

图11-39　齿轮泵前盖

【思路分析】

齿轮泵前盖的设计过程为：首先生成齿轮泵前盖外形；然后创建两个轴孔和 6 个沉头孔，为了节省绘制时间，可以使用“复制”命令快速生成；再加工两个定位销孔；最后设置图层。

绘制步骤

1. 新建文件

单击“主页”功能区“数据”面板中的“新建”按钮，打开“新建”对话框，在“类型”选项组中点选“零件”单选钮，在“子类型”选项组中点选“实体”单选钮，在“名称”文本框中输入文件名front_cover_pump，取消对“使用默认模板”复选框的勾选，单击“确定”按钮，然后在打开的“新文件选项”对话框中选择“mmns_part_solid_abs”选项，单击“确定”按钮，创建一个新的零件文件。

2. 绘制草图

单击“模型”功能区“基准”面板中的“草绘”按钮，打开“草绘”对话框；选择TOP基准平面作为草绘平面，接受默认参考方向，单击“草绘”按钮，进入草绘界面。利用草绘命令绘制如图11-40所示的草图，单击“草绘”功能区“关闭”面板中的“确定”按钮，退出草图界面。

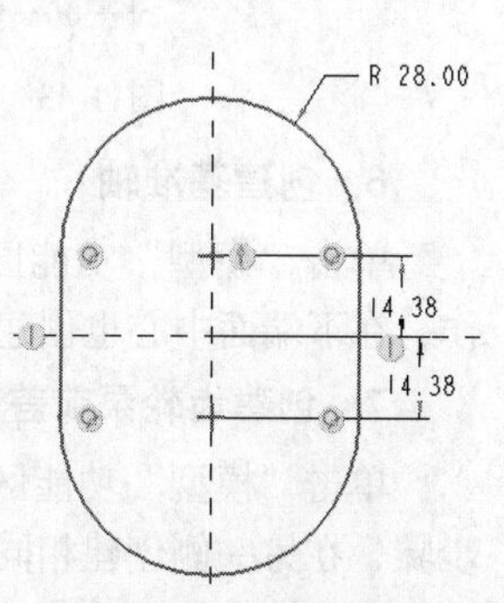

图11-40　绘制草图1

3. 创建齿轮泵前盖底座

单击“模型”功能区“形状”面板中的“拉伸”按钮，操作过程如图11-41所示，结果如图11-42所示。

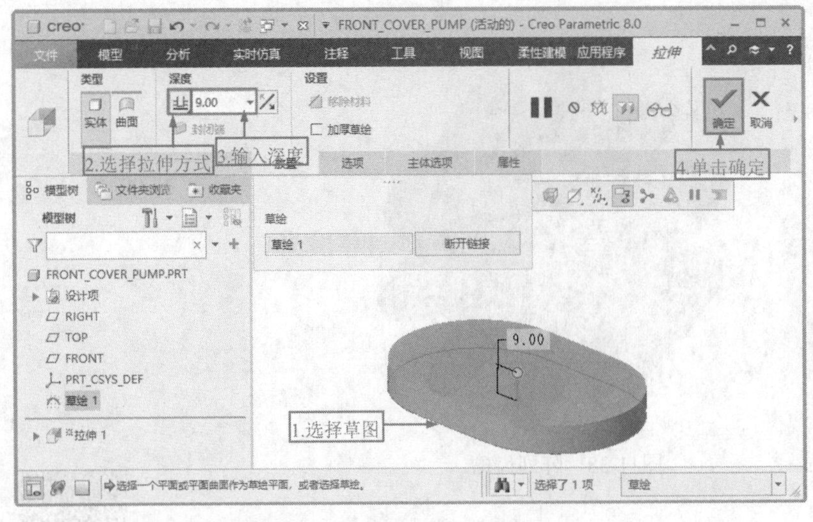

图11-41　前盖底座操作过程

图11-42　创建前盖底座

4. 绘制草图

单击“模型”功能区“基准”面板中的“草绘”按钮，打开“草绘”对话框；选择TOP基准平面作为草绘平面，接受默认参考方向，单击“草绘”按钮，进入草绘界面。利用“偏移”命令将外形向内偏移，距离为12，绘制如图11-43所示的草图，单击“草绘”功能区“关闭”面板中的“确定”按钮，退出草图界面。

5. 创建拉伸特征

单击“模型”功能区“形状”面板中的“拉伸”按钮，选择上部绘制的草图为拉伸截面，在操控板中输入深度为16，单击“确定”按钮。结果如图11-44所示。

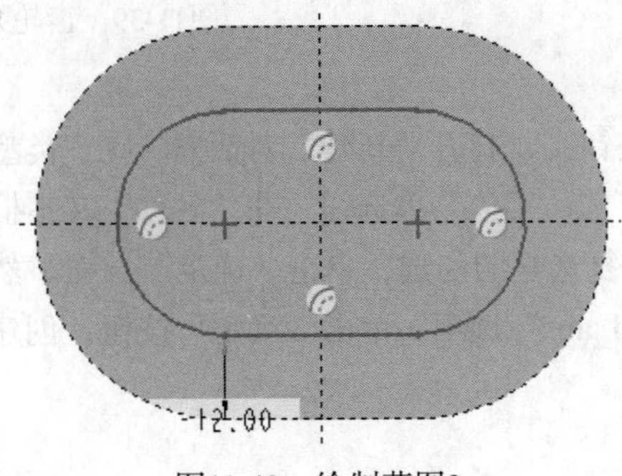

图11-43　绘制草图2

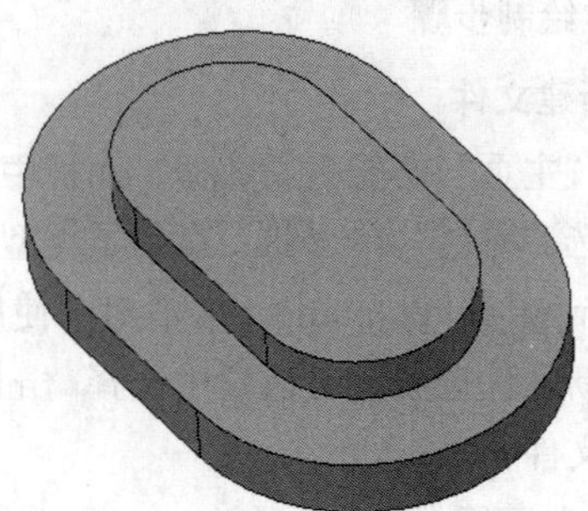

图11-44　创建拉伸特征

6. 创建基准轴

单击“模型”功能区“基准”面板中的“轴”按钮，操作过程如图11-45所示。重复上述操作，在下端面中心也创建基准轴，如图11-46所示。

7. 创建齿轮泵前盖中心孔

单击“模型”功能区“工程”面板中的“孔”按钮，操作过程如图11-47所示。采用相同的步骤，在另一侧创建相同参数的孔，结果如图11-48所示。

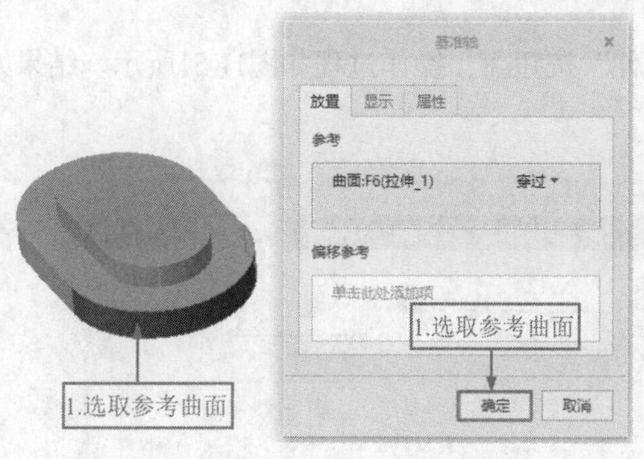

图11-45　基准轴创建过程

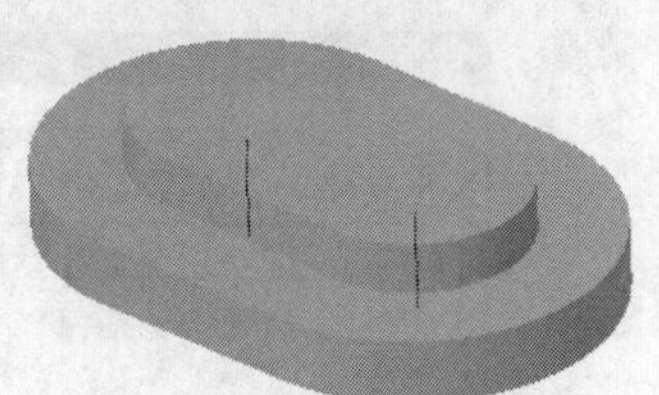

图11-46　创建基准轴

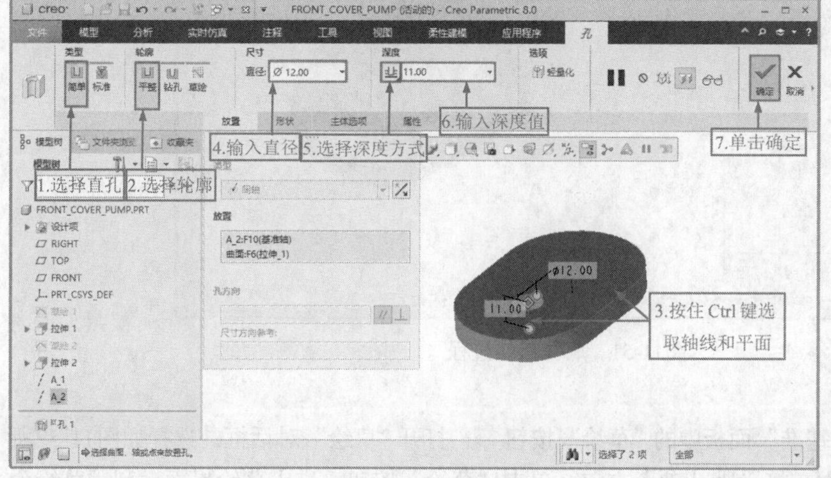

图11-47　中心孔操作过程

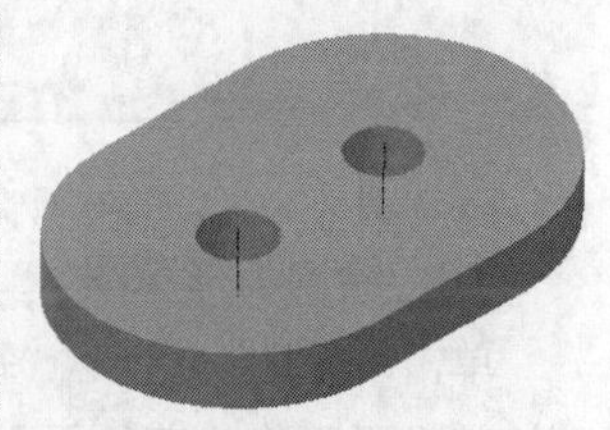

图11-48　创建中心孔

8. 绘制齿形草图

单击“模型”功能区“基准”面板中的“草绘”按钮，打开“草绘”对话框；选择如图11-49所示的基准平面作为草绘平面，接受默认参考方向，单击“草绘”按钮，进入草绘界面。利用草绘命令绘制如图11-50所示的草图，单击“草绘”功能区“关闭”面板中的“确定”按钮，退出草图界面。

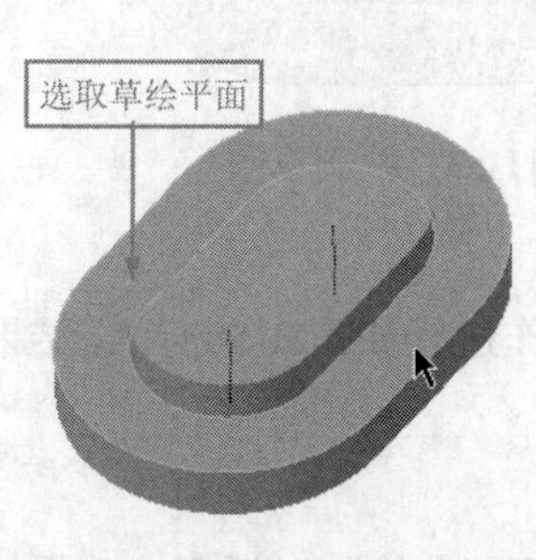

图11-49　选择草绘平面

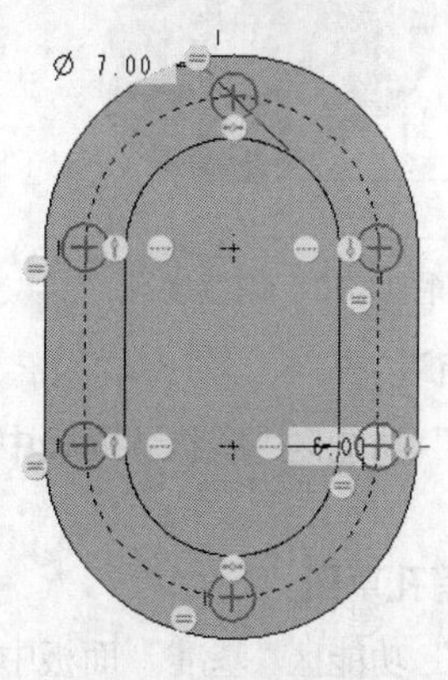

图11-50　绘制草图3

9. 创建底孔

单击“模型”功能区“形状”面板中的“拉伸”按钮，操作过程如图11-51所示。结果如图11-52所示。

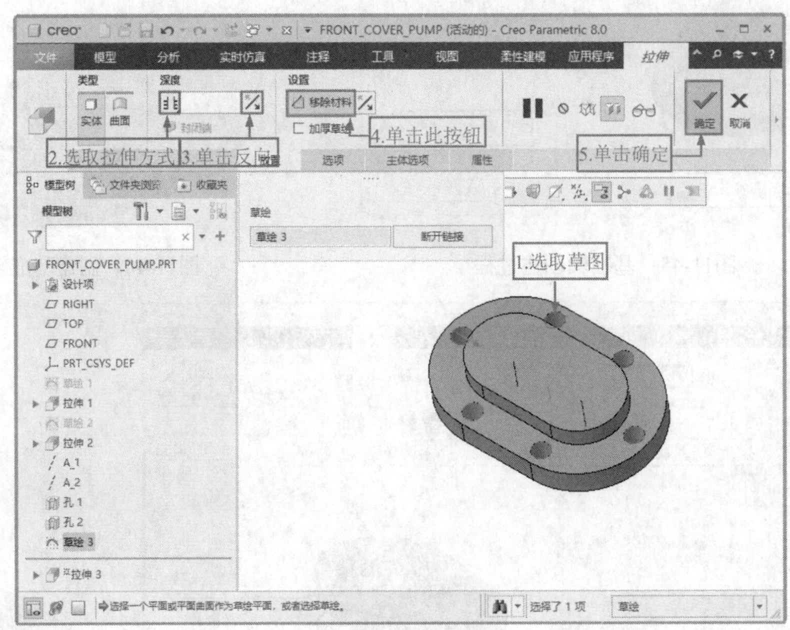

图11-51　底孔操作过程

10. 绘制齿形草图

单击“模型”功能区“基准”面板中的“草绘”按钮，打开“草绘”对话框；选择如图11-52所示的基准平面作为草绘平面，接受默认参考方向，单击“草绘”按钮，进入草绘界面。利用草绘命令绘制如图11-53所示的草图，单击“草绘”功能区“关闭”面板中的“确定”按钮，退出草图界面。

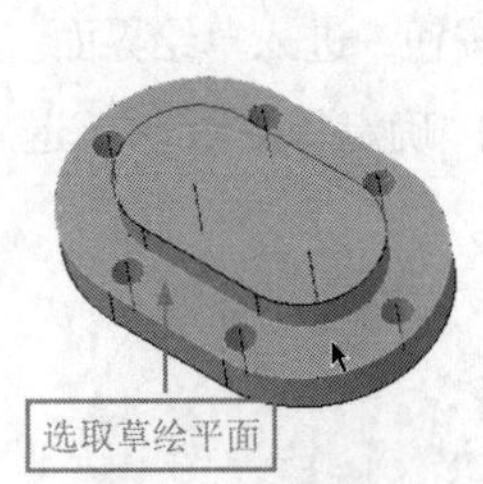

图11-52　创建底孔

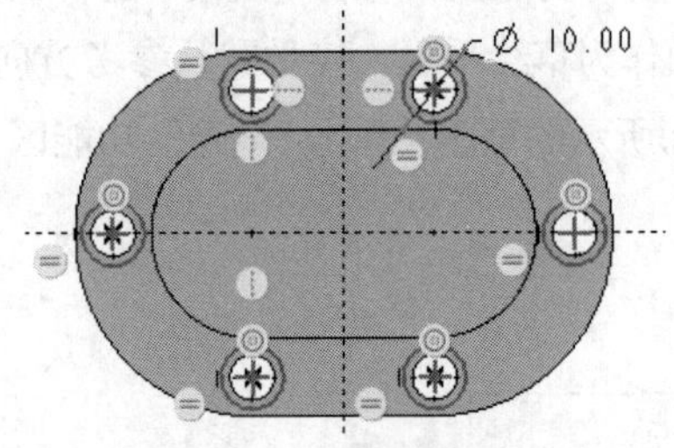

图11-53　绘制草图4

11. 创建沉孔

单击“模型”功能区“形状”面板中的“拉伸”按钮，操作过程如图11-54所示，结果如图11-55所示。

12. 绘制销孔草图

单击“模型”功能区“基准”面板中的“草绘”按钮，打开“草绘”对话框；选择如图11-55所示的基准平面作为草绘平面，接受默认参考方向，单击“草绘”按钮，进入草绘界面。利用草绘命令绘制如图11-56所示的草图，单击“草绘”功能区“关闭”面板中的“确定”按钮✔，退出草图界面。

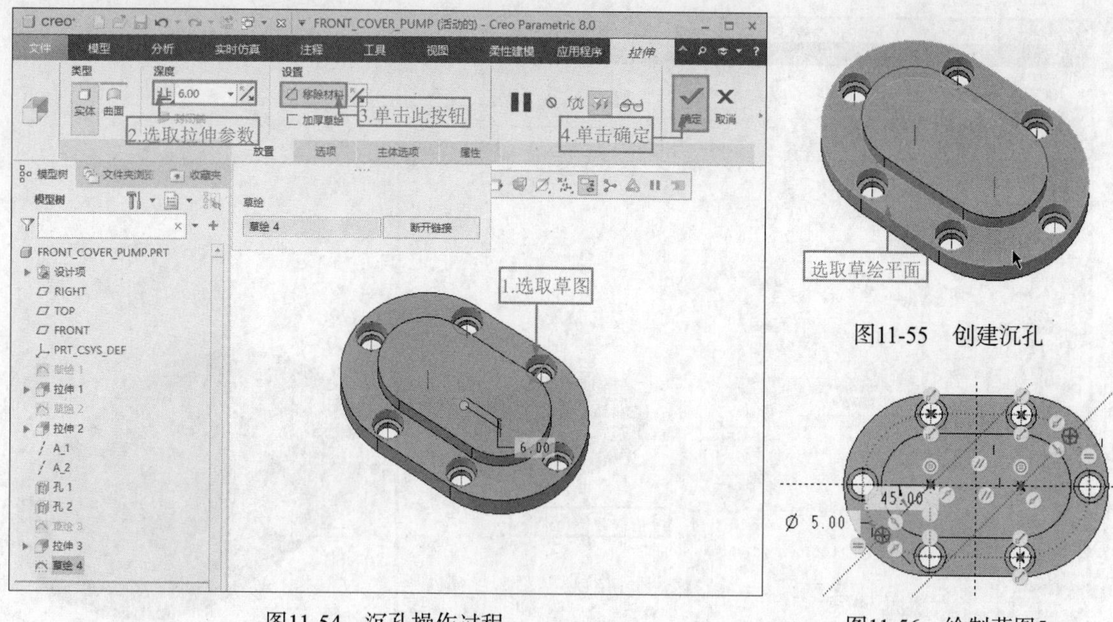

图11-54　沉孔操作过程

图11-55　创建沉孔

图11-56　绘制草图5

13. 创建销孔

单击“模型”功能区“形状”面板中的“拉伸”按钮，操作过程如图11-57所示，结果如图11-58所示。

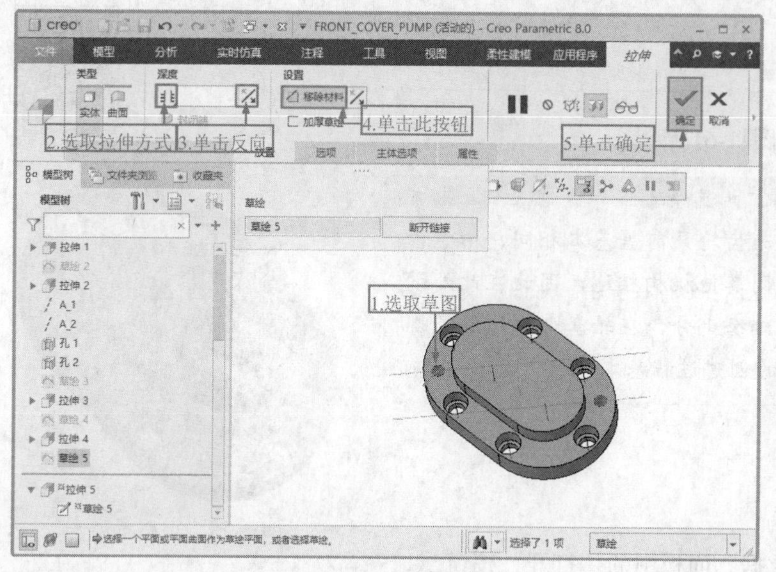

图11-57　销孔操作过程

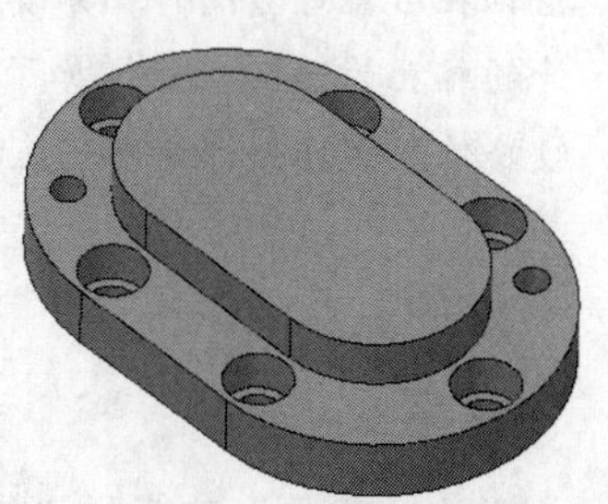

图11-58　创建销孔

14. 创建倒圆角特征

单击“模型”功能区“工程”面板中的“倒圆角”按钮，操作过程如图11-59所示，结果如图11-60所示。

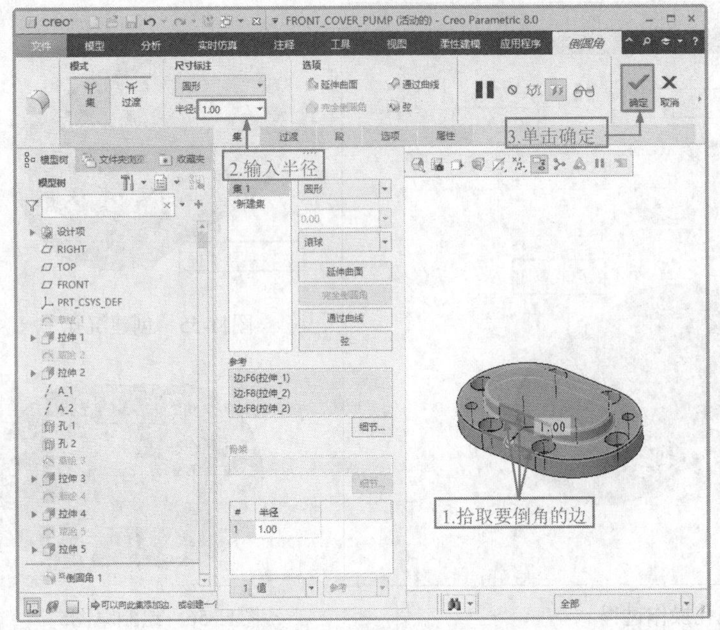

图11-59　圆角操作过程

图11-60　倒圆角

15. 保存文件

单击“快速访问”工具栏中的“保存”按钮，将零件文件存盘，以备后用。

11.4 齿轮泵后盖

齿轮泵后盖

本例创建的齿轮泵后盖如图11-61所示。

【思路分析】

齿轮泵后盖的设计方法与齿轮泵前盖基本相同，由于齿轮轴在后盖部分将伸出泵体同其他机构相连，因此在此处设计的轴孔为通孔，并增加了轴套部分，在轴套部分增加了螺纹修饰，其余的部分同前盖的创建过程基本一致。

图11-61　齿轮泵后盖

绘制步骤

1. 打开文件

单击“主页”功能区“数据”面板中的“打开”按钮，打开“文件打开”对话框，选择上一节绘制的“front_cover_pump.prt”文件，单击“打开”按钮，打开齿轮泵前盖文件。

2. 保存文件

单击“文件”菜单栏“另存为”中的“保存副本”命令，打开“保存副本”对话框，输入新名称为back_cover_pump，单击“确定”按钮，保存文件。

3. 拭除文件

单击“文件”菜单栏“管理会话”中的“拭除当前”命令，打开“拭除确认”对话框，单击“是”按钮，拭除front_cover_pump文件。

4. 打开文件

单击“主页”功能区“数据”面板中的“打开”按钮，打开“文件打开”对话框，选择“back_cover_pump”文件，单击“打开”按钮，打开齿轮泵后盖文件。

5. 删除特征

在模型树中选择“孔1”“孔2”和“倒圆角1”特征，单击右键，在打开的快捷菜单中选择“删除”命令，如图11-62所示，打开“删除”对话框，单击“确定”按钮，删除特征。

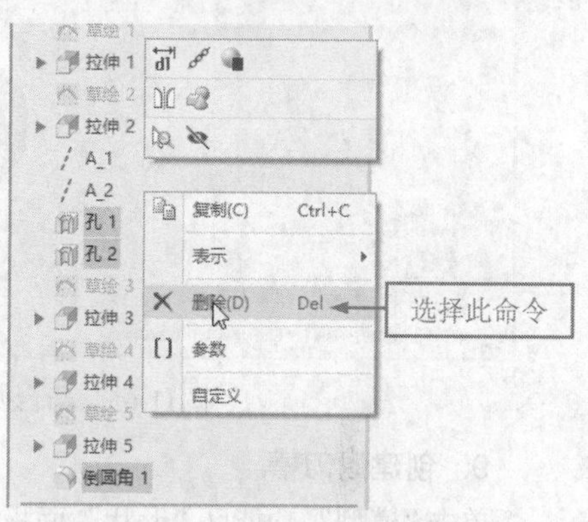

图11-62　快捷菜单1

6. 绘制草图

单击“模型”功能区“基准”面板中的“草绘”按钮，打开“草绘”对话框；选择如图11-63所示的平面作为草绘平面，接受默认参考方向，单击“草绘”按钮，进入草绘界面。利用草绘命令绘制如图11-64所示的草图，单击“草绘”功能区“关闭”面板中的“确定”按钮，退出草图界面。

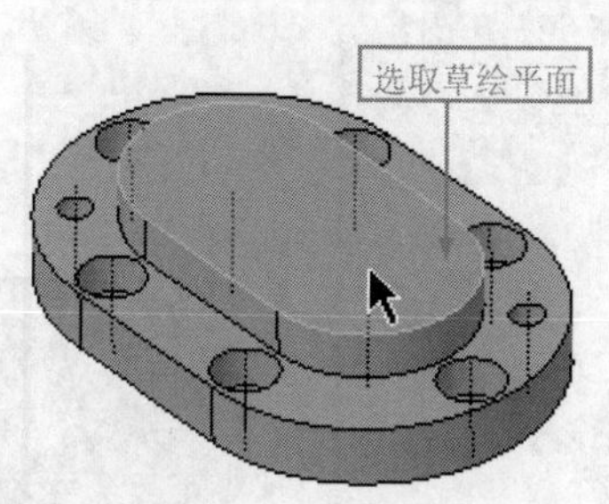

图11-63　绘制草图1

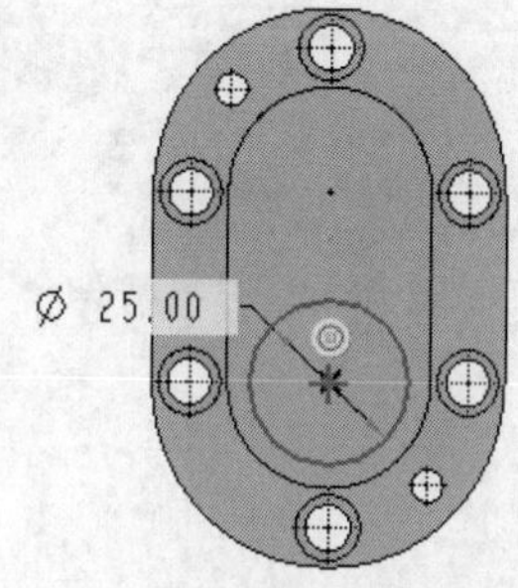

图11-64　绘制草图2

7. 创建凸台

单击“模型”功能区“形状”面板中的“拉伸”按钮，操作过程如图11-65所示，结果如图11-66所示。

8. 绘制草图

单击“模型”功能区“基准”面板中的“草绘”按钮，打开“草绘”对话框；选择如图11-65所示的平面作为草绘平面，接受默认参考方向，单击“草绘”按钮，进入草绘界面。利用草绘命令绘制如图11-67所示的草图，单击“草绘”功能区“关闭”面板中的“确定”按钮，退出草图界面。

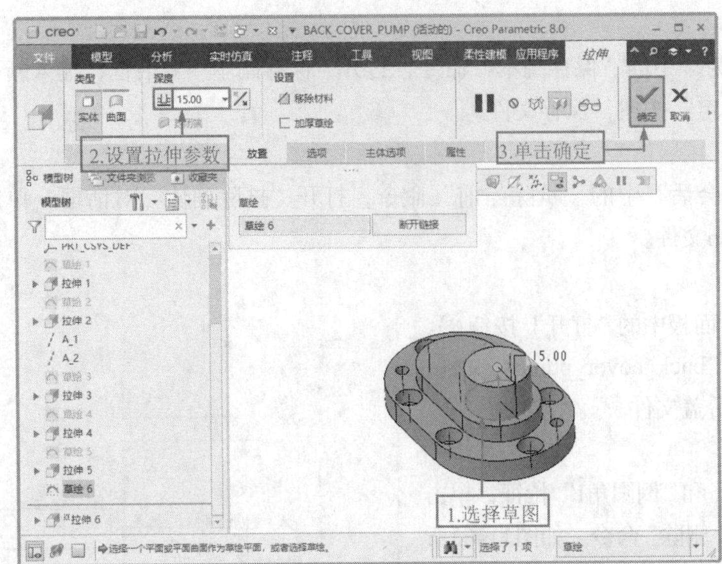

图11-65　凸台操作过程

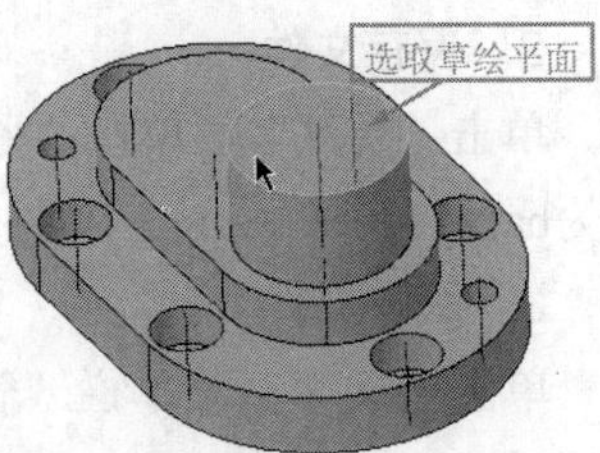

图11-66　创建拉伸特征1

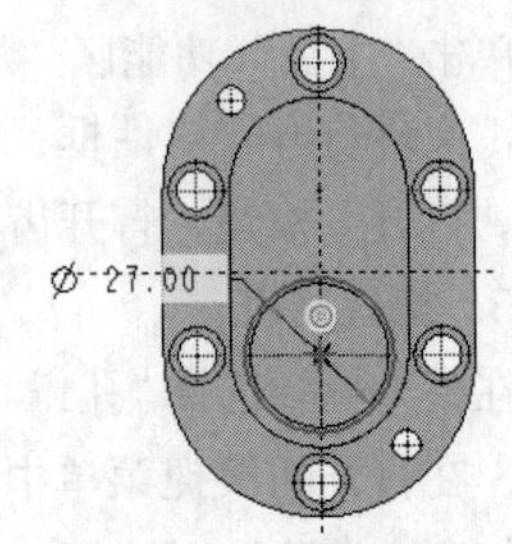
图11-67　绘制草图3

9. 创建退刀槽

单击“模型”功能区“形状”面板中的“拉伸”按钮，操作过程如图11-68所示，结果如图11-69所示。

图11-68　退刀槽操作过程

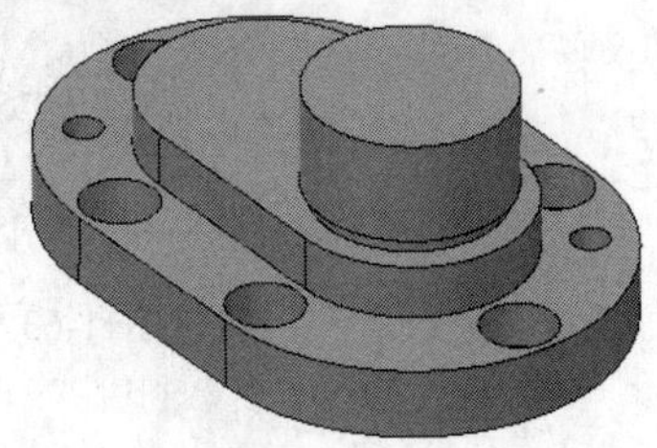
图11-69　创建拉伸特征2

10. 绘制草图

单击“模型”功能区“基准”面板中的“草绘”按钮，打开“草绘”对话框；选择RIGHT平面作为草绘平面，接受默认参考方向，单击“草绘”按钮，进入草绘界面。利用草绘命令绘制如图11-70所示的草图，单击“草绘”功能区“关闭”面板中的“确定”按钮，退出草图界面。

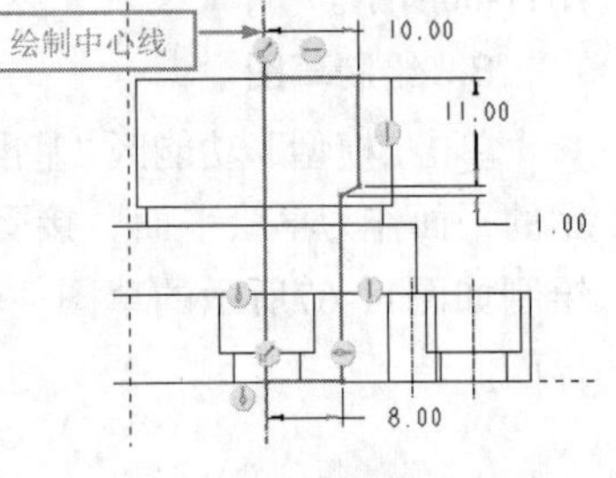

图11-70　绘制草图4

11. 创建轴孔

单击“模型”功能区“形状”面板中的“旋转”按钮，操作过程如图11-71所示，结果如图11-72所示。

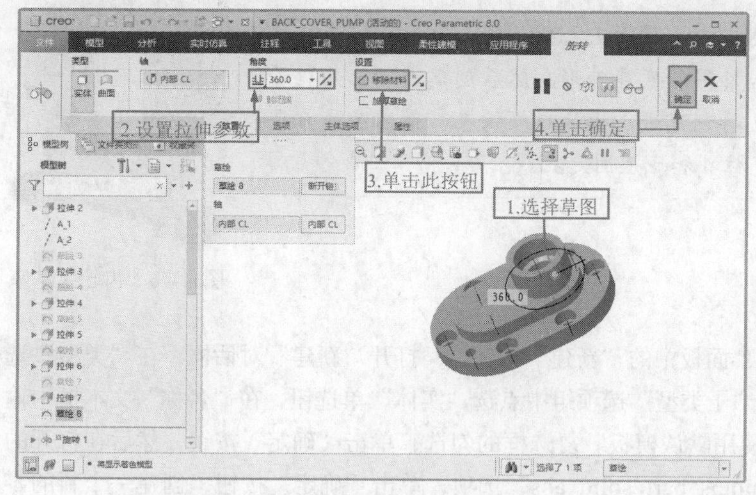

图11-71　轴孔操作过程

图11-72　创建轴孔

12. 修改草图

在模型树中选择“草绘5”，单击右键，在打开的快捷菜单中选择“编辑定义”命令，如图11-73所示，进入草图绘制环境，修改草图如图11-74所示，单击“草绘”功能区“关闭”面板中的“确定”按钮，完成草图修改，结果如图11-75所示。

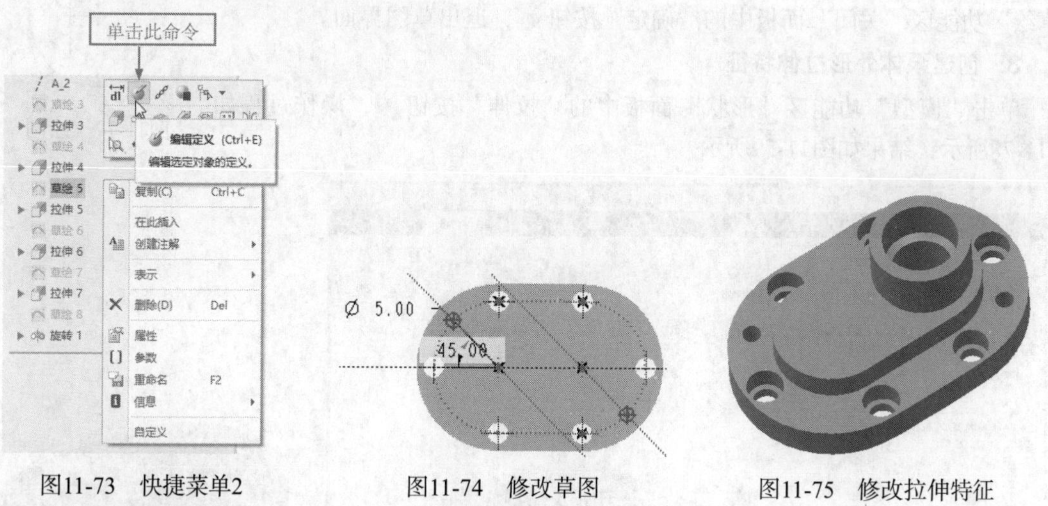

图11-73　快捷菜单2　　图11-74　修改草图　　图11-75　修改拉伸特征

13. 创建倒圆角特征

采用同11.3节中的步骤14相同的方法，创建圆角特征，如图11-61所示。

14. 保存文件

单击“快速访问”工具栏中的“保存”按钮，将零件文件存盘，以备后用。

11.5 齿轮泵基座

齿轮泵基座

本例创建的齿轮泵基座如图11-76所示。

图11-76 齿轮泵基座

【思路分析】

首先生成泵腔外形和底座外形，然后创建进、出油口外形以及泵体内腔，再创建进、出油口螺纹孔，最后生成6个螺丝孔、两个销定位孔和底座固定孔。

绘制步骤

1. 新建文件

单击“主页”功能区“数据”面板中的“新建”按钮，打开“新建”对话框，在“类型”选项组中点选“零件”单选钮，在“子类型”选项组中点选“实体”单选钮，在“名称”文本框中输入文件名base_pump，取消对“使用默认模板”复选框的勾选，单击“确定”按钮，然后在打开的“新文件选项”对话框中选择“mmns_part_solid_abs”选项，单击“确定”按钮，创建一个新的零件文件。

2. 绘制草图1

单击“模型”功能区“基准”面板中的“草绘”按钮，打开“草绘”对话框，选择FRONT基准平面作为草绘平面，接受默认参考方向，单击“草绘”按钮，进入草绘界面。利用草绘命令绘制如图11-77所示的草图，单击“草绘”功能区“关闭”面板中的“确定”按钮，退出草图界面。

R 28.00
14.38
14.38

图11-77 绘制草图1

3. 创建泵体外形拉伸特征

单击“模型”功能区“形状”面板中的“拉伸”按钮，操作过程如图11-78所示，结果如图11-79所示。

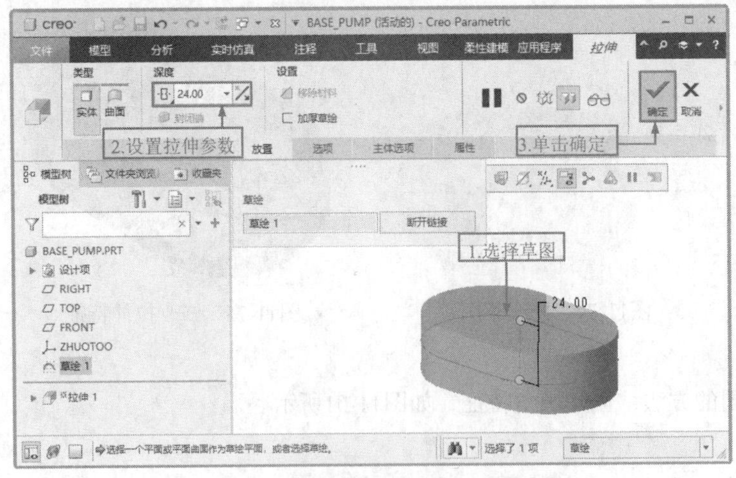

图11-78 泵体外形操作过程

图11-79 创建泵腔外形

4. 绘制草图2

单击“模型”功能区“基准”面板中的“草绘”按钮，打开“草绘”对话框；选择FRONT基准平面作为草绘平面，接受默认参考方向，单击“草绘”按钮，进入草绘界面。利用草绘命令绘制如图11-80所示的草图，单击“草绘”功能区“关闭”面板中的“确定”按钮，退出草图界面。

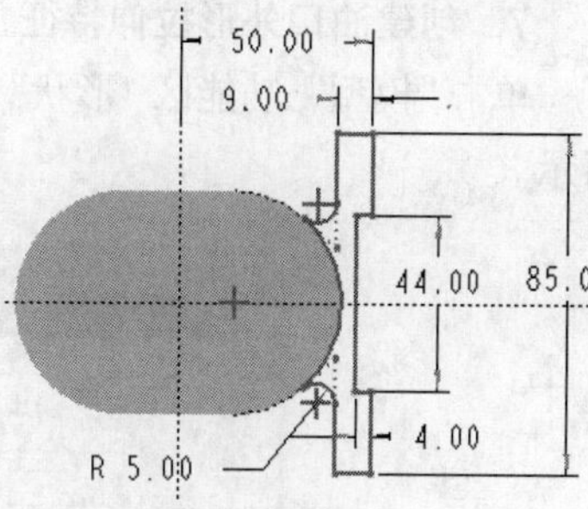

图11-80　绘制草图2

5. 创建底座外形特征

单击“模型”功能区“形状”面板中的“拉伸”按钮，操作过程如图11-81所示，结果如图11-82所示。

6. 绘制草图3

单击“模型”功能区“基准”面板中的“草绘”按钮，打开“草绘”对话框；选择RIGHT基准平面作为草绘平面，接受默认参考方向，单击“草绘”按钮，进入草绘界面。利用草绘命令绘制如图11-83所示的草图，单击“草绘”功能区“关闭”面板中的“确定”按钮退出草图界面。

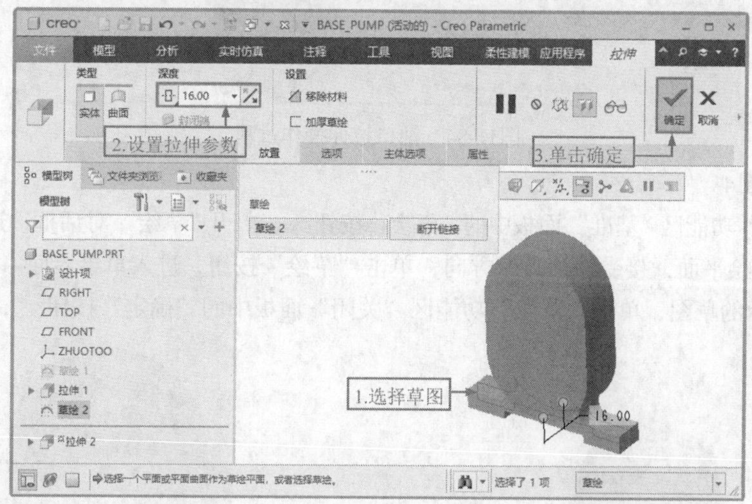

图11-81　底座操作过程

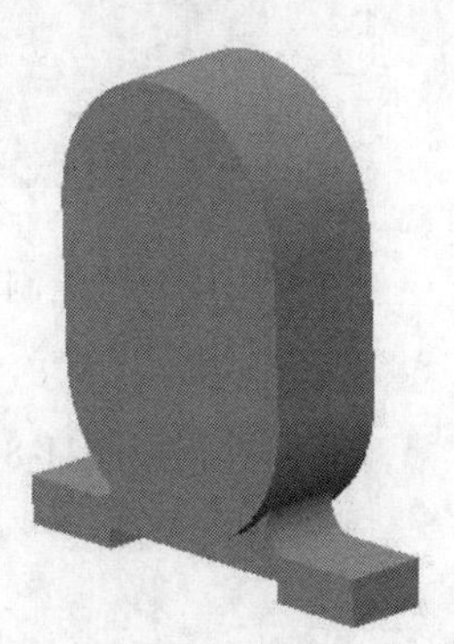

图11-82　创建拉伸特征

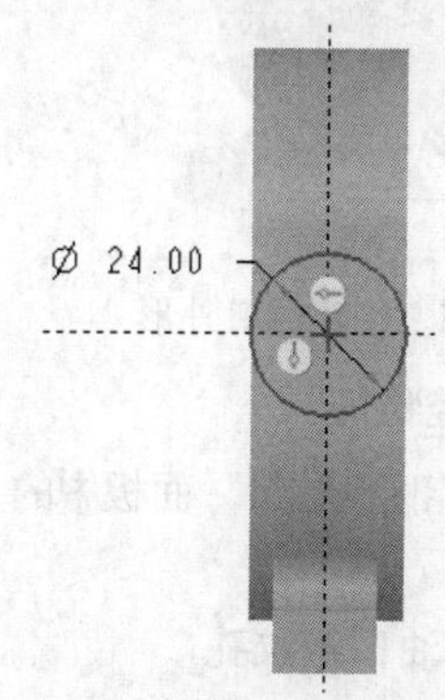

图11-83　绘制草图3

7. 创建油口外形拉伸特征

单击“模型”功能区“形状”面板中的“拉伸”按钮，操作过程如图11-84所示，结果如图11-85所示。

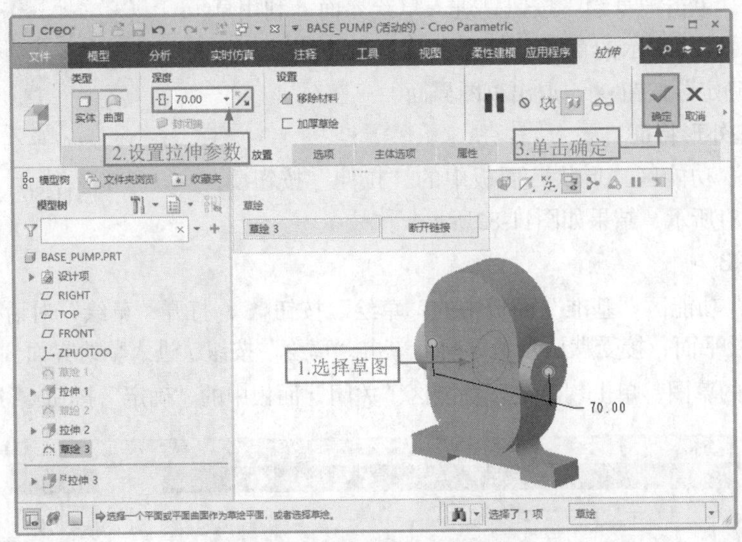

图11-84 油口拉伸操作过程

8. 绘制草图4

单击“模型”功能区“基准”面板中的“草绘”按钮，打开“草绘”对话框；选择如图11-85所示的平面作为草绘平面，接受默认参考方向，单击“草绘”按钮，进入草绘界面。利用草绘命令绘制如图11-86所示的草图，单击“草绘”功能区“关闭”面板中的“确定”按钮，退出草图界面。

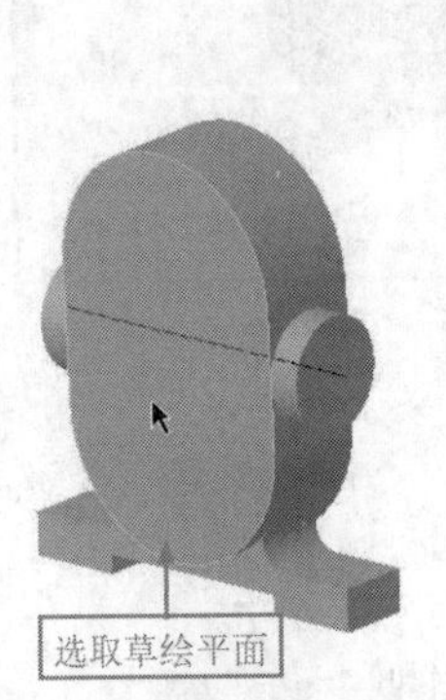

图11-85 创建油口外形

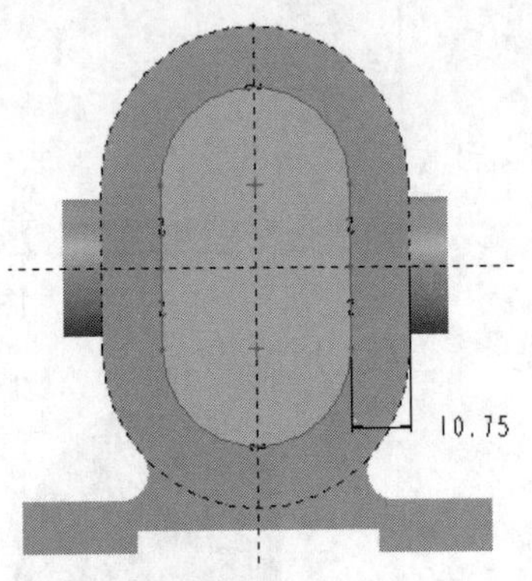

图11-86 绘制草图4

9. 创建泵体内腔特征

单击“模型”功能区“形状”面板中的“拉伸”按钮，操作过程如图11-87所示，结果如图11-88所示。

10. 创建进、出油口螺纹孔

单击“模型”功能区“工程”面板中的“孔”按钮，操作过程如图11-89所示。采用相同的步骤，在另一侧创建相同参数的孔，结果如图11-90所示。

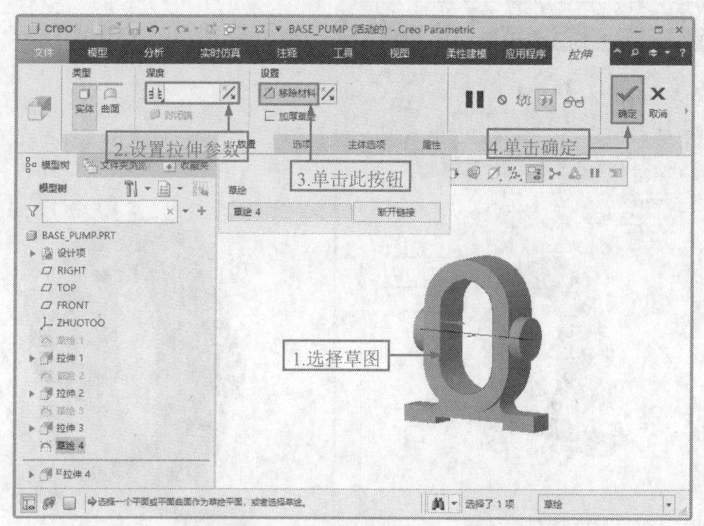

图11-87　泵体内腔操作过程

图11-88　创建泵体内腔

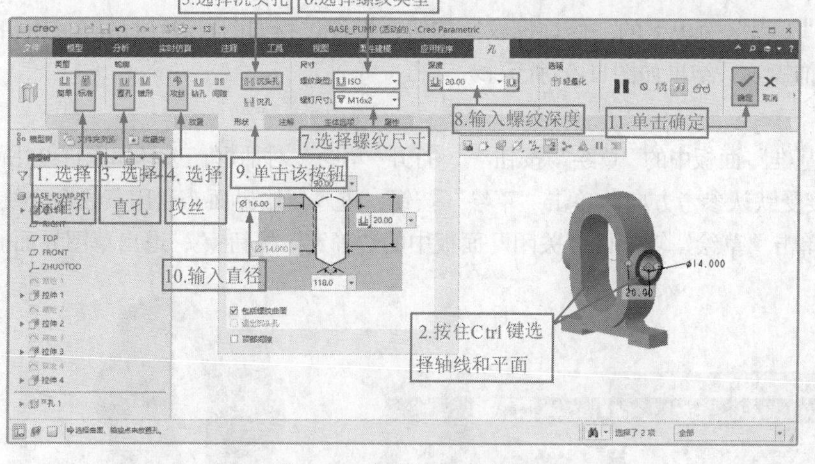

图11-89　螺纹孔操作过程

图11-90　创建螺纹孔

11. 绘制草图5

单击“模型”功能区“基准”面板中的“草绘”按钮，打开“草绘”对话框；选择如图11-89所示的平面作为草绘平面，接受默认参考方向，单击“草绘”按钮，进入草绘界面。利用草绘命令绘制如图11-91所示的草图，单击“草绘”功能区“关闭”面板中的“确定”按钮✔，退出草图界面。

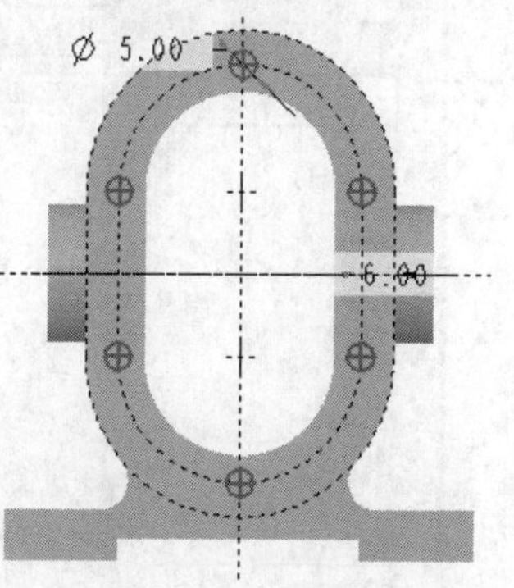

图11-91　绘制草图5

12. 创建螺丝孔

单击“模型”功能区“形状”面板中的“拉伸”按钮，操作过程如图11-92所示，结果如图11-93所示。

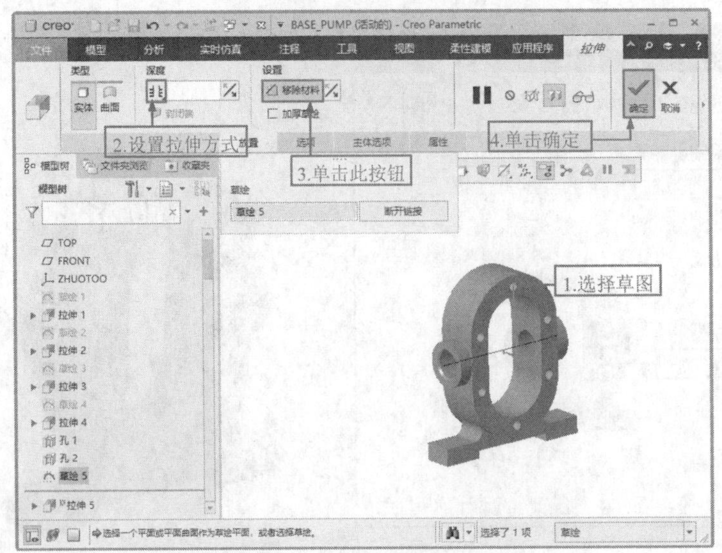

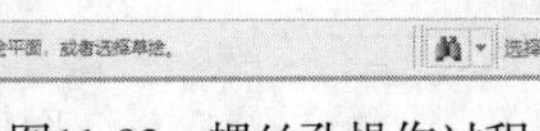
图11-92　螺丝孔操作过程

图11-93　创建螺丝孔

13. 添加装饰螺纹

单击“模型”功能区“工程”面板下的“修饰螺纹”按钮，操作过程如图11-94所示。采用相同步骤给其他5个孔添加装饰螺纹，结果如图11-95所示。

14. 绘制草图6

单击“模型”功能区“基准”面板中的“草绘”按钮，打开“草绘”对话框；选择如图11-95所示的平面作为草绘平面，接受默认参考方向，单击“草绘”按钮，进入草绘界面。利用草绘命令绘制如图11-96所示的草图，单击“草绘”功能区“关闭”面板中的“确定”按钮，退出草图界面。

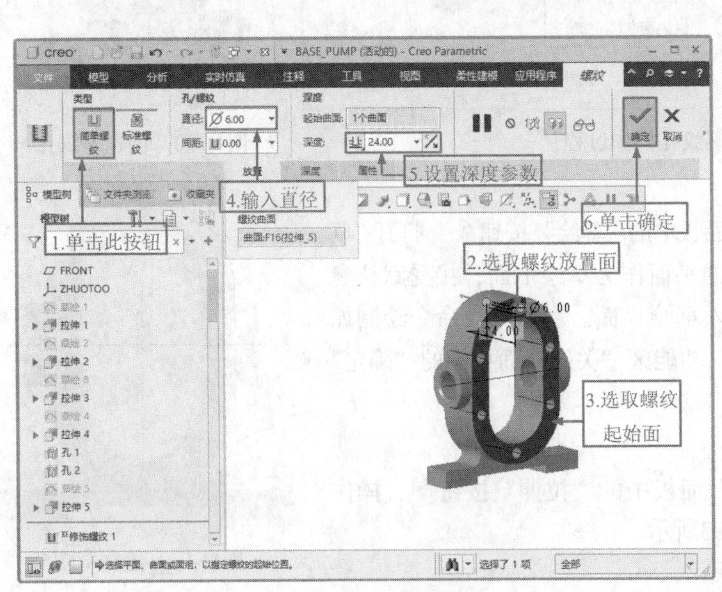

图11-94　修饰螺纹操作过程

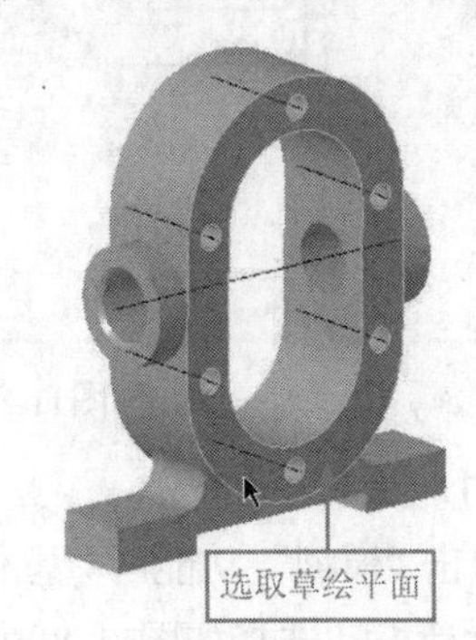

图11-95　添加装饰螺纹

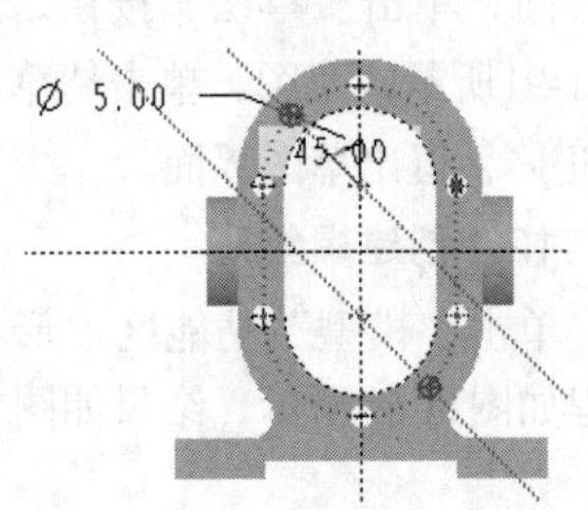

图11-96　绘制草图6

15. 创建销孔

单击“模型”功能区“形状”面板中的“拉伸”按钮，操作过程如图11-97所示，结果如图11-98所示。

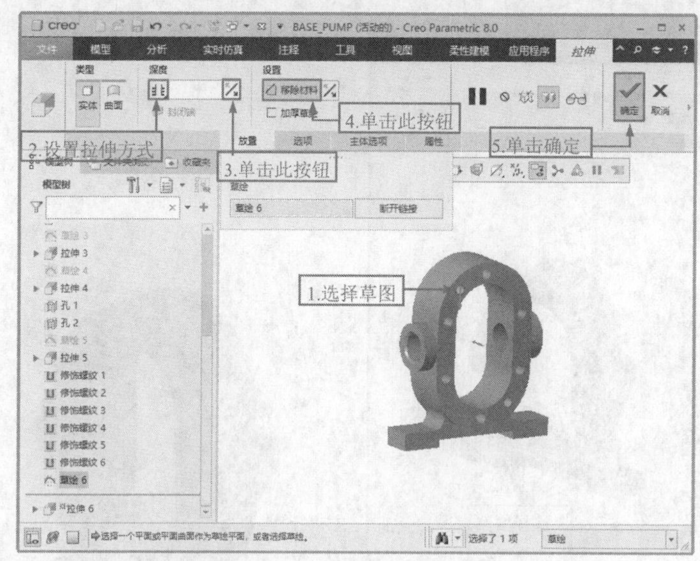

图11-97　销孔操作过程

图11-98　创建销孔

16. 绘制草图7

单击“模型”功能区“基准”面板中的“草绘”按钮，打开“草绘”对话框；选择如图11-98所示的平面作为草绘平面，接受默认参考方向，单击“草绘”按钮，进入草绘界面。利用草绘命令绘制如图11-99所示的草图，单击“草绘”功能区“关闭”面板中的“确定”按钮✔，退出草图界面。

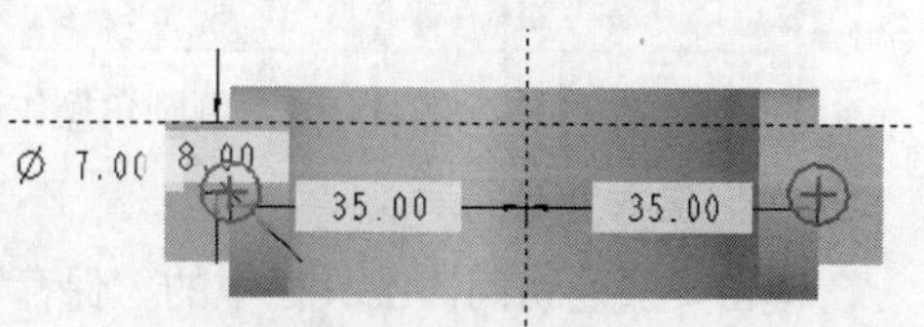

图11-99　绘制草图7

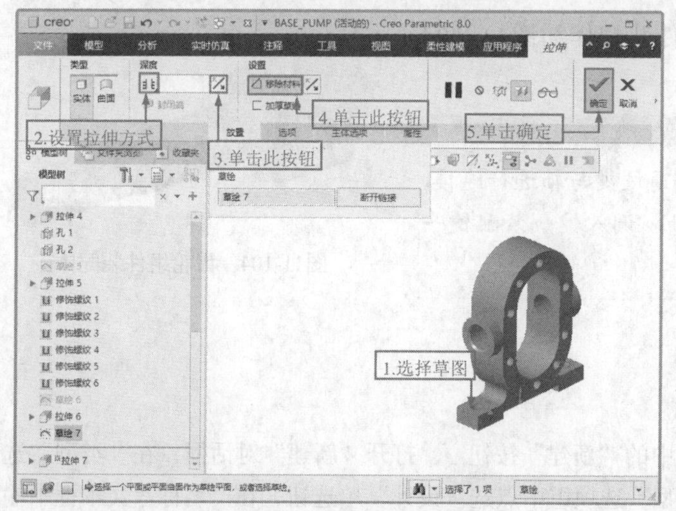

图11-100　安装孔操作过程

17. 创建安装孔

单击“模型”功能区“形状”面板中的“拉伸”按钮，操作过程如图11-100所示，结果如图11-101所示。

图11-101　创建安装孔

18. 创建倒圆角特征

单击“模型”功能区“工程”面板中的“倒圆角”按钮，操作过程如图11-102所示，结果如图11-103所示。

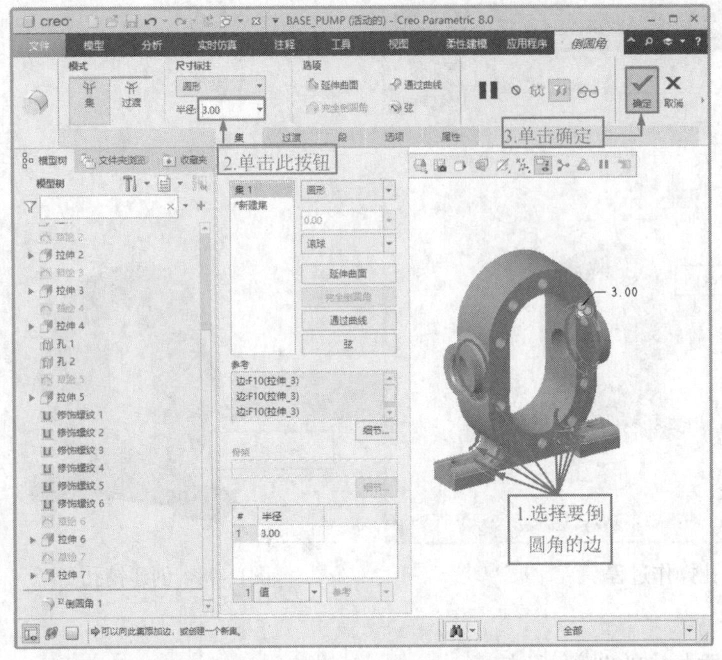

图11-102　倒圆角操作过程

图11-103　创建倒圆角特征

19. 保存文件

单击“快速访问”工具栏中的“保存”按钮，将零件文件存盘，以备后用。

11.6 齿轮组件装配体

齿轮组件装配体

本例生成的齿轮组件装配体如图11-104所示。

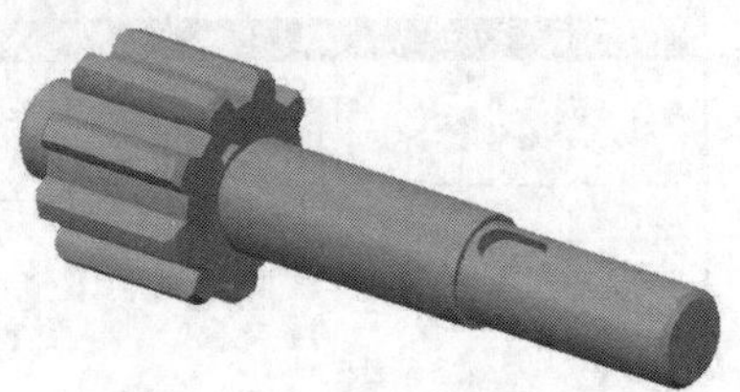

图11-104　齿轮组件装配体

【思路分析】

齿轮组件主要将齿轮通过键与轴进行连接，具体装配步骤为：调入轴→调入键→装配键→调入齿轮→装配齿轮。

绘制步骤

1. 新建文件

单击“主页”功能区“数据”面板中的“新建”按钮，打开“新建”对话框，在“类型”选项组中点选“装配”单选钮，在“子类型”选项组中点选“设计”单选钮，在“名称”文本框中输入文件名shaft_gear，取消对“使用默认模板”复选框的勾选，单击“确定”按钮，然后在打开的

“新文件选项”对话框中选择“mmns_asm_design_abs”选项，单击“确定”按钮，创建一个新的零件文件。

2. 调入轴零件

（1）单击“模型”功能区“元件”面板中的“组装”按钮，在打开的“打开”对话框中选择配套学习资源“源文件\结果文件\第11章\pump\shaft.prt”文件，单击“打开”按钮，打开“元件放置”操控板。

（2）在“约束类型”下拉列表中选择“默认”选项，单击操控板中的“确定”按钮，完成轴零件的调入，如图11-105所示。

图11-105　调入轴零件

3. 调入键零件

（1）单击“模型”功能区“元件”面板中的“组装”按钮，在打开的“打开”对话框中选择“key.prt”文件，单击“打开”按钮，调入键零件。

（2）在打开的“元件放置”操控板中单击“放置”按钮，打开“放置”下滑面板，在“约束类型”下拉列表中选择“重合”选项，在绘图区选取键底面和轴键槽底面，如图11-106所示。

（3）单击“放置”下滑面板中的“新建约束”按钮，在“约束类型”下拉列表中选择“居中”选项，在绘图区选取键槽圆柱面和键圆柱面，如图11-107所示。

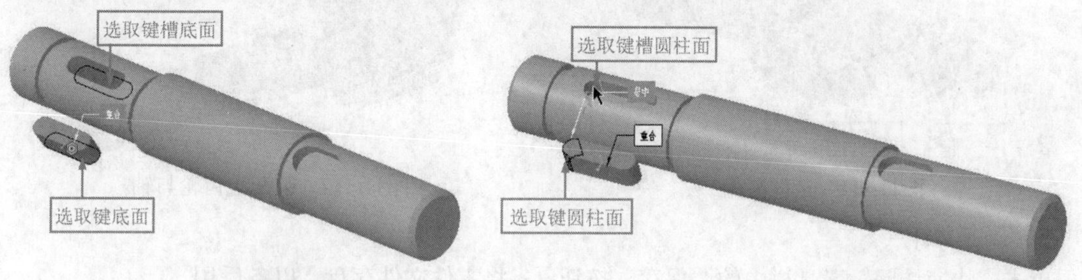

图11-106　选取平面1　　图11-107　选取圆柱面1

（4）单击操控板中的“确定”按钮，完成键与轴的装配，如图11-108所示。

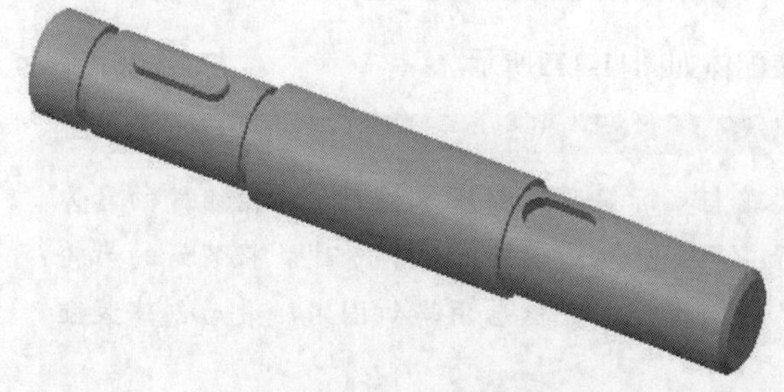

图11-108　装配键与轴

4. 调入直齿轮零件

（1）单击“模型”功能区“元件”面板中的“组装”按钮，系统打开“打开”对话框，选取配套学习资源中的“\结果文件\第11章\pump\gear-3.prt”文件，单击“打开”按钮，将元件添加到装配环境中。

（2）在打开的“元件放置”操控板中单击“放置”按钮，打开“放置”下滑面板，在“约束类型”下拉列表中选择“居中”选项，在绘图区中选取齿轮孔圆柱面和轴圆柱面，如图11-109所示。

（3）单击下滑面板中的“新建约束”按钮，在“约束类型”下拉列表中选择“重合”选项，在绘图区选取键侧面和齿轮键槽侧面，如图11-110所示。

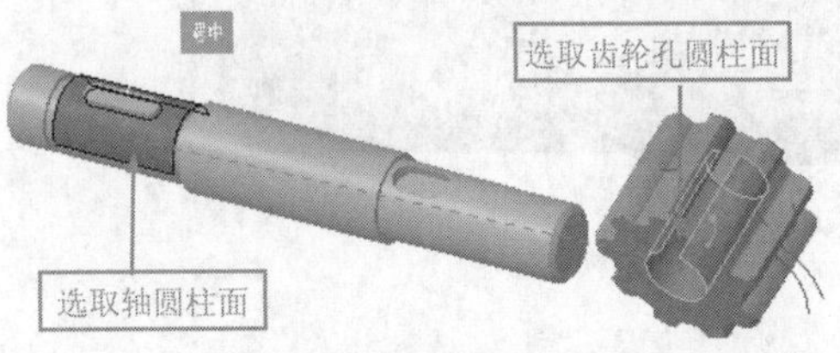

图11-109 选取圆柱面2

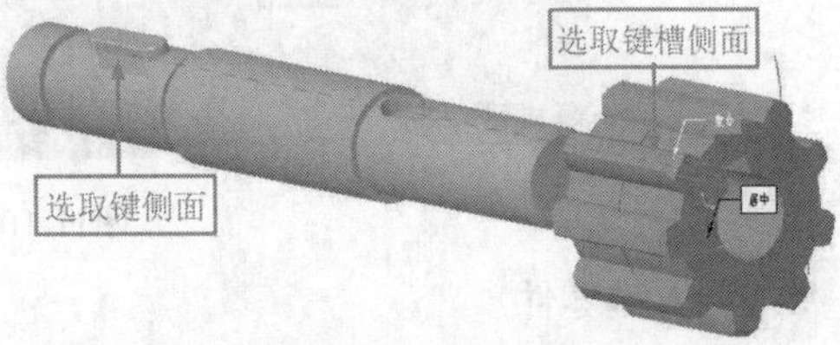

图11-110 选取平面2

（4）单击下滑面板中的“新建约束”按钮，在“约束类型”下拉列表中选择“重合”选项，在绘图区选取齿轮端面和轴端面，如图11-111所示。

（5）单击操控板中的“确定”按钮，完成直齿轮与轴的装配，效果如图11-112所示。

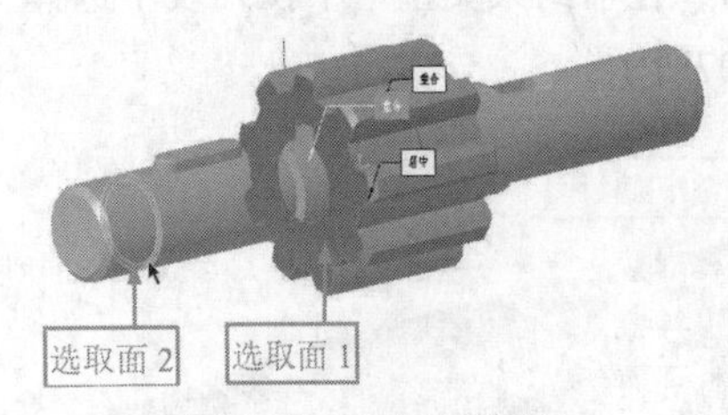

图11-111 选取平面3

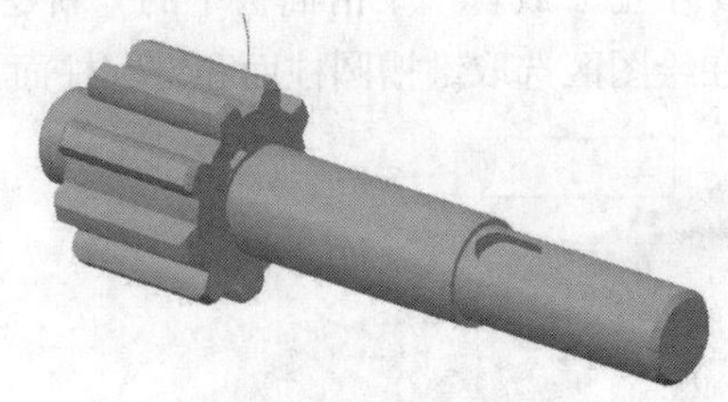

图11-112 装配直齿轮与轴

5. 保存文件

单击“快速访问”工具栏中的“保存”按钮，将零件文件存盘，以备后用。

11.7 齿轮泵装配

齿轮泵装配

本例创建的齿轮泵装配体如图11-113所示。

【思路分析】

装配过程的总体思路与实际装配过程基本相同。齿轮组件的具体装配步骤在前面的例子中已经介绍过，在此不再赘述。将装好的齿轮组件放置在下箱体上，再放置箱盖，然后用螺钉固定，最后创建装配体的爆炸视图。

图11-113 齿轮泵装配体

绘制步骤

1. 新建文件

单击“主页”功能区“数据”面板中的“新建”按钮，打开“新建”对话框，在“类型”选项组中点选“装配”单选钮，在“子类型”选项组中点选“设计”单选钮，在“名称”文本框中输入文件名pump，取消对“使用默认模板”复选框的勾选，单击“确定”按钮，然后在打开的“新文件选项”对话框中选择“mmns_asm_design_abs”选项，单击“确定”按钮，创建一个新的零件文件。

2. 调入基座零件

（1）单击“模型”功能区“元件”面板中的“组装”按钮，在打开的“打开”对话框中选择配套学习资源中的“源文件\结果文件\第11章\pump\base_pump.prt”文件，单击“打开”按钮，打开“元件放置”操控板。

（2）在“约束类型”下拉列表中选择“默认”选项，单击操控板中的“确定”按钮，完成基座零件的调入，如图11-114所示。

图11-114　调入基座零件

3. 调入齿轮泵前盖零件

（1）单击“模型”功能区“元件”面板中的“组装”按钮，系统打开“打开”对话框，选取配套学习资源中的“\结果文件\第11章\pump\ front_cover_pump.prt”文件，单击“打开”按钮，将前盖添加到装配环境中。

（2）在打开的“元件放置”操控板中单击“放置”按钮，打开“放置”下滑面板，在“约束类型”下拉列表中选择“重合”选项，在绘图区选取前端盖端面和基座端面，如图11-115所示。

（3）单击下滑面板中的“新建约束”按钮，在“约束类型”下拉列表中选择“居中”选项，在绘图区选取基座圆柱面和前盖圆柱面，如图11-116所示。

（4）同理，在绘图区选取另一端基座圆柱面和前盖圆柱面，单击操控板中的“确定”按钮，完成前盖的装配，如图11-117所示。

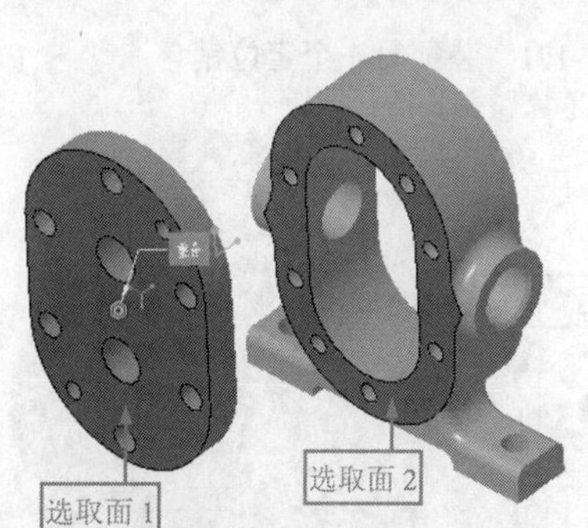

图11-115　选取面1

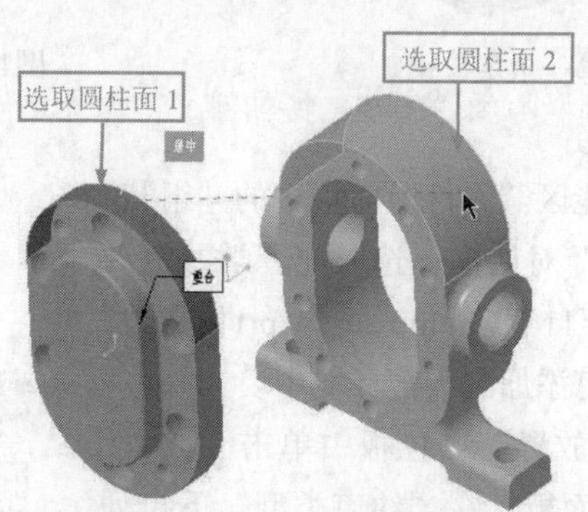

图11-116　选取圆柱面1

图11-117　装配齿轮泵前盖

4. 调入定位销进行定位

（1）单击“模型”功能区“元件”面板中的“组装”按钮，系统打开“打开”对话框，选取配套学习资源中的“\结果文件\第11章\ pump\pin.prt”文件，单击“打开”按钮，将定位销添加到装配环境中。

（2）在打开的“元件放置”操控板中单击“放置”按钮，打开“放置”下滑面板，在“约束类型”下拉列表中选择“重合”选项，在绘图区选取定位销端面和前端盖端面，如图11-118所示。

（3）单击下滑面板中的“新建约束”按钮，在“约束类型”下拉列表中选择“居中”选项，在绘图区选取定位销圆柱面和前段面孔圆柱面，如图11-119所示。

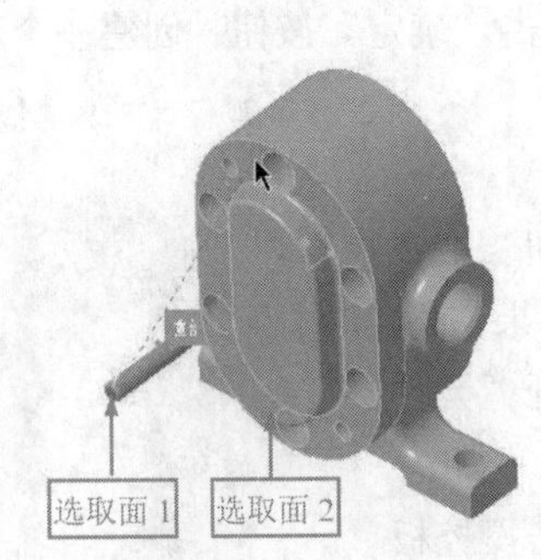

图11-118　选取面2

图11-119　选取圆柱面2

（4）单击操控板中的“确定”按钮，完成第一个定位销的装配，如图11-120所示。采用相同的方法装配另一个定位销，如图11-121所示。

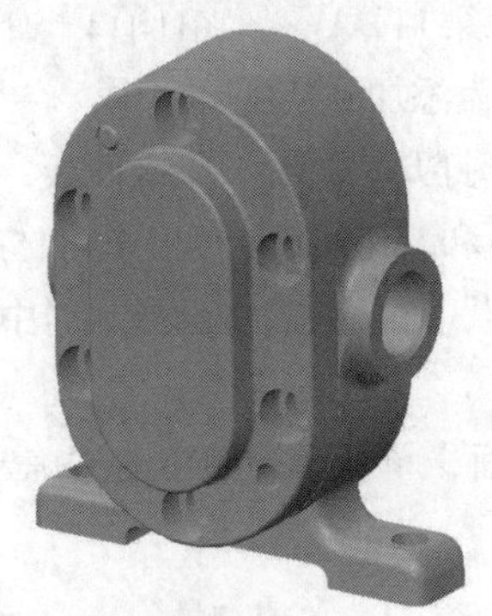

图11-120　装配第一个定位销

图11-121　装配另一个定位销

5. 调入螺钉进行联接

（1）单击“模型”功能区“元件”面板中的“组装”按钮，系统打开“打开”对话框，选取配套学习资源中的“源文件\结果文件\第11章\ pump\screw.prt”文件，单击“打开”按钮，将螺钉添加到装配环境中。

（2）在打开的“元件放置”操控板中单击“放置”按钮，打开“放置”下滑面板，在“约束类型”下拉列表中选择“重合”选项，在绘图区选取螺钉端面和前端盖沉头孔端面，如图11-122所示。

（3）单击下滑面板中的“新建约束”按钮，在“约束类型”下拉列表中选择“居中”选项，在绘图区选取

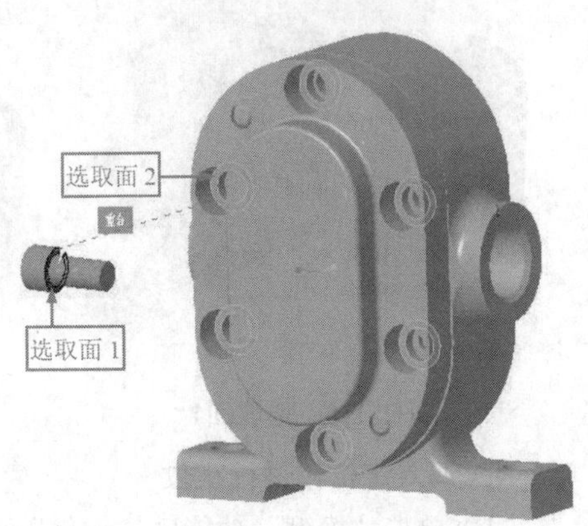

图11-122　选取面3

螺钉圆柱面和前端面沉头孔圆柱面，如图11-123所示。

（4）单击操控板中的“确定”按钮✓，完成第一个螺钉的装配，如图11-124所示。

（5）采用同样的方法重复装配其他螺钉，结果如图11-125所示。

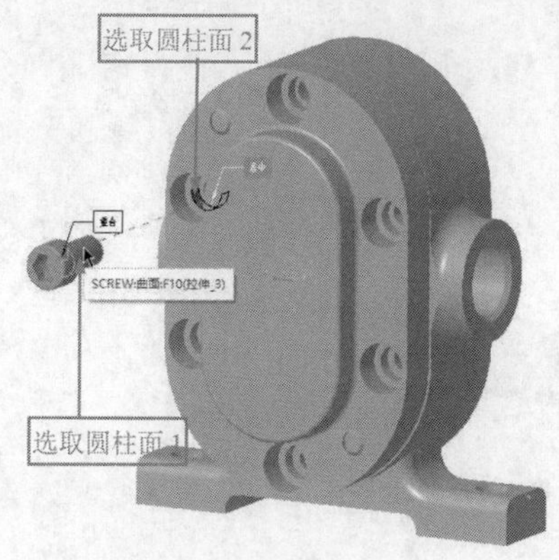

图11-123　选取圆柱面3

图11-124　装配第一个螺钉

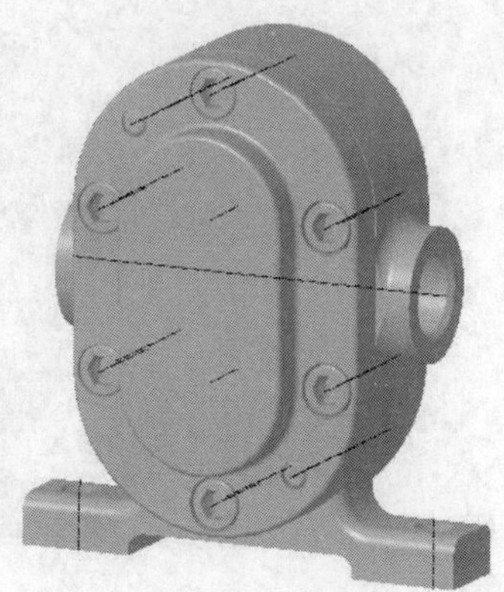

图11-125　完成螺钉装配

6. 调入齿轮轴并装配

（1）单击“模型”功能区“元件”面板中的“组装”按钮，系统打开“打开”对话框，选取配套学习资源中的“源文件\结果文件\第11章\ pump\ gear_1.prt”文件，单击“打开”按钮，将齿轮轴添加到装配环境中。

（2）在打开的“元件放置”操控板中单击“放置”按钮，打开“放置”下滑面板，在“约束类型”下拉列表中选择“重合”选项，在绘图区选取齿轮端面和前端盖孔端面，如图11-126所示。

（3）单击下滑面板中的“新建约束”按钮，在“约束类型”下拉列表中选择“居中”选项，在绘图区选取齿轮轴圆柱面和前端面孔圆柱面，如图11-127所示。

（4）单击操控板中的“确定”按钮✓，完成齿轮的装配，如图11-128所示。

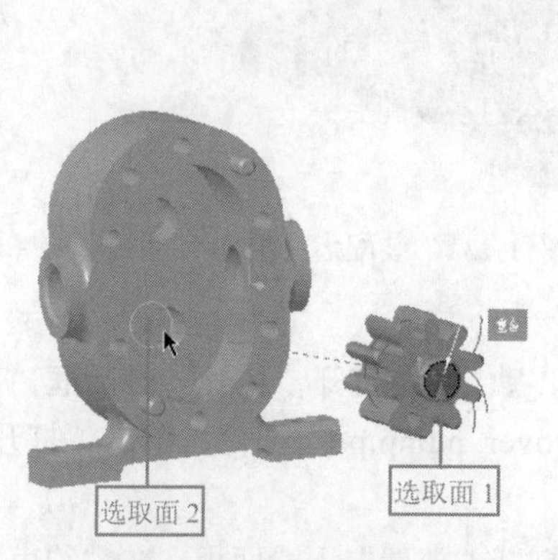

图11-126　选取面4

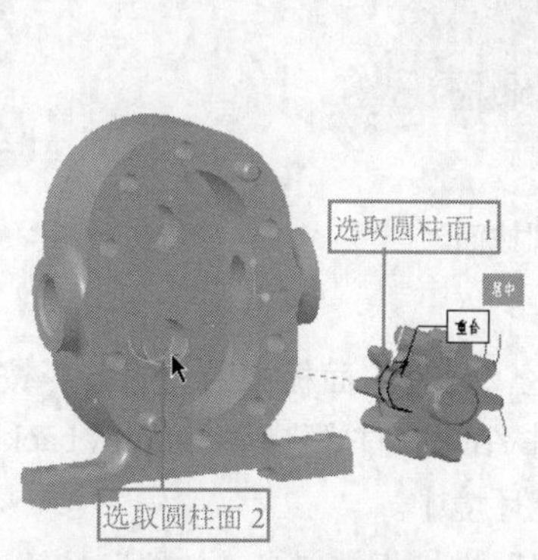

图11-127　选取圆柱面4

图11-128　装配齿轮轴

7. 调入齿轮组件并装配

（1）单击“模型”功能区“元件”面板中的“组装”按钮，系统打开“打开”对话框，选取配套学习资源中的“源文件\结果文件\第11章\ pump\ shaft_gear.asm”文件，单击“打开”按钮，将齿轮组件添加到装配环境中。

（2）在打开的“元件放置”操控板中单击“放置”按钮，打开“放置”下滑面板，在“约束类型”下拉列表中选择“重合”选项，在绘图区选取齿轮组件轴端面和前端盖孔端面，如图11-129所示。

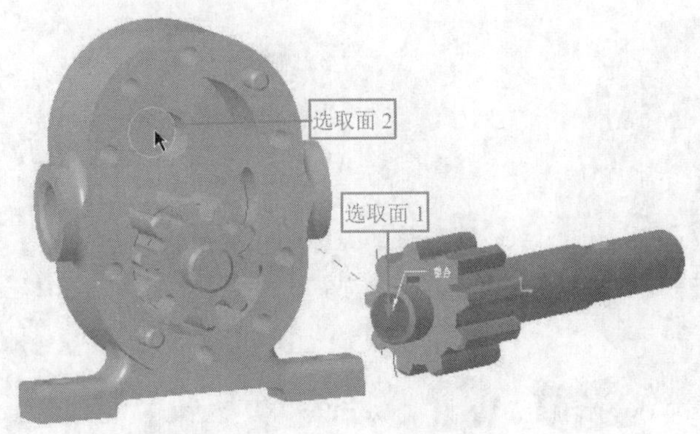

图11-129　选取面5

（3）单击下滑面板中的“新建约束”按钮，在“约束类型”下拉列表中选择“居中”选项，在绘图区选取轴圆柱面和前端面孔圆柱面，如图11-130所示。

（4）在操控板的“预定义约束”下拉列表中选择“刚性”选项，调整齿轮位置使两齿轮不干涉，单击操控板中的“确定”按钮✓，如图11-131所示。

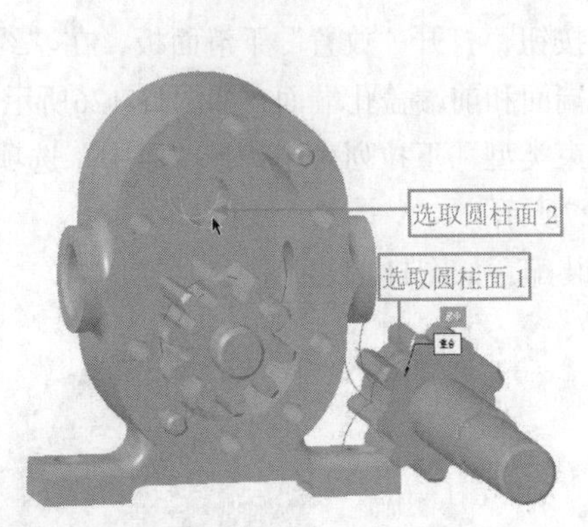

图11-130　选取圆柱面5

图11-131　装配齿轮组件

8. 调入后端盖并装配

（1）单击“模型”功能区“元件”面板中的“组装”按钮，系统打开“打开”对话框，选择配套学习资源中的“源文件\结果文件\第11章\ pump\ back_cover_pump.prt”文件，单击“打开”按钮，将齿轮组件添加到装配环境中。

（2）在打开的“元件放置”操控板中单击“放置”按钮，打开“放置”下滑面板，在“约束类型”下拉列表中选择“重合”选项，在绘图区选取基座端面和后端盖孔端面，如图11-132所示。

（3）单击下滑面板中的“新建约束”按钮，在“约束类型”下拉列表中选择“居中”选项，在绘图区选取后端盖定位销孔圆柱面和定位销圆柱面，如图11-133所示。

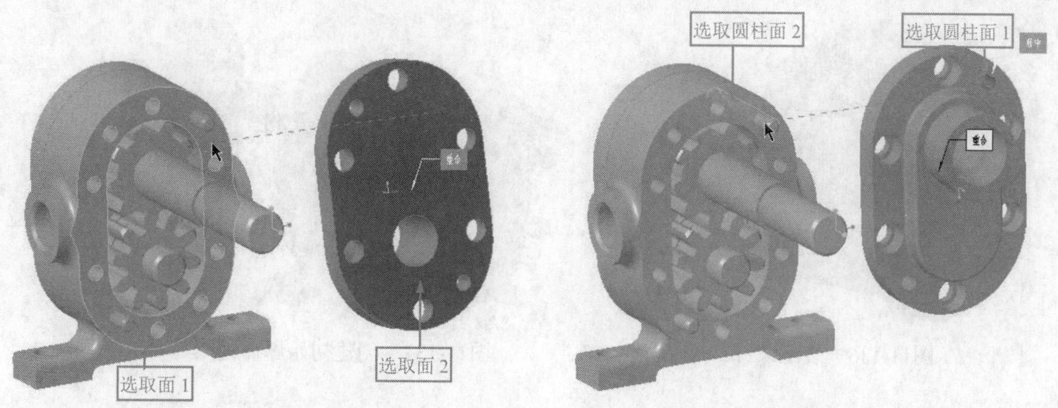

图11-132 选取面6　　图11-133 选取圆柱面6

（4）单击下滑面板中的“新建约束”按钮，在“约束类型”下拉列表中选择“居中”选项，在绘图区选取后端盖另一个定位销孔圆柱面和另一个定位销圆柱面，如图11-134所示。

（5）单击操控板中的“确定”按钮，完成后端盖的装配，如图11-135所示。

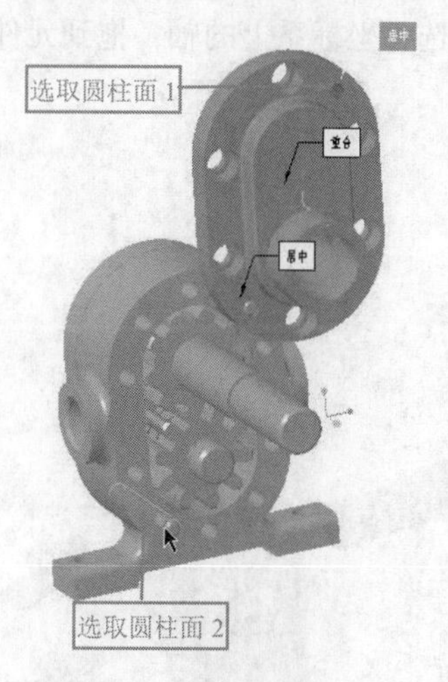

图11-134 选取圆柱面7

图11-135 装配后端盖

9. 装配螺钉

采用与前面相同的螺钉装配方法，用6个螺钉固定齿轮泵后盖，结果如图11-136所示。

10. 创建爆炸视图

（1）单击“模型”功能区“模型显示”面板中的“分解图”按钮或单击“视图”功能区“模型显示”面板中的“分解图”按钮，得到如图11-137所示的初始爆炸视图。

（2）单击“模型”功能区“模型显示”面板中的“管理视图”按钮或单击“视图”功能区“模型显示”面板中的“管理视图”按钮，在“视图管理器”对话框的“分解”选项卡中单击“编辑”下拉按钮，在打开的下拉列表中选择“编辑位置”选项，打开“分解工具”操控板，如图11-138所示。

图11-136　装配螺钉

图11-137　创建初始爆炸视图

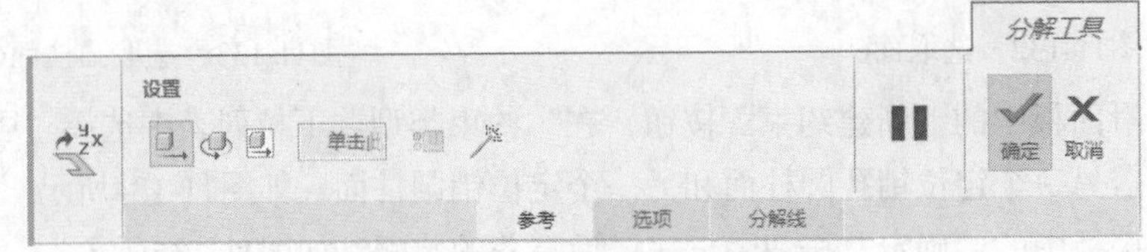

图11-138　“编辑位置”操控板

（3）在视图中选取要移动的元件，并选取移动参考，选中坐标系上的轴，拖到元件沿轴移动到适当位置，生成的爆炸视图最终效果如图11-139所示。

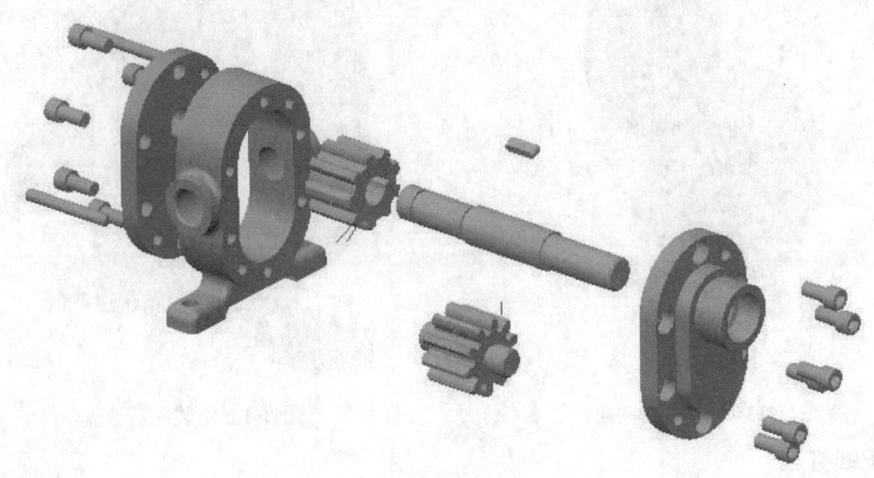

图11-139　爆炸视图最终效果

11. 保存文件

单击“快速访问”工具栏中的“保存”按钮，将零件文件存盘，以备后用。